Paris
1868

Reclus, Jean-Jacques Élisée

La Terre, description des phénomènes de la vie du globe

Les Continents

Tome 1

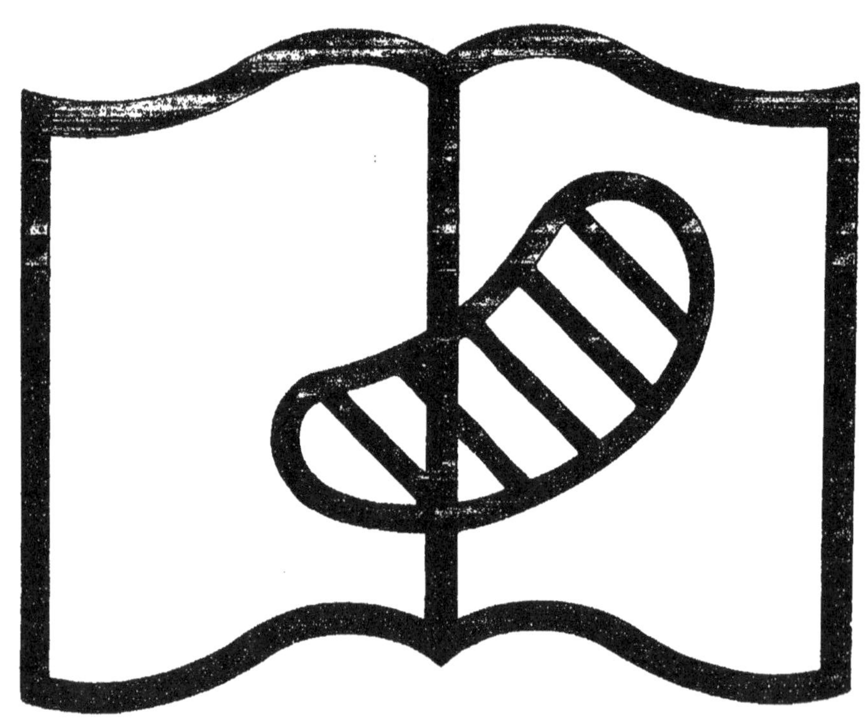

Symbole applicable
pour tout, ou partie
des documents microfilmés

Original illisible

NF Z 43-120-10

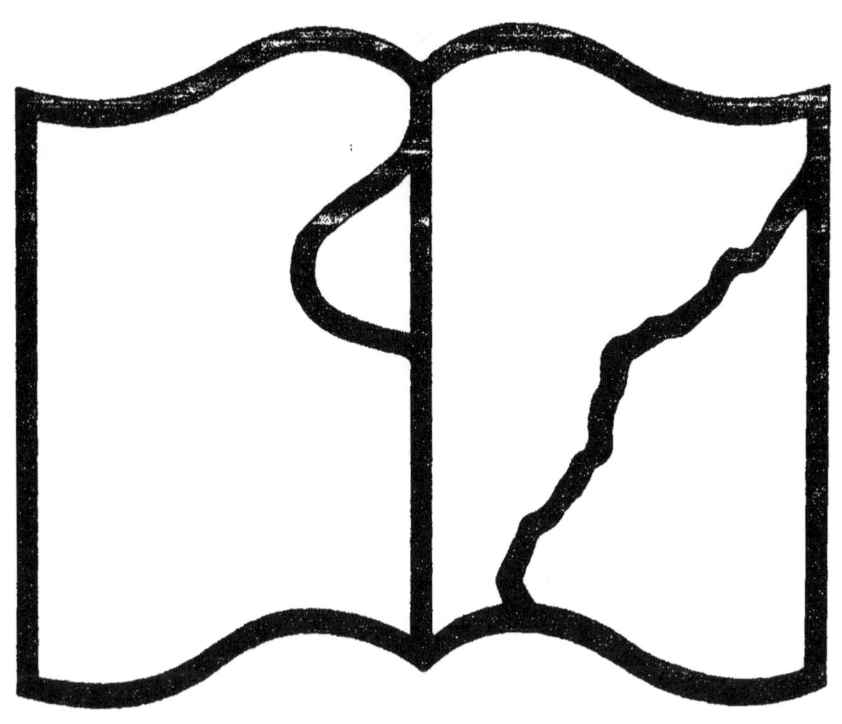

Symbole applicable
pour tout, ou partie
des documents microfilmés

Texte détérioré — reliure défectueuse

NF Z 43-120-11

LA TERRE

I

LES CONTINENTS

IMPRIMERIE J. CLAYE
RUE SAINT BENOIT 7
PARIS

LA TERRE

DESCRIPTION

DES

PHÉNOMÈNES DE LA VIE DU GLOBE

PAR

ÉLISÉE RECLUS

I

LES CONTINENTS

AVEC

230 CARTES OU FIGURES INTERCALÉES DANS LE TEXTE

ET 24 CARTES TIRÉES EN COULEUR

PARIS

L. HACHETTE ET Cie, LIBRAIRES-ÉDITEURS

77, BOULEVARD SAINT-GERMAIN, 77

1868

PRÉFACE

Le livre qui paraît aujourd'hui, je l'ai commencé, il y a bientôt quinze années, non dans le silence du cabinet, mais dans la libre nature. C'était en Irlande, au sommet d'un tertre qui commande les rapides du Shannon, ses flots tremblant sous la pression des eaux et le noir défilé d'arbres dans lequel le fleuve s'engouffre et disparaît après un brusque détour. Étendu sur l'herbe, à côté d'un débris de muraille qui fut autrefois un château fort et que les humbles plantes ont démoli pierre à pierre, je jouissais doucement de cette immense vie des choses qui se manifestait par le jeu de la lumière et des ombres, par le frémissement des arbres et le murmure de l'eau brisée contre les rocs. C'est là, dans ce site gracieux, que naquit en moi l'idée de raconter les phénomènes de la terre, et sans tarder, je crayonnai le plan de mon ouvrage. Les rayons obliques d'un soleil d'automne doraient ces premières pages et faisaient trembloter sur elles l'ombre bleuâtre d'un arbuste agité.

Depuis lors, je n'ai cessé de travailler à cette œuvre dans les diverses contrées où l'amour des voyages et les hasards de la vie m'ont conduit. J'ai eu le bonheur de voir de mes yeux et d'étudier à même presque toutes les grandes scènes de destruction et de renouvellement, avalanches et mouvements des glaces, jaillissements des fontaines et pertes des rivières, cataractes, inondations et débâcles, éruptions volcaniques, écroulements des falaises, apparitions des bancs de sable et des îles, trombes, ouragans et tempêtes. Ce n'est point seulement aux livres, c'est à la terre elle-même que je me suis adressé pour avoir la connaissance de la terre. Après de longues recherches dans la poussière des bibliothèques, je revenais toujours à la grande source et ravivais mon esprit dans l'étude des phénomènes eux-mêmes. Les courbes des ruisselets, les grains de sable de la dune, les rides de la plage ne m'ont pas moins appris que les méandres des grands fleuves, les puissantes assises des monts et la surface immense de l'Océan.

Ce n'est pas tout. Je puis le dire avec le sentiment du devoir accompli : pour garder la netteté de ma vue et la probité de ma pensée, j'ai parcouru le monde en homme libre, j'ai contemplé la nature d'un regard à la fois candide et fier, me souvenant que l'antique Freya était en même temps la déesse de la Terre et celle de la Liberté.

ÉLISÉE RECLUS.

1er novembre 1867.

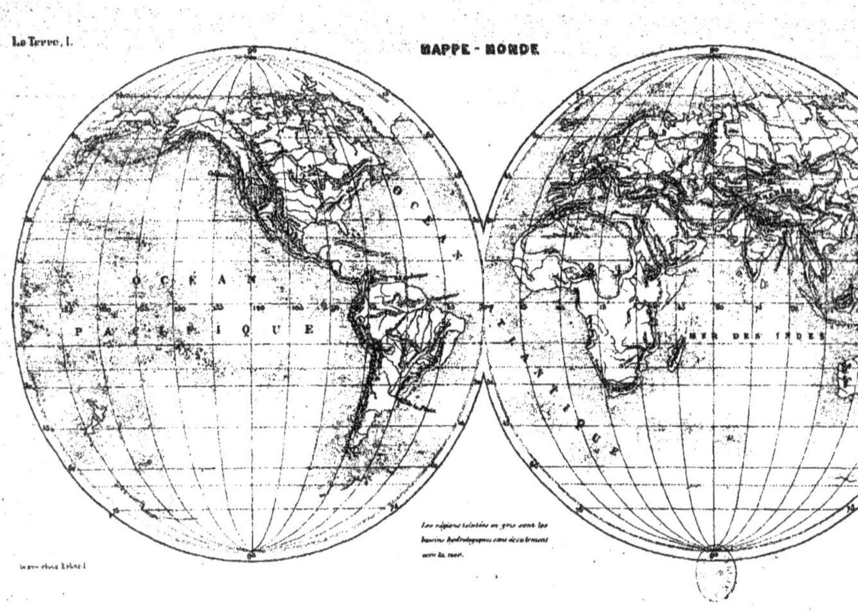
MAPPE - MONDE
OCÉAN
PACIFIQUE
MER DES INDES
Les régions teintées en gris sont les bassins hydrologiques sans écoulement vers la mer.

LES CONTINENTS

PREMIÈRE PARTIE.

LA PLANÈTE.

CHAPITRE I.

LA TERRE DANS L'ESPACE.

I.

Petitesse de la terre comparée au soleil et aux étoiles; grandeur de ses phénomènes. — Forme du globe terrestre. — Ses dimensions.

La terre que nous habitons est un des astres les plus infimes, et c'est à peine si, pour l'astronome qui sonde l'immensité des espaces, elle n'échappe pas aux regards de l'intelligence à force d'exiguïté. Simple satellite du soleil, dont le volume est 1,255,000 fois plus grand, elle n'est qu'un point relativement aux énormes étendues d'éther que parcourent les planètes en gravitant vers leur globe central; le soleil lui-même est comme une étincelle perdue parmi ces 18 millions d'étoiles que la lunette d'Herschel découvrait dans la voie lactée; enfin celle-ci, immense agglomération de soleils et de planètes, qui nous semble former une écharpe de lumière autour de l'univers entier, n'est en réalité qu'une nébuleuse, c'est-à-dire une nuée d'astres pareille à un brouillard qui s'évanouirait dans l'espace infini. Au delà de notre ciel s'étendent d'autres cieux, puis d'autres encore, que la lumière, malgré sa prodigieuse rapidité, met des éternités à franchir. Qu'est-ce donc que la terre dans cet abîme sans fond des étoiles? Isolée, elle peut nous paraître immense : trop vaste pour notre petitesse, elle ne nous a même pas laissé découvrir toute sa surface; mais relativement au monde sidéral, elle est moindre que le grain de sable comparé à la masse des montagnes, moindre qu'une molécule atmosphérique comparée à l'étendue des airs.

Il est vrai, la terre n'est qu'une poussière presque impondérable pour celui qui voit les nébuleuses dans le champ de son télescope, et cependant elle n'est pas moins digne d'étude que tous les astres du ciel. Si elle n'a point la grandeur des dimensions, elle n'offre pas moins, dans tous ses détails, une infinie variété. Les générations entières qui se succèdent sur son sein pourraient passer leur vie à l'étudier sans la connaître encore dans sa beauté complète; il n'est même pas une science spéciale ayant pour objet une partie de la surface terrestre, ou bien une série de ses produits, qui n'offre aux savants un domaine à jamais inépuisable. D'ailleurs ce petit globe n'est-il pas, aussi bien que le ciel, un véritable cosmos par l'admirable arrangement de ses parties et la suprême harmonie de l'ensemble? Cette planète imperceptible n'est-elle pas, à un certain point de vue, aussi grande que l'univers, puisqu'elle est l'expression des mêmes lois? Par la forme de son orbite, ses divers mouvements autour du soleil et autour d'elle-même, par la succession des jours et des saisons, et tous les phénomènes que gouverne la grande loi de l'attraction, la terre devient le représentant des mondes : en elle, nous étudions tous les astres.

Notre planète est un sphéroïde, c'est-à-dire une sphère aplatie aux deux pôles et renflée à l'équateur, en sorte que toutes les circonférences passant par l'extrémité de l'axe polaire ont la forme d'ellipses. La dépression présumée de chaque pôle est à peu près d'un trois-centième du rayon terrestre[1], soit de 21 kilomètres; mais il n'est pas certain que les deux calottes polaires soient également aplaties. Peut-être un contraste existerait-il entre les deux hémisphères, non-seulement par le relief des continents et la distribution des mers, mais aussi par la forme géométrique. Quoi qu'il en soit, il semble prouvé que la courbure n'est pas exactement la même pour toutes les parties de la terre situées à égale distance des pôles; les méridiens paraissent être sans exception des ellipses irrégulières. Les récentes mesures de degrés opérées par les astronomes, et notamment la grande triangulation qui fut exécutée de 1816 à 1852, sous la direction de Struve, des côtes de l'océan Glacial aux bords du Danube, ont révélé dans la forme terrestre de singulières déviations, causées, soit par la nature géologique du sol, soit par le voisinage de puissantes arêtes de montagnes. C'est ainsi que, parmi les contrées d'Europe, l'Angleterre et l'Italie ont une surface sensiblement plus aplatie que celle des pays voisins.

En outre, il paraîtrait qu'un renflement perpendiculaire à l'équateur, et par conséquent parallèle au méridien, fait saillie autour du globe, en passant à travers l'Europe et l'Afrique, vers 12 degrés à l'est de la longitude de Paris; par contre, deux dépressions ou pôles de second ordre, ayant un aplatissement d'environ 2 kilomètres, un peu plus du trois-millième du rayon terrestre, tomberaient toutes les deux en des régions de la zone équatoriale où les terres se trouvent singulièrement abaissées, l'une à 102 degrés à l'est de Paris, au milieu de l'archipel de la Sonde; l'autre dans l'hémisphère de l'ouest, non loin de l'isthme de Panama[2]. Toutefois, ces inégalités de courbure, qui sans doute sont changeantes et correspondent aux déplacements

1. 299,1528 d'après l'astronome Bessel. Les erreurs possibles sont comprises entre 302,304 et 296,005.

2. Schubert, Clarke, etc.

du centre de gravité de la planète, ne se révèlent qu'à l'astronome et n'interrompent en aucun endroit l'horizontalité apparente de la surface des plaines ou des mers. Pour l'homme, les rugosités et les dépressions que forment les plateaux, les montagnes et les vallées, sont des faits beaucoup plus importants que les inégalités de la rondeur du globe.

Les dimensions de la terre, nous le savons déjà, sont presque nulles, relativement à celles des grands corps célestes et surtout à celles de l'espace que peuvent sonder les télescopes. Si la lumière, dont la vitesse est prise en astronomie pour terme de comparaison, pouvait se propager suivant une ligne courbe, elle ferait sept fois le tour de la terre pendant une seconde : aussi cette mesure, la seule convenable aux champs stellaires, est complétement inapplicable à la surface de notre globe. L'homme, si petit lui-même à l'égard de la planète, avait d'abord pris pour mesure de son domaine, soit tout ou partie de son propre corps, comme le pied, la coudée, la brasse, soit la distance qu'il parcourt pendant un certain espace de temps comme la parasange, le stade, le mille, la lieue. A la fin du dernier siècle seulement, les sava... qui illustraient alors la France imaginèrent de diviser exactement la circonférence de la terre en parties égales qui serviraient désormais de mesure commune pour toutes les distances terrestres. Cette mesure commune ou *mètre*, qui permet, avec l'aide de ses multiples et de ses diviseurs, d'évaluer aussi facilement la circonférence du globe que celle d'une molécule à peine visible, est la dix-millionième partie de l'arc décrit de l'équateur à l'un des pôles. Par suite d'erreurs que la difficulté des mesures à opérer rendaient inévitables, le mètre idéal dépasse, il est vrai, le mètre usuel d'un onzième de millimètre à peu près; mais on peut sans inconvénient négliger en pratique cette différence minime, parfaitement invisible à l'œil nu. La ligne qui fait le tour de la terre en passant par les deux extrémités polaires a donc une longueur d'environ 40 millions de mètres ou de 40,000 kilomètres. Ainsi que l'a fait remarquer Schubert[1], cette distance est celle que le pas normal de l'homme pourrait parcourir dans une année, à condition de ne point s'arrêter un instant. La superficie du globe, calculée par Wolfers conformément aux mesures les plus récentes que les astronomes ont faites en divers pays sur les arcs de longitude et de latitude, serait de 509,990,553 kilomètres carrés. D'après l'astronome Encke, elle serait de 509,950,638 kilomètres carrés et la masse planétaire s'élèverait à près de 1 trillion, 83 billions de kilomètres cubes.

II.

Mouvement de la planète : rotation diurne, révolution annuelle. — Jour sidéral et jour solaire. — Successions des jours et des saisons. — Différence de durée entre les saisons des deux hémisphères. — Précession des équinoxes; nutation; perturbations planétaires. — Translation de la terre vers la constellation d'Hercule.

La terre, globule isolé dans l'immense espace, ne reste point immobile, ainsi que devaient nécessairement le supposer les anciens peuples, voyant en elle la base inébranlable du firmament des cieux. Emportée dans le tourbillon de la vie universelle, elle se meut sans repos, en décrivant dans l'éther une série de spirales elliptiques d'une telle complication que les astronomes n'ont encore pu en calculer dans leur ensemble les courbes diverses. Tout en pirouettant sur elle-même, la terre décrit une ellipse autour du soleil et se laisse traîner de ciel en ciel à la remorque de cet astre vers des constellations lointaines. Puis elle oscille, se balance sur son axe et se détourne plus ou moins

1. *Geschichte der Seele.*

de sa route pour saluer tous les corps planétaires qui viennent à sa rencontre. Il est probable qu'elle ne passe jamais deux fois dans les mêmes régions de l'éther; cependant, si elle devait parcourir de nouveau la spirale d'ellipses qu'elle a parcourue déjà, ce serait après un cycle de tant de milliards d'années qu'elle-même, complétement transformée, ne serait plus le même astre. La nature, immuable dans ses lois, mais éternellement changeante dans ses phénomènes, ne se répète jamais.

Le mouvement de la terre dont les effets immédiats sont le plus sensibles aux regards de l'homme est la rotation diurne qui s'accomplit autour de l'axe idéal passant par les deux pôles. Le globe tourne de droite à gauche, ou d'occident en orient, c'est-à-dire en sens inverse du mouvement apparent du soleil et des étoiles, qui semblent surgir en orient pour disparaître en occident. Nulle aux pôles, puisque l'axe de la terre y aboutit, la rotation est d'autant plus rapide pour une partie quelconque de la surface du globe que cette partie est plus éloignée de l'axe central. A Saint-Pétersbourg, sous le 60e degré de latitude, la vitesse de rotation est d'environ 14 kilomètres par minute; à Paris, elle dépasse 18 kilomètres dans le même espace de temps; sur la ligne équatoriale, que l'on peut considérer comme la jante d'une gigantesque roue, cette vitesse est deux fois supérieure à celle que possède la terre sous le 60e degré; elle est environ de 28 kilomètres par minute, soit exactement de 464 mètres par seconde, rapidité presque égale à celle d'un boulet de 12 kilogrammes chassé par 6 kilogrammes de poudre. Grâce au mouvement de rotation, la terre présente alternativement au soleil l'une et l'autre de ses faces, pour les retourner ensuite vers les espaces relativement obscurs de l'éther : c'est ainsi que s'établit la succession des jours et des nuits. En outre, la rotation terrestre est un fait capital dont il faut toujours tenir compte pour déterminer la direction des fluides en mouvement sur la surface du globe, tels que les ruisseaux et les fleuves, les courants maritimes et atmosphériques [1].

La révolution annuelle que la terre décrit autour du soleil s'accomplit suivant une ellipse dont un des foyers est occupé par l'astre central, et dont l'excentricité est presque égale aux 17 millièmes du grand axe. La distance qui sépare le soleil de sa planète varie donc constamment suivant les points de l'orbite que parcourt la terre. A son aphélie, c'est-à-dire lors de son plus grand éloignement, cette distance est d'environ 150 millions de kilomètres; à l'époque du périhélie, alors que les deux astres sont le plus rapprochés, elle est approximativement de 145 millions de kilomètres; quant à la distance moyenne, elle est évaluée par les astronomes, depuis les corrections d'Encke, de Hansen, de Foucault et de Hind, à 147,800,000 kilomètres. C'est là un espace que les rayons solaires parcourent en 8 minutes 16 secondes; le son mettrait 15 ans à traverser la même étendue.

Ainsi que Kepler l'a formulé dans ses célèbres lois, la planète se meut avec une rapidité d'autant plus grande qu'elle se rapproche davantage du soleil et retarde sa marche en proportion de son éloignement de cet astre; mais sa vitesse moyenne peut être évaluée à près de 30 kilomètres par seconde, soit à 60 fois la marche du boulet sortant de l'âme du canon. Cette rapidité, à laquelle on ne saurait penser sans vertige, s'ajoute, pour chaque point de la superficie terrestre, au mouvement de rotation qui l'entraîne autour de l'axe polaire. Modifiée par ce mouvement, la ligne décrite par un point quelconque de la surface terrestre devient une spirale.

Après avoir tourné 366 fois sur elle-même, la planète a terminé son orbite et se retrouve, relativement au soleil,

1. Voir les chapitres intitulés *les Rivières, les Courants, l'Atmosphère et les Vents.*

dans la même position qu'au point de départ; elle vient alors d'accomplir son année. Pendant cet espace de temps, composé de 366 révolutions terrestres, le soleil n'a successivement éclairé chaque hémisphère que 365 fois. D'où vient cette anomalie apparente ? D'où vient qu'un mouvement complet de rotation exécuté par le globe autour de son axe ne coïncide pas exactement avec le jour solaire ? C'est qu'en

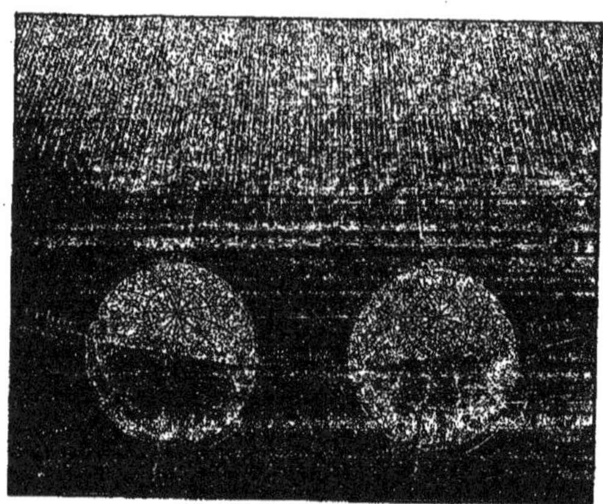

Fig. 1. — Inégalité du jour solaire et du jour sidéral.

tournant sur elle-même, la terre, emportée dans son immense orbite, change constamment de position par rapport au soleil. Relativement aux étoiles, situées à une distance presque infinie de notre système, la planète reste, pour ainsi dire, toujours à la même place, et par conséquent le jour sidéral, c'est-à-dire l'intervalle qui sépare deux passages d'une même étoile au-dessus d'un même méridien terrestre, offre précisément la durée du mouvement de rotation de notre globe. Après chacune de ses révolutions quotidiennes, la planète présente à ces astres éloignés la même partie de sa surface, et si la lumière du soleil s'éteignait tout à coup, si une étoile, telle que Sirius ou Aldébaran, devenait pour nous le grand foyer de splendeur, nos jours auraient exactement la longueur d'une rotation terrestre, c'est-à-dire environ 23 heures 56 minutes. Mais le soleil est une étoile voisine de notre terre. Pendant que celle-ci accomplit son mouvement de rotation sur elle-même, elle se déplace de 2,581,000 kilomètres en parcourant un arc de son orbite; en conséquence, le soleil, dans sa marche apparente, semble reculer d'autant, et pour que la terre lui présente exactement la même partie de sa surface qu'au commencement de sa révolution, il faut qu'elle roule pendant 4 minutes de plus. Le lendemain un nouveau déplacement de la terre ajoute encore 4 minutes à la durée du jour, et ainsi de suite jusqu'à la fin de l'année. Ces additions quotidiennes de 4 minutes à la longueur des jours formant dans l'espace d'un an un total de minutes égal à la durée d'un jour de rotation, il en résulte que le nombre des jours solaires de l'année est dépassé d'une unité par celui des jours sidéraux [1].

De même que la rotation quotidienne de la terre autour de son axe produit la succession des jours et des nuits, de même sa révolution annuelle autour du soleil cause l'alternance des saisons. Si l'axe de la terre, c'est-à-dire la ligne idéale qui rejoint les deux pôles, était perpendiculaire au plan de l'orbite annuelle, il est évident que la partie du globe éclairée par le soleil s'étendrait invariablement d'un pôle à l'autre pôle, et que les jours et les nuits seraient exactement composés de douze heures dans les deux hémisphères. Mais il n'en est pas ainsi. La terre est penchée en opérant son mouvement de translation; elle incline sa ligne des pôles d'environ 23 degrés 1/2 sur le plan de son orbite et

1. Pour l'explication complète de tous les phénomènes astronomiques relatifs à la terre, nous renvoyons à l'excellent ouvrage de M. Amédée Guillemin, *le Ciel*. C'est à ce livre que nous avons emprunté la figure de la page 8.

maintient cet axe idéal dans une position que l'on peut considérer comme invariable relativement aux rapides péripéties des jours et des saisons. Cette obliquité de l'axe a pour résultat des changements continuels d'aspect. La partie de la terre éclairée par les rayons de l'astre central varie journellement, car si l'axe de la planète maintient son extrémité fixée vers un même point de l'espace infini, il offre, par suite de la translation du globe, un degré d'inclinaison toujours changeant relativement au soleil. Deux fois pendant le cours de l'année il est disposé de telle sorte que les rayons solaires tombent perpendiculairement sur l'équateur du globe : à toutes les autres périodes de la révolution annuelle, c'est tantôt l'hémisphère septentrional, tantôt l'hémisphère méridional qui reçoit la plus grande somme de lumière.

L'année *astronomique* commence le 20 mars, au moment précis où le soleil éclaire verticalement l'équateur et fait passer aux deux pôles le cercle de séparation entre les rayons et l'ombre. Alors la période d'obscurité est égale à celle de la lumière et comporte exactement douze heures sur tous les points de la terre. De là le nom d'équinoxe (égalité des nuits). Mais après ce jour, qui sert de point de départ au printemps dans l'hémisphère du nord et qui fut, pendant quelques années, désigné sous le nom de 1er germinal, la terre continue son mouvement de translation. Grâce à l'inclinaison de l'axe, l'hémisphère septentrional tourné vers le soleil reçoit une plus grande quantité de lumière, tandis que de son côté l'hémisphère méridional est moins vivement éclairé. Les rayons verticaux du soleil tombent de plus en plus au nord de l'équateur, et le cercle de lumière, loin de s'arrêter au pôle, où commence à régner un jour de six mois, s'étend bien au delà sur les régions boréales. Enfin, le 21 juin, jour du premier solstice[1], l'axe de la terre se

1. Le nom de solstice d'été est tout à fait impropre, puisqu'il convient seule-

trouvant fortement incliné vers le soleil, cet astre rayonne au zénith du tropique du Cancer, à 23 degrés 1/2 au nord de l'équateur, et sa lumière éclaire toute la zone glaciale arctique, c'est-à-dire la calotte terrestre recouvrant un espace de 23 degrés 1/2 autour du pôle nord. C'est alors que

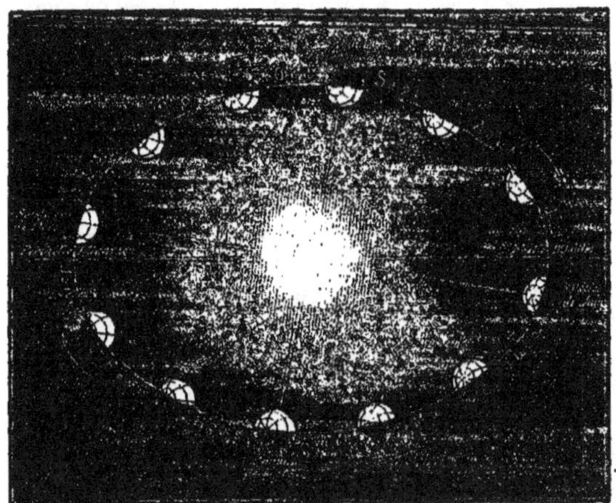

Fig. 2. — Orbite de la terre autour du soleil.

le printemps cesse pour l'hémisphère septentrional et que commence l'été. Dans l'hémisphère méridional, au contraire, l'automne fait place à l'hiver. Au nord de l'équateur règnent de longues journées interrompues par de courtes nuits, tandis qu'au sud ce sont les nuits qui durent pendant le plus grand espace de temps. Dans la zone arctique, le soleil décrit entièrement au-dessus de l'horizon la spirale de son mouvement apparent de rotation diurne. Le jour de six mois

ment aux contrées de l'hémisphère septentrional. Le solstice d'été de Paris est le solstice d'hiver du cap de Bonne-Espérance. Les désignations d'équinoxe d'automne et d'équinoxe de printemps devraient être également abandonnées.

inauguré au pôle nord avec le printemps atteint son heure de midi au premier jour de l'été : au même instant minuit commence pour les ténèbres qui pèsent sur le pôle du sud.

Immédiatement après le 21 juin, les phénomènes qui ont eu lieu pendant le cours de la saison précédente se reproduisent en sens inverse. Le soleil semble rétrograder vers l'horizon du sud ; ses rayons verticaux cessent de tomber sur la ligne du tropique septentrional et se rapprochent constamment de l'équateur ; la zone de lumière du pôle boréal et la zone d'ombre du pôle austral se rétrécissent en même temps ; les jours diminuent dans l'hémisphère du nord, tandis qu'ils s'accroissent dans l'hémisphère du sud ; l'équilibre se rétablit peu à peu entre les deux moitiés de la terre. Le 22 septembre, le soleil se trouve de nouveau directement au-dessus de la ligne équatoriale et sa lumière vient affleurer exactement les deux pôles. L'équinoxe ou l'égalité absolue des jours et des nuits sur toutes les parties du globe s'établit pour la deuxième fois dans l'année, mais ce moment d'équilibre n'est pour ainsi dire qu'un point mathématique entre deux saisons. L'axe de la terre, qui pendant les six mois écoulés avait tourné le pôle nord vers le soleil, lui présente maintenant le pôle sud, les rayons verticaux de l'astre central tombent au midi de l'équateur terrestre, et l'hémisphère méridional à son tour devient la mieux partagée des deux moitiés du globe pour la somme totale de la lumière et de la longueur des jours. Le printemps commence pour elle ; pour l'autre hémisphère, la saison d'automne. Trois mois après, au 21 décembre, le soleil se trouve directement au-dessus du tropique méridional ou du Capricorne, à 23 degrés 1/2 au sud de l'équateur terrestre, et la zone glaciale antarctique s'offre tout entière à ses rayons. L'été s'inaugure pour l'hémisphère austral et en même temps l'hiver pour celui du nord. Puis, grâce au mouvement de translation du globe, ces deux saisons suivent chacune leur cours en sens inverse jusqu'à ce que la terre se retrouve enfin dans une position analogue à celle du point de départ; l'équinoxe de mars, premier jour du printemps pour l'Europe, premier jour de l'automne pour l'Australie, commence de nouveau l'année astronomique.

La forme elliptique de l'orbite terrestre et la vitesse inégale du globe dans les différents points de son parcours ont pour conséquence une différence très-notable de longueur dans la durée des saisons. En effet, du 20 mars au 23 septembre, c'est-à-dire pendant le printemps et l'été de l'hémisphère boréal, la terre met 186 jours à décrire la première et plus grande moitié de son orbite, tandis que pendant la période hivernale, du 22 septembre au 20 mars, il lui faut 179 jours seulement pour accomplir la seconde moitié de sa route. La période estivale de l'hémisphère du nord dépasse actuellement de 7 à 8 jours ou de 187 heures environ la période correspondante de l'hémisphère méridional; en outre, par suite du plus long espace de temps pendant lequel le pôle arctique reste incliné vers le soleil, le nombre des heures de jour dépasse dans les régions boréales le nombre des heures de nuit, tandis qu'au sud de l'équateur ce sont les heures de nuit qui prédominent. Il y a bien une certaine compensation, car, si l'été dure moins longtemps pour la partie australe de la terre, la planète est alors plus rapprochée du soleil : elle passe au périhélie et reçoit en conséquence une plus forte quantité proportionnelle de chaleur. Cependant il n'est pas douteux, ainsi que le prouvent l'observation directe des températures et celle des vents et des courants[1], que les terres du sud ne soient, à égale distance de l'équateur, plus froides que celles du nord; le problème est de savoir si ce phénomène provient de la distribution des continents ou bien du contraste des saisons offert par les deux moitiés de la terre. En somme, l'hémisphère austral gagne-t-il par la proximité du foyer central

1. Voir le deuxième volume.

autant de calorique pendant la saison chaude que l'hémisphère opposé en a gagné lui-même par une plus longue exposition aux rayons solaires? Y a-t-il parfaite compensation? La plupart des astronomes l'admettent : ils affirment, en se basant sur le calcul, que pour chaque hémisphère l'intensité de la chaleur est en raison inverse de sa durée. D'autres savants, parmi lesquels le plus connu était le mathématicien Adhémar, auteur d'une ingénieuse théorie sur la périodicité des déluges, prétendent au contraire que par suite du rayonnement nocturne l'hémisphère dont l'été est le moins long se refroidit nécessairement beaucoup plus que l'hémisphère opposé.

Quoi qu'il en soit, si l'équilibre des saisons n'existe pas actuellement entre les deux moitiés du monde, il finit par se rétablir après une longue série de siècles, par suite d'un lent mouvement terrestre connu sous le nom de précession des équinoxes. De même qu'une toupie, pour nous servir d'une vieille comparaison, tournoie sur le sol en s'inclinant successivement dans tous les sens et en décrivant au moyen de son axe un cône idéal, de même la terre gravite dans l'espace en balançant lentement la ligne des pôles. Cette ligne, toujours penchée d'environ 23 degrés 1/2 sur le plan de l'orbite terrestre, pivote latéralement de manière à pointer sans cesse vers de nouvelles régions du ciel : si on la prolongeait indéfiniment, on lui verrait dessiner un cercle au milieu des étoiles. L'axe de la terre changeant ainsi constamment de direction, le plan de l'équateur doit varier exactement de la même valeur dans la position qu'il occupe relativement au soleil. En effet tous les ans le moment précis de l'équinoxe de mars devance de 20 minutes environ l'heure à laquelle avait eu lieu l'équinoxe correspondant de l'année précédente. Chaque révolution de la terre autour du soleil amène une nouvelle avance de 20 minutes dans l'établissement de l'équinoxe; et comme l'axe de la planète ne cesse de pivoter pendant la succession des âges, il arrive après une période de 12,900 années que les conditions des saisons sont tout à fait changées. L'hémisphère qui recevait le plus de chaleur en reçoit désormais le moins, celui qui subissait un plus grand nombre de jours d'hiver jouit à son tour de l'été le plus long. Puis, après une deuxième période de 12,900 années, pendant laquelle les rapports entre les saisons des deux hémisphères se sont graduellement modifiés, l'axe de la terre complète son balancement, qui a duré 258 siècles, la position du globe se trouve relativement au soleil à peu près la même qu'au point de départ et le second cycle de saisons commence.

On pourrait donner à cette période le nom de grande année de la terre, si la planète se trouvait, à la fin de cet espace de temps, dans une position identique à celle qu'elle occupait au commencement; mais il n'en est pas ainsi. L'attraction de la lune, les perturbations causées par le voisinage des planètes modifient sans cesse la courbe décrite par l'axe terrestre sur l'espace étoilé et la compliquent d'une foule de spirales dont les diverses périodes ne coïncident pas avec la grande période du balancement de l'axe. Les ondulations successives forment un système continu de spirales entrelacées. « C'est l'infini qui se témoigne[1]. »

Ce n'est pas tout. Aux mouvements du globe indiqués déjà, à son tournoiement diurne, à sa révolution annuelle autour du soleil, au balancement rhythmique de son axe, prouvé par la précession des équinoxes, à la nutation ou balancement plus rapide que lui fait subir l'attraction de la lune, il faut encore ajouter l'énorme mouvement de translation qui l'entraîne de cieux en cieux à la remorque du soleil. Il y a peu d'années encore, ce mouvement était inconnu des astronomes, et cependant il s'opère avec une inconcevable rapidité, plus que double de celle qui fait graviter la

1. Jean Reynaud, *Terre et Ciel*.

planète autour de son astre central. En une seconde de temps, la terre se déplace de 71 kilomètres environ vers le point du ciel où se trouve la constellation d'Hercule; en une seule année elle parcourt, dans la même direction, 2,225 millions de kilomètres [1]. Cette énorme distance, que la lumière ne saurait franchir en moins de 2 heures 5 minutes, fait-elle partie d'une ellipse décrite par tout le système planétaire autour d'un noyau d'attraction que l'astronome Maedler a cru découvrir dans Alcyone, au milieu des Pléiades? ou bien, comme l'admet Carus [2], cette portion d'orbite n'a-t-elle pour foyer, comme les courbes des étoiles multiples, qu'un centre de gravité commun à plusieurs astres, qu'un point mathématique changeant éternellement dans l'espace infini? On ne sait; mais cette translation de notre globule natal à travers les cieux insondables nous donne une idée de l'immense variété des mouvements qui font tournoyer les astres comme les molécules d'une trombe de poussière. Notre petite terre elle-même est emportée d'espace en espace, sans jamais pouvoir fermer le cycle de ses révolutions. Depuis le jour où ses premières cellules se sont groupées, elle décrit dans les cieux la spirale indéfinie de ses ellipses, et jamais elle ne cessera de tourner et d'osciller ainsi dans l'éther jusqu'au moment où elle n'existera plus sous forme de planète isolée; car elle aussi doit finir : comme tous les autres corps de l'univers, elle naît et vit pour mourir à son tour. Déjà, son mouvement annuel de rotation diminue de vitesse [3]; il est vrai que ce retard est peu sensible, puisque d'Hipparque à Laplace, aucun astronome ne l'avait encore constaté; mais à moins qu'une force cosmique agissant en sens inverse ne vienne à com-

1. D'après Bessel. Voir le *Cosmos* de Humboldt, traduit par Faye; première partie, p. 162. Struve évalue le déplacement annuel à 240 millions de kilomètre seulement.

2. *Natur und Idee.*

3. Meyer, Joule, Tyndall, Adams, Delaunay.

penser la perte de vitesse causé par le frottement des marées contre le fond et les rivages de l'Océan, l'impulsion de la planète diminuera de siècle en siècle. Après des péripéties qu'il est encore impossible de prévoir, la terre finira par changer complétement d'allure et perdra son existence indépendante, soit pour s'unir avec d'autres corps planétaires, soit pour se diviser en fragments ou peut-être même pour tomber sur le soleil comme un simple aérolithe.

CHAPITRE II.

LES PREMIERS AGES.

I.

Opinions diverses sur la formation de la terre. — Hypothèse de Laplace : graves objections qu'elle soulève. — Théorie du feu central : objections.

L'origine de la terre est perdue dans la nuit de notre ignorance. Parmi les hommes de science, aucun ne peut se sentir autorisé par ses observations et ses raisonnements à nous dire comment la planète s'est formée, bien que de nouveaux astres naissent continuellement dans l'immensité des cieux. Le télescope a servi uniquement à constater l'apparition de ces corps célestes, sans nous en révéler le mode de formation. Seulement une fois, en décembre 1845, les astronomes ont eu le bonheur d'assister au partage d'une comète, celle de Biela, de voir l'astre se ployer, puis se rompre et constituer deux noyaux de grandeur différente, cheminant dans l'espace à la suite l'un de l'autre. Mais ce fait unique ne donne pas le droit d'imaginer le même mode de formation pour tous les globes du ciel et d'affirmer que les étoiles et les planètes se produisent ainsi par une espèce de dédoublement ou de gemmiparité. L'esprit humain en est encore réduit à de simples hypothèses sur la naissance de notre globe et de tous les autres. Depuis la légende du sauvage qui faisait naître la terre d'un éternument de son dieu jusqu'à la théorie du grand Buffon, d'après laquelle les planètes du système solaire seraient les éclaboussures lancées dans l'espace par la rencontre d'une comète et du soleil, les cosmogonies bégayées par les anciens peuples ou bien inventées par les savants modernes sont toutes de simples conjectures plus ou moins plausibles, plus ou moins ingénieuses.

L'hypothèse qui de nos jours est encore la plus accréditée est celle qui, après avoir été proposée par le philosophe Kant (1755) et développée par Herschel, a été reprise et magnifiquement appuyée par Laplace dans l'*Exposition du système du monde;* et telle est l'autorité de l'illustre géomètre, que son hypothèse est considérée à tort par un grand nombre de personnes comme un fait scientifique parfaitement démontré. Il n'est donc pas permis d'en négliger l'exposition, même dans la plus rapide esquisse de l'histoire primitive de la terre.

Laplace suppose en premier lieu que l'espace dans lequel se meut aujourd'hui le système solaire était occupé par une matière cosmique gazeuse d'une haute température et d'une dilatation excessive, comparable à celle des gaz les plus raréfiés. Rayonnant incessamment autour d'elle et perdant ainsi de son calorique au profit des espaces qui l'entouraient, l'énorme nébuleuse devait se condenser peu à peu autour d'un point central, destiné à devenir un jour le soleil. Attirées les unes vers les autres, les molécules de gaz n'obéissaient pas seulement au mouvement de condensation, elles étaient aussi entraînées dans une immense ronde autour de l'axe du système. La déperdition du calorique et la concentration de la masse sphéroïdale qui en était la conséquence avaient pour résultat d'augmenter la vitesse de rotation. En même temps la force centrifuge s'accroissait en proportion, et, sous l'influence de cette force, la masse atmosphérique, s'aplatissant aux deux pôles, prenait graduellement la forme d'un disque. Enfin l'attraction qui avait retenu les molécules de la circonférence et les avait empêchées de s'échapper dans l'espace était contre-balancée par la force centrifuge, et tandis que la plus grande partie de la masse gazeuse continuait de se condenser autour du noyau central, la zone extérieure, sollicitée à la fois par les deux forces opposées, cessait de modifier sa distance relativement à l'axe du sphéroïde et prenait la forme d'un bourrelet circulaire ou d'un anneau tournoyant.

D'autres anneaux, détachés de la masse rétrécie, s'isolaient successivement de la même manière en continuant de décrire autour du soleil leur mouvement de rotation. Dans l'hypothèse, ces anneaux étaient les futures planètes du système solaire. Les plus légers devaient être les plus éloignés du soleil, à cause de la moindre densité de l'atmosphère incandescente qui les constituait; les plus lourds devaient être ceux qui s'étaient formés postérieurement de couches gazeuses plus rapprochées du centre du soleil, et par conséquent plus denses. On remarque en effet que les planètes les plus distantes du foyer central, telles qu'Uranus et Neptune, ont le poids spécifique du liége, et que la densité des globes augmente, mais non, il est vrai, suivant une loi absolument régulière, des grands astres lointains aux petites et lourdes planètes de l'intérieur du système. En outre, les plans des orbites planétaires, qui sont légèrement inclinés les uns sur les autres, indiqueraient la situation de l'équateur du soleil à chacune des époques où s'accomplit une de ces grandes déchirures qui devait donner naissance à une nouvelle planète.

Tout en s'amincissant à cause de la perte lente de leur calorique, les corps annulaires gardaient leur forme pendant une série d'âges plus ou moins longs; mais dès que, par suite d'une perturbation astronomique, un de leurs segments devenait plus dense que les autres, celui-ci exerçait une force d'attraction sans cesse grandissante, rompait à son profit la zone de matière gazeuse et la condensait autour de lui en atmosphère concentrique. La planète nouvelle prenait, sous l'empire des lois de la rotation, une forme sphéroïdale analogue à celle de l'astre qui lui avait donné naissance : grâce à la force d'impulsion première de ses molécules son mouvement était devenu double ; elle continuait sa révolution autour du soleil et commençait à tournoyer sur son axe.

La formation des satellites s'expliquerait également par le retrait graduel de la masse gazeuse des planètes primaires. Les anneaux détachés de la zone équatoriale de ces astres se seraient aussi condensés, contractés par suite de la déperdition de leur calorique, et seraient devenus autant de lunes. Seuls dans le ciel, les pâles anneaux de Saturne rappelleraient la forme antique de toutes les sphères que la condensation du soleil, puis celle des planètes elles-mêmes, ont successivement laissées dans l'espace. Jadis, d'après l'hypothèse, ils étaient un simple renflement équatorial de la planète mère ; un jour ils seront des satellites sphériques, semblables aux huit lunes qui éclairent déjà les courtes nuits de Saturne.

Ainsi, selon les idées de Laplace, le système planétaire tout entier aurait, dans les âges passés, fait partie du soleil. L'astre, uniquement composé de molécules gazeuses beaucoup plus légères que l'hydrogène, aurait englobé dans sa rondeur énorme tout l'espace où les planètes, y compris Neptune, décrivent aujourd'hui leurs orbes immenses. Le diamètre du sphéroïde solaire eût alors été 6,500 fois plus considérable qu'il ne l'est de nos jours, et son volume eût dépassé de plus de 860 milliards de fois le volume actuel. De même, la terre, avant de se refroidir et de se solidifier, aurait compris la lune dans ses limites, et son diamètre aurait été près de 6 fois supérieur à celui de la planète Jupiter ; mais vague, aérien, notre globe n'aurait encore eu qu'une vie cosmique impersonnelle : c'est en se solidifiant, en durcissant sa croûte qu'il eût commencé sa véritable existence.

C'est là une hypothèse brillante, certainement la plus

belle et la plus simple qu'astronome ait encore proposée. Mieux qu'aucune autre elle rend compte du mouvement uniforme de translation des planètes dans le sens de l'occident à l'orient; elle s'accorde en apparence d'une manière remarquable avec certains faits de l'histoire subséquente de la terre, telle que nous la raconte la géologie; enfin les merveilleux anneaux qui enveloppent Saturne semblent proclamer la vérité de la théorie imaginée par Laplace. Il n'est pas jusqu'aux petites expériences de cabinet qui ne paraissent reproduire en miniature le spectacle grandiose offert pendant les premiers âges par la naissance des planètes. Un savant belge, M. Plateau, a trouvé moyen de faire tourner un globe d'huile dans un mélange d'eau et d'esprit-de-vin ayant exactement le même poids spécifique que l'huile. Lorsque la révolution du petit astre est suffisamment rapide, on voit le globe s'aplatir aux pôles, se gonfler à l'équateur, puis former une espèce de bourrelet annulaire et produire enfin de véritables anneaux qui se condensent soudain en globules animés d'un mouvement de rotation propre et tournant autour du globe central. Bien que ces petites planètes soient dues uniquement à l'expansion et non au retrait de la goutte d'huile, on croirait cependant avoir sous les yeux une représentation exacte du système solaire.

Mais l'hypothèse émise par Laplace, il ne la présentait lui-même qu'avec « défiance[1]. » et personne n'a le droit d'être plus facile que ce grand géomètre. En effet, ses conjectures n'expliquent point la présence des comètes qui gravitent autour du soleil par des orbes parfaitement déterminés, et qui, dans l'hypothèse, sont « étrangères au système solaire[2]; » elles n'expliquent pas davantage la forme elliptique des orbites planétaires, l'inclinaison de leur axe; elles paraissent en outre démenties par le mouvement rétrograde des satellites d'Uranus. Les nébuleuses lointaines

1. *Exposition du système du monde*, p. 450.
2. *Ibid.*, p. 475.

que les astronomes prenaient pour des amas de matière cosmique non condensée et qui fournissaient ainsi un puissant argument en faveur de la nouvelle hypothèse sont en grande partie résolues par les télescopes, et se montrent à nos yeux comme des tourbillons ou des groupes stellaires aux formes les plus bizarres; même plusieurs nébuleuses sont variables, et le télescope nous les montre successivement sous des aspects très-divers. Enfin la découverte de l'analyse spectrale qui sera l'éternel titre de gloire de MM. Kirchhoff et Bunsen, autorise à croire que la composition chimique du soleil diffère très-notablement de celle des planètes de son système, car cet astre ne contient, du moins dans ses couches extérieures, ni silice, ni étain, ni plomb, ni mercure, ni argent, ni or. Sachons donc nous avouer que la célèbre et séduisante hypothèse de Laplace ne suffit pas encore à rendre compte de tous les phénomènes observés. L'esprit humain, toujours affamé de certitude, se laisse facilement entraîner à prendre de simples conjectures pour des vérités absolues, et ce n'est pas la moindre vertu du vrai philosophe que de savoir douter sans crainte. Quand le chercheur ne peut découvrir la vérité, qu'il ose l'ignorer et reste courageusement sur le seuil du monde inconnu!

Une autre hypothèse se rattache à la brillante théorie astronomique de Laplace et la continue pour raconter la formation de l'enveloppe planétaire. Une fois l'anneau gazeux condensé en globe, il n'aurait cessé de se contracter par l'effet du rayonnement de calorique. Devenue liquide à cause du refroidissement graduel de ses molécules, la masse entière se serait changée en une mer de laves tourbillonnant dans l'espace; mais cet état lui-même n'aurait été qu'une transition. Après un nombre indéfini de siècles, la déperdition de chaleur eût été assez forte pour qu'une légère scorie se formât comme un glaçon à la surface de la mer de feu, peut-être sur un de ces pôles où le froid fait naître aujourd'hui les banquises et les montagnes de glace.

A cette première scorie en aurait succédé une seconde, puis d'autres encore, elles se seraient unies en continents flottant à la surface des laves, et finalement elles auraient recouvert d'une couche continue tout le pourtour de la planète. Une mince enveloppe solide aurait emprisonné l'immense mer incandescente.

Cette enveloppe, fréquemment rompue par les laves bouillonnant au-dessous, puis de nouveau soudée, grâce à la solidification des scories, se serait lentement épaissie par le refroidissement. Après un laps de temps d'une longueur prodigieuse, puisque le seul intervalle pendant lequel la température de la croûte terrestre se serait abaissée de 2000 degrés à celle de 200 est évalué à 3 millions et demi de siècles au moins[1], la pellicule serait enfin devenue stable et les éruptions de la masse liquide intérieure auraient cessé d'être un phénomène général pour se localiser dans les régions où la couche rigide était le moins épaisse. L'atmosphère ambiante, toute remplie de vapeurs et de substances diverses maintenues à l'état de gaz par l'extrême chaleur, se serait peu à peu déchargée de son fardeau; chaque corps, l'un après l'autre, se serait dégagé de la masse lumineuse et brûlante de l'air pour se précipiter sur l'enveloppe solide de la planète; les métaux et autres corps simples, suivant l'abaissement de température nécessaire pour les faire passer de l'état gazeux à l'état liquide, seraient tombés en pluie de feu sur la lave terrestre; puis la vapeur d'eau, contenue en entier dans les hautes régions de la masse gazeuse, se serait condensée en une immense couche de nuages, incessamment sillonnée d'éclairs; des gouttes d'eau, les premières de l'océan atmosphérique, auraient commencé à descendre vers le sol, mais pour se volatiliser en route et remonter de nouveau; enfin, à une température dépassant de beaucoup 100 degrés à cause de

1. Helmholz.

l'énorme pression exercée par l'air pesant de ces âges, des gouttelettes eussent atteint la surface de la scorie terrestre et une première flaque, commencement de la grande mer, se fût amassée dans une fissure des laves. Cet océan, grossissant incessamment par la précipitation de nouvelles pluies, aurait fini par entourer presque toute la croûte des scories d'une enveloppe liquide; mais, en même temps, il apportait de nouveaux éléments pour la constitution des continents futurs : les substances nombreuses qu'il tenait en solution se combinaient diversement avec les métaux et les terres de son lit; les courants et les tempêtes qui l'agitaient démolissaient les rivages pour en former de nouveaux; les sédiments déposés au fond de l'eau commençaient la série des roches et des terrains qui se succèdent au-dessus de la croûte primitive. Désormais, la planète incandescente, revêtue à l'extérieur d'une triple enveloppe, solide, liquide, gazeuse, pouvait devenir le théâtre de la vie [1]. Des végétaux, des animaux rudimentaires naissaient dans les eaux et sur les terres émergées, et finalement, dès que la température de la surface du globe, devenue inférieure à 50 degrés, eût permis à l'albumine de se liquéfier et au sang de couler dans les veines, se développèrent la faune et la flore dont les débris se retrouvent dans les premières couches fossiles. A l'âge du chaos succédait celui de l'harmonie vitale ; mais dans l'immense série des temps, la vie qui fait son apparition sur la planète refroidie n'est autre chose qu'une « moisissure d'un jour [2]. »

D'après la théorie généralement professée, la croûte solide achèverait à peine de se former; elle serait même beaucoup plus mince que la couche des airs enveloppant le globe, car, suivant les évaluations communes, et d'ailleurs purement hypothétiques, c'est de 35 à 40 ou tout au plus à

1. De Jouvencel, *les Commencements du monde*, p. 37 et suivantes.
2. Daubrée.

50 kilomètres au-dessous de la surface du sol que la chaleur terrestre serait assez forte pour fondre le granit[1]. Comparée au diamètre de la terre, qui est 250 fois plus considérable, cette enveloppe ne serait donc qu'une pellicule ténue, dont une simple feuille de mince carton entourant une sphère liquide d'un mètre de largeur peut donner une juste idée. Dans la terre, ce liquide serait une mer de laves et de roches fondues ayant, comme l'océan superficiel, ses courants, ses marées, peut-être ses orages. Les révolutions géologiques du globe ne seraient autre chose que le contre-coup des ondulations souterraines de cet enfer caché, les montagnes de porphyre, de diorite, d'ophite, seraient les rides figées de cet océan de feu, et les grands géants placés au bord des mers, l'Etna, le pic de Teyde, le Mauna Roa, témoigneraient par leurs éruptions et leurs laves des tempêtes qui grondent au-dessous de l'enveloppe solide.

Il est en vérité très-probable qu'une grande partie des roches qui constituent la partie extérieure de la planète, et surtout les formations les plus anciennes, se sont trouvées autrefois dans un état de fusion analogue à celui des laves volcaniques de nos jours. Pour la plupart des géologues, les granits et autres roches similaires, qui constituent les massifs principaux dans l'architecture des continents, existaient jadis à l'état pâteux ou semi-pâteux; mais quand même ce fait serait complétement hors de doute, il ne changerait point en certitude les hypothèses relatives à l'origine de la planète, à la minceur de sa pellicule et à l'existence du feu central.

L'aplatissement de la terre aux deux pôles et le renflement équatorial ont été présentés comme des témoignages irrécusables de l'état d'incandescence liquide dans lequel se serait autrefois trouvé le globe. En effet, toute sphère liquide tournant autour de son axe prendra nécessairement

1. *Cosmos* de Humboldt; — Studer. *Physikalische Geographie*, t. II, p. 37, etc.

cette forme, à cause de l'inégale vitesse de sa masse; mais on peut se demander si un globe, même solide, ne se renflerait pas aussi vers l'équateur, en tournoyant sans repos pendant une série indéfinie de siècles, car il n'est pas une matière qui soit absolument inflexible, et sous les fortes pressions de nos laboratoires, bien inférieures certainement aux pressions des forces planétaires, tous les corps solides, comme le fer et l'acier, s'écoulent à la façon des liquides[1]. D'ailleurs, les observations et les calculs des astronomes et des géomètres les ont menés à croire que l'aplatissement de la terre aux deux pôles n'est pas une quantité constante, et par conséquent des lois, autres que celles des mouvements de rotation et de révolution, contribueraient à modifier la forme de la planète : probablement moindre au pôle boréal qu'au pôle austral, l'irrégularité de la sphère paraît être soumise à des changements périodiques pendant le cours des âges, et se complique en outre de plusieurs autres inégalités, turgescences ou dépressions, que les oscillations du pendule et les mesures d'arcs terrestres révèlent à la science. L'un des plus sérieux sujets d'étude qu'offre la géographie physique est précisément cette instabilité du sol, qui, sur divers points de la surface du globe, se soulève ou s'affaisse avec une prodigieuse lenteur. Si la cause certaine de ces gonflements et de ces dépressions nous est encore inconnue, du moins rien ne porte à croire qu'elles soient dues à la force centrifuge développée par la rotation de la terre[2].

Il ne faut pas oublier non plus que, dans l'hypothèse admise par ceux qui croient au feu central, notre planète doit être considérée comme une masse liquide, puisque l'enveloppe extérieure est relativement une mince pellicule. Dans ces conditions, il serait difficile de comprendre que le

1. Expériences du Conservatoire des Arts et Métiers en 1864.
2. Voir le chapitre intitulé *Soulèvements et Dépressions*.

grand océan des laves ne fût pas agité comme l'océan des eaux par le mouvement alternatif des marées, et ne soulevât pas deux fois par jour le radeau qui flotte à sa surface. On ne comprendrait pas davantage que la terre ne fût pas beaucoup plus déprimée du côté des pôles qu'elle ne l'est actuellement et ne fût pas transformée en véritable disque; or l'aplatissement polaire n'est pas même plus considérable que les simples inégalités superficielles comprises, dans la zone équatoriale, entre les cimes de l'Himalaya et les abîmes de l'océan Indien. M. Liais attribue ce faible aplatissement des deux pôles au travail d'érosion que les eaux et les glaces polaires, irrésistiblement entraînées vers l'équateur, ne cessent d'accomplir année par année, siècle par siècle, en se chargeant d'énormes quantités de débris arrachés à la surface du sol.

L'argument principal de ceux qui considèrent l'existence du feu central comme un fait démontré, c'est que, dans les couches extérieures de la terre explorées par les mineurs, la chaleur ne cesse de s'accroître avec la profondeur des cavités. En descendant au fond d'un puits de mine on traverse invariablement des zones d'une température de plus en plus haute : seulement le taux de la progression varie suivant les diverses parties de la terre et les roches dans lesquelles sont creusées les galeries. La chaleur s'accroît plus rapidement dans les schistes que dans le granit, plus dans les veines de métal que dans les schistes, dans les filons de cuivre plus que dans l'étain, et dans les couches de houille plus que dans les gisements de métaux[1]. En Wurtemberg, au puits artésien de Neuffen, la température s'accroît d'un degré centigrade par chaque intervalle de 10 mètres et demi. Dans la mine de Monte Masi, en Toscane, près des sources boraciques, l'augmentation de chaleur est d'un degré

1. Fox, Gilbert, Reich von Dechen, cités par Bischoff dans sa *Wärmelehre*, p. 169, 170, 171.

par 13 mètres. Près de Jakutzk, en Sibérie, c'est de 16 mètres en 16 mètres que le sol se réchauffe d'un degré supplémentaire[1]. Presque partout la progression est moins rapide : la moyenne de l'intervalle qui, dans ce grand thermomètre des couches terrestres, correspond à un degré de chaleur, est de 25 à 30 mètres[2]. Dans les mines de Saxe l'accroissement serait, d'après Reich, de 1 degré par 42 mètres.

Toutefois, la terre n'a pas encore été fouillée à une bien grande profondeur. Les excavations les plus remarquables, celle de Kuttenberg, en Bohême, et l'une des mines de Guanajuato, au Mexique, ont à peine atteint un kilomètre, c'est-à-dire la six ou sept millième partie du rayon terrestre : ce serait donc plus que de l'imprudence de vouloir juger de l'état de tout l'intérieur du globe par la température des couches superficielles et d'affirmer que la chaleur, accrue suivant une proportion constante, de la surface du sol au centre de la terre, s'y élève à la température de 200,000 degrés, c'est-à-dire bien au delà de tout ce que peut concevoir l'imagination de l'homme. Autant vaudrait conclure du refroidissement graduel des hautes couches aériennes que l'abaissement de température se continue jusqu'au milieu des espaces célestes, et qu'à 1,000 kilomètres de la terre le froid est de 5,000 degrés. La partie superficielle du globe, que traversent incessamment des courants magnétiques se dirigeant de pôle à pôle, et dans laquelle s'élaborent tous ces phénomènes de la vie planétaire qui modifient sans relâche le relief et la forme des continents, doit sans aucun doute se trouver, pour le développement de la chaleur, dans des conditions toutes particulières. La minceur de l'enveloppe terrestre n'est donc rien moins que prouvée par l'ac-

1. Collegno, *Geologia*, p. 26.

2. Bischoff, *Wärmelehre*, p. 254. Le savant professeur allemand essaie même (p. 175) de tracer pour les différentes contrées des *chthonisothermes* ou courbes d'égale chaleur souterraine.

croissement graduel de la température dans les puits de mine et les sources.

Déjà Cordier, frappé par toutes les objections qui se présentaient à son esprit relativement à la ténuité de la pellicule terrestre, admettait que cette enveloppe ne peut être stable à moins d'avoir de 120 à 280 kilomètres d'épaisseur. Récemment W. Hopkins, en soumettant à des calculs de haute mathématique les éléments fournis par les phénomènes de la précession et de la nutation terrestres, est arrivé à un résultat encore bien plus différent de l'hypothèse en vogue : il a prouvé qu'avec ou sans feu central, la planète serait animée de mouvements périodiques tout différents, si la partie solide de l'écorce n'avait de 1,300 à 1,600 kilomètres, c'est-à-dire du quart au cinquième du rayon terrestre [1]. W. Thomson établit par d'autres calculs que, si la terre avait seulement la solidité du fer et de l'acier, les marées et la précession des équinoxes auraient une importance bien moindre qu'elles n'ont actuellement. Enfin M. Emmanuel Liais, reprenant et discutant toutes ces recherches, essaie de démontrer qu'en vertu des phénomènes astronomiques, la solidité intérieure de la planète est irrécusable [2]. Il est donc permis de croire, sans se prononcer encore d'une manière affirmative, qu'il n'existe point de feu central, mais seulement des mers intérieures de matière incandescente, éparses en diverses parties de la planète, à une faible distance de la surface terrestre, et séparées les unes des autres par des piliers de roches solides. C'est l'hypothèse qui semble à W. Hopkins, comme à Sartorius de Waltershausen, l'historien de l'Etna, s'accorder le mieux avec les phénomènes volcaniques [3].

1. *Philosophical Transactions*, 1839, 1840, 1842.
2. *L'Espace céleste et la Nature tropicale.*
3. Voir le chapitre intitulé *les Volcans*.

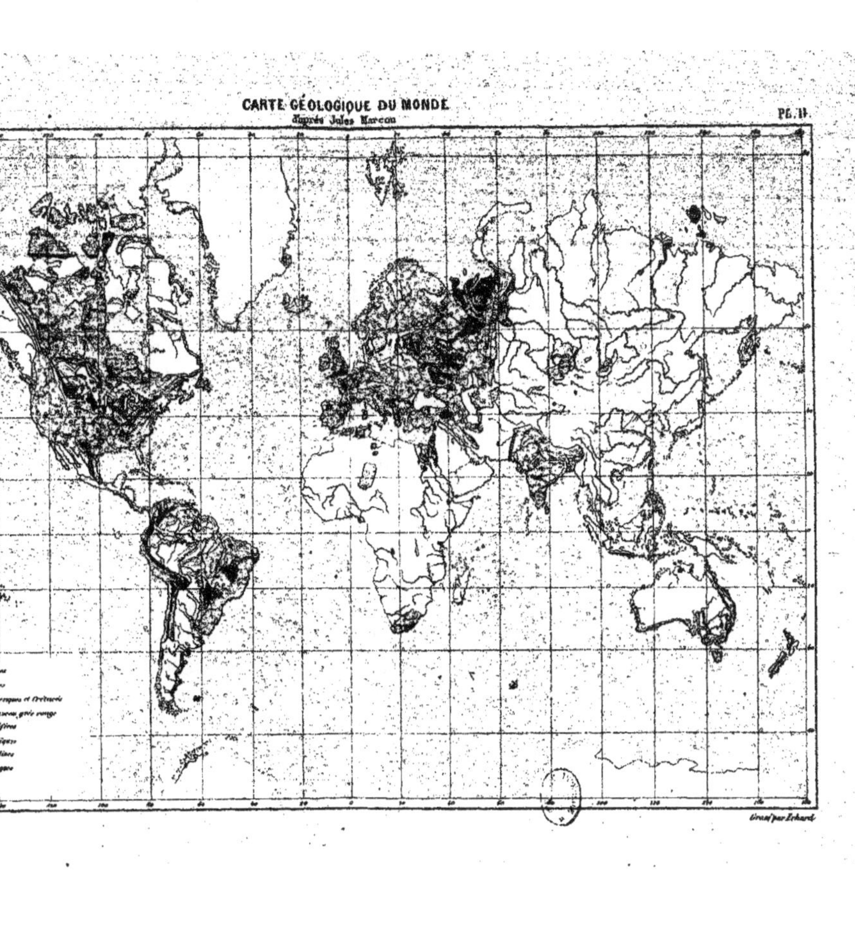
CARTE GÉOLOGIQUE DU MONDE
d'après Jules Marcou
PL. II.
Gravé par Erhard

II.

Assises géologiques : conglomérats, grès, argiles, calcaires. — Couches fossilifères. — Ordre de succession des êtres. — Classification générale des terrains. — Durée des périodes géologiques.

Les documents positifs les plus anciens relatifs à l'histoire géologique de la terre sont les premières couches de sédiment que l'on peut reconnaître d'une manière certaine comme ayant été déposées par les eaux sur le lit de quelque antique océan. Au-dessous des strates superficielles d'origine moderne on en trouve d'autres appartenant à une époque plus reculée, puis d'autres encore de formation précédente, et l'on descend ainsi d'assise en assise jusqu'au squelette nu de la terre, ou bien jusqu'à ces roches que la pression des masses supérieures et la chaleur planétaire ont graduellement transformées pendant la durée des âges, de manière à rendre la stratification indécise. Ces couches superposées, que l'on a souvent comparées aux feuillets d'un livre, fournissent la date de leur ancienneté par l'ordre même de leur succession : sans que l'on puisse dire combien de centaines ou de milliers de siècles se sont écoulés pendant la formation de chaque lit de sédiment, on peut du moins en connaître l'âge relatif dans la série des roches.

Là où ces assises n'ont pas été troublées depuis leur origine, elles s'étendent encore en couches parallèles et presque horizontales, comme au fond de la mer qui les déposa, et rien n'est plus facile que de les classer par ordre d'ancienneté. Le géologue qui descend en un puits de mine creusé verticalement dans ces terrains peut en quelque sorte parcourir toute la série des temps jusqu'aux premiers âges ; en peu d'instants il voit comme un résumé de l'histoire géologique de la terre. De même, là où l'action des météores et des forces à l'œuvre dans l'intérieur du globe ont coupé la surface continentale d'escarpements rapides et montré latéralement, comme sur une immense muraille, les assises superposées, l'ordre de succession des roches distinctes ne peut faire l'objet d'aucun doute. En revanche,

Fig. 9. — Montagne de la Pyramide[1].

dans les contrées où les strates ont été relevées sous des angles divers, contournées, rompues, parfois même complétement renversées et retournées, où des roches sorties de la terre à l'état liquide ou pâteux, comme le porphyre et les laves, se sont intercalées entre les assises, les recherches des géologues deviennent souvent très-difficiles et ne peuvent aboutir qu'à force de patience et de sagacité. Enfin le

1. Ce profil du mont de la Pyramide, tiré du volume III du *Pacific Railroad Report*, a été revu par M. Marcou, le géologue qui a le premier révélé au monde l'existence de cette remarquable montagne.

problème le plus grand et le plus pénible à résoudre consiste à établir la concordance d'âge et de formation entre des roches séparées les unes des autres par des vallées, de larges plaines ou même par l'Océan : aussi le doute subsiste-t-il encore pour un grand nombre de faits de détail, et la discorde éclate souvent parmi les géologues. Néanmoins, déchiffrées ou non, les strates, avec les indications diverses que renferment leurs minéraux et leurs fossiles, sont les seules annales authentiques de la planète : ce sont les hiéroglyphes, encore en partie mystérieux, qui nous racontent en traits grandioses l'histoire de la terre elle-même.

Ces innombrables assises, si diverses par leur position, leur inclinaison, leur épaisseur, sont analogues aux couches de même nature que nous voyons se former incessamment sous nos yeux. Les montagnes que ravinent les torrents, les falaises que sapent les flots, livrent, soit au courant fluvial, soit à celui de la mer, des masses de débris qui s'étalent en grèves et en lits de cailloux et se changent peu à peu en de solides conglomérats. Quant aux roches cristallines broyées par les agents atmosphériques, les eaux des rivières ou celles de l'Océan, elles deviennent des plages sous-marines de sable qui finissent par se changer tôt ou tard en roches de grès, sous la pression de masses surincombantes. L'eau tranquille des rivières et des fleuves qui ne roulent plus de cailloux et ne charrient plus de sables, mais seulement les molécules ténues des vases et du limon, dépose sur ses bords et dans le fond des mers ces bancs d'argiles qui, eux aussi, deviennent de puissantes formations géologiques. On peut voir sur les rives du Mississipi d'énormes bancs argileux que l'eau du fleuve a laissés en se retirant et qui sont à peine moins durs en apparence que des rochers assaillis pendant des siècles par les flots et les tempêtes. Dans certains lacs du Mexique et surtout autour des récifs de la Floride, des oolithes comme ceux du Jura se forment journellement sous nos yeux[1]. Enfin, dans les bas-fonds de la mer, on voit se former de nouvelles couches calcaires, comme à la Guadeloupe, ou de nouveaux terrains de transport, comme sur le grand banc de Terre-Neuve; de même, les coraux, les madrépores et des multitudes d'autres animaux marins sont des constructeurs sans cesse à l'œuvre pour bâtir de nouvelles assises, semblables à celles des anciennes périodes géologiques. Ce que firent autrefois le mouvement des eaux et la perpétuelle activité de la vie pullulant dans la mer, tout cela se fait encore et nous révèle comment la surface terrestre s'est modifiée pendant la série des temps.

Si les strates peuvent être toutes rangées d'une manière générale dans l'une de ces cinq grandes séries : conglomérats, grès, sables, argiles, calcaires, elles offrent cependant, dans leurs nuances diverses, leur position relative et les minéraux qu'elles contiennent, des indices qui permettent de les classer suivant leurs âges respectifs; mais c'est principalement par les débris organiques, animaux ou végétaux, renfermés dans la plupart de ces diverses formations, que l'on est parvenu à reconnaître, parfois avec une certitude complète, l'ordre de succession des couches : l'histoire naturelle permet seule de déchiffrer clairement ces pages de la terre.

Ainsi que les naturalistes ont d'innombrables occasions de s'en convaincre dans leur étude des plantes et des animaux de nos jours, c'est d'une manière tout à fait exceptionnelle que se conservent dans le sol les débris organiques. Les cadavres tombés sont bientôt dévorés par les bêtes de proie et les insectes; l'humidité, le vent, le soleil, dissolvent ce qui reste des chairs et des ligaments; le squelette lui-même finit par être réduit en poussière. Quant aux légions infinies d'animaux inférieurs qui n'ont pas d'ossements

1. Virlet d'Aoust, *Bull. Soc. géol.*, 1865; — Agassiz, *Contributions to the Natural History of the United States*, 1858.

solides, elles disparaissent par milliards sans laisser le moindre vestige; leurs masses entassées se changent en humus et en gaz. Les grands arbres et les plantes herbacées disparaissent comme les animaux pour servir de nourriture à d'autres êtres. A peine tombés, les anciens organismes servent à en former de nouveaux : la mort nourrit incessamment la vie. Les débris ne peuvent être conservés pour les âges futurs à moins d'être dérobés soudain à la dent des animaux et à l'action des éléments. Ainsi les restes organiques que les fontaines incrustantes revêtent d'une enveloppe de chaux et les troncs d'arbres qu'entourent des gaînes de laves deviennent aussi indestructibles que la pierre. Les animaux surpris par les glaces, engloutis par des éboulis ou réfugiés dans les grottes profondes peuvent se maintenir aussi pendant des siècles dans un état de conservation parfaite et passer à l'état de fossiles. Toutefois, s'il est relativement trop rare qu'un être terrestre soit préservé pour les âges futurs en entier ou seulement par débris, il n'en est pas de même pour les êtres marins, qui sont le plus souvent ensevelis immédiatement après leur mort, ou même de leur vivant, dans les sables ou les vases qu'apportent les flots : aussi retrouve-t-on dans les sédiments des anciens fonds marins et des deltas des multitudes d'animaux fossiles dont toutes les parties sont admirablement conservées, même les plus délicates, ainsi que le montrent les beaux échantillons de nos musées provenant des couches de Solenhofen, de Monte Bolca, de Grignon, de Montmartre.

Il y a plus : sur les plages où les marées avaient une grande amplitude, comme aujourd'hui dans la Severn, le golfe de Saint-Michel et la baie de Fundy, le limon apporté par le flot a fréquemment recouvert les empreintes des pas d'animaux vertébrés, des chemins tracés par les crustacés, les vers et les mollusques, des marques faites par les gouttes de pluie et par de fortes rafales de vent. Ces limons graduellement durcis sont devenus ensuite des assises de schistes, de craie, de grès, d'argile ; et maintenant, après des millions d'années, on retrouve dans ces roches les empreintes d'un instant gravées plus profondes et plus lisibles, aux yeux des géologues, que ne le sont les inscriptions ambitieuses des anciens rois du monde. Mais ces magnifiques témoignages du passé ne sont communs que pour les êtres marins : il existe bien peu de chances de fossilisation pour tout ce qui vit sur les terres émergées, dans les airs et dans les eaux douces.

La conservation des formes organiques ou de leurs empreintes dépendant de conditions exceptionnelles, un très-grand nombre de couches sont en partie dépourvues de fossiles, tandis qu'immédiatement au-dessus et au-dessous les géologues peuvent découvrir par multitudes les débris des anciennes populations du globe. Aussi le manque de débris organiques dans les strates ne préjuge absolument rien contre l'existence de la vie durant telle ou telle période de l'histoire planétaire : les conclusions négatives de la vie que plusieurs savants ont voulu tirer de l'absence de fossiles dans plusieurs assises ne reposent sur aucun fondement certain. D'ailleurs l'exploration du globe est à peine commencée, et nombre de couches, où l'on n'avait encore vu que la roche brute, ont livré depuis à la science bien des trésors géologiques ; en outre, il ne faut point oublier qu'il y a de grands déserts au fond des mers comme sur la terre ferme.

L'apparition et la disparition des espèces fossiles ne concordent point d'une manière complète avec la succession des terrains, et par conséquent l'idée de cataclysme que l'on attachait souvent au terme de révolution géologique ne se trouve point justifiée. La continuité de la vie a relié toutes les formations les unes aux autres depuis les premiers êtres organisés qui se sont montrés sur la terre jusqu'aux multitudes qui la peuplent aujourd'hui. Telle espèce vécut seulement pendant une courte période de l'histoire planétaire ;

telle autre espèce apparaît dans une couche, rare encore et comme s'essayant à la vie, puis elle se multiplie de strate en strate pour diminuer ensuite pendant la série des âges et s'éteindre peu à peu ou bien même pour disparaître brusquement; d'autres formes génériques enfin ont traversé toutes les époques, et les représentants en existent encore après des millions de siècles. La durée de l'espèce dépend, non des révolutions diverses qui modifient le sol ou de toute autre cause extérieure, mais bien de sa vitalité propre. En général l'existence de chaque série d'êtres est d'autant plus longue que son organisation est plus rudimentaire. Les animaux invertébrés inférieurs ont tous parcouru un cycle géologique plus étendu que celui des animaux vertébrés supérieurs : les foraminifères traversent une série d'âges beaucoup plus longue que les mollusques; ceux-ci, de même que les poissons et les reptiles, vivent plus longtemps que les quadrupèdes; enfin les grands mammifères de l'époque tertiaire ont joui d'une existence relativement très-courte : ils n'ont pu résister comme les animaux inférieurs aux influences changeantes des climats. Plus un organisme s'élève, plus il est cantonné entre des limites étroites. Ce qu'il gagne en noblesse, il le perd, sinon en nombre, du moins en durée [1].

Dans quel ordre les espèces d'animaux se sont-elles succédé sur la terre? Naguère les géologues professaient à cet égard un système bien simple. D'après leurs idées préconçues, les animaux inférieurs, y compris la classe des crustacés, auraient exclusivement peuplé la surface de la planète pendant la formation des couches géologiques les plus anciennes; les poissons auraient fait leur première apparition pendant la période du vieux grès rouge; les reptiles auraient pris naissance dans ces golfes et ces bas-fonds

1. Collomb, *Bibl. de Genève, Archives scientifiques*, août 1866. — Wallich, *North Atlantic Seabed*, p. 95. — Lyell, Darwin, Gaudry, Carpenter, etc.

marécageux où s'accumulaient les débris végétaux qui, plus tard, se sont graduellement transformés en houille. Quant aux oiseaux proprement dits, ils auraient pour la première fois pris leur vol à l'époque crétacée; puis les quadrupèdes se seraient succédé suivant un ordre régulier, depuis les espèces inférieures jusqu'aux plus élevées. Le singe ne se serait associé au nombre des êtres vivants qu'immédiatement avant l'homme, et celui-ci aurait été créé après tous les autres animaux comme pour résumer en sa personne toutes les vies antérieures.

Les découvertes faites pendant ces dernières années par d'infatigables chercheurs, tels que Lyell, Forbes, Barrande, Owen, Leidy, Emmons, Wagner, ont singulièrement troublé la sériation des espèces établie d'avance. Aux fougères, aux cycadées et aux conifères que l'on croyait être les seules familles de plantes représentées dans les houilles se sont ajoutées beaucoup d'espèces appartenant à d'autres familles et même à l'ordre des dicotylédones. Plus de trente espèces de reptiles ont été trouvées dans ces mêmes couches, où, d'après les vues de plusieurs géologues, on n'aurait pas dû en découvrir un seul. Des mammifères de l'ordre des marsupiaux ont été retrouvés dans l'oolithe, dans les houilles jurassiques, jusque dans le dyas et dans le trias, à la fin des roches de formation paléozoïque. Des singes, d'une organisation au moins aussi élevée que celle des singes de nos jours, vivaient pendant la période du miocène supérieur, et l'homme était le contemporain de l'ours des cavernes, du mammouth, du mégathérium et d'autres grands animaux aujourd'hui disparus. Il ne se passe guère d'année sans que l'on découvre dans les strates de la terre de nouvelles formes animales et végétales reculant notre horizon géologique vers des espaces de plus en plus éloignés. Les faits qui témoignent de l'existence d'organismes supérieurs dans les anciennes couches terrestres sont devenus tellement nombreux que certains paléontologistes en sont venus à douter du développement progressif des séries animales et végétales pendant les périodes géologiques. D'après eux, ce serait dans chaque groupe d'espèces, et non dans l'ensemble des êtres, qu'il faudrait chercher l'ordre de développement[1]. Toutefois, si l'on embrasse d'un même regard l'ensemble des êtres au lieu de considérer seulement les avant-coureurs et les retardataires, on doit reconnaître qu'il y a eu certainement progrès dans les séries organiques. Par sa période de plus grande exubérance, la vie végétale a précédé la vie animale; les plantes dépourvues de fleurs ont été dans les premiers âges beaucoup plus nombreuses que les plantes à fleurs; les crustacés, les mollusques et autres animaux peu élevés ont eu leur âge d'or avant les poissons et les reptiles, et ceux-ci, de leur côté, paraissent avoir été les maîtres de la terre avant les mammifères. Même parmi ces derniers, le progrès semble très-probable, car la plupart des animaux jurassiques sont des marsupiaux et c'est dans l'âge tertiaire seulement que les grands mammifères ont atteint leur développement le plus complet[2]. Agassiz pense que les types des anciennes époques représentent les embryons des êtres actuels, de sorte que la paléontologie raconterait l'enfance du monde qui se trouve aujourd'hui dans sa virilité.

Quoi qu'il en soit, les couches géologiques à fossiles, depuis la plus ancienne jusqu'à la plus récente, sont presque toutes réunies les unes aux autres par des espèces communes à deux ou à un plus grand nombre d'entre elles. C'est grâce à la succession de ces diverses espèces, et en dépit des nombreuses différences de noms employés par eux, que les géologues sont maintenant à peu près d'accord sur la classification générale des terrains de toute la surface du globe. Les formations les plus anciennes ou paléozoïques, reposant

1. Lyell, *Supplément au Manuel*, p. 35.
2. Bronn, Albert Gaudry, Owen, Hermann von Mayer, Lartet.

sur le granit et les autres roches de nature analogue, comprennent les groupes taconique, cambrien, silurien et du vieux grès rouge : ce sont les premières strates où l'on trouve des restes d'êtres organisés : c'est là que naquit, « à l'aurore de la vie, » l'*eozoon canadense*, espèce de foraminifère trouvé dans le gneiss lui-même, et le trilobite de Braintree (*paradoxides Harlani*), qui dispute à l'eozoon l'honneur d'avoir été l'Adam de toute la faune terrestre[1]. A cette période

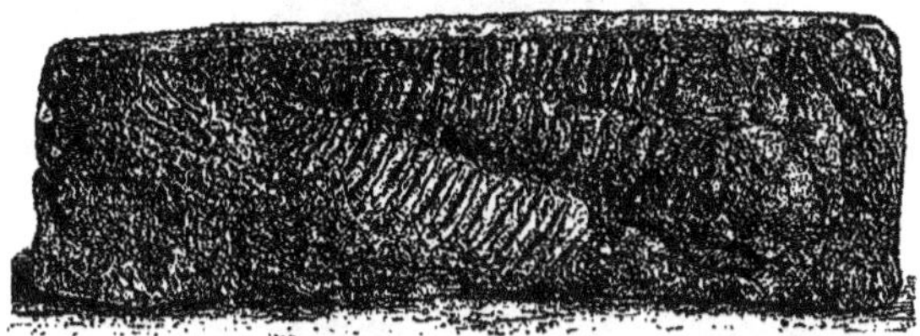

Fig. 4.

de l'histoire du globe, qui fut elle-même précédée de périodes inconnues, succéda l'âge des terrains carbonifères, renfermant les roches dites calcaires de montagne et les diverses assises de la formation houillère. Au-dessus s'étendirent les couches du nouveau grès rouge. Puis viennent dans la série géologique les nombreux étages jurassiques et crétacés, connus dans leur ensemble sous le nom de terrains secondaires. La dernière période précédant l'époque actuelle a vu se déposer les roches éocènes, miocènes, pliocènes et se rattache par les assises quaternaires aux formations qui se déposent sous nos yeux. Enfin les laves incandescentes, trachytes, dolérites, basaltes, qui sont venues des profondeurs et ont traversé les séries stratigraphiques, constituent une sixième classe de terrains.

1. C'est à l'obligeance de M. Marcou que nous devons la communication de cette photographie encore inédite du premier être connu.

La Terre, I. CARTE GÉOLOGIQUE DE L'ANGLETERRE Pl. III.

Si les groupes généraux sont les mêmes dans les deux hémisphères, les nombreux feuillets géologiques diffèrent singulièrement par leurs fossiles et leurs autres caractères distinctifs dans les diverses contrées du monde. Nulle part ils n'offrent de concordance absolue, et par suite il est très-difficile de les classer d'une manière certaine dans l'ordre respectif de leur succession. Autrefois, comme dans la période actuelle, les animaux et les plantes différaient suivant les climats, et les strates qui recevaient tous ces débris prenaient chacune en conséquence un caractère géologique spécial. Dans les diversités qu'offrent les flores et les faunes fossiles, quelle est la part des âges, quelle est celle du climat? Résoudre ce problème est une des grandes tâches de la science[1].

III.

Modifications incessantes dans la forme des continents. — Tentatives faites pour connaître l'ancienne distribution des terres et des climats. — Objet de la géologie. — Domaine de la géographie physique.

Quant aux âges nécessaires à l'accomplissement de l'œuvre géologique immense dont les couches de la terre racontent l'histoire, ils ont été certainement d'une prodigieuse durée, car les annales de l'humanité, comparées aux cycles du globe, ne sont qu'un moment fugitif et la chronologie cosmogonique des Indous peut seule donner une idée des périodes terrestres. Tous les calculs faits par les géologues sur la durée des grandes évolutions de la planète donnent pour résultat de formidables séries d'années, et

1. Marcou, *Roches du Jura*, p. 210.

c'est par millions ou même par milliards de siècles qu'on essaie d'évaluer la longueur de ces âges. Un mathématicien, M. Haughton, cherche à établir, d'après la formule de Dulong et Petit, qu'un simple abaissement de température de 25 degrés antérieur à l'époque actuelle de la planète a demandé environ 1,800 millions d'années. De même, pour la formation de chacune des couches qui constituent l'ensemble des archives géologiques de la surface, ont dû s'écouler de longues séries de siècles devant lesquelles la pensée reste confondue.

Les transformations incessantes de toutes les roches qui composent les couches extérieures du globe ne pouvaient s'accomplir sans modifier en même temps le relief et les contours des terres : aussi l'architecture générale des parties émergées n'a cessé de varier depuis le commencement des âges. Les anciennes chaînes de montagnes se sont écroulées pierre à pierre, molécule à molécule, pour se distribuer en sable et en argile sur les plaines et dans les mers ; de leur côté, les océans se sont graduellement exhaussés et les anciens fonds se sont changés en terres fermes qui se redressent çà et là en collines et en rangées de pics. A peine achevées, les strates étaient aussitôt attaquées pour aider à former d'autres strates. Comme saisie par un éternel remous, chaque molécule n'a cessé de voyager de roche en roche, et, par suite, les masses continentales, qui ne sont elles-mêmes que de vastes agglomérations de molécules, ont dû se déplacer incessamment sur le pourtour du globe.

Il serait du plus haut intérêt scientifique de pouvoir suivre à travers la série des âges ces déplacements des terres et les oscillations séculaires de leur relief : l'harmonie des formes continentales, déjà si belle à contempler malgré l'immobilité apparente de la terre, se montrerait bien autrement grandiose si l'on pouvait assister par la pensée à l'infinie succession des ondulations qui ont ridé la surface de la planète. Malheureusement, si les recherches directes des géologues peuvent nous apprendre quelles étaient les parties de nos continents actuels émergées à telle ou telle époque, elles ne peuvent nous révéler quelles régions englouties aujourd'hui par la mer s'élevaient jadis au-dessus de la surface. Ce sont donc seulement des cartes partielles qu'il est possible de dresser pour chaque période géologique; mais ces cartes, tout incomplètes qu'elles sont, n'en sont pas moins un admirable résultat des ingénieuses et patientes investigations des savants. Il est beau de pouvoir, après une série de siècles d'une longueur inconnue, reconnaître, parmi les diverses régions des continents, celles qui s'élevaient au-dessus de la mer à une même époque, et de retrouver ainsi, en tâtonnant, quelques traits de l'ancienne architecture du globe.

Le tort de plusieurs géologues, trop pressés de donner un commencement à la période actuelle, a été de voir, dans ces premières assises de nos continents, les seules terres qui existassent à cette époque de la planète. Il est possible qu'il fût un temps où la surface du globe était couverte d'eau sur toute sa rondeur et que la première terre fût un simple écueil; peut-être que les îlots, puis les îles, firent ensuite leur apparition et finirent par se grouper en archipels et par s'unir en continents; mais rien n'autorise à croire que, durant la formation des strates interrogées par les géologues, la proportion entre le sec et l'humide ait sensiblement changé. Si des terres nouvelles ont surgi là où l'examen des assises prouve que l'Océan s'étendait autrefois, en revanche, nombre de faits témoignent de la disparition sous les eaux de vastes contrées. Le plan général des continents n'a cessé de se modifier pendant la succession des âges : nos plaines, nos montagnes elles-mêmes ont été recouvertes des eaux marines, tandis que des chaînes de hauteurs et des plateaux se dressaient sous les latitudes du globe où roulent aujourd'hui les flots de l'Océan. Pour connaître d'une manière approximative l'ancienne extension des continents à travers les mers actuelles, il reste aux géologues un moyen, celui d'établir la concordance parfaite des assises d'une formation brisée et disjointe par les vagues. Entre la France et l'Angleterre cette correspondance des couches de l'un à l'autre rivage du Pas-de-Calais est tout à fait évidente.

CARTE GÉOLOGIQUE DU WEALD ET DU BOULONNAIS

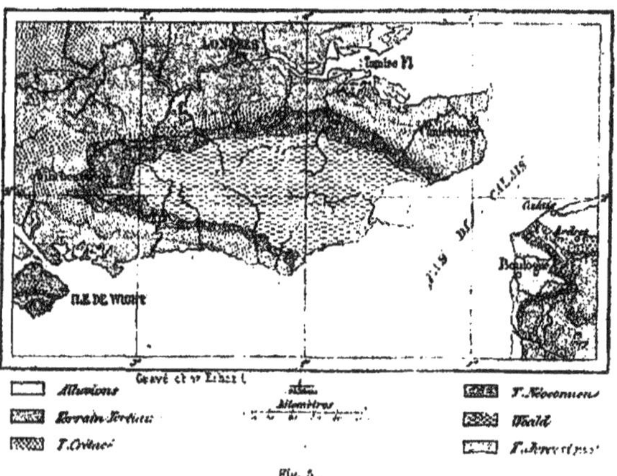

Fig. 5.

Les débris fossiles qui se trouvent accumulés en certains points de la terre où les transportaient les courants, témoignent aussi de l'ancienne extension de contrées aujourd'hui réduites à de faibles dimensions. Ainsi l'Attique, qui, dans l'époque actuelle, est une simple presqu'île rocheuse de la péninsule hellénique, devait certainement faire partie, à l'époque miocène, d'un continent offrant de vastes plaines, de grandes prairies herbeuses, des forêts touffues, et s'étendant au loin pour s'unir à l'Afrique à travers les espaces occupés de nos jours par la mer de Crête et l'Archipel. C'est là ce que racontent, d'une manière évidente pour le géologue, les restes des animaux gigantesques retrouvés dans les limons de Pikermi. Les bandes d'hipparions, semblables à celles des chevaux sauvages de l'Amérique du Sud, les troupeaux d'antilopes de diverses espèces, les hautes girafes, les mastodontes, les rhinocéros, le puissant dinothérium, le formidable machairodus, plus fort que le lion de l'Atlas, et tant d'autres animaux de grande taille, dont les ossements fossiles sont pétris avec le sol, ne pouvaient vivre sur des montagnes pelées ou parsemées de maigres touffes d'arbustes comme celles de l'Attique de nos jours : il leur fallait un vaste continent, pareil à celui de l'Afrique, où l'on voit encore, dans les parties non habitées par l'homme blanc, de si prodigieuses multitudes d'hippopotames, d'éléphants, d'antilopes, de zèbres et de buffles[1].

Les fossiles des deux séries végétale et animale servent à prouver, d'une manière encore plus directe, l'ancienne existence de terres aujourd'hui disparues. En effet, si l'on trouve les mêmes espèces fossiles dans les couches géologiques correspondantes d'îles et de continents séparés actuellement par des bras de mer et soumis à d'autres conditions climatériques, on peut en conclure naturellement que les contrées où vivaient ces espèces étaient alors réunies. C'est par de semblables concordances des faunes et des flores que les géologues ont pu constater l'ancienne existence de terres de jonction entre l'Angleterre et l'Irlande[2], entre l'Irlande et l'Espagne[3], et même entre l'Europe et l'Amérique.

En explorant les couches de lignite des terrains tertiaires de l'Europe, les géologues y ont en effet découvert des tulipiers fossiles, des restes de *cypres* ou cyprès de la Louisiane (*taxodium distichum*), des semences de robiniers, des pacanes

1. Albert Gaudry, *Animaux fossiles de Pikermi.*
2. Roderick Murchison, *Aniversary Address,* 1863.
3. Edward Forbes.

ou noix des États-Unis, des feuilles d'érable, de chêne, de peuplier, de pin, de magnolia, de sassafras, de taxus, de sequoia, ces géants des forêts de la Californie, et d'autres arbres de l'Amérique du Nord qui ne vivent plus dans les forêts européennes. A mi-chemin des deux continents, les lignites de l'Islande présentent une végétation fossile analogue. Comment les arbres américains pouvaient-ils avoir envahi les terres d'Europe si un continent, ou du moins une série d'îles rapprochées, n'avait servi de pont à travers l'Atlantique? De même, on a trouvé dans les couches miocènes des Mauvaises-Terres du Nebraska, comme dans les assises correspondantes de l'Europe, des rhinocéros, des machairodus, des paléothériums, c'est-à-dire exactement les mêmes restes d'animaux. L'existence d'une seule et même vie organique en deux continents dont la faune et la flore respectives sont aujourd'hui si distinctes, permet donc de conclure qu'à l'époque des lignites tertiaires de la molasse, les terres éparses et les massifs de montagnes peu nombreux qui formaient pour ainsi dire les rudiments de notre Europe se rattachaient aux rivages américains par un isthme séparant les eaux Atlantiques de celles de la mer Glaciale. Cet isthme était l'Atlantide, et les traditions dont Platon s'est fait l'interprète au sujet de cette terre disparue reposent peut-être sur des témoignages authentiques. Il est possible que l'homme ait vu cet ancien continent s'abîmer dans les mers et que les Guanches des Canaries aient été les descendants directs des premiers habitants de cette terre d'autrefois[1].

A une époque plus ancienne, alors que les fossiles qui se retrouvent aujourd'hui dans les couches jurassiques se déposaient au fond des mers, l'Atlantide existait aussi, mais avec des dimensions bien autrement considérables. Il paraîtrait que pendant ces âges terrestres un vaste continent,

1. Unger, *Die versunkene Insel Atlantis.* — Oswald Heer, Klee, Gaudry, etc.

comprenant la majeure partie des deux Amériques, l'Afrique, les Indes et la Nouvelle-Zélande, s'étendait, obliquement à l'équateur, entre les deux grands océans du nord et du midi. Ce continent, recouvrant à peu près, comme les terres actuelles, un tiers de la surface planétaire, séparait de son énorme masse les divers golfes où se déposaient les restes des êtres organisés : ce qui le prouve, c'est que les terrains jurassiques du Texas, sous les mêmes latitudes que celles du midi de l'Europe, n'offrent point, parmi leurs rares débris fossiles, les restes de ces nombreuses espèces de l'ancien monde qui pouvaient, comme leurs congénères de l'époque actuelle, voyager aux distances les plus considérables; s'il n'avait existé d'obstacles entre les deux bassins, ce contraste absolu entre les deux faunes eût été impossible. De même, les espèces des formations jurassiques de l'Afrique méridionale sont complétement différentes de celles de l'Himalaya, de la Perse, de l'Europe, ce qui conduit à admettre l'existence d'un continent intermédiaire empêchant la migration des êtres. Enfin, l'Australie de nos jours présente dans sa faune et dans sa flore la plus grande analogie avec les animaux et les plantes qui vivaient dans les mers du Jura d'Europe et sur leurs rivages. A la vue des kangurous australiens, qui rappellent les marsupiaux des roches jurassiques d'Angleterre, et de cet étrange ornithorhynque non moins bizarre que l'antique ptérodactyle, moitié oiseau, moitié batracien, ou que le problématique archéoptérix de Solenhofen, on ne peut s'empêcher de croire que l'Australie faisait partie de l'ancien continent jurassique. D'ailleurs, c'est sur les côtes de la Nouvelle-Hollande que l'on retrouve aujourd'hui les seuls représentants vivants de ces *trigonies* qui peuplaient jadis les mers du Jura[1].

Autour de la mer intérieure, qui est devenue l'Europe

1. Marcou, *Roches du Jura*, p. 331.

actuelle, la puissante masse continentale de l'époque jurassique projetait une large péninsule en croissant, à l'origine de laquelle débouchait un grand fleuve dont on retrouve encore le delta sur les rivages anglais de la Manche et jusqu'en Westphalie. Sur la nappe d'eau que cette péninsule protégeait des vents glacés de la zone polaire et que réchauffait le foyer des terres équatoriales, la température moyenne devait être beaucoup plus élevée qu'elle ne l'est aujourd'hui : elle était sans doute de plus de 20 degrés centigrades, à en juger par la présence de l'ichthyosaure et du plésiosaure [1]. Du reste, on le comprend, les contours et les conditions diverses de ces terres depuis si longtemps disparues sont encore bien loin d'être connues avec quelque degré de précision, et peut-être faudra-t-il encore des siècles de recherches avant que la carte du continent jurassique puisse être dressée d'une manière satisfaisante.

Des considérations analogues à celles qui ont fait découvrir approximativement le climat de l'Europe pendant la période jurassique ont aussi permis aux savants de hasarder quelques indications générales relativement aux oscillations climatériques offertes par les autres grandes périodes de l'histoire de la terre. Ainsi la température moyenne de l'Europe a été douce, puis s'est graduellement élevée pendant les âges siluriens ; durant la période des formations carbonifères, le climat a été très-chaud et très-humide, parce que les terres, placées surtout dans la zone torride, consistaient, pour la majeure partie, en une série non interrompue d'archipels. L'époque du trias fut relativement froide à cause de la grande extension des continents vers les pôles. Après les âges du Jura, qui furent très-chauds et très-secs, vinrent successivement une période tempérée, celle de la craie, puis une époque de chaleur, l'éocène, et les temps de plus en plus froids qui ont abouti à la période glaciaire, depuis laquelle

1. Marcou, *Roches du Jura*, p. 326 et suivantes.

la température augmente de nouveau. Telle est, dans le plus bref résumé, la succession des climats européens, d'après les inductions que Lyell[1], Marcou[2], Oswald Heer[3] et d'autres savants ont tirées des faits observés et classés avec soin.

On voit combien est grandiose la tâche de la géologie. Partant de l'étude de plus en plus approfondie des terrains actuels, cette science s'est donné pour mission de reconstituer, pour chacune des périodes successives de l'histoire du globe, la forme changeante des continents et des mers; elle suit, aux diverses époques, les vents et les courants qui se sont déplacés avec les continents eux-mêmes; elle essaye de mesurer, comme au thermomètre, les températures qui ont prévalu suivant les âges dans les diverses contrées de la terre; elle cherche enfin, au moyen des points d'attache que lui donnent les débris épars, de retrouver la merveilleuse filiation des espèces animales et végétales, depuis les premiers fossiles dont on n'a découvert qu'une empreinte à peine indiquée, jusqu'aux êtres innombrables qui peuplent aujourd'hui la terre. Non satisfaite encore de cet idéal qu'elle se propose, la science espère aussi pouvoir préciser un jour toutes les conditions dans lesquelles s'est développé chaque organisme des périodes écoulées, et signaler même, pour les poissons, les coquilles et les algues, jusqu'à la profondeur de l'eau où ces êtres ont vécu. L'astronomie sonde les gouffres infinis de l'espace; la géologie, de son côté, pénètre dans les abîmes du temps.

L'exploration des roches atteste de plus en plus la prodigieuse activité des forces qui renouvellent la terre. De même que la planète, avec ses sœurs et tous les astres de l'espace, est emportée dans un mouvement éternel, de même toutes les molécules qui composent la masse du globe changent incessamment de place et tournoient sans repos, en

1. *Manuel de Géologie.*
2. *Roches du Jura*, p. 335 et suivantes.
3. *Tertiär-Flora der Schweiz.*

un cycle non moins harmonieux que celui du ciel. Dans la première enveloppe de la terre, cet océan atmosphérique où s'alimente la vie des animaux et des plantes, circule le tourbillon continuel des vents soufflant du pôle à l'équateur vers tous les points de l'horizon. Dans l'océan des eaux, chaque goutte voyage aussi, de mer en mer, de la vague au nuage et des névés aux fleuves. Non moins mobile que l'atmosphère et que l'eau, la partie dite solide de la planète est seulement plus lente à déplacer ses molécules, et parfois, lorsque dans un court intervalle de jours, d'années ou de siècles, l'homme n'a pas encore vu de vastes modifications s'accomplir, il est tenté de dire que la terre est immuable. N'a-t-il pas aussi désigné comme fixes ces étoiles lointaines qui se meuvent pourtant dans l'éther avec une si prodigieuse vitesse ?

Les roches, les montagnes, les masses continentales sont dans un perpétuel changement et tournent autour du globe comme les eaux et les airs. Sous l'action des torrents et des agents atmosphériques, les monts sont nivelés et portés dans l'Océan; des contrées nouvelles se soulèvent hors des eaux, tandis que d'autres s'affaissent lentement et s'engouffrent; la terre se fend et laisse échapper au dehors les gaz et les matières fondues des couches profondes; enfin, par suite des incessantes réactions chimiques de l'intérieur de la terre, les roches elles-mêmes changent de composition, et les végétations de cristaux se succèdent dans la pierre comme les faunes et les flores sur le sol[1]. Bien plus, l'échange se fait également entre la terre et les espaces du ciel, ainsi que le prouvent les traînées de pierres embrasées qui se détachent des bolides lancés dans l'atmosphère et les chevelures de comètes dont le globe traverse parfois en rouant les ondes invisibles. La vie de la planète, comme toute autre vie, est une genèse continue, un tourbillon incessant

1. Otto Volger, *Erdbeben der Schweiz*, vol. II, p. 20

d'atomes tour à tour fixés et libres qui s'élancent d'organisme en organisme. Toutefois, dans quelque phase de ces modifications infinies qu'on la contemple, la terre reste toujours belle par sa forme, et les phénomènes qui s'y succèdent s'accomplissent avec une merveilleuse harmonie.

La géographie physique, se bornant à l'époque actuelle, décrit seulement la terre telle qu'elle vit aujourd'hui sous nos yeux. Elle n'a pas les grandes ambitions de la géologie, qui tente de raconter l'histoire de la planète pendant la succession des âges; mais c'est elle qui recueille et classe les faits, c'est elle qui découvre les lois de la formation et de la destruction des assises. Elle fraye la route à la géologie, et par chacun de ses progrès dans la connaissance des phénomènes actuels facilite une conquête de l'intelligence humaine sur le passé de notre globe. Sans elle, il eût été impossible de tenter même le premier pas dans le labyrinthe des âges disparus.

DEUXIÈME PARTIE.

LES TERRES.

CHAPITRE I.

LES HARMONIES ET LES CONTRASTES.

I.

Distribution régulière des continents. — Idées des anciens peuples à cet égard. — Légendes indoues. — Atlas et Chibchacum. — Le bouclier d'Homère. — Strabon.

Puisque le globe de la terre se conforme évidemment à des lois d'harmonie dans sa rondeur sphérique et sa structure générale, aussi bien que dans sa marche régulière à travers les espaces, il serait incompréhensible que sur cette planète aux allures rhythmiques la distribution des continents et des mers se fût opérée au hasard. Il est vrai que les contours des rivages et les crêtes des montagnes ne forment point sur la terre de réseaux d'une régularité géométrique; mais cette variété même est une preuve de vie supérieure et témoigne de mouvements multiples ayant concouru à l'embellissement de la surface terrestre. Le dessin si accidenté et cependant si harmonieux des lignes continentales est comme la représentation visible des lois qui pendant la série des siècles ont présidé au modelage extérieur de la planète. « Il n'y a pas un trait fondamental dans le relief de la terre qui ne soit un trait de géométrie [1]. »

Tant que la plus grande partie de la superficie du globe était inconnue aux géographes et qu'ils ignoraient même la vraie forme de la terre, on comprend que les hommes, embrassant de leur faible regard un horizon restreint, aient vu l'image du chaos dans l'entre-croisement des lignes géographiques. Il leur était impossible de se rendre compte des lois qui avaient présidé à la distribution des masses continentales, puisqu'ils n'en connaissaient même pas les contours; l'analyse des formes terrestres n'étant pas encore achevée, ils ne pouvaient en faire la synthèse, à moins d'affirmer sans preuves ou d'aventurer leur esprit dans les cosmogonies miraculeuses.

Du moins, les peuples enfants, assurés d'avance de la vie de cette bonne terre qui les nourrissait, ont-ils sans exception considéré la nature comme un immense organisme doué d'une suprême beauté. Pour les uns c'était un animal, pour les autres une plante, pour tous c'était le corps d'un dieu. Les idées qu'ils se formaient à cet égard sont en général ce que leurs traditions orales ou écrites offrent de plus précieux, car dans ces récits, où se révèle la plus haute expression de leur génie poétique, ils résumaient en même temps leurs croyances relatives à l'origine de la terre et à celle de leur race. Pour l'étude comparée de l'histoire, des mœurs et de l'idéal de chaque peuple, aucun livre ne serait plus utile que celui où seraient réunies toutes les conceptions cosmogoniques imaginées jusqu'à ce jour. D'ailleurs, on le comprend, ces légendes sont d'autant plus simples et plus

1. Jean Reynaud, *Terre et Ciel*, p. 26.

rudimentaires que la nature ambiante, dont elles sont en grande partie le reflet, était elle-même plus calme dans la manifestation de ses phénomènes. Les peuples du nord, qui se creusent des habitations souterraines pour éviter le froid et dont le territoire est pendant une grande partie de l'année glacé ou couvert de neige, ne peuvent mettre dans leur idée de l'harmonie du globe la même imagination que les hommes du midi, qui habitent au pied des plus hautes montagnes du monde et qui contemplent les grands phénomènes de la vie planétaire, les moussons, les ouragans, les crues soudaines des fleuves, la croissance rapide des puissantes forêts tropicales. Pour les Indous, tout dans la nature est mouvement, création incessante, foudroyante activité. Suivant un de leurs livres, Brahma, le travailleur éternel, créa la terre en regardant sa propre image dans l'océan de sueur découlé de son front.

Nombreuses sont les légendes indoues sur la formation de la terre et sur la distribution des continents; d'ailleurs la plupart de ces hypothèses cosmogoniques sont remarquables par leur hardiesse et par leur profond sentiment de la vie qui anime toutes choses. Quelque étranges que nous paraissent ces théories d'une poésie grandiose, elles n'en sont pas moins beaucoup plus vraies que ces arides nomenclatures dans lesquelles de malheureux érudits ont vu toute la géographie. D'après une ancienne croyance des Indous, analogue à celle de plusieurs peuples de l'Amérique, la terre n'est qu'un fardeau posé sur un éléphant gigantesque, symbole de l'intelligence et de la sagesse, tandis qu'une immense tortue, représentant les forces encore brutales de la nature, promène l'animal énorme sur une mer de lait, sans bornes comme l'infini.

Plus tard, les idées que les Indous se sont faites du globe ont singulièrement varié suivant les époques et les sectes. Pour les Brahmanes, la terre est un lotus épanoui sur la surface des eaux. Les deux péninsules du Gange et les autres contrées asiatiques sont la fleur épanouie, les îles éparses sur l'Océan sont les boutons à peine entr'ouverts, les terres lointaines sont les feuilles mollement étendues. Les Ghats et le Nilgherri sont les étamines de la fleur immense, tandis qu'au milieu se dresse le grand Himalaya, le pistil sacré où s'élaborent les semences du monde. L'homme, comme ces petits insectes qui voient l'infini dans une rose, bâtit ses villes imperceptibles près des nectaires de la fleur, et parfois il ouvre ses ailes pour glisser sur les mers, de la corolle des Indes à celle d'Ormuz ou de Socotora. Quant à la tige, elle disparaît dans la profondeur de l'Océan et d'abîme en abîme plonge ses racines jusque dans le cœur de Brahma.

Bien inférieures à cette conception bizarre, mais grandiose, qui du moins donnait à la terre le mouvement et la vie, sont toutes ces théories dogmatiques des prêtres syriens et des talmudistes hébreux, qui, par terreur du changement, voyaient dans la masse terrestre un bloc immobile appuyé solidement sur d'immenses colonnes de pierre ou de métal se perdant elles-mêmes dans le chaos primitif. Ces antiques et grossières hypothèses se retrouvent dans le mythe plus noble des Hellènes d'après lequel le globe de la terre aurait été posé sur les épaules d'un géant agenouillé. C'était là une idée plus conforme au génie plastique de la Grèce, qui cherchait à retrouver partout les proportions du corps humain, divinisé par la force et la beauté. Au fond, la conception était restée la même, mais la forme en était devenue plus poétique, et par suite plus agréable à l'esprit des peuples enfants. Imbus d'idées analogues, les aborigènes du plateau colombien de Bogota racontaient comment, en punition d'un crime, Bochica, la bonne déesse, avait condamné le géant Chibchacum à porter sur ses épaules la masse de la terre, qui reposait auparavant sur des piliers de bois de gayac. Les tremblements de terre n'auraient d'autre cause que les mouvements de fatigue ou d'impatience de cet Atlas du nouveau monde[1].

Quant aux idées relatives à la distribution des continents et des mers à la surface du globe, elles étaient nécessairement erronées chez tous les peuples anciens qui vou-

Fig. 6.

laient juger de la terre entière par les seules contrées plus ou moins connues.

D'après les chants d'Homère, qui sont l'expression même des idées des anciens Hellènes sur la nature et la société, la terre est un grand disque se relevant sur les

1. Bollaert, *Antiquarian Researches*, p. 12.

bords par une haute ceinture de montagnes, autour de laquelle le fleuve Océan roule ses larges ondes. Au milieu du disque, l'Olympe dresse dans le ciel ses trois sommets arrondis qui portent les palais des dieux bienheureux, et Jupiter, trônant sur la plus haute cime, voit à travers les nuages la foule des humains s'agiter à ses pieds. Les terres, séparées en deux moitiés par la nappe bleue de la Méditerranée, s'étendent au loin jusqu'à la bordure du disque, semblables à des figures en relief décorant un bouclier. Du haut de l'Olympe, les immortels contemplent à la fois les péninsules de la Grèce, les blanches îles de l'Archipel, les côtes de l'Asie Mineure, la plaine de l'Égypte, les montagnes de la Sicile, habitées des Cyclopes, et les colonnes d'Hercule, placées aux bornes du monde. Au-dessus de cet espace que peuplent les hommes s'arrondit le dôme cristallin du firmament soutenu par les piliers de l'Atlas et du Caucase.

Cependant les découvertes des voyageurs et les calculs des astronomes grecs devaient graduellement modifier cette théorie primitive. Strabon, qui du reste fut l'un des plus grands voyageurs de l'antiquité, puisqu'il avait parcouru la terre des montagnes de l'Arménie aux rivages de la mer thyrrhénienne et du Pont-Euxin aux frontières de l'Éthiopie, se faisait déjà une idée très-juste de la distribution réelle des continents de l'ancien monde et discutait avec une merveilleuse sagacité les rapports mutuels des parties qui constituent cet ensemble. Dépassant même les bornes des régions connues, il se hasardait à dire qu'il existait peut-être entre l'Europe occidentale et l'Asie orientale une terre habitée faisant équilibre à l'ancien monde. Dans son audace scientifique, il devinait même ce qu'a découvert depuis la géologie moderne, que « non-seulement de simples masses de rochers et des îles grandes ou petites, mais aussi des continents entiers peuvent être soulevés du sein des mers. » Ainsi que le grand Ritter l'a exposé avec un sentiment pour ainsi dire filial, Strabon est le vrai fondateur de la science géographique et c'est bien son œuvre que les savants modernes ont reprise, après tant de siècles frappés de stérilité par le césarisme romain et la barbarie du moyen âge.

II.

Inégalité des terres et des mers. — Hémisphère océanique, hémisphère continental. — Demi-cercle des terres. — Distribution des plus hauts plateaux et des plus grandes chaînes de montagnes autour de l'océan Indien et de la mer du Sud. — Cercle polaire. — Cercle des lacs et des déserts. — Équateur de contraction. — Rivages disposés en arcs de cercle.

Le fait le plus considérable qui frappe l'observateur à l'examen de la superficie du globe, est l'inégale étendue

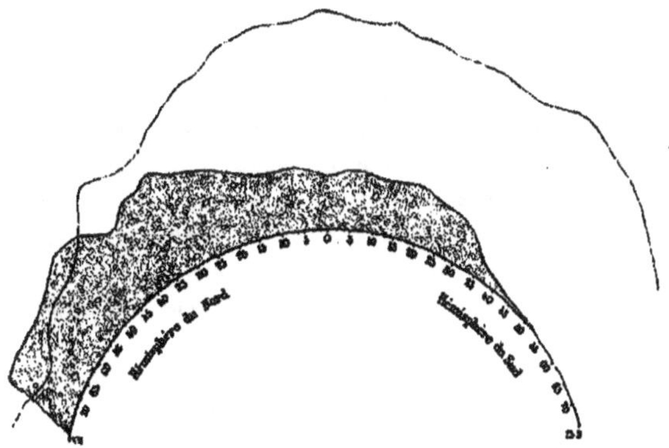

Fig. 7. — Dimensions relatives de la terre et de la mer aux diverses latitudes.

de l'Océan et des terres émergées. Bien qu'aux deux régions polaires il se trouve encore de vastes espaces inexplorés formant environ un seizième de la surface terrestre, cependant on peut dire d'une manière approximative que les mers couvrent les trois quarts de la rondeur de la planète. La figure précédente donne une idée de la répartition des terres et des mers dans les régions explorées du globe du 75° degré de latitude nord au 70° degré de latitude sud[1]. Il n'y a d'équilibre entre les deux éléments que sur deux parallèles de la rondeur terrestre, dont l'un tombe à 45 degrés de latitude nord, à moitié chemin de l'équateur au pôle. En cette partie de la circonférence terrestre, les continents occupent exactement la moitié de la surface du globe.

C'est principalement dans l'hémisphère méridional que se sont accumulées les eaux, tandis que les masses continentales se groupent dans l'hémisphère du nord. Ce premier contraste entre les deux moitiés de la terre devient bien plus saisissant encore si, au lieu de prendre les deux pôles pour centres des deux hémisphères, on choisit deux points situés respectivement au milieu des espaces océaniques les plus étendus et vers la partie centrale du groupe des continents. Que l'on décrive un grand cercle sur le globe autour de Londres, qui de nos jours est en effet le principal foyer d'attraction pour le commerce du monde entier, presque toute la surface des continents, enfermant le double bassin de l'Atlantique comme une mer intérieure, tombera dans cet hémisphère; l'autre moitié de la surface terrestre, dont le centre est situé vers la Nouvelle-Zélande, aux antipodes de la Grande-Bretagne, n'est guère occupée que par l'immensité des eaux. Les contrées antarctiques, l'Australie, la Patagonie et l'archipel voisin, sont les seules terres qui rompent l'uniformité de cet hémisphère océanique. D'après une hypothèse plausible, ce gonflement, cette turgescence des continents émergés sur un côté du globe, et cet afflux des eaux de l'Océan sur l'hémisphère opposé auraient pour cause le poids inégal des matériaux qui constituent la masse du

1. Dove, *Zeitschrift für allgemeine Erdkunde*. Jan. 1862.

globe et par conséquent le manque de coïncidence entre le centre de figure et le centre de gravité[1].

Le littoral des continents qui se développent autour du Grand Océan affecte une forme sensiblement circulaire : c'est une espèce d'anneau brisé au sud, du côté des glaces antarctiques. De la pointe méridionale de l'Afrique au Kamtchatka et des îles Aléoutiennes au cap Horn, les terres sont disposées en un immense amphithéâtre, dont le pourtour, égal à la circonférence du globe, n'est pas moindre de 40,000 kilomètres. Et ce ne sont pas de simples plages basses qui se déploient en hémicycle autour de l'hémisphère océanique : les plus hauts plateaux, les montagnes les plus élevées des continents s'alignent en un vaste demi-cercle précisément dans les contrées voisines du Pacifique et font pencher vers cet océan le centre de gravité de toutes les masses continentales.

Ainsi, c'est bien du côté de l'océan Indien, dépendance de la grande mer du Sud, que l'Afrique présente ses arêtes les plus élevées : c'est là que se trouvent les monts neigeux du Kenia et du Kilima'ndjaro et que se dresse le plateau de l'Éthiopie, semblable à une grande forteresse entourée de bastions. A l'orient de l'étroite porte de la mer Rouge s'élève un autre plateau, celui de l'Yémen, dont les pentes les plus rapides se tournent également vers les rivages de l'Océan.

Au delà, ce rempart de hautes terres, que l'on pourrait appeler la colonne vertébrale des continents, est interrompu par la dépression du golfe Persique et de l'Euphrate, mais il recommence au nord de la Perse. Le Caucase, l'Elburz, l'Hindu-Kuch, le Karakorum et le puissant Himalaya, dont les cimes se dressent à 9 kilomètres de hauteur au-dessus des plaines de l'Hindoustan, sont en moyenne de trois à quatre fois plus rapprochés de la mer des Indes que de l'océan Arctique ; cette différence d'ailleurs serait encore

1 Herschel, *Physical Geography*, p. 15.

bien accrue si l'on ne tenait compte des péninsules du Gange qui s'avancent au loin dans la mer comme les membres du grand corps asiatique. Considérée dans son ensemble, la masse du continent peut être ainsi divisée en deux ver-

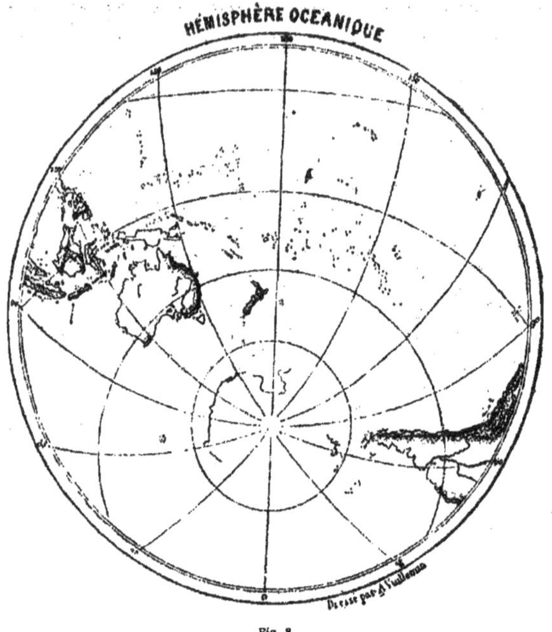

Fig. 8.

sants dont l'un descend rapidement vers les plaines riveraines de l'océan Indien, tandis que la contre-pente, hérissée de chaînes divergentes, s'incline de degrés en degrés vers les immenses *toundras* marécageuses qui bordent les mers glaciales.

Les grands plateaux de l'Asie centrale, limités au nord et au sud par ces chaînes de montagnes qui rayonnent en éventail du nœud de l'Hindu-Kuch, forment dans la direction du nord-est la partie culminante de l'amphithéâtre continental, puis au nord de la vallée de l'Amour, ils se continuent à une faible distance du littoral, par des rangées de

Fig. 9.

pics dominant les mers d'Ochotzk et de Behring. Au delà, les eaux du Pacifique se sont ouvert un passage pour aller rejoindre celles de l'océan Glacial; mais la ligne des montagnes ne s'en prolonge pas moins. Disposées en forme d'isthme brisé au sud du détroit, les îles Aléoutiennes réunissent les deux masses continentales de l'Asie et de l'Amérique du Nord : on dirait le rivage d'une ancienne terre submergée.

La haute péninsule d'Alachka, qui fait suite à la rangée des Aléoutiennes, est le point initial de cette série de hautes terres longeant les bords du Pacifique à travers les deux continents américains. Des chaînes parallèles, appuyées en certains endroits sur de grands massifs, se recourbent autour des rivages de Sitka, de la Colombie britannique et de la Californie, puis se fondent insensiblement dans le plateau de l'Anahuac. Celui-ci se continue au sud-est par une cordillère volcanique, çà et là interrompue; mais sur les rives

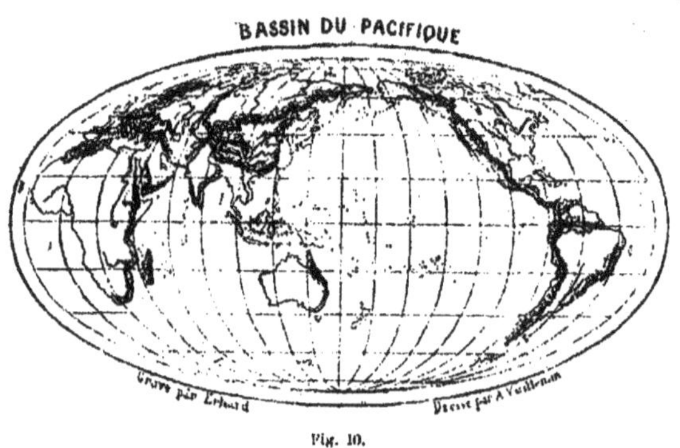

Fig. 10.

du golfe de Darien, la grande chaîne recommence, et plongeant les rochers de sa base dans les flots du Pacifique, développe sa double ou triple arête neigeuse jusqu'au détroit de Magellan. Les autres protubérances de l'Amérique méridionale qui s'élèvent à l'est de cette grande épine dorsale de la Colombie atteignent une hauteur bien moins considérable et sont contournées ou même traversées par des fleuves auxquels la neige des Andes a donné naissance. D'ailleurs, la pente abrupte de la chaîne mère est uniformément tournée du côté du Pacifique; la distance des bouches de l'Amazone aux sommets des Andes est au moins quinze fois plus longue

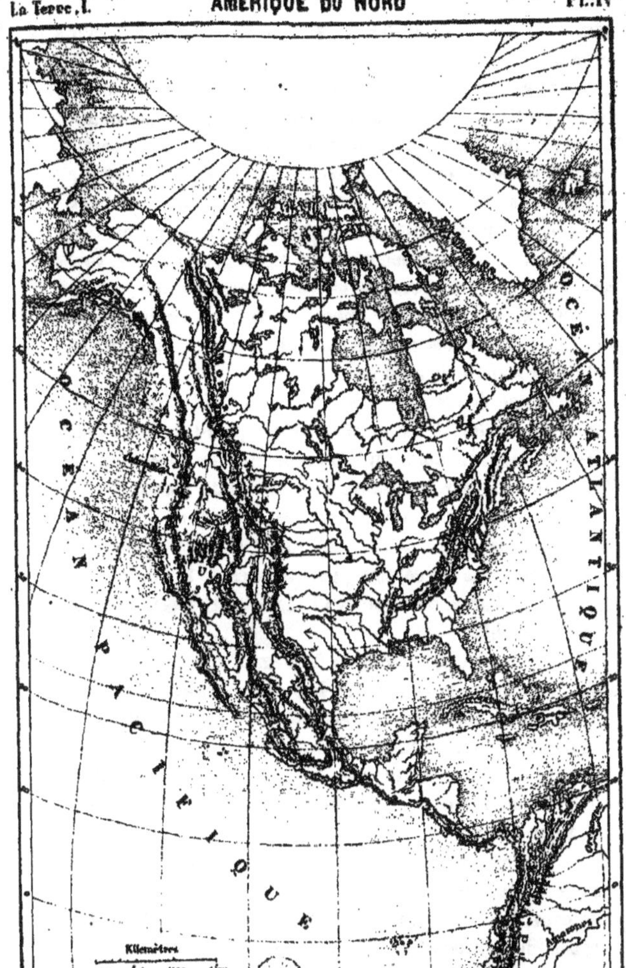

Gravé chez Erhard, 12 r Duguay-Trouin

Dressé par A. Vuillemin.

en moyenne que la distance de la crête au littoral de la mer du Sud.

Cet immense hémicycle de hautes terres que forme le rivage intérieur des masses continentales, du cap de Bonne-Espérance au cap Horn, n'est pas d'ailleurs le seul témoignage de la force toujours agissante qui tend à faire surgir les parties saillantes de la sphère terrestre suivant de grandes lignes circulaires. C'est ainsi qu'à la chaîne même des Andes vient se souder une série de montagnes et d'îles volcaniques se développant en un vaste cercle autour de la mer du Sud. C'est le grand anneau de volcans actifs signalé pour la première fois par Léopold de Buch et désigné par Carl Ritter sous le nom de cercle de feu [1].

De même, les rivages des continents et des îles tournés vers l'océan Glacial du nord se développent suivant une courbe circulaire. Autant qu'il est possible d'en juger d'après l'état actuel de nos connaissances sur cette partie de la terre, il semble qu'un cercle polaire incliné de 5 degrés environ vers le détroit de Behring aurait pour circonférence presque régulière les côtes septentrionales de la Sibérie, de l'archipel de Parry, du Groenland, des Spitzbergen et de la Nouvelle-Zemble.

Un autre cercle, incliné de 10 degrés sur le pôle dans la direction du méridien de Paris, passe à travers la plupart des mers intérieures de l'ancien et du nouveau monde. Cette courbe pénètre dans la Méditerranée par le détroit de Gibraltar, parcourt cette mer ainsi que le Pont-Euxin, unit la Caspienne et le lac d'Aral, qui, dans une époque géologique récente, ne formaient qu'une seule nappe d'eau, puis se prolonge vers le Pacifique par la chaîne des principaux lacs sibériens, y compris le Baikal. Sur le continent américain, la courbe traverse le lac de Winnipeg, la Méditerranée des grands lacs du Saint-Laurent, puis le Cham-

1. Voir le chapitre intitulé *les Volcans*.

plain et la baie de Fundy. Ainsi se termine cette grande série de dépressions continentales, qui certainement ne s'est point formée au hasard. Au nord de la Méditerranée, la plus importante de toutes ces mers intérieures, les mon-

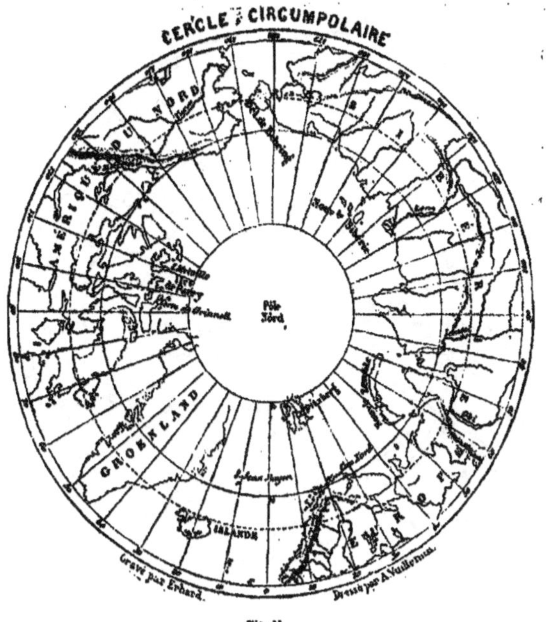

Fig. 11.

tagnes les plus élevées de l'Europe se dressent en un rempart analogue à celui qui contourne le Pacifique. En effet, les Pyrénées, les grandes Alpes et les Balkhans constituent une sorte de muraille à brèches nombreuses, beaucoup plus rapprochée de la Méditerranée que des mers du nord et présentant vers le sud leur pente la plus rapide.

Jean Reynaud a signalé [1] l'existence d'un autre anneau terrestre qui doit également s'être formé en vertu d'une grande loi géologique. Ce troisième cercle, incliné de 15 (ou plutôt de 20) degrés sur le pôle, passe par l'isthme de

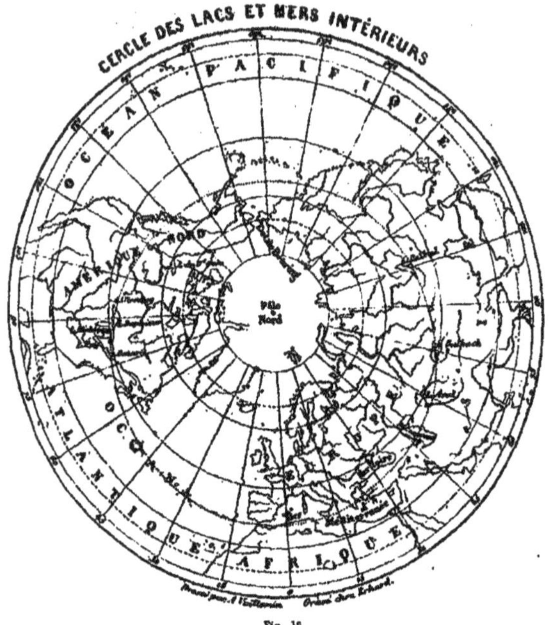

Fig. 12.

Panama, qui est la plus grande dépression de l'Amérique, et traverse dans l'ancien monde presque tous les grands déserts, dont plusieurs étaient couverts d'eau pendant les dernières périodes terrestres. Ces espaces sablonneux ou rocheux, disposés obliquement à travers les continents

1. *Terre et Ciel*, Éclaircissements scientifiques.

d'Afrique et d'Asie, sont le Sahara, les sables de l'Égypte, les Néfoud de l'Arabie, les plateaux salés de la Perse, enfin le Cobi ou Chamo, ne le cédant en surface qu'aux solitudes africaines. Chose remarquable, cette série d'anciennes mers est dominée au nord par diverses chaînes de montagnes,

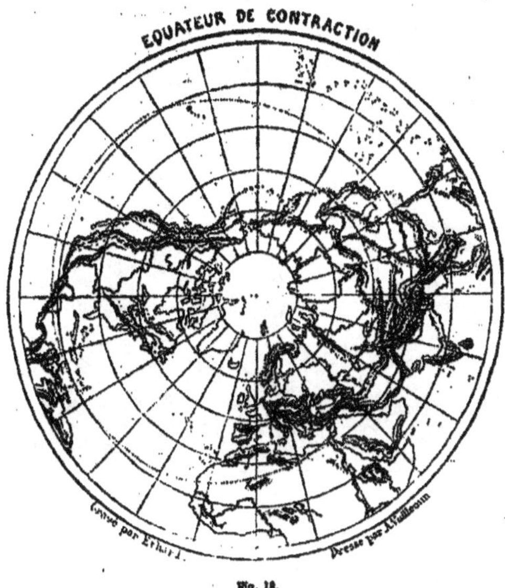

Fig. 18.

l'Atlas, le Taurus, le Caucase, l'Altaï; comme le Pacifique et la Méditerranée, les eaux disparues étaient bordées au nord d'un rempart de terres élevées. De quelque manière que se soit d'ailleurs formé cet anneau de mers et de déserts auquel Jean Reynaud avait donné le nom d'*équateur de contraction*, il est du moins impossible d'y voir un aveugle caprice de la nature.

Non-seulement les diverses régions de la terre qui

se distinguent par une frappante analogie de relief ou d'aspect sont disposées circulairement à la surface de la planète, mais les simples contours des continents semblent obéir eux-mêmes à une loi rhythmique en vertu de laquelle ils présentent une série d'arcs de cercle d'une régularité

RIVAGES DE LA MÉDITERRANÉE OCCIDENTALE

Fig. 14.

souvent presque parfaite. Les côtes des trois continents méridionaux, l'Amérique du Sud, l'Afrique, l'Australie, en offrent des exemples remarquables. Toutes les péninsules des continents du nord ont également leurs rivages découpés en arcs de cercle, et des multitudes d'îles, dont la Sicile peut être prise pour type, sont comparables à de véritables triangles sphériques. Cette disposition circulaire des côtes est tellement fréquente que plusieurs géologues ont même essayé de classer les terres suivant le degré de courbure des golfes et des baies.

III.

Division des terres en ancien et en nouveau monde. — Double continent américain. — Double continent d'Europe et d'Afrique. — Double continent d'Asie et d'Australie.

Si l'on peut considérer les masses continentales comme disposées suivant de grands cercles tracés autour de la sphère, on doit y reconnaître aussi l'effet d'une autre loi, en vertu de laquelle les groupes terrestres se sont distribués en trois doubles continents formant respectivement trois séries parallèles.

Au premier abord, il semble que les parties émergées du sol constituent seulement deux massifs, ceux de l'ancien et du nouveau monde, et ces massifs eux-mêmes ne paraissent guère offrir de ressemblances dans leurs formes extérieures. Cependant un examen attentif révèle une frappante unité de plan là où le premier regard ne faisait supposer que désordre et chaos. C'est que, par suite du croisement des diverses parties soulevées, les unes circulairement autour des mers, les autres parallèlement au méridien, il s'est produit entre les groupes continentaux une série de contrastes qui s'entremêlent aux ressemblances et font successivement prédominer les formes opposées dans la distribution générale des terres. D'ailleurs, ce mélange même est ce qui donne par la variété une si grande harmonie à l'ensemble du relief terrestre.

Pour l'étude comparative de la configuration des continents, il faut choisir l'Amérique comme type, parce que dans cette partie du monde la ligne de soulèvement dirigée du nord au sud est tangente à la courbe que décrivent les terres autour du Pacifique et se confond même avec elle

AMÉRIQUE DU SUD

OCÉAN PACIFIQUE

OCÉAN ATLANTIQUE

Orénoque

Rio Negro

Amazones

Madeira

Parana

Rio de la Plata

Gravé chez Erhard r. Duguay Trouin.

Dressé par A. Vuillemin

Kilomètres.

100 500 1000

sur une certaine étendue. Grâce à cette coïncidence des axes, le nouveau monde présente une très-grande régularité de formes. Il se compose de deux triangles dirigeant vers le sud leur sommet le plus aigu et se reliant l'un à l'autre par un isthme très-étroit. Ces deux moitiés de l'Amérique, dont l'une appartient tout entière à l'hémisphère septentrional, tandis que l'autre est tropico-méridionale, forment deux continents parfaitement distincts, et cependant elles offrent une si grande analogie de structure qu'elles constituent évidemment un seul couple. Toutefois, par un effet naturel de la divergence croissante qui se produit dans l'Amérique du Nord entre l'axe continental et le cercle de montagnes déployé autour du Pacifique, ce continent est plus grand que son compagnon du sud dans la proportion d'un septième environ, et ses contours sont beaucoup plus accidentés. La forme la plus typique est donc celle du continent méridional, que l'on devrait plus spécialement désigner sous le nom de Colombie.

Dans l'ancien monde, l'Afrique se conforme d'une manière évidente au même modèle que l'Amérique du Sud. Dans leur structure générale, les deux continents se ressemblent par leur grande masse triangulaire aux rivages faiblement infléchis, et l'analogie se retrouve même jusque dans les détails des golfes et des promontoires. Les contrastes sont, il est vrai, très-nombreux; mais ils se produisent avec tant de régularité et de rhythme, pour ainsi dire, qu'on doit y voir une nouvelle preuve de l'unité de formation dans les deux masses continentales.

Quant à l'Europe, on serait tenté d'abord de ne point y voir une partie du monde correspondant à l'Amérique septentrionale. En effet, cet ensemble de péninsules, qui, de nos jours encore, est la région la plus importante de toute la terre à cause de la civilisation de ses peuples, pourrait sembler n'être qu'un appendice géographique, un simple prolongement de l'Asie; on hésite presque à la comparer à l'Amérique du Nord, dont la masse occupe une superficie deux fois plus considérable. Cependant l'étude géologique du relief de l'Europe prouve qu'elle forme bien en réalité un continent distinct. A une époque antérieure elle était séparée de l'Asie par une nappe d'eau qui s'étalait de la Méditerranée au golfe d'Obi par le Pont-Euxin, la Caspienne et la mer d'Aral. Au pied des montagnes de l'Oural et de l'Altaï s'étendent ces steppes immenses qui gardent encore, comme la plupart des déserts, leur physionomie maritime d'autrefois, et qui limitent à l'orient le continent d'Europe d'une manière plus efficace que ne pourrait le faire une autre Atlantique. Le bras de mer qui séparait les deux parties du monde s'est desséché; mais, quoique réunies, les deux terres, jadis distinctes, n'en gardent pas moins leur caractère nettement tranché.

Ainsi, la géologie s'élève en témoignage pour constater la forme continentale de l'Europe et son analogie avec l'Amérique du Nord. Du côté du sud, aussi bien qu'à l'est, la ressemblance se continue entre les deux parties du monde. Il est certain que du côté méridional les terres d'Europe ne se rattachent plus à l'Afrique par un isthme semblable à celui qui relie les deux Amériques; mais, ainsi que le savait déjà Strabon, il suffirait d'un soulèvement de 100 mètres à peine pour qu'il se formât une langue de terre de la Sicile à la Tunisie entre les deux mers d'Espagne et de Crète. Un seuil sous-marin partage la Méditerranée en deux profonds bassins, et, grâce à son relief très-prononcé, peut être considéré comme un isthme véritable. Bien plus, la partie septentrionale de l'Afrique, c'est-à-dire les régions de l'Atlas comprises entre l'ancienne mer du Sahara et les côtes actuelles du Maroc, de l'Algérie et de Tunis, est certainement une antique dépendance de l'Europe. La science moderne a constaté que pour la faune, la flore et la constitution géologique, le littoral entier de la Méditerranée orientale, au nord comme au sud, forme un inséparable tout. Ainsi M. Bourguignat a nettement établi, par ses recherches sur les mollusques vivants, que le nord de l'Afrique n'a pas une seule espèce qui lui soit particulière, et que tous les types de ces animaux trouvés sur les pentes de l'Atlas proviennent de la péninsule ibérique. Le Sahara occidental et la Tripolitaine étant également vides d'espèces qui leur appartiennent en propre, il devient évident que ces dernières régions n'étaient point encore émergées du fond de l'Océan au commencement de l'époque actuelle, et que la Mauritanie continuait au sud la presqu'île de l'Espagne[1] : les promontoires de Ceuta et de Gibraltar faisaient encore partie de la même chaîne de montagnes. Les anciens n'ignoraient point que la Méditerranée avait été jadis fermée du côté de l'occident, puisqu'ils attribuaient à Hercule l'honneur d'avoir ouvert une porte entre les deux mers. Plusieurs auteurs regardaient même comme une fâcheuse nouveauté que les géographes eussent fait de l'Europe et de la Libye deux parties du monde distinctes l'une de l'autre : bien que séparées par la mer, les deux régions leur paraissaient appartenir au même ensemble géographique[2].

Les contours extérieurs de l'Europe rappellent d'une manière frappante ceux de l'Amérique septentrionale. Dans les deux continents, les rivages qui bordent l'Atlantique sont profondément découpés, et, laissant pénétrer la mer à de grandes distances dans l'intérieur des terres, projettent des péninsules au loin dans l'Océan. En Europe, la Méditerranée et la mer Baltique correspondent au golfe du Mexique et à toutes ces mers qui s'étendent entre le Groenland et la Nouvelle-Bretagne ; mais il est à remarquer que l'Europe, dont l'organisation est plus délicate et plus fine que celle de toutes les autres parties du monde, a les péninsules les plus dégagées de formes et les mers intérieures

1. Bourguignat, *la Malacologie de l'Algérie.*

2. Salluste, *Bell. Jug.*, c. 17 ; Von Hoff, *Verænderungen der Erdoberflæche*, I, 149.

les plus environnées de terres : ses presqu'îles sont devenues des îles, ses mers sont en même temps des lacs. Néanmoins, l'Europe correspond bien à l'Amérique du Nord, et forme avec l'Afrique un deuxième couple continental parallèle à celui du nouveau monde.

L'Asie et l'Australie constituent le troisième couple, bien que leur forme ne reproduise le type primitif que d'une manière assez imparfaite. Une rupture d'équilibre s'est accomplie au profit de la partie septentrionale, mais on re-

Fig. 15.

trouve néanmoins dans la configuration générale de ces grandes masses les traits principaux qui distinguent les autres doubles continents. Comme l'Amérique du Nord et l'Europe, l'Asie est géologiquement isolée; comme ces deux parties du monde, elle projette de nombreuses presqu'îles dans les mers environnantes, et si elle n'est pas reliée directement à l'Australie par un isthme continu, du moins les îles de la Sonde, « semblables aux piles d'un pont écroulé, » sont-elles jetées à travers les mers de l'un à l'autre continent. Quant à l'Australie, elle rappelle évidemment par sa forme régulière et presque géométrique, ainsi que par son manque absolu de péninsules, les deux autres parties du monde qui pénètrent dans les océans méridionaux.

Enfin, si l'on considère isolément l'ancien monde ou groupe oriental des continents, on y constate une double division binaire ou le partage des terres en quatre parties

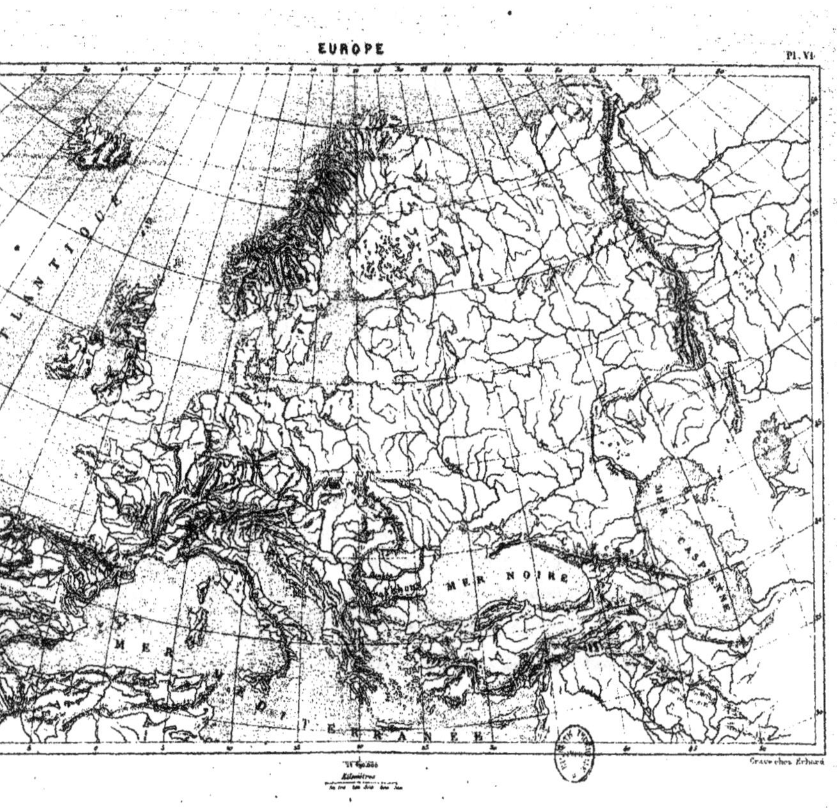
EUROPE
Pl. VI
MER NOIRE
MER CASPIENNE
Gravé chez Erhard
Kilomètres

disposées deux par deux au sud et au nord de l'équateur. C'est là ce qu'enseignaient déjà la plupart des anciens et ce qui leur avait fait donner au monde connu le nom de *Terra quadrifida*[1]. D'autres, obéissant aussi à des idées systématiques, croyaient que les terres émergées avaient la forme d'un œuf et se composaient de trois parties s'arrondissant autour du temple sacré de Delphes, « l'ombilic du monde. »

Ainsi l'on retrouve dans la forme extérieure des continents deux lois bien distinctes, l'une d'après laquelle ils se

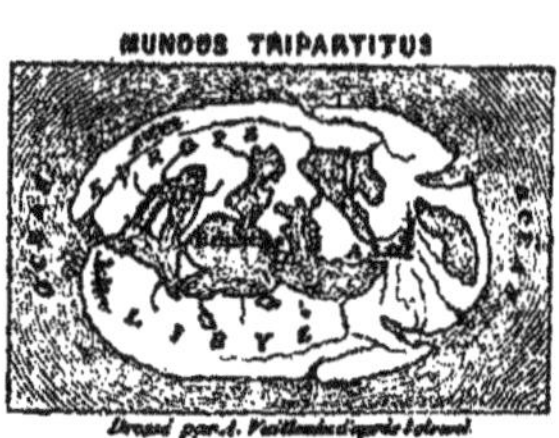

Fig. 16.

sont disposés en cercles, obliquement à l'équateur, l'autre qui les a distribués sur trois lignes parallèles au méridien. C'est même à cette complication qu'est due l'apparence irrégulière des doubles continents de l'ancien monde, car là se croisent les deux axes de formation, et par conséquent il s'y produit une grande diversité dans le relief de la terre. Les ressemblances et les contrastes qu'offrent entre elles les deux moitiés du monde s'expliquent d'ailleurs parfaitement lorsqu'on les rattache à l'un ou l'autre ordre de faits. Que l'on considère les terres émergées comme formant trois doubles continents parallèles, on est alors frappé de l'analogie qu'ils présentent dans l'ensemble et dans les détails; que l'on admette au contraire la division usuelle des masses continentales en deux mondes, l'ancien et le nouveau, on saisit

1. Joachim Lelewel, *Pytheas de Marseille*.

alors la raison des contrastes, cet autre genre de ressemblance. C'est ainsi qu'on s'explique la variété des formes de l'Europe, considérée, soit comme une moitié d'un couple continental parallèle aux deux Amériques, soit comme une grande péninsule de l'Asie dans cet immense anneau des terres qui s'arrondit autour de l'Océan. Non moins que dans une étoffe, on peut discerner la chaîne et la trame dans le merveilleux tissu de la surface du globe.

Le trait principal du relief de l'ancien monde est l'énorme élévation des terres près du centre de l'Asie, au croisement des hautes chaînes de l'Hindu-Kuch, dans toute cette région grandiose à laquelle on avait donné avec justice le nom de « Toit du monde. » Ce pays si élevé autour duquel rayonnent l'Himalaya, le Karakorum, le Kuenlun, le Thian-Chan, le Soliman-Dagh et d'autres chaînes de montagnes, qu'est-il, sinon l'endroit de la terre où se croisent les deux axes continentaux, dirigés l'un du nord au sud, l'autre du sud-ouest au nord-est, parallèlement aux contours du Pacifique? En se rencontrant, les deux vagues terrestres se sont superposées comme le font en pleine mer deux lames arrivant de points divers de l'horizon. C'est bien là, au croisement des axes, que se trouve le véritable faîte de la terre, le centre orographique des continents, qui est en même temps le centre de dispersion des peuples âryens. Par un remarquable contraste, c'est précisément aux antipodes de cette région de hautes plaines et de montagnes si élevées que s'étendent les parties du Pacifique les plus dépourvues d'îles, et probablement aussi les plus profonds abîmes de l'Océan.

IV.

Analogies principales entre les continents : forme pyramidale des parties du monde; pentes et contre-pentes. — Bassins fermés de chaque massif continental. — Péninsules méridionales de chaque groupe de continents. — Hypothèse des déluges périodiques. — Disposition rhythmique des presqu'îles.

Chaque continent, considéré à part, peut être assimilé à une masse pyramidale ayant une base énorme et un sommet placé loin du centre de figure. Ainsi le mont Blanc, cime culminante des Alpes, est situé à une faible distance relative des côtes occidentales et méridionales de l'Europe : celle-ci, dans son ensemble, est une pyramide dont la hauteur n'est que le millième de la base et dont les versants tournés vers l'Asie et l'océan Glacial ont une longueur quadruple en moyenne des pentes inclinées vers l'Océan et la Méditerranée. Le continent asiatique a pour cimes les hautes montagnes de l'Himalaya, et de ces points élevés les faces du pays s'inclinent suivant des pentes très-diverses vers les océans opposés : d'un côté, la chute est rapide jusqu'aux plaines et aux golfes de l'Hindoustan ; de l'autre, la contre-pente est d'une longueur beaucoup plus considérable.

Le relief général de l'Afrique est moins connu; cependant, il est probable que le mont Kenia et le Kiliman'djaro sont les hauteurs culminantes du polyèdre continental, et ces hauteurs, se dressant loin du centre de l'Afrique, présentent aussi, d'un côté, une inclinaison relativement brusque, de l'autre une contre-peute très-allongée. En Australie, même phénomène, car les monts les plus élevés de ce continent sont probablement ceux qui se trouvent dans la Nouvelle-Galles du Sud, à une faible distance des bords du Pacifique :

de ces montagnes à l'océan Indien, l'éloignement est au moins sextuple.

Enfin, les deux Amériques peuvent être également considérées comme deux solides ayant leur sommet loin du centre de figure, l'un à l'Orizaba ou au Popocatepetl, l'autre dans le groupe des montagnes boliviennes. Malgré toutes les diversités de relief qu'offrent les continents, malgré les bassins et les dépressions de leur surface, c'est dans un très-petit nombre de régions que le sol des terres présente des cavités inférieures au niveau de la mer, et ces cavités, comme les alentours de la Caspienne et la vallée de la mer Morte, sont précisément situées sur les confins respectifs de deux continents, l'Europe et l'Asie, l'Asie et l'Afrique. Même les dépressions du Sahara d'Algérie, dont le sol est en certains endroits plus bas que la Méditerranée, sont le fond de l'ancienne mer qui séparait jadis la véritable Afrique des contrées de l'Atlas.

Un autre grand trait de ressemblance entre les divers massifs continentaux est que chacun d'eux renferme, à une distance considérable des rivages océaniques, un ou plusieurs bassins fermés où s'étalent les eaux qui ne peuvent s'épancher sur les versants extérieurs : ces concavités, ayant leur système particulier de lacs et de rivières, sont autant de mondes à part. C'est dans le continent asiatique, le plus grand de tous et celui dont le centre de figure est le plus éloigné de la mer, que les bassins hydrographiques de l'intérieur offrent la plus grande étendue. Ils comprennent presque toute la superficie des hauts plateaux de la Tartarie et de la Mongolie, c'est-à-dire les bassins du Lob-Nor, du Tengri-Nor, du Koko-Nor, de l'Oubsa-Nor; puis, à l'ouest des grandes chaînes de l'Asie centrale, ils embrassent le plateau de l'Iran, le bassin du Balkach, ceux de la mer d'Aral, des lacs de Van et d'Ourmiah. Par la dépression de la Caspienne, la série des bassins fermés de l'Asie se relie à celui de l'Europe, qui s'étend jusqu'au centre même de la Russie, aux sources de la Kama et du Volga. Ensemble, toute cette région, dont les eaux, des collines du Valdaï russe aux plateaux de la Mongolie, ne trouvent pas d'écoulement vers la mer, comprend un espace au moins aussi vaste que l'Europe. Les deux continents d'Amérique ont aussi leurs systèmes isolés de lacs et de rivières occupant une position correspondante, l'un dans le « Grand Bassin, » entre les montagnes Rocheuses et la Sierra Nevada de Californie, l'autre sur le plateau de Titicaca, entre la chaîne des Andes et les Cordillères proprement dites. Quant à l'Afrique, elle a plusieurs bassins fermés dont le principal est celui du lac Tchad, situé au centre du continent. Enfin l'Australie elle-même, en dépit de sa faible étendue relative, a ses lacs Torrens, Gairdner et autres, qui ne communiquent pas avec la mer[1].

Ainsi que l'avait déjà remarqué Bacon, les trois groupes de continents offrent aussi les uns avec les autres une singulière ressemblance par la forme péninsulaire de leurs pointes terminales tournées vers l'océan Antarctique. Ces trois presqu'îles méridionales du monde ne s'avancent pas également loin dans la mer, puisqu'elles se trouvent respectivement à 36, 44 et 56 degrés de latitude, mais elles sont reliées les unes aux autres par un cercle idéal incliné de 10 degrés sur le pôle du Sud[2]. Les distances respectives des trois extrémités continentales sont sensiblement égales sur la périphérie terrestre, car les espaces maritimes compris entre le cap de Bonne-Espérance et le cap Horn, le cap Horn et la Tasmanie, celle-ci et le sud de l'Afrique, sont à peu près dans le même rapport que les nombres 7, 8 et 9.

Chacun de ces promontoires avancés de la terre semble avoir été en partie démoli par les flots. Ainsi l'Amérique du Sud présente à son extrémité l'image d'une immense ruine : le tortueux détroit de Magellan la sépare de la Terre de Feu,

1. Voir la *Mappemonde*, pl. I.
2. Jean Reynaud, *Terre et Ciel*.

qui est elle-même partagée en plusieurs îles par un dédale de canaux et que garde au sud, comme un lion couché, le formidable îlot du cap Horn. A la pointe méridionale de

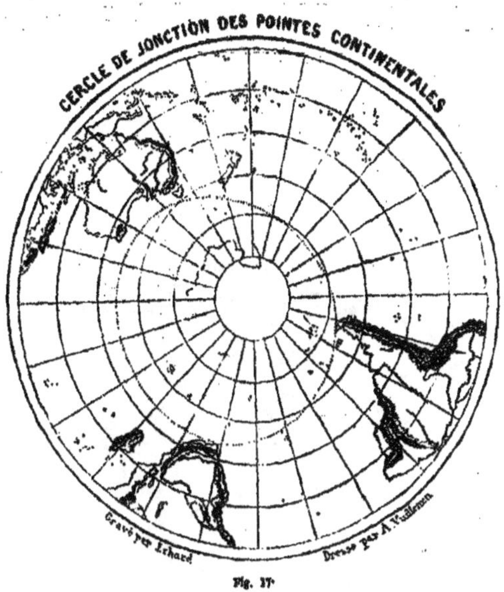

Fig. 17

l'Afrique s'avance un autre cap des Tempêtes, celui auquel l'espoir de découvrir les Indes fit donner le nom de cap de Bonne-Espérance : à l'est de ce promontoire, qui tient au continent par des plateaux et des montagnes, pénètre au loin dans la mer le grand banc des Aiguilles, sur lequel vient se rompre la force des courants et qui est sans doute le débris d'une terre disparue [1]. Enfin, le continent australien a pour

1. Houzeau, *De la Symétrie des formes des continents.*

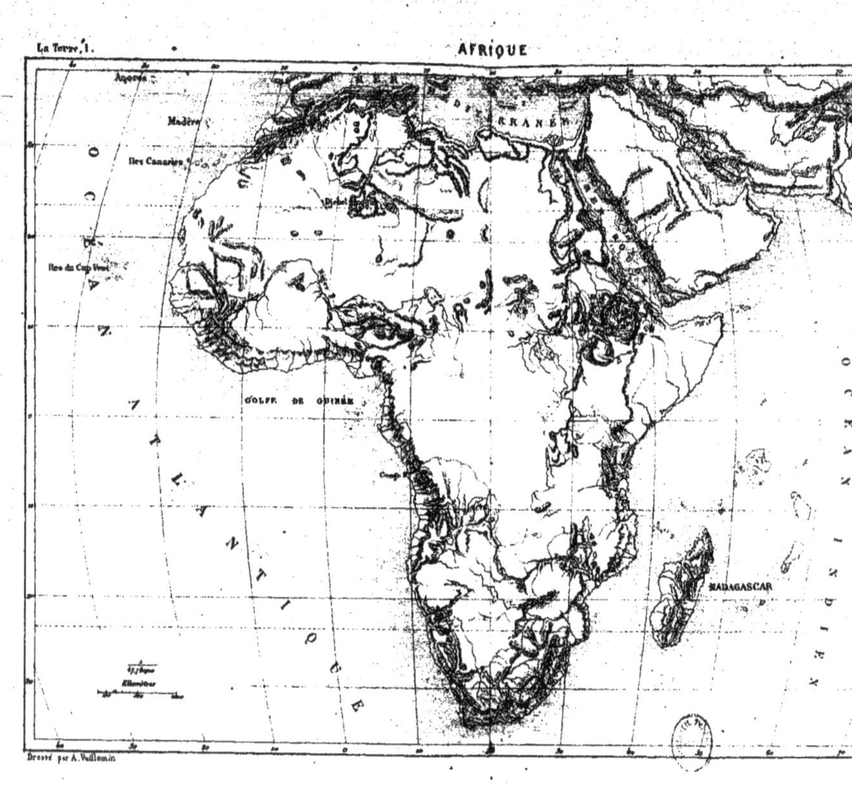
La Terre, I.
AFRIQUE
Açores
Madère
Iles Canaries
Iles du Cap Vert
OCÉAN ATLANTIQUE
GOLFE DE GUINÉE
MADAGASCAR
OCÉAN INDIEN
Kilomètres
Dressé par A. Vuillemin

prolongement méridional le rivage escarpé de l'île Van-Diemen, car, par sa position géographique, cette terre appartient évidemment à l'Australie; l'erreur de Cook, qui ne voyait dans la Tasmanie qu'un promontoire de la Nouvelle-Hollande, était plus apparente que réelle. Ce qui complète encore la ressemblance entre les pointes terminales des trois continents de l'hémisphère antarctique, c'est que chacune des mers qui s'étendent à l'orient de ces terres baigne une île ou un archipel considérable. A l'est de l'Australie, c'est la Nouvelle-Zélande; à l'est du continent colombien, l'archipel de Falkland; à l'est de l'Afrique, la grande île de Madagascar.

Ces remarques de Bacon, développées depuis par Buffon, Foster, le compagnon de Cook, et dans les temps modernes par Steffens, Carl Ritter, Arnold Guyot et d'autres géographes, ont donné lieu à cette hypothèse qu'un terrible déluge provenant du sud-ouest s'est jadis élancé sur les continents de l'hémisphère méridional pour les éroder, les déchiqueter, en porter les débris dans les continents du nord et former ainsi ces longues pentes qui descendent vers l'océan Glacial arctique. Les terres du nord se seraient ainsi démesurément agrandies aux dépens de celles du sud, dont il ne resterait, pour ainsi dire, que le squelette. C'est à cette grande inondation, sculptant à nouveau les masses continentales, que le voyageur russe Pallas attribuait le transport des innombrables corps de mammouths engloutis dans le sol des *toundras* sibériennes. On sait que cette hypothèse a été reprise depuis par M. Adhémar et ses disciples. Pour ces géologues, qui voient les grands agents de rénovation terrestre dans une série de déluges périodiques descendant alternativement du nord et du sud tous les dix mille cinq cents ans, les ossements que l'on retrouve en Sibérie auraient été apportés par l'avant-dernier déluge, provenant de l'effondrement des glaces du pôle austral. Suivant l'une des hypothèses, la dernière débâcle serait venue du sud; suivant l'autre, elle aurait commencé dans le nord. Il est donc prudent d'écarter ces idées contradictoires, attribuant à un cataclysme la forme péninsulaire des continents du sud. D'ailleurs, on ne doute plus aujourd'hui que le mammouth et le rhinocéros n'aient vécu en Sibérie, dans le pays même où l'on retrouve actuellement leurs débris[1].

Presque toutes les grandes péninsules de la terre, le Groenland, le Kamtchatka, la Corée, et jusqu'aux presqu'îles que révélerait une soudaine dénivellation des mers, s'allongent aussi dans la direction du sud. Bien plus, les trois continents du nord prennent séparément pour type de leurs articulations méridionales l'ensemble des trois continents du sud et projettent chacun trois péninsules dans les mers qui les baignent au midi : aux trois presqu'îles du monde correspondent, en Europe, en Asie et dans l'Amérique du Nord, trois groupes de presqu'îles secondaires.

C'est dans l'ancien monde surtout que ces articulations péninsulaires se sont formées avec régularité, et pour ainsi dire, avec rhythme et mesure : de continent à continent, elles offrent les analogies les plus frappantes. L'Arabie, par la fière et simple beauté de ses contours, rappelle la forme élégante et majestueuse de l'Espagne; l'Hindoustan, par la molle ondulation de ses rivages et la rondeur de ses baies, correspond à l'Italie; l'Inde transgangétique, par ses indentations nombreuses et l'énorme développement de ses rivages, est la contre-partie de cette Grèce si belle dont on compare si justement la forme à celle d'une feuille de mûrier. Dans les deux continents, les péninsules deviennent de plus en plus articulées, de plus en plus vivantes, pour ainsi dire, dans la direction de l'occident à l'orient. Les presqu'îles méditerranéennes surtout présentent ce phénomène remarquable d'une variété de contours d'autant plus grande que le pays est plus rapproché du soleil levant. Les baies nom-

1. *Die neuesten Arbeiten über das Mammuth, Mittheilungen von Petermann*, IX, 1866.

breuses qui échancrent les côtes de l'Espagne, le long de la Méditerranée, se développent en arcs de cercle réguliers équivalant en moyenne au quart de la circonférence; les golfes de l'Italie, ceux de Gênes, de Naples, de Salerne, de Manfredonia, s'étalent en demi-cercles complets sur le pourtour de la péninsule, tandis que la plupart des golfes de la Grèce découpent très-profondément le rivage et forment même des méditerranées en miniature, comme la mer de Lépante.

Il faut remarquer aussi que l'Espagne et l'Arabie, ces deux péninsules analogues, n'offrent à l'est de leurs côtes, aux contours sobres et sévères, que des îles de peu d'importance. L'Italie et l'Inde, dont les formes sont plus riches, ont aussi chacune leur grande île, et de leurs pointes méridionales elles effleurent, l'une la Sicile, l'autre Ceylan. Quant à la Grèce et à la presqu'île transgangétique, les mers qui les baignent à l'orient sont parsemées d'îles et d'îlots sans nombre, semblables à une couvée d'oiseaux s'ébattant sous l'aile de leur mère. Les deux péninsules orientales que possède en outre le grand continent d'Asie, la Corée et le Kamtchatka, sont également toutes les deux accompagnées d'un archipel.

Les trois péninsules méridionales de l'Amérique du Nord n'offrent point dans leur aspect la même régularité que celles de l'Europe et de l'Asie. Par suite de la forme étroite et allongée du continent lui-même, deux de ces presqu'îles, la Floride et la basse Californie, semblent atrophiées en comparaison des organes analogues des continents de l'ancien monde. L'autre appendice péninsulaire, beaucoup plus développé parce qu'il se trouve dans l'axe même du nouveau monde, n'est autre que l'isthme contourné de l'Amérique centrale. Il suffirait, en effet, d'une simple dépression de 30 mètres pour que le Pacifique et la mer des Antilles rejoignissent leurs nappes entre les deux continents américains; d'ailleurs, il paraît qu'à une époque géologique récente, un détroit, large d'au moins 60 kilomètres, unissait les deux mers à travers la plaine, aujourd'hui remplie de laves, que dominent, d'un côté, la Sierra de Maria Enrico, de l'autre, la Sierra Trinidad[1]. Un seul trait du relief terrestre peut remplir à la fois plusieurs fonctions : c'est ainsi que, précisément aux antipodes de l'Amérique centrale, les îles de la Sonde servent en même temps d'isthme entre les deux continents de l'Asie et de la Nouvelle-Hollande.

Nombreuses sont les autres analogies que présentent entre elles les diverses parties du monde ; mais elles peuvent être pour la plupart ramenées aux précédentes, ou bien elles sont du domaine de la géologie proprement dite.

V.

Articulations nombreuses des continents du nord; lourdeur de formes des continents du sud. — Inégalité des continents de l'ancien monde. — Développement des côtes en raison inverse de l'étendue des terres. — Contrastes de l'ancien monde et du nouveau. — Axes transversaux l'un à l'autre de l'Amérique et de l'ancien monde. — Contraste des climats dans les divers continents : nord et sud, orient et occident.

Un contraste facile à constater est celui de la forme des rivages continentaux. L'Amérique septentrionale, l'Europe et l'Asie ont, comparativement à leur masse, une longueur de côtes très-considérable. Des golfes profonds, des mers intérieures les pénètrent jusqu'à de grandes distances et leur pourtour se hérisse de péninsules dentelées : on peut dire que par leur organisation ces masses continentales ressemblent à des corps articulés et pourvus de membres.

1. Moritz Wagner, *Mittheilungen von Petermann*, 1861.

ASIE

OCÉAN GLACIAL

OCÉAN PACIFIQUE

OCÉAN INDIEN

Myriamètres

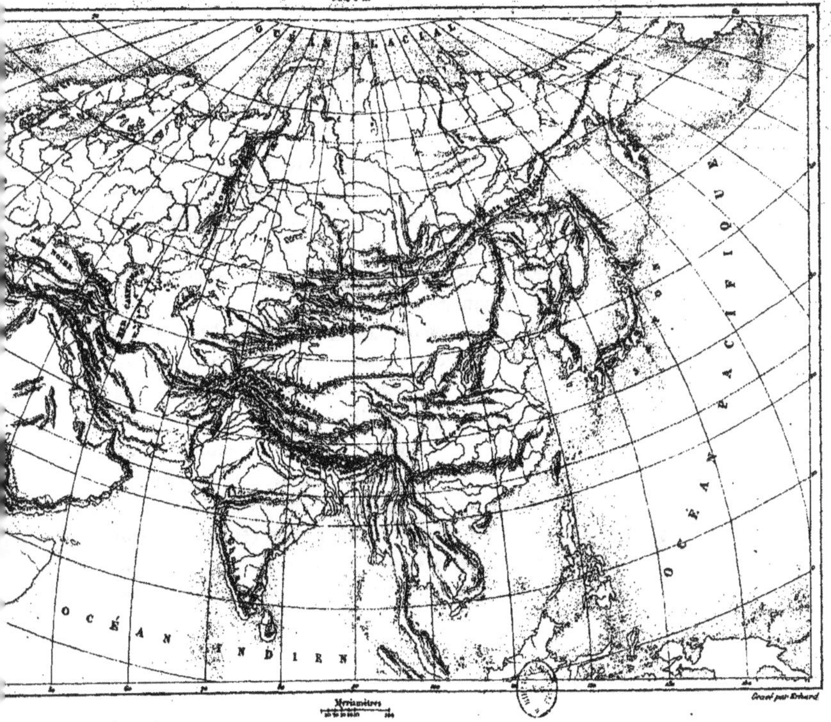

Gravé par Erhard

L'Amérique du Sud, l'Afrique et l'Australie semblent avoir, par contre, une conformation rudimentaire; leur pourtour est d'une régularité et d'une simplicité presque géométrique; leurs golfes ne sont que des échancrures peu profondes dans la ligne à peine mouvementée des rivages, et les promontoires qui ont pris une forme péninsulaire manquent à peu près complétement. Ces continents représentent dans l'échelle de l'organisation terrestre une phase inférieure de la vie. Toutefois, cette lourdeur de contours et ce manque de péninsules sont en grande partie compensés par la position plus océanique des continents du sud et par la prépondérance qu'y présente le climat torride. En effet, sous les tropiques, l'air, plus chaud, se sature d'une plus grande quantité d'humidité, et les courants atmosphériques, plus rapides et plus réguliers, transportent les vapeurs marines à travers de plus vastes espaces. Grâce aux pluies torrentielles, aux vents alizés, aux ouragans, les énormes masses de l'Amérique du Sud et même de l'Afrique sont exposées à l'influence océanique autant que les autres parties du monde profondément découpées de golfes et de baies. Quant aux trois continents du nord, dont les rivages sont au contraire tailladés et déchiquetés, c'est à leurs mers intérieures qu'ils doivent de respirer sur un développement de surface assez considérable ces vapeurs aqueuses sans lesquelles ils ne seraient que d'immenses déserts.

La superficie des continents n'est pas un fait moins important que leur forme, et les contrastes offerts sous ce rapport par les diverses parties du monde sont aussi des plus frappants. Tandis que les deux moitiés de l'Amérique sont presque égales en étendue, les quatre continents de l'ancien monde diffèrent beaucoup en superficie les uns des autres. A elle seule, l'Asie comprend un espace de terres plus grand que celui des deux Amériques réunies. De son côté, l'Europe, projetée dans l'Océan comme une simple péninsule de l'Asie, est de quatre à cinq fois plus petite que l'énorme masse à laquelle elle se rattache. Au sud, l'Afrique dépasse trois fois l'Europe en surface, tandis que l'Australie, comparée à sa voisine du nord, dont l'étendue est six fois plus considérable, ne mérite guère que le nom de grande île. Il faut remarquer toutefois que, par un phénomène de pondération des plus curieux, les deux moitiés de chaque couple continental sont disposées de manière à s'équilibrer sur la rondeur terrestre. Dans le couple de l'occident, l'Afrique, qui est la partie prépondérante par sa masse, se trouve au sud, tandis que la petite Europe s'étend au nord. Dans le couple oriental, c'est le phénomène inverse : au nord est le grand continent d'Asie, au sud les terres de la Nouvelle-Hollande correspondant à l'Europe.

SURFACE DES CONTINENTS.

Premier couple.

Amérique du Nord	20,600,000 kil. carrés.
Amérique du Sud.	18,000,000

Deuxième couple.

Europe.	9,900,000
Afrique.	29,125,000

Troisième couple.

Asie	43,440,000
Australie	7,700,000

On peut aussi comparer les continents en indiquant les distances de leur centre de figure au rivage océanique le plus rapproché.

RAYONS DES CONTINENTS:

Premier couple.

Amérique du Nord.	1,750 kil.
Amérique du Sud	1,500

Deuxième couple.

Europe	770 kil.
Afrique	1,800

Troisième couple.

Asie.	2,400
Australie	990

Cette grande inégalité des continents pourrait surprendre si l'on ne savait que, d'après la belle loi exposée par Geoffroy Saint-Hilaire, toute fonction ne peut se développer dans un organisme qu'aux dépens d'une autre fonction. L'Europe est petite, il est vrai; mais quelle richesse de côtes, que de golfes et de péninsules sur son pourtour, que d'îles et d'îlots dans ses mers! Les terres et les eaux y sont disposées par couches alternantes comme pour y former une immense pile électrique où les acides, les plaques de métal et les fils conducteurs sont remplacés par les mers, les terres et les courants aériens. L'Europe est si diversement articulée que ses côtes ont un développement total plus considérable que celles de l'Amérique méridionale ou de l'Afrique elle-même, qui couvre pourtant un espace d'une si grande étendue. Quant à l'Australie, elle semble au premier abord déroger par sa forme pesante à cette loi d'après laquelle les masses continentales les plus petites sont en même temps les plus hautement organisées; mais il ne faut pas considérer l'Australie comme un corps isolé; il importe de tenir également compte de cet isthme allongé d'îles et d'îlots qui la rattache à l'Indo-Chine. Là sont parsemés de nombreux archipels de terres ayant un développement total de côtes presque incalculable et par conséquent tous les avantages de climat, de richesse et de fécondité que donne une situation maritime : là, plus que dans toute autre partie du monde, se déploie la magnificence de la vie terrestre par la splendeur et la variété de ses productions.

Les tableaux suivants qui donnent en kilomètres pour chaque continent la longueur absolue et relative du littoral maritime sont donc nécessairement incomplets. Comment séparer de l'Europe l'Angleterre, l'Irlande, la Sicile et les îles de la Grèce, toutes contrées qui ont joué un si grand rôle dans l'histoire de la civilisation? Comment négliger les Antilles dans le nouveau monde, les Moluques, l'archipel de la Sonde et le Japon à l'orient du continent d'Asie?

LITTORAL MARITIME.

Premier couple.	
Amérique du Nord	48.230 kil.
Amérique du Sud	25,770
Deuxième couple.	
Europe	31,906
Afrique	20,215
Troisième couple.	
Asie	57,758
Australie	14,400

RAPPORT DU LITTORAL A LA SURFACE.

Premier couple.			
Amérique du Nord	1 kil.	pour	407 kil. carrés.
Amérique du Sud	1	—	689
Deuxième couple.			
Europe	1	—	289
Afrique	1	—	1,420
Troisième couple.			
Asie	1	—	763
Australie	1	—	534

En tenant compte des principales îles, la Grande-Bretagne, l'Irlande, la Sardaigne, la Sicile et quelques autres.

on évalue le développement total des côtes d'Europe à 43,000 kilomètres, soit à 1 kilomètre pour 229 kilomètres carrés de surface.

Dans les deux continents du nouveau monde, les plateaux et les plaines offrent une surface à peu près égale en étendue et, sous ce rapport, ont une harmonie qui n'existe pas pour l'ancien monde. Toutes les contrées occidentales de l'Amérique du Nord, aussi bien qu'une grande partie des régions orientales, sont des plateaux, soit unis, soit dominés par des chaînes de montagnes; les plaines qui s'étendent entre ces deux systèmes d'élévations et qui comprennent les bassins fluviaux de l'Amérique anglaise et du Missouri-Mississipi sont sensiblement égales en surface aux terres élevées qui les bordent des deux côtés. Dans l'Amérique du Sud, les plaines sont relativement plus étendues; cependant, si l'on ajoute à la chaîne des Andes et à leurs contre-forts tous les plateaux colombiens, ceux du Pérou et de la Bolivie, les massifs de Famatina, d'Aconquija, de Cordova, les *sierras* des Guyanes, les chaînes du littoral brésilien et de Minas Geraës, les degrés gigantesques de la Patagonie, entre l'arête des Andes et le bord de l'Atlantique, on trouve que l'équilibre est à peu près égal entre les hautes et les basses terres de cette partie du monde. D'après Humboldt, dont les chiffres devraient d'ailleurs être contrôlés soigneusement avec les moyens que nous donne une connaissance de plus en plus exacte du relief terrestre, l'élévation moyenne de l'Amérique du Nord serait de 228 mètres, celle de l'Amérique du Sud atteindrait 351 mètres.

Les continents de l'ancien monde n'offrent point la même harmonie dans la configuration générale de leur relief. L'Asie, prise dans son ensemble, est un vaste système de plateaux s'étendant des promontoires de l'Asie Mineure à ceux de la Corée et des rivages du Béloutchistan à ceux de la province d'Ochotzk. La région centrale de l'Asie, entourée par les plus hautes montagnes du globe, est elle-même le massif terrestre le plus élevé de tous les continents et, dans certains endroits, atteint la hauteur moyenne de 3, 4 et 5,000 mètres. La superficie totale des plateaux de l'Asie est évaluée par Humboldt aux cinq septièmes de cette partie du monde : la Mésopotamie, les plaines du Gange et de l'Indus, la Chine proprement dite ou « Fleur du Milieu » et les *toundras* sibériennes forment ensemble les deux autres septièmes du continent. En revanche, l'Australie est relativement très-pauvre en plateaux et en chaînes de montagnes; de toutes les parties de la terre c'est celle qui a le moins de saillie au-dessus de l'Océan. On ne saurait encore en donner l'élévation moyenne que d'une manière très-hypothétique, puisque les régions de l'intérieur sont en grande partie inconnues; mais ce continent doit avoir au plus le tiers de l'altitude de l'Asie, évaluée approximativement par Humboldt à 355 mètres.

L'Europe, située dans le groupe de l'ancien monde diagonalement à l'Australie, offre, comme ce continent, une grande prédominance des plaines sur les plateaux. L'Europe orientale presque tout entière est une campagne unie, et cette campagne, en grande partie cultivée, mais çà et là tourbeuse et couverte de bruyères, se prolonge par la Pologne et la Prusse jusqu'aux frontières de la France et de la Belgique : dans cet immense espace, le sol est tellement uniforme que sur une distance de 3,950 kilomètres, de Nijni-Novogorod à Cologne, il n'existe pas un seul tunnel de chemin de fer. Dans l'Europe occidentale, qui est, au point de vue de l'histoire, la véritable Europe, les terres élevées sont, il est vrai, très-nombreuses; mais elles se réduisent pour la plupart à de simples chaînes de montagnes de chaque côté desquelles s'étendent des plaines considérables. Les seuls plateaux qui aient une importance notable dans l'architecture générale du continent sont ceux de la péninsule ibérique, de la Souabe et de la Turquie : ils s'appuient tous les trois, avec une sorte de rhythme, sur une chaîne

AUSTRALIE ET ARCHIPELS VOISINS.

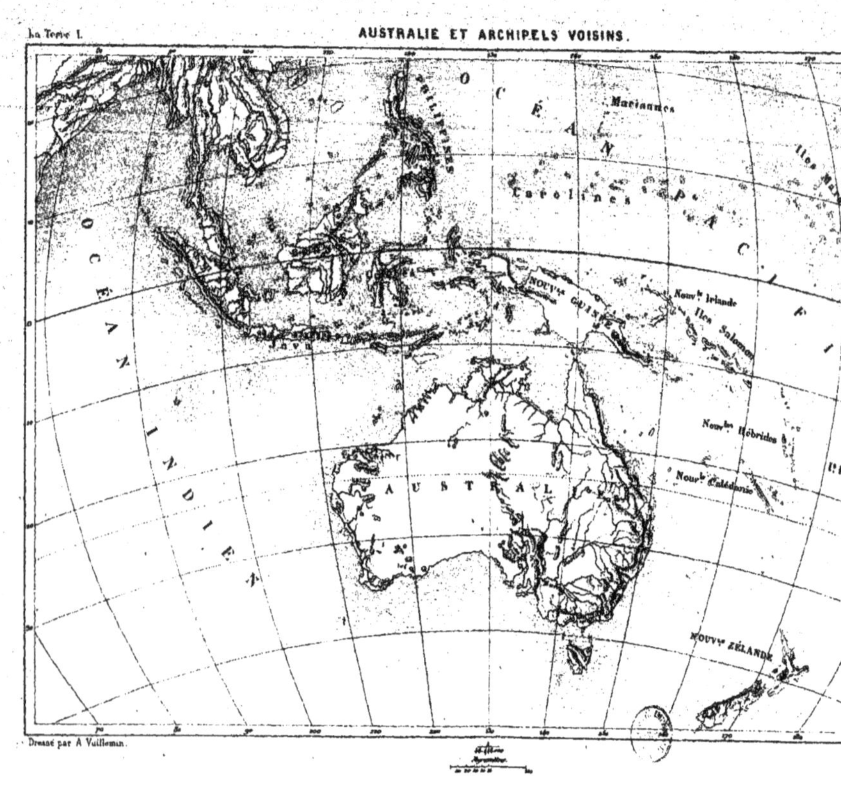

Dressé par A. Vuillemin.

de montagnes dont l'autre versant domine des nappes horizontales d'alluvions. Au nord des Pyrénées et du plateau d'Espagne s'étendent les plaines de la Garonne et du Languedoc; au sud du plateau bavarois et de la muraille des Alpes, les fertiles campagnes de la Lombardie et du Piémont continuent la surface unie de la mer Adriatique; enfin, les terres basses du Danube sont séparées des plateaux de la Turquie par la chaîne des Balkhans, qui se développe presque parallèlement à celle des Pyrénées[1].

A cause du petit nombre de plateaux qui se trouvent en Europe, la hauteur moyenne de ce continent est à peu près deux fois moindre que celle de l'Asie : d'après Humboldt, elle serait d'environ 205 mètres. Quant à l'Afrique, inutile de dire que l'élévation moyenne ne saurait en être fixée; mais les voyageurs modernes qui ont pénétré dans l'intérieur de cette partie du monde en ont assez vu pour qu'il soit permis d'affirmer l'analogie de l'Afrique et de l'Asie sous le rapport de la hauteur des terres. A l'exception de l'Égypte, des plaines du Niger, de quelques régions du littoral et des parties du Sahara que l'Océan recouvrait naguère, le continent est en entier composé de plateaux s'appuyant pour la plupart sur de hautes chaînes de montagnes. Cette *loi des diagonales* que présentent dans leurs dimensions respectives les quatre continents de l'ancien monde, existe également pour leur architecture générale. Les deux continents où dominent les plateaux, l'Asie et l'Afrique, sont disposés diagonalement aux deux continents où les plaines sont plus étendues, l'Europe et l'Australie[2].

Un autre grand contraste de l'ancien et du nouveau monde est celui qu'offrent les parties centrales de ces groupes. Entre les deux Amériques s'étend une mer de forme à peu près circulaire, entourée de tous les côtés par

1. Carl Ritter, *Europa*.
2. Guyot, *Earth and Man*.

une ceinture d'îles et de rivages continentaux. Le centre de l'ancien monde, au contraire, est occupé par les plaines de la Mésopotamie et par de hautes terres vers lesquelles se dirigent obliquement plusieurs mers. Le golfe Persique, la mer Rouge, la Méditerranée, le Pont-Euxin, la Caspienne, entourent cette région centrale des continents orientaux et viennent en frapper obliquement la masse pentagonale à des intervalles presque symétriques. A voir la forme et la direction de ces mers, on dirait que la région qu'elles circonscrivent a subi une espèce de torsion, comme si elle était entraînée dans un vaste remous.

Par un autre phénomène de pondération bien remarquable, les plus hautes montagnes de chacune des deux moitiés du monde sont situées dans les hémisphères opposés, mais à égale distance de l'équateur. Près de l'un des tropiques se dressent l'Himalaya et les autres grands massifs de l'Asie; près de l'autre tropique s'élèvent les Andes de la Bolivie et du Chili.

Une autre différence des diverses parties du monde doit être signalée. En conséquence de la disposition annulaire des continents autour du grand Océan, les côtes occidentales de l'Europe et de l'Afrique correspondent aux côtes orientales du nouveau monde, au lieu de rappeler celles de l'ouest, ainsi que le voudrait l'analogie. Au nord, la Scandinavie fait contre-poids au Groenland. Plus au sud, les deux rives qui se regardent à travers l'Atlantique septentrional se ressemblent d'une manière frappante par leurs découpures nombreuses, leurs golfes profonds, leurs péninsules et leurs îles, tandis qu'il n'y a aucune symétrie de forme entre les côtes de l'Europe et celles des Californies et de la Colombie anglaise. Quant à l'Afrique, plusieurs géographes, et Humboldt lui-même, ont cru que ce continent et l'Amérique du Sud avaient leurs côtés correspondants orientés dans le même sens. Il n'en est pas ainsi : ces deux parties du monde offrent entre elles le même constraste que les deux mains de l'homme. Il y a symétrie et non pas égalité. En effet, les plus hauts plateaux et les montagnes les plus élevées de l'Afrique se dressent à l'est de ce continent, tandis que la chaîne des Andes domine les rivages occidentaux de l'Amérique du Sud. Les plus grands fleuves africains, l'Orange, le Congo, le Niger, le Sénégal et même le Nil, déversent directement ou indirectement leurs eaux dans le bassin de l'Atlantique, où vont se jeter également ces fleuves immenses du continent colombien, la Plata, le courant des Amazones, l'Orénoque, la Magdalena. De même, les déserts sahariens qui s'inclinent vers l'océan Atlantique répondent aux *llanos* du Venezuela et aux *pampas* de la Plata, tournés vers le même bassin océanique. Enfin, les deux isthmes de Suez et de Panama occupent chacun à l'angle de leur continent une position symétrique, mais opposée. En conséquence, il faut considérer le cap Vert comme la pointe correspondante au promontoire brésilien de Saint-Roch, et le golfe de Guinée est représenté, de l'autre côté de l'Océan, par ce vaste demi-cercle de rivages qui se développe au sud du Brésil. Même au fond de la mer la symétrie persiste, puisqu'un soulèvement de 4,000 mètres aurait pour résultat de faire surgir du milieu de l'Atlantique une longue terre séparée de l'Europe et du nouveau monde par deux canaux parallèles.

Dans chacun des deux groupes de continents, les pentes et les contre-pentes sont disposées en sens inverse. En Afrique, en Europe et en Asie, les terres tournent leur déclivité la plus allongée dans le sens de l'ouest et du nord vers l'océan Atlantique et les mers glaciales. Dans le nouveau monde, c'est également du côté de l'Atlantique, c'est-à-dire vers l'est, que descend la contre-pente du continent. Il en résulte un contraste qui est en même temps une harmonie : les deux mondes sont tournés l'un vers l'autre, et leurs côtes, leurs plaines, leurs rivières, et toutes les régions approrpiées au séjour de l'homme sont ainsi rendues d'un accès plus facile.

Un autre contraste, et peut-être le plus important de tous pour l'histoire de l'humanité, est celui qu'offrent les deux groupes de continents par leur disposition transversale l'un à l'autre. Tandis que les contrées les plus riches et les plus vivantes de l'ancien monde, du détroit du Gibraltar à l'archipel du Japon, s'étendent de l'ouest à l'est, parallèlement à l'équateur, le nouveau monde s'allonge du nord au sud dans la direction du méridien. Placé en travers du chemin que suivent les vents, les courants et les peuples eux-mêmes venus de l'autre massif des terres émergées, ce double continent reçoit et développe les germes de vie dont l'élaboration a commencé de l'autre côté des mers. Cette disposition transversale de l'Amérique, relativement à l'ancien monde, est l'un des traits principaux du relief planétaire et l'un de ceux qui influent d'une manière décisive sur l'avenir de toute la race humaine[1].

Enfin, il ne faut pas l'oublier, les principaux contrastes des masses continentales proviennent naturellement de toutes les oppositions produites par les différences de longitude et de latitude. Ces contrastes sont ceux du climat, et leur vraie cause se trouve dans la forme de la terre et dans ses mouvements autour du soleil.

Ainsi le contraste astronomique entre le nord et le sud partage nettement les parties du monde en deux groupes distincts. Les trois continents du nord appartiennent à la zone tempérée dans presque toute leur étendue et ne projettent que leurs péninsules avancées, d'un côté dans la zone glaciale, de l'autre dans la zone torride. Quant aux trois continents méridionaux, c'est entre les tropiques ou dans la zone tempérée du sud qu'ils offrent leur principal développement. Ils reçoivent la plus grande somme de chaleur annuelle et par conséquent deviennent le théâtre des phénomènes les plus remarquables de la vie planétaire : c'est

1. Voir dans le deuxième volume le chapitre intitulé *la Terre et l'Homme*.

là que s'opèrent les croisements des vents et des pluies entre les deux hémisphères et que se forment les ouragans; c'est là que s'étendent les immenses déserts; c'est aussi là que la végétation se montre dans toute sa fougue et que la faune terrestre atteint sa plus grande force et sa plus grande beauté.

Le contraste entre l'orient et l'occident est aussi de la plus haute importance pour chaque groupe de continents, car tout le cortége de phénomènes climatériques qui accompagne le soleil dans sa course apparente autour de la terre ne suit point d'une manière uniforme les latitudes parallèlement à l'équateur. Par suite de l'inégale répartition des terres et des mers, les courants, les vents, les climats eux-mêmes se déplacent, tantôt vers le nord, tantôt vers le sud, et produisent ainsi une opposition des plus nettes entre la partie occidentale d'un continent et la partie orientale du continent qui lui est opposé. Même entre l'Asie et l'Europe, qui sont pourtant réunies sur leur plus grande étendue, le contraste est assez visible pour qu'il ait frappé nos premiers ancêtres et donné lieu aux dénominations usuelles de levant et de ponent, d'orient et d'occident, indiquant non-seulement la situation, mais surtout les différences respectives des climats, des contrées et des peuples. Toutefois c'est principalement entre l'ancien monde et le nouveau que ce contraste est saisissant : à latitude égale, les rivages occidentaux de l'Europe et ceux qui les regardent de l'autre côté de l'Atlantique ont des climats très-différents à cause des changements apportés par les courants maritimes, les vents et tous les phénomènes de l'atmosphère.

IV.

Harmonie des formes océaniques. — Les deux bassins du Pacifique. — Les deux bassins de l'Atlantique. — L'océan Indien. — L'océan Glacial arctique et le continent antarctique. — Les contrastes, condition essentielle de la vie planétaire.

A l'harmonie des formes continentales répond celle des formes océaniques. La mer du Sud, cette grande source des eaux, en comparaison de laquelle les autres océans ne sont que de simples bras de mer, s'étend à elle seule sur tout un hémisphère de la planète; mais en dépit de ses énormes dimensions, elle n'en présente pas moins un ensemble des plus harmonieux, tant à cause de l'amphithéâtre des rivages déployés autour du Pacifique, de l'île de Van-Diémen à la Terre-de-Feu, que grâce à la ceinture des merveilleux archipels de la Polynésie. Ces îles si belles et si nombreuses, que Ritter appelait la voie lactée des eaux, parsèment obliquement toute la largeur de la mer du Sud, des Philippines à l'île de Pâques, et partagent l'immense bassin du Pacifique en deux nappes distinctes l'une de l'autre par leurs vents, le circuit de leurs courants et les ondulations de leurs vagues. Ainsi le grand hémisphère des eaux forme une espèce de couple océanique, suivant la même loi qui a distribué les terres en trois couples continentaux.

Quant à l'Atlantique, sa vallée tortueuse qui sépare le nouveau monde de l'ancien se partage aussi d'une manière tranchée en deux bassins, différant l'un de l'autre par la forme des contours, le climat, les vents et les courants. Une ligne idéale, tracée des îles du cap Vert aux Antilles les plus moitiés de la grande vallée océanique. D'un côté, l'Atlantique méridional se reployant en un vaste demi-cercle entre les rivages à peine accidentés de deux continents aux formes massives; de l'autre côté, l'Atlantique septentrional se rétrécissant graduellement vers les glaces polaires, et projetant à droite et à gauche des golfes, des canaux et des mers intérieures. A l'est, la Méditerranée, la Manche et le canal d'Irlande, la mer du Nord et la Baltique; à l'ouest, la mer des Antilles et le golfe du Mexique, les eaux semées d'îles où débouche le Saint-Laurent, la mer de Baffin, le détroit et la baie de Hudson se correspondent d'un hémisphère à l'autre, et par la ressemblance de leurs contours ajoutent à l'harmonie des continents eux-mêmes. Ainsi, les deux bassins de l'Atlantique, comparables aux empreintes en creux d'une médaille, rappellent, par leur forme générale, les deux couples continentaux dont ils baignent les rives. Le bassin septentrional, bordé par des terres aux articulations nombreuses, est par cela même le plus riche des océans en golfes, en baies, en ports, en indentations de toute sorte, celui qui était destiné par la nature à devenir le grand chemin du commerce des nations.

L'océan des Indes, enfermé comme il l'est dans l'immense cuve que forment les côtes de l'Afrique, de l'Arabie, des péninsules du Gange, des îles de la Sonde et de l'Australie, ne peut offrir le même caractère de dualité que les deux autres océans du monde, la mer du Sud et l'Atlantique; toutefois, si l'on tient compte des anciennes conditions géologiques de l'Asie, il est peut-être permis de considérer la Caspienne, la mer d'Aral et les autres lacs de l'Asie occidentale comme les restes de cet ancien océan qui, dans l'hémisphère du nord, faisait équilibre à la mer des Indes. Il y aurait donc eu trois doubles océans comme il y a trois couples continentaux. En outre, il est probable que les régions polaires du nord et du sud offrent également un exemple d'équilibre entre la terre et les eaux. On ne naît encore que très-imparfaitement les régions du pôle boréal et celles du pôle austral; mais les explorations des navigateurs et les études des météorologistes confirment de plus en plus cette ancienne hypothèse d'après laquelle une mer libre s'étendrait autour du pôle arctique, tandis qu'une calotte de terres occuperait la rondeur du pôle méridional. S'il en est vraiment ainsi, l'harmonie des masses continentales et des nappes liquides qui s'entremêlent et se pénètrent sur le pourtour de la planète est admirablement complétée par le contraste de ces pôles de terre et d'eau occupant les deux extrémités de l'axe terrestre.

Les ressemblances générales et les grands contrastes qui viennent d'être signalés ne sont qu'un bien petit nombre des traits de ce genre qu'offre la surface du globe, et ce serait chose facile de poursuivre ainsi le parallèle de mer à mer, de fleuve à fleuve, de montagne à montagne. D'ailleurs, la symétrie purement extérieure que présentent les formes continentales est peu de chose en comparaison de l'harmonie profonde qui résulte des alternatives des vents, des courants, du climat et de tous les phénomènes géologiques : c'est non dans les diverses parties du globe, mais dans leur fonctionnement qu'il faut chercher la véritable beauté de la terre. La vie de la planète, comme toutes les autres vies, est composée de perpétuels contrastes dans une harmonie perpétuelle, et ces contrastes eux-mêmes se modifient incessamment. Les continents, les mers, l'atmosphère, et d'une manière plus spéciale, chaque mont, chaque péninsule, chaque fleuve, chaque courant maritime, chaque vent de l'espace, peuvent être considérés comme les organes de l'astre qui nous porte, et c'est en voyant ces organes à l'œuvre, en étudiant sur le vif leurs actions et leurs réactions continuelles, qu'on peut arriver à connaître la physiologie du corps planétaire.

La géographie physique n'est autre chose que l'étude

de ces harmonies terrestres. Quant aux harmonies supérieures provenant des rapports de l'humanité avec la planète qui lui sert de théâtre, c'est à l'histoire qu'il est réservé de les décrire.

CHAPITRE II.

LES PLAINES.

I.

Aspect général des plaines. — Plaines d'alluvions fluviales. — Plaines cultivées. — Uniformité des plaines restées incultes. — Différences d'aspect produites par les climats et les diverses conditions physiques.

Les parties de la surface terrestre où la vie du globe se montre avec le moins de force et de variété sont les contrées dont le niveau ne varie que faiblement. Dans ces régions, l'horizontalité ou la pente à peine sensible du sol empêche les eaux de s'écouler rapidement ; les campagnes présentent la même végétation ou la même stérilité sur de vastes étendues ; leur aspect général est souvent des plus monotones. Cependant, en dépit de l'uniformité des plaines, les phénomènes de la nature y sont d'autant plus remarquables qu'ils s'y accomplissent d'une manière plus simple et plus régulière.

Près de la moitié des régions continentales se compose de terres basses et relativement unies dont la surface égale ou bien inclinée en pente douce témoigne encore de l'action des eaux de l'océan ou des mers intérieures qui les couvraient autrefois : ce sont d'anciens fonds émergés qui, par l'uniformité de leur aspect, souvent pareil à celui des étendues marines, contraste nettement avec les hautes terres ou les montagnes environnantes. Parmi ces plaines, les unes, qu'arrosent des fleuves et des rivières, ont été diversement remaniées par les eaux courantes, et, grâce aux alluvions fertiles qu'elles ont reçues, grâce à l'humidité qui les pénètre, ont donné spontanément naissance à de grandes forêts. Elles perdent alors leur caractère de ressemblance avec la surface de la mer, si ce n'est quand on les contemple du haut d'un promontoire, autour duquel les arbres touffus se pressent comme des vagues. Enfin, quand les hommes viennent à s'emparer des plaines pour y construire leurs villes et pour en cultiver le sol, ils introduisent une grande variété dans ces étendues uniformes et ne cessent d'en modifier l'aspect primitif. Ces régions basses, que l'horizontalité du sol destinait à n'être le théâtre que d'une faible activité de la vie planétaire, sont devenues le siége principal de l'humanité, et c'est là que la civilisation accomplit ses progrès les plus remarquables.

Les plaines qui gardent le mieux leur apparence d'autrefois sont celles qui, soit par manque de pluies, soit à cause de l'absence presque complète de pente dans un sens ou dans un autre, ne sont arrosées que par un petit nombre de cours d'eau ou même n'en offrent pas un seul sur de vastes étendues. Aussi les plaines se confondent-elles avec les déserts en plusieurs parties du globe. En laissant de côté les terres basses mises en culture, les plateaux et les chaînes de montagnes intermédiaires, on trouve qu'il y a coïncidence entre la plupart des grandes plaines unies et les solitudes des continents. Ainsi les régions occidentales et orientales du Sahara, les Nefoud de l'Arabie, les steppes de la Caspienne, de l'Aral et du Balkach, les *toundras* de la Sibérie, sont comptés à la fois parmi les plus vastes plaines et les déserts les plus considérables du globe. L'axe général des plaines principales de l'ancien monde est bien, comme celui des déserts, des montagnes et des continents eux-mêmes, orienté dans le sens du sud-ouest au nord-est, tandis que dans le nouveau monde l'axe des terres basses se dirige du nord au sud, parallèlement à la chaîne des Rocheuses et à celle des Andes.

Toutes les terres nues ou dépourvues de grands arbres se ressemblent par leur uniformité. A la surface de ces plaines, comme sur la mer, il suffit de regarder le pourtour de l'horizon pour y voir clairement les preuves de la rondeur du globe. Bien que la vue plane sans difficulté au-dessus du sol nu ou de la nappe verte des plantes, cependant les bases des collines et les tiges des arbres qui se montrent aux limites de la plaine restent cachées par la convexité de la terre. On n'aperçoit d'abord que les sommets des coteaux et les branchages, puis, à mesure qu'on se rapproche, les pentes inférieures et les troncs d'arbres se révèlent, de même qu'en pleine mer on distingue la coque du navire longtemps après avoir vu les voiles et les mâts. Enfin, comme sur l'Océan, le spectacle changeant du ciel, auquel on ne prête par habitude qu'une attention secondaire dans les pays accidentés, regagne ici toute son importance et devient le principal élément du paysage. La surface de la plaine, uniforme et sans mouvement, s'abaisse vers l'horizon comme le dos d'un bouclier gigantesque, et ne présente rien dans son étendue qui puisse arrêter le regard; mais au-dessus s'arrondit le grand dôme de l'atmosphère, avec ses jeux d'ombre et de lumière, la dégradation successive de ses couleurs, depuis le bleu profond jusqu'au pourpre enflammé, ses nuages qui se pourchassent, s'éparpillent ou se groupent, se disposent en longues traînées transparentes ou s'accumulent en masses d'un gris sombre. Parfois, lorsque l'air qui pèse sur l'étendue est inégalement échauffé par les rayons du soleil, les objets lointains se déforment en apparence, se rapprochent, se superposent et produisent cette fantastique illusion du mirage que l'on prenait autrefois pour l'œuvre de génies moqueurs[1].

Si toutes les plaines nues des continents se ressemblent par la courbure du sol, par la rondeur de l'horizon et par les

1. Voir le deuxième volume.

jeux de l'atmosphère, elles diffèrent d'aspect dans chaque pays suivant la nature géologique du terrain, la température moyenne, les changements des saisons, la direction des vents, l'abondance des eaux de pluie et toutes les autres conditions physiques du milieu. Telle plaine argileuse est dure et compacte comme le sol d'une aire battue par le fléau; telle autre, dont les roches sont calcaires, est coupée çà et là de ravins aux parois à pic; telle autre encore est sablonneuse, et, sous l'effort du vent, se hérisse de vagues comme la surface de la mer. Quelques-unes, mais celles-là sont rares, sont complétement dépourvues de végétation sur de vastes étendues; d'autres offrent de distance en distance une tige isolée, mais chacune de ces tiges est une plante de la même espèce, et l'on peut voyager pendant des jours entiers dans ces déserts sans voir d'autres représentants du monde végétal. La plupart des plaines ont, il est vrai, une flore composée d'un assez grand nombre d'espèces; mais deux ou trois plantes, plus communes que les autres, se montrant uniformément sur des centaines et des milliers de kilomètres carrés, semblent s'être approprié le désert et lui donnent une physionomie spéciale. Enfin, certaines solitudes sont temporairement, pendant la saison des pluies, ou bien durant toute l'année, de magnifiques prairies verdoyantes émaillées de fleurs. Ce sont des espaces que l'homme peut conquérir facilement en y enfonçant le soc de la charrue.

II.

Landes françaises; les *brandes* et l'*alios*. — La Campine. — Bruyères de la Hollande et du nord de l'Allemagne. — *Puszta* de Hongrie. — Steppes herbeux de la Russie. — Steppes salés de la Caspienne et de l'Aral. — *Toundras*.

Grâce aux pluies apportées par le vent de la mer, les petits déserts de l'Europe occidentale n'ont rien d'effrayant comme le Sahara ou les Nefoud d'Arabie. Les plus connus sont les landes de Gascogne.

LANDES DE GASCOGNE

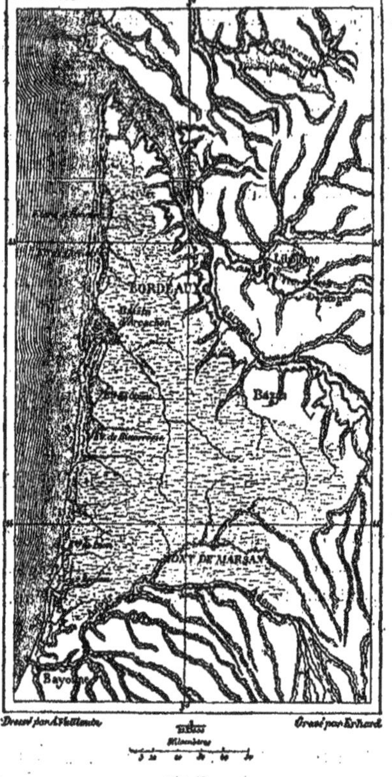

Fig. 18.

L'ancienne région des landes françaises ne comprenait pas seulement le département qui en tire son nom, elle embrassait aussi la moitié de la Gironde, ainsi que l'angle extrême du Lot-et-Garonne, et s'étendait sur près d'un million d'hectares. Cet espace, que recouvraient autrefois les eaux de l'Océan, est un plateau de 50 à 60 mètres de hauteur moyenne et s'abaissant en pente douce, au nord-est, vers la Gironde et la Garonne, à l'ouest vers les étangs du littoral, au sud vers le fleuve Adour. L'uniformité du grand plateau des Landes est si grande que sur une longueur de 45 kilomètres, entre Lamothe et Labouheyre, le chemin de fer de Bordeaux à Bayonne est parfaitement rectiligne ; on dirait un « méridien visible. »

Depuis quelques années, le travail de l'homme a beaucoup fait pour reconquérir ce vaste domaine, autrefois si négligé ; particuliers et communes cherchent avec une égale ardeur à s'enrichir en remplaçant les bruyères par des plantations de pins et d'autres arbres, et nul doute que dans un avenir prochain la superficie des anciennes landes ne soit couverte de forêts et de cultures. C'est en de rares endroits seulement que l'on peut voir encore ce qu'était le plateau tout entier, de la lisière des vignobles bordelais aux campagnes étendues à la base des premières collines pyrénéennes.

Dans ces espaces inhabités, le paysage manque de variété, mais il a toujours de la grandeur et un charme singulier pour ceux qui aiment la libre nature. Autour de soi, dans le cercle limité que l'horizon entoure de sa circonférence uniforme, on voit une immense forêt de *brandes* et d'autres bruyères d'espèces diverses s'élevant à 1 ou 2 mètres au-dessus du sol. Dans la saison des fleurs, ces plantes mêlent une légère nuance de rose à leur verdure délicate, mais elles sont toujours hérissées d'une multitude de brandilles dégarnies de feuilles, et noires comme si le feu les eût calcinées. Ailleurs, la fougère plus haute s'est emparée du sol, et remplit l'atmosphère de son odeur pénétrante. Plus loin viennent des champs d'ajoncs et de genêts qui fleurissent ensemble au printemps et couvrent la plaine d'un immense voile d'or. Des mousses, des graminées, des ronces, croissent sur le bord des sentiers; des nénufars et d'autres plantes aquatiques dorment à la surface vaseuse des lagunes, des bouquets de joncs et de carex croissent dans la terre spongieuse des flaques d'eau. C'est là tout. A peine à l'extrême horizon peut-on distinguer une ligne d'un vert bleuâtre indiquant la lisière d'une forêt de pins.

Sur de vastes étendues, le terrain superficiel des landes est composé de sable blanc et presque pur; mais en général le sol est fortement mélangé de débris végétaux qui lui donnent une couleur grise ou noirâtre semblable à celle des cendres de charbon. Au-dessous de cette première couche s'étend une strate de sable agglutiné ayant le plus souvent la couleur de la rouille et présentant une grande analogie d'aspect avec un grès ferrugineux. Ce sable compacte, connu dans les landes du Médoc sous la dénomination d'*alios*, doit sa couleur et sa dureté à l'infiltration continuelle des eaux de pluie, qui entraînent dans le sol des substances organiques en dissolution et les mélangent intimement avec les molécules arénacées. D'ordinaire l'alios, malgré son apparence ferrugineuse, ne renferme qu'une proportion presque inappréciable d'oxyde de fer. Lorsqu'on le jette dans la flamme, on le voit se carboniser lentement, puis se réduire en cendre; cependant en certains endroits, surtout dans les marécages, où se forme spontanément le fer limoneux, la couche sous-jacente se change graduellement en un véritable minerai. D'ordinaire, le banc d'alios, d'autant plus dur qu'il est moins épais, reste complétement imperméable aux eaux comme une assise rocheuse. Retenue par cette couche continue d'alios, l'eau de pluie doit nécessairement séjourner sur le sol, et pendant la saison pluvieuse la surface des landes serait changée en un immense marécage, si l'on n'avait eu soin de creuser de distance en distance des *crastes* d'écoulement qui reçoivent le trop-plein des flaques éparses et les portent soit aux ruisseaux de l'intérieur, soit aux étangs du littoral. C'est afin de traverser facilement les nappes d'eau qui s'étendent parfois à perte de vue entre les massifs de bruyères, que les bergers des landes ont pris l'habitude de se promener et de surveiller leurs troupeaux sur des échasses hautes de plus d'un mètre. Sous ce rapport, les Lanusquets ou Landescots sont uniques sur la terre et, si je ne me trompe, dans l'histoire de l'humanité.

Presque toutes les régions de l'Europe occidentale que recouvrait autrefois la mer, et qui ont gardé l'uniformité de surface des fonds marins, sont depuis longtemps couvertes de cultures : tels sont, par exemple, les terres basses de l'ancien golfe du Poitou, l'estuaire comblé des Flandres, la plus grande partie de la Hollande, de la Frise d'Allemagne et du Danemark. Mais dans l'intérieur des terres se trouvent, de distance en distance, des contrées de landes pareilles à celles de Bordeaux. En France, on peut citer celles de la Sologne et de la Brenne, qui jadis étaient une vaste forêt de plus de 500,000 hectares, et qu'on transforme de nouveau par des semis de pins, des canaux de drainage et des amendements. En Belgique, les landes sablonneuses de la Campine, qui, depuis l'établissement des Germains et des Bataves dans les contrées voisines, ont toujours été une nappe de bruyères parsemée de mares, s'étendaient, en 1849, sur une surface de 140,000 hectares; mais les vaillants agriculteurs belges qui assiégent ces landes ne cessent d'en réduire les dimensions au taux d'environ 1,600 hectares par année[1].

Dans la Hollande et le nord de l'Allemagne, la zone des bruyères prend sa plus grande largeur et s'étend même sur une surface beaucoup plus considérable que celle des landes de Gascogne. En Hollande seulement, une étendue de 1,700,000 hectares environ, soit plus de la moitié du

1. Émile de Laveleye, *Revue des Deux Mondes*, 1er juin 1864.

territoire, consiste en un sol sablonneux, qui n'était naguère qu'une vaste solitude, et dont les parties encore incultes contrastent de la manière la plus frappante avec les riches *polders* du littoral. Cette région des sables, élevée en moyenne d'une quinzaine de mètres au-dessus de l'Océan, est en

LA FUMÉE DES BRUYÈRES EN 1857.

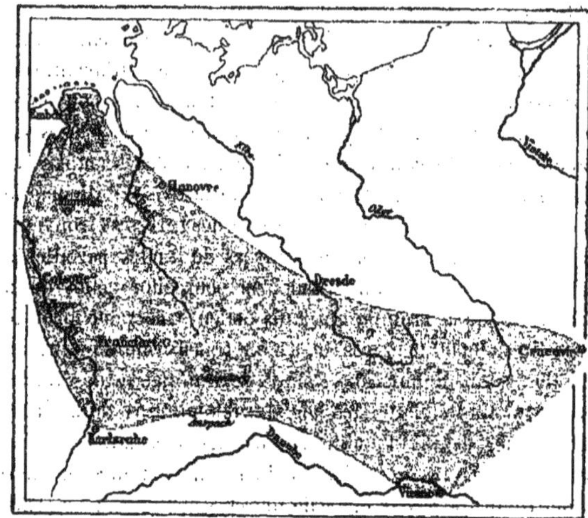

D'après M. Petermann. *Fig. 10.*

grande partie recouverte de tourbières spongieuses auxquelles on peut mettre le feu après les avoir préalablement desséchées au moyen de canaux de drainage et découpées en mottes. En été, pendant les beaux jours, les paysans allument ces amas de tourbe sèche et bientôt l'incendie se répand sur de vastes étendues; des milliers d'hectares brûlent à la fois. Lorsque le vent du nord passe sur ces grands feux, il emporte avec lui les âcres fumées de la tourbe jusqu'à des centaines de lieues de la Hollande, parfois même au centre de la France, en Suisse, en Bavière et en Autriche. Telle est l'origine de ces brouillards secs ou brouillards du nord qui donnent une teinte jaunâtre à l'atmosphère et voilent à demi la face du soleil[1]. Du reste, lorsque le vent est favorable, un feu relativement faible envoie sa fumée à de très-grandes distances : c'est ainsi qu'en 1865, lors de l'incendie d'un quartier de Limoges, le nuage fumant, qui se développa en longs tourbillons dans la direction de l'ouest, resta parfaitement visible jusqu'à Marennes, à près de 200 kilomètres de distance en ligne droite.

Les landes du nord de l'Europe offrent, à cause de leur climat plus froid, une végétation moins haute et moins variée que celle des landes de Gascogne, mais il semble que la composition du sol est à peu près la même dans les deux zones de bruyères. La couleur jaune du sable est, en Allemagne et au Jutland, comme en France, due à l'infiltration graduelle du suc des plantes, tout chargé de tannin, et le tuf d'aspect ferrugineux que l'on trouve à une certaine profondeur dans le sous-sol, et qui refuse le passage aux racines des arbres, n'est sans doute autre chose qu'un banc de sable compacte de la même nature que l'alios des landes françaises. Dans le Jutland, où ce banc présente en moyenne une épaisseur de 5 à 7 centimètres, on lui donne le nom de *jern-al* ou de sable de fer. En Angleterre, en Écosse, en Irlande, on découvre également de minces couches d'un tuf de même apparence sous les grandes plaines solitaires des *moors*, toutes revêtues de bruyères.

Bien différentes par la végétation sont les grandes plaines herbeuses de la Hongrie et de la Russie centrale : ce sont d'immenses prairies, non moins uniformes que les landes, mais d'un aspect beaucoup plus gracieux et plus doux, sur-

1. Émile de Laveleye, *Revue des Deux Mondes*, 15 janvier 1864. M. de Laveleye pense que le nom de *brandes* donné en Gascogne aux bruyères de la haute espèce provient de l'usage qu'on avait de les brûler. En allemand, *Brand* signifie incendie.

tout dans la saison des fleurs. La *puszta* magyare, si bien chantée par Petœfi, est un ancien lac de plus de 500 kilomètres de tour, que limitent, d'un côté, la grande courbe du Danube, de Pesth à Belgrade, et de l'autre, l'hémicycle des Carpathes et des montagnes occidentales de la Transylvanie : le sol, nourri par les fertiles alluvions que la Tisza, le Maros et les autres rivières ont portées des monts environnants, y est d'une grande fertilité, et dans toutes les parties cultivées donne des récoltes abondantes. De vastes étendues, laissées en prairies naturelles, sont des mers d'herbes onduleuses, que parcourent librement les bœufs à demi sauvages et ces étranges chevaux que montent les rudes cavaliers *csikos*. La beauté de ces plaines vertes et fleuries, au milieu desquelles les maisons basses, construites en pisé, disparaissent souvent jusqu'au toit, est encore accrue par le contraste que forme à l'horizon le demi-cercle des montagnes bleues.

Les steppes herbeux de la Russie centrale n'ont pas, comme la *puszta* hongroise, cet admirable encadrement des hautes cimes, mais elles n'en offrent pas moins un charme singulier par la beauté de leurs fleurs et la grâce de leurs épis qui se balancent au vent. La vaste région du *Tchornosjom* (terre noire), ainsi nommée à cause de la couleur du sol, est encore en grande partie une mer d'herbes interrompue seulement de distance en distance par des villages, des champs cultivés et des rivières coulant avec lenteur entre des berges profondes. Le Tchornosjom, s'étendant à la fois dans les bassins du Don, du Dniepr et du Volga, comprend une superficie de plus de 80 millions d'hectares, presque deux fois la grandeur de la France, et sur cet immense espace, la terre végétale offre partout une profondeur considérable, variant de 1 à 5 mètres et même à 10 et 20 mètres. Ainsi que le prouve la nature géologique du sol, cette plaine n'est point d'origine océanique : nulle part on n'y trouve de débris marins ni de blocs erratiques apportés par les glaces des montagnes de la Scandinavie. Les « terres noires » étaient un continent de forme irrégulière entouré de tous les côtés par les eaux; incessamment fertilisées par les détritus des gazons, elles se refusaient pourtant à nourrir

LES TERRES NOIRES DE LA RUSSIE

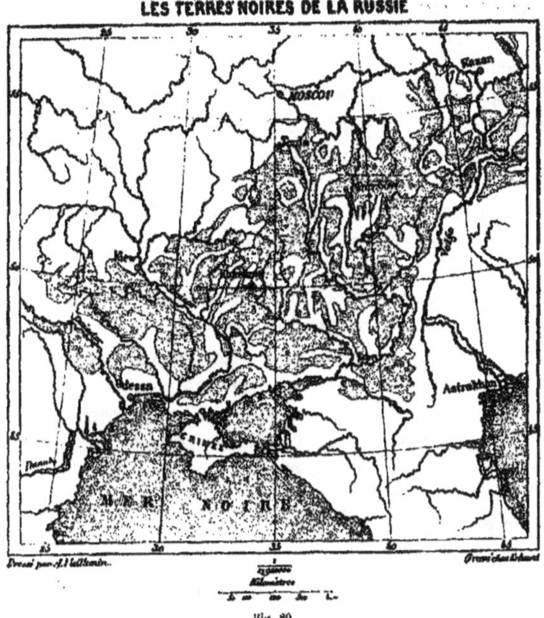

Fig. 20.

les racines des arbres ; il n'y existait point de forêts, et, grâce au drainage naturel, il ne s'y formait aucune flaque d'eau stagnante. Ces terrains, préparés à la culture par une végétation herbeuse de plusieurs milliers de siècles, sont parmi les meilleures du monde pour la production des céréales et tôt ou tard elles deviendront un vaste champ de blé [1].

1. Ruprecht, *Bulletin de l'Académie de Pétersbourg*, t. VII, n° 5.

Au sud du Tchornosjom se trouvent çà et là quelques îlots de même nature, également remarquables par la richesse de leur végétation; mais la plupart des steppes, qui sont des fonds marins émergés à une époque récente, n'offrent de verdure qu'au printemps. Les chaleurs de l'été en brûlent rapidement les gazons, et les troupeaux qui paissent dans ces vastes plaines sont obligés de se réfugier au bord des fleuves pour y trouver leur nourriture. Les seules oasis des steppes du Dniepr et du Don sont les campagnes dont les habitants ont su purifier et régénérer le sol par l'emploi des eaux de source. Quelques villages, fondés au siècle dernier par des colons allemands, sont de véritables nids de verdure dont la beauté contraste de la manière la plus saisissante avec l'aspect formidable des solitudes environnantes.

Presque toutes les contrées de la Russie et de la Tartarie situées au-dessous du niveau de l'Océan dans la grande dépression de la Caspienne sont des steppes encore plus arides que ceux de la Russie méridionale : ce sont d'interminables étendues de sable mobile, des bancs d'argile dure comme une aire battue par le fléau ou même des assises de roches coupées çà et là de fissures où s'est amassée un peu de terre végétale. Les steppes de sable ou d'argile comprennent la plus grande partie du bassin occidental de la Caspienne, les steppes rocheux s'étendent à l'est dans la direction de la Tartarie; enfin, les plaines salines, qui, par leurs efflorescences, témoignent de l'ancienne extension de la mer, occupent une étendue considérable entre le cours du Volga et celui du Yaïk. C'est là cependant que se trouve aussi le désert de Narin, dont la surface argileuse et sans herbe est parsemée de plateaux sablonneux recouverts de verdure et traversée du nord au sud d'une chaîne de dunes abritant des pâturages cachés dans les bas-fonds [1]. A l'exception de ces

1. Pallas.

lambeaux de terres verdoyantes, visitées par les nomades, presque toute la surface de la dépression caspienne est l'image de l'aridité : on n'y voit point de prairies naturelles, comme dans les steppes du Dniepr, du Don et de l'Irtych, et les pâturages occupent une zone très-limitée, à une assez grande distance au nord du rivage actuel de la mer. Quand les sauterelles s'y abattent, ce qui arrive fréquemment, il n'y reste pas une herbe, et les roseaux des marécages sont rongés jusqu'au niveau même de l'eau.

« On sait combien est sinistre d'aspect la surface des steppes au milieu de l'hiver, alors que tout est caché sous la neige et que le vent glacial soulève cette blanche mer en flots et en tourbillons; mais dans la saison la plus joyeuse de l'année, l'immense étendue de sable blanc et d'argile rougeâtre, où croissent çà et là des armoises et des euphorbes aux feuilles de teintes sombres, offre aussi un aspect effrayant. Le terrain, que l'on traverse en char au grand galop des chevaux, apparaît comme une nappe couleur de feu rayée de longues lignes grises. De distance en distance, on traverse péniblement un ravin creusé dans le sol par les eaux torrentielles des orages, puis on contourne quelque marécage aux eaux blanchâtres et floconneuses entrevues à travers une forêt de roseaux. Dans le lointain, une lisière de salicornes rouges de sang révèle une mare saline, et tout à fait à l'extrême horizon des nuages pesants, étagés en longues assises, indiquent le rivage de la mer. Le sol répercute une intolérable chaleur. En même temps la brise, attirée comme par un foyer d'appel sur la surface brûlante des steppes, soulève devant elle des tourbillons de poussière; à côté du char, on voit des débris de plantes desséchées bondir étrangement par milliers et par millions; roulés en boules par le vent, ces *coureurs des steppes* luttent de vitesse en rasant la terre, et se pourchassent furieusement en faisant des sauts de plusieurs mètres : on dirait des êtres vivants entraînés dans quelque course démoniaque. A la fin de chaque étape, on s'arrête un instant devant une misérable cabane à demi enterrée dans le sable. On entrevoit une figure humaine aux yeux hagards, aux cheveux en désordre, puis on repart comme un trait pour s'enfoncer de nouveau dans le désert. Rarement on distingue dans le lointain les kibitkas de feutre des Kalmouks ou des Kirghizes ou les tumulus élevés jadis sur les ossements des guerriers; souvent on parcourt des centaines de lieues sans voir d'autres traces du passage de l'homme que les ornières laissées par les roues dans l'argile durcie [1]. Dans ces solitudes, les arbres sont presque complétement inconnus, et ceux qui s'y trouvent sont regardés avec une sorte d'adoration comme des présents miraculeux de quelque divinité. Entre la mer d'Aral et le confluent de l'Or et du Yaïk, c'est-à-dire sur une distance de 500 kilomètres en ligne droite, il n'existe qu'un seul arbre, espèce de peuplier au branchage étalé dont les racines rampent au loin dans le sol aride. Les Kirghizes ont une telle vénération pour cet arbre solitaire qu'ils se détournent souvent de plusieurs lieues pour lui rendre visite, et que chaque fois ils suspendent à ses branches une pièce de leur vêtement : de là le nom de *sinderich agatch* ou d'*arbre aux haillons* qu'ils donnent au peuplier du désert [2].

Quant aux plaines de la Sibérie méridionale, qui s'étendent à l'est jusqu'à l'Altaï et au lac Dsaï Sang, elles offrent un aspect très-varié relativement aux steppes caspiens et même aux landes de la France et aux bruyères d'Allemagne; elles sont diversement coupées de chaînes de collines arrondies et de bois de conifères qui limitent çà et là l'horizon et donnent un peu de mouvement à l'ensemble du paysage. Outre les graminées des prairies, des centaines d'herbes et d'arbustes embellissent aussi la surface du sol : au printemps, des rosacées, des pruniers épineux, des cytises, des tulipes

1. Von Baer, *Kaspische Studien*. — Pallas.
2. Zaleski, *la Vie des steppes kirghizes*.

et d'autres plantes aux fleurs blanches, roses, jaunes, multicolores, brillent sur la verdure dans les vallons onduleux du steppe[1].

Au nord de la Russie et de la Sibérie, les longues plaines qui descendent d'une pente insensible vers l'océan Glacial ne sont pas moins solitaires que les steppes caspiens et l'aspect n'en est pas moins formidable. Pendant une grande partie de l'année, l'espace circulaire que circonscrit l'horizon n'y présente qu'un immense linceul de neige plissé par le vent. Quand cette couche s'est fondue sous le soleil d'été, les régions les plus basses de la plaine ou *toundra* se montrent parsemées çà et là de prairies de *sphagnum* et de diverses plantes verdoyantes se gonflant comme des éponges de l'eau cachée des flaques; mais presque dans toute son étendue, le sol est recouvert seulement de la mousse des rennes et d'autres lichens blanchâtres : on dirait qu'on a toujours sous les yeux la nappe interminable des neiges de l'hiver. Du reste, dans ces régions, la terre est oujours gelée à de grandes profondeurs, en dépit des végétaux rudimentaires qui croissent à la surface et des lagunes d'eau qui brillent pendant quelques mois dans les dépressions marécageuses du sol[2].

III.

Demi-cercle des déserts parallèle au demi-cercle des landes et des steppes. — Le Sahara : sables, rochers, oasis. — Les déserts de l'Arabie, les Nefoud. — Déserts de l'Iran et de l'Indus. — Le Gobi.

A une grande distance au sud de cette zone de landes, de prairies, de steppes et de *toundras* qui se prolonge en un

1. Humboldt, *Asie centrale* et *Tableaux de la Nature*, passim.
2. Wrangell.

demi-cercle irrégulier de France en Sibérie, se recourbe parallèlement une autre zone de plaines et de plateaux déserts d'un aspect encore plus monotone et formidable. Cette zone, traversée par la ligne idéale que Jean Reynaud a nommée l'équateur de contraction[1], comprend le grand Sahara d'Afrique, les déserts de l'Arabie, de la Perse et le Cobi de la Mongolie chinoise. Elle est en grande partie dépourvue d'eau et de végétation, et, dans son ensemble, est bien moins accessible à l'homme que les solitudes du nord. Non-seulement elle est plus fortement chauffée par les rayons solaires, mais aussi elle reçoit beaucoup moins d'humidité, à cause des chaînes de montagnes qui, sur plusieurs points, arrêtent les pluies au passage, et surtout à cause de la situation qu'elle occupe en diagonale dans la partie la plus massive des deux plus vastes continents, l'Afrique et l'Asie.

Le groupe de déserts le plus considérable du monde entier est le Sahara, qui s'étend à travers le continent africain, des rivages de l'Atlantique à la vallée du Nil. Cet immense espace a plus de 5,000 kilomètres de l'ouest à l'est, et dépasse 1,000 kilomètres en largeur moyenne : il égale en superficie les deux tiers de l'Europe. C'est la partie de la terre où la chaleur est la plus intense; quoiqu'elle se trouve au nord de la ligne équatoriale, c'est bien là qu'est le véritable sud du monde[1] et le principal foyer d'appel pour les courants atmosphériques. Dans cette région, il n'existe qu'une seule saison, l'été, brûlant et implacable. Rarement les pluies viennent rafraîchir ces espaces où dardent les rayons solaires.

L'altitude moyenne du Sahara est évaluée à 500 mètres, mais le niveau du sol varie singulièrement dans les diverses régions : au sud de l'Algérie, la surface du Chott Mel-R'ir,

1. Voir ci-dessus, p. 68.
2. Carl Ritter.

reste d'une ancienne mer qui communiquait avec la Méditerranée, se trouve aujourd'hui à plus de 50 mètres en contre-bas du golfe des Syrtes, tandis qu'au sud et à l'est le terrain se relève en plateaux et en montagnes de grès ou de granit d'une hauteur variable de 1,000 à 2,000 mètres. Au centre des régions sahariennes se dresse le Djebel-Hoggar, dont les flancs sont couverts de neiges pendant trois mois de l'année, de décembre en mars[1], et dont les gorges pittoresques sont parcourues de torrents qui vont au loin se perdre dans les plaines environnantes. Ce massif de hautes montagnes est la grande borne qui marque la limite entre les déserts orientaux ou Sahara proprement dit, et le groupe des déserts de l'ouest, désigné sous le nom général de Sahel. Plus à l'est, les oasis de l'Asben, de R'at et du Fezzan s'étendant obliquement vers les rivages du golfe de Tripoli, pourraient également être considérées comme la frontière commune entre les deux régions.

Le Sahel est très-sablonneux. Dans sa plus grande étendue, le sol y est formé de gravier ou de sable à gros grains qui ne cèdent pas sous le pied du chameau. Quelques-unes des rangées de dunes qui s'élèvent dans ce désert sont des chaînes de monticules composés de sable lourd résistant au souffle du vent[2]; mais en beaucoup de régions du Sahel, les molécules arénacées du sol sont fines et ténues: les vents alizés qui passent au-dessus du désert disposent ces masses sableuses en longues vagues semblables aux flots de l'Océan et çà et là les redressent en dunes mobiles qui marchent à la conquête des oasis situées au travers de leur passage. En se déplaçant avec lenteur vers le sud-ouest où les pousse le vent[3], les sables atteignent les rives septentrionales du Niger et du Sénégal sur plusieurs parties de

1. Duveyrier. *Exploration du Sahara*, t. I, p. 120.
2. Voir dans le deuxième volume le chapitre intitulé *les Dunes*.
3. Duveyrier. *Exploration du Sahara*, t. I, p. 9.

leur cours et par leurs apports incessants repoussent graduellement les eaux de ces fleuves vers le sud. A l'ouest, le sable du désert empiète aussi sur l'Océan. Au large de la côte qui se développe entre le cap Bojador et le cap Blanc, signalés au loin par les plus hautes dunes du monde, s'étendent jusqu'à une grande distance dans la mer des bancs de sable sans cesse alimentés par le vent du désert, et l'Arabe qui va recueillir les épaves des vaisseaux naufragés peut s'avancer sans crainte jusqu'à plusieurs kilomètres du rivage [1]. Un courant de sable marche donc constamment à travers le désert, du nord-est au sud-ouest. Les débris des roches en décomposition et les molécules déposées sur les côtes des Syrtes par la marée, très-sensible en cet endroit, sont reprises par le vent qui les pousse devant lui dans les plaines du Sahel, puis, après un voyage qui dure des centaines et peut-être des milliers d'années, elles atteignent enfin le littoral de l'Atlantique pour recommencer une autre odyssée avec les courants océaniques.

Quelques parties du Sahara oriental sont également sablonneuses; mais la plus grande surface de ce désert est occupée par des plateaux de roche ou d'argile et par des massifs de monts grisâtres ou d'un jaune d'ocre. Les chaînes de dunes sont nombreuses et, comme celles de l'ouest, cheminent incessamment, sous l'impulsion du vent, dans la direction du sud ou du sud-ouest [2]. Les plateaux rocheux sont coupés çà et là de larges et profondes fissures qu'emplit graduellement le sable mouvant et dans lesquelles le voyageur court le risque de s'enfoncer, comme le montagnard dans les crevasses d'un glacier. Dans les bas-fonds, les lacs, qui existeraient dans un pays humide, sont remplacés par des nappes salines.

Les régions du désert dépourvues d'oasis offrent un

1. Carl Ritter, *Erdkunde*.
2. Georges Pouchet, *Dongolah et la Nubie*.

aspect vraiment formidable et sont effrayantes à traverser. Le sentier, que les pieds des chameaux ont frayé dans la solitude immense, se dirige en droite ligne vers le point de l'espace que veut atteindre la caravane ; parfois, ces faibles traces de pas sont recouvertes de sable et les voyageurs sont obligés de consulter la boussole ou d'interroger l'horizon; une dune lointaine, un buisson, des ossements de chameau ou d'autres indices, que l'œil exercé du Touareg peut seul comprendre, font reconnaître le chemin. Les plantes, privées de l'eau nécessaire, sont rares : on ne voit, suivant les contrées du Sahara, que des armoises, ou bien des chardons et des mimosées épineuses ; en certains endroits sablonneux, la végétation manque même complétement. Les seuls animaux que l'on trouve dans le désert sont les scorpions, les lézards, les vipères, les fourmis ; pendant les premiers jours du voyage, la mouche accompagne aussi les caravanes, mais elle meurt bientôt, tuée par la chaleur[1]; la puce elle-même ne s'aventure pas dans ces redoutables espaces[2]. Le rayonnement implacable de l'immense surface blanche ou rouge du désert éblouit les yeux : sous cette lumière aveuglante, tous les objets semblent à la fois revêtus d'une teinte sombre et comme infernale. Parfois le *râgle*, sorte de fièvre cérébrale, s'empare du voyageur attaché sur son chameau et lui fait voir les objets les plus fantastiques à travers les rêves du délire. Même ceux qui gardent l'entière possession de leurs facultés et la netteté de leur vision sont obsédés par les mirages lointains qui font danser devant leurs yeux des vapeurs semblables à des palmiers, à des groupes de tentes, à des montagnes ombreuses, à d'étincelantes cascades. Quand le vent souffle avec force, on a le corps fouetté de grains de sable qui pénètrent même à travers les vêtements et piquent comme des aiguilles. Des mares infectes ou bien des puits

1. Daniel, *Handbuch der Geographie*, t. I, p. 446.
2. Duveyrier, *Exploration du Sahara*.

creusés à grand'peine dans quelque bas-fond et laissant suinter de leurs parois une humidité saumâtre sont désignés chaque jour comme la fin de l'étape; mais souvent cette flaque malsaine, où l'on espérait pouvoir se rafraîchir, manque elle-même et les gens de la caravane doivent se contenter de l'eau corrompue dont ils ont rempli leurs outres à l'étape précédente. On dit qu'en des jours de détresse, les voyageurs ont eux-mêmes tué leurs dromadaires pour s'abreuver du liquide nauséabond contenu dans l'estomac de ces animaux.

On raconte aussi dans les veillées des histoires terribles de caravanes surprises dans les dunes par un vent d'orage et complétement enfouies sous la masse mouvante; on parle également de bandes entières égarées dans les sables ou les rochers et périssant de folie après avoir subi toutes les tortures de la chaleur et de la soif. Heureusement, de pareilles aventures sont rares, si même elles sont authentiques; les caravanes, guidées par des chefs expérimentés, protégées par des conventions et des tributs contre les attaques d'Arabes ou de Berbères pillards, arrivent presque toujours au but de leur voyage sans avoir eu d'autres souffrances que celles de la chaleur étouffante, de la privation de bonne eau et de la froidure des nuits, car les nuits qui succèdent aux journées brûlantes du Sahara sont en général très-froides. En effet, l'air de ces contrées étant presque entièrement dépourvu de vapeur d'eau, la chaleur reçue pendant le jour à la surface du désert se perd de nouveau dans l'espace par le rayonnement nocturne. La sensation de froid produite par cette déperdition de chaleur est des plus vives, surtout pour le frileux Arabe. Il ne se passe pas d'année sans que de la glace se forme sur le sol. Les gelées blanches sont fréquentes[1]. Durant son voyage au pays des Touaregs, M. Duveyrier a observé un écart total

1. Carette.

de plus de 72 degrés entre la température la plus basse (—4°,7) et la température la plus élevée (67°,7); mais il est probable que le véritable écart entre les extrêmes de froid et de chaleur est au moins de 80 degrés [1].

Dans toutes les parties du Sahara où l'eau jaillit en sources ou descend en torrent de quelque massif de montagnes, il se forme une oasis [2], île de verdure dont la beauté contraste d'une manière si frappante avec l'aridité des sables environnants. Ces oasis, que Strabon comparait aux taches semées sur la peau de la panthère, se comptent par centaines et comprennent peut-être dans leur ensemble une superficie égale au tiers de l'étendue du Sahara. Dans la plus grande partie de cet espace, les oasis, loin d'être disséminées sans ordre, sont au contraire distribuées en longues lignes au milieu du désert, soit à cause de l'humidité plus considérable des courant aériens qui passent dans cette direction, soit principalement à cause des eaux cachées qui suivent cette pente et sourdent de distance en distance à la surface. C'est grâce à cette disposition de la plupart des oasis en forme de colliers que les caravanes osent s'aventurer dans les solitudes sahariennes : leurs étapes sont marquées d'avance par les îles de verdure qu'ils voient poindre à l'horizon.

Les oasis sont par excellence le pays des dattiers : dans les environs de Mourzouk, il en existe jusqu'à 37 variétés [3]. Ces arbres sont la richesse de la tribu, car leurs fruits servent de nourriture aux hommes et aux bêtes, dromadaires, chevaux et chiens. Au-dessous du large éventail des feuilles qui se balancent dans l'air bleu se pressent les abricotiers, les pêchers, les grenadiers, les orangers aux branches chargées de fruits; les vignes s'enlacent autour des troncs, le maïs,

1. *Exploration du Sahara*, t. I, p. 110.
2. De l'ancien mot égyptien *ouahe*, habitation.
3. Vogel.

le froment, l'orge, mûrissent sous l'ombrage de cette forêt d'arbres fruitiers, et plus bas encore, l'humble trèfle remplit

OUED-R'IR

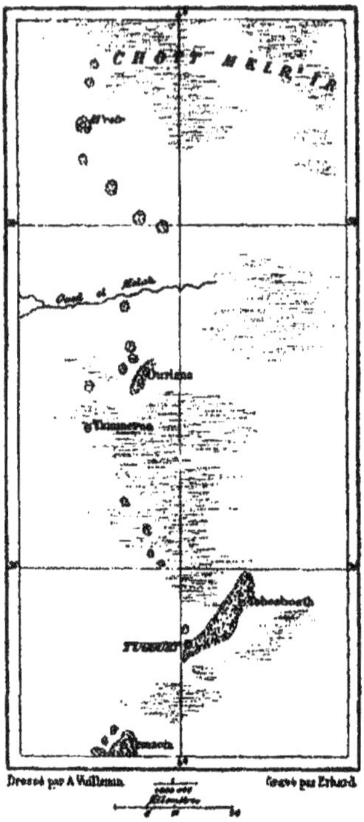

Fig. 21.

jusqu'au plus petit espace du sol irrigable; pour ne point empiéter sur ce terrain précieux, qui est la vie même de toute la tribu, les habitants ont construit leurs maisons sur la terre la plus improductive de l'oasis, à la lisière même du désert. Malheureusement, ces jardins merveilleux que le voyageur venu de la mer de sable considère comme un lieu de délices, sont pour la plupart insalubres à cause de l'évaporation constante des eaux tièdes et corrompues que les canaux d'irrigation amènent au pied des arbres : aussi les Césars du Bas-Empire envoyaient-ils les condamnés dans les oasis afin de les y faire périr plus vite[1]. L'eau, si précieuse pour ces jardins, y est pourtant mal aménagée ; lors des violentes pluies, qui d'ailleurs sont rares dans le désert, le ruisseau, transformé soudainement en fleuve, détruit parfois les canaux et rase les arbres, tandis que, retenue en de vastes réservoirs, cette eau eût permis d'étendre les limites de l'oasis. On peut même créer de nouvelles cultures, grâce au forage des puits artésiens, que pratiquaient d'ailleurs, mais d'une manière assez barbare, les tribus indigènes. En huit années, de 1856 à 1864, les ingénieurs français ont creusé dans le Hodna et le Sahara de la province de Constantine 83 fontaines donnant ensemble 71,157 litres à la minute et nourrissant plus de 125,000 palmiers : quelques coups de sonde ont ainsi changé la face terrible du désert et l'ont embellie de vergers magnifiques. Nul doute qu'en ramenant au jour toutes les sources cachées du Sahara, on ne parvienne à le conquérir en grande partie pour l'agriculture, et par suite à en modifier le climat, comme on l'a fait en Égypte[2], en augmentant la quantité des pluies et de la vapeur d'eau. D'ailleurs, l'examen du sol et des restes qui y sont contenus prouve qu'à une époque géologique récente le Sahara était beaucoup moins aride qu'il ne l'est actuellement. Du temps des Romains, disent les tribus du Sahara d'Algérie, le Ouad-Souf était un grand fleuve ; mais on lui jeta un sort et il disparut[3].

A l'est de l'Égypte, qui peut être considérée comme une

1. Humboldt, *Tableaux de la Nature.*

2. Voir dans le deuxième volume le chapitre intitulé *le Travail et l'Homme.*

3. Carette.

longue oasis riveraine du Nil, le désert recommence et borde la mer Rouge sur tout son pourtour. Une grande partie de l'Arabie n'offre que sables et rochers, et vers le sud-est, dans le Dahna, il se trouve même des solitudes qu'aucun voyageur, arabe ou frank, ne semble encore avoir traversées. Au nord et à l'est s'étendent les Nefoud ou « filles du grand désert, » beaucoup moins vastes que le Dahna, et cependant redoutables à parcourir. Une de ces régions, que traversa Palgrave, est peut-être celle dont la masse sablonneuse, déposée jadis par les courants maritimes, offre la plus grande épaisseur; en certains endroits elle est de 100, de 120 et même de 150 mètres, ainsi qu'on peut le mesurer du regard en descendant au fond des espèces d'entonnoirs que les sources d'eau jaillissant de la roche sous-jacente, granit ou calcaire, ont peu à peu creusés dans la couche des sables. Cette nappe énorme de matériaux, qui représente des chaînes de montagnes pulvérisées, n'offre point une surface unie, comme on pourrait s'y attendre, mais elle présente sur toute son étendue de longues ondulations symétriques, semblables à ces vagues qui se déroulent dans la mer des Antilles sous le souffle égal des vents alizés. Ces vagues de sable se développent de l'est à l'ouest parallèlement au méridien; il est probable qu'elles sont dues au mouvement de la terre autour de son axe. Tandis que les roches solides du fond obéissent sans résistance à la force d'impulsion qui les emporte vers l'est, les sables mobiles situés au-dessus ne se laissent pas entraîner avec une égale rapidité, ils restent chaque jour en arrière d'une quantité infinitésimale et semblent glisser vers l'ouest comme les vagues de la grande mer, les courants atmosphériques, et tout ce qui est mobile à la surface du globe[1]. Si les sillons parallèles des Nefoud s'élèvent à une plus grande hauteur que ceux des autres déserts et diffèrent si nettement par

1. Voir ci-dessous le chapitre intitulé *les Rivières*.

leur aspect des petites ondes de sable formées par le vent, c'est que dans cette région la couche de sable est d'une très-grande puissance et que la vitesse angulaire du globe y atteint presque son maximum, par suite du voisinage de l'équateur[1].

A l'orient de la péninsule arabique, la chaîne des déserts se continue obliquement à travers l'Asie. La plus grande partie du plateau de l'Iran, occupant un espace quadrilatéral entouré de montagnes qui arrêtent les pluies au passage, consiste en solitudes arides, les unes revêtues de couches salines, restes d'anciens lacs desséchés, les autres couvertes de sables mouvants que le vent soulève en tourbillons, ou bien parsemés de monts rougeâtres que le mirage éloigne ou rapproche et transforme incessamment suivant les ondulations de l'atmosphère. Ce plateau n'est séparé des steppes du Turkestan que par les montagnes de l'Elburz et se prolonge à l'est par les déserts moins étendus et plus faciles à parcourir de l'Afghanistan et du Beloutchistan. Même la riche presqu'île de l'Inde est défendue par une zone de régions arides situées à droite et à gauche de l'Indus. Entre chacune des cinq rivières (Pundjab), qui par l'union de leurs eaux forment le grand fleuve, s'allonge une bande de steppes où se perdent les eaux descendues des montagnes : le sol en est presque partout infertile, si ce n'est au bord des canaux d'irrigation construits à grands frais par les habitants.

Au delà du puissant massif central d'où rayonnent au loin les chaînes montagneuses de l'Asie, les steppes et les déserts, alternant les uns avec les autres suivant les conditions topographiques et l'abondance ou la rareté des eaux, s'étendent sur un espace de plus de 3,000 kilomètres, entre la Sibérie et la Chine proprement dite. La partie orientale de cette zone est appelée, suivant les langues, Cobi ou Chamo, c'est-à-dire le désert par excellence, et correspond en effet par

1. Gifford Palgrave, *Journal of the Geographical Society*, 1864.

ses énormes dimensions au Sahara d'Afrique, exactement situé à l'extrémité opposée de cette grande chaîne de solitudes qui se prolonge à travers tout l'ancien monde. Le mirage, la marche des dunes, les tourbillons de sable, et tant d'autres phénomènes décrits par les voyageurs d'Afrique se reproduisent dans certaines parties du Cobi, comme dans tous les déserts; mais le froid y est d'une rudesse exceptionnelle à cause de la grande hauteur des plateaux, qui est en moyenne de 1,500 mètres, et du voisinage des plaines de la Sibérie, traversées par le vent du pôle. Il y gèle presque toutes les nuits, et souvent pendant le jour. L'atmosphère est d'une sécheresse extrême, la végétation manque presque complétement et quelques bas-fonds herbeux sont les seules oasis de ces régions. De Kiachta à Pékin, on ne voit que cinq arbres sur une largeur de 7 à 800 kilomètres que présente le désert dans cette partie de la Mongolie[1]. Du reste, le Cobi, comme le Sahara, fut jadis recouvert par les eaux de l'Océan : jusque sur les plateaux élevés, on remarque d'anciennes falaises à la base rongée par les flots et de longues plages de cailloux roulés se développant autour de golfes disparus.

IV.

Plaines et déserts du nouveau monde. — Humidité relative des continents américains. — Répartition des savanes et des terres arides. — Les prairies de l'Amérique du Nord. — Les *llanos* et les *pampas*.

L'Amérique, continent moins large et plus exposé dans toute son étendue aux vents pluvieux de la mer que la masse plus grande de l'ancien monde, n'offre aussi qu'un bien petit nombre de contrées dont la sécheresse et l'aridité soient

1. Russell-Killough, *Seize mille lieues*..., p. 111.

comparables à celles de certaines parties du Sahara et de l'Arabie. Les plaines occupent, il est vrai, une place relativement beaucoup plus grande dans le nouveau monde que dans les continents d'Asie et d'Afrique ; mais elles sont pour la plupart des régions auxquelles l'abondance des eaux et le dépôt des alluvions fluviales ont donné une admirable fertilité. Ainsi les terres basses qui s'étendent sur les deux bords du Mississipi, et surtout les contrées riveraines du courant des Amazones et de ses grands affluents, sont recouvertes d'immenses forêts, véritables mers d'arbres et de lianes où l'on n'ose s'aventurer sans boussole ou qui sont même complétement impénétrables, si ce n'est à l'indigène armé de son *machete*. Les *selvas* de l'Amazone sont la région de la terre où la végétation offre la plus grande exubérance sur les plus vastes étendues[1].

Quant aux plaines non couvertes d'arbres, elles ont aussi une superficie très-considérable dans les deux Amériques, et, malgré l'absence de toute végétation, plusieurs d'entre elles, formées d'alluvions lacustres ou fluviatiles, sont d'une extrême fertilité. Par suite de la composition du sol, de la distribution des pluies et des cours d'eau et peut-être aussi de quelque loi encore inconnue dans la répartition des plantes à la surface de la terre, les savanes d'herbes et de graminées alternent brusquement avec les forêts vierges. C'est un spectacle des plus saisissants que ce contraste inattendu entre le mur de troncs impénétrable au regard et l'étendue illimitée de la plaine herbeuse ondulant sous la brise. Dans les bassins du Mississipi, des Amazones et des affluents de la Plata, ces transitions soudaines des forêts aux savanes se retrouvent fréquemment : elles sont, après les grands fleuves et les larges nappes des eaux marécageuses, le trait le plus saillant du paysage des plaines du nouveau monde.

Considérées dans leur ensemble, les étendues herbeuses

1. Voir dans le deuxième volume le chapitre intitulé *la Terre et sa Flore*.

de l'Amérique sont toutes, comme les landes, les steppes et les toundras de l'ancien monde, disposées régulièrement suivant une ligne parallèle à l'axe des continents eux-mêmes. Dans l'Amérique du Nord, elles sont comprises dans le vaste bassin central formé par les Alleghanys et les premiers contre-forts des montagnes Rocheuses. Dans l'Amérique du Sud, elles occupent également une partie de la dépression médiane du continent entre les plateaux des Guyanes et du Brésil et les massifs avancés des Andes. Grâce aux vents pluvieux de la mer qui pénètrent dans ces plaines, soit par le nord, soit par le midi, la végétation y est entretenue, du moins pendant plusieurs mois de l'année, et nulle part, même dans les régions les moins fertiles, on n'y voit de véritables déserts. Ceux-ci, disposés également, comme en Afrique et en Asie, sur une ligne parallèle à la zone des savanes et à l'axe continental de l'Amérique; sont tous situés du côté de l'ouest, sur les versants ou dans les bassins intérieurs des Rocheuses et des Andes. D'ailleurs, ils sont relativement peu considérables et coupés de vallées fluviales, dont les unes aboutissent à des lacs fermés, tandis que les autres se déversent dans la mer.

Les savanes ou prairies de l'Illinois et des autres états de l'ouest de la république américaine ressemblaient naguère, sauf la différence de végétation produite par les climats, à la *puszta* magyare et aux steppes herbeux de la Russie. Recouvertes, à une époque géologique antérieure, par les eaux du lac Michigan, celles qui n'ont pas encore été transformées en champs ont une surface uniforme et paisible comme celle d'un lac; les herbes fleuries y ondulent et frémissent au vent comme des flots; les massifs d'arbres y sont semés comme des îles. Çà et là, ces îles se groupent en archipels, et les bras de prairies qui les entourent se bifurquent et se réunissent comme les bras d'une mer herbeuse; une seule prairie, située au centre même de l'état de l'Illinois, était assez vaste pour qu'on ne vît pas à l'horizon une seule de ces franges d'arbres touffus. Mais, par suite de la colonisation si rapide des États de l'Ouest, ces contrées changent d'aspect de jour en jour. Que le voyageur se hâte donc, s'il veut parcourir ces vastes prairies, semblables à la mer, où l'horizon n'est limité que par la rondeur du globe, où les herbes sont si hautes que leur masse se reploie sur la tête de celui qui les traverse, et que le chevreuil peut y glisser sans être aperçu ! Bientôt ces prairies n'existeront plus que dans les récits de Cooper : l'inflexible charrue les aura toutes transformées en sillons. Les Américains ont hâte de jouir, et s'emparent avec avidité de cette terre fertile. Les campagnes, rigoureusement cadastrées, sont divisées en *townships* de 6 milles de côté et subdivisées en milles carrés partagés en quatre parties. Tous ces quadrilatères sont parfaitement orientés, et chacune de leurs faces regarde l'un des quatre points cardinaux. Les acquéreurs de carrés grands ou petits ne se permettent jamais de dévier de la ligne droite; vrais géomètres, ils construisent leurs chemins, élèvent leurs cabanes, creusent leurs viviers, sèment leurs navets dans le sens du méridien ou de l'équateur. Ainsi les prairies, jadis si belles, aux contours si mollement ondulés, aux lointains si vaporeux, ne sont plus aujourd'hui qu'un immense damier. A peine si les ingénieurs de chemins de fer se permettent de couper obliquement les degrés de longitude.

Dans le continent du Sud, les régions qui correspondent aux prairies des États-Unis sont les *pampas* de la Plata et les *llanos* de la Colombie. Ces dernières étendues, si bien décrites par Humboldt[1], sont probablement, de toutes les plaines du monde, celles qui offrent dans leur apparence le contraste le plus frappant, suivant les diverses saisons de l'année. Après l'époque des pluies, ces plaines, qui s'étendent sur la zone immense comprise entre le cours de l'Oré-

1. *Tableaux de la Nature* et *Voyage dans les régions équinoxiales*.

noque et les Andes de Caracas, de Merida et de la Suma-Paz, sont recouvertes d'une herbe touffue, graminées et cypéracées, au milieu desquelles les sensitives et d'autres mimosées épanouissent çà et là leur feuillage si délicat. Des bœufs et des chevaux errent alors par millions dans ces magnifiques pâturages. Mais le sol se dessèche peu à peu; les cours d'eau tarissent, les lacs se chargent en mares, puis en bourbiers où les crocodiles et les serpents s'enfouissent dans la fange, la terre argileuse se contracte et se fend, les plantes se flétrissent et, brisées par le vent, se réduisent en poussière, les bestiaux, chassés par la soif et la faim, se réfugient dans le voisinage des grands fleuves, et des multitudes de squelettes blanchissent sur la plaine. C'est alors que les *llanos* ressemblent le plus aux déserts de l'Afrique situés à une plus grande distance de l'équateur, de l'autre côté de l'Océan. Tout à coup, les orages de la saison pluvieuse inondent le sol, la multitude des plantes jaillit de la poussière, et l'immense espace jaunâtre se transforme en une prairie de fleurs. Les rivières débordent, et parfois les inondations s'étendent sur des centaines de kilomètres en largeur : les anciennes îles, appelées « tables » ou *mesas*, sont les seules terres qui se montrent au-dessus de la nappe troublée des eaux.

Les *llanos* du Venezuela et de la Nouvelle-Grenade ont une superficie évaluée à 400,000 kilomètres carrés, presque autant que la France. Les *pampas* argentines, qui se trouvent à l'autre extrémité du continent, ont une étendue beaucoup plus considérable, dépassant probablement 1,300,000 kilomètres carrés. Cette grande plaine centrale, qui forme l'un des traits les plus remarquables de l'Amérique du Sud, étend son immense surface presque horizontale sur une longueur de 3,000 kilomètres au moins, des régions brûlantes du Brésil tropical aux froides contrées de la Patagonie. Sur un territoire aussi vaste, les climats et la végétation diffèrent beaucoup, et cependant il y règne une grande monotonie à cause de l'horizontalité du sol et du manque d'eau. Les fleuves des pampas, le Pilcomayo, le Vermejo, le Salado, qui prennent leur source dans les Andes et dans la sierra d'Aconquija, finissent par atteindre la grande artère fluviale du Parana, mais non sans avoir perdu en route une grande partie de leurs eaux, par suite de l'évaporation dans les lagunes et les marécages. Plus au sud, le Rio-Dulce, également descendu des ravins de l'Aconquija, va se perdre dans un lac salé à une assez grande distance à l'ouest du Parana; de même tous les cours d'eau des provinces de Catamarca, de Rioja, de San-Juan, de Mendoza, de Cordova, s'affaiblissent à mesure qu'ils s'éloignent des montagnes, puis s'étalent en marais ou se fractionnent en flaques : le sable du désert les absorbe peu à peu. Le Rio-Quinto, qui jadis se rendait directement à la mer, et se jetait au sud de l'estuaire de la Plata dans l'anse de San-Borombon, s'arrête actuellement vers le milieu de son ancien cours; mais à l'est, des lagunes le rattachent aux sources d'une petite rivière que l'on peut considérer comme le Quinto inférieur. Pendant la période géologique actuelle, la diminution des pluies et l'accroissement de l'évaporation ont eu pour résultat de couper le fleuve en deux parties.

Les plaines occidentales qui entourent en partie le massif de Cordova sont parsemées de plantes épineuses, de genêts, de mimosas et d'autres arbustes au maigre feuillage; le sol argileux et compacte n'offre qu'un gazon court; çà et là resplendissent au soleil de vastes espaces salins complétement dépouillés de verdure. Ce sont de véritables déserts que les voyageurs traversaient jadis en caravanes comme les solitudes de l'Afrique et de la Perse, et où les voitures, qui font maintenant un service régulier entre les villes du pourtour de la plaine, s'élancent en droite ligne, sans qu'on se soit donné la peine de leur tracer un chemin. Plus à l'est, la pampa proprement dite s'étend du nord au sud entre le Salado et les régions de la Patagonie. C'est là l'immense et célèbre pâturage qui a fait la richesse de la république Argentine, à cause des bestiaux qui le parcourent par centaines de

LES PAMPAS

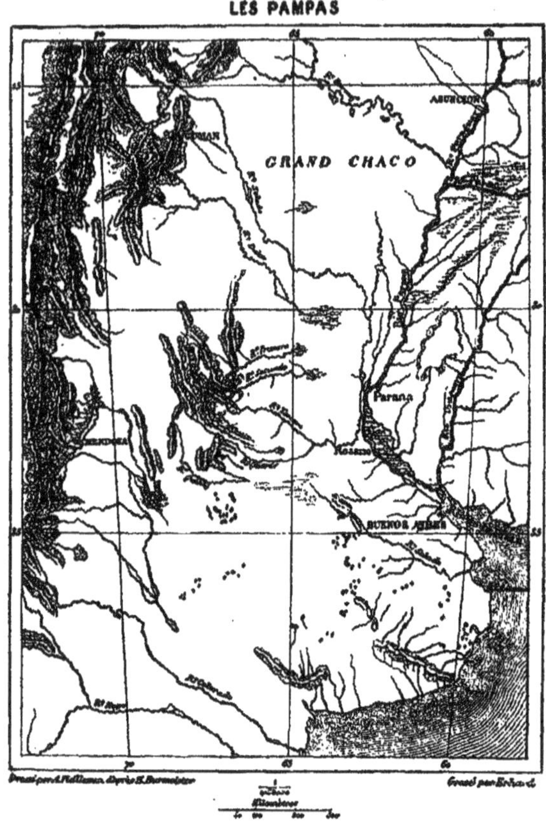

Fig.

mille et par millions. La surface herbeuse semble complétement horizontale ; aucun objet ne rompt la grandiose uniformité du paysage, si ce n'est un troupeau de bœufs, la muraille jaunie de quelque *estancia*, ou bien un arbre solitaire oublié par la hache du *gaucho*. Des flaques, les unes salines ou saumâtres, les autres remplies d'eau douce, parsèment la prairie et continuent la nappe onduleuse des graminées par des touffes de joncs et de roseaux. Au nord du Salado, la grande mer d'herbe est remplacée par des fourrés de mimosas et d'autres arbustes épineux entourant de petites savanes. Enfin, au delà des méandres du Pilcomayo, les bouquets de palmiers se montrent çà et là parmi les massifs, et la pampa, appelée en cet endroit le *Grand Chaco*, va rejoindre par des terrains noyés et par des isthmes de forêts les grandes *selvas* du bassin de l'Amazone.

V.

Déserts américains. — Le grand bassin d'Utah. — Le désert du Colorado. — L'Atacama et la pampa de Tamarugal. — Dépôts de sel, de salpêtre et de guano.

Dans l'Amérique du Nord, comme dans celle du Sud, les déserts proprement dits occupent à l'ouest du continent des bassins dominés par les murs parallèles ou divergents des montagnes Rocheuses. C'est le manque de pluies qui, dans les deux hémisphères, est la cause de cette aridité des espaces dont l'accès est interdit aux vents humides par de hautes montagnes; mais, par un remarquable contraste, les pluies qui sont arrêtées en route avant d'atteindre les déserts sont, dans le continent septentrional, celles qu'apportent les nuages du Pacifique, et dans le continent du sud, celles qui viennent de l'Atlantique avec les vents alizés. Au nord, ce sont les arêtes des chaînes occidentales, le Coast-Range et la Sierra-Nevada, qui retiennent l'humidité des courants atmosphériques de l'océan voisin; au sud, ce sont, au contraire, les massifs orientaux des Andes, qui, en s'opposant à la marche des alizés atlantiques du nord-est et du sud-est, sont la cause des sécheresses régnant sur leurs versants opposés [1]. Du reste, dans les deux continents, la plupart des déserts, qu'ils soient en plaine ou en plateau, semblent avoir été, à une époque géologique antérieure, nivelés par les eaux de quelque méditerranée.

Le plus septentrional de ces déserts américains occupe, à l'ouest du lac d'Utah, une partie de l'espace appelé Grand-Bassin et compris entre la chaîne principale des montagnes Rocheuses et la Sierra-Nevada de Californie. Le désert d'Utah est une immense surface d'argile parsemée de maigres touffes d'armoises; en certains endroits même elle n'offre aucune trace de végétation et ressemble à une chaussée de béton découpée par d'innombrables fissures en polygones presque réguliers. Aucun ruisselet ne coule au milieu de ces solitudes desséchées, aucune source n'y jaillit; seulement, après avoir marché pendant de longues heures, le voyageur rencontre parfois quelque champ de sel cristallisé, étendue blanche où les nuages et l'azur du ciel se mirent comme dans la nappe d'un lac. A l'extrême horizon se montrent quelques roches volcaniques semblables à de grandes scories à demi voilées par des colonnes atmosphériques vacillantes comme l'air qui repose sur la flamme d'un brasier. C'est à travers ces grandes plaines, habitées seulement par une quantité prodigieuse de lézards aux formes extraordinaires, que passait la route des émigrants, destinée à disparaître bientôt, pour être remplacée par le chemin de fer du Pacifique, tracé de New-York à San-Francisco. Depuis la découverte de la Californie, des milliers d'hommes ont perdu la vie dans ce désert; des bœufs et des

1. Voir, dans le deuxième volume, les chapitres consacrés aux *Vents* et aux *Pluies*.

chevaux innombrables y sont morts de soif : c'est à leurs ossements épars sur le sol que l'on reconnaissait la vraie direction de la route; la nuit, on s'arrêtait de peur de s'égarer quand on n'entendait plus résonner de squelettes sous les pas de sa monture[1].

Séparées de ce désert par des chaînes de montagnes où se trouvent quelques vallées ombreuses animées de ruisseaux, s'étendent au sud des solitudes non moins arides. Les unes n'offrent pour toute végétation que de maigres broussailles rampant çà et là sur le sol; les autres sont revêtues d'un peu de verdure par le mince feuillage d'arbustes épineux; mais la plupart de ces contrées désertes se montrent encore, par leurs roches ou leurs argiles nues, telles qu'elles apparurent après avoir émergé des eaux. Seulement, des *pitahayas* ou cierges gigantesques se dressent solitaires à de grandes distances les uns des autres. Leurs troncs, qui s'élèvent à la hauteur de quinze et vingt mètres, sont droits comme des colonnes et de la base au sommet gardent une épaisseur à peu près uniforme, égalant parfois la grosseur du corps humain; les ramifications, au nombre de deux ou trois seulement, sortent du tronc à angle droit, puis se redressent perpendiculairement, semblables aux branches d'un énorme candélabre. Par la régularité de leur forme, leurs côtes parallèles garnies d'épines, leur couleur d'un vert grisâtre, ces plantes étranges semblent être une sorte d'intermédiaire entre l'arbre et le rocher et donnent à l'ensemble du paysage un aspect à la fois bizarre et formidable. En quelques régions, on parcourt des centaines de kilomètres à travers montagnes, vallées et plaines, et pendant ce voyage on ne voit d'autre produit de la vie terrestre que ces grands cierges en colonnes. Et pourtant cette végétation manque elle-même dans les parties les plus arides du Nouveau-Mexique et de l'Arizona. Ainsi le désert du Colorado,

1. *Pacific Railway Report*. — Jules Rémy, *Voyage au pays des Mormons*

situé non loin de l'embouchure de la rivière du même nom dans le golfe de Californie, est une surface d'argile et de sable complétement nue. Le soir, quand le soleil se couche au loin derrière les montagnes rougeâtres, en dardant ses rayons à travers l'atmosphère poudreuse, le voyageur campé dans le lit de quelque rivière desséchée, au bord de cette plaine immense qui fut jadis un lac, pourrait aisément se figurer qu'il voit s'étendre devant lui la surface d'une mer de feu [1].

Les déserts de l'Amérique du Nord, coupés çà et là de vallées fertiles, se prolongent à l'est vers les bassins de la Rivière-Rouge et de l'Arkansas, où ils se confondent avec les savanes, et au sud dans les États mexicains du Chihuahua, de la Sonora, du Sinaloa; mais dans la zone tropicale, qui commence au delà, les grandes pluies estivales et le rétrécissement graduel du territoire mexicain entre les deux océans empêchent les déserts de se former. Les régions sans arbres et sans verdure ne se retrouvent que sur les côtes du Pérou, au sud du golfe de Guayaquil. Les vents alizés, qui viennent de se débarrasser de leur humidité sur les pentes orientales des Andes, passent dans les airs bien au-dessus des rivages de la mer et vont frapper au large la surface du Pacifique. Rarement un remous de l'atmosphère refoule sur ces côtes un petit courant pluvieux ; il se passe quelquefois cinq, dix et même vingt années sans qu'il tombe une seule goutte de pluie à Payta et dans les autres villes du littoral. La plupart des maisons d'Iquique, cité riche et commerçante, sont simplement composées de quatre murs sans le luxe inutile d'un toit. Cependant les côtes du Pérou ne sont point complétement dépourvues de verdure ; quelques petites rivières, alimentées par les neiges des Andes, et saignées dans toute leur longueur par des canaux d'arrosage, entretiennent un peu de végétation dans les vallées, et durant la

1. *Pacific railway Report.*

saison qu'on appelle saison d'hiver, notamment en mai, en juin et en juillet, des rosées abondantes humectent le sol des montagnes de la côte et font germer çà et là des cactus et des plantes à bulbe; de là le nom de *tiempo de flores* qu'on donne à cette époque de l'année [1]. Les villes commerçantes assises sur le littoral, les jardins des vallées, les rares herbes des collines, enfin les pentes escarpées des Andes qui se redressent d'arête en arête jusqu'aux cimes neigeuses, prêtent à l'ensemble des paysages un caractère d'animation que n'ont pas les déserts de l'Amérique du Nord.

Les solitudes andines qui rappellent le mieux les régions désertes de l'ancien monde et des États-Unis sont les plateaux allongés qui s'étagent entre la mer et la grande chaîne des Andes, dans le Pérou méridional et sur les frontières de la Bolivie et du Chili; tels sont la pampa d'Islay, celle de Tamarugal et le désert d'Atacama. La pampa de Tamarugal, ainsi nommée des *tamarugos* ou tamaris qui croissent dans les dépressions où quelque humidité suinte du sol, est d'une altitude moyenne de 900 à 1,200 mètres. C'est une plaine en grande partie couverte de couches salines ou *salares* que l'on exploite comme des carrières de roches. Les strates de sel sont tellement épaisses et les pluies sont tellement rares sur ce plateau que les maisons du village de la Noria, où se sont établis les ouvriers, sont en entier construites en blocs de sel. Certains déserts, situés à l'est du Tamarugal, sur des plateaux plus élevés, contiennent une quantité de sel plus grande encore. La pampa de Sal, que domine le volcan d'Isluga et dont l'altitude moyenne n'est pas moindre de 4,200 mètres, est blanche dans toute son étendue, sur une longueur de 200 kilomètres et sur une largeur moyenne de 15 à 40 kilomètres. L'épaisseur du sel déposé sur ce plateau varie de 12 à 30 centimètres suivant les ondulations du terrain.

1. Bollaert. *Antiquities.*

D'où proviennent ces masses énormes de sel? Sans doute de la mer ou d'anciens lacs qui couvrirent autrefois ces contrées et que l'exhaussement du sol a graduellement vidés. Les matières salines saturent les argiles et les roches elles-mêmes, car la couche de sel se reforme par efflorescence sur toutes les surfaces du désert où l'on a fait déjà de précédentes récoltes. Le district de Santa-Rosa, complétement nettoyé de sel en 1827, était de nouveau tout blanc et bon à exploiter après un laps de vingt-trois années. D'ailleurs, le sel marin n'est pas le seul produit de ces immenses laboratoires naturels : on y trouve aussi des nitrates, des sulfates, du carbonate de soude, des borates de soude et de chaux, qui s'accroissent tous les ans en épaisseur, grâce aux torrents d'un jour descendant parfois, tout chargés de débris, des Cordillières voisines. C'est de la pampa de Tamarugal que provient le salpêtre, cet article qui donne, pendant toutes les guerres de l'Europe et de l'Amérique, une si grande importance commerciale à la ville d'Iquique. Vers le milieu du XVIIIe siècle, un Indien, nommé Negreros, découvrit l'existence du salpêtre dans la pampa; ayant allumé un feu de broussailles sur le sol, il s'aperçut que la terre fondait et qu'un ruisseau s'échappait du milieu des tisons et des cendres. Dès cette époque, on commença d'exploiter ces couches; mais c'est depuis une quinzaine d'années surtout que cette industrie a pris un développement considérable. D'après l'ingénieur Smith, les couches de nitrate recouvrent dans la pampa de Tamarugal une superficie de 1,250 kilomètres carrés; en certains endroits, où la masse n'a pas moins de trois mètres d'épaisseur, on a pu retirer du sol une tonne de salpêtre par mètre carré; mais en comptant seulement sur un produit de 50 kilogrammes par mètre, on trouve que la quantité totale de salpêtre contenue actuellement dans les couches superficielles de la pampa n'est pas moindre de 63 millions de tonnes, assez pour alimenter le commerce pendant 1,393 années si l'exploitation ne devait pas dépasser en moyenne celle de 1860[1].

Le désert d'Atacama, le plus vaste de tous ceux de l'Amérique du Sud, occupe une large zone de plateaux entre le rivage du Pacifique et le haut rempart des Andes qui sépare la Bolivie de la république Argentine. Cette étendue de roches rougeâtres, d'argiles dénudées et de dunes mobiles de sable en forme de croissants, est tellement inhospitalière que les conquérants du Chili, Incas ou Espagnols, n'ont pu s'y hasarder pour suivre le littoral ; ils ont dû passer au loin dans l'intérieur par les plateaux de la Bolivie et traverser deux fois les Andes avant d'entrer dans les vallées chiliennes. Naguère encore les hommes de science étaient les seuls voyageurs qui osassent s'aventurer dans le désert d'Atacama. Toutefois, cette contrée d'un aspect si redoutable renferme aussi, comme la pampa de Tamarugal, de grandes richesses naturelles, qui ne manqueront pas d'appeler le travail de l'homme et tous les progrès de la civilisation sur ces terres désolées. Au sel et au salpêtre se joint le guano[2], amas des innombrables déjections de tous les oiseaux pêcheurs qui s'abattent par nuées sur le littoral. Pendant le cours des siècles, ces immondices se sont entassés en véritables rochers que le soleil dessèche et dont les pluies ne viennent que bien rarement détremper la surface. Les masses de détritus, inutiles en apparence sur ces rivages déserts, sont la vie même pour les campagnes de l'Angleterre, de la France, de la Belgique, épuisées par des cultures intensives, et, par suite, elles constituent entre les peuples un élément de commerce des plus importants. Le principal trésor de la république péruvienne, sa banque nationale, pour ainsi dire, sont les amas de déjections qui recouvrent les îles Chinchas, au large de Callao. Là se trouvent,

1. Bollaert, *Antiquities*, p. 155, 240.
2. Du mot quichua *huanu*.

suivant les diverses évaluations, de 12 à 15 millions de tonnes d'excellent guano qui représentent pour le Pérou plus de deux milliards, et dont le produit bien utilisé permettrait aux heureux possesseurs de se construire un magnifique réseau de chemins de fer et de bâtir une école dans chacun de leurs villages. Mais il faut se hâter, car le trésor de guano s'épuisera probablement dans une vingtaine d'années; déjà, depuis l'année 1866, l'île septentrionale est nettoyée jusqu'au roc solide.

CHAPITRE III.

LES PLATEAUX ET LES MONTAGNES.

I.

Différence des plateaux et des plaines. — Importance capitale des plateaux dans l'économie du globe. — Distribution des hautes terres à la surface des continents.

En dépit de la variété d'aspect et de végétation qu'y introduisent les climats, les terres basses, parmi lesquelles d'ailleurs un si grand nombre sont des solitudes infertiles, jouent dans l'histoire du globe un rôle beaucoup moins important que les parties saillantes de la surface émergée. C'est grâce au relief de la planète que les continents sont organisés et vivent pour ainsi dire ; c'est grâce à toutes ces inégalités du sol que les climats, les eaux, les produits et les populations se distribuent d'une manière si variée sur la terre.

Toutes les parties hautes des continents et des îles se divisent naturellement, suivant la hauteur et l'inclinaison du sol émergé, en plateaux et en systèmes de montagnes. On est convenu de comprendre par le mot de plateau un massif de terres élevées au-dessus du niveau de la mer; mais la surface n'en est point nécessairement unie et régulière comme semblerait l'indiquer le nom. Quand le sol est très-inégal, déchiré par de profonds ravins ou parsemé de collines et de montagnes, on considère comme la superficie du plateau ce plan idéal qui passerait par la base de toutes les chaînes de montagnes et comblerait toutes les dépressions intermédiaires. Cependant, il existe des plateaux qui sont presque parfaitement unis : telles sont les Plaines Jalonnées du Texas et certaines parties du bassin d'Utah.

D'ailleurs, les terres basses offrent aussi très-fréquemment un sol accidenté de collines et de vallons et se relient aux plateaux supérieurs, soit par des pentes graduelles, soit par une succession de terrasses que l'on peut considérer comme des rebords de la plaine ou comme la chute du plateau. La différence qui existe entre les hautes et les basses terres est purement relative : on peut dire seulement, dans le langage ordinaire, qu'une plaine est une surface comparativement unie et dominée d'un ou de plusieurs côtés par des régions plus élevées, tandis que les plateaux dépassent en hauteur les terres environnantes. Ce qui serait une plaine pour les habitants des montagnes est un plateau pour ceux qui vivent plus bas. C'est ainsi que dans les terres fréquemment inondées de la Louisiane, on appelle collines et coteaux les ondulations du sol presque imperceptibles à l'œil nu que n'envahissent pas les eaux débordées, et sur la nappe unie des mers on désigne par le nom de montagnes de glace des blocs détachés des glaciers du Groenland et du Spitzberg. En contemplant les hauteurs d'Obydos, se dressant au milieu des interminables plaines de l'Amazone, Agassiz crut revoir les montagnes sublimes de sa patrie [1].

Ce n'est donc point surtout par la hauteur absolue des divers étages de terres émergées que le géographe les divise en plaines et en plateaux, c'est d'après leur rapport à la masse continentale dont ils font partie. Les campagnes de l'Hindoustan septentrional sont plus élevées que les plateaux de la Souabe et de la Bavière, et cependant on n'en doit pas moins les considérer comme une plaine, parce qu'elles appartiennent à un continent dont les traits généraux sont gigantesques en comparaison de ceux de l'Europe.

1. *Conversações sobre o Amazonas.*

Dans les deux parties du monde, les proportions respectives sont gardées entre les divers étages de l'édifice continental : les plateaux de l'Asie centrale correspondent à celui de l'Allemagne du sud, l'Himalaya rappelle les Alpes, l'Hindoustan, avec ses plaines et ses monts, est la contre-partie de la péninsule italique.

Bien que les plateaux, précisément à cause de leur masse et de la grandeur de leurs proportions, frappent beaucoup moins l'esprit des hommes que les montagnes abruptes se dressant entre deux pays comme d'énormes remparts, cependant leur importance dans la vie du globe est certainement supérieure à celle de tous les autres traits du relief continental. Si la surface émergée de la planète était parfaitement unie, la régularité la plus désolante régnerait partout ; les mêmes phénomènes se reproduiraient à travers toute l'étendue des continents d'un océan à l'autre ; les vents, dont aucun obstacle n'arrêterait la course, tourneraient autour du globe avec un mouvement toujours égal, comme ces longues bandes de nuages que découvre le télescope sur la planète Jupiter. Point de ces massifs élevés qui, par leur position transversale à la direction naturelle des vents, produisent une rupture d'équilibre et répercutent les courants atmosphériques dans tous les sens : point de ces grands réfrigérateurs qui condensent l'eau des nuages et la gardent dans leurs réservoirs de neige et de glace ; partout les pluies tomberaient d'une manière à peu près égale, et les eaux, ne trouvant point de déclivité pour s'écouler vers l'Océan, formeraient des marécages putrides. L'équilibre parfait des forces de la nature aurait pour conséquence la stagnation universelle et la mort. Si les hommes pouvaient exister sur une terre pareille, loin de trouver dans l'uniformité de l'immense plaine de plus grandes facilités pour communiquer entre eux, ils resteraient épars autour de leurs lagunes dans toute la sauvagerie primitive. Les migrations de peuples entiers descendant la pente des plateaux à la recherche d'une nouvelle patrie, comme de grands fleuves à la recherche de la mer, n'eussent jamais eu lieu. Toute civilisation eût été impossible. Peut-être, ainsi que le pensent certains géologues, la surface du globe était-elle unie et sans puissant relief quand l'ichthyosaure nageait lourdement au milieu des marécages et que le ptérodactyle étendait ses pesantes ailes au-dessus des roseaux. C'était alors la terre du reptile, mais ce ne pouvait être celle de l'homme.

Si les grands plateaux du globe s'étaient disposés autour de l'océan Glacial arctique et que leur longue déclivité se fût graduellement abaissée vers l'océan des Indes et le Pacifique, les développements de l'humanité n'en auraient pas été moins impossibles. Dans le nord, l'altitude des plateaux eût superposé une zone glaciale à une autre zone glaciale; toute vie organique, même celle des plantes les plus rudimentaires, eût probablement cessé d'exister, et, sans aucun doute, les vents glacés descendus de cette citadelle des neiges auraient changé en une seconde zone polaire la zone tempérée, où germent des productions si variées, où tant de peuples puissants ont pris naissance. Les seuls pays habitables seraient les îles de la mer du Sud et les régions tropicales des continents, si toutefois l'homme pouvait vivre sous un climat où des chaleurs accablantes succéderaient aux vents glacés des hauts plateaux du nord. Mais en supposant que des peuplades isolées eussent pu s'établir dans ces contrées, certes l'humanité n'eût pas existé, car par le mot d'humanité il ne faut pas comprendre simplement la multitude des individus épars, mais le genre humain tout entier ayant conscience de soi-même et de sa destinée.

Quelles que soient les causes géologiques de la répartition actuelle des plateaux sur les continents, il faut reconnaître ce fait remarquable, que leur hauteur s'accroît avec leur proximité de la zone torride, comme si la rotation du globe avait eu pour résultat, non-seulement le gonflement général de la masse planétaire, mais aussi la tuméfaction des continents eux-mêmes. Au tropique du Cancer, l'altitude moyenne des plateaux est à peu près égale à celle des montagnes de la zone tempérée, tandis que les plateaux de cette dernière zone ont en moyenne la même hauteur que les montagnes de la zone polaire[1]. Par suite de cette disposition des hautes terres, il se trouve que sous chaque latitude certaines parties émergées des continents offrent un résumé des climats qui, de cette latitude au pôle, se succèdent sur le pourtour de la planète. Grâce à leurs plateaux et aux montagnes qui les couronnent, la péninsule ibérique, la Turquie, l'Asie Mineure, jouissent à la fois, sur les divers points de leur surface, de toutes les variétés du climat tempéré et projettent leurs cimes les plus élevées jusque dans les régions froides de l'atmosphère analogues à celles du pôle. Dans ces contrées de la terre, le voyageur peut changer de nature et de climat en quelques journées et parfois en quelques heures, tandis que sur mer il devrait accomplir un long voyage de circumnavigation jusqu'aux banquises et aux glaciers du pôle pour traverser toutes les régions correspondantes. Le seul fait de l'élévation graduelle des plateaux dans la direction du sud double le nombre des zones. Sous les latitudes moyennes, le climat polaire est superposé au climat tempéré. En Hindoustan, trois zones s'étagent sur les flancs de l'Himalaya, cette haute bordure méridionale des plateaux de l'Asie : dans la plaine coulent les grands fleuves, s'étendent les forêts impénétrables, habitent les populations sans nombre ; plus haut sont les torrents, les longues avenues des sapins, les troupeaux errant dans les pâturages ; plus haut encore, les broussailles, les mousses, la neige et les amas de glace[2].

Ainsi la fonction des hautes terres dans l'économie du

1. Metcalfe.
2. Voir, dans le deuxième volume, *la Terre et sa Flore*.

globe est de porter le nord au sein même du midi, de rapprocher tous les climats de la planète et toutes les saisons de l'année. Tous les plateaux sont, pour ainsi dire, de petits continents émergeant du milieu des plaines, et, comme les grands continents limités par la mer, ils offrent dans l'ensemble de leurs phénomènes une espèce de résumé de ceux de la terre entière : ce sont autant de microcosmes. Centres vitaux de l'organisme planétaire, ils arrêtent les vents et les nuages, épanchent les eaux, modifient tous les mouvements qui s'accomplissent à la surface du globe. Grâce au circuit incessant qui se produit entre toutes les saillies du relief continental et les deux océans des eaux et de l'atmosphère, les climats étagés sur les flancs des plateaux se mêlent diversement et mettent continuellement en rapport les unes avec les autres les flores, les faunes, les nations et les races d'hommes.

II.

Les grands plateaux de l'Asie centrale et la porte de l'Hindu-Kuch. — Plateaux de l'Europe; leur disposition symétrique. — Plateaux des deux Amériques. — Analogie du bassin fermé de la Bolivie et du pays d'Utah. — Plateaux de l'Afrique.

D'ailleurs, les plateaux, comme les continents eux-mêmes, ont une organisation plus ou moins rudimentaire, une forme plus ou moins articulée, et par conséquent leur importance dans la vie du globe varie en proportion. Ainsi, les grands plateaux de l'Asie centrale, que l'on peut considérer comme le squelette même du continent, exercent, il est vrai, une influence de premier ordre dans l'économie générale de la terre, mais ils sont eux-mêmes presque séparés du reste du monde, leurs eaux coulent vers des bassins intérieurs sans issue du côté de la mer, et les populations qui les habitent vivent dans un isolement presque complet des autres nations de l'Asie. Le principal groupe de plateaux, que limitent au sud les monts du Karakorum et du Kuenlun, à l'ouest le Bolor, au nord le Thian-Chan, l'Altaï et les monts Dauriens, à l'est les solitudes du grand désert de la Mongolie et les systèmes de montagnes diversement ramifiés de l'intérieur de la Chine, constitue un immense quadrilatère à peu près égal à l'Europe en étendue; et parmi ces hautes terres, il en est, comme le Dapsang et le Boulion, tous les deux appuyés sur le Kuenlun, qui dépassent 5,000 mètres d'altitude moyenne [1]. Sur la plus grande partie de son pourtour, cette énorme forteresse centrale des plateaux de l'Asie est rendue presque inaccessible par sa formidable enceinte de montagnes, de neiges et de déserts; seulement, vers le nord-ouest, entre le Thian-Chan et l'Altaï, s'ouvrent plusieurs dépressions à travers lesquelles les terribles cavaliers mogols s'élancèrent, il y a quelques siècles, pour aller dévaster l'Asie Mineure et l'Europe orientale.

Par l'un de ses angles, le grand massif quadrilatéral de l'Asie centrale confine à un autre plateau, de dimensions moindres, mais de forme à peu près analogue : c'est l'Iran. Ce territoire élevé, qui, lui aussi, est en grande partie composé de déserts, n'est point pour les populations qui l'habitent une prison semblable aux terres hautes situées plus à l'est; il présente de nombreux débouchés au nord vers les plaines de la Tartarie et vers la mer Caspienne, à l'ouest vers les vallées du Tigre et de l'Euphrate, et se rattache d'ailleurs aux systèmes montagneux de l'Asie Mineure, cette longue péninsule projetée entre deux mers de l'Europe. Chose remarquable : c'est précisément dans le voisinage du nœud de montagnes où se relient les deux grands systèmes des plateaux de la Mongolie et de l'Iran que se trouve la

1. Frères Schlagintweit.

principale porte des nations âryennes, le défilé par lequel passaient les flux et les reflux des guerres, des migrations, du commerce. Par un singulier contraste géographique, ce nœud vital de l'Asie est à la fois l'endroit où les deux grands massifs de plateaux se rattachent l'un à l'autre, et celui par lequel les plaines de l'Hindoustan communiquent à celles de la Tartarie et de la Caspienne. Les deux diagonales des hautes terres et des terres basses de l'Asie se croisent à angle droit sur ce point de l'Hindu Kuch[1]. C'est là que se trouve, pour l'histoire de l'humanité, le point le plus remarquable de la terre entière.

En Europe, les plateaux les plus considérables offrent aussi dans leur disposition une singulière symétrie. De même que dans le continent d'Asie, ils sont tous, à l'exception de l'étroit plateau de la Norvége méridionale, situés au midi de l'Europe et limités d'un côté par une chaîne de montagnes. A l'ouest, c'est le plateau de l'Espagne, dont la hauteur moyenne est de 600 mètres et qui s'appuie sur le rempart uniforme des Pyrénées; au centre de l'Europe, c'est le plateau de la Souabe et de la Bavière, que dominent au sud les grandes Alpes de la Suisse et du Tyrol; à l'est, ce sont les hautes terres de la Turquie longeant la base méridionale des Balkhans. Ainsi, des trois plateaux, celui du milieu s'étend au nord d'un système de montagnes, tandis que, par une sorte de polarité, les deux autres, situés chacun à une extrémité de l'Europe, se trouvent au sud de la chaîne qui leur sert de point d'appui[2]. D'ailleurs, ces hautes terres, beaucoup plus richement organisées que celles de l'Asie, rappellent la forme de leur continent hérissé de péninsules et dentelé de baies profondes; elles ont aussi leurs promontoires qui se projettent au loin dans l'intérieur des plaines; de larges vallées s'ouvrent dans leur épaisseur, ménageant ainsi

1. Carl Ritter, *Erdkunde*.
2. Carl Ritter, *Europa*

de nombreuses issues aux peuples qui habitent le massif du plateau et les pays environnants. Grâce à leurs contours si

LES CAUSSES.

Gravé par Erhard.

Kilomètres

Fig. 23.

variés, les hautes contrées de l'Europe ne sont pas isolées du continent : sur aucun point, les rivières n'ont dû s'accumuler en nappes stagnantes ; chaque goutte d'eau, chaque produit du sol, chaque homme, y trouvent un chemin vers les plaines d'alentour. On peut citer les *causses* ou massifs calcaires de la France méridionale comme types

PLATEAU DÉCOUPÉ DE NANTUA

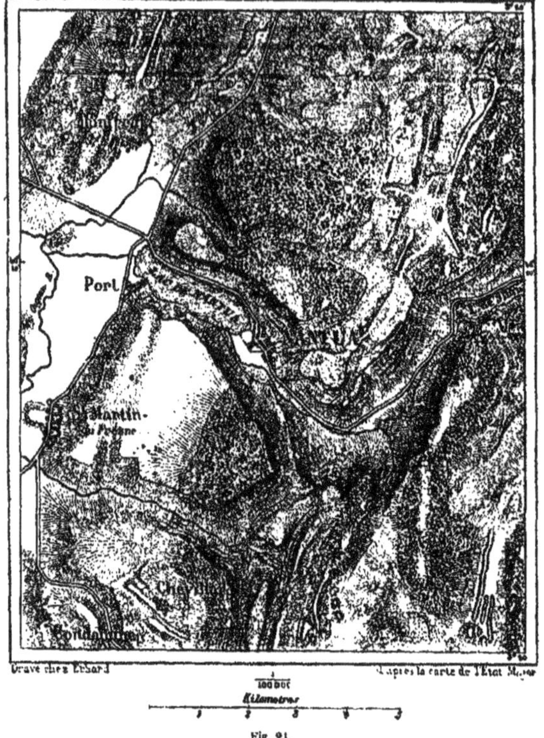

Fig. 21.

de ces hautes terres dont le pourtour est très-nettement caractérisé par des remparts abrupts et qui cependant, grâce aux vallées, ne sont point d'inabordables forteresses. Dans la région du Jura, des plateaux analogues ont été coupés par les eaux avec une telle régularité que l'on pense involontairement aux géants légendaires fendant les monts d'un coup de leur glaive.

Les plateaux des deux Amériques sont beaucoup plus élevés que ceux de l'Europe, et correspondent ainsi par leur altitude aux dimensions des continents qui les portent. A l'exception des plateaux secondaires des Alleghanys, des Guyanes et du Brésil, toutes les hautes terres américaines sont comprises entre les ramifications des chaînes de montagnes qui se dressent à l'ouest dans le voisinage du Pacifique. Le plateau d'Utah ou « Grand Bassin » est un vaste territoire aux contours massifs que hérissent des remparts parallèles de rochers, et que limitent, d'un côté l'arête des montagnes Rocheuses, de l'autre celle de la Sierra-Nevada : c'est la vertèbre principale de l'ossature du continent. Plus au sud s'étendent les plateaux, également entourés de montagnes et coupés de ravins et de vallées, du Nouveau-Mexique, de l'Arizona, du Chihuahua, de la Sonora. Le massif de l'Anahuac, énorme citadelle qui se dresse entre les deux mers, est dominé par le Popocatepetl, le Cofre de Perote, l'Orizaba; puis viennent, au delà de l'isthme de Tehuantepec, divers petits plateaux, ceux du Guatemala, du Honduras, du Salvador, du Costa-Rica, qui s'appuient tous sur des rangées de montagnes, en partie volcaniques; leurs hauteurs respectives correspondent d'une manière générale avec la largeur plus ou moins grande de leur base, baignée d'un côté par le Pacifique, de l'autre par la mer des Caraïbes.

Au sud du golfe de Darien, les hauts plateaux commencent avec l'énorme chaîne des Andes; partout où la puissante chaîne se bifurque ou bien se divise en forme d'éventail, elle embrasse entre ses arêtes un plateau de 1,500, 2,000 ou même de 3 et 4,000 mètres d'altitude[1]. Dans

1. Voir ci-dessous.

la Colombie, ce sont les plateaux de Pasto, d'Antioquia, de Cundinamarca, de Caracas. Plus au sud, les deux chaînes des Andes et des Cordillières, qui se séparent pour se rejoindre, puis se séparer encore, enceignent de leurs arêtes neigeuses les plateaux de Quito, de Cerro-de-Pasco, de Cuzco, de Titicaca, et s'appuient latéralement sur les hautes terres désertes de l'Atacama, entre la Bolivie et le Chili, et sur les terrasses montueuses du Cuyo, à l'ouest des pampas argentines. De tous ces plateaux de l'Amérique méridionale, un seul est complètement fermé et ne peut épancher ses eaux vers les plaines inférieures : c'est le plateau de Titicaca, dont l'élévation moyenne n'est pas moindre de 4,000 mètres, et qui, par sa hauteur et son étendue, est le trait le plus saillant dans le profil du continent colombien. Ce plateau bolivien est la contre-partie du Grand-Bassin de l'Amérique du Nord. Les deux régions correspondantes occupent également la partie centrale de leurs continents respectifs, à plus de 3,000 kilomètres des isthmes de l'Amérique centrale; les deux plateaux se trouvent entre les branches épanouies d'un grand système de montagnes et renferment chacun dans leurs dépressions des lacs sans issue vers la mer.

Géographiquement, ces pays sont comme isolés du reste du monde. C'est à grand'peine que les peuples semi-barbares de la Bolivie peuvent entrer en relations de commerce et de civilisation avec les autres républiques américaines et les contrées de l'Europe. Quant au plateau d'Utah, c'est là que les Mormons se sont établis pour échapper à la pression des peuples environnants : il a fallu toute l'énergie des Américains du Nord pour aller poursuivre jusque dans ces déserts la jeune société théocratique. Les plateaux sur lesquels se sont développées les civilisations autochthones des Aztèques, des Toltèques, des Guatimaltèques, des Muyscas, des Chibchas, des Incas, ont sur les bassins fermés de l'Utah et de la Bolivie l'avantage immense de communiquer avec le littoral par leurs vallées ouvertes et par les eaux de leurs fleuves

Quant aux plateaux de l'Afrique, ils sont encore plus isolés du reste du monde que les grands plateaux américains, mais ce n'est point à cause de leur grande hauteur ou de l'escarpement des montagnes qui les dominent : c'est bien plutôt à cause du climat et de la situation du continent lui-même. La plupart des hautes terres de l'Afrique sont peu élevées, et leurs pentes offrent un accès facile. Les plateaux de la colonie du Cap, dont la hauteur moyenne

Fig. 25.

est au sud de 200 mètres à peine, s'élèvent par degrés vers le nord jusqu'au désert de Kalahari, situé à une altitude variant de 600 à 1,000 mètres au-dessus du niveau de la mer. Ce que l'on sait déjà de l'intérieur de l'Afrique permet de croire que la hauteur moyenne des plateaux s'accroît très-faiblement dans la direction de l'équateur. Au centre même du continent, la région de lacs où le Nil prend sa source offre une élévation de 1,200 à 1,300 mètres seulement, tandis qu'au nord de l'Afrique les plateaux du Maroc et de l'Algérie sont, dans presque toute leur étendue, inférieurs à 1,000 mètres. Le plateau le plus remarquable du continent est celui de l'Éthiopie, qui, sur une largeur de 1,200 kilomètres environ, se maintient à une élévation moyenne de 2,400 à 2,700 mètres. Les escarpements les plus roides de ce massif sont tournés du côté de la mer, comme pour défendre les Abyssiniens de toute agression de la part des peuples étrangers; mais la contre-pente inclinée au nord-ouest vers le Nil est de dix à vingt fois plus douce, et de ce côté l'Abyssinie serait facilement accessible, si les déserts, les luttes incessantes de peuple à peuple et la chasse à l'esclave ne semaient de dangers l'abord des frontières. Considéré dans son ensemble, le continent africain, le moins connu de toutes les grandes parties du monde et celle qu'habitent les populations les plus barbares, n'offre point aux échanges et aux communications d'obstacles naturels comparables à ceux que présentent les hauts massifs de l'Asie centrale et les plateaux des Andes. Par la distribution de ses montagnes, de ses terres hautes, de ses plaines et de ses déserts, aussi bien que par ses contours généraux, l'Afrique rappelle la péninsule de l'Hindoustan : c'est une Inde grossie onze fois, mais beaucoup moins belle et moins précise de formes que ne l'est cette admirable presqu'île de l'Asie.

III.

Montagnes isolées. — Montagnes en massifs. — Chaînes et systèmes de montagnes. Beauté des cimes. — Monts sacrés. — Joies des gravisseurs.

Les montagnes, bien moins importantes que les plateaux dans l'économie du globe, sont pourtant bien mieux connues, à cause de la majesté de leur aspect, de leur contraste soudain avec les espaces environnants et de la variété des phénomènes qui s'y accomplissent. Les monts qui s'élèvent isolément, soit au milieu des mers, soit du sein des plaines unies, produisent surtout l'effet le plus grandiose et laissent dans l'imagination des peuples l'impression la plus vive et la plus durable. On ne saurait se figurer de tableaux supérieurs en beauté à ceux que forment les pentes gracieusement infléchies et les sommets bleuâtres de ces monts solitaires, le Ventoux, l'Etna, le volcan de Téneriffe, l'Orizaba, et tant d'autres pics au pied desquels est étendu tout l'espace compris dans l'horizon. Même des hauteurs qui, dans les contrées de grandes montagnes, mériteraient à peine un nom et paraîtraient de simples collines, semblent de formidables pics lorsqu'elles s'élèvent au milieu des plaines ou sur le bord de la mer. C'est ainsi qu'une cime de 240 mètres, autour de laquelle s'étendent les campagnes monotones de la basse Poméranie, a paru tellement prodigieuse aux habitants de la contrée, à cause de ses escarpements sauvages, qu'on lui a donné le nom de « Montagne de l'Enfer » (Höllenberg); de même, une croupe du Danemark qui s'arrondit à 170 mètres d'élévation au-dessus du niveau de la mer est devenue la « Montagne du Ciel » (Himmelberg) : c'est un Olympe, comme celui de la Grèce.

A l'exception des cônes volcaniques, il est peu de monts qui se dressent isolément au milieu des plaines. Dans presque toutes les contrées du monde dont le relief est fortement accusé, les cimes se présentent en grand nombre et sont disposées soit en massifs, soit en longues rangées. D'ordinaire, celles qui sont groupées circulairement entourent un sommet central plus élevé, et sont elles-mêmes entourées de hauteurs secondaires qui s'appuient sur des contre-forts latéraux, et s'affaissent de degrés en degrés dans les plaines inférieures; tels sont, par exemple, les massifs du Harz en Allemagne, du Mont-Ferrat en Piémont, du Sinaï dans la péninsule arabique, et le superbe groupe de la Sierra-Nevada de Sainte-Marthe, qui se dresse à 6,000 mètres de hauteur dans un espace insulaire limité par la mer, les marécages et les profondes vallées du Rio-Cesar et de la Rancheria. Quant aux chaînes proprement dites, qui se distinguent toujours par un développement considérable de la longueur des terres soulevées, elles ont aussi quelquefois pour cime centrale un pic dominateur, de chaque côté duquel les saillies de la crête vont en s'abaissant successivement; mais il n'existe aucune rangée où cet alignement normal des sommets se soit produit avec une régularité géométrique. La plupart des soulèvements montagneux offrent un ensemble de massifs, de chaînes et de chaînons diversement groupés où l'on ne peut reconnaître que par de longues études la direction des crêtes : ce sont, non pas des chaînes, mais des systèmes de montagnes.

Grâce à la diversité qu'offrent ces groupes si nombreux de hauteurs, suivant leur origine géologique, la composition de leurs roches, la direction générale de leur axe, la position de leurs cimes, la végétation qui les recouvre, la lumière qui les éclaire, les agents atmosphériques qui les rongent, chaque montagne se distingue de ses voisines par un caractère de beauté spécial. Dans cette assemblée de sommets, toute cime, charmante ou superbe, qui dresse ses flancs ravinés au-dessus de l'arête de soulèvement, prend par cela même une apparence de vie indépendante, comme si elle jouissait d'une individualité distincte. La vue de ces colosses qui dominent l'horizon exerce sur un grand nombre d'hommes une fascination véritable, et c'est par une sorte d'instinct, souvent irréfléchi, qu'ils se dirigent vers les monts pour en gravir les escarpements. Par la grâce ou la majesté de leur forme, par leur profil hardi dessiné en plein ciel, par la ceinture de nuées qui s'enroule autour de leurs rochers et de leurs forêts, par les variations incessantes de l'ombre et de la lumière qui se produisent dans les ravins et sur les contre-forts, les montagnes prennent une apparence de personnalité, et l'on est presque tenté de voir des êtres vivants dans ces masses rocheuses. Chaque montagne dont le sommet se dégage par des lignes hardies du reste de la masse semble si bien un individu à part qu'on lui a donné un nom, souvent un titre poétique de héros ou de dieu, et que, dans le langage journalier, on ne cesse de lui attribuer des qualités humaines. C'est qu'en effet les montagnes sont bien des individus géographiques modifiant de mille manières les climats et tous les phénomènes vitaux des régions environnantes par le seul fait de leur position au milieu des plaines. Et puis, n'offrent-elles pas, dans un petit espace, un résumé de toutes les beautés de la terre? Les climats et les zones de végétation s'étagent sur leurs pentes : on peut y embrasser d'un seul regard les cultures, les forêts, les prairies, les glaces, les neiges, et chaque soir la lumière mourante du soleil donne aux sommets un merveilleux aspect de transparence, comme si l'énorme masse n'était qu'une légère draperie rose flottant dans les cieux.

Jadis les peuples adoraient les montagnes, ou du moins les révéraient comme le siége de leurs divinités. Autour du Mérou, ce trône superbe des dieux de l'Inde, chaque étape de l'humanité peut se mesurer par d'autres monts sacrés où s'assemblaient les maîtres du ciel, où s'accomplissaient les grandes épopées mythologiques de la vie des nations. Le pic de Lofeu en Chine, le volcan Fusi-Yama au Japon, sont des montagnes divines. Le Samanala ou pic d'Adam, d'où l'on jouit d'une vue si grandiose sur les vallées pleines d'arbres de Ceylan, est aussi révéré comme un lieu saint, et sur la plus haute cime s'élève un temple de bois attaché à la masse granitique par des chaînes scellées dans les fissures du rocher : c'est là, suivant la légende des mahométans et des juifs, qu'Adam, chassé du Paradis terrestre, vint faire pénitence pendant des siècles; c'est aussi là que le divin Bouddha laissa la marque de son pied en prenant son vol pour s'élancer dans le ciel. Pour les Arméniens, le mont Ararat n'est pas moins sacré que ne l'est le Samanala pour les bouddhistes ou pour les Indous la cime qui domine les sources du Gange. C'est sur un rocher du Caucase que fut cloué Prométhée pour avoir ravi le feu du ciel. Le mont Etna fut longtemps la citadelle des Titans; les trois croupes de l'Olympe, qui s'arrondissent superbement en forme de dômes, étaient le magnifique séjour des dieux de la Grèce, et quand un poëte invoquait Apollon, c'était les yeux tournés vers le sommet du Parnasse. Si les Hellènes policés vénéraient ainsi les montagnes de leur patrie, quelle adoration de barbares indigènes ne doivent-ils pas avoir pour le mont qui porte leurs cabanes sur ses terrasses comme un arbre porte sur ses branches le nid d'un oiseau! Le sommet qui les abrite leur semble régner au loin sur la terre, et c'est avec fierté qu'ils reconnaissent en lui leur père et leur dieu.

De nos jours, on n'adore plus les montagnes; mais du moins ceux qui les connaissent les aiment d'un amour profond[1]. Gravir les hauts sommets est devenu actuellement une véritable passion, et chaque année c'est par milliers que l'on tente les grandes escalades, indépendamment des innombrables ascensions que font les voyageurs sur les cimes secondaires et d'un accès facile. Des *clubs alpins*, sociétés de gravisseurs, composées en grande partie des savants les plus énergiques et les plus intelligents de l'Europe occidentale, se sont donné pour tâche de vaincre tour à tour chaque cime réputée naguère inaccessible, d'en rapporter quelque pierre en signe de triomphe et d'y laisser un thermomètre ou tout autre instrument scientifique, afin de faciliter les recherches des hardis grimpeurs qui viendront après eux. Les clubs alpins ont dressé la liste de tous les pics encore rebelles, discuté les moyens de les atteindre, provoqué des multitudes d'ascensions, et par leurs cartes, leurs mémoires, leurs réunions nombreuses, ils ont grandement contribué à faire connaître l'architecture des Alpes. Les recueils qui contiennent les journaux de voyage des membres des diverses sociétés sont incontestablement les ouvrages où l'on trouve le plus de renseignements précieux sur les roches et les glaces des hautes montagnes de l'Europe et les plus beaux récits

1. Voir *Mountaineering* de Tyndall et les diverses publications des *Clubs alpins*.

d'ascensions. Dans l'avenir, quand les Alpes et les autres chaînes accessibles du monde seront parfaitement connues, les mémoires des clubs alpins seront l'Iliade des coureurs de montagnes, et l'on se racontera les exploits des Tyndall, des Tuckett, des Coaz, des Theobald et autres héros de cette grande épopée de la conquête des Alpes, comme on se racontait jadis les exploits des hommes de guerre.

D'où vient cette joie profonde qu'on éprouve à gravir les hauts sommets? D'abord c'est une grande volupté physique de respirer un air frais et vif qui n'est point vicié par les impures émanations des plaines. L'on se sent comme renouvelé en goûtant cette atmosphère de vie; à mesure qu'on s'élève, l'air devient plus léger; on aspire à plus longs traits pour s'emplir les poumons, la poitrine se gonfle, les muscles se tendent, la gaieté entre dans l'âme. Le piéton qui gravit une montagne est devenu maître de soi-même et responsable de sa propre vie; il n'est pas livré au caprice des éléments comme le navigateur aventuré sur les mers; il est bien moins encore, comme le voyageur transporté par chemin de fer, un simple colis humain tarifé, étiqueté, contrôlé, puis expédié à heure fixe sous la surveillance d'employés en uniforme. En touchant le sol, il a repris l'usage de ses membres et de sa liberté. Son œil lui sert à éviter les pierres du sentier, à mesurer la profondeur des précipices, à découvrir les saillies et les anfractuosités qui faciliteront l'escalade des parois. La force et l'élasticité des muscles lui permettent de franchir les abîmes, de se retenir sur les pentes rapides, de se hisser de degré en degré dans les couloirs. En mille occasions, durant l'ascension d'une montagne escarpée, il comprend qu'il aurait à courir un vrai danger, s'il venait à perdre l'équilibre, ou s'il laissait son regard se voiler tout à coup par un vertige, ou si les membres lui refusaient leur service. C'est précisément cette conscience du péril, jointe au bonheur de se savoir agile et dispos, qui double dans l'esprit du marcheur le sentiment de la sécurité. Avec quelle joie il se rappelle plus tard le moindre incident de l'ascension, les pierres qui se détachaient de la pente et qui plongeaient dans le torrent avec un bruit sourd, la racine à laquelle il s'est suspendu pour escalader un mur de rochers, le filet d'eau de neige auquel il s'est désaltéré, la première crevasse de glacier sur laquelle il s'est penché et qu'il osa franchir, la longue pente qu'il a si péniblement gravie en enfonçant jusqu'à mi-jambes dans la neige, enfin la crête terminale d'où il a a vu se déployer jusqu'aux brumes de l'horizon l'immense panorama des montagnes, des vallées et des plaines ! Quand on revoit de loin la cime conquise au prix de tant d'efforts, c'est avec un véritable ravissement que l'on découvre ou que l'on devine du regard le chemin pris jadis des vallons de la base aux blanches neiges du sommet. La montagne semble vous regarder; elle vous sourit de loin; c'est pour vous qu'elle fait briller ses neiges et que le soir elle s'éclaire d'un dernier rayon.

Quant au plaisir intellectuel qu'offre l'ascension, et qui du reste est si intimement lié aux joies matérielles de l'escalade, il est d'autant plus grand que l'esprit est plus ouvert et qu'on a mieux étudié les divers phénomènes de la nature. On prend sur le fait le travail d'érosion des eaux et des neiges, on assiste à la marche des glaciers, on voit les roches erratiques cheminer des sommets vers la plaine, on suit du regard les énormes assises horizontales ou redressées, on aperçoit les masses de granit soulevant les couches; puis, quand on se trouve enfin sur une haute cime, on peut contempler dans son ensemble l'édifice de la montagne avec ses ravins et ses contre-forts, ses neiges, ses forêts et ses prairies. Les combes et les vallées que les glaces, les eaux et les intempéries ont sculptées dans l'immense relief se révèlent nettement. On voit l'œuvre accomplie pendant des milliers de siècles par tous ces agents géologiques. En remontant jusqu'à l'origine des montagnes elles-mêmes, on porte un jugement plus assuré sur les diverses hypothèses des savants relatives à la rupture de l'écorce terrestre, au plissement des couches, à l'éruption du granit ou du porphyre. Et puis, sans parler de ce mobile mesquin de la vanité qui pousse un certain nombre d'hommes à se distinguer comme gravisseurs, on éprouve un sentiment de fierté naturelle en comparant sa propre petitesse à la grandeur des phénomènes de la nature environnante. Le torrent, les rochers, les avalanches, les glaces, tout rappelle sa faiblesse à l'homme; mais, par une réaction naturelle, son intelligence et sa volonté s'exaltent contre les obstacles; il jouit de vaincre la montagne qui le brave, de se proclamer le conquérant de ce pic redoutable, dont la première vue l'avait pourtant rempli d'une sorte de terreur religieuse.

Grâce à la facilité croissante des communications, à l'amour de la nature qui se développe dans la société moderne, grâce aussi à l'exemple que donnent de hardis gravisseurs de montagnes, ces hautes régions de l'Europe centrale, dans lesquelles jadis se hasardaient si rarement les voyageurs, à cause du manque de routes, de la roideur des pentes, du péril des avalanches et de la terreur de l'inconnu, sont aujourd'hui devenues le grand centre d'attraction des peuples. A cause même de ces montagnes difficiles à franchir qui se dressent comme des remparts entre le nord et le midi, la Suisse est le grand rendez-vous des nations de l'Europe, et, pendant la saison des voyages, des bains et des escalades, elle reçoit une population flottante de plusieurs centaines de mille âmes, grossissant chaque année. Vevey, Lucerne, Interlacken, sont autant de villes saintes où tous les amants de la nature se rendent en pèlerinage.

IV.

Formes diverses des montagnes. — Pauvreté des langues policées pour dépeindre l'aspect des monts. — Richesse de l'espagnol et des patois des Alpes et des Pyrénées. — Brics, brecs, pelves, tucs, trucs, truques, tusses, tausses, pics, piques, aiguilles, barres, dents, cornes, caires, têtes, taillantes, tours, pènes, bougns, dômes, soums, culms, turons, serres, mottes, puys, etc.

Les montagnes varient singulièrement de formes suivant leur hauteur, leur constitution géologique, la force et la direction des météores qui les assaillent. La multitude des causes, en partie inconnues, qui ont travaillé de concert ou successivement à sculpter les saillies terrestres est tellement grande que chaque cime a son aspect particulier. Aussi faudrait-il employer une désignation spéciale, sinon pour chaque montagne, du moins pour chacun des types généraux auxquels on peut ramener les formes si nombreuses des protubérances. Malheureusement, les langues sont en général fort pauvres en mots propres faisant apparaître devant le regard une sommité aux contours précis. Quelles que soient l'apparence des monts et la composition géologique de leurs roches, le géographe et l'écrivain sont obligés de se servir souvent des mêmes termes pour les désigner, à moins qu'ils n'aient recours à de longues descriptions là où un seul nom devrait suffire; ils doivent même employer des expressions tout à fait impropres, telles que les mots de *chaîne* et de *chaînon* appliqués presque invariablement aux rangées de hauteurs.

La raison de cette pénurie de termes géographiques précis est facile à comprendre. Les villes où se sont graduellement policées les langues sont situées pour la plupart dans des régions de plaines ou de coteaux faiblement ondulés. Nul doute que la nomenclature française relative aux montagnes ne fût beaucoup plus riche et plus exacte, si de Blois, d'Orléans et de Paris on voyait de hautes cimes denteler l'horizon. L'abondance et la justesse des termes que les Allemands du midi, les Espagnols et les Italiens emploient pour décrire d'un trait les diverses protubérances montagneuses provient certainement de ce que ces peuples ont vécu et formé leur langue à la vue des grands sommets. M. de Humboldt cite, dans les *Tableaux de la Nature*, les noms suivants employés par les auteurs castillans : *pico, picacho, mogote, cucurucho, espigon, loma, tendida, mesa, panecillo, farallon, tablon, peña, peñon, peñasco, peñoleria, roca partida, laja, cerro, sierra, serrania, cordillera, monte, montaña, montañuela, altos, malpais, reventazon, bufa*, etc., servant tous à désigner des formes diverses de monts ou de chaînes de montagnes. Il serait facile de continuer cette longue nomenclature.

Les habitants des Pyrénées et des Alpes françaises ont aussi dans leurs dialectes une grande variété d'expressions, dont chacune est consacrée spécialement à un type particulier de montagne, et sert par conséquent à peindre à l'esprit une forme bien nette. Plusieurs de ces noms, reste de l'héritage des anciens dialectes celtiques et ibériens, mériteraient d'autant plus d'être admis dans la langue écrite qu'ils sont employés d'une manière usuelle par tous les montagnards français, des sources du Rhône à celles des gaves pyrénéens.

Dans les Alpes du Queyras et du Viso, les grandes cimes aux parois escarpées qui dominent tous les sommets environnants sont connus sous le nom de *bric* ou de *brec*. Telle est la belle pyramide tronquée du Chambeyron (3,388 mètres) qui se dresse au sud de la vallée de l'Ubaye, au milieu d'un cercle de montagnes pointues d'une moindre hauteur. Tel est aussi le Viso lui-même, du moins par le côté septentrional, car par l'autre versant la montagne offre une pente trop régulière pour mériter le nom de bric. Au-dessus de la vallée supérieure du Guil se dressent les noirs escarpements rayés d'avalanches, puis l'énorme tour aux parois perpendiculaires, puis encore la cime tronquée portant une épaisse couche de neige. Cette terrasse qui semble inaccessible et qui domine de si haut le col de Valante, les sommets secondaires du Visoletto et les éboulis de rochers, c'est le bric du Viso. Un pareil nom en dit plus aux montagnards

Fig. 26. Bric du Mont-Viso vu de l'est; d'après Tuckett.

qui n'ont pas encore vu cette pointe superbe que les termes vagues de mont ou de montagne. De même, l'ancienne désignation, aujourd'hui abandonnée, de *pelve*, qui se retrouve encore dans les noms du Grand-Pelvoux, du Palavas, du Pelvas, du Pelvat, du Pelvo et de tant d'autres monts du Dauphiné, figurait aussitôt devant le regard un cône énorme dominant de sa masse toutes les cimes environnantes.

Les *tucs* et les *trucs* des Pyrénées sont également des sommets d'une grande hauteur, mais non les plus élevés de la crête : ils sont ainsi nommés à cause de la forme hardie de leurs escarpements suprêmes, et non point à cause de leur prééminence à l'égard des autres pointes de montagnes. On peut citer comme exemples de tucs ceux de

Maupas, de Montarqué, de Mauberme, dans les Pyrénées centrales.

La *tuque*, la *truque*, la *tusse*, la *tausse*, sont des monts aux pentes plus allongées et aux bases plus larges que celles du tuc; mais, de nos jours, ces désignations pittoresques sont graduellement remplacées par le terme général de *pic*, appliqué indistinctement à toutes les cimes pointues et difficiles à gravir. Chose curieuse, les dunes du littoral atlantique, qui sont de véritables montagnes pour les habitants de l'interminable plaine des landes françaises, conservent encore ce nom de tucs, tombé en désuétude pour les géants des Pyrénées. A quelques kilomètres d'Arcachon,

Fig. 27. Le pic du Midi d'Ossau; d'après V. Petit.

une dune de 80 mètres de hauteur a tellement frappé l'imagination des Landais que, par un pléonasme emphatique, ils l'ont surnommé le truc de la Truque.

Les cimes très-escarpées que l'on désigne en général par le nom exagéré, mais saisissant, d'*aiguilles* ont pour la plupart reçu des indigènes des appellations moins ambitieuses, parmi lesquelles la plus commune est celle de pic. Les Pyrénées comptent aussi, parmi leurs plus hautes montagnes, plusieurs *piques*, telles que la pique Longue du Vignemale (3,368 mètres) et la pique d'Estats (3,080 mètres); le grand massif des Alpes du Pelvoux a pour cime dominante une pointe, haute de 4,103 mètres, que l'on appelait naguère

Fig. 28. Einshorn de Splugen; d'après Cosz.

la *barre* des Écrins. Ailleurs, principalement en Savoie et dans la Suisse française, les sommets de la même forme sont connus par le nom de *dent*, synonyme de la désignation

Fig. 29. Le Gross-Glockner; d'après Petermann.

de *corne* (*horn*) employée dans la Suisse centrale, à partir du mont Cervin ou Matterhorn[1], cette masse aux contours

1. Cosz, *Alpenclub*, 2 vol.

si hardis que Byron considérait comme le type idéal de la montagne. Les dents sont d'ordinaire moins aiguës que les aiguilles et sont arrondies vers le sommet; toutefois, les transitions que présentent les profils des monts sont tellement graduelles, qu'il est difficile d'établir une classification bien rigoureuse. Une grande confusion a fini par prévaloir dans la nomenclature, et la plupart des cimes des Alpes suisses portent indistinctement le nom de *horn;* dans le Tyrol, on applique aussi le nom de *kogel* (*kegel,* quille) aux montagnes des formes les plus diverses.

Les pyramides à quatre faces qui hérissent en si grand nombre certaines crêtes de montagnes sont les *caires, queyres, esquerras, quairats,* des Alpes et des Pyrénées; des pics de ce genre ont donné leur nom à tout un massif des Alpes fran-

Fig. 80. L'Esquerra des Eaux Bonnes; d'après V. Petit.

çaises, celui du Queyras. Que la pointe de la pyramide soit remplacée par une longue crête, et le mont devient alors une *taillante.* Que la cime se termine au contraire par une masse de forme cubique, elle sera désignée sous le nom de *tour.* C'est principalement dans les régions de montagnes calcaires que se trouvent ces énormes assises quadrangulaires qui semblent avoir été posées par des Titans. Il est en Europe peu de spectacles égaux en beauté à celui que présente, du pic de Bergons ou du Piméné, la partie calcaire des Pyrénées centrales, avec ses murailles à pic, ses terrasses chargées de neiges, ses hautes tours, inaccessibles en apparence.

et ses brèches, semblables aux ouvertures ménagées entre des créneaux. Les hauteurs calcaires de la Clape, près de Narbonne, et dans mainte contrée les montagnes de grès,

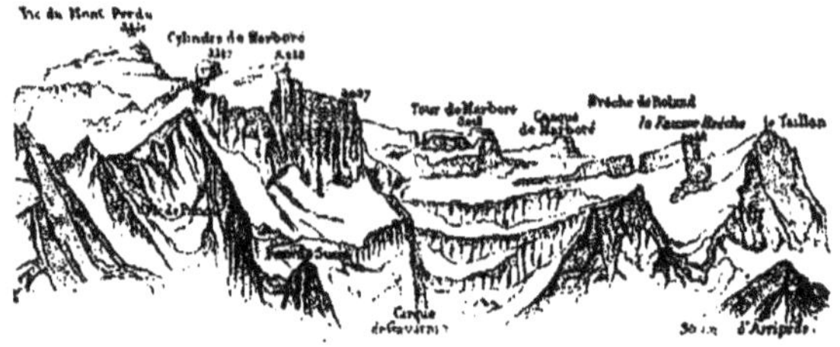

Fig. 31. Les montagnes de Gavarnie; d'après V. Petit.

offrent en profil un aspect analogue. Les flancs de ces monts coupés à pic sont souvent désignés par le terme bien justifié de *parois* ou *pareds*, de *murs* ou *murailles*.

Les tours de faibles dimensions relatives, posées comme des édifices sur de hautes montagnes, portent dans les Pyrénées le nom de *pène* ou de *bougn*. La *tête* est un sommet

Fig. 32. Pène : Piz à Lun de Guscha; d'après Coaz.

aux pentes terminales régulières et doucement inclinées se dressant sur une masse aux flancs plus escarpés. La rondeur de la cime est-elle développée en forme de coupole, la montagne est alors un *soum* (sommet) ou un *dôme*, comme celui du Mont-Blanc, la masse la plus gigantesque du continent d'Europe. Dans la Suisse allemande, les sommets aplatis, le Righi, par exemple, sont connus sous le nom de *kulm*. Dans les Vosges, les *ballons*, et dans la forêt

Fig. 33. Tête : Wallenstock de Wolfenschiessen ; d'après Coaz.

Noire les *boelchen* se terminent par de grandes cimes qu'on dirait boursouflées en forme d'ampoules; les bases de ces montagnes sont généralement très-larges et les pentes en sont des plus faciles.

Quant aux noms des saillies secondaires, ils ne sont pas moins nombreux ni moins précis dans leur signification que les termes appliqués par les montagnards aux cimes principales. Un contre-fort au sommet arrondi reçoit fréquemment dans les Pyrénées l'appellation de *turon* ou de *turonnet*, tandis qu'un promontoire escarpé et se prolongeant en dents de scie (*kamm* en allemand) prend le nom de *serre*, ou quelque dérivé, tels que *sarrat* ou *serrère* : c'est en miniature la *sierra* des Espagnols. Une *motte* (*muotta* dans les Grisons) est une hauteur presque isolée du reste du massif ou même se dressant au milieu d'une vallée entre des terres d'alluvion. Enfin, différents noms de montagnes indiquent la nature de leurs roches ou de leur végétation. Les monts Lauzet ou Lauzières sont composés de roches d'ardoise, et dans les Pyrénées les nombreuses cimes appelées *estibère* ou *pra-*

dère sont toutes revêtues de verdure. Quant au mot de *puy*, *puig*, *pey*, *pech* ou *puch*, c'est un terme général qui s'applique indifféremment à toutes les saillies des crêtes ou de la plaine, depuis le puig de Carlitte (2,915 mètres) jusqu'aux plus petites éminences. Il est à remarquer que, dans l'idiome des Pyrénéens et des habitants des Alpes, les mots qui servent presque uniquement à désigner les hauteurs dans le langage classique, c'est-à-dire *montagne* et *colline*, sont pris dans une acception toute différente. Une montagne n'est autre chose qu'une étendue plus ou moins vaste de pâturages, et le terme de colline s'applique aux vallons compris entre deux cimes.

Aux noms employés par les habitants des Alpes et des Pyrénées pour dépeindre les divers types de montagnes, il faut encore ajouter ceux qui sont usités dans les colonies françaises des tropiques, et dont quelques-uns, tels que *morne* et *piton*, sont entrés dans la langue littéraire. Dans les pays volcaniques, les monts d'origine ignée[1], arrondis en coupole comme le Puy-de-Dôme ou percés d'un cratère comme le Puy-de-Sancy, sont aussi presque tous désignés par des termes locaux d'une vérité frappante; mais la plupart de ces mots sont restés ignorés. Rien ne prouve mieux combien les sociétés modernes ont encore pour idéal une vie artificielle, étrangère à la nature. Heureusement qu'il s'opère graduellement une sorte de reflux : séduits par la beauté des cimes qui les effrayaient jadis, les voyageurs se portent maintenant en foule vers les montagnes; ils apprennent à les connaître, à les aimer et à les décrire : les langues s'enrichissent en même temps que les connaissances scientifiques.

1. Voir ci-dessous le chapitre intitulé *les Volcans*.

V.

Inégalités et dépressions du relief des montagnes. — Origine des vallées, des gorges et autres dépressions. — Vallées longitudinales. — Vallées transversales. — Vallées sinueuses à versants parallèles. — Vallées à défilés et à plans en étage. — *Cluses* et *cañons*. — Disposition générale des vallées. — Cirques. — *Oules* des Pyrénées.

La hauteur n'est que le moindre élément de la beauté des montagnes : ce qui fait surtout la majesté aussi bien que la grâce de leur aspect, ce sont les plissements et les déclivités de leurs strates, les cirques et les vallons creusés sur leurs pentes, leurs défilés béants, leurs brusques précipices, enfin les larges vallées horizontales qui longent la base du colosse et permettent par le contraste d'en apprécier les magnifiques proportions. Grâce à la variété de lignes et de contours offerts par tous ces affaissements successifs, le mont a pris une apparence de grandeur et de vie qui lui manquait à l'origine. Comme un bloc de marbre transfiguré par la sculpture, la puissante masse, jadis plateau monotone ou simple dôme de rochers, a été graduellement changée par les météores qui la fouillaient incessamment en une de ces montagnes au profil superbe, où nos ancêtres voyaient la face d'un dieu. On peut s'imaginer sans peine les changements qu'ont opérés dans la forme des monts les vallées et les dépressions de toute sorte, quand on parcourt certains massifs de hauteurs dont un versant garde son antique aspect de plateau, tandis que l'autre, s'affaissant brusquement vers les plaines, apparaît ainsi comme une montagne escarpée. Telles sont maintes régions du plateau central de la France, de l'Auvergne, des monts Jura, de la Rauhe-Alp en Wurtemberg et en Bavière. D'un côté s'étendent de longues pentes pierreuses, les champs sont infertiles, l'horizon est uniforme et sans mouvement; puis tout à coup, au moment où l'on vient d'atteindre l'arête, on voit s'ouvrir à ses pieds une succession d'abîmes : des cirques où s'amassent les eaux apparaissent entre les escarpements et les murailles de roches croulantes; au-dessous se montrent dans une profondeur de plus en plus brumeuse les terrasses et les corniches couronnées de sapins; les eaux ruisselantes des vallons brillent à la base des promontoires, et là-bas, au fond du gouffre, s'étend, comme un autre monde, la vallée paisible avec son fleuve qui serpente, ses champs, ses vignes, ses bosquets et ses villes joyeuses.

Quelle est l'origine des vallées, des gorges, des ravins et de toutes les autres dépressions des saillies terrestres? C'est là une question qui n'en fait qu'une avec celle de l'origine des montagnes elles-mêmes, et sur laquelle les géologues sont encore bien loin de s'entendre. On peut seulement affirmer d'une manière générale que, parmi ces dépressions, les unes sont des traits primitifs de l'ancienne architecture des monts, et commencèrent par être, soit des plissements de strates, soit des failles de rochers, tandis que les autres ont été graduellement fouillées par le temps, excavées par les neiges, les glaces, les pluies et les eaux courantes. Ceux qui tâchent de reconstruire par la pensée les systèmes de montagnes des âges précédents disent avec certitude de certaines vallées qu'elles sont contemporaines des massifs environnants; ils peuvent aussi déclarer hardiment que telle combe ou telle ravine a été sculptée par les météores; mais, pour un grand nombre des traits les plus importants de la montagne, le doute continue de peser sur leur esprit.

En tout cas, les grandes vallées longitudinales comprises entre deux chaînes de montagnes parallèles, mais différentes par l'âge et par la formation géologique, sont incontestablement des vallées primitives : ce sont des plis de l'écorce terrestre naturellement formés par les pentes de ces deux longues saillies qui se sont redressées à droite et à gauche. Le fond de l'avenue a dû lui-même être soulevé dans sa plus grande étendue par les forces qui de part et d'autre étaient à l'œuvre sous les masses voisines, puis il a été diversement modifié pendant le cours des âges par les eaux qui l'ont parcouru : ici ses cavités ont été comblées, ailleurs ses roches ont été emportées, les eaux l'ont creusé d'un côté pour l'exhausser de l'autre; mais, sous toutes ces modifications, le géologue n'en reconnaît pas moins dans la vallée un sillon du même âge que les hauts sommets des montagnes voisines. Ainsi, la grande dépression du Valais inférieur, qui sépare les massifs du Finsteraarhorn et de la Jung-Frau de ceux du Mont-Rose et du Mont-Blanc, est bien, dans ses traits essentiels, une vallée primitive. A plus forte raison, la vaste cavité du Léman, qui se recourbe en croissant entre les Alpes et le Jura, et qui, dans ses plus grandes profondeurs, descend bien près du niveau de la mer, est aussi d'une existence au moins contemporaine de tous les monts de la Suisse.

Certaines vallées transversales, interrompant brusquement les chaînes et les coupant en deux, pour ainsi dire, doivent aussi pour la plupart appartenir à l'architecture primitive des monts. Telle est, par exemple, la charmante vallée de l'Engadine, dont la pente s'élève presque insensiblement jusqu'au seuil de la Maloggia (1,811 mètres), au-dessus duquel se dresse, à 2,241 mètres plus haut, la cime du Bernina. Dans les Alpes néo-zélandaises, Julius Haast a découvert une vallée transversale plus étonnante encore, puisque le seuil, dominé de part et d'autre par des cimes de 2,400 et 3,000 mètres, se trouve seulement à 485 mètres d'altitude, à peu près au cinquième de la hauteur de la chaîne. Enfin, dans toutes les rangées de montagnes composées de cônes volcaniques soulevés de distance en distance sur une même fissure de la terre, les larges vallées transversales, qui sont en réalité des restes d'anciennes plaines, se trouvent en grand nombre. C'est là ce qu'on peut remarquer surtout à Java et dans les Andes du Chili[1].

Quant aux vallées transversales ordinaires qui prennent leur origine dans quelque dépression d'un versant de montagne, et qui vont aboutir dans une vallée plus grande ou dans la plaine après s'être unies elles-mêmes à d'autres vallées ouvertes à droite et à gauche dans l'épaisseur des monts, il est toujours difficile, et souvent impossible, de distinguer la part qui revient à l'action des eaux et celle qui doit être rapportée à d'autres causes dans la formation de ces gigantesques sillons. Même là où, des deux côtés de la vallée, les assises de rochers se correspondent d'une manière parfaite, on ne peut savoir si la fissure première n'était pas une faille naturelle produite par le retrait des couches ou par quelque mouvement brusque du sol. Seulement il suffit de voir le travail géologique accompli chaque année par le torrent qui mugit dans les profondeurs pour comprendre combien son action doit avoir été puissante pendant l'immense cours des siècles[2].

Buffon avait constaté qu'un très-grand nombre des vallées tortueuses de montagnes sont, de leur origine à leur issue, dominées de chaque côté par des escarpements parallèles. Aux promontoires d'un versant correspondent des vallons creusés dans l'autre versant; les angles saillants et les angles rentrants alternent de chaque côté, de telle sorte que, si les deux pentes opposées étaient rapprochées soudain, leurs sinuosités se confondraient. Cependant, d'autres vallées présentent un genre de formation tout à fait différent : leurs versants, au lieu de se développer régulièrement en courbes parallèles, s'écartent tout à coup l'un de l'autre pour se rapprocher ensuite, puis s'écarter encore : il se produit ainsi, par une sorte de rhythme différent de celui

1. Voir ci-dessous les chapitres consacrés aux *Rivières* et aux *Volcans*.
2. Voir ci-dessous le chapitre intitulé *les Rivières*.

du premier type de la vallée, une succession de bassins arrondis séparés les uns des autres par des étranglements. Dans les Pyrénées, le Jura et les régions calcaires des Alpes, les vallées de cette formation sont fort nombreuses ; mais, le plus souvent, on observe un mélange des deux formations :

BOSPHORE

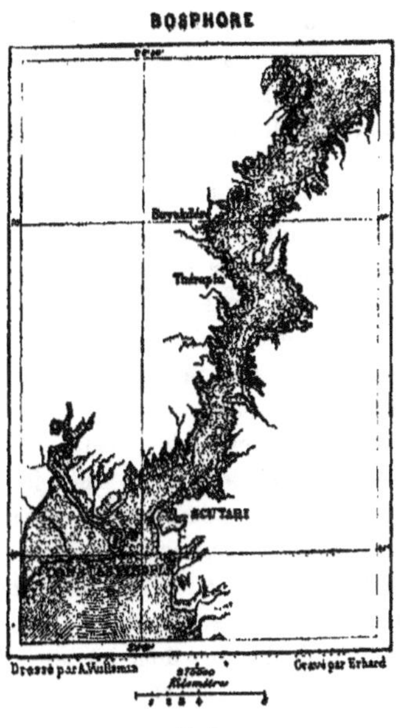

Fig. 31.

en certains points de leur cours, les vallées se développent tortueusement entre des versants parallèles ; ailleurs, elles sont disposées en bassins successifs. Ainsi, le long canal du Bosphore, que l'on peut considérer comme une vallée envahie par les eaux de la mer, présente dans sa partie supérieure plusieurs étendues d'eaux semblables à des lacs, tandis que dans la partie d'aval les rivages opposés pourraient s'emboîter parfaitement l'un dans l'autre, tant leurs sinuosités sont régulières.

Les différences dans la forme des vallées s'expliquent par la nature des roches que les eaux ont eu à creuser. Là où les matériaux entamés, sables, grès, granits, schistes ou laves, sont de composition analogue et présentent partout une résistance égale à l'eau qui les affouille, celle-ci peut suivre son mouvement normal; elle se développe en méandres qui vont frapper alternativement l'une et l'autre rive et par conséquent elle donne les sinuosités mêmes de son lit à la vallée qu'elle se creuse. Au contraire, lorsque les roches consistent en assises de duretés inégales ou sont traversées de murs naturels formant obstacle, les eaux doivent nécessairement s'étaler en lac et ronger latéralement leurs rives jusqu'à ce que le barrage soit percé et que la nappe se soit épanchée en torrent sur un étage inférieur. De cette manière, il se forme, pendant la durée des âges, une série de bassins superposés, les uns encore partiellement emplis d'eau, les autres vidés en entier, et tous unis en chaîne par les étroits défilés où se précipite le torrent de la vallée[1]. Les exemples de cet étagement de *plans* ou petits bassins de verdure se succédant comme autant de degrés sont très-nombreux dans toutes les régions de montagnes. On peut citer dans les Pyrénées la vallée d'Oo, et dans les Alpes la haute vallée de l'Isère, dont les anciens bassins lacustres et les sombres gorges alternent avec une si grande régularité.

Les étroites coupures qui font communiquer bassin à bassin, et dans lesquelles se précipitent les eaux torrentueuses, portent dans le Jura le nom de *cluses*, et celui de *clus*[2] dans les Alpes de la Provence; mais, dans ces contrées,

1. Voir les chapitres consacrés aux *Rivières* et aux *Lacs*.

2. De *cludere, clusum,* sans doute parce que les ruisseaux s'y trouvent comme enfermés.

elles ne se bornent pas à couper de simples barrières de rochers, elles transpercent jusqu'à des chaînons de montagnes. Les bassins du Var et des cours d'eau voisins sont très-riches en défilés de ce genre, énormes entailles pratiquées à travers l'épaisseur des remparts calcaires. Parmi ces clus, il en est de vraiment formidables, celles du Loup, entre Grasse et Nice, celles de Saint-Auban, de l'Échaudan, et d'autres où passent les eaux du Var ou de ses tributaires. Ce sont d'effrayants défilés : de chaque côté du torrent se dressent des rochers à pic ou surplombants, hauts de plusieurs centaines de mètres, et le plus souvent portant au sommet de leurs escarpements les murailles pittoresques de quelque ancien village. Ces clus étroites, où l'on n'a pu tracer qu'à grand'peine les routes ou les sentiers, doivent être rangées parmi les spectacles les plus curieux de la France. La vue de ces sombres passages est d'autant plus saisissante, qu'on y pénètre immédiatement après avoir parcouru les plaines fertiles du littoral méditerranéen, toutes parsemées de villas, de jardins et de bosquets d'oliviers. Les clus de l'Aude et de ses principaux affluents, celles de la haute Dordogne, du Tarn et du Lot sont aussi formidables d'aspect; mais les plus remarquables du monde sont probablement ces *cañons* du Mexique, du Texas et des montagnes Rocheuses où l'on voit une rivière, presque sans eau, couler à plusieurs centaines de mètres de profondeur entre des parois à pic. D'après le géologue Newberry, le grand cañon du Colorado n'a pas moins de 480 kilomètres de longueur et en maint endroit ses murailles perpendiculaires se dressent à 1000, 1500 et 1800 mètres.

Suivant la grandeur des monts, la nature de leurs roches et l'abondance des neiges et des pluies, les hautes vallées offrent la plus étonnante diversité de formes et d'aspect. Dans les massifs de montagnes dont les torrents descendent vers la plaine sur un lit très-incliné et par de brusques sinuosités creusées dans l'épaisseur des rocs, la plupart des vallées tributaires, débouchant de droite et de gauche dans le sillon transversal, ont une disposition tout à fait semblable à la sienne, si ce n'est qu'elles sont plus sinueuses et plus rapides et reçoivent les eaux de petits vallons encore plus inclinés qu'elles ne le sont elles-mêmes. En général, chaque vallée tributaire vient s'unir au val du milieu, précisément à l'endroit où celui-ci développe la partie convexe de son méandre. Il en résulte pour l'ensemble des vallées et de leurs ramifications une disposition analogue à celle des arbres aux branches alternantes. Dans les montagnes calcaires dont les torrents parcourent une série de bassins étagés communiquant les uns avec les autres au moyen de cluses, le système des vallées offre une disposition plus rudimentaire. Là, chaque bassin est en même temps le point de jonction de deux vallées latérales ouvertes en face l'une de l'autre et remontant en droite ligne vers les hauteurs. L'ensemble de toutes ces dépressions symétriques rappelle les arbres qu'on élève en espaliers dans les jardins et dont les branches opposées rampent en lignes parallèles sur les murailles.

Quant aux vallons, aux combes supérieures, aux ravins et à toutes les petites dépressions de montagnes, depuis ces profondes coupures que les légendes nous disent avoir été faites par l'épée d'un *géant*, jusqu'à ces gracieuses ondulations qui ressemblent aux plis d'une étoffe, la variété en est si grande qu'il est impossible de les classer d'une manière systématique. Chaque montagne, ayant son individualité propre, diffère par des vallons ayant chacun leur caractère particulier de grâce ou de majesté.

Presque toutes les vallées commencent par un cirque plus ou moins vaste, creusé dans l'épaisseur même de la masse centrale de la chaîne et formé par la réunion de tous les ravins, de tous les couloirs d'éboulement des montagnes environnantes. Les amphithéâtres de forme elliptique ou circulaire que l'on voit s'ouvrir tout à coup au cœur même des monts, après avoir longtemps cheminé dans les vallées tortueuses ou sur le flanc des promontoires escarpés, constituent un spectacle des plus beaux par leur calme et leur grandeur paisible. C'est dans les montagnes calcaires.

CIRQUE D'OURDINSE.

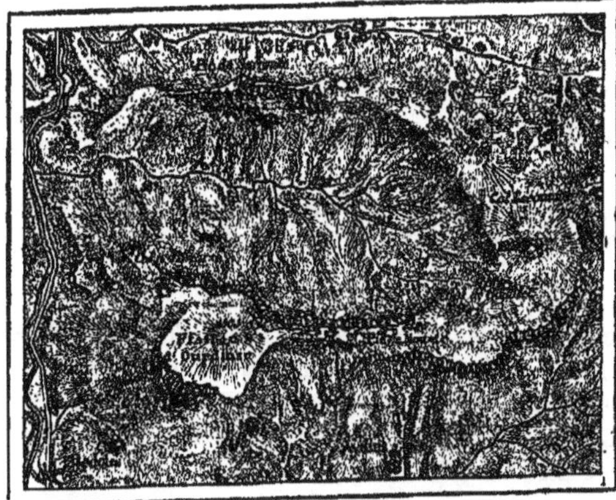

Gravé par Erhard. Fig. 85. D'après la carte de l'état-major

comme les Pyrénées centrales, aux parois taillées à pic et aux bassins profondément creusés, qu'il faut contempler ces admirables cirques. Les plus remarquables, à cause de leurs vastes dimensions et des terrasses neigeuses qui les entourent, sont les *oules* (chaudières) de Gavarnie, d'Estaubé, de Troumouse, que la lente action des siècles a creusées dans les flancs calcaires des montagnes de Marboré. Ces pâturages accidentés que parcourent les torrents, ces murs prodigieux qui se dressent à 500 et même à 8 et 900 mètres de hauteur presque perpendiculaire, ces gradins énormes sur lesquels pourraient s'asseoir des nations entières, ces cascades qui se déploient du bord des précipices et flottent comme des voiles diaphanes ou s'écroulent comme des avalanches, ces hauts sommets aux neiges immaculées qui lèvent leur tête au-dessus des parois pour regarder dans l'enceinte, tout se trouve réuni au fond des montagnes solitaires pour faire de ces cirques pyrénéens un des tableaux les plus grandioses de l'Europe.

VI.

Échancrures des arêtes de montagnes. — Diversité de forme des cols. — Rapport entre les altitudes des sommets et celles des passages. — *Loi des débouchés*. — Pente réelle et pente idéale des montagnes. — Volume des massifs.

De même que les vallées, les cols, c'est-à-dire les échancrures de l'arête des montagnes, sont les uns des traits primitifs produits par le plissement ou la rupture des couches soulevées, les autres des sillons d'origine plus récente dus à l'action des météores et aux éboulements.

La variété des causes qui ont contribué à la formation de ces dépressions de la crête, la force de résistance des roches, enfin les péripéties de la lutte incessante engagée pendant la durée des siècles entre les sommets et l'air qui les entoure, ont donné aux cols la plus grande différence d'aspect. Les uns sont de simples plis gazonnés ou neigeux entre deux croupes arrondies, les autres sont d'étroites arêtes de roches tranchantes, dominées de chaque côté par des masses pyramidales : ce sont les *fourches* et les *hourquettes* des Pyrénées; d'autres encore sont de profondes fissures creusées entre des parois à pic; quelques-unes même, semblables à de larges portes ouvertes entre les vallées de deux versants opposés, sont de véritables brèches que l'on dirait avoir été pratiquées dans le roc vif par la sape et la mine.

Souvent on s'est demandé si un rapport constant n'existe pas entre les altitudes des sommets et celle des passages qui échancrent la crête. D'avance, il était facile de prévoir que, les montagnes ayant été diversement rongées par les intempéries, les neiges et les eaux, les dépressions des cols qui proviennent de ces érosions séculaires doivent se trouver à des hauteurs variables dans les différents massifs. C'est là d'ailleurs ce qu'a prouvé M. William Huber par de patientes études comparatives. Ainsi, dans le groupe du Mont-Blanc, la proportion entre la hauteur moyenne des cimes et celle des passages est de 1,28 à 1; dans le groupe du Mont-Rose, elle est de 1,43 à 1; dans le massif de la Jung-Frau, de 1,62 à 1. Quant au rapport entre la plus haute cime et le col le plus bas, il diffère aussi dans de très-fortes proportions, suivant les divers systèmes de montagnes. Tandis que dans le massif du Tödi ce rapport est de 2,68 à 1, il est seulement de 1,53 à 1 dans le groupe des Alpes tessinoises[1]. En général, on peut évaluer l'altitude des cols les plus larges et les plus profondément échancrés des Alpes à la moitié de la hauteur des cimes environnantes, tandis que dans les Pyrénées cette altitude est des deux tiers. Les dépressions considérables qui partagent les Alpes en masses distinctes, et vers lesquelles se penchent une foule de cols secondaires, donnent par le contraste un caractère tout particulier de grandeur et de variété au système orographique de l'Europe centrale. De leur côté, les Pyrénées sont beaucoup plus *unes* que les Alpes dans leur architecture; par suite de la hauteur relative de leurs cols, elles sont l'un des plus beaux types de *cordillière* qui existe sur le globe[2].

Un fait remarquable, mis en lumière par M. Huber, est

1. William Huber, *Bulletin de la Société de Géographie*, fév., mars 1866.

2. Voir ci-dessous, page 188.

que les cols les plus profondément creusés d'un massif débouchent précisément en face des cimes les plus élevées du massif opposé. Ainsi le col du Simplon (2,010 mètres) s'ouvre directement en face du groupe de la Jung-Frau (4,167 mètres), tandis que la Gemmi (2,183 mètres), le passage le moins élevé des Alpes bernoises, débouche dans la vallée du Rhône directement en face du Mont-Rose (4,638 mètres). De même, le col du Lukmanier (1,917 mètres) regarde vers les sommets du Tödi, le passage du Julier se trouve dans l'axe du grand massif du Bernina : de presque tous les cols principaux, on voit se dresser de l'autre côté de la vallée un des monts les plus élevés de l'une des chaînes divergentes qui rayonnent autour du nœud central du Saint-Gothard.

A quelle cause doit-on attribuer cette disposition générale des cols, que M. Huber désigne sous le nom de *loi des débouchés ?* On peut l'expliquer en grande partie par ce fait, que les massifs montagneux les plus élevés reposent d'ordinaire sur les piédestaux les plus larges et les plus solides : en conséquence, les torrents en contournent la base, tandis que sur le versant opposé les phénomènes d'érosion deviennent plus actifs et les gorges se creusent de plus en plus dans l'épaisseur de la chaîne; pendant le cours des siècles, les différences de relief entre les escarpements des deux chaînes finissent par s'accuser avec la plus grande vigueur. Dans les Pyrénées, cette correspondance des massifs et des cols entre deux arêtes distinctes ne peut être signalée que sur un petit nombre de points, à cause de la simplicité générale de la chaîne et de la hauteur relative des passages; cependant, il se présente çà et là quelques exemples incontestables de cette loi : ainsi le port de Venasque s'ouvre précisément en face de la Maladetta; la profonde dépression du col de Puy-Moren a pour vis-à-vis le groupe des sommets de Fontargente.

Considérée à un point de vue tout à fait général, cette

loi des débouchés n'est autre chose qu'un cas particulier de la loi signalée jadis par Buffon, au sujet de la forme serpentine que présentent toutes les vallées normales. L'angle saillant d'une chaîne se reproduit en creux dans l'angle rentrant de la chaîne opposée, le sommet se dresse vis-à-vis d'un col, les groupes de cimes très-élevées correspondent à un passage plus fortement déprimé que les autres. Or, si les courbes d'une vallée rendent d'avance très-probable qu'une échancrure de la crête répond à la partie convexe du torrent, on peut affirmer presque à coup sûr que la ligne de jonction réunissant deux coudes brusques de torrents séparés par une chaîne de montagnes passera dans une profonde dépression de l'arête.

Les études comparées que les géographes ont faites depuis Humboldt sur le relief des chaînes de montagnes, portaient non-seulement sur la hauteur relative des cols et des cimes, mais aussi sur l'inclinaison moyenne des versants. La véritable pente d'une arête de montagne est, on le comprend, cette ligne tortueuse et diversement inclinée que suit le filet d'eau en descendant de l'arête du col aux plaines inférieures; mais ce n'est point cette courbe plus ou moins régulière qui constitue le versant de la chaîne; c'est la ligne idéale qui rejoint, à travers les sommets secondaires et par-dessus cols et vallons, les cimes de l'arête principale à la base des escarpements avancés dans les plaines adjacentes. Cette ligne idéale n'est jamais aussi inclinée sur l'horizon que le font supposer à première vue l'aspect des pentes et le contraste soudain des hauteurs et des vallées; aussi les peintres et les dessinateurs exagèrent-ils tout naturellement de moitié ou même du triple le véritable relief des montagnes, afin de rendre ainsi l'effet qu'elles produisent sur le regard du spectateur. Du côté de la France, le Jura, dont la pente générale est du reste très-douce, offre, de la crête du mont Tendre à la ville d'Arbois, une déclivité totale de 1,307 mètres seulement, soit de

2m 6 par chaque espace de 100 mètres, ce qui serait pour une route carrossable une inclinaison très-faible. La pente générale des Pyrénées est beaucoup plus rapide, puisque de la cime du Mont-Perdu à la plaine de Tarbes, sur une distance de 58 kilomètres en droite ligne, la déclivité est de 3,042 mètres ou de 5m 2 par hectomètre ; mais c'est encore là une rampe bien moindre que celle de la plupart des grandes côtes sur les routes de montagnes ; elle est même très-inférieure à celle du chemin de fer qui gravit en lacets les flancs du mont Cenis. Le versant de montagnes le plus rapide que l'on puisse observer en Europe est celui des flancs alpins tournés vers les plaines du Piémont et de la Lombardie ; de la cime du Mont-Rose aux campagnes d'Ivrée, la pente moyenne dépasse 10 mètres sur 100, ce qui produit sur le regard l'effet d'une immense Babel de tours et de pyramides superposées. Certains massifs de montagnes du nouveau monde ont des versants encore plus roides : ainsi la Silla de Caraccas tourne vers la mer des Antilles un véritable mur redressé de 54 degrés sur l'horizon ; c'est là un escarpement qui serait tout à fait ingravissable s'il ne pouvait être tourné par des routes tracées en zigzag dans les gorges et les ravins. Du reste, on le comprend, la déclivité des versants de montagnes n'est exactement la même dans aucune partie du massif ; très-forte sur un point, elle peut être assez faible sur autre, suivant les différences des hauteurs, des roches et des climats.

Si la déclivité moyenne est difficile à constater, à cause de la grande diversité des pentes locales, le volume total d'une chaîne de montagnes est encore beaucoup plus difficile à connaître d'une manière approximative. Humboldt, se basant sur les données encore trop incomplètes de la science au sujet de la hauteur des plateaux et des montagnes dans les divers continents, a tenté d'évaluer la masse cubique de plusieurs grandes chaînes. D'après ses calculs, masse totale des Pyrénées, uniformément répartie à la surface de la France, exhausserait le sol d'environ 3 mètres. De même, si tous les matériaux des massifs alpins étaient répandus également sur le continent d'Europe, ils en augmenteraient la hauteur de 6 mètres 1/2 [1]. Il serait très-utile de reprendre ces recherches pour en rendre les résultats de plus en plus précis à mesure que le relief orographique est mieux connu. Le calcul de ce genre le plus complet qui ait jamais été fait est probablement celui de Sonklar sur la partie des Alpes du Tyrol connue sous le nom de groupe de l'Oetzthal. Cette masse serait représentée par un solide ayant une hauteur uniforme de 2,540 mètres, dont 1,620 pour le plateau ou socle de la région montagneuse, et 920 mètres pour l'ensemble des pics [2]. Répartie sur l'Europe, cette masse ne représenterait que 61 centimètres dans la hauteur totale du continent. On voit combien, pour le volume total, les chaînes de montagnes ont une importance moindre que des plateaux comme ceux de l'Espagne ou de la Bavière.

VII.

Hypothèses sur l'ordonnance générale des chaînes de montagnes. — Théorie de M. Élie de Beaumont sur les soulèvements parallèles. — Chaîne des Pyrénées prise comme type de cordillière ou chaîne longitudinale. — Anomalies diverses de la chaîne. — La barrière ethnologique des Pyrénées.

Plusieurs géographes ont cru trouver la loi de l'ordonnance générale des montagnes et, sans même attendre que la surface de la terre soit connue dans son entier, ils ont tracé suivant leur fantaisie des rangées de monts plus ou moins

1. *Cosmos*, traduction Faye, 1er vol., p. 353.
2. Sonklar. *Œtzthaler Gebirgsgruppe*.

hypothétiques. Ainsi Buache, dont les idées ont longtemps prévalu, s'imaginait que la chaîne des Pyrénées se continuait sous les eaux de l'Atlantique, puis à travers le nouveau monde et le Pacifique, et, reparaissant en Asie, se redressait pour former l'Himalaya, le Caucase, les Balkhans, les Alpes, les Cévennes, et revenait enfin au point de départ; c'était l'ancienne image du serpent mythique se repliant autour du globe et mordant sa queue. Il suffit toutefois de jeter un coup d'œil sur les cartes, telles que la science permet de les figurer aujourd'hui, pour voir combien cette idée sur l'harmonie des formes terrestres était primitive. Bien au contraire, c'est par une singulière variété de phénomènes que se révèlent toujours les lois de la nature.

On peut dire, il est vrai, d'une manière tout à fait générale, que les principales chaînes de montagnes, interrompues çà et là par des golfes, des bras de mer ou des plaines, constituent une sorte de grande corniche circulaire autour du double bassin de l'océan des Indes et du Pacifique[1]. De même, il est certain que la hauteur moyenne des protubérances du sol, montagnes et plateaux, diminue graduellement des régions tropicales vers les deux pôles; mais combien les exceptions se présentent en foule quand on étudie la surface de la terre dans la prodigieuse variété de ses linéaments géographiques! Certaines contrées semblent un véritable dédale de plaines, de plateaux, de monts de toute forme et de toute hauteur; ici des pointes granitiques et des dômes de porphyre; ailleurs des arêtes schisteuses découpées en aiguilles, des remparts calcaires, des cônes de basalte au profil d'une régularité mathématique. C'est qu'à la série des montagnes qui se sont élevées pendant chaque période de la terre se sont ajoutées les séries successives des soulèvements postérieurs; l'ordonnance première s'est incessamment modifiée pendant le cours des âges.

1. Voir plus haut, page 64.

C'est donc à la géologie de révéler l'ordre véritable des montagnes en racontant l'histoire de leur formation. M. Élie de Beaumont a tenté de remplir cette grande tâche, et, par la généralisation hardie des faits acquis à la science, il est arrivé à formuler une théorie d'une grande simplicité. Partant de ce fait, que les couches sédimentaires très-inclinées qui s'étendent sur les flancs des monts ont dû nécessairement être soulevées, tandis que les strates restées horizontales n'ont pas été troublées depuis leur formation, l'éminent géologue a pu assigner ainsi un âge relatif à chaque système de montagnes. En effet, toutes les chaînes qui portent sur leurs pentes les assises redressées d'un terrain géologique, et à la base desquelles se trouvent des couches d'un âge postérieur, ont dû évidemment surgir du sol durant l'intervalle plus ou moins long qui a séparé la formation des deux séries de strates. Or, en comparant les directions des systèmes de montagnes du même âge, on constate qu'ils sont à peu près parallèles par l'orientation de leurs arêtes. Aussi M. Élie de Beaumont a-t-il classé les diverses chaînes suivant leur direction, et de cette manière il a pu signaler de très-remarquables coïncidences entre des arêtes de soulèvement séparées les unes des autres par des milliers de kilomètres. Un fait des plus importants, qui ressort de ce classement des montagnes, est que les systèmes les plus anciens sont en général les moins élevés. Les Vosges datent d'une époque beaucoup plus reculée que la chaîne pyrénéenne; celle-ci a surgi avant les Alpes, qui à leur tour sont d'un âge bien antérieur à celui des Andes.

Toutefois, cette classification géologique des montagnes n'est pas aussi simple qu'elle le paraît au premier abord, car il est souvent très-difficile de déterminer le véritable axe de soulèvement des chaînes, ainsi que M. Élie de Beaumont lui-même eut l'occasion de s'en convaincre en étudiant le système de l'Esterel. L'étude approfondie des couches terrestres corrigera ces idées théoriques dans tout ce qu'elles peuvent avoir de faux ou d'incomplet. Quant à la géographie, qui se borne à la description de la terre pendant l'époque actuelle, elle doit seulement classer les diverses chaînes de montagnes suivant la régularité de leur forme, leur relief et leur importance dans les continents comme point de partage des eaux, comme laboratoire des météores et barrière entre les peuples.

Parmi les chaînes de montagnes d'une régularité presque parfaite, on peut citer la partie occidentale des

LES PYRÉNÉES

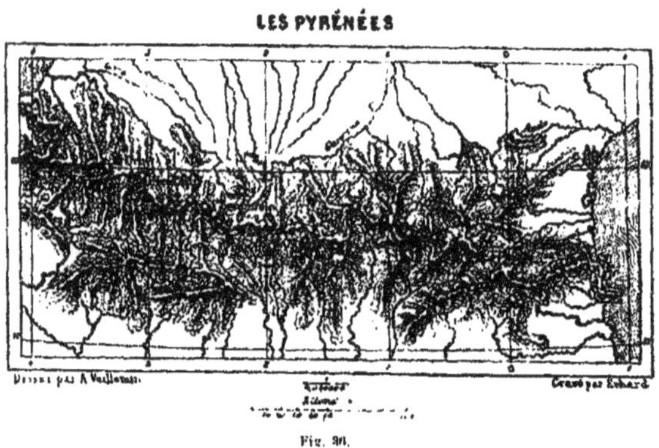

Fig. 30.

Pyrénées. De même qu'une branche d'arbre, ou, mieux encore, une feuille de fougère se divise et se subdivise à droite et à gauche en petits rameaux, en feuilles et en folioles, de même aussi chaque *nœud* de la crête donne naissance, de côté et d'autre, à une chaîne transversale en tout semblable à la chaîne mère, si ce n'est qu'elle est beaucoup plus courte et s'affaisse par chutes successives jusqu'au niveau des plaines avoisinantes. Les arêtes transversales sont parallèles entre elles et séparées les unes des autres par de profondes vallées, où descendent les glaciers, où mugissent les torrents, où circulent les sentiers. Les vallées correspondent d'un côté à l'autre de la chaîne principale et communiquent ensemble par le *col, port* ou *passage*, c'est-à-dire par la dépression ouverte entre les deux cimes. Comme la crête principale, chaque chaînon transversal se compose également d'une succession de cimes séparées l'une de l'autre par autant de cols dont la hauteur diminue

Fig. 37. Chaînon latéral.

en proportion ; chaque cime donne naissance à deux contreforts latéraux, qui ne sont autre chose qu'un rudiment de chaîne tertiaire parallèle à la grande chaîne, et les cols secondaires servent à faire communiquer de courts vallons déversant leurs eaux au torrent de la vallée principale.

La partie de la grande chaîne des Pyrénées comprise entre le col de Roncevaux, à l'ouest, et le port de Venasque, à l'est, et présentant un développement de 140 kilomètres environ, peut donc être considérée comme le type parfait d'une arête régulière de montagnes. La partie orientale de la chaîne n'est point disposée d'une manière aussi normale : l'examen des lignes de l'arête prouve qu'elles s'écartent en plusieurs points de la forme typique.

La principale anomalie se trouve vers le centre de la chaîne, à une distance à peu près égale des deux mers. Là, on s'aperçoit que l'arête pyrénéenne n'est pas simple, mais qu'elle est au contraire formée de deux lignes distinctes, dont l'une est la chaîne régulière de l'ouest, tandis que l'autre, coupée en trois parties par les deux profondes échancrures du col de la Perche et du col de Puymoren, commence au bord de la Méditerranée, sous le nom de chaîne des Albères, croise au massif de Costabona l'arête transversale plus importante de la montagne de Cadis et du Canigou, se développe vers l'ouest en formant les massifs d'Andorre, du Montcalm, du Mont-Vallier, puis courant parallèlement à la chaîne venue de l'Atlantique, se termine sur la rive droite de la Garonne naissante. On pourrait comparer les Pyrénées à une chaîne normale qui aurait été divisée en deux par une gigantesque faille, et dont les moitiés, restées fixes par leur extrémités maritimes, auraient tourné légèrement et en sens inverse autour de ces extrémités, comme sur des pivots.

Une croupe transversale, s'appuyant à angle droit sur la chaîne du nord, va se souder à celle du sud au col de Pallas; une autre, projetée également à angle droit par la rangée de pics de la chaîne méridionale, s'allonge plus à l'ouest et ne reste séparée de l'arête méditerranéenne que par l'étroit défilé de la Garonne. Ainsi les extrémités des deux chaînes et les deux chaînons qui les rejoignent limitent de toutes parts une vallée profonde, véritable remous terrestre autour duquel les montagnes se dressent comme d'énormes vagues. C'est le pays d'Aran, centre des Pyrénées. Bien que ses eaux s'écoulent par la Garonne dans les plaines de la France, il n'appartient orographiquement à aucun des deux bassins. A meilleur titre que le val d'Andorre, le pays d'Aran aurait dû rester une république neutre entre les deux États limitrophes, la France et l'Espagne.

Une seconde anomalie consiste en ce que les plus hauts sommets ne sont pas situés sur la crête elle-même. Ainsi, le Mont-Perdu, le pic Posets et la Maladetta s'élèvent au sud de la chaîne des Pyrénées atlantiques : la première de ces montagnes se rattache à l'axe central par plusieurs cols élevés; mais le pic Posets et la Maladetta, géants qui se dressent en face l'un de l'autre, de chaque côté de l'Essera. forment deux groupes presque complétement isolés : au nord seulement des arêtes neigeuses les relient au système principal.

Toutefois, en dépit de ces irrégularités provenant du travail incessant des agents qui sont à l'œuvre pour modifier la surface du globe, la chaîne des Pyrénées peut toujours être considérée comme un exemple de système normal, et, parmi les grandes chaînes de la terre, un bien petit nombre doivent lui être comparées pour la simplicité générale de leur formation. En conséquence, l'aspect des Pyrénées est relativement moins varié que celui des Alpes et de plusieurs autres systèmes de montagnes. La longue rangée borne l'horizon de sa muraille uniforme, hérissée de pointes comme une scie (*sierra*), et, vus de la plaine, ses contre-forts apparaissent à peine. Bien que la hauteur moyenne de la crête centrale des Pyrénées dépasse celle des Alpes d'environ 100 mètres [1], et que les plaines de la France soient plus basses que celles de la Suisse, cependant cette plus grande élévation relative fait moins d'effet, à cause de la disposition régulière des pics et de la ressemblance de leurs contours. C'est à peine si quelques sommets des Pyrénées dépassent de 6 à 800 mètres la hauteur moyenne de 2,450 mètres, tandis que, dans les Alpes, beaucoup de

1. Humboldt.

montagnes s'élèvent à 2,000 et 2,500 mètres au-dessus de la hauteur moyenne de la crête, et le Mont-Blanc dresse même sa pointe terminale jusqu'à plus de 4,800 mètres. Les

Fig. 38. La sierra de Marcadau.

monts des Pyrénées sont le plus souvent de simples cônes posés sur le bourrelet de soulèvement. Des montagnes d'une grande importance géologique, comme le Néouvielle et les monts d'Oo et de Clarabide, se distinguent à peine par leur relief des hauteurs qui les environnent. Les pics qui se dégagent nettement du reste de la chaîne, comme le Canigou, le Mont-Vallier, le pic de Tabe, le pic du Midi de Pau, la Maladetta, sont peu nombreux.

Par suite de cette simplicité de l'architecture pyrénéenne, on voit dans ces montagnes peu de vallées longitudinales se relevant à droite et à gauche vers deux rangées parallèles de pics et projetant dans toutes les gorges et jusqu'aux moraines des glaciers leurs longs bras de verdure. On n'y voit guère que des vallées transversales à l'axe des monts et fortement inclinées vers la plaine. Les cols où les premiers ravins de ces vallées prennent leur origine sont souvent de simples plateaux régnant sur le sommet de la crête, ou bien de sombres couloirs creusés dans le roc par le travail séculaire des agents atmosphériques. Ces passages étant d'ailleurs plus élevés en moyenne que ne le sont ceux des Alpes centrales, il est facile de comprendre comment les Pyrénées centrales ont toujours été, parmi les remparts naturels de l'Europe, la muraille la plus infranchissable aux peuples. Entre le col de la Perche, près de Montlouis, et le port de Maya, non loin de Bayonne, c'est-à-dire sur un espace de plus de 300 kilomètres, la chaîne n'est encore traversée par aucune route carrossable.

VIII.

Montagnes de l'Europe centrale. — Contraste offert par les Alpes et le Jura. — Le Jura, type de système montagneux à chaînons parallèles. — Chaos apparent des Alpes. — Massif central du Saint-Gothard. — Massifs du Mont-Rose et du Mont-Blanc. — Les Alpes considérées comme frontière entre les peuples.

Le grand système de montagnes qui forme pour ainsi dire l'épine dorsale de l'Europe et dont les ramifications, semblables aux membres d'un corps, déterminent les contours du continent lui-même, est bien autrement riche que les Pyrénées par la diversité de ses formes, l'entre-croisement de ses arêtes, le nombre de ses massifs épars et son entourage de chaînes secondaires. C'est au relief et à la distribution des Alpes, dont les glaciers épanchent, en les mesurant, les eaux de l'Europe occidentale, que les peuples de cette partie du monde doivent indirectement leur vie et leur civilisation. Dressés comme les bastions d'une enceinte, les principaux massifs alpins protégent la libre nation suisse; au sud, l'ensemble de tous les groupes de montagnes se recourbe en un vaste demi-cercle autour de l'Italie et se rattache à la chaîne des Apennins, qui constitue l'ossature de la péninsule; à l'ouest, les contre-forts des Alpes forment le trait le plus saillant du territoire français et par leurs chaînons transversaux modifient le relief du Jura; au nord, les plateaux étagés qui s'appuient sur les monts de la Suisse descendent jusqu'aux landes de la Prusse; à l'est enfin, les Alpes Carniques se continuent dans la Bosnie et la Serbie par des chaînons calcaires et des plateaux qui, de leur côté, sont isolés seulement par le Danube de la citadelle transylvaine des Carpathes et vont rayonner par les Balkhans et le Pinde jusqu'aux bords de la mer Noire et de la mer Égée.

LE JURA

Fig. 39.

La singulière beauté des Alpes s'accroît encore du contraste que forment avec elles les montagnes environnantes. Ce contraste est surtout remarquable entre les massifs des Alpes centrales et les remparts du Jura, qui limitent du côté de l'ouest le territoire naturel de la Suisse. Modestes en hauteur, relativement à celles des Alpes, les chaînes du Jura sont néanmoins des plus curieuses au point de vue géologique et doivent être considérées comme le meilleur type d'une certaine formation de montagnes, celle des longues arêtes parallèles. La Carniole, l'Herzégovine, la Bosnie, offrent aussi des chaînes disposées d'une manière analogue; de même, en Amérique, on peut signaler les monts Ozark et surtout les Alleghanys, qui s'étendent sur un espace encore plus considérable que le Jura; mais ils ont été moins bien étudiés. Ils se rattachent d'ailleurs des deux côtés à des monts granitiques, et la masse principale du système, que l'on compare souvent à de longues vagues marines, est compliquée d'irrégularités nombreuses.

Le Jura d'Europe occupe au milieu du continent une superficie très-considérable, depuis les bords de la Drôme jusqu'aux montagnes de la Bohême; toutefois la partie centrale de cette immense étendue est la seule que l'on comprenne d'ordinaire sous le nom de Jura, car les parties extrêmes sont diversement infléchies et se croisent avec des massifs de formations distinctes : c'est ainsi que, dans la Savoie, le Môle et d'autres cimes se dressent aux angles de croisement des remparts jurassiques et des chaînons alpins. Le Jura proprement dit se prolonge du sud-ouest au nord-est, de la vallée du Rhône à celle du Rhin, en présentant une légère convexité vers la France. Il consiste en rangées parallèles et presque uniformes qui vont en s'élevant comme des étages successifs de l'occident à l'orient; ce sont comme autant de murs d'enceinte présentant d'un côté de longs talus en pente et se terminant de l'autre par de brusques escarpements. Des vallées intermédiaires séparent ces murailles parallèles, dont la plus orientale, qui sur nombre de points est aussi la plus élevée, domine de toute sa hauteur les plaines de la Suisse. Des cirques ou *combes* en forme d'amphithéâtres s'ouvrent dans l'épaisseur des remparts du Jura, et çà et là des *cluses* ou défilés transversaux, animés par des torrents, coupent en entier les chaînes et

VALLÉE, CLUSE ET COMBES DU JURA

Gravé par Erhard — d'après la carte de l'État-Major

Fig. 40

les séparent en tronçons isolés. On a souvent comparé ces plateaux fragmentaires qui s'allongent et se suivent uniformément dans la même direction à ces espèces de chenilles qui rampent sur le sol en longues processions. En ne tenant pas compte des cluses qui partagent en plusieurs morceaux les murs parallèles du Jura, on a aussi comparé ces monts, plus poétiquement, aux rides qui se produisent sur une surface liquide à la chute d'une pierre.

Les longues croupes du Mont-Tendre, du Noir-Mont, du Weissenstein, sont de magnifiques observatoires d'où l'on peut étudier à son aise le contraste offert par le Jura et par les cimes aiguës hérissant, à l'est de la dépression bernoise, les massifs de l'Oberland. A première vue, ces monts semblent former un véritable chaos; mais ce chaos paraît bien plus grand encore quand on se place sur un grand sommet des Alpes elles-mêmes. On aperçoit alors, sur le pourtour entier de l'horizon, des aiguilles, des pointes et des crêtes jetées comme au hasard et presque innombrables; on dirait les vagues figées d'un immense océan. Bien différentes du Jura, dont la formation générale est d'une si frappante régularité, les Alpes semblent n'être qu'un effrayant désordre, et ce n'est pas sans les avoir longtemps étudiées ou parcourues que l'on peut comprendre la disposition générale de leurs crêtes. On voit alors que l'ensemble de ces monts est formé de massifs séparés projetant des rameaux dans tous les sens comme les rayons d'une étoile. Tandis que le Jura et les systèmes de montagnes appartenant au même type se composent de chaînons parallèles, les Alpes sont constituées par la juxtaposition de plusieurs groupes à chaînons divergents.

M. Desor, prenant pour base de sa classification des Alpes les divers noyaux de granite et de protogine qui ont percé les roches plus récentes, est arrivé à ce résultat, que le système alpin se compose d'une cinquantaine de massifs distincts. Cette division toute géologique s'accorde en général avec celle que l'on pourrait faire en étudiant simplement le relief et la direction des arêtes; toutefois le nombre des massifs doit être considérablement réduit si l'on considère comme faisant partie d'une même chaîne les groupes reliés les uns aux autres par des arêtes continues d'une grande élévation.

Le massif central, qui est aussi le plus important sous le rapport géographique, est celui du Saint-Gothard, situé entre la Suisse et l'Italie, au point de partage des eaux du Rhin, du Tessin, du Rhône, de l'Aar, de la Reuss; c'est le nœud où viennent se joindre, comme des rayons, les crêtes convergentes des massifs environnants. Au nord-est se trouve le groupe du Tödi; à l'est, celui de Rheinwald; à l'ouest et au sud, ceux beaucoup plus puissants du Finsteraarhorn et du Mont-Rose. Ce dernier massif se relie lui-même au Mont-Blanc, qui se dresse plus à l'ouest; mais là, le système des Alpes change de direction et dans son ensemble se recourbe vers le sud. Les deux premiers groupes les plus importants qui s'élèvent de ce côté sont ceux du Grand Paradis, dominant les campagnes du Piémont, et celui de la Vanoise et de la Grande Casse, séparant les vallées de la Tarentaise et de la Maurienne. Au sud se reploie une véritable chaîne que traverse la route du Mont-Cenis, et qui va rejoindre par des crêtes tortueuses les massifs des Grandes Rousses et de Belledonne à l'ouest, celui du Grand Pelvoux au sud-ouest, celui du Mont-Viso, vers le sud. La pyramide du Viso est la magnifique borne qui marque la limite entre les Alpes du Dauphiné et les Alpes maritimes; c'est aussi la dernière montagne de la chaîne dont la hauteur dépasse 3,500 mètres. Au delà les branches terminales de la France et de l'Italie, épanouies comme les rayons d'un éventail, s'abaissent graduellement vers la mer; au nord de Nice et de Menton, un petit massif granitique se dresse encore à plus de 3,000 mètres, et deux de ses plus hautes cimes, le Gelas et le Clapier de Pagarin, portent de petits glaciers sur leurs versants tournés au nord; c'est là que se termine la grande courbe des Alpes occidentales et que commence la chaîne intermédiaire qui l'unit à l'arête des Apennins.

CARTE DES ALPES.

Planche X.

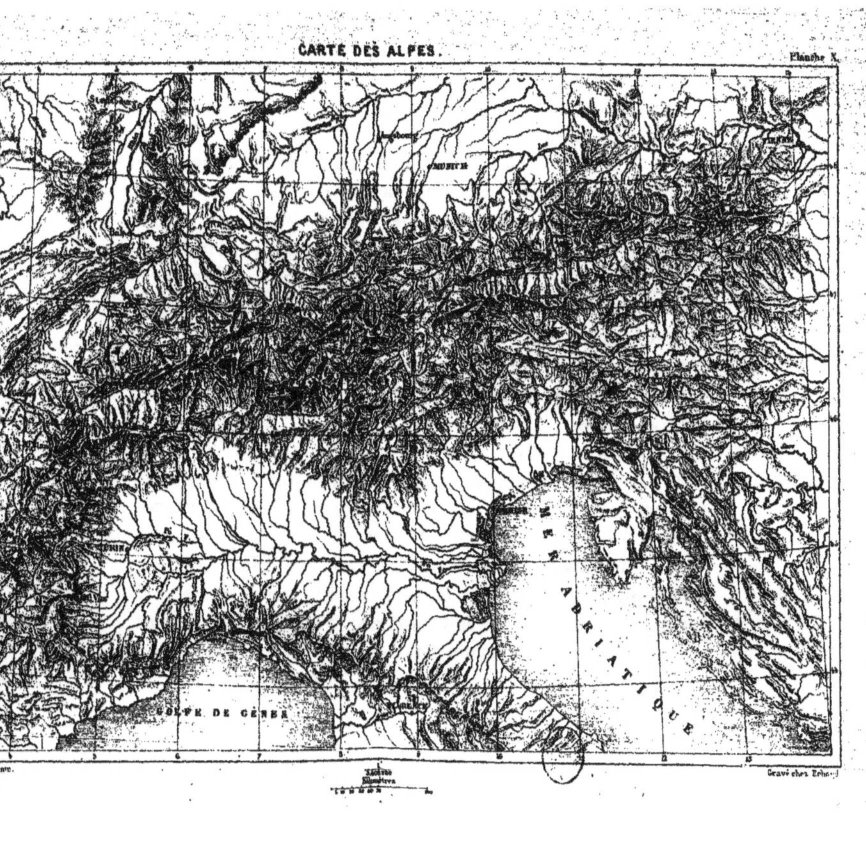

Quant aux Alpes orientales, situées à l'est du Saint-Gothard, elles affectent aussi la disposition par massifs. Au nord-est du Tödi se dresse le Säntis; à l'est du Rheinwald sont les groupes du Bernina, de la Silvretta, de l'Ortelspitze; puis viennent, de l'ouest à l'est, les massifs de l'Oetzhal, le Stubaier, le Gross-Glockner et les monts de Hallstadt, au delà desquels les Alpes proprement dites n'ont plus qu'une importance secondaire. Ces massifs dépassent tous par leurs sommets la hauteur de 3,000 mètres et sont revêtus de neiges; comme les chaînes occidentales, ils méritent le nom d'Alpes ou de *Blanches*, que les Celtes donnèrent à ces montagnes.

La plupart de ces groupes alpins offrent, par les détails de leur relief, une variété singulière d'aspect : aucun linéament de cette grande architecture qui n'ait un caractère spécial de beauté et qui ne se distingue des autres par un contraste inattendu.

D'abord, le massif central du Saint-Gothard, le nœud duquel rayonnent les chaînes principales, est peu élevé et d'ordre tout à fait secondaire, relativement aux autres groupes alpins. Cette masse quadrilatérale, qu'entourent de toutes parts des vallées profondes et les larges échancrures de plusieurs cols, à l'ouest la Furka, au nord l'Oberalp, à l'est le Lukmanier, au sud les Nufenen, est dominé par des cimes d'une hauteur moyenne de 2,950 mètres, et le sommet le plus important, le Piz Rotondo, ne dépasse pas 3,197 mètres d'altitude. Il est probable que pendant le long cours des âges les eaux supérieures du Rhin, du Rhône, de la Reuss, du Tessin, de la Toccia, qui toutes découlent des flancs de ce massif central, ont fini par abaisser les montagnes du Saint-Gothard au-dessous des sommets environnants.

Une autre anomalie du système des Alpes est que l'élévation moyenne des massifs neigeux qui se dressent à l'est et à l'ouest du Saint-Gothard n'est pas en rapport direct avec la hauteur des sommets qui les couronnent. En effet, la vraie citadelle des Alpes, celle qui par la forme de ses montagnes, le nombre de ses pics, l'ampleur de ses glaciers, mérite, plus que tout autre groupe, le titre de massif culminant, c'est le puissant rempart bastionné du Mont-Rose, dont la hauteur moyenne n'est pas moindre de 4,102 mètres. Le diadème terminal de cet ensemble de monts se trouve à 4,638 mètres, tandis que le Mont-Blanc se dresse à 4,810 mètres; mais le groupe des sommets qui

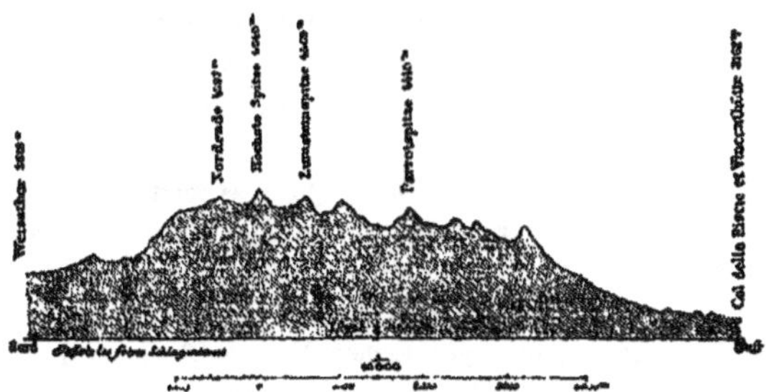

Fig. 41. Profil du Mont-Rose.

entourent ce point suprême de l'Europe n'a que 3,858 mètres d'altitude moyenne, 244 mètres de moins que la hauteur du massif du Mont-Rose. Ensuite viennent par ordre d'élévation les groupes de la Jungfrau (3,753 mètres), du Bernina (3,458 mètres), des Alpes grisonnes (3,226 mètres), du Tödi (3,143 mètres). Pris dans leur ensemble, les divers groupes des Alpes centrales décroissent en hauteur de l'ouest à l'est, et du sud au nord; leur versant méridional est uniformément plus abrupt que la déclivité septentrionale, s'abaissant en longs rameaux vers les vallées du Rhône et du Rhin[1].

Considérées dans leur ensemble, les Alpes servent de frontières ethnologiques comme la plupart des hautes chaînes

1. W. Huber, *Bulletin de la Société de Géographie*, février, mars 1866.

de montagnes; d'un côté sont les Français et les Allemands, de l'autre les Italiens. Une des régions alpines les plus difficiles d'accès, celle des Grisons, que le dédale de ses cent cinquante vallées a transformée en une citadelle centrale de l'Europe, a même servi de refuge à des populations de Rhétiens qui parlent encore, sous une forme corrompue, la langue des leurs ancêtres, contemporains des citoyens de la Rome antique. Cependant les Alpes, grâce à leur division en nombreux massifs et à la profondeur relative de leurs cols, ne sont point une barrière insurmontable comme la chaîne des Pyrénées. Sur les monts et dans les vallées de la Suisse, des hommes appartenant aux trois races, allemande, française, italienne, se sont confédérés pour ne former qu'un peuple de frères; des colonies germaniques, entourées de tous les côtés par des populations latines, se sont établies sur des versants de montagnes qui regardent le nord, dans la vallée de Viége, par exemple, et dans les *Sette Communi* des environs de Bassano; ailleurs, des hommes de la race latine ont colonisé les pentes méridionales de massifs habités surtout par des Allemands; enfin, les anciens Allobroges, parlant tous également de nos jours un français plus ou moins mélangé, peuplent les deux versants des Alpes de la Savoie et du Dauphiné. Tandis que, dans les Pyrénées, la crête des monts limite nettement les deux nations de France et d'Espagne, ce sont, au contraire, les bases des montagnes piémontaises qui servent de frontières, sinon politiques, du moins ethnographiques, entre deux races : les vallées du versant italien, que parcourent les torrents des deux Doires, du Cluson, du Pellis, de la Stura, ont une population de même souche que les vallées de la Maurienne, du Queyras, de la Durance. D'ailleurs, ainsi que l'a fait depuis longtemps remarquer le géologue Ami Boué, les chaînes longitudinales sont celles qui séparent le moins les peuples, à cause de la ressemblance des climats sur les deux pentes; les chaînes transversales, comme les Pyrénées, sont toujours les frontières les plus difficiles à franchir.

Pour les échanges commerciaux, comme pour les rapports de peuple à peuple, les massifs des Alpes sont aussi beaucoup plus heureusement distribués que la chaîne régulière des Pyrénées, et de tout temps le trafic entre les deux versants opposés eut une grande importance. Douze routes carrossables, dont quelques-unes peuvent compter parmi les chefs-d'œuvre de l'industrie humaine, traversent la crête pour mettre les plaines de l'Italie en communication avec la France, la Suisse et l'Allemagne; un chemin de fer, déjà terminé depuis plusieurs années, passe à l'est des grandes Alpes par-dessus le chaînon du Soemmering; enfin, quatre autres voies ferrées avancent peu à peu dans l'épaisseur des hautes montagnes du centre et bientôt les peuples, communiquant librement au-dessous des glaces et des rochers, pourront se glorifier d'avoir aplani les Alpes.

IX.

Les chaînes de montagnes de l'Asie centrale. — Le Kouenlun, le Karakorum, l'Himalaya. — Les Andes de l'Amérique du Sud, type de chaîne à bifurcations.

Ce que les massifs des Alpes sont pour l'Europe, les chaînes de l'Himalaya, du Karakorum et du Kouenlun le sont pour le continent d'Asie. Ces trois arêtes de montagnes prennent leur commune origine dans le « toit du monde, » le plateau de Pamir, d'où rayonnent aussi vers le nord et vers l'ouest les rangées du Bolor et de l'Hindou-Kuch. Le triple rempart de la haute Asie n'a pas moins de 2,500 kilomètres de développement, et sa largeur, y compris celle des plateaux et les vallées intermédiaires, est du côté de l'est, c'est-à-dire vers le Sikkim, de 1,000 kilomètres environ. Quant à l'altitude moyenne des cimes, elle dépasse, pour chacune des trois chaînes, celle de toute autre crête de montagnes dans le reste du monde; c'est là que se trouve le point culminant des terres. Entre les deux versants extrêmes le contraste est absolu; au nord s'étendent des steppes arides et froids; au sud se déploient les plaines brûlantes et si merveilleusement fertiles qu'arrosent le Gange et ses affluents. Les roches et les neiges qui se dressent entre les deux régions sont une barrière ethnologique plus puissante que ne le serait l'Océan lui-même; elles séparent des races d'hommes et de grandes religions. C'est en un petit nombre de points seulement que les Mogols boudhistes, grâce aux facilités plus grandes que leur offrait pour la traversée des montagnes leur résidence sur les hauts plateaux, sont descendus dans les vallées méridionales de l'Himalaya[1].

La chaîne du nord, celle du Kouenlun, est très-peu connue, et l'on ne peut encore affirmer d'une manière positive qu'elle ne renferme pas de sommets plus élevés que ceux mêmes de l'Himalaya; cependant, il est probable, d'après les renseignements obtenus sur divers points par les voyageurs, que sa crête est la moins haute des trois. Quant au Karakorum, qui est le rempart du milieu, il est aussi celui dont la hauteur moyenne est la plus considérable et qui sert de point de partage entre les eaux : c'est dans ses gorges que l'Indus et le Brahmapoutra prennent leur source; à sa base se trouve la vallée de Kachmire, que les poëtes orientaux célèbrent comme le « séjour du bonheur » et dont les beaux lacs bleus, entourés de jardins, reflètent des pics neigeux de cinq et six mille mètres de hauteur. Les torrents qui s'épanchent de l'un et l'autre côté des monts traversent ensuite les chaînes parallèles par de prodigieux défilés, ayant en certains endroits des milliers de mètres de profondeur.

L'Himalaya, la mieux connue des trois chaînes, n'a été

1. Frères Schlagintweit, *Mittheilungen von Petermann.*

cependant que très-faiblement explorée en comparaison des Alpes d'Europe. Elle est défendue contre les tentatives des explorateurs par le manque de routes et de sentiers, par

VALLÉE DE KACHMIRE

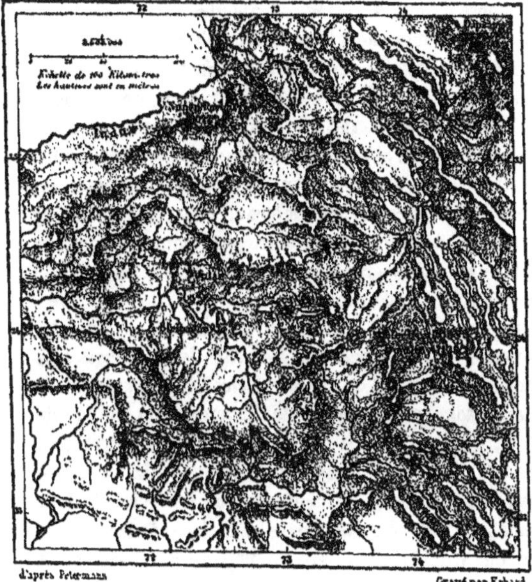

d'après Petermann Gravé par Erhard

Fig. 42.

ses torrents dépourvus de ponts, par les forêts inaccessibles de ses pentes, par ses formidables escarpements et la hauteur de ses grandes cimes dardées dans les espaces de l'air où l'homme ne peut plus respirer. A la surface des monts s'étend comme une barrière de mort une zone de largeur variable, le Teraï, dont l'humidité malsaine, entretenue par les pluies des moussons et les eaux descendues de l'Himalaya, fume au soleil en longs brouillards rampant sur les arbres et va répandre au loin les fièvres et la peste. Enfin, plusieurs districts des montagnes appartiennent encore à des souverains indigènes qui s'opposent par la force ou par la ruse aux voyages des Européens. C'est depuis un petit nombre d'années seulement que des observateurs ont pu y mesurer la montagne la plus haute de la chaîne et probablement du monde entier. C'est le Gaurisankar ou Tchingo-Pamari, dont la cime se dresse à 8,840 mètres, près de deux fois l'élévation du Mont-Blanc d'Europe. Dans la même rangée, on a mesuré jusqu'à ce jour deux cent seize sommets, parmi lesquels dix-sept dépassent l'altitude de 7,500 mètres; quarante ont environ 7,000 mètres; cent vingt plus de 6,000 mètres. Après le Gaurisankar, la montagne connue qui s'élève à la plus grande hauteur est le Dapsang (8,625 mètres) dans le Karakorum.

Les grands pics de l'Himalaya, contemplés de l'un des promontoires qui s'avancent au loin dans les campagnes de l'Hindoustan, forment l'un des spectacles les plus grandioses que puisse admirer le regard de l'homme. Du village de Dorjiling, que les Anglais ont construit sur une terrasse à plus de 2,000 mètres au-dessus du niveau de la mer, afin d'y jouir d'un air froid et fortifiant, comme celui de leur pays natal, on voit se dresser dans sa majesté formidable le colosse du Kinchinjinga, haut de plus de 8 kilomètres. A sa base, comme au fond d'un gouffre de verdure, un torrent blanc d'écume brille à travers les palmiers; plus haut, un chaos de montagnes boisées, semblables aux vagues d'un océan monstrueux, se presse et s'entasse autour du grand sommet tranquille; au-dessus de la multitude des cimes secondaires se relèvent les longues pentes du mont, d'abord d'un bleu vaporeux plus doux que celui de l'air, puis d'une blancheur étincelante comme celle de l'argent. D'assise neigeuse en assise neigeuse, le regard s'élève enfin jusqu'à la pointe terminale, de laquelle le hardi gravisseur, s'il y monte jamais, pourra voir à ses pieds un aussi vaste horizon que celui de la France entière[1].

Des spectacles aussi grands que celui du Kinchinjinga, vu de Dorjiling, sont nombreux dans l'Himalaya, surtout dans la partie orientale de la chaîne où les cimes atteignent leur principale élévation et où les défilés des vallées sont le plus profondément creusés; mais si ces monts puissants de la haute Asie sont plus majestueux que les Alpes d'Europe, ils n'ont point en général la même variété d'aspect, la même grâce dans les contours, le même charme dans les paysages. L'Himalaya est uniforme dans sa grandeur : ses pics sont plus hauts, ses neiges plus étendues, ses forêts plus vastes; mais il a moins de cascades et de lacs, il n'a pas de riantes pelouses ni de bosquets épars, on n'y voit point les pittoresques chalets blottis dans les vallons ou se penchant au bord des abîmes.

Les Andes de l'Amérique du Sud, que l'on regardait encore en 1820, c'est-à-dire avant les découvertes de Webb et de Moorcroft, comme supérieures en élévation à l'Himalaya, sont en moyenne de 2 kilomètres moins hautes : elles sont dépassées en sublimité par les monts de l'Asie, en variété de sites par les Alpes de l'Europe; mais elles se distinguent, notamment dans les régions volcaniques, par la régularité des formes; elles sont en outre une chaîne vraiment unique, au point de vue de la géographie, par leur admirable harmonie avec le continent qu'elles couronnent de leur crête neigeuse. Toutefois cette longue arête de montagnes, si remarquable par son énorme longueur de plus de 7,000 kilomètres et par la grande hauteur à laquelle se maintiennent ses pics sur un espace d'environ 50 degrés de longitude, est moins régulière qu'elle ne le semble à première vue. Ce qui caractérise les Andes entre tous les

1. Hooker, *Himalayan Journals*. — Russell-Killough, *Seize mille lieues*.

autres grands systèmes de montagnes, ce sont les nombreuses bifurcations ou, pour mieux dire, les dédoublements de la Cordillière. Huit fois, dans la seule partie de leur développement qui s'étend des frontières du Chili à celles de Venezuela, les Andes se partagent pour former de grandes enceintes ovales enserrant un plateau entre leurs deux rangées de pics. Même sur plusieurs points, les Andes se divisent en trois rameaux, à peine divergents.

De la p nte méridionale de l'Amérique jusqu'au delà de l'Aconcagua (6,834 mètres), le géant des Andes chiliennes, la grande chaîne ne projette, à l'est, que des massifs sans importance; seulement quelques rides s'allongent au-dessus des pampas, parallèlement à l'arête principale. Vers le 30e degré de latitude, ces rides augmentent en nombre et en hauteur, puis forment un vaste plateau duquel, orientée vers le nord-est, se détache la puissante Sierra d'Aconquija. D'autres *sierras* se dressent sur l'énorme masse du plateau entre les montagnes d'Aconquija et la grande bifurcation des Cordillières de Bolivie, au 22e degré de latitude. La rangée occidentale, composée de larges dômes à la forme régulière, se rapproche du littoral du Pacifique, tandis que la chaîne orientale, projetant plusieurs chaînons importants dans les plaines de l'est, recourbe autour du grand plateau de la Bolivie sa longue série de pics dentelés et neigeux, parmi lesquels se dresse l'Illampu ou Sorata (7,494 mètres), le mont le plus élevé de l'Amérique. Au nord du lac de Titicaca, les deux chaînes sont unies par un rempart transversal, mais elles continuent de se développer dans la direction du nord-ouest parallèlement à la côte. Bien que la Cordillière orientale soit percée en un grand nombre de points par des fleuves tributaires du courant des Amazones, il est facile de la reconnaître à la direction générale des tronçons qui la composent.

Au nœud de Cerro de Pasco, les deux Cordillières se rejoignent de nouveau, mais pour se diviser immédiatement en trois chaînes, dont l'une va se perdre au nord-est dans la pampa del Sacramento, tandis que les deux autres, entre lesquelles se trouve la haute vallée du Marañon, vont se réunir à l'angle extrême du continent, près des frontières méridionales de l'Équateur. Plus au nord se succèdent divers petits plateaux couverts de forêts vierges, puis, au delà du nœud de Loja, les deux Cordillières séparent de nouveau leurs deux rangées parallèles de cimes neigeuses : c'est là la magnifique terrasse de l'Équateur que les massifs transversaux de l'Assuay et de Chisinche partagent en trois plaines distinctes. Deux d'entre elles, celles de la Tapia et de Quito, sont les grandioses avenues de volcans que Bouguer, La Condamine, Humboldt et tant d'autres savants voyageurs ont rendues célèbres ; d'un côté se dresse le Chimborazo, le Carahuirazo, l'Illinissa, le Corazon, le Pichincha ; de l'autre, le Sangay, le plus redoutable volcan du monde, le Tunguragua, le Cotopaxi, l'Antisana et le Cayambe, que traverse la ligne équatoriale[1].

Au nord de l'équateur, les deux chaînes s'unissent pour former le massif du plateau de Pasto qui s'étend jusque dans le voisinage du 2e degré de latitude. Là commencent trois Cordillières distinctes qui ne doivent plus se rejoindre dans un autre nœud de montagnes. La Cordillière occidentale va se perdre près du golfe de Darien entre la vallée de l'Atrato et celle du Cauca ; la Cordillière centrale, sur laquelle s'élèvent les puissantes cimes de Puracé, de Huila, de Tolima, d'Herveo, sépare le bassin du Cauca de celui du Magdalena ; enfin, la Cordillière orientale ou de Suma-Paz (Paix suprême), se recourbant à l'ouest du plateau de Bogota, va se bifurquer elle-même, près de Pamplona, en deux chaînes dont l'une se termine dans le voisinage de Maracaïbo, sous le nom de Sierra-Negra, tandis que l'autre, diversement ramifiée, limite au nord les *llanos* de

1. Voir le chapitre intitulé *les Volcans*.

Venezuela, puis, après avoir formé la superbe Silla de Caracas, longe le littoral et s'avance en promontoire jusqu'à la Bouche-du-Dragon, qui la sépare des montagnes de l'île de Trinidad. C'est là que finit la chaîne andine. Dans son immense développement, infléchi en spirale, la Cordillière a pour cimes culminantes trois pics : le Chimborazo, le Sorata, l'Aconcagua, espacés de 2,000 en 2,000 kilomètres sur la puissante arête, mais c'est par centaines que se comptent les cimes plus élevées que celles du Mont-Blanc. La prodigieuse chaîne semble si bien faire partie de l'architecture même du continent que nombre des habitants de ses plateaux et de ses pentes voient en elle l'épine dorsale du monde entier : ils ne peuvent se figurer un seul pays qui ne soit dominé par la Cordillière des Andes[1].

X.

Refroidissement graduel de l'air sur les pentes des montagnes. — Difficulté des ascensions. — Limites en hauteur des habitations. — Le mal de montagne.

En plongeant par leurs cimes dans les hauteurs des régions atmosphériques, les montagnes se dressent en des zones de plus en plus froides, et, par cet étagement de températures successives, donnent à la nature une merveilleuse variété de climats et de flores[2]. Chaque haute montagne offre sur ses flancs comme un résumé des phénomènes qui s'accomplissent sur l'immense espace compris entre les plaines de sa base et les glaces du pôle.

Les rayons solaires ayant plus de force d'échauffement sur le sol des montagnes que dans les plaines, ainsi que le dé-

1. Jules Remy, *Nouvelles Annales des Voyages*, fév. 1865.
2. Voir, dans le deuxième volume, le chapitre intitulé *la Terre et sa flore*.

montrent l'observation directe et les merveilleuses couleurs des petites fleurs si odorantes des Alpes[1], c'est à la raréfaction des couches d'air qu'il faut attribuer le refroidissement graduel de la température sur les pentes des montagnes. Les recherches et les expériences des physiciens ont prouvé que l'air laisse passer les rayons lumineux beaucoup plus facilement que les rayons obscurs : il résulte de ce fait que la chaleur versée journellement par le soleil traverse en grande partie toute l'épaisseur des airs pour aller réchauffer la surface de la planète, tandis que la chaleur rayonnant du sol durant les nuits ne peut s'échapper dans l'espace qu'en petites quantités. Les couches inférieures de l'atmosphère agissent comme de véritables écrans pour arrêter les rayons émanés de la surface terrestre et prévenir ainsi le refroidissement de la planète. Toutefois les pentes et les cimes des montagnes sont par cela même privées, en proportion de leur hauteur, des effluves qui réchauffent les plaines situées à leur base; elles s'élèvent en des espaces d'autant plus refroidis que ceux-ci sont plus éloignés verticalement des couches d'atmosphère épaisse étendues au-dessous[2]. Grâce à cette diminution progressive de la température dans les flots aériens qui les baignent, les monts, déjà si beaux par leur profil et la majesté de leur forme, ajoutent encore à la magnificence de leurs contours par le contraste de leurs forêts et de leurs glaciers, de leurs pâturages et de leurs neiges.

Quelle est, en moyenne, la proportion suivant laquelle la température s'abaisse de la base au sommet des montagnes? Il est difficile de l'établir d'une manière exacte, car des courants d'air de températures diverses se superposent dans les hauteurs de l'atmosphère, et parfois on s'élève d'une zone relativement froide dans une zone plus chaude,

1. Ch. Martins. — Helmholz, *la Glace et les Glaciers.*
2. Tyndall, *the Glaciers of the Alps.*

ainsi que diverses ascensions aéronautiques de M. Glaisher l'ont démontré d'une manière frappante. Cependant, lorsque le ciel est découvert et que l'air est tranquille, la décroissance de la température s'opère avec une assez grande régularité pour qu'il ait été possible d'en calculer approximativement la loi. Au-dessus du sol, une simple élévation de 76 mètres correspond en moyenne à un abaissement d'un degré du thermomètre ; à la hauteur d'un kilomètre, c'est déjà par intervalles de 160 mètres que s'opère la diminution d'un degré de chaleur, puis, à mesure qu'on s'élève, l'intervalle s'agrandit, et vers 9,000 mètres c'est par chaque espace de 580 mètres environ que la température s'abaisse d'un degré centigrade[1]. Le taux réel de la décroissance de chaleur ne peut être constaté aussi facilement sur les pentes des montagnes, à cause de l'influence qu'exercent le sol et les glaces, mais on peut dire d'une manière générale que, sur les monts de la Suisse, la température de l'été diminue de 1 degré par chaque espace vertical de 160 mètres ; en hiver, le même abaissement de température n'a lieu que de 240 mètres en 240 mètres[2].

La froidure des hautes montagnes les rend complétement inhabitables à l'homme. Jamais voyageur ne posa son pied sur les grands sommets du Karakôrum et de l'Himalaya ; les principales cimes des Andes, le Sorata, l'Aconcagua, sont également inviolées, et même parmi les pyramides plus modestes des Alpes, il en est encore un grand nombre que les neiges et les glaciers ont défendues jusqu'à ce jour contre les tentatives d'ascension. Le point le plus haut que le gravisseur ait encore atteint est le sommet de l'Ibi-Gamin, montagne du Thibet, qui se dresse à 6,730 mètres au-dessus du niveau de la mer. A cette hauteur considérable, les frères Schlagintweit, qui ont accompli cet

1. Zurcher, *Annuaire scientifique*, 1864.
2. Helmholz, *la Glace et les Glaciers*.

exploit en 1856, se trouvaient toujours à plus de 2,000 mètres au-dessous de la pointe terminale du Gaurisankar. Depuis cette époque, le ballon de M. Glaisher s'est élevé à 4,000 mètres plus haut dans la froide atmosphère de la Grande-Bretagne.

Quant aux habitations permanentes de l'homme, elles s'arrêtent, dans toutes les régions de montagnes, bien au-dessous des points les plus élevés atteints par les hardis gravisseurs. Saint-Véran et Gurgl, les villages les plus haut perchés de la France et de l'Allemagne, se trouvent respectivement aux altitudes de 2,009 mètres et de 1,889 mètres; mais en Suisse, l'hospice du Saint-Bernard, construit il y a déjà plusieurs siècles pour recueillir les voyageurs transis de froid, est beaucoup plus élevé : sa hauteur est de 2,472 mètres. C'est un autre couvent, celui de Hanle, habité par vingt prêtres thibétains, qui est le groupe de maisons le plus élevé de la terre entière; il est situé à 4,565 mètres d'altitude[1]. Aucun des villages andins, si ce n'est peut-être celui de Santa-Anna, dans la Bolivie, n'a été construit à pareille hauteur[2].

Non-seulement les voyageurs qui s'aventurent sur les pentes des grandes montagnes ont à souffrir des rigueurs du froid et courent le risque de geler en route, mais ils peuvent éprouver aussi les sensations les plus pénibles à cause de la raréfaction de l'air. Il est tout naturel, en effet, que, sur des hauteurs où la pression de l'atmosphère est d'un tiers ou de moitié moins forte qu'elle ne l'est dans les plaines inférieures, on ressente un malaise causé par ce brusque changement, d'autant plus que d'autres conditions du milieu, notamment le calorique et l'humidité de l'air, se sont modifiées en même temps. D'intrépides marcheurs, comme Tyndall, qui n'ont jamais ressenti eux-mêmes les

1. Robert de Schlagintweit, *Mittheilungen von Petermann*. 1865.
2. Reck, *Geographisches Jahrbuch von Behm*.

effets du « mal de montagne, » nient formellement que cette défaillance puisse avoir d'autre cause que la simple fatigue. De son côté, M. Jules Rémy n'a vu qu'une seule montagne des Andes où les phénomènes de la *puna* ou *soroche* se manifestent d'une manière constante dans l'organisme; c'est le Cerro de Pasco, dont la hauteur ne dépasse pas 4,257 mètres. Les chevaux, les mulets, les ânes, les bœufs, sont aussi bien que l'homme soumis à l'influence particulière de ces lieux, tandis qu'à des altitudes beaucoup plus considérables, l'état normal de santé revient subitement : dans cette région des Andes, ce serait donc aux émanations du sol, et non à la raréfaction de l'atmosphère, qu'il faudrait attribuer le malaise des voyageurs[1]. Toutefois, les recherches faites à ce sujet par Robert de Schlagintweit[2] ne permettent pas de douter que le mal de montagne ne soit bien réellement ressenti d'une manière générale en d'autres régions des Andes que le Cerro de Pasco. D'ordinaire même, on souffre déjà des effets du *soroche* à une bien plus faible hauteur sur les pentes des Cordillières que sur celles de l'Himalaya. C'est à 5,000 mètres seulement que dans ces dernières montagnes le voyageur commence à subir les atteintes du mal, tandis que dans les Andes un grand nombre de personnes sont déjà malades à 3,250 et 3,500 mètres d'altitude. En outre, les symptômes sont beaucoup plus graves dans les montagnes de l'Amérique du Sud : à la fatigue, aux maux de tête, au manque de respiration, dont on souffre aussi dans l'Himalaya, s'ajoutent les vertiges, parfois les évanouissements et le saignement des lèvres, des gencives et des paupières[3]. A la même hauteur que les *paramos* des Andes ou même que les grandes cimes de l'Himalaya, l'aéronaute, qui du moins est dispensé des fatigues de la marche, souffre rarement;

1. *Ascension du Pichincha, Nouvelles Annales des Voyages*, fév. 1865.
2. *Zeitschrift für Erdkunde*, 1866.
3. Humboldt, Pœppig, Moritz Wagner, Philippi.

mais à 9,000 et à 10,000 mètres la maladie se déclare, et si le ballon continuait de monter, le voyageur aérien périrait infailliblement. Ainsi, à quelques kilomètres au-dessus de nos têtes s'étend la région de la mort, et c'est dans cette terrible zone que les grandes montagnes de la terre dressent leur blancs sommets.

XI.

Abaissement graduel des montagnes pendant le cours des siècles. — Écroulements et chaos. — La chute du Felsberg. — Action lente des météores.

Cependant ces formidables citadelles des monts qui dominent de si haut les habitations de l'homme, et sur les flancs desquelles rampent les nuages et le tonnerre, ne peuvent manquer de s'abaisser lentement dès que la force de soulèvement qui les a fait jaillir de la terre a cessé d'agir. Aidés par la pesanteur qui tend incessamment à niveler la surface du sol, les météores s'acharnent sans relâche à la destruction des montagnes; ils y ouvrent des vallées et des gorges, ils y creusent des cols, ils en minent les sommets, soit par des écroulements brusques, soit, d'ordinaire, par une érosion lente et continue. Tôt ou tard, les Andes et l'Himalaya, ces puissantes arêtes continentales, deviendront de simples rangées de collines, comme tant d'autres chaînes plus anciennes qui furent aussi l'épine dorsale d'un monde.

Les grands écroulements de montagnes, quoique assez peu importants au point de vue géologique, sont parmi les phénomènes les plus effrayants de la vie planétaire; et lorsque pareille catastrophe est arrivée, le souvenir s'en conserve par tradition pendant de longs siècles. Aucun événement n'est de nature à saisir plus fortement l'imagination populaire. Les roches escarpées ou surplombantes qui restaient suspendues au-dessus des campagnes se détachent tout à coup et glissent sur les pentes; elles soulèvent en s'écroulant un nuage de poudre semblable aux cendres vomies des volcans : d'horribles ténèbres se répandent dans la vallée naguère si riante, et l'on ne connait le cataclysme que par le tremblement du sol et le terrible fracas des blocs qui s'entre-choquent et se brisent. Quand le nuage de poussière se dissipe enfin, on voit un amas de roches et de décombres là où s'étendaient des pâturages et des cultures; le torrent de la vallée est obstrué et changé en un lac boueux, la muraille de rochers a perdu son ancienne forme; et sur ses flancs, d'où s'écroulent encore quelques débris, on distingue, à ses vives arêtes, l'énorme paroi de laquelle s'est détaché tout un pan de montagne. Dans les Pyrénées, les Alpes et autres grandes chaînes, il est peu de vallées où l'on ne voie de ces *chaos* ou *clapiers* de roches éboulées.

Les principales catastrophes de ce genre qui ont eu lieu pendant les siècles de l'ère actuelle dans les montagnes de l'Europe sont des faits bien connus. Au sud de Plaisance, en Italie, l'antique ville romaine de Velleja fut engloutie vers le IVe siècle par les éboulements du mont, trop bien nommé, de Rovinazzo, et le grand nombre d'ossements et de monnaies que l'on a trouvé dans les ruines prouve que la chute soudaine des rochers ne laissa pas même aux citoyens le temps de se sauver. Une autre ville romaine, Tauretunum, située, dit-on, au bord du lac de Genève, à la base d'un contre-fort de la Dent d'Oche, fut complétement écrasée en 563 par un éboulement de rochers, et l'on voit encore l'énorme talus s'avançant en promontoire dans les eaux du lac, qui dans ces parages n'a pas moins de 160 mètres de profondeur. Un terrible ras de marée, soulevé par le déluge de pierres, parcourut les rivages opposés du lac et balaya toutes les habitations : de Morges à Vevey, toutes les villes, tous les bourgs du littoral furent démolis, et l'on ne commença de les rebâtir que dans le siècle suivant. Genève fut même en partie couverte par les eaux, et le pont du Rhône fut emporté. Cependant, d'après MM. Troyon et Morlot, ces désastres auraient été causés par un éboulement tombé du Grammont ou Derochiaz en travers de la vallée du Rhône, immédiatement en amont de son débouché dans le Léman. Il en serait résulté la formation d'un lac temporaire, et l'inondation aurait dévasté les rives lors de la destruction du barrage naturel par les eaux accumulées[1].

C'est par centaines que l'on compte les grands éboulements de rochers qui ont eu lieu, durant les siècles historiques, dans les Alpes et les montagnes voisines. En 1248, quatre villages situés à la base du Mont-Granier, non loin de Chambéry, furent engloutis sous d'énormes amas de ruines calcaires que les eaux ont depuis diversement ravinés et sculptés en forme de monticules : de petits lacs, connus sous le nom d'*abîmes*, sont épars au milieu de ces anciens débris que recouvrent aujourd'hui les cultures. En 1618, l'éboulement du Monte Conto ensevelit les 2,400 habitants du village de Plurs, près de Chiavenna; deux des cinq pics des Diablerets s'écroulèrent, l'un en 1714, l'autre en 1749, recouvrirent les pâturages d'une couche de 100 mètres de débris, et, barrant le cours du torrent de Lizerne, formèrent les trois lacs de Derborence qui existent encore. De même, le Bernina, la Dent du Midi, la Dent de Mayen, le Righi, ont recouvert de leurs décombres de vastes étendues de terrains cultivés; mais nulle catastrophe de ce genre n'a laissé un plus grand souvenir de terreur que ne l'a fait la chute d'un pan du Rossberg, le 2 septembre 1806. Cette montagne, située au nord du Righi, au centre de l'espace péninsulaire formé par les lacs de Zug, d'Egeri et de Lowerz, consiste en couches d'un conglomérat compacte reposant

1. *Bulletin de la Société Vaudoise.*

sur des lits d'argile, que délayent les eaux d'infiltration. A une époque inconnue, l'éboulis d'un contre-fort avait déjà écrasé le village de Rotten; mais en 1806 la catastrophe fut plus terrible encore. La saison qui venait de s'écouler avait été très-pluvieuse, et les strates d'argile s'étaient graduellement changées en une masse boueuse; à la fin, les roches

ÉBOULIS DE GOLDAU

Fig. 43.

supérieures, venant à manquer d'appui, commencèrent à glisser sur les pentes en soulevant les terres devant elles comme la proue d'un navire soulève l'eau de la mer. Soudain la débâcle eut lieu. En un moment l'énorme masse, avec ses forêts, ses prairies, ses hameaux, ses habitants, s'abattit dans la plaine; les flammes produites par le frottement des roches entre-choquées s'élancèrent en gerbes de la montagne entr'ouverte; l'eau des couches profondes, tout à coup transformée en vapeur, fit explosion et des quantités de pierres et de boue furent lancées comme par la bouche d'un volcan. Les charmantes campagnes de Goldau (la vallée d'Or) et quatre villages, qu'habitaient près de mille personnes, disparurent sous l'entassement de débris, le lac de Lowerz fut comblé en partie, et la vague furieuse que l'éboulement lança contre les rivages balaya toutes les maisons. La catastrophe s'était accomplie d'une manière tellement rapide que les oiseaux avaient été tués dans l'air. La partie de la montagne qui s'était éboulée n'avait pas moins de 4 kilomètres de long sur 320 mètres de largeur moyenne et 32 mètres d'épaisseur : c'est une masse de plus de 40 millions de mètres cubes[1].

Quelle que soit l'importance géologique de ces effroyables chutes de rochers, elles ne sont toutefois que des phénomènes de second ordre comparativement aux résultats que produit l'action lente des agents atmosphériques, des glaces et des eaux torrentielles. Ce sont là les travailleurs infatigables qui, par leur œuvre incessante, ont élargi les premières failles ouvertes çà et là dans l'épaisseur des roches et qui ont creusé tout ce réseau de couloirs, de cirques, de combes, de défilés, de clus, de vallons et de vallées dont les innombrables ramifications donnent tant de variété à l'architecture des montagnes. Par ce travail, continué sans relâche pendant les siècles et les périodes géologiques, les hautes cimes sont lentement abaissées, et les matériaux enlevés aux pentes vont s'étaler au loin dans les plaines et dans les eaux de la mer.

1. Henri Zschokke; — Otto Volger, *Erdbeben der Schweiz*.

TROISIÈME PARTIE.

LA CIRCULATION DES EAUX.

CHAPITRE I.

LES NEIGES ET LES GLACIERS.

I.

Chute des neiges sur les montagnes. — Limite inférieure des neiges. Zone des neiges persistantes.

Il est peu de spectacles plus charmants que celui de nuages suivant en longues traînées les flancs d'une montagne et laissant derrière eux sur les talus des couches de neige fraîchement tombée. Souvent on voit la partie inférieure du nuage s'effranger en averses pour inonder de pluie les pentes basses, tandis que plus haut les vapeurs plus froides se déchargent de flocons de neige. Une ligne parfois indécise, mais d'ordinaire assez nettement tracée sur le penchant du mont, marque la limite de température au-dessus de laquelle les vapeurs sont tombées en neiges, et se poursuit avec une remarquable régularité au-dessus de la zone verdoyante qu'ont arrosées les pluies.

Cette limite inférieure des neiges est tracée suivant les saisons à des élévations différentes sur le flanc des montagnes; en hiver, elle descend graduellement jusqu'à la base des Alpes et des Pyrénées; au printemps et en été, elle remonte peu à peu jusque dans le voisinage des cimes ou dépasse même les sommets qui ne s'élèvent pas à une assez grande hauteur dans l'atmosphère. Toutefois la plupart des chaînes considérables de la terre ont la crête toujours neigeuse, et sur leurs pentes se prolonge une ligne, plus ou moins changeante suivant les siècles et les années, au-dessus de laquelle la neige ne fond jamais entièrement : c'est la ligne dite des neiges éternelles; il vaudrait mieux la désigner sous le nom de limite des neiges persistantes.

Au-dessus de la zone inférieure des neiges toujours fondantes et toujours renouvelées, la couche de flocons entassés devient graduellement plus épaisse à cause du refroidissement de la température dans les hautes régions; il y tombe plus de neige que les rayons du soleil et la chaleur de la terre ne peuvent en fondre à la fois : d'énormes amas emplissent les gorges et les ravins, des couches de plusieurs mètres recouvrent les rochers et les escarpements qui ne sont pas trop abrupts pour garder la neige sur leurs pentes. Toutes les grandes montagnes de la terre sont ainsi revêtues de couches neigeuses, mais il est certain que, si elles s'élevaient encore à une altitude plus considérable dans les espaces aériens, elles finiraient par atteindre une limite supérieure des neiges. En effet, la froide atmosphère des hautes régions ne contient qu'une très-faible proportion de vapeur et les rares flocons de neige qui pourraient tomber sur des cimes de 15,000 ou 20,000 mètres seraient bientôt balayés par le vent ou fondus par les rayons solaires. Sur les flancs d'une montagne de cette élévation, il y aurait une zone de neiges persistantes, limitée d'un côté par une région de pâturages, de l'autre par des espaces déserts et complétement dépourvus de végétation[1]. D'après Tschudi, il ne

1. Humboldt, Tyndal..

tomberait sur les Alpes, au-dessus de 3,300 mètres d'élévation, qu'une quantité de neiges relativement très-faible ; c'est entre 2,300 et 2,600 mètres que la plupart des nuages chargés de flocons déversent leur fardeau sur les pentes. A cette hauteur, l'humidité tombe aussi quelquefois sous forme de pluie; mais à 3,000 mètres les nuées sont rarement pluvieuses; à 3,600 mètres elles ne porteraient jamais que de la neige. Les observations faites dans les Alpes prouvent, du reste, que la quantité des neiges tombées varie singulièrement pour les diverses montagnes suivant l'altitude, l'exposition des versants et, pour chaque localité particulière, suivant le régime climatérique de l'année. A l'hospice du Grimsel, situé à 1,874 mètres de hauteur, Agassiz a vu tomber en six mois d'hiver 17 mètres et demi de neige, équivalant à 1 mètre et demi d'eau. Quelques années après et dans le même endroit, l'ingénieur W. Huber constata que l'épaisseur de la tranche de neige avait été de 18 mètres pendant une période de longueur double. Sur le Saint-Bernard, à 2,472 mètres d'altitude, la couche neigeuse a varié en douze années (1847-1858), de 3^{m},527 à 13^{m},482 par an, ce qui donne un écart de 1 à 4 pour la chute annuelle des neiges sur un même point de la montagne[1]. Il paraît que sur le Saint-Gothard, à 2,093 mètres de hauteur au-dessus de la mer, la précipitation annuelle est plus considérable que sur le Saint-Bernard, car, pour une seule nuit, l'épaisseur de la neige tombée s'est élevée parfois à 2 mètres[2]. La neige qui tombe sur les sommets est rarement composée de ces élégants flocons d'un si merveilleux tissu que nous admirons dans les vallées : d'ordinaire elle consiste en granules fins comme la poussière, en minces aiguilles de glace, en étoiles à points imperceptibles; c'est du grésil et non de la neige proprement dite. Il arrive

1. *Bibliothèque de Genève.*
2. Eugène Flachat, *la Traversée des Alpes.*

souvent que le moindre changement dans la direction des courants atmosphériques fait succéder la chute de neige grenue à celle des flocons ou bien produit le phénomène inverse. D'ailleurs on ne saurait, ainsi que le fait remarquer Agassiz, établir une distinction bien tranchée entre les différentes espèces de grésil et de neige à flocons.

Il est très-difficile ou même impossible de fixer l'altitude au-dessus de laquelle on aperçoit toujours des couches de neige sur les divers massifs de montagnes. Cette limite varie suivant l'exposition et l'inclinaison des pentes, la nature et la couleur des roches, la force et la direction moyenne des vents, l'abondance des neiges tombées et tous les divers phénomènes météorologiques du milieu dans lequel plongent les cimes. C'est donc seulement d'une manière approximative et tout à fait générale que l'on peut indiquer la hauteur de cette ligne indécise oscillant d'année en année et de siècle en siècle sous l'influence combinée de la chaleur solaire et des agents atmosphériques. D'après les frères Schlagintweit, la limite des neiges dites perpétuelles oscillerait pour les Alpes centrales entre 2,730 et 2,800 mètres d'altitude, et pour le massif du Mont-Blanc entre 2,860 et 3,100 mètres. Cependant, il est certain qu'en septembre 1842 un voisin de la Jungfrau, l'Ewigschneehorn, dont le nom allemand signifie Pic des Neiges *éternelles*, n'offrait sur toutes ses pentes que le sol nu[1]. De même, en 1860 et en 1862, les cimes des Alpes ne présentaient que des taches de neige partielles, et les touristes pouvaient franchir la Strahleck, à 3,351 mètres de hauteur, sans marcher un seul instant sur la neige fraîche ou durcie[2]. En 1855, Sonklar ne vit pas trace de neige sur le Hangerer, montagne des Alpes d'Autriche, qui se dresse à 3,019 mètres d'altitude[3],

1. Desor, *Nouvelles Excursions*.
2. Dollfuss Ausset, *Matériaux pour l'étude des glaciers*, 6e vol.
3. *Œtzthaler Gebirgsgruppe*.

De même, dans l'automne de 1859, le sommet du Chaberton (3,136 mètres), près du Mont-Genèvre, était complétement à découvert. Quant aux Pyrénées, où la limite des neiges persistantes serait de 2,730 à 2,800 mètres, il est certain que le Montcalm, qui s'élève à 3,079 mètres de hauteur, se termine par une espèce de plateau, souvent débarrassé de neiges pendant la saison des chaleurs et parsemé de touffes de gazon. Sur le versant espagnol des Pyrénées, on ne trouve guère plus que le roc vers le milieu d'août, si ce n'est dans les cavités profondes où le vent du sud ne pénètre point. La zone blanche idéale dont les géographes recouvrent les grandes cimes pyrénéennes n'existe pas d'une manière absolument permanente.

On peut en affirmer autant pour un grand nombre d'autres chaînes de montagnes que l'habitude faisait énumérer souvent comme étant couronnées de neiges éternelles. Aussi la ligne idéale, tracée dans la plupart des atlas pour délimiter la zone neigeuse sur le profil des monts, ne peut-elle avoir qu'une valeur approximative. D'après Durocher, la ligne des neiges persistantes, passant à 4,795 mètres sur les flancs des Andes équatoriales, serait seulement de 215 mètres plus basse sur les grands monts du Mexique, le Popocatepetl et l'Orizaba. Phénomène bien plus étonnant encore : dans l'hémisphère méridional, au sud des Andes péruviennes, cette ligne cesse de s'abaisser et se relève même jusqu'à plus de 5,000 mètres d'altitude. Sur les plateaux des Andes argentines et chiliennes, entre 22 et 33 degrés de latitude sud, où la température est naturellement beaucoup plus basse que dans les régions correspondantes de l'Équateur, la limite moyenne des neiges est plus élevée, ce qui tient sans aucun doute à la grande sécheresse des vents. Ainsi les voyageurs ont vu se nettoyer complétement de neige les pentes de la Cordillière de Mendoza, sous le 33e degré de latitude, jusqu'à la hauteur de 4,000 mètres ; à 4 degrés plus au nord, on ne voyait briller aucune surface blanche sur la Sierra Famatina, à 4,500 mètres ; sous le tropique du Capricorne, la Sierra de Zenta, dont les cimes se dressent à 5,000 mètres au-dessus du niveau de la mer, ne se recouvre que très-rarement de

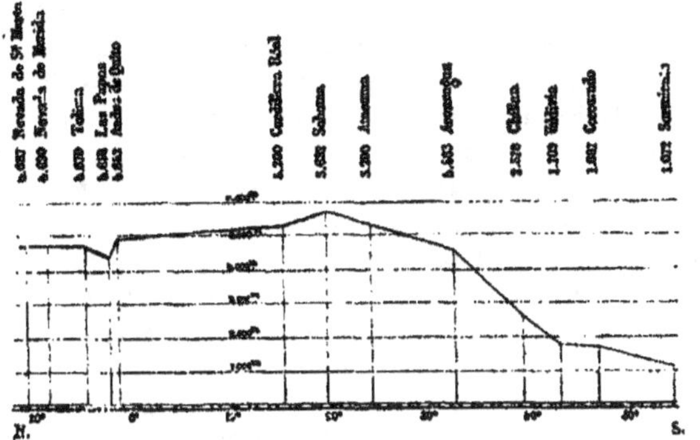

Fig. 44. Limite des neiges persistantes dans l'Amérique du Sud.

neige, même pendant l'hiver, et les couches de flocons apportées par les nuages se fondent aussitôt. Enfin, d'après Pentland, les versants occidentaux des Andes boliviennes, où ne soufflent que bien rarement les vents humides, n'offrent de neiges persistantes qu'à 5,600 mètres d'altitude. D'ordinaire, l'humidité tombée s'évapore sans donner naissance au moindre filet d'eau, ou même sans mouiller le sol. Vers le milieu du jour, on aperçoit au loin des nuages s'élevant du haut des montagnes comme des fusées et se perdant à d'immenses hauteurs dans le profond azur : ce sont les neiges de la veille qui remontent en vapeurs dans l'atmosphère [1].

C'est aussi à l'inégale répartition des pluies qu'il faut

1. Martin de Moussy, *Confédération argentine*, tome I.

attribuer l'étonnant contraste offert par la limite inférieure des neiges entre les pentes septentrionales et le versant méridional des chaînes de montagnes du centre de l'Asie. Le climat est naturellement beaucoup plus rigoureux au nord de l'Himalaya que dans les vallées tournées au sud, et cependant les neiges y descendent beaucoup moins bas. Le contraste est si frappant que tous les voyageurs l'ont remarqué, et même en ont exagéré l'importance jusqu'aux récentes explorations faites par les frères Schlagintweit. D'après le botaniste Hooker, la limite des neiges persistantes passerait en moyenne à 4,250 mètres sur les flancs méridionaux de l'Himalaya, et sur le versant opposé remonterait à 5,666 mètres d'altitude, en sorte que précisément le côté le plus froid se serait trouvé dégagé de neiges à 1,400 mètres plus haut que les déclivités exposées au brûlant soleil de l'Hindoustan. Les observations comparées des frères Schlagintweit ont considérablement réduit cet énorme écart entre les deux versants. Ces voyageurs ont trouvé respectivement pour les pentes du sud et pour celles du nord les moyennes de 4,892 et de 5,254 mètres, ce qui réduit à 362 mètres la différence totale; mais, suivant les régions, le contraste peut être bien plus considérable, car, dans le Thibet, on voit, même à des altitudes de plus de 6,000 mètres, plusieurs montagnes complétement dégarnies de toute particule neigeuse. Naguère on attribuait, avec Humboldt, cette grande hauteur de la limite des neiges sur le versant septentrional de l'Himalaya à la réverbération des rayons solaires sur les plateaux de l'Asie centrale; mais, en démontrant que le Thibet est réellement une large vallée de montagnes et non pas un plateau, les frères Schlagintweit ont mis hors de doute que ce contraste des pentes neigeuses doit être cherché dans le régime des vents. Au nord, les masses d'air qui viennent frapper l'Himalaya après avoir parcouru toute l'Asie centrale sont complétement desséchées; au sud, les moussons qui se précipitent en orages dans les gorges du Népaul et du Sikkim sont chargées d'un énorme fardeau d'humidité, tombant en neiges sur les hautes cimes, en pluie dans les vallées inférieures.

Sur les chaînes de montagnes qui se prolongent au nord de l'Himalaya, la limite moyenne des neiges persistantes s'abaisse d'une manière normale du sud au nord. Dans le Karakorum, où cette ligne idéale est plus relevée que dans l'Himalaya, à cause de la grande sécheresse de l'air, les altitudes respectives sont pour la pente méridionale de 5,860 mètres, et pour la pente septentrionale de 5,620 mètres; dans le Kouenlun, elles sont, au sud, de 4,770, et de 4,560 mètres au nord. Les observations manquent pour les autres chaînes de l'Asie centrale, si ce n'est pour l'Altaï, où la hauteur de la limite des neiges persistantes serait en moyenne de 2,144 mètres.

D'ordinaire on admet que, vers le soixante-quinzième degré de latitude nord, cette limite coïncide avec le niveau de la mer; mais, ainsi que l'a démontré Richardson, on n'a point encore découvert de régions arctiques revêtues au plus fort de l'été d'une couche permanente de neiges, et très-probablement il n'en existe pas[1]. Pour ces contrées polaires, comme pour la plupart des montagnes des zones tempérées, l'expression de neiges éternelles devrait donc être rayée du dictionnaire scientifique. Il faudrait aussi se garder, en dépit de l'exemple donné par plusieurs météorologistes, d'établir une loi générale relative à la limite moyenne des neiges; car les phénomènes de l'atmosphère ne sont point encore suffisamment connus dans les diverses parties du monde, et la répartition de la chaleur, la direction, l'humidité des vents ne varient pas moins que la forme des continents eux-mêmes.

Ce qui importe, ce n'est donc point de reconnaître sur

1. Voir, dans le deuxième volume, le chapitre intitulé *les Climats*.

les pentes des montagnes cette ligne indécise et changeante des neiges inférieures, c'est d'établir sur les points les plus divers, par une série d'observations faites et poursuivies de saison en saison et d'année en année, quelle est la quantité moyenne des neiges que reçoivent annuellement les flancs et les sommets des monts. De même, pour un fleuve, ce n'est ni l'étiage, ni la hauteur de la plus grande crue qu'il s'agit surtout de connaître, car ces niveaux ne se rapportent qu'à un instant de la vie fluviale et n'ont de valeur que par leur comparaison avec tous les autres niveaux : ce qui est le plus utile à savoir, c'est le débit moyen du cours d'eau, c'est la résultante donnée par les incessantes oscillations du fleuve.

II.

Influence du soleil et des météores sur les neiges. — Avalanches. — Bois protecteurs. — Travaux de défense contre les chutes de neige.

Les couches de neige amoncelées ne séjournent point à jamais sur les flancs et les sommets des montagnes. Puisqu'il tombe en moyenne chaque année au moins 10 mètres de neige sur les cimes des Alpes, ces pics devraient en effet grandir de 1,000 mètres par siècle, de 10,000 mètres tous les mille ans, si l'humidité tombée des nuages sous forme de flocons ne s'évaporait pas dans l'atmosphère ou ne trouvait pas le chemin des vallées.

La chaleur du soleil et les divers météores commencent l'œuvre du déblaiement des neiges. On a calculé que les rayons solaires peuvent fondre jusqu'à 50 et même 70 centimètres de neige dans la journée, surtout quand les couches supérieures ne sont pas très-compactes et permettent à la chaleur de pénétrer profondément sous la surface. Les pluies et les tièdes brouillards que les vents apportent sur les pentes des montagnes aident aussi, et souvent même plus énergiquement que les rayons du soleil, à la fusion des couches neigeuses. Les vents froids y contribuent également en soulevant les neiges en tourbillons et en les faisant retomber sur les pentes inférieures où la température moyenne est plus haute. Il n'est pas une violente bourrasque d'hiver qui n'enlève des millions de mètres cubes de neiges aux cimes des grandes montagnes, ainsi qu'on peut le voir d'en bas, alors que les cimes fouettées par le vent fument comme des cratères et que les couches poudreuses se dispersent en tourbillons. Toutefois les vents chauds et secs font encore plus que les tempêtes pour amoindrir les masses de neige qui pèsent sur les sommets. Ainsi le vent du midi, appelé *fœhn* par les montagnards de la Suisse, fond ou fait évaporer en douze heures une couche de neige atteignant parfois une épaisseur de trois quarts de mètre; il « mange la neige, » dit le proverbe, et ramène le printemps sur les hauteurs. Le *fœhn* est, après le soleil, le principal agent climatérique des Alpes.

Il serait très-important de pouvoir établir la proportion moyenne de la fonte et de l'évaporation pour les masses de neige qui tombent sur les montagnes. Dans toutes les vallées dont les versants sont composés de roches dures retenant l'eau à la surface, il suffit de mesurer le débit annuel du torrent et de le comparer à la quantité d'eau de pluies et de neige tombée dans le bassin pour connaître approximativement ce qui s'est perdu en route, soit dans les innombrables racines des plantes, soit directement par l'évaporation. En tout cas, il est certain que cette dernière cause de perte est très-importante, car, même par un temps calme et jusqu'à 2 et 3 degrés au-dessous de zéro, la couche superficielle des neiges ne cesse de fournir à l'atmosphère de la vapeur d'eau : sous l'influence du soleil et des vents, l'évaporation s'accroît d'une manière très-rapide.

Ce n'est pas uniquement par ces moyens lents que les neiges diminuent sur les montagnes, elles s'écroulent aussi dans les vallées et vont s'offrir directement à l'influence de la chaleur : les masses qui plongent ainsi du haut des pentes, ce sont les avalanches, appelées également dans les Alpes *lavanges* et *challanches*. La plupart des chutes de neige se produisent avec une grande régularité, si bien que le vieux montagnard, habile à discerner les signes du temps, peut souvent annoncer, à la vue des surfaces neigeuses, à quelle heure précise aura lieu l'écroulement. Le chemin des avalanches est tout tracé sur le flanc des montagnes. A l'issue des larges cirques d'érosion dans lesquels s'accumulent les neiges de l'hiver s'ouvrent des couloirs creusés dans l'épaisseur du roc. Comparables à des torrents qui se montreraient un instant pour disparaître tout à coup, les amas neigeux qui se détachent des pentes supérieures se précipitent dans les lits inclinés que leur offrent les couloirs, descendent en longues traînées, puis, arrivés au déversoir de leur étroit ravin, s'épanchent sur de larges talus de débris. La plupart des monts sont ainsi rayés sur tout leur pourtour de sillons verticaux où les avalanches s'engouffrent au printemps. Ces masses croulantes sont de véritables affluents temporaires des torrents qui passent en bas dans les gorges : au lieu de couler d'une manière continue comme le filet d'eau des cascades, elles plongent en une fois ou par une succession de chutes.

Sur les pentes dont l'inclinaison dépasse 50 degrés, les neiges ne descendent pas seulement par les couloirs ouverts çà et là sur les flancs de la montagne, elles glissent aussi en masse sur les escarpements; plus ou moins rapides dans leur marche graduelle, elles se tassent d'abord contre les obstacles, s'accumulent dans les parties les moins déclives, puis, lorsqu'elles sont animées d'une assez grande force d'impulsion, s'écroulent enfin avec fracas et se précipitent dans les profondeurs des gorges. Les allures de chaque avalanche varient d'ailleurs nécessairement suivant la forme même de la montagne. Sur les escarpements coupés de parois à pic, les neiges des terrasses supérieures, poussées lentement par la pression des masses plus élevées, plongent directement dans les abîmes qui s'ouvrent au-dessous. Au printemps et en été, alors que les blanches assises, ramollies par la chaleur, se détachent d'heure en heure des hautes cimes des Alpes, le gravisseur, arrêté sur quelque promontoire voisin, contemple avec admiration ces cataractes soudaines qui se précipitent dans les gorges du haut des sommets éclatants. Combien de milliers et de milliers de voyageurs, assis sur les pelouses de la Wengernalp, ont salué de leurs cris de joie les avalanches qui s'écroulent à la base des pyramides argentées de la Jungfrau ! On voit d'abord l'énorme couche de neige s'élancer en cataracte et s'abîmer sur les degrés inférieurs; des tourbillons de neige poudreuse, semblable à une fumée, s'élèvent au loin dans l'atmosphère, puis, quand le nuage s'est dissipé et que l'espace est rentré dans sa paix solennelle, on entend soudain le tonnerre de l'avalanche se prolongeant en sourds échos dans les anfractuosités des gorges : on dirait la voix de la montagne elle-même.

Tous ces écroulements de neige sont, dans l'économie des monts, des phénomènes non moins réguliers et normaux que l'écoulement des pluies dans les rivières, et font partie du système général de la circulation des eaux dans chaque bassin. Mais par suite de la surabondance des neiges, d'une fonte trop rapide ou de toute autre cause météorologique, certaines avalanches exceptionnelles, analogues aux inondations des rivières débordées, produisent des effets désastreux en ravageant les cultures des pentes inférieures ou même en engloutissant des villages entiers. Ces catastrophes sont, avec les chutes de rochers, les plus redoutables événements de la vie des montagnes.

Les avalanches connues sous le nom d'avalanches poudreuses sont les plus redoutées des habitants des Alpes, non-seulement à cause de leurs ravages directs, mais aussi à cause des trombes qui les accompagnent souvent. Lorsque des couches nouvelles de flocons n'adhèrent point encore aux neiges anciennes qu'elles recouvrent, il suffit parfois du passage d'un chamois, de la chute d'une branche de buisson ou même d'un simple écho, pour rompre l'équilibre instable de la nappe supérieure. Elle s'ébranle lentement en glissant sur les masses durcies; puis, là où la pente du sol favorise sa marche, elle se précipite d'un mouvement de plus en plus rapide. Incessamment grossie par les autres couches de neige et par les débris, les pierres, les broussailles qu'elle entraîne, elle passe au-dessus des corniches et des couloirs, brise les arbres, rase les chalets qui se trouvent en travers de son cours, et, semblable à un pan de montagne qui s'écroule, plonge dans la vallée pour remonter sur le versant opposé. Autour de l'avalanche, la neige poudreuse s'élève en larges tourbillons, l'air comprimé latéralement par la masse qui s'affaisse mugit à droite et à gauche en véritables trombes qui secouent les rochers et déracinent les arbres. On a vu des milliers de troncs renversés par le seul vent de l'avalanche, alors que celle-ci se traçait elle-même une large route à travers des forêts entières et dévorait en passant les hameaux de la vallée [1].

Les « avalanches de fond » sont en général moins dangereuses que les précédentes, parce qu'elles se forment à une époque plus avancée de l'année, quand les neiges superficielles ont déjà fondu en grande partie et que le reste de la masse peut suivre les couloirs réguliers. Ainsi que leur nom l'indique, ces avalanches se composent de toute l'épaisseur des champs de neige. Lubréfiées par les filets d'eau qui les traversent et s'épanchent au-dessous, les couches perdent leur adhérence avec le sol et glissent en bloc, comme des

1. Tschudi, *le Monde des Alpes*, vol. II.

banquises marines se détachant d'une plaine de glace. Sous la pression de ces masses en mouvement, les neiges inférieures cèdent à leur tour, et l'avalanche humide, boueuse, chargée de terre et de cailloux, se précipite dans les couloirs et par-dessus les rochers; puis, arrivée dans la vallée, elle barre le ruisseau d'une digue, qui résiste parfois au poids des eaux jusqu'au milieu de l'été; la masse grise ou même noirâtre est tellement serrée qu'elle prend la dureté du roc : c'est un glacier en miniature.

Les troncs pressés des arbres sont le meilleur moyen de protection contre les avalanches de toute espèce. Non-seulement les neiges qui se trouvent dans le bois lui-même ne peuvent pas se déplacer; mais, lorsque des masses descendues des pentes supérieures viennent se heurter contre les arbres, elles ne peuvent franchir cette forte barrière; elles s'arrêtent sur la déclivité après avoir renversé quelques troncs, et ces débris mêmes constituent un nouvel obstacle pour les avalanches futures. De petits arbustes, tels que les rhododendrons, les bruyères elles-mêmes, les myrtiles et jusqu'aux herbes des prés, suffisent aussi très-souvent pour empêcher le glissement des neiges, et, si on a l'imprudence de les couper, on risque par cela même de frayer un chemin au redoutable fléau. Le danger est bien plus imminent si l'on abat un rideau d'arbres dans une forêt protectrice. La besogne vient alors d'être commencée pour l'avalanche, qui se charge de faire le reste en brisant tout ce qui subsistait encore de l'ancien rempart des troncs. Une montagne qui s'élève au sud du village pyrénéen d'Aragnouet, dans la haute vallée de la Neste, ayant été partiellement déboisée, une formidable avalanche s'abattit, en 1846, du haut d'un plateau, et dans sa chute rasa plus de 15,000 sapins.

Les bois protecteurs de la Suisse et du Tyrol étaient défendus par le *ban* national, « taboués » pour ainsi dire. On les appelait et on les appelle encore *Bannwælder*. Dans la vallée d'Andermatt, à la base septentrionale du Saint-Gothard, peine de mort était prononcée jadis contre tout homme coupable d'avoir attenté à la vie de l'un des arbres qui protégeaient les habitations. Bien plus, une sorte de malédiction mystique pesait sur cet acte impie et l'on se racontait avec effroi que le sang coulait de la moindre branchille abattue. C'est qu'en effet la mort de chaque arbre pouvait être payée par la mort d'un homme.

Les habitants de certains villages menacés tâchent de remplacer les arbres par de longs pieux plantés en guise de troncs de sapins; c'est là ce qu'ils appellent « clouer l'avalanche. » En même temps, ils taillent de distance en distance des gradins en forme de marches d'escalier, afin que les neiges détachées des escarpements soient arrêtées ou partiellement brisées dans leur mouvement. En certains endroits, on construit aussi des murs latéraux pour contenir l'avalanche comme un fleuve endigué; enfin, si les maisons sont toujours menacées, on les arme, comme les piles d'un pont, d'éperons en pierres ou en neige durcie, que l'arrosage transforme graduellement en glace[1].

Le village et le grand établissement thermal de Baréges, dans les Pyrénées, étaient menacés chaque année par des avalanches plongeant de 1,200 mètres de hauteur et sous un angle de 35 degrés : aussi les habitants avaient-ils laissé de larges espaces entre les deux quartiers de Baréges pour livrer passage aux masses entraînées. Récemment, on a cherché à supprimer les avalanches par des moyens semblables à ceux qu'emploient les montagnards de la Suisse; on a taillé des banquettes de 3 et de 4 mètres de largeur sur les parois des ravins, et l'on a garni toutes ces banquettes d'une bordure de pieux en fonte. Des clayonnages et, çà et là, quelques murs en maçonnerie protégent les jeunes

1. William Huber, *Les Glaciers*.

pousses d'arbres qui grandissent peu à peu sous la protection des ouvrages de défense. En attendant que les vrais arbres puissent arrêter les neiges, les arbres artificiels ont assez bien rempli leur but. En 1860, année de l'achèvement des travaux, la seule avalanche qui ait glissé dans le ravin n'avait pas 300 mètres cubes, tandis que les masses qui s'écroulaient autrefois sur Baréges avaient une masse de plus de 75.000 mètres.

III.

Transformation graduelle des neiges en glace. — Névés ou réservoirs de glaciers. — Phénomène du regel. — Structure rubanée des glaces. — Cristaux de glace. — Glaciers de premier ordre et de deuxième ordre.

Par une succession de changements partiels affectant les milliards de molécules gelées, la neige des hautes cimes se transforme en glace et les flocons blancs tombés sur les sommets deviennent ces fleuves de cristal bleuâtre descendant avec lenteur entre les parois des gorges. Insensiblement le champ de neige se change en névé, puis en glacier, pour devenir ensuite torrent, rivière, vague de l'océan, et recommencer sous une autre forme, avec les vapeurs des nuages, son éternel circuit.

Le changement de la neige opaque en glace transparente est un des phénomènes les plus intéressants de la vie planétaire. Les flocons fraîchement tombés commencent d'abord par se tasser et durcir. Ensuite, lorsque les rayons du soleil élèvent au point de fusion la température du champ de neige, des gouttelettes plus ou moins nombreuses pénètrent dans les couches sous-jacentes, puis, saisies de nouveau par le froid, se congèlent en enveloppes confusément cristallisées autour des molécules solides et les cimentent les unes aux autres en une masse compacte : la neige peut devenir ainsi très-dure, et sur le bord de maint précipice elle forme des espèces d'auvents qui résistent longtemps aux intempéries sans se briser. Nous empruntons à Forbes le dessin de l'une de ces charmantes corniches aux brillants pendentifs de glace.

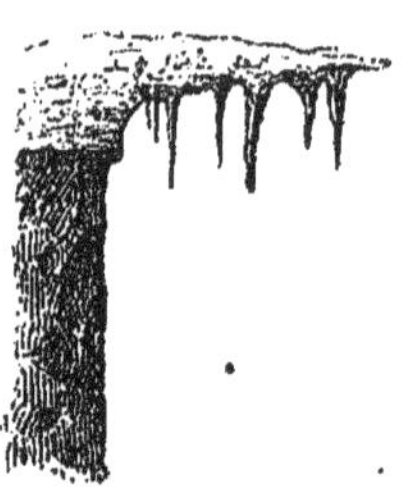

Fig. 45. Corniche de neige.

A la longue, le champ de neige finit par changer de structure dans toute son épaisseur et devient un amas de granules d'où l'air est partiellement expulsé par les liquéfactions et les congélations successives qu'y produit la chaleur solaire. Ainsi se forment les couches dures et grenues des anciennes neiges sur les pentes supérieures de toutes les hautes montagnes : ce sont les masses blanchâtres ou d'un gris terne connues sous le nom de névés dans les Alpes et les Pyrénées. En hiver, alors que la température reste souvent, même pendant le jour, inférieure à zéro, la neige des hauts sommets se maintient à l'état poudreux; elle attend le premier souffle du printemps pour passer à la forme grenue[1].

Ce premier changement des molécules neigeuses est le prélude de modifications encore plus considérables. La chaleur du soleil continue de fondre les couches superficielles

1. Desor, *Nouvelles excursions et séjours dans les glaciers.*

et fait pénétrer ainsi dans le névé des gouttes et des lamelles de glace de plus en plus épaisses. En même temps, les neiges, comprimées par leur propre poids, finissent par expulser mécaniquement la plus grande partie de l'air enfermé et par donner aux granules opaques du névé la structure et la transparence de la glace. La pression des couches surincombantes, tel est l'agent principal de la transformation des couches neigeuses. Les frères Schlagintweit et Tyndall racontent que par la compression de la neige fraîche ils ont obtenu des plaques de glace transparente; mais il n'est pas d'enfant qui n'ait, pour s'amuser, fait la même expérience en pétrissant de la neige entre ses doigts. Sous les pas du montagnard, la couche neigeuse qui s'attache à ses souliers finit par se changer en glace[1].

Par suite de cette transformation graduelle, la masse du névé devient de plus en plus dure et compacte. Tandis qu'un mètre cube de neige fraîchement tombée pèse en moyenne 85 kilogrammes, un même volume de névé pèse 500 ou 600 kilogrammes, plus d'une demi-tonne, et les diverses modifications que la neige subit ensuite pour devenir glace transparente finissent par lui donner un poids de 900 à 960 kilogrammes au mètre cube. Douze fois plus légers que l'eau en commençant leur course, les matériaux qui constituent les glaciers ne sont que d'un dixième ou d'un vingtième inférieurs en poids à un même volume liquide lorsqu'ils arrivent au terme de leur voyage[2].

En dépit de ces changements successifs, la masse du névé se compose dans toute son épaisseur de strates plus ou moins régulières qui sont les couches déposées successivement par les hivers. Chacun des lits superposés offre à la surface une sorte de croûte grise ou jaunâtre qui s'est formée par le mélange de la neige avec des pierrailles, de la pous-

1. William Huber, *les Glaciers*.
2. Dollfuss-Ausset, *Matériaux pour servir à l'étude des glaciers*.

sière et même les débris d'insectes, et sous laquelle s'étend une mince couche de verglas dû à la congélation de l'eau de fonte superficielle. Ainsi sont disposées les unes au-dessus des autres, comme les assises d'une roche calcaire, des strates de névé, d'autant plus compactes et plus semblables à la glace par leur texture qu'elles sont plus anciennes et portent un plus grand poids. On peut en maint endroit distinguer ces strates à l'origine même des névés, car, partout où des rochers se dressent à la limite supérieure des neiges, on remarque une sorte d'abîme dû en partie à la force d'arrachement exercée par la masse entière du névé sur les couches supérieures, et plus encore au passage de l'eau qui ruisselle au pied des roches échauffées par le soleil.

Au-dessous du névé, qui est le réservoir où la glace commence à se former pour alimenter ensuite le glacier d'écoulement proprement dit, les masses congelées continuent de se modifier peu à peu dans leur structure intime. Il est vrai qu'une grande partie de la glace fondue par les rayons du soleil, par les pluies ou le souffle des vents chauds, reste à l'état liquide, et, sous forme de ruisselets, va rejoindre par les crevasses du glacier le torrent qui s'écoule sur les rochers du fond; mais un agent autre que le soleil intervient pour liquéfier la glace dans l'intérieur même des couches. Cet agent, c'est la pression exercée par les masses supérieures sur les glaces situées au-dessous.

En effet, les physiciens ont démontré que la température de liquéfaction s'abaisse pour la glace de 75 dix-millièmes de degré centigrade par chaque *atmosphère*[1] de pression. Au bas des pentes rapides où l'énorme poids des couches surincombantes comprime la glace avec la force d'un grand nombre d'atmosphères, le point de fusion de la masse se trouve donc notablement abaissé, une quantité plus

1. Poids équivalent à celui d'une colonne d'eau d'environ 10 mètres.

ou moins forte de chaleur latente redevient libre et une partie de la glace doit se fondre pour se transformer en eau. Ainsi, par suite de la pression, des cellules et des veines liquides s'ouvrent çà et là dans l'intérieur du glacier, dont la température moyenne n'est du reste inférieure que d'une simple fraction de degré au zéro de l'échelle centigrade. Les longues et nombreuses expériences d'Agassiz ont démontré que, dans un puits creusé en pleine glace à 60 mètres de profondeur, le thermomètre marquait en moyenne 0°,22, et que seulement en hiver, et d'une manière exceptionnelle, la température s'était abaissée à — 2°,1 ; à l'air libre, les froids de l'hiver avaient été des plus intenses.

Il se forme donc, grâce à la température relativement élevée des glaces, des veinules d'eau qui pénètrent toute la masse. Toutefois les particules glacées, que séparent les minces couches liquides, ne restent isolées que pour un instant, car, même sous une faible pression, bien inférieure à celle qui agit dans les glaciers, deux morceaux de glace entourés d'eau se rapprochent aussitôt l'un de l'autre et se soudent pour ne former qu'un seul bloc; jusque dans l'eau chaude, deux glaçons qui se fondent s'efforcent continuellement de se rejoindre et l'isthme qui les unit se reforme constamment tant que les dernières particules solides n'ont pas disparu. C'est là le fait capital découvert par Faraday et brillamment mis en lumière par Tyndall, qui lui a donné le nom de *regélation*, francisé en celui de « regel » par M. Martins. Ce phénomène s'opère sur tous les points dans l'épaisseur des glaciers : au milieu des veinules d'eau qui s'ouvrent de toutes parts, les molécules de glace se rapprochent et se soudent, de nouvelles couches liquides se forment sous la pression, d'autres soudures s'accomplissent entre les morceaux de glace disjoints, et par ce changement continu l'air enfermé dans l'ancienne neige est graduellement expulsé. C'est ainsi que la masse entière prend à la longue une transparence presque parfaite et une couleur d'un bel azur. Cependant il arrive tous les hivers que des masses de neige emplissent les fentes de la surface du glacier : ces couches nouvelles, auxquelles le mélange des bulles d'air donne une teinte blanchâtre, sont entraînées et renversées en avant par le mouvement général. Dans plusieurs glaciers, où de puissantes crevasses révèlent la structure intime de l'ensemble, on est frappé de voir, comme les assises des formations rocheuses, les stratifications alternantes de la neige grise, et les bandes bleues de la glace. Névé et glacier se confondent, s'entremêlent dans les hauteurs. En gravissant le Mont-Rose, Zumstein a vu, à travers une crevasse du névé, de vraie glace de glacier à

Fig. 40. Bandes bleues de la glace.

4,264 mètres de hauteur, moins de 400 mètres au-dessous de la cime.

Quelles que soient d'ailleurs les modifications de la neige, on peut constater que, même dans les parties inférieures des glaciers, il se trouve des granules semblables à ceux du névé; seulement ces grains sont devenus transparents, libres de bulles d'air, et, dans leur long voyage vers les vallées, ils ont considérablement grossi. On en voit qui ont le diamètre d'une noix ou même d'un œuf de poule. Ces grains de la glace sont de formes parfois très-irrégulières à cause de l'énorme pression à laquelle ils ont été soumis tantôt dans un sens, tantôt dans un autre ; mais les phénomènes de polarisation qu'ils présentent à la lumière prouvent que ce sont réellement des cristaux [1], et tout le glacier est bien un ensemble de

1. Sonklar, *Œtzthaler Gebirgsgruppe.*

grains à facettes confusément agglomérés. Du moment où elle tombe en aiguilles et en étoiles jusqu'à celui où elle se dresse en murailles bleues, la neige ne cesse, sous ses divers aspects, d'avoir un caractère cristallin.

Toutes les neiges transformées en glace par la pression forment des masses énormes qui recouvrent des pans de montagnes et remplissent des vallées entières. Quelques-uns de ces glaciers, ceux des Pyrénées par exemple, ne s'étendent que sur les pentes supérieures et ne descendent pas dans les gorges jusque vers les cultures de la base : ce sont les glaciers que l'on désigne, avec de Saussure, sous le nom de glaciers secondaires ou de sommets. D'autres champs de glace, prenant aussi leur origine sur les cimes élevées, s'épanchent dans les cirques de la montagne, pénètrent dans les vallées profondes et, des deux côtés de leur lit, s'unissent aux glaces d'autres gorges tributaires : ce sont les glaciers de premier ordre. Il en est qui se développent sur une longueur de 20, 30, 50 kilomètres et qui ont plusieurs centaines de mètres d'épaisseur. Ceux-là sont faciles à classer ; mais dans la nature les transitions sont tellement graduelles qu'il est impossible d'indiquer avec précision, pour la plupart des glaciers, dans quelle catégorie ils doivent être rangés. La distinction établie par les géologues est purement artificielle.

IV.

Mouvement des glaces. — Expériences et théories. — Bombement de la partie centrale du glacier. — Méandres successifs. — Frottement des glaces contre le fond et les parois du lit. — Jauge du glacier. — Pente du lit.

De temps immémorial, les montagnards des Alpes savaient que les glaciers marchent et transportent des blocs de rochers du haut des cimes jusque dans les vallées; mais la plupart des géographes l'ignoraient, enfermés dans leurs tristes cabinets. Dès la fin du XVIe siècle, Simmler avait annoncé ce fait merveilleux; d'autres savants le répétèrent ensuite; mais il ne fut généralement connu qu'à la fin du siècle dernier, après la publication des voyages d'Horace de Saussure. Ce voyageur, l'un des premiers de cette forte génération d'hommes qui savent allier la curiosité scientifique à l'adresse, à la force, à l'endurance, et qui vont prendre sur le fait les mystères de la nature, constata le mouvement des glaces et tâcha d'en donner la théorie; toutefois, il se contenta d'affirmer ses idées d'une manière générale et ne fit point d'expériences directes pour les justifier.

C'est à Hugi que revient cet honneur. En 1827, il se fit construire une petite cabane sur le glacier de l'Unteraar, au pied du promontoire de l'Abschwung. En 1830, la cabane se trouvait à 100 mètres plus bas; en 1836, elle avait déjà parcouru 714 mètres; en 1841, elle était à 1,428 mètres de sa première position : la marche en avait donc été de 102 mètres par an. Depuis cette époque, un grand nombre d'expériences du même genre ont été faites par d'autres explorateurs. Des mesures faites avec soin par Agassiz sur les affluents supérieurs du même glacier de l'Aar, le Finsteraar et le Lauteraar, ont prouvé que les deux masses s'étaient déplacées, l'une de 48 à 81 mètres, l'autre de 31 à 74 mètres par an, suivant les diverses positions des jalons à la surface du glacier. Le mouvement constaté était d'autant plus rapide que les jalons se trouvaient plus rapprochés de la partie centrale du champ de glace. Ainsi était mis en lumière ce fait capital, que la masse du glacier occupant le milieu du lit descend avec moins de lenteur vers la base de la montagne que les parties situées dans le voisinage des deux rives. Désormais il restait démontré que l'on peut, sans exagération de langage, assimiler un glacier à un véritable fleuve[1]. C'est là du reste ce qu'avait déjà fait un excellent observateur des montagnes de la Savoie, M. Rendu. Dans une étude sur les glaciers publiée en 1841, il affirmait qu'entre la Mer-de-Glace de Chamonix et une rivière la ressemblance est complète, et qu'il serait impossible de signaler dans l'un des courants un phénomène qui ne se retrouvât pas dans l'autre.

Comment s'opère cette descente graduelle du fleuve de glace dans son lit de rochers? En tout cas, il est certain qu'elle n'est pas un simple glissement de la masse sur le fond lubréfié du lit, car il a été maintes fois constaté qu'au-dessus de la zone où la température moyenne du sol est inférieure à zéro, c'est-à-dire à 2,000 mètres d'altitude environ dans les Alpes centrales, les assises du glacier sont gelées sur le sol et ne peuvent s'en détacher par la seule force de la pesanteur. Elles ne se fondent lentement à leur surface inférieure qu'à l'endroit où passe le ruisselet qui recueille toutes les eaux superficielles tombées par les crevasses. Encore existe-t-il des exemples de torrents qui côtoient un glacier, du névé jusqu'aux moraines terminales, sans pouvoir pénétrer dans le solide rempart des glaces adhérentes à leur fond de rochers[2].

Il est devenu plus que probable, depuis les recherches et les expériences de Tyndall, que la véritable cause de la marche des fleuves de glace doit être cherchée dans la formation d'innombrables fissures et dans la reconstitution en une masse nouvelle de tous les fragments brisés. Le regel s'accomplit à la fois dans toutes les parties du glacier, et, comme il est facile de le comprendre, c'est toujours dans le sens de la pente que les molécules comprimées par les masses supérieures doivent se déplacer pour se souder de nouveau. Le mouvement de descente et la sou-

1. *Comptes rendus de l'Académie des sciences*, 29 août 1842.
2. Sonklar, *Œtzthaler Gebirgsgruppe*.

LA MER DE GLACE ET SES AFFLUENTS

Gravé par Erhard — d'après la Carte de Mr Mieulet

Echelle en kilomètres

dure s'opérant en même temps pour des millions et des milliards de grains brisés, l'ensemble du glacier descend par cela même dans la gorge qui lui sert de lit. Sous la pression de l'énorme poids qui la pousse en avant, la glace finit donc par s'adapter et se mouler parfaitement dans son canal de rochers, comme le ferait une masse pâteuse. La gorge se rétrécit-elle, le glacier s'étire et s'allonge pour entrer dans le défilé; les parois de la montagne s'écartent-elles en bassin, le glacier s'étale comme un lac dans la grande enceinte. Cette remarquable plasticité des glaces sous la pression a pu même faire croire à des physiciens distingués, comme James Forbes, que la masse congelée, si cassante pourtant, est de nature visqueuse et s'écoule à la façon de la mélasse ou du miel.

C'est à l'époque du renouveau que le fleuve de glace descend avec le plus de rapidité vers la vallée. Alors les phénomènes de liquéfaction et de regel s'accomplissent plus fréquemment sur les hauts névés; d'innombrables filets d'eau, arrachés à leur prison de glace, élargissent les crevasses et lubréfient les pentes sur lesquelles doit glisser lentement le grand fleuve solide; les blocs scellés aux parois du lit par la gelée de l'hiver reprennent leur liberté. Il est probable qu'en été la marche des glaces est au moins deux fois plus rapide qu'elle ne l'est pendant la saison froide. Ainsi, d'après Tyndall, le progrès de la Mer-de-Glace, près de Montanvers, est en moyenne de 4 décimètres par jour d'hiver, et de plus de 7 décimètres 1/2 par jour d'été; mais, entre les vitesses extrêmes, l'écart est encore beaucoup plus considérable. Du reste, chaque variation de température doit se faire sentir sur la marche du glacier, et bien que les expériences ne concordent pas toutes sur ce point, il est probable qu'au coucher du soleil, le glacier ralentit son cours pour l'accélérer de nouveau quand l'astre reparaît au-dessus de la crête des montagnes : dans les profondeurs, la vie serait activée comme à la surface. A peine le jour a-t-il éclairé le glacier que la nature y est tout autre. De même que la forêt voisine, le champ de glace retentit de mille petits bruits joyeux; les gouttelettes qui tombent sur les saillies des crevasses s'y brisent en petillant, les ruisselets qui se forment poussent en murmurant les sables devant eux, les talus de graviers s'écroulent dans les crevasses, çà et là quelque bloc descellé de son piédestal de glace roule en grondant sur les pentes. Toutes ces voix du glacier s'accroissent en volume à mesure que le soleil s'élève sur l'horizon; mais qu'un nuage épais intercepte soudain les rayons solaires, le silence se rétablit peu à peu, et le glacier attend le retour de la lumière pour reprendre son chant. L'énorme fleuve semble doué de vie, en sorte que des savants enthousiastes, comme Hugi, se sont demandé sérieusement si le monstre n'avait pas une âme. Nombre de montagnards le croient en toute simplicité d'esprit[1].

Comme dans les fleuves liquides, un exhaussement de la partie centrale du glacier correspond en général à la plus grande vitesse des masses entraînées. Le bombement de la superficie du courant de glace ne doit point s'attribuer à un afflux de toute la masse vers le milieu; mais elle provient peut-être de ce que les parties centrales, animées d'un mouvement plus rapide, n'ont pas eu le temps de s'évaporer et de se fondre en aussi grande quantité que celles des bords, plus lentes et plus crevassées[2]. Cependant il arrive quelquefois que le glacier offre un profil exactement contraire et se creuse en gouttière dans la partie centrale. C'est qu'alors de grandes moraines recouvrent les glaces de chaque côté sur une grande largeur et les empêchent de se fondre. On peut citer en exemple de ce fait le glacier de Vernagt dans l'Œtzthal[2].

1. De Charpentier, *Essai sur les glaciers*.
2. Voir planche XIV.

Non-seulement le fleuve de glace se comporte exactement comme les cours d'eau liquides en roulant ses flots avec beaucoup plus de rapidité dans la partie centrale que sur les bords; mais, à l'égal de toutes les autres rivières, il porte aussi la plus grande force de son courant vers la convexité de chacun de ses méandres successifs. D'avance, la théorie aurait dû faire prévoir ce fait, que les expériences de Tyndall en 1857 ont établi d'une manière indubitable. Ses mesures faites avec beaucoup de soin à travers les diverses courbes de la Mer-de-Glace ont prouvé que le fil du courant se déplace alternativement à droite et à gauche de la ligne médiane pour se rapprocher de chacune des anses qui se succèdent, tantôt d'un côté, tantôt de l'autre. Ainsi, l'axe du mouvement se développe suivant une ligne tortueuse dont les sinuosités sont plus accusées que celles de la gorge même du glacier. On peut représenter la marche idéale du fleuve congelé par la figure suivante, qui pourrait aussi convenir parfaitement au courant d'une rivière liquide.

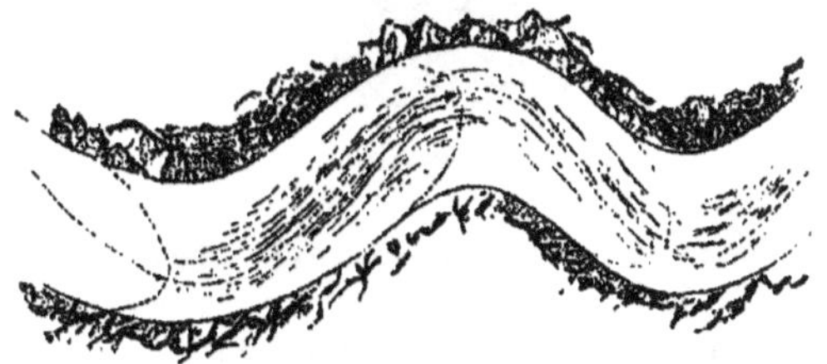

Fig. 47 Méandre d'un glacier.

La même cause qui retarde le mouvement du glacier sur les bords, c'est-à-dire la friction des masses entraînées contre les roches, diminue également la rapidité du courant dans les profondeurs; là aussi, les allures du glacier sont parfaitement analogues à celles d'un fleuve se mouvant avec une grande lenteur. Forbes et M. Martins l'ont démontré sur la Mer-de-Glace et sur le Faulhorn par des expériences que Tyndall a renouvelées depuis au péril de sa vie. Descendant sur les parois d'un précipice de 42 mètres de profondeur ouvert entre les rochers et les glaciers du Tacul (Mont-Blanc), il réussit à enfoncer au sommet, au milieu et à la base du mur vertical de glace, trois jalons dont il put mesurer deux jours après les progrès respectifs. Le jalon supérieur avait avancé de 14 centimètres en 24 heures; celui du milieu, placé à 11 mètres au-dessus du fond, n'avait

Fig. 48. Cascade de glacier.

marché que de 10 centimètres 1/2 dans le même espace de temps; enfin le jalon inférieur, enfoncé à plus d'un mètre au-dessus du lit rocheux, ne s'était déplacé que de 6 centimètres par jour[1]. D'ailleurs, des espèces de degrés taillés en certains endroits dans les parois des crevasses par les cascades des eaux superficielles rendent pour ainsi dire visible cette rapidité plus grande des couches supérieures de la glace. L'eau tombe d'abord sur une première saillie qu'elle a creusée en forme de bassin; mais, par suite de la

1. Tyndall, *Glaciers of the Alps*.

poussée du glacier, la colonne liquide a bientôt dépassé la première saillie pour tomber sur une deuxième, puis sur une troisième; ainsi se forme une succession de marches provenant de l'avancement rapide de l'arête de glace d'où plonge la cascade.

La comparaison des expériences, trop peu nombreuses, faites jusqu'à maintenant sur la vitesse de divers glaciers, permet aussi de croire que la marche du courant s'accélère en proportion de la déclivité des pentes; seulement, ainsi que le fait remarquer M. Desor, le volume des matériaux en mouvement étant de beaucoup l'élément le plus important dans l'accroissement de vitesse de l'ensemble, il en résulte que de petits glaciers très-inclinés descendent avec plus de lenteur que de puissants fleuves de glace à faible déclivité.

Ainsi, la marche du glacier offre les différences les plus considérables, suivant l'importance de la masse totale en largeur et en profondeur, suivant la proximité des bords ou du fond, les sinuosités des parois, la pente, les épanouissements et les étranglements du lit de roches, l'état de la température, les diverses saisons de l'année. Il est donc impossible d'évaluer la vitesse moyenne et le débit total d'un fleuve de glace en se basant sur une série d'observations isolées ; il faut nécessairement étudier le mouvement des glaces dans toutes les parties de leur lit, tenir compte de toutes les causes d'accélération ou de retard, et, pour ainsi dire, jauger le glacier comme on jauge une rivière d'eau courante.

Le mouvement des glaces, comme celui des fleuves, a lieu sur les pentes les plus variables. La Mer-de-Glace de Chamonix est inclinée de 5 à 6 degrés en moyenne, mais dans plusieurs parties de son cours elle présente une déclivité plus considérable. Divers glaciers suspendus aux flancs des montagnes ont une inclinaison de 25, 30 et même de 50 degrés, et rarement les masses qui se trouvent sur cette pente formidable se mettent à glisser sur leur base pour s'écrouler en avalanches dans les vallées inférieures [1]; elles descendent avec lenteur comme ces autres glaciers, presque

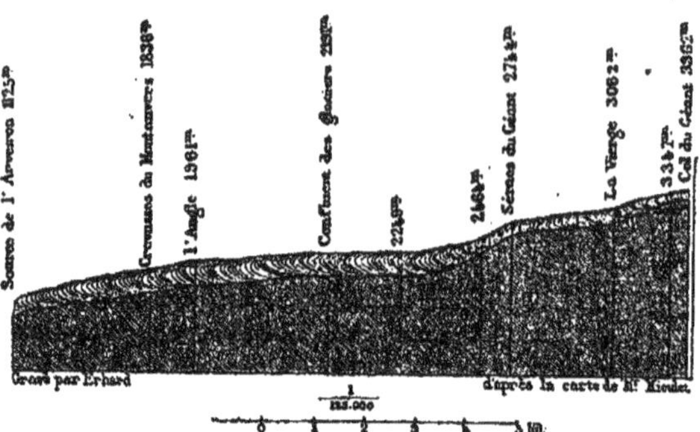

Fig. 49. Pente de la Mer-de-Glace.

horizontaux en apparence, qui coulent au fond de gorges dont la pente n'atteint pas 3 degrés. Le puissant glacier d'Aletsch est incliné de 4 degrés seulement; ceux de l'Œtzthal le sont en moyenne de 5 ou 6; ceux du Mont-Rose et des versants septentrionaux du groupe du Finsteraarhorn sont beaucoup plus déclives et penchent de 10, de 15, de 20 et même, comme le glacier supérieur de Grindelwald, de 27 degrés sur l'horizon.

V.

Crevasses marginales, transversales, longitudinales. — Séracs. — Moulins. — Ponts de neige. — Filons de glace nouvelle. — Torrents superficiels des glaciers. — Gouilles. — Lacs et débâcles. — Canaux de décharge.

La masse entière du glacier n'avance pas d'une manière parfaitement continue comme le ferait une nappe liquide;

1. De Charpentier, *Essai sur les glaciers*.

les couches ne peuvent suivre sans se rompre toutes les sinuosités de la gorge et s'adapter à toutes les inégalités du fond; des fissures ou « crevasses » se produisent dans l'épaisseur du fleuve qui semble immobile et lui donnent quelquefois une surface des plus accidentées.

La plupart des crevasses du glacier se forment dans le voisinage des rives, et principalement vers la convexité des anses, à cause de l'inégalité de tension qu'éprouvent en cet endroit les couches de glace entraînées. Celles qui sont le plus rapprochées du bord sont retardées par le frottement des roches, tandis qu'au large la rapidité du courant de glace s'accroît avec l'éloignement du rivage. Cette différence de vitesse a pour conséquence une plus grande tension de la masse dans le sens du mouvement, et, par suite,

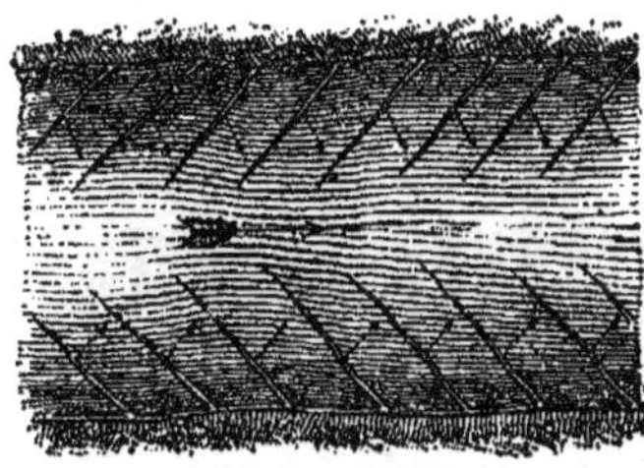

Fig. 50. Crevasses marginales.

les glaces du bord doivent résister à une force d'arrachement agissant surtout, ainsi que l'ont établi MM. Hopkins et Sonklar, suivant une ligne inclinée de 45 degrés sur le rivage. A la fin, les glaces cèdent à l'effort qui les sollicite, elles se fendent, et, comme le veulent les lois de la mécanique, c'est perpendiculairement à la force de traction que se produisent les crevasses marginales. L'effort principal du mouvement se faisant sentir dans la direction d'une ligne penchée de 45 degrés sur la rive d'aval, les fissures forment en général des angles de 45 degrés avec la rive d'amont et sont par conséquent transversales à la marche du courant. Aussi dirait-on à la vue de ces fentes que le glacier a marché avec le plus de rapidité dans le voisinage de ses bords; les premiers observateurs s'y sont presque tous trompés.

Toutefois les crevasses marginales ne gardent pas leur première inclinaison de 45 degrés sur le rivage du glacier. La vitesse du courant étant plus rapide vers le centre que près des bords, la fissure tourne lentement comme le rayon d'une roue et devient de moins en moins oblique à la rive; tôt ou tard, elle lui est perpendiculaire, puis s'incline graduellement dans le sens de la pente suivant un angle de plus en plus aigu. Mais pendant que cette première crevasse se reploie ainsi vers l'aval, une autre fente marginale, puis une autre encore, peuvent se produire dans la glace sous l'effort des masses entraînées, et ces plans de rupture,

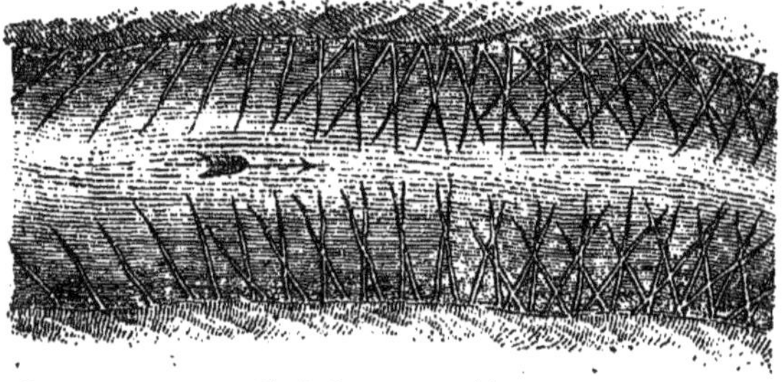

Fig. 51. Crevasses entre-croisées.

inclinés d'abord de 45 degrés vers l'amont, s'inclinent à leur tour dans le sens du courant. Il en résulte parfois un entre-croisement de fêlures qui transforment les parties latérales du glacier en un vrai dédale de crevasses où l'on reconnaît difficilement l'ordre régulier des phénomènes successifs[1].

Les crevasses qui se forment de rive à rive à travers le champ du glacier ont pour cause principale les inégalités du fond. Dans les endroits où la déclivité devient plus forte, les glaces, ne pouvant s'accommoder à cette nouvelle pente, se brisent dans toute leur épaisseur, et par une série de fissures reploient leur superficie suivant une inclinaison semblable à celle du lit qu'elles recouvrent. Les fentes, on le comprend, sont d'autant plus nombreuses et plus larges que la chute est plus soudaine.

En aval des rapides et des cataractes, l'eau des fleuves s'étale d'ordinaire en larges nappes tranquilles. Un phénomène analogue se produit dans les glaciers au-dessous des fortes pentes. En arrivant sur ces fonds moins inclinés, les masses écartées par les fissures se rapprochent de nouveau,

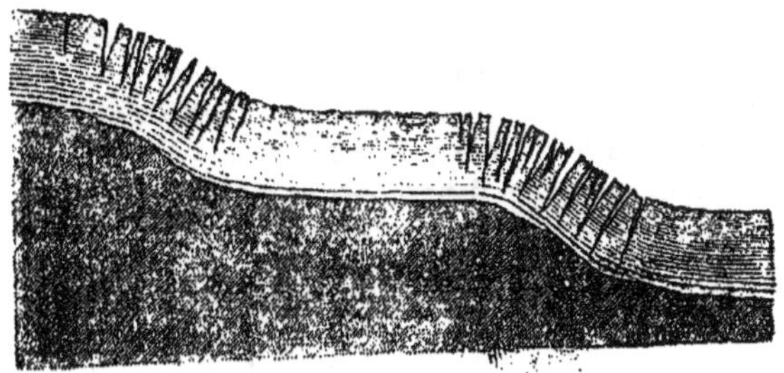

Fig. 52. Crevasses transversales vues de profil.

s'appuient les unes sur les autres et reprennent l'égalité de leur surface. Qu'une deuxième pente brusque du fond donne au fleuve de glace un mouvement plus rapide, il descendra pour la seconde fois en une cascade de crevasses qui s'effaceront ensuite sur une déclivité moins considé-

1. William Huber, *les Glaciers*.

rable. Le glacier inférieur de Grindelwald offre un exemple frappant, signalé d'abord par Tyndall, de cette succession de crevasses et de champs de glace unis. Du haut d'un promontoire, on peut se faire une idée nette de l'aspect général du glacier, aux masses alternativement disloquées et comprimées. Seulement les espèces de courbes semi-

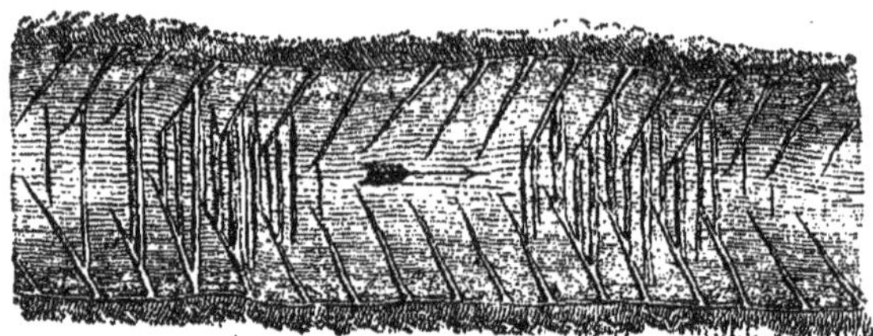

Fig. 53. Crevasses transversales vues en plan.

circulaires que forment les crevasses transversales en s'unissant à quelques fissures marginales font souvent illusion aux regards, et l'on croirait que la force du courant se porte surtout vers les bords, si le raisonnement et l'expérience ne démontraient précisément le contraire. Il faut dire aussi que les crevasses du milieu sont le plus souvent légèrement recourbées dans le sens du mouvement.

De même que les fentes transversales, celles qui se

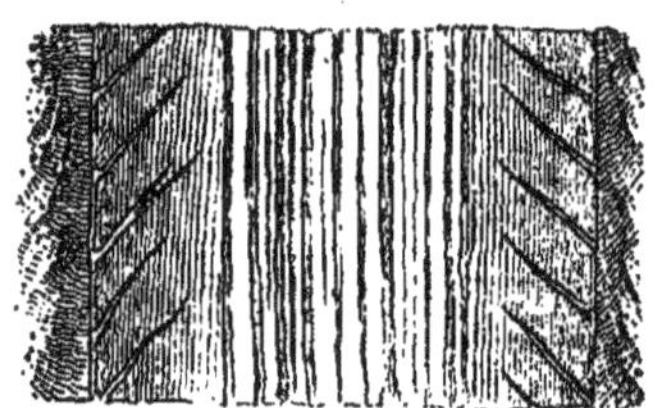

Fig. 54. Crevasses longitudinales vues en plan.

produisent dans le sens de la longueur sont également dues

aux inégalités du lit. Dans toutes les parties du courant où des saillies longitudinales, semblables aux bas-fonds d'un fleuve, forcent les glaces à se reployer latéralement à droite et à gauche, il doit se former de chaque côté des crevasses parallèles, et c'est en aval de l'obstacle seulement que ces fissures peuvent se souder. En outre, divers ressauts du lit

Fig. 55. Crevasses longitudinales vues de profil.

sont formés de manière à causer la rupture de la glace à la fois dans le sens de la longueur et dans celui de la largeur, et, par suite, des crevasses semi-circulaires ou même reployées en divers sens traversent le champ du glacier. De cette manière l'aspect de la surface révèle souvent les rugosités du fond.

Enfin, les glaciers ont aussi des crevasses radiées, surtout à leur extrémité, lorsque la base s'étend largement

Fig. 56. Crevasses frontales ou terminales.

dans les gorges inférieures. La pression des masses qui descendent du haut de la montagne force les glaces d'en bas à s'épandre latéralement, et, par suite, il se forme sur tout le pourtour des talus du glacier une série de crevasses rayonnantes, offrant parfois la disposition régulière des branches d'un éventail. Suivant les diverses pentes et les inégalités du lit, les glaces présentent donc la plus grande variété dans leurs lignes de fracture. Ces fentes forment un véritable dédale à la surface de tous les glaciers dont les tributaires sont nombreux et qui se meuvent dans un lit tortueux et coupé d'étranglements.

On ne peut se défendre d'une certaine frayeur lorsqu'on se trouve sur le glacier au moment où se produit une crevasse. Le fleuve monstrueux se met tout à coup à craquer et à mugir; de sourdes détonations, causées par de brusques ruptures, se font entendre par moments dans l'épaisseur de la masse, tandis qu'un long bruit sifflant, semblable à celui du verre rayé par le diamant, annonce l'augmentation graduelle de la fente. Cependant, lorsque toutes les voix du glacier se sont tues, on cherche parfois vainement la fêlure, qui est d'une finesse extrême. La crevasse s'élargit très-lentement, et c'est après des jours ou des semaines seulement qu'elle est devenue l'un de ces effroyables abîmes qui coupent la surface du glacier.

Les crevasses, lorsqu'elles sont arrivées à leur développement complet, offrent un spectacle des plus saisissants. Les deux parois bleuâtres plongent jusque dans les ténèbres insondables au regard; des pierres qui tombent de la surface rebondissent sur les saillies, puis se perdent dans l'obscurité en réveillant de sourds échos; un vague murmure d'eaux courantes s'élève des profondeurs, et parfois d'aigres bouffées d'un air froid et saisissant jaillissent de la bouche de l'abîme : en se penchant au-dessus de la béante ouverture, on ressent une sorte d'effroi comme si les rumeurs et les ténèbres du gouffre étaient celles d'un monde mystérieux et terrible.

Lorsque les crevasses sont nombreuses et s'entre-croisent en diverses directions, il arrive souvent que des masses isolées et d'une texture compacte résistent plus longtemps que les surfaces environnantes à l'action des vents et du soleil. Par suite de toutes ces inégalités et sans doute aussi à cause de la différence des pressions exercées à la base, les glaces prennent en certains endroits les formes les plus pittoresques et les plus fantastiques : ce sont des chevaliers couverts de leurs armures, des animaux étranges, des torses de statues brisées, des clochetons ogivaux, des colonnades en ruine. On se demande avec étonnement comment la nature, par les seules et lentes opérations de la pesanteur, de la pression, des vents et des rayons solaires, a pu sculpter la glace en groupes si remarquables par leur régularité et leur bizarrerie. Les masses dressées en forme de tours sur les hauts ressauts du glacier ont reçu des montagnards de la Suisse le nom de *séracs*, rappelant celui des *sérets*, fromages qui se fendillent en petits fragments cubiques.

Dans la partie inférieure de la surface des glaciers, les murs et les piliers que des fissures séparent les uns des autres offrent rarement des parois perpendiculaires; ils sont amincis et comme usés par leur face tournée vers le sud et prennent ainsi l'aspect d'énormes vagues congelées : c'est alors que le grand fleuve à la superficie rugueuse devient une « mer de glace. » Par suite du mouvement plus rapide des couches supérieures, il arrive en général que les vagues présentent du côté de l'aval leur face la plus escarpée, et sont moins abruptes vers l'amont; lorsque ce côté est en même temps celui qui regarde le midi, il finit par devenir un talus plus ou moins incliné.

En divers endroits des champs de glace, se creusent aussi des puits perpendiculaires connus sous le nom de *moulins* à cause du bruit grondant des eaux qui s'y engouffrent. La formation de ces abîmes peut s'expliquer d'une manière très-simple. Les eaux fondues s'unissent à la surface en minces filets, qui, à leur tour, sont les affluents d'un ruisseau plus considérable se déroulant en méandres dans son lit de glace. Lorsque ce torrent superficiel trouve sur son passage une crevasse béante, il y plonge et disparaît

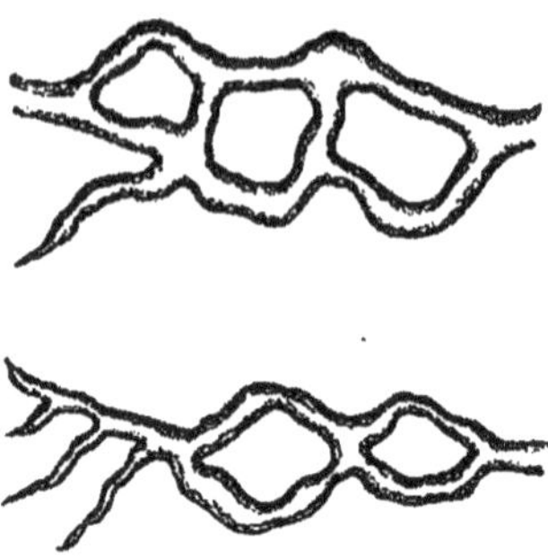

Fig. 57. Torrents superficiels d'un glacier; d'après Tyndall.

aussitôt dans les profondeurs; mais souvent le lit de glace n'est traversé que par une simple fente à peine visible. Cette fente, l'eau s'y glisse comme une lame d'acier, puis elle l'élargit peu à peu et s'enfonce entre les deux parois écartées; bientôt l'incessant travail de la masse liquide réussit à creuser un véritable puits descendant jusqu'au torrent caché sous le glacier. Ce moulin se déplace comme toute la masse qui l'entoure; mais à l'endroit où il s'était formé, une nouvelle fêlure, produite par les mêmes causes que la première, fait craquer le glacier, et le ruisseau s'y fore graduellement un deuxième gouffre. Ainsi se creusent successivement sur la même ligne plusieurs puits circulaires dont le plus élevé est l'entonnoir d'une cataracte, tandis que tous les autres ont été, chacun à son tour, abandonnés par les eaux. Les moulins, comme les crevasses, sont parfois utilisés par les observateurs qui veulent mesurer approximativement l'épaisseur du glacier, soit en notant la durée de la chute des pierres, soit en employant la corde de sonde. C'est ainsi qu'on a pu évaluer l'épaisseur de certains glaciers des Alpes à 250, 300 et même 500 mètres.

En hiver, moulins et crevasses sont remplis en tout ou en partie de neiges, qui se glissent dans les interstices de la glace et s'y moulent exactement comme des laves injectées dans les fentes d'une roche. Lorsque la masse de neige ne descend pas jusque dans les profondeurs de la crevasse et ne fait qu'en réunir les deux lèvres, elle forme au-dessus de l'abîme une espèce de pont qu'un simple ébranlement du glacier suffit parfois à faire écrouler. Ce sont ces lits de neige sans appui qui constituent le plus grand danger pour les voyageurs aventurés sur les glaciers. Aucun indice ne révèle la large faille qui descend peut-être à des centaines de mètres de profondeur; le champ de neige est uni et semble inviter à la marche; mais qu'on mette le pied au-dessus du gouffre caché sans avoir prudemment sondé la neige, et la masse peut s'effondrer tout à coup avec le

Fig. 58. Gouffres emplis de neige.

malheureux qu'elle porte. La plupart des accidents qui arrivent chaque année dans les montagnes sont dus à la chute des ponts de neige dans les précipices d'un glacier.

D'ordinaire les neiges des crevasses sont les premières

à se fondre et à s'ébouler pendant la saison des chaleurs à cause de leur situation sur le passage des eaux; mais il arrive souvent que, par suite du déplacement du glacier, quelques-uns de ces abîmes remplis de neige ne se trouvent plus sur le chemin de l'eau superficielle d'écoulement. Alors la neige, graduellement consolidée, finit par être changée en glace sous la pression des couches qui l'entourent; seulement, cette glace de formation récente se distingue d'abord par sa nuance blanchâtre, par sa texture grenue et par une extrême abondance de bulles d'air; grâce à sa couleur, elle résiste mieux à la fusion que la surface environnante, et parfois on peut la distinguer de loin par une espèce de cône ou de bourrelet qui s'élève au-dessus du champ de glace. Il arrive aussi que de semblables veines blanches de neige transformée remplissent dans toutes leurs sinuosités les lits de torrents temporaires excavés dans l'épaisseur des glaciers. Tyndall a remarqué plusieurs de ces moulages d'anciens torrents sur les tributaires de la Mer-de-Glace.

Des lacs, aussi bien que des fleuves en miniature, emplissent les dépressions de quelques glaciers. Parfois, ce sont de simples mares ou *gouilles*, ayant pour lit des crevasses inachevées; d'autres fois, ce sont des puits descendant jusqu'aux rochers du fond. En certains endroits, les eaux superficielles, ne trouvant pas d'écoulement vers les vallées inférieures par-dessous la masse solide qui recouvre le sol, se rassemblent dans un creux entre le champ de glace et les parois du rocher. Des falaises d'un azur profond, couvertes de neiges à la cime, bordent la nappe lacustre aux eaux encore plus bleues que la glace; parfois des blocs, déjà séparés des masses supérieures par des fissures, se détachent avec fracas et soulèvent, en plongeant, de hautes vagues qui se propagent rapidement à travers le bassin, se brisent aux rivages escarpés et dessinent ensuite, à la surface du lac, un gracieux réseau de rides entre-croisées. De petits îlots de glace non encore fondus flottent çà et là sous l'impulsion du vent qui s'engouffre dans les couloirs des montagnes. Il est, sur les hautes cimes, peu de vues plus charmantes que celles de ces petits lacs entourés de neiges et semblables à des saphirs enchassés dans l'argent.

La plupart des nappes lacustres des glaciers sont formées par les eaux d'une gorge latérale que retient un barrage naturel de glace. Ces eaux, issues des neiges supérieures ou de glaciers secondaires qui ne descendent pas à une grande distance des sommets, trouvent le passage obstrué par le tronc du glacier principal qui s'avance au loin vers la plaine, et s'arrêtent pour former des lacs allongés dont l'extrémité inférieure s'appuie sur la barrière de glace. Parmi ces lacs, il en est de permanents et de temporaires. Les uns, occupant de profondes dépressions creusées dans le roc vif, ne peuvent s'écouler vers la vallée ; d'autres, retenus seulement par des murailles de glace, fondent, renversent parfois l'obstacle qui s'oppose à leur passage. Dès que le mur cède à la pression des eaux, celles-ci s'écroulent en une débâcle soudaine, le lac se transforme en torrent ou plonge en cataractes furieuses dans les gorges inférieures, et déverse en quelques heures la masse liquide qui s'était accumulée pendant une longue période d'années ou de siècles.

L'histoire des inondations des Alpes est pleine d'accidents de ce genre. C'est ainsi que le lac de Rofen, formé depuis quatorze jours par les empiétements du glacier de Vernagt, dans l'Œtzthal, s'ouvrit brusquement un passage. Dans l'espace d'une heure, son bassin était complétement vidé, la vallée de Sulden était dévastée par les blocs et les sables, et l'Inn elle-même, gonflée par le débordement soudain, ravageait ses bords jusqu'à son confluent avec le Danube. Le torrent temporaire que la débâcle avait jeté dans l'Inn n'avait pas débité moins de 2,200,000 mètres cubes d'eau, soit près de 640 mètres à la seconde. C'est peu, comparé à la masse d'eau qu'il a dû rouler lorsque le lac de Rofen n'avait pas trouvé d'écoulement pendant plusieurs années.

Le glacier inférieur de Giétroz, qui s'épanche à 1,840 mètres d'altitude dans la vallée de Bagnes, non loin du massif du Mont-Rose, avait également barré plusieurs fois le passage au torrent de la Dranse, affluent du Rhône; mais,

Fig. 59.

d'ordinaire, la digue de glace fondait au commencement du printemps et l'on n'avait pas à déplorer de catastrophe. En 1818, il en fut autrement. La masse de glace descendue des névés supérieurs était tellement considérable que la Dranse, refoulée, ne put la traverser et dut se changer en lac, en amont de l'obstacle. Au commencement de mai, la digue, longue de plus de 200 mètres d'une montagne à l'autre, n'avait pas moins de 128 mètres de hauteur et de 9,174 mètres de largeur à la base. Le lac, de plus d'un kilomètre d'étendue, s'allongeait sans cesse et sa profondeur, qui était en certains endroits de 80 mètres, s'accroissait en moyenne d'un mètre par jour; sa contenance pouvait être évaluée à 5 millions de mètres cubes. Le danger était terrible pour les habitants de la vallée inférieure. Sous la direction de l'ingénieur Venetz, ils se mirent à l'œuvre pour creuser une galerie d'écoulement à travers le rempart de glace et réussirent en effet à faire baisser graduellement le niveau des eaux lacustres. Le 16 juin, à quatre heures du soir, la digue céda; tout à coup l'eau du lac, poussant devant elle les glaces et les rochers, s'élança dans la vallée avec une telle rapidité qu'en vingt minutes tout le bassin était vide. La formidable cataracte rasa les chalets et les bois, déchaussa les rochers, emporta jusqu'aux prairies elles-mêmes et déboucha dans la plaine comme une avalanche d'eau, d'arbres, de débris, haute de 100 mètres, et précédée d'une vapeur épaisse et noire, semblable à celle d'un incendie. Les dégâts furent très-considérables, non-seulement dans la vallée de la Dranse, mais aussi sur les bords du Rhône. Afin d'éviter le retour de désastres semblables, on déblaie tous les ans la galerie d'écoulement de la Dranse au-dessous du glacier : c'est là l'opération qui a permis de constater d'une manière certaine l'adhésion des glaces au lit qui les porte [1], même à une altitude relativement peu considérable. Le lac de Mœril, que retient l'énorme barrage du glacier d'Aletsch [2], communique aussi avec la vallée du Rhône par un canal d'écoulement qui emporte le trop-plein de ses eaux.

1. De Charpentier, *Essai sur les glaciers.*
2. Voir ci-dessous, p. 285.

VI.

Débris tombés à la surface du glacier. — Trous méridiens. — Tables de glaciers. — Moraines latérales, médianes, frontales. — Rubans de boue. — Mesure de la vitesse des glaciers. — Ablation. — Eaux sous-glaciaires. — Arches terminales. — Contraste des glaces et de la végétation environnante.

Comme tous les autres fleuves, le glacier charrie des alluvions qu'il finit par déposer à l'extrémité de son cours après un laps de temps plus ou moins long. La surface mouvante des glaces reçoit tous les débris de rochers que le dégel, les pluies, les vents ou d'autres météores détachent des escarpements nus, toutes les avalanches de pierrailles qui descendent avec les neiges du haut des couloirs, tous les fragments de ces immenses ruines qui se dressent sous forme d'aiguilles, de pitons, de dents ou de crêtes. Les glaciers encaissés entre les montagnes schisteuses, dont les parois se délitent facilement, sont souvent tout noirs de débris ; d'autres, au contraire, que dominent des roches compactes ou de longues pentes neigeuses, gardent en partie la blancheur de leur surface; mais tous entraînent sur l'une et l'autre rive une certaine quantité de blocs et de pierres appartenant à toutes les formations géologiques du bassin. Portées sur la glace, ces roches éboulées commencent lentement leur voyage vers la mer, où elles arriveront tôt ou tard réduites en sables ou en limons.

Parmi les débris tombés des escarpements sur le lit du glacier, il en est qui se creusent peu à peu leur trou et disparaissent dans les profondeurs, tandis que d'autres semblent s'élever, grâce à l'abaissement graduel du niveau de la surface environnante. En effet, qu'un petit caillou de couleur sombre se trouve pendant le jour sur la couche glacée, il absorbera promptement les rayons solaires, et, fondant les molécules sur lesquelles il repose, descendra lentement dans l'espèce de puits que lui fore sa propre chaleur; parfois tous ces débris disparus donnent à la surface du glacier l'aspect d'un immense crible. Le résultat est tout différent lorsqu'au lieu de cailloux isolés, ce sont de grandes masses de débris qui s'écroulent à la fois sur le glacier. Ces décombres sont, il est vrai, réchauffés à leur surface par les rayons solaires, mais ils protégent en même temps contre la chaleur la glace qu'ils recouvrent : tandis qu'autour d'eux les couches superficielles du glacier se fondent et s'évaporent, ils restent à la même hauteur et semblent ainsi grandir comme des boursouflures volcaniques. A la fin pourtant, la base du cône de glace qui porte ces graviers fond à son tour, les débris glissent sur le talus devenu trop rapide et bientôt après le monticule s'affaisse et disparaît.

Un phénomène de même nature se produit lorsqu'un large bloc de pierre, tel qu'une table de schiste ou de granit, recouvre la glace et l'abrite des rayons du soleil. La surface environnante s'abaisse lentement en laissant au-dessous de la table un pilier semblable à une colonne de marbre couronnée d'un chapiteau. Toutefois, sur les glaciers des Alpes et des autres montagnes de la zone tempérée, ces tables de pierre ne reposent jamais horizontalement sur leur piédestal; éclairées obliquement par le soleil du midi, elles reçoivent surtout la chaleur à l'extrémité méridionale et réchauffent par conséquent ce côté du pilier qui les porte. En même temps les rayons solaires évident peu à peu par la fusion la partie inférieure du piédestal de glace, de sorte que la table s'incline graduellement sur sa colonne dans le sens du méridien. Théoriquement, ainsi que le dit Tyndall [1], ces plaques devraient, comme des espèces de cadrans solaires, tourner dans l'espace en même temps que le soleil et marquer ainsi

1. *Glaciers of the Alps.*

chaque heure de la journée ; mais cette rotation diurne est trop faible pour qu'il soit possible de l'observer, et l'on ne peut en constater que la résultante générale, qui est l'inclinaison des pierres vers le sud. A la fin, l'inclinaison

Fig. 60. Table de glacier; d'après Tyndall.

devient tellement forte que la table tombe du haut de sa colonne pour en former bientôt après une seconde : ainsi pilier succède à pilier sous ces masses rocheuses que transporte la glace. On a vu de ces dolmens naturels qui n'avaient pas moins de 20 à 25 mètres carrés de superficie. Parmi les blocs de diverses formes que porte le glacier, il en est de plusieurs milliers de mètres cubes. Le rocher appelé Blaustein, que l'on voit dans la vallée de Saas, est une masse de serpentine de plus de 8,000 mètres cubes qui se trouvait encore, vers 1740, sur le dos du glacier de Mattmark[1].

C'est tout naturellement au pied des hautes parois de roches dominant le glacier que se trouvent d'abord tous

1. De Charpentier, *Essai sur les glaciers.*

les blocs et les autres débris écroulés. Ce sont là les moraines latérales, rangées de pierres qui s'alignent de chaque côté du lit de glaces comme de grossiers remparts, et qui participent au mouvement du fleuve congelé. Parfois ce-

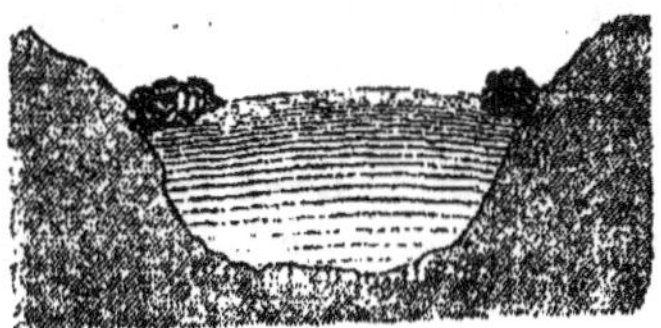

Fig. 61. Moraines latérales.

pendant ces roches brisées s'engouffrent dans les cavités ouvertes à la base de la montagne ou bien à une certaine distance au milieu du glacier lui-même. La moraine reste alors cachée dans les profondeurs; mais, saisie par la masse mouvante des glaces, elle n'en descend pas moins vers la vallée, et souvent, lorsque les couches supérieures se sont fondues, elle reparaît au jour pour dominer la surface du glacier. Parmi les moraines latérales, il en est qui se dressent à 20 et 25 mètres de hauteur au-dessus du niveau général du courant. Sur le Murzoll, dans les Alpes autrichiennes, on en voit qui ont plus de 30 mètres.

En aval du confluent de deux glaciers, les moraines qui longeaient de part et d'autre la base du promontoire central se réunissent comme les flots solidifiés qui les emportent et forment ainsi, au milieu du fleuve de glace, une troisième moraine parallèle à celles des bords. Qu'un autre glacier tributaire vienne encore déboucher dans le courant principal, une deuxième moraine médiane s'alignera sur le dos du glacier parallèlement à la première; enfin, quel que soit le nombre des affluents de glace, chacun d'eux unira l'une de ses moraines latérales à celle du grand glacier pour en former une crête médiane de débris. En apercevant la surface d'un glacier aux allures régulières, comme la Mer-de-Glace ou les glaciers de Geisberg et de Rothmoos, on peut compter le nombre des tributaires par celui des remparts qui s'allongent dans le sens du courant.

Dès leur origine, nombre de moraines médianes disparaissent au milieu des crevasses. Elles restent englouties dans les profondeurs du glacier jusqu'à ce que la tranche qui pesait au-dessus d'elles se soit entièrement fondue; puis, après avoir parcouru un espace plus ou moins considérable, elles reparaissent à la surface, comme si elles avaient été repoussées par quelque force d'éruption. Il est curieux de voir comment, à une distance de plusieurs centaines de mètres ou même de plusieurs kilomètres, les énormes alluvions de roches gardent leur direction première. Les fleuves de glace, versés par chaque tributaire dans le lit commun, coulent côte à côte sans mélanger leurs masses : de même, on voit les rivières dont les eaux sont de couleur différente, comme le Missouri et le Mississipi, rouler longtemps sans mêler leurs flots dans le même canal. Les falaises abruptes des glaciers latéraux montrent parfois de la manière la plus nette la ligne verticale qui sépare les masses juxtaposées de deux affluents supérieurs.

Après le cours des années ou même des siècles, les blocs des moraines latérales et médianes arrivent à l'extrémité inférieure du glacier et tombent les uns après les autres en roulant du haut des talus. Pendant la succession des âges, les lourdes pierres que l'eau ne peut emporter s'amoncellent en énormes amas en aval des fleuves de glace. Ce sont là ces grandes moraines frontales qui défendent les abords de tant de glaciers et dont la formidable pente offre parfois des centaines de mètres de hauteur. Alluvions grossières repoussées par les glaces, ces moraines avancent plus ou moins dans les vallées, suivant la pression des masses supérieures. Lorsque celles-ci gagnent en puissance, le talus de blocs se met en marche et, dans son irrésistible progrès,

GLACIERS DE GEISBERG ET DE ROTHMOOS

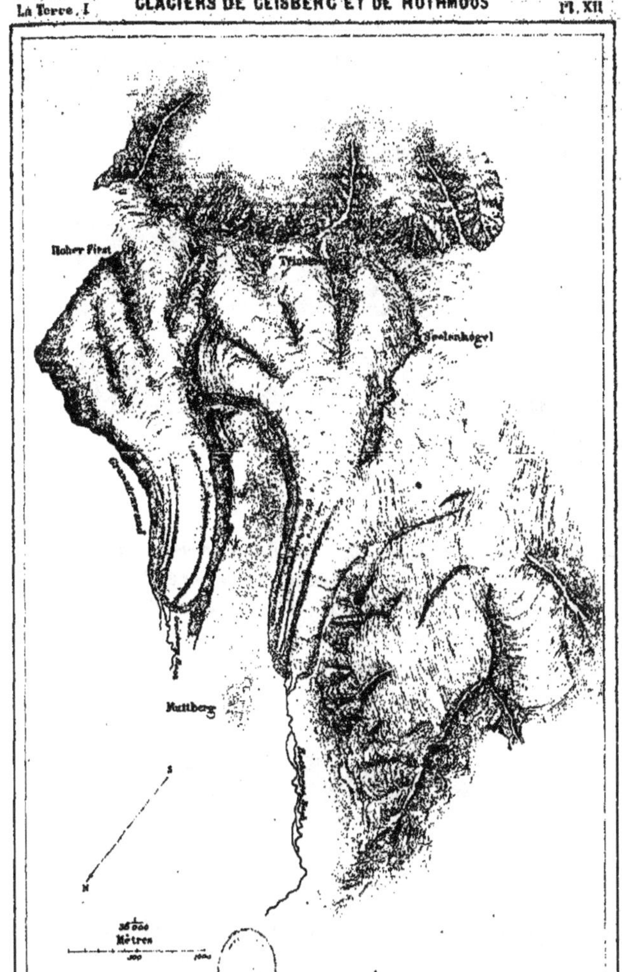

Gravé chez Erhard, 12 r. Duguay-Trouin.

Dressé par A. Vuillemin d'après

recouvre les campagnes, les rochers, les torrents. En revanche, lorsque le glacier recule, l'énorme digue avancée reste isolée comme un rempart dressé au travers de la vallée, et plus haut, le glacier construit une autre moraine frontale de

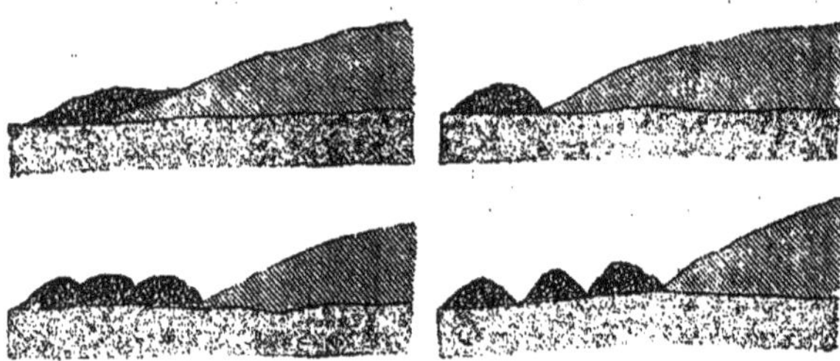

Fig. 62, 63, 64, 65. Moraines frontales.

tous les débris qu'il charrie. Dans plusieurs gorges, notamment dans celle qui s'étend au-dessous du glacier du Rhône, de même que dans la vallée néo-zélandaise de l'Avoca,

Fig. 66. Profil de la vallée de l'Avoca; d'après Julius Haast.

six ou sept moraines concentriques ont été ainsi délaissées par les glaces dont l'extrémité inférieure reculait vers l'amont; mais que le fleuve congelé recommence sa marche progressive, alors les débris s'ajouteront aux débris, et tôt ou tard toutes les anciennes moraines s'uniront en une seule et gigantesque muraille mouvante. De même, des glaciers amoindris, dont les moraines latérales ont échoué sur les pentes voisines, peuvent, en grossissant de nouveau, reprendre ces débris, et, comme une rivière débordée entraîne les bois de dérive abandonnés sur ses berges, faire parcourir à ces amas de blocs une deuxième étape vers la mer.

Outre leurs diverses moraines latérales et médianes, certains glaciers offrent encore à leur surface des bandes concentriques de boue et de débris disposés parfois avec la plus grande régularité. La Mer-de-Glace, dans le groupe du Mont-Blanc, est un exemple remarquable de cette curieuse distribution des boues sur le champ du glacier. Les premières bandes de boue se montrent au-dessous de la grande cataracte de séracs qui se trouve entre le névé du col du Géant et le glacier proprement dit. Pendant les chaleurs de l'été, alors que l'activité renouvelée du glacier imprime à toutes les couches mouvantes une impulsion plus rapide, les ruines s'accumulent en un rempart circulaire à la base de l'escarpement, puis, emportées par le courant du fleuve de glace, avancent lentement à la suite d'autres remparts tombés précédemment. Les boues, la poussière, les débris de toute espèce emplissent peu à peu les sillons ménagés entre les digues de glace; tandis que celles-ci fondent graduellement et finissent même par s'égaliser avec la surface générale du courant, les zones de boue brunes ou rougeâtres gardent leur disposition rubanée et, comme les ondulations concentriques qui se forment dans une eau tranquille, plissent légèrement toute la superficie du glacier jusqu'à la moraine terminale. Dans la Mer-de-Glace, ces rubans de débris offrent d'abord une courbe semi-circulaire presque parfaite; mais à l'étranglement de Trélaporte, où tout le fleuve de glace comprimé doit passer dans un étroit canal, les bandes s'allongent vers le centre à cause de la plus grande rapidité du mouvement qui les entraîne. Ces zones de boue, dont la courbe est en sens inverse de celle des crevasses, peuvent donc être considérées comme de véritables flotteurs indiquant la direction et la marche précise du courant de glace. Peut-être aussi doit-on voir dans chaque intervalle des rubans la mesure exacte de la croissance annuelle du glacier.

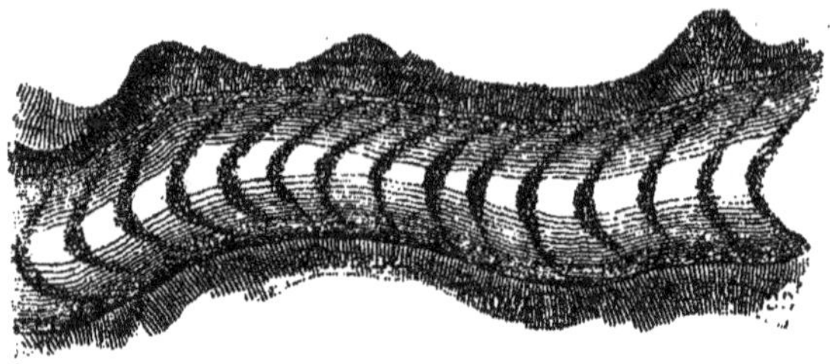

Fig. 67. Rubans de boue.

Ce seraient là autant de couches comparables à celles que produisent les arbres chaque année et qui servent à calculer l'âge des troncs. S'il en était ainsi, la partie centrale de la Mer-de-Glace s'écoulerait en entier dans l'espace d'environ quarante ans, et la vitesse moyenne en serait d'environ 6 décimètres par jour, ce qui s'accorde en effet avec les mesures directes faites sur la marche du glacier par les divers observateurs.

Du reste, lorsque plusieurs générations de savants se seront succédé dans ce genre d'études, on pourra connaître exactement la vitesse du courant des glaces en laissant tomber dans les plus hautes fractures profondes des objets que la masse entraînera jusqu'au bas de la gorge et finira par rejeter à son escarpement terminal. Jusqu'à maintenant, les corps qui ont servi à mesurer ainsi d'une manière exacte la rapidité d'un fleuve de glace n'ont pas été nombreux. Une échelle que de Saussure avait laissée en 1788 au pied de l'Aiguille-Noire, lors de son ascension au Mont-Blanc, fut retrouvée en 1832 à la distance de 4,350 mètres en aval. L'échelle était donc descendue, pendant ces quarante-quatre années, avec une vitesse moyenne de 99 mètres par an, ou de 27 centimètres par jour. Un havre-sac, tombé en 1836 dans une crevasse du glacier de Talèfre, et retrouvé dix ans après, avait marché plus rapidement que l'échelle de de Saussure; elle avait parcouru 129 mètres par année, soit plus de 35 centimètres en vingt-quatre heures. Toutefois, ces diverses observations ne peuvent servir à mesurer la vitesse réelle de la masse du glacier, car il faudrait savoir d'une manière positive si les corps entraînés se trouvaient dans la partie centrale ou sur les bords du courant de glace, au milieu ou dans le voisinage du fond. Quoi qu'il en soit, les calculs approximatifs portent à croire que la neige tombée du col du Géant met environ cent vingt années pour arriver, transformée en glace, à l'extrémité inférieure du glacier des Bois [1].

Quelques débris humains ont aussi malheureusement servi à évaluer le mouvement des glaces. En 1861, en 1863 et en 1865, le glacier des Bossons a rendu les restes de trois guides tombés en 1820 dans la première crevasse qui s'ouvre à la base du Mont-Blanc. Les cadavres engouffrés ont donc parcouru, pendant une période de plus de quarante ans, un espace de 6 kilomètres environ; ils descendaient au taux de 140 à 150 mètres par année. Un glacier plus lent des Alpes autrichiennes, qui s'épanche dans l'Ahrenthal, a rejeté, vers 1860, un cadavre bien conservé, encore revêtu d'un costume dont la coupe antique est abandonnée depuis des siècles par les montagnards [2].

Dans son ensemble, chaque glacier peut être considéré comme formant deux rivières, l'une qui met des années ou même un siècle à descendre des sommets dans la vallée sous forme de glace solide, l'autre qui s'écoule en quelques jours

1. Helmholz, *la Glace et les Glaciers*.
2. Payer, *Adamello-Gruppe; Mittheilungen von Petermann*.

et paraît à la lumière sous l'aspect d'un torrent. En été, le phénomène que l'on a désigné par le nom d'*ablation*, c'est-à-dire la fonte superficielle des glaces, s'accomplit d'une manière assez rapide. Au mois d'août, l'épaisseur de glace fondue est en moyenne de 3 à 4 centimètres par jour sur les glaciers des Alpes centrales[1], et pendant une série de journées favorables à la fonte, la tranche de glace qui se change en eau est encore bien plus considérable. D'après M. Desor, la moyenne de l'ablation dans un endroit favorablement situé au milieu du glacier de l'Unteraar s'est élevée à 7 centimètres par jour pendant plusieurs mois. Sur le glacier du Gurgl (Œtzthal), à une faible distance en aval de la limite inférieure du névé, Sonklar a trouvé, au mois d'août, cinq ruisseaux superficiels qui débitaient ensemble plus de 12 mètres cubes par minute, 200 litres à la seconde, et sur les grands glaciers des Alpes de la Suisse il doit se former, sans aucun doute, des cours d'eau temporaires encore bien plus abondants. En automne et en hiver, l'importance de l'ablation est diminuée, mais ce phénomène cesse rarement d'une manière complète, et dans les endroits que viennent frapper les rayons solaires ou que rasent les chauds brouillards de la plaine, de petits filets d'eau se creusent un lit sur la glace et parmi les débris des moraines. M. Desor évalue à 3 mètres par an, soit à 8 millimètres par jour, l'ablation moyenne sur les glaciers de la Suisse[2].

Les eaux de fonte qui coulent à la superficie des glaciers plongent dans les crevasses et les moulins et pénètrent de fissure en fissure jusqu'à l'endroit le plus profond de la gorge emplie par le fleuve congelé. Grâce à leur température supérieure à zéro, les eaux, réunies dans ce lit caché et mêlées çà et là aux sources vives, fondent une certaine quantité de glace au-dessus de leur cours et s'ouvrent ainsi

1. Voir Agassiz, Martins, Sonklar.
2. *Excursions et séjours dans les glaciers.*

un libre passage vers la vallée. Le torrent qui jaillit à la base de chaque glacier représente donc par son débit annuel presque toutes les neiges tombées dans les gorges et sur les escarpements tributaires. Il faut en déduire seulement l'humidité qui s'est évaporée et l'eau qui s'est perdue dans les failles et les grottes de la montagne.

Aussi plusieurs des rivières sorties des glaciers ont-elles une grande abondance d'eau. Le débit de l'Aar, à sa sortie des glaces, oscille entre 4 et 23 mètres cubes par seconde[1]. Le Rhône, le Rhin, l'Arveiron, sont aussi des torrents considérables à l'issue de leurs grottes changeantes. En été, alors que les torrents sortis des glaciers roulent une forte quantité d'eau, ils entraînent aussi des masses de débris et de la poussière excessivement fine provenant du polissage continu des rochers par la surface inférieure des glaces. L'eau chargée de matières en suspension est jaune, grise ou noirâtre, suivant la nature des rochers qu'elle traverse dans son cours sous-glaciaire. Pendant la saison froide, quand tout est gelé sur le fond rocheux, le torrent devient en général d'une grande limpidité; toutefois, on cite un certain nombre de ruisseaux des montagnes dont la couleur rappelle toujours celle des glaces elles-mêmes; l'abondance de débris ténus qu'ils charrient leur donne une nuance à la fois trouble et bleuâtre, comme s'ils étaient mélangés de lait.

Au-dessus de la source s'arrondit d'ordinaire une arcade aux vastes proportions. Quelques-unes s'ouvrent comme de gigantesques portails réguliers, au cintre surbaissé, dans la haute falaise en ruine qui termine le glacier; mais chaque progrès et chaque recul de la masse glacée a pour conséquence un changement de forme et d'aspect dans la grotte d'où s'épanche le torrent. Parfois la voûte cède en partie sous le poids des couches supérieures et de larges

1. Dollfuss-Ausset, *Matériaux pour servir à l'étude des glaciers.*

assises inclinées se descellent lentement des parois ou du cintre; des fissures, des crevasses, semblables aux failles d'une roche caverneuse, coupent la muraille de glace dans tous les sens, et de temps en temps des blocs se détachent

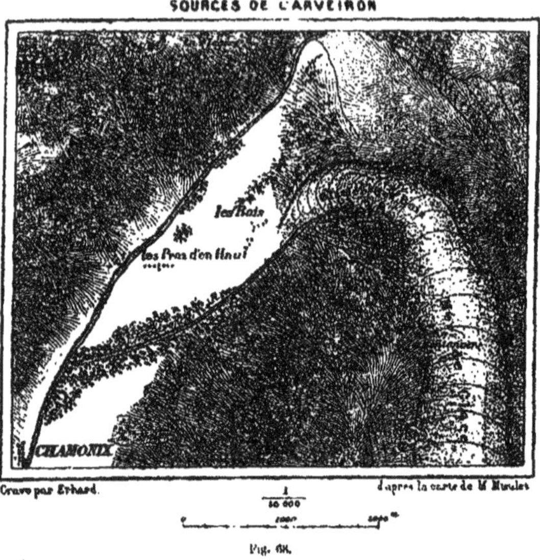

Fig. 68.

pour tomber avec fracas dans le torrent. Aussi les visiteurs qui veulent admirer de près la voûte de cristal et contempler les beaux effets de lumière produits par les reflets du jour passant à travers les arêtes transparentes du bord et se répercutant sur les parois bleuâtres ne peuvent-ils s'aventurer toujours sans imprudence dans les profondeurs de la caverne. D'ailleurs, les blocs de glace et les rochers obstruent souvent le cours des eaux, et bien rarement ces galeries profondes des torrents conservent une assez grande régularité de formes sur des étendues considérables.

On cite néanmoins plusieurs exemples d'hommes qui, étant tombés dans le lit de la rivière par une crevasse de la partie supérieure du glacier, ont pu revenir à la lumière en suivant le cours de l'eau à travers les débris épars et l'effrayante obscurité de ces gouffres inconnus avant eux. Au plus fort de l'hiver, l'ouverture des arcades terminales est quelquefois entièrement obstruée par les neiges et les glaces; le froid arrête le torrent et le congèle à la porte du glacier. C'est ainsi qu'en janvier 1854 le lit de la Landquart, qu'alimentent d'ordinaire les deux glaciers considérables de la Sardasca et de la Silvretta, ne recevait plus une goutte d'eau [1]. L'Arveiron lui-même tarit entièrement en 1839 [2].

La majesté des grands fleuves de glace frappe d'autant plus vivement l'esprit que la végétation environnante est plus riche et forme avec les falaises blanches ou bleuâtres un contraste plus soudain. Quelques-uns des plus beaux glaciers des Alpes descendent jusqu'au milieu des forêts de sapins, de hêtres ou de mélèzes, et c'est à travers le feuillage verdoyant des arbres que l'on entrevoit les vagues blanches de la mer de glace et les noires murailles des moraines. Ailleurs, des champs de céréales ou même des vergers et des jardins s'étendent à la base même du fleuve solide, et parfois, dit-on, l'on a dû monter sur des blocs de glace écroulés pour cueillir des fruits aux branches des cerisiers. Les cultures de la zone tempérée et les glaces polaires, qui dans les plaines du continent restent séparées les unes des autres par des milliers de kilomètres, sont ici juxtaposées; le travail de l'homme et la nature dans son inviolable grandeur se trouvent en contact sans la moindre transition. Ce brusque passage dans une région vierge de toute activité humaine produit un effet grandiose dont

1. William Huber, *les Glaciers*.
2. De Charpentier, *Essai sur les glaciers*.

l'âme est saisie. On ne peut s'empêcher de ressentir une espèce d'effroi à la vue de ces énormes fleuves de glace, à la marche séculaire, dont les assises blanches ou bleuâtres, hautes de 100 mètres, descendent en bloc de quelques décimètres par jour, entraînent avec elles des débris de montagnes et labourent en passant par de profonds sillons le lit de rochers dans lequel elles s'épanchent. Ces glaciers semblent immobiles comme les pics qui les dominent, et cependant ils coulent aussi bien que le torrent qui s'en échappe; les vagues solides qui hérissent leur surface s'élèvent et s'abaissent à la longue comme celles de la mer; ils ont aussi leurs remous, leurs tourbillons, et les puissantes moraines qu'ils jettent à l'issue des gorges sont aussi des alluvions comme les sables des eaux courantes.

VII.

Progrès et recul des glaciers. — Aspect du lit abandonné par les glaces : roches moutonnées, sillons parallèles.

Dans plusieurs parties des Alpes, les montagnards croient encore, sous l'influence des idées superstitieuses d'autrefois, que la base des glaciers avance et recule alternativement de sept en sept années[1]. Le fait est que, si le progrès et la retraite des champs de glace s'opèrent suivant une loi régulière, cette loi, qui d'ailleurs doit être troublée par une foule de phénomènes locaux, n'a point encore été découverte. Les glaciers des Alpes ont subi, depuis l'époque où l'on a commencé de faire sur leur marche des observations régulières, de très-grandes oscillations dans leurs allures. Ils ont tantôt avancé, tantôt reculé et parfois même

1. William Huber, *les Glaciers.*

ils sont restés stationnaires pendant quelques années; mais il paraît qu'en somme il y a eu progrès. Divers glaciers de la Suisse, ceux de Zmutt, d'Aletsch, du Rhône, de l'Aar, de Grindelwald, se sont prolongés dans leur lit de rochers.

Il semble prouvé qu'en dépit de reculs temporaires, certains champs de glace ont pris même depuis des siècles une extension assez considérable pour fermer des passages de montagnes jadis praticables, même aux chevaux. Ainsi, plusieurs cols des massifs du Mont-Blanc, du Mont-Rose et de l'Oberland bernois, ouverts encore au XVe siècle, et suivis même par des processions entières, sont devenus de plus en plus difficiles à franchir et finalement ont été rendus inaccessibles, soit aux montures, soit même aux piétons, pendant le cours du XVIIIe siècle[1]. Le Lœtschen-pass, près de la Gemmi, fréquenté il y a moins d'un siècle, est obstrué de nos jours. On cite plusieurs faits analogues dans le Tyrol : un des glaciers de l'Œtzthal, celui de Gurgl, a certainement avancé de deux kilomètres depuis l'année 1717, car c'est alors qu'il commença de barrer la vallée latérale de Langenthal, où les eaux d'un ruisseau se sont accumulées en lac[2]. De même, en Asie, les glaciers du Karakorum paraissent avoir uniformément progressé pendant le cours du siècle. Le col de Jusserpo, où l'on passait jadis à cheval, ne peut plus être aujourd'hui franchi que par des piétons. Le glacier de Baltoro et l'ancien passage du Mustack sont devenus impraticables[3]. Ce n'est pas tout, on cite plusieurs glaciers des Alpes qui sont de formation récente : tel est le Dreckgletscherli (petit glacier de boue) du Faulhorn, qui n'existait par encore au commencement du siècle; un champ de glace du Simplon, le Rothelch, date de 1731; un autre, descendu du Galenhorn, dans la vallée de Saas, s'est formé en 1811; enfin, le beau glacier

1. Venetz, *Denkschriften der Schweizerischen Gesellschaft*, 1re partie, 1830.
2. Sonklar, *Œtzthaler Gebirgsgruppe*.
3. Goodwin Austen, *Journal of the geographical Society of London*. 1864.

Hochwildspitz

Col de Gurgl

Sud

Nord

Querkogel

Mitterkamp

Col de Langthal

Schalfkogel

Lac de Langthal

a

b

c

d

1/25000

Échelle métrique

500 1000 1500 Mètres

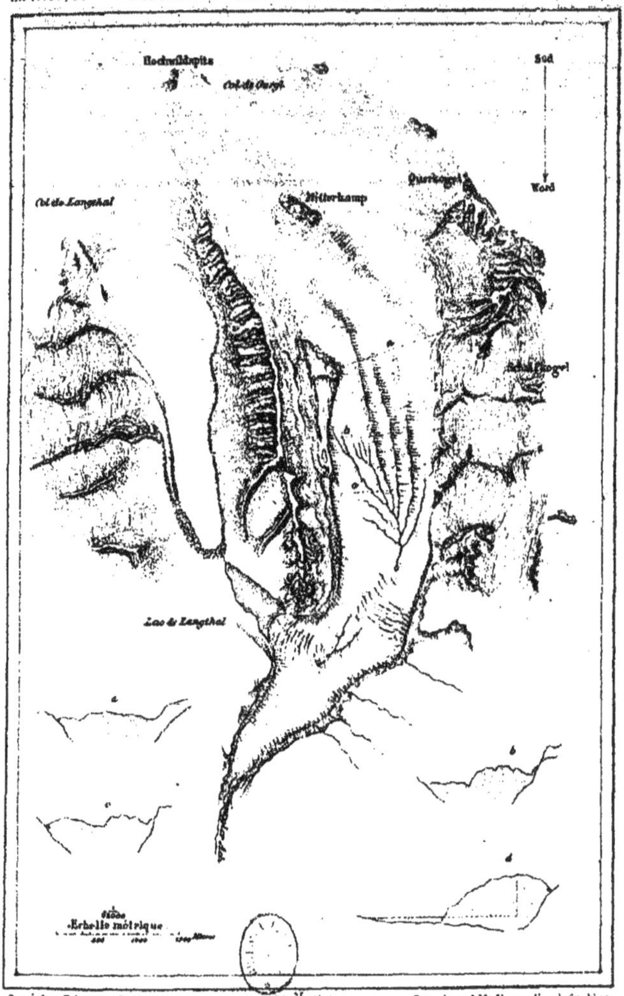

Gravé chez Erhard, 12 r Duguay-Trouin. Dressé par A. Vuillemin d'après Sonklar.

de Rosenlaui lui-même serait d'une origine moderne [1].

Les envahissements des glaces qui ont eu lieu sur diverses chaînes de montagnes doivent-ils être attribués à une cause agissant d'une manière générale sur toute la surface planétaire? C'est là ce qu'affirmait M. Adhémar et ce que répètent aujourd'hui ses disciples [2]. D'après eux, le refroidissement graduel de l'hémisphère du nord pendant la période contemporaine serait parfaitement démontré par l'accroissement des glaciers du Groenland, des Alpes, de l'Himalaya. Toutefois, les observations faites maintenant ne sont point assez nombreuses ni assez décisives pour autoriser une pareille conclusion. Et quand même tous les glaciers avanceraient uniformément dans les vallées, ces progrès pourraient être aussi attribués à une augmentation de l'humidité contenue dans l'air ou bien à un changement dans la direction générale des vents. On cite de nombreux exemples de glaciers qui, sur les flancs d'une seule et même montagne, avancent avec plus ou moins de rapidité suivant l'abondance des neiges tombées directement ou déplacées après leur chute par les courants atmosphériques. Parfois même, on a vu un glacier s'allonger, tandis qu'à côté ou sur le versant opposé de la montagne un autre champ de glace diminuait en importance. De pareils phénomènes sont évidemment dus à l'inégale répartition des neiges sur les diverses pentes. De grandes chutes de décombres à la surface d'un glacier ont aussi pour conséquence l'allongement du courant dans la vallée, parce que la couche de débris fait aussitôt décroître l'ablation annuelle dans de fortes proportions. Peut-être même, ainsi que le fait remarquer Otto Volger, le soulèvement graduel de certains massifs de montagnes est-il aussi l'une des causes qui contribuent à l'extension des fleuves de glace [3].

1. Tschudi, *le Monde des Alpes*, t. III.
2. Voir ci-dessus, p. 81.
3. *Untersuchungen über das Phänomen der Erdbeben*, vol. II.

D'ailleurs, si nombre de glaciers ont avancé d'une manière indubitable pendant les temps modernes, d'autres ont certainement reculé, et par conséquent leur masse s'est amoindrie. Ainsi, dans le groupe du Pelvoux, les deux glaciers considérables de Bonnepierre et du Chardon n'ont cessé de diminuer en longueur et en épaisseur depuis l'année 1850, et ce mouvement de retrait continuait encore en 1861. De même, dans les Alpes du Tyrol, tous les glaciers du groupe de l'Adamello diminuent régulièrement. Celui du Mandron, le plus important de tous, recule au moins depuis 1825, et dans l'année 1864 notamment il perdit environ 20 mètres de sa longueur. Dans la même année, le glacier de Fargorida a perdu près de 30 mètres, et les habitants du pays disent que depuis la fin du siècle dernier il n'a cessé de diminuer en importance[1]. Il paraît même qu'en certains endroits des champs de glace suspendus aux sommets ont entièrement disparu.

Pendant les quarante années qui se sont écoulées de 1826 à 1866, les glaciers du Mont-Blanc ont aussi beaucoup perdu de leur longueur et de leur puissance, évidemment parce que les neiges de l'hiver ont été moins abondantes et que les étés ont été plus chauds en moyenne. Le glacier du Tour, qui envahissait naguère la vallée de Chamonix, a subi un retrait total de 520 mètres depuis 1854, et ne dépasse pas un couloir supérieur, invisible de la route. Une pierre qui marque l'endroit précis atteint par le glacier des Bois ou Mer-de-Glace en 1826, se trouvait en 1865 à 388 mètres de l'arche de l'Arveiron[2], et dans certains endroits la glace avait, suivant le témoignage de M. Bardin, baissé de plus de 100 mètres. Les deux autres grands glaciers de la vallée, ceux des Bossons et d'Argentière, qui menaçaient chacun le village le plus rapproché de leur moraine

1. Payer, *Adamello-Gruppe*.
2. Payot, *Bibliothèque de Genève*, sept. 1866.

frontale, ont reculé respectivement de 332 et de 184 mètres pendant la période de 1854 à 1866; s'ils ont diminué de longueur plus lentement que le glacier du Tour, c'est évidemment parce qu'ils ont un bassin de réception beaucoup plus considérable et que les névés supérieurs n'ont cessé de les alimenter. Il faut ajouter que, durant ces douze années, l'ablation superficielle a été partout en rapport avec le retrait des glaces. Le glacier des Bossons a perdu en épaisseur environ 80 mètres; tandis qu'avant 1854 les moraines latérales étaient situées bien au-dessous de la masse du glacier, elles le dominent aujourd'hui d'une hauteur moyenne de 25 mètres[1].

Le vrai régime des glaciers semble être indiqué par les alternatives de progrès et de recul que les documents des communes et les observations scientifiques ont constatées sur la partie inférieure du glacier de Vernagt, dans le massif de l'Œtzthal. Les oscillations de ce fleuve de glace sont connues depuis près de trois siècles, et le chroniqueur qui les mentionne pour la première fois en 1599, ajoute que ces va-et-vient sont « l'habitude naturelle » du glacier. Le Vernagt descend rapidement vers la vallée, vient frapper une muraille de rochers qui se dresse en face, et barre le passage aux eaux de Rosenthal, qui se changent alors en lac. Puis l'énorme obstacle fond peu à peu, le glacier recule lentement vers les hautes pentes, jusqu'à ce qu'une nouvelle poussée du névé le précipite vers le fond du val. Si l'on ne tient pas compte des oscillations les moins importantes, on trouve que les intervalles entre chaque grande crue ont été de soixante-dix-huit, de quatre-vingt-treize et de soixante-treize années, ce qui donne une moyenne de quatre-vingt-quatre ans. Comme les fleuves d'eau courante, le glacier de Vernagt a ses débordements et ses étiages. De 1843 à 1847, lors de la dernière irruption des glaces, elles avan-

1. Martins, *Bibliothèque de Genève*. juillet 1866.

cérent de 1,331 mètres et s'étalèrent dans la vallée sur une largeur totale de 1,264 mètres; à la partie inférieure, elles n'avaient pas moins de 158 mètres au-dessus du torrent, et plus haut elles atteignaient en certains endroits une épaisseur deux fois plus forte. La vitesse de progression des glaces frontales était jusque-là sans exemple. Pendant les deux premières années, elle dépassa 2 mètres par jour; à la fin du mois de mai 1845, elle atteignit même 12m67 par vingt-quatre heures; le 1er juin, on put mesurer une rapidité qui n'était pas moindre de 1 mètre 9 décimètres par heure, soit de 45 mètres 1/2 dans une seule journée; à l'œil nu, on pouvait voir marcher la glace. Le tonnerre des crevasses qui s'ouvraient et des séracs qui s'effondraient était incessant. Enfin, cette terrible invasion qui menaçait les vallées inférieures s'arrêta, et le torrent de glace recula en livrant passage à l'avalanche des eaux lacustres qu'il avait retenues. Depuis cette époque, le glacier de Vernagt n'a cessé de fondre par sa partie inférieure; mais il laisse encore çà et là sur la partie abandonnée de son lit des îles de glace protégées contre la chaleur du soleil par des amas de débris. Après avoir résisté isolément pendant des années, chacun de ces massifs séparés s'affaisse et disparaît à son tour[1].

C'est grâce au recul temporaire ou permanent de certains glaciers que l'on peut connaître l'action produite par le lent écoulement de la masse énorme sur le fond et sur les parois de son lit de rochers. Les nombreuses observations de M. Dollfuss-Ausset semblent avoir établi qu'au-dessus de 2,600 mètres, c'est-à-dire au-dessus de la ligne idéale des neiges persistantes, les glaciers des Alpes n'usent qu'imperceptiblement la pierre, à cause de la congélation qui les fait adhérer au fond du lit; mais, au-dessous de cette altitude, le frottement incessant des glaces et des

1. Sonklar, *Œtzthaler Gebirgsgruppe*.

GLACIER DE VERNAGT
en Automne 1856.

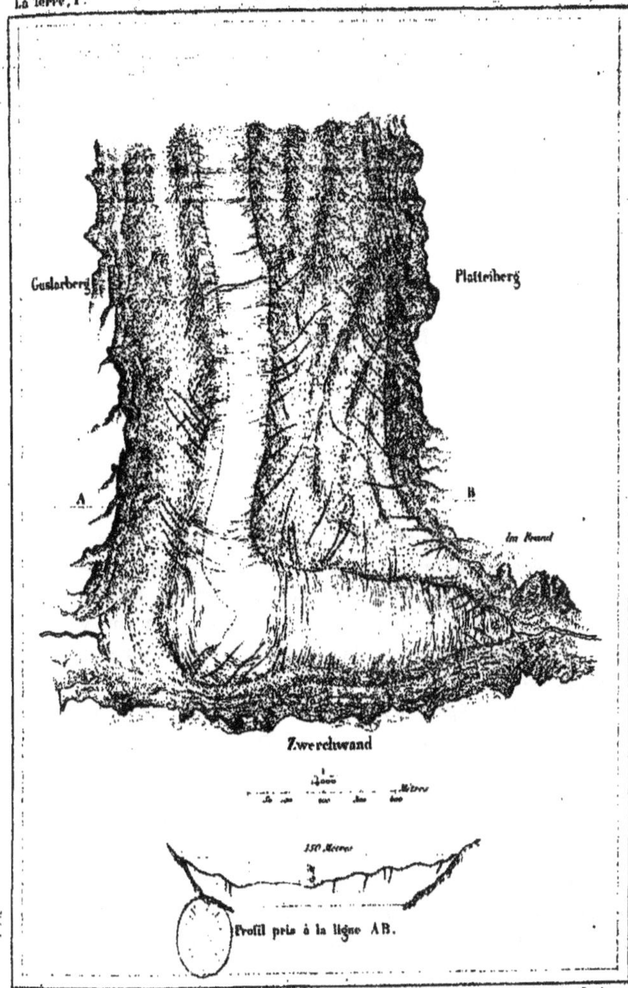

Profil pris à la ligne AB.

Dressé par A. Vuillemin, d'après K. v. Sonklar.

graviers qu'elles entraînent enlève graduellement les aspérités les plus saillantes et finit par donner à toutes les protubérances une surface arrondie. Suivant une comparaison fréquemment employée, le glacier passe sur le sol comme un gigantesque rabot ; il laboure le fond, abat les pointes, les broie, les triture, les réduit en sable, et se sert de ces débris eux-mêmes pour user et polir les roches de son lit; de là, cet aspect mamelonné des anciennes saillies sur lesquelles la lourde masse a glissé pendant des siècles. Des fentes de clivage, des fractures diverses, apparaissant en noir comme des lignes d'ombre sur ces rondeurs blanches et polies, leur donnent parfois l'apparence d'amas de laine posés sur le sol, ou de troupeaux de moutons; aussi les connaît-on sous le nom de « roches moutonnées » employé pour la première fois par de Saussure.

En descendant vers la plaine, le glacier ne se borne pas à broyer les parties saillantes, il creuse aussi la pierre en certains endroits, grâce aux blocs de forme et de dureté différentes dont il est armé sur sa face inférieure, et qui agissent comme autant de burins sur les rochers sous-jacents. Les cailloux lentement poussés vers le bas du glacier sont rayés par les stylets de pierre; le fond rocheux de la gorge lui-même est sillonné çà et là dans toute sa longueur comme par le soc d'une charrue. Les parois du lit de glace sont également striées par les dures arêtes des blocs entraînés de chaque côté du courant; néanmoins, dans tous les endroits où le lit du glacier se rétrécit entre deux promontoires, ceux-ci n'offrent de raies, de sillons ou d'autres traces d'usure que sur la face d'amont, et le côté d'aval garde toutes ses anfractuosités et ses saillies primitives. Parfois, on rencontre aussi sur les parties du lit abandonnées par les glaces des espèces de cuves circulaires, pareilles aux marmites de géants que la mer ou les fleuves ont formées sur leurs bords. Ces cuves des glaciers ont une origine analogue à celles des berges et des falaises; elles sont creusées par des pierres que font tournoyer incessamment les torrents sous-glaciaires ou les eaux plongeant en cascade dans les gouffres des « moulins. »

VIII.

Distribution des glaciers à la surface du globe.

Les montagnes qui dépassent de leurs cimes la ligne des neiges persistantes ne donnent pas toutes naissance à des fleuves de glace; le concours de plusieurs conditions météorologiques et orographiques est nécessaire pour que les neiges et les névés puissent se changer en glaciers. Il faut d'abord que la zone neigeuse des cimes ait une assez grande largeur et que de vastes névés, ces réservoirs d'alimentation des glaces, se forment dans les cirques et sur les plateaux supérieurs. Il faut aussi que les vents entraînés contre les montagnes soient chargés d'humidité en assez grande abondance pour laisser de puissantes couches de neiges sur les sommets et sur les pentes. En outre, les gorges qui s'ouvrent dans l'épaisseur de la chaîne doivent être doucement inclinées afin que les neiges ne s'écroulent pas immédiatement en avalanches dans les vallées inférieures, et les monts eux-mêmes doivent être groupés de telle sorte que leurs gorges s'unissent en un déversoir commun où les neiges s'élaborent définitivement pour constituer de véritables fleuves de glace. Enfin, il est indispensable que les diverses saisons de l'année offrent des extrêmes de température assez considérables pour que les phénomènes de liquéfaction et de regel puissent s'accomplir dans la masse des névés. C'est à cause de la trop grande égalité du climat que les hauts pics neigeux des Andes équatoriales ont si peu de glaces sur leurs flancs.

Le grand nombre des conditions diverses qui doivent être réunies pour la formation des glaciers fait comprendre pourquoi ces fleuves de neiges transformées sont relativement très-rares dans les régions de la zone torride et des zones tempérées; ils ne s'y produisent d'une manière constante et grandiose que sur les flancs des hautes cimes, tandis que sur les montagnes moins élevées, comme celles des Vosges[1] et du Riesengebirge, ils se forment, dans les années très-neigeuses, au fond des ravins abrités du soleil. C'est uniquement dans le voisinage des pôles que les glaces se montrent dans toute leur grandeur et sont même le trait dominant de la nature.

En Europe, les Alpes centrales sont le système orographique où les conditions nécessaires à la formation des glaciers se trouvent réunies sur le plus grand nombre de points; ce sont aussi les montagnes qui resteront à jamais pour les savants la région classique des glaciers, car c'est là que les de Saussure, les Charpentier, les Agassiz, les Rendu, les Forbes, les Tyndall, ont, de découverte en découverte, fini par révéler la véritable théorie de la marche des glaces. Il y a dans les Alpes près de 1,100 glaciers, sur lesquels une centaine peuvent être considérés comme des glaciers primaires[2]. La superficie totale des champs de neige, des névés et des glaces des Alpes est évaluée par les frères Schlagintweit à 3,050 kilomètres carrés, soit au septième environ de toute la superficie du territoire des grandes montagnes, du Pelvoux au Gross-Glockner. A eux seuls, les glaciers du Mont-Blanc, inférieurs en étendue à ceux du Mont-Rose, couvrent une surface de 282 kilomètres carrés. D'après M. Huber, ils ont ensemble au moins 14 milliards de mètres

1. Collomb, *Comptes rendus de l'Académie des sciences*, 1846, t. XXI.

2. Frères Schlagintweit. Les savants bavarois ont omis dans leur nomenclature plusieurs glaciers des Alpes occidentales et même des Alpes centrales. L'étendue des glaces dans ces montagnes est probablement plus grande qu'ils ne l'ont estimé.

cubes et représentent une masse d'eau égale au débit de la Seine pendant neuf ans.

Les glaciers des Alpes descendent en moyenne à 2,260 mètres au-dessus du niveau de la mer, c'est-à-dire à 500 ou 600 mètres plus bas que la limite inférieure des

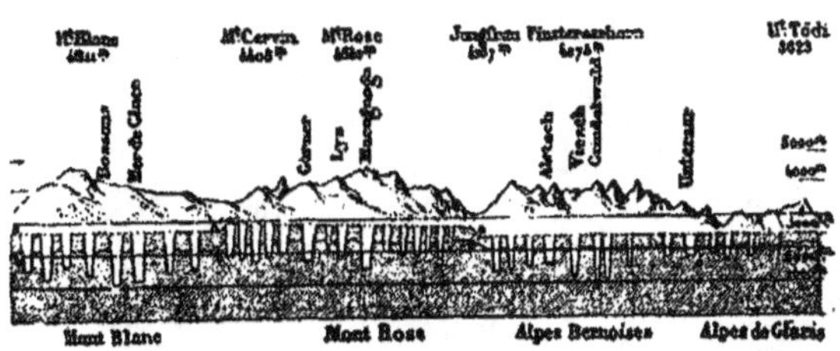

aa *Limite inférieure des neiges persistantes.* Fig. 69 ; d'après Adolph et Hermann Schlagintweit. bb *Limite inférieure des glaciers secondaires.*

neiges persistantes ; mais il existe un grand nombre de glaciers, et ce sont en général les plus importants, dont la base est au-dessous de la cote d'altitude de 2,000 mètres. La Mer-de-Glace, déversoir de la plus grande partie des neiges du Mont-Blanc, atteignait en 1862 à la source de l'Arveiron la cote de 11,125 mètres au-dessus du niveau marin; le glacier des Bossons, alimenté par les neiges du même massif, descendait jusqu'à 1,099 mètres; enfin, le glacier inférieur de Grindelwald, celui de toutes les Alpes qui pénètre le plus avant dans les vallées de la base, a eu sa grotte terminale située à 983 mètres[1] seulement, ce qu'il faut attribuer à l'exposition septentrionale du glacier, au défilé de rochers dans lequel il doit s'écouler et à sa déclivité rapide, dépassant 14 degrés. Quant au glacier d'Aletsch, qui par ses dimensions est le plus important de tous et qui se déroule en un large courant sur une longueur totale de 21,310 mètres, il ne descend pas dans les gorges inférieures ; en 1860,

1. Studer, *Bibliothèque de Genève*, sept. 1866.

il s'arrêtait à l'altitude de 1,566 mètres au-dessus du niveau

GLACIER D'ALETSCH

de la mer. C'est à la grandeur des névés emplissant les

cirques élevés que le glacier d'Aletsch doit son énorme développement; il n'a pas moins de 110 millions de mètres carrés de supreficie.

Les glaciers du Tyrol sont nombreux, puisque dans les seuls massifs de l'Œtzthal et du Stubaier Sonklar compte 309 glaciers, sur lesquels 16 de première grandeur. Il est vrai que dans son énumération le savant explorateur de l'Œtzthal n'a pas négligé un seul des petits glaciers suspendus aux flancs des monts. Quelques-uns des fleuves de glace, surtout le Vernagt, le Gepaatch, le Murzoll, le Gurgl, sont des courants considérables, bien connus des savants à cause des recherches des frères Schlagintweit, de Simony, de Sonklar et d'autres géologues; toutefois, ils sont inférieurs en étendue aux principaux glaciers de la Suisse. Cette moindre importance des fleuves de glace du Tyrol, comparés à ceux des Alpes occidentales, doit être attribuée principalement à l'inégale répartition des neiges dans les deux pays, suivant les diverses saisons de l'année. Non-seulement il pleut et neige en plus grande quantité sur les montagnes de la Suisse que sur celles de l'Œtzthal, mais dans ce dernier massif les neiges tombent surtout en été, et par conséquent fondent aussitôt avant de grossir la masse des glaciers. Les neiges d'hiver, qui seules alimentent les fleuves de glace, sont de deux à deux fois et demie plus abondantes sur les hautes cimes de la Suisse que sur celles du Tyrol[1]. La couche annuelle de névé qui se forme en moyenne dans les Alpes bernoises offre, d'après Agassiz, une épaisseur de 2 mètres à 2 mètres et demi, tandis qu'elle est d'un mètre à peine dans celles de l'Œtzthal. Cependant ce massif offre une étendue de 575 kilomètres carrés de glaces, un septième de toute la surface.

Les deux autres groupes principaux des Alpes orientales sont ceux de l'Ortelspitze, au sud de l'Œtzthal, et du Gross-

1. Sonklar, *Œtzthaler Gebirgsgruppe.*

Glockner, beaucoup plus à l'est; c'est là que se trouve le beau glacier de Pasterze, dont les dimensions, y compris celles du névé, sont, d'après les frères Schlagintweit, de 9,400 mètres en longueur, de 4,410 mètres en largeur, et de 216 mètres en profondeur. Quant aux autres Alpes autrichiennes, elles ne présentent que deux glaciers isolés : celui du Dachstein, non loin de Hallstadt, et celui de la Marmolata, au-dessus des plaines du Vénitien[1]. Pour retrouver de puissants fleuves de glace, il faut se rendre à l'autre extrémité du système alpin, au sud et au sud-ouest des grands massifs centraux du Mont-Rose et du Mont-Blanc. Là, chacun des grands massifs du Piémont et du Dauphiné, celui du Grand-Paradis, ceux de la Vanoise et de la Grande-Casse, les Grandes-Rousses et surtout l'Oisans, offrent de puissants glaciers dans leurs gorges.

Les monts de l'Oisans, le Pelvoux, les Écrins, l'Aiguille-de-Meije, sont presque aussi importants que le Mont-Blanc lui-même par l'abondance de leurs glaces. Il n'est pas de région dans les Alpes où l'on puisse étudier tous les phénomènes des grands fleuves de glace mieux que dans la haute vallée du Banc, située au point de rencontre du Glacier-Noir et du Glacier-Blanc, au pied de la pyramide du Pelvoux. A l'endroit où les puissantes masses, comprimées à leur extrémité inférieure entre deux parois de rochers verticaux, viennent s'effleurer par leurs moraines latérales, elles offrent un contraste absolu et des plus saisissants. Vu de la plaine de débris qui s'ouvre entre les deux moraines, et que parcourt le ruisseau du Banc, le Glacier-Noir est tellement chargé de détritus de toute espèce, qu'il semble une immense coulée de boue, pareille à celles que vomissent les volcans de Java; on ne reconnaît la nature de cette masse que par les crevasses béantes dans lesquelles s'engouffrent incessamment, avec un bruit sourd, des blocs de pierre et

1. Adolf Schmidl, *Oesterreichische Vaterlandskunde*.

des traînées de cailloux. A la base du glacier s'appuie la moraine frontale, haute de plus de 100 mètres et laissant couler à travers ses blocs des ruisseaux boueux qui se traînent lentement au milieu des débris de la plaine. De l'autre côté, le Glacier-Blanc, presque entièrement libre de rochers, se termine par de gigantesques degrés, soutenus eux-mêmes par des contre-forts verticaux qui le font ressembler à une patte de lion. Les assises sont d'un blanc pur, çà et là rayées de rouge et de jaune d'or; de l'arche médiane, admirablement cintrée et s'appuyant sur des pilastres bleus, s'échappe l'affluent principal du Banc, aux eaux d'un blanc laiteux. A l'orient, de l'autre côté de la vallée, se dresse le Pelvoux ainsi qu'une flèche gothique hérissée de clochetons et portant entre chacune de ses pointes de petits champs de glace, pareils à des dalles de marbre blanc.

Au sud du puissant massif de l'Oisans, les glaciers ne se montrent plus que d'une manière isolée dans les gorges supérieures des hautes montagnes; nulle part, ces petits affluents séparés ne s'unissent pour former un fleuve de glace comme ceux des grandes Alpes centrales et descendre dans les vallées ouvertes à la base des monts. Le Viso, et quelques cimes des Alpes maritimes, n'ont que de petits champs de glace : le dernier, dans cette partie de la chaîne, est celui du Clapier-de-Pagarin, entre Nice et Valdieri.

En embrassant d'un coup d'œil toute la carte de l'Europe centrale, on voit que les principaux groupes de glaciers sont ceux qui entourent les massifs du Mont-Blanc, du Mont-Rose, du Finsteraarhorn, du Bernina et de l'Œtzthal. Le tableau suivant, d'après lequel on voit bien que le Mont-Rose est le vrai centre de la région des glaces, montre quelle est l'importance relative de chaque système de glaciers[1]. D'après Studer, c'est à l'échauffement de température pro-

1. Dans ce tableau, emprunté à Sonklar (*Œtzthaler Gebirgsgruppe*), on a omis les glaciers moindres de 7 kilomètres en longueur.

duit par les hauts plateaux de l'Engadine que le beau massif du Bernina doit de se distinguer de tous les autres groupes par la faible quantité relative de ses glaces [1].

MONT-BLANC.		MONT-ROSE.		FINSTERAARHORN.		BERNINA.		ŒTZTHAL.	
Mer de Glace	14^{k} 0	Gorner. .	15^{k} 3	Aletsch. . .	24^{k} 0	Mortiral	0^{k} 3	Gepatsch. .	11^{k} 3
Argentière. .	9 7	Ferpècle .	14 2	Viesch . .	14 8	Forno .	8 8	Gurgl. . .	10
Dionnassay .	9 6	Zinal. . .	10 7	Unteraar .	14 3	. . . . .		Hintereis .	0 2
. . . .		Findelen .	10 2	Tschingel.	8 7	. . . . .		Murzoll. .	8 8
. . . .		Zmutt . .	8 6	Lœtschen.	7 8	. . . . .		Mittelberg.	7 8
. . . .		Turtmann	7 6	Oberaar .	7 7	. . . . .		Vernagt. .	7 0
. . . .		Ried. . .	7 0	. . . . . .		. . . . .		. . . . . .	

Les Pyrénées, plus méridionales, moins hautes et moins groupées par massifs que ne le sont les Alpes, offrent aussi beaucoup moins de champs neigeux et de glaciers. Ceux-ci, dont la superficie n'a pas encore été comparée à celle de la chaîne entière, n'occupent certainement pas un centième, peut-être pas un millième de la surface totale. Les glaciers des Pyrénées, qui sont au nombre d'une centaine, sont presque uniquement des *serneilhes* ou glaciers de sommets, et ne descendent pas jusque dans les vallées inférieures; il n'en est peut-être qu'un seul, le glacier oriental du Vignemale, qui affecte la forme d'un fleuve [2], et la partie de la gorge où il s'arrête se trouve encore à 2,197 mètres au-dessus du niveau de la mer. Toutefois, bien que les Pyrénées ne puissent être comparées aux Alpes pour la grandeur et le développement de leurs glaciers, ceux qui s'y trouvent n'en sont pas moins remarquables par leurs profondes crevasses, leurs parois bleuâtres, leurs petits lacs couverts de glaçons, et ces divers phénomènes qui donnent tant d'attrait à l'étude des glaciers de la Suisse.

Les Carpathes n'ont pas de glaciers. Quant aux monts du Caucase, qui dans l'architecture générale de l'Europe

1. *Bibliothèque de Genève*, sept. 1866.
2. Russell-Killough, *Les grandes ascensions des Pyrénées.*

peuvent être considérés comme la chaîne correspondante à celle des Pyrénées, ils sont beaucoup plus riches en champs de glace. Un de ceux-ci, le Desdaroki, descend même jusqu'à la cote de 1,980 mètres, ce qui donne plus de 3,500 mètres de hauteur verticale à l'ensemble des glaces et des neiges du Caucase, entre la moraine frontale la plus basse et la cime de l'Elburz, s'élevant à 5,610 mètres[1]. Toutefois, les glaciers du Caucase n'égalent point ceux des Alpes centrales pour la grandeur ni pour la beauté, ce qui provient sans aucun doute de la faible quantité de pluies et de neiges qui tombent dans cette partie de l'ancien continent, et des fortes chaleurs estivales qui s'y font sentir.

Les glaciers les plus puissants de la zone tempérée du nord sont probablement les énormes fleuves de glace de l'Himalaya et du Karakorum; relativement à ces grands épanchements de neiges descendus des principaux sommets de l'Asie, les glaciers les plus considérables des Alpes doivent être considérés comme étant de l'ordre secondaire. Le glacier le plus long des montagnes de l'Inde, celui de Biafo, dans la vallée de Chiggar (Karakorum), n'a pas moins de 58 kilomètres de longueur, 34 kilomètres de plus que celui d'Aletsch en Suisse; la superficie qu'il occupe est de plusieurs centaines de kilomètres carrés, et dans le voisinage il se trouve d'autres champs de glace, le Baltoro, le Mustack, qui sont à peine inférieurs en étendue[2]. La quantité de glace qui comble en grande partie chacune de ces vallées si considérables des monts du Karakorum ne saurait être évaluée à moins de dix fois celle qui se trouve dans la Mer-de-Glace ou la mer d'Aletsch. Un fait très-remarquable, relatif à ces glaciers et à ceux de l'Himalaya, est qu'ils sont beaucoup plus longs et plus abondants sur le versant méridional des montagnes que sur les flancs plus froids tournés vers le nord.

1. Behm, *Geographisches Jahrbuch*, 1866.

2. Montgommerie, *Mittheilungen von Petermann*, II, 1863. — Goodwin Austen, *Journal of the geographical Society*. London, 1864.

La Terre I. ANCIENS GLACIERS DE LA VALLÉE DE L'ADIGE PL. XV.

Profil des anciens Glaciers de la vallée de l'Adige.

Dressé par A. Vuillemin

Gravé par Erhard

Kilomètres

Ce phénomène doit être évidemment attribué à la plus grande quantité de neiges qu'apportent les vents du midi et que les hautes cimes arrêtent au passage [1].

Les chaînes de montagnes du nord de l'ancien monde étant beaucoup moins hautes que les Alpes et l'Himalaya, n'offrent point de glaciers aussi remarquables par leur étendue que ceux des deux massifs centraux de l'Europe et de l'Asie. Cependant la proximité du pôle compense en partie le manque de hauteur des cimes. Ainsi, les monts Scandinaves, exposés, comme ils le sont, aux vents d'ouest tout chargés de vapeurs, portent de vastes champs de neige sur les hauts plateaux qui les terminent, et la plupart des étroites fissures qui plongent à l'ouest vers les *fjords* de la côte sont emplies de glaciers descendant jusqu'à 500 mètres, ou même, comme celui de Bondhusbraen, à 295 mètres d'altitude. Parmi des centaines de fleuves de glace, le plus considérable est celui de Lodal, qui s'épanche des immenses champs de névé du Justedal; il a près de 8 kilomètres de longueur, 800 mètres de large et descend parfois jusqu'à 400 mètres du niveau de la mer. La superficie de ce glacier est bien inférieure à celle des glaciers primaires des Alpes; on l'évalue approximativement au septième de celle du grand courant d'Aletsch.

Les montagnes de l'Oural, quoique situées, comme les plateaux de la Scandinavie, sous des latitudes boréales très-élevées, n'ont pas un seul glacier, et n'atteignent même pas la limite des neiges persistantes. Sur leurs sommets, dont la hauteur varie de 1,200 à 1,500 mètres, on ne voit point, au milieu de l'été, de champs continus de neige, mais seulement des flaques isolées dans les anfractuosités des roches. Ce contraste étonnant qu'offre l'Oural, comparé aux monts Scandinaves, s'explique par la moindre abondance de l'humidité qui se précipite dans ces contrées, et sans doute aussi

1. Thomson, Hooker.

par le peu de largeur de la chaîne et son isolement au milieu de la toundra, parcourue de vents froids en hiver, renvoyant en été les rayons d'un soleil brûlant[1]. Cependant les autres chaînes de montagnes, beaucoup plus hautes, il est vrai, qui entourent la Sibérie au sud, ont leurs champs de neiges persistantes et leurs fleuves de glace. Dans l'Altaï, le glacier de Katounia descend à 1,240 mètres au-dessus du niveau marin. Les régions désolées qui s'étendent au nord du continent d'Asie offrent dans leurs plaines elles-mêmes des espèces de glaciers auxquels il ne manque rien que le mouvement pour ressembler à ceux des Alpes. Les neiges, poussées par les tourbillons de vent, s'amoncellent dans quelques dépressions du sol en véritables collines que la chaleur ne peut fondre entièrement pendant les rapides journées d'été et qui recommencent à grandir dès le milieu de l'automne. A la suite des fontes partielles et des congélations successives, la neige de ces monticules se transforme en névé, puis en glace pure et bleue comme celle des Alpes. La masse présente quelques fentes causées sans doute par les changements brusques de température, mais elle ne se déplace point sur le sol comme les glaciers; seulement, les eaux fondues par le soleil à la surface de la colline s'épanchent latéralement, puis se congèlent de nouveau et donnent une plus large base au monticule. Plusieurs de ces bourrelets de glace, qui sur un sol incliné deviendraient le commencement d'un glacier, ont une centaine de mètres de longueur.

Les terres de la zone arctique, le Spitzberg, Jan-Mayen, le Groenland, sont le domaine par excellence des névés et des glaciers. Là toutes les montagnes sont uniformément couvertes de neiges au-dessus d'une altitude variable de 3 ou 500 mètres et les champs de glace qui s'épanchent dans les vallées atteignent presque tous le bord de

1. Hofmann, *Der nördliche Ural.*

la mer. Les rares voyageurs qui ont gravi une cime du haut de laquelle on peut embrasser une vaste étendue de pays, n'ont guère vu dans la partie de l'horizon occupée par les terres qu'une immense nappe blanche percée çà et là des pointes noires des rochers.

Les glaciers de ces régions polaires ne diffèrent en rien de ceux des Alpes, si ce n'est que par suite de la faible altitude des neiges, les névés ont une très-grande étendue relativement au glacier proprement dit. On a même affirmé parfois qu'à leur partie inférieure les fleuves de glace du Spitzberg offraient l'aspect et la structure des névés. C'est une erreur. Dans ces contrées, les glaciers ont aussi leurs crevasses et leurs moulins, leurs stratifications et leurs bandes bleues, leurs moraines et leurs ruisseaux cachés. Seulement, l'épaisseur du manteau de neige qui recouvre tout le pays et la surface du glacier lui-même lui donnent en général une assez grande uniformité d'aspect : les pierres des moraines ne se montrent qu'en de rares endroits à la superficie, et quant aux amas de débris qui doivent s'accumuler au devant de chaque glacier, il faut les chercher au fond de la mer où se sont précipités les blocs détachés de la masse principale.

Un des plus vastes champs de glace du Groenland, après l'énorme glacier de Humboldt, qui n'a pas moins de 111 kilomètres de large à son extrémité inférieure, et ceux plus grands encore qu'a découverts l'Américain Hayes, dans son récent voyage, est celui d'Eisblink, au sud de Goodhaab. La partie inférieure de cette prodigieuse masse s'avance au milieu des eaux marines en formant un cap dont le développement n'a pas moins de 22 kilomètres, et le regard qui s'élève vers les hauteurs, entre les deux parois de rochers qui contiennent le fleuve de glace, aperçoit encore l'Eisblink à l'extrême horizon, c'est-à-dire à 50 ou 60 kilomètres de distance. La pente de cette mer de glace est très-douce et se fond d'une manière insensible avec la surface horizontale des banquises du rivage. Le glacier ne se terminant pas du côté de l'Océan par d'abruptes falaises, on ne sait où se trouve au-dessous des glaces la véritable limite entre la terre et les eaux. Du reste, un amas considérable de débris sous-marins, le Tallert-Bank, se développe en demi-cercle au large du glacier. C'est probablement une sorte de moraine frontale apportée par le fleuve qui coule incessamment au-dessous de l'Eisblink.

La plupart des autres torrents descendus des montagnes de l'intérieur du Groenland restent ainsi cachés pendant leur cours entier sous les énormes couches mouvantes des champs de glace et ne se révèlent que par le bouillonnement, la couleur boueuse et la faible salure des eaux marines auxquelles ils se mélangent. Quelques-uns d'entre eux, roulant une quantité d'eau considérable, se sont creusé de larges lits sous les voûtes de glace, qui pèsent d'un poids énorme sur leurs piliers et se fracturent de plus en plus sous la pression des masses supérieures. En même temps, les vagues de la mer, dont la température est plus haute que celle du glacier, en fondent la base et la sapent incessamment par leurs chocs répétés. Il en résulte fréquemment des chutes de glaces, et des pans entiers, semblables à des fragments de montagnes, s'écroulent avec fracas.

Ces effondrements des falaises terminales de glace du Groenland et des autres terres du nord sont un magnifique spectacle. La prodigieuse masse, haute de 50, de 100 ou même de 120 mètres, comme dans le glacier de Horn-Sound, au sud du Spitzberg, pèse en entier sur la mer qui fond graduellement la glace avec laquelle ses eaux se trouvent en contact. A marée basse, l'énorme roche surplombante, sous laquelle on pourrait se glisser en barque, reste sans appui et n'est plus soutenue que par sa cohésion avec les autres glaces et les parois des rochers voisins. Cependant la masse continue d'avancer, et les mille ruptures partielles qui s'opèrent dans son épaisseur font entendre un bruit semblable au petillement de l'étincelle électrique [1]. Tout à coup, le grand écroulement a lieu ; d'énormes tranches de glace se détachent de la falaise avec un bruit de tonnerre, plongent dans les profondeurs de l'eau, puis reparaissent à la surface de la mer, oscillent sur elles-mêmes pour trouver leur équilibre, et, poussées par les vents et les courants, s'éloignent en se balançant sur les flots [2].

Sur le continent du nouveau monde, les glaciers des montagnes les plus septentrionales ressemblent à ceux du Groenland et du Spitzberg, car ils atteignent aussi le bord de l'Océan ; mais vers le sud, la limite inférieure des glaciers se relève assez rapidement. Dans une gorge du mont Forbes, situé près du 52e degré de latitude, il en est un qui descend à la cote de 1,305 mètres ; le mont Renier, entre le 46e et le 47e degré, présente encore sur ses flancs de petits glaciers sur lesquels s'épanche quelquefois la lave brûlante ; mais plus au sud, aucune autre cime des montagnes Rocheuses et de la Sierra-Nevada, même celles qui se dressent à plus de 4,000 mètres d'élévation, ne portent de champs de glace ; on n'y voit que les moraines et les stries racontant l'histoire d'anciens glaciers disparus. Les névés des montagnes Rocheuses sont aussi très-peu étendus, ce qu'on explique par la sécheresse de l'air et par la rapide évaporation qui en est la conséquence.

Dans la zone tropicale, les seuls monts de l'Amérique dont les flancs offrent de petits glaciers sont de hauts sommets dépassant 5,000 mètres d'altitude ; tels sont l'Orizaba, quelques cimes de la Sierra-Nevada de Sainte-Marthe et de la sierra de Cocui, dans la Nouvelle-Grenade, l'Altar de l'Équateur dont l'ancien cratère est empli de glace, l'Illimani, dans la Bolivie [3]. Toutefois, ces faibles glaciers, comparés à la vaste étendue des névés et aux dimensions

1. Voir, dans le deuxième volume, le chapitre intitulé *les Eaux marines*.

2. Charles Martins.

3. Behm, *Geographisches Jahrbuch*.

des chaînes elles-mêmes, n'ont aucune importance géographique. Il est donc permis de répéter, avec la plupart des auteurs, que les Andes sont dépourvues de glaces sur une longueur de plus de 5,000 kilomètres, des confins du Venezuela au centre du Chili. Le Descabezado de Maule, sous le 35e degré de latitude méridionale, est la première montagne chilienne dont les épaules portent un champ de glace; mais au sud de ce pic, les glaciers deviennent de plus en plus nombreux et, d'après Philippi, présentent dans leur structure et leur marche la même variété de phénomènes que les beaux glaciers des Alpes[1]. Sur les côtes de la Patagonie, au sud de Chiloe, la face terminale des glaciers se montre dans toutes les vallées à proximité du rivage; déjà sous la latitude de 46° 50′, correspondant à la situation des collines du Poitou, dans l'hémisphère boréal, les fleuves de glace atteignent le bord de la mer, et les fragments qu'en détachent les vagues vont flotter au loin vers le nord; c'est que la chute d'eau de pluie et de neige est très-considérable sur le versant occidental de ces montagnes; en outre, il est certain que la température moyenne est moins élevée dans l'hémisphère méridional que dans celui du nord[2].

Sans parler des glaciers des terres antarctiques qui n'ont encore été vus que de loin et dont les phénomènes doivent parfaitement ressembler à ceux des glaciers de la zone boréale, il est encore dans l'hémisphère du sud des fleuves de glace très-remarquables; ils s'épanchent sur le flanc des Alpes néo-zélandaises, dans la grande île méridionale. Les glaciers du versant oriental de cette chaîne ne descendent pas aussi bas que ceux du versant opposé, parce que la quantité de neige et d'eau versée par les nuages y est de trois à cinq fois ou même de neuf fois moins considérable. Le grand glacier de Tasman, qui s'épanche à l'est, a

1. *Mittheilungen von Petermann*, t. VII, 1863.
2. Voir dans le deuxième volume le chapitre intitulé *les Climats*.

sa face terminale à 835 mètres d'élévation, tandis que le glacier de Waiau, qui remplit une gorge inclinée vers l'occident, descend jusqu'à 212 mètres au-dessus du niveau marin et laisse tomber ses blocs au milieu des fougères arborescentes, des pins, des hêtres, des fuchsias et d'autres plantes des terres basses. La position de ce glacier (43° 35') correspond, pour l'hémisphère septentrional, à la latitude de Cannes et d'Antibes; or, dans les Alpes de la Suisse, le glacier qui descend le plus bas atteint à peine la cote de 1,000 mètres; c'est à 20 degrés plus au nord, sur les côtes de la Norvége, que se trouvent les premiers fleuves de glace dont la face terminale est aussi peu élevée au-dessus de l'Océan que celle du glacier de Waiau [1].

IX.

Époque glaciaire. — Anciens glaciers de l'Europe. — Dispersion des blocs autour de la Scandinavie et dans l'Amérique du Nord. — Anciens glaciers des régions tropicales.

L'étude des phénomènes qu'offrent actuellement les glaciers des Alpes a révélé ce fait inattendu, qu'à une époque géologique relativement moderne, ils offraient des dimensions beaucoup plus considérables. Sous l'influence de conditions météorologiques qui différaient certainement de celles de la période actuelle, mais qui sont encore l'objet de très-vives discussions entre les savants, les fleuves de glace descendaient à de grandes distances de la crête jusqu'à l'extrémité de vallées devenues de riches campagnes pendant l'époque actuelle. C'est là ce que montrent d'une manière évidente les stries marquées parallèlement à de grandes

1. Julius Haast, *Bulletin de la Société de Géographie*, fév., mars, 1866.

hauteurs sur les flancs des montagnes, les moraines gigantesques repoussées autrefois jusqu'au débouché des vallées et les roches transportées jadis par les glaces d'une chaîne de montagnes sur le versant opposé d'une autre chaîne. Des indices parfaitement semblables à ceux qui marquent l'amplitude des petites oscillations actuelles des glaciers servent à mesurer aussi les anciennes crues de ces énormes fleuves.

Un de ces indices irrécusables est la limite supérieure des *polis*, c'est-à-dire des traces d'usure qu'ont laissées les glaces dans leur marche vers les vallées. Il paraît que cette limite ne dépasse guère 3,000 mètres sur les flancs du Mont-Rose et les Alpes bernoises; mais la pente qu'offrait alors la surface de la plupart des champs de glace était beaucoup moins forte qu'elle ne l'est aujourd'hui, elle n'excédait pas 2 degrés, et sur divers points des rives de l'ancien glacier

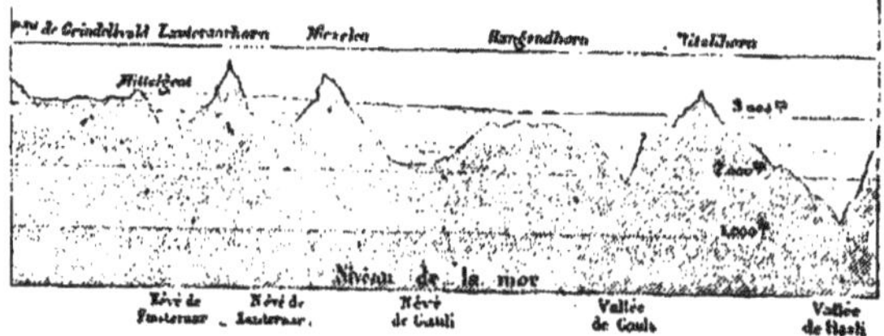

Fig. 71. Anciens glaciers de l'Aar.

de l'Aar, elle était même encore plus faible. La plus grande abondance des glaces entraînées permettait à la masse entière de cheminer dans un lit très-faiblement incliné. La figure 71, empruntée à un ouvrage de M. Desor[1] peut donner une idée des dimensions qu'avaient autrefois les glaciers de l'Aar.

1. *Nouvelles Excursions et séjour dans les glaciers des Alpes.*

De même le glacier du Rhône, occupant de nos jours une simple gorge des montagnes du Valais, emplissait jadis tout l'espace compris entre les massifs du Finsteraarhorn et du Mont-Rose, et de chaque vallon latéral, de chaque combe qui s'ouvre à droite et à gauche dans l'épaisseur des chaînes, recevait des glaces et des moraines de blocs. L'immense fleuve se développait ainsi jusqu'au bord du Léman, il le dépassait même, débordait dans les plaines de la Suisse jusqu'au Jura, et par son extrémité inférieure allait se réunir aux glaciers de l'Isère et de l'Ain. Un champ de 300 mètres de glace s'étalait dans la vallée, à l'endroit même où s'unissent le Rhône et la Saône, et où la ville de Lyon s'est construite depuis. Sur les pentes italiennes des Alpes, chacune des grandes vallées, dont les combes supérieures offrent à peine aujourd'hui quelques champs de névé, servait aussi de lit à de grands courants de glace descendant jusqu'aux plaines du Piémont et recouvrant les grands lacs alpins. Un de ces courants, prenant son origine dans les premiers couloirs du Mont-Genèvre, du Chaberton, du Mont-Thabor, du Mont-Ambin, du Mont-Cenis, de Rochemelon, remplissait toute la vallée de Suse et se prolongeait jusqu'à Rivoli, au sortir des montagnes. Un autre glacier emplissait les vallées de l'Adige, et s'avançait jusqu'au delà du lac de Garde; ces énormes glaciers alpins étaient deux ou trois fois plus considérables que ne le sont aujourd'hui les plus grands fleuves de glace du Karakorum et de l'Himalaya.

L'ancienne existence de ces glaciers est prouvée non-seulement par les stries et les polis des roches, mais aussi par les moraines frontales et latérales qui ont été poussées jadis jusqu'au débouché des vallées ou qui se sont écroulées sur les pentes. C'est ainsi qu'au-dessus du village de Monthey, dans la vallée du Rhône, on voit encore un amas de pierres de dimensions très-considérables, formant une sorte de rempart de 3 kilomètres de longueur et de 200 mètres de largeur moyenne. Cette digue de blocs granitiques, apportée du val de Forret par un ancien glacier, était autrefois une moraine médiane, et lors de la fonte du lit de glaces qui la portait, elle échoua sur ce promontoire. Jadis une multitude d'anciennes moraines de ce genre se trouvaient sur divers

Fig. 72. Ancienne moraine écroulée.

points de la Suisse; mais les roches les plus compactes, exploitées comme pierres à construction, disparaissent de jour en jour davantage.

La question qui donne lieu aux discussions les plus animées entre les géologues est celle de savoir comment les moraines des glaciers alpins et les grosses pierres qu'ils charriaient autrefois dans leur cours ont franchi les grands lacs de la Suisse et de la Lombardie. Ainsi, la ville de Lucerne est construite sur les débris portés jadis par l'immense glacier de la Reuss, descendu du Saint-Gothard, par-dessus les abîmes du lac des Quatre-Cantons. De même, au sud du lac de Garde, les collines de Solferino, de Cavriana, de San Martino, sur lesquelles fut livrée la terrible bataille de 1859, ne sont autre chose que les amas de cailloux qui servaient d'avant-garde aux glaciers[1]. Bien plus, des blocs erratiques provenant des Alpes, ainsi que le montre la nature cristalline de ces roches, se trouvent sur les pentes orientales du Jura, à diverses hauteurs et jusqu'à plus de 1,000 mètres d'élévation au-dessus du niveau de la mer.

1. Martins et Gastaldi. — Murchison, *Journal of the geogr. Soc.* 1861.

Parmi ces blocs, dont quelques-uns offrent une masse cubique de 5 à 6,000 mètres, il en est que les savants peuvent, après en avoir étudié la composition minéralogique, signaler nettement comme étant descendus de telle ou telle montagne des groupes du Finsteraarhorn, du Mont-Rose ou du Mont-Blanc. Comment ces blocs ont-ils accompli leur voyage avant d'aller s'échouer sur les flancs du Jura ? Le lac de Genève était-il à cette époque beaucoup plus élevé qu'il ne l'est actuellement, et les énormes pans qu'y laissait tomber le glacier du Rhône, et qui flottaient ensuite vers la rive opposée, renfermaient-ils des blocs et des caillous comme les montagnes de glace des mers boréales ? ou bien encore les glaciers emplissaient-ils de leur masse les profondes fissures de tous les lacs de la Suisse et de la Lombardie, et, semblables au Rhône, qui continue sa course après s'être largement étalé pour former le Léman, descendaient-ils encore au delà pour s'épancher au loin dans les plaines de la France et de l'Italie ? Cette dernière hypothèse paraît probable, car sur le flanc des montagnes qui dominent ces lacs, et notamment autour des lacs Majeur, de Côme, de Garde, on aperçoit encore les anciennes stries des glaciers, et les roches insulaires, telles que les célèbres îles Borromées, gardent cette apparence « moutonnée » qui témoigne de l'ancien passage des glaces[1]. D'ailleurs, c'est probablement à ces masses protectrices que les profondes fissures des lacs doivent de n'avoir pas été remplies par les débris descendus du haut des crêtes déchiquetées sur le lit mouvant des glaciers. Quelques géologues, anglais pour la plupart, émettent cependant l'hypothèse improbable et, ce nous semble, tout à fait en désaccord avec les phénomènes observés, que le lit même des lacs alpins aurait été creusé en entier par les glaciers des Alpes.

Quoi qu'il en soit, l'énorme extension des anciens fleuves

1. Martins, *Bibliothèque de Genève*, Juillet 1860.

de glace de la Suisse est un fait désormais incontestable. On ne saurait non plus douter qu'il n'en fût de même dans tout le reste de l'Europe. D'une extrémité à l'autre de la chaîne, les Pyrénées offrent d'irrécusables témoignages de l'époque glaciaire, et dans certaines vallées, celles d'Oo et d'Argelez par exemple, les moraines frontales sont encore presque aussi distinctes que si l'ancien glacier s'était fondu de la veille. De même, à l'ouest des Vosges, les digues naturelles de sable, de gravier, de blocs accumulés qui retiennent les eaux des petits lacs de Gérardmer, de Longemer, de Frondomé, ne sont autre chose que d'anciennes moraines. Les mêmes phénomènes se retrouvent dans les montagnes du pays de Galles, de l'Écosse, de l'Irlande, dans les Carpathes et le Riesengebirge.

D'autres preuves de l'énorme développement des glaces à une époque relativement récente sont les blocs erratiques, épars en si grand nombre sur le sol dans les contrées du nord de l'Europe. Il est désormais incontestable que les nombreuses traînées de roches qui se trouvent çà et là dans toute la Russie septentrionale proviennent des montagnes granitiques de la Scandinavie. Lorsqu'une vaste mer s'étendait sur la Finlande, entre la Baltique et l'océan polaire, les blocs de glace tombés dans les eaux qui baignaient la base des monts Scandinaves voguaient en flottilles vers les rivages opposés du continent situé dans la direction du sud-est. Les angles saillants des roches de granit contenues dans l'épaisseur de ces glaces flottantes ont tracé de longs sillons sur toutes les pointes et les protubérances du sol de la Finlande, qui étaient alors des hauts fonds marins et des écueils. M. Nordenskiold a constaté que ces lignes d'érosion se dirigent presque toutes du nord-ouest au sud-est, et que les rochers frappés par les montagnes de glace ont tous été polis du côté qui fait face à la Scandinavie, tandis que de l'autre côté, ils ont uniformément gardé leur surface inégale, leurs saillies et leurs anfractuosités. Quant aux blocs échoués, ils sont d'autant plus arrondis par le frottement qu'ils sont plus éloignés des montagnes de la Suède dont ils ont fait partie. Du reste, tous les phénomènes qui se sont accomplis jadis sur une si grande échelle autour de la Baltique s'accomplissent encore aujourd'hui. Durant l'hiver de 1862 à 1863, des masses considérables de glace venant de la Finlande, furent jetées sur la rive méridionale du golfe jusqu'à plus de 300 mètres du rivage et à 9 mètres au-dessus du niveau marin; ces amas, hauts de 12 à 15 mètres, couvrirent des habitations et des forêts entières où l'on retrouva plus tard une grande quantité de pierres qu'avait laissé tomber la glace en se fondant[1].

Ces roches de transport, éparses en si grand nombre dans les toundras et les plaines de la Russie septentrionale, on les trouve aussi en Prusse et en Pologne, jusque sur le versant des Carpathes; on les voit autour de la mer du Nord, sur les côtes de la Frise, de l'Angleterre et de l'Écosse; enfin les recherches de M. Böhtlingk ont montré que des blocs erratiques s'étaient aussi dirigés des fjords de la Laponie vers l'Océan du Nord, portés sur des massifs de glace. Ainsi l'île des monts norvégiens était jadis un centre de dispersion d'où les roches, au lieu de rouler simplement au bas des pentes, allaient se distribuer sur les divers points de l'immense espace compris entre les îles Britanniques, le Spitzberg, les monts Oural, le Valdaï et les Carpathes. Chose étrange! nombre de ces rochers scandinaves échoués au delà des mers sont encore revêtus de lichens et d'autres plantes appartenant à des familles de la Norvége; on dirait des colonies de pauvres naufragés jetés sur une plage étrangère[2].

Dans les plaines faiblement ondulées de l'Amérique du Nord, les blocs erratiques et autres débris portés par les glaces flottantes se sont également répandus sur de très-

1. Kayserling et von Baer, *Bull. de l'Ac. de St-Pétersbourg*, t. V, avril 1863.
2. Christ, *Alpenflora* dans le 2e vol. de *Schweizer Alpen-Club*.

vastes espaces. Le sol végétal de certaines contrées des plus fertiles, telles que l'Illinois, l'Indiana, le Michigan, est en très-grande partie composé de la terre apportée par des montagnes de glace échouée, et çà et là on trouve dans la masse du terrain de transport d'énormes blocs granitiques ayant jadis appartenu aux Laurentides ou à telle autre chaîne rocheuse de la Nouvelle-Bretagne.

Ainsi les effets de l'ancienne époque glaciaire sont encore parfaitement visibles dans les plaines septentrionales du nou-

Fig. 71. Ancien glacier de Yangma, dans l'Himalaya; d'après Hooker.

veau comme de l'ancien monde. C'est en effet là qu'on devait surtout s'attendre à trouver les traces des glaciers d'autrefois; mais les pays chauds eux-mêmes montrent sur leurs flancs et dans leurs gorges les traces les plus distinctes laissées par les courants de glace. Ainsi le botaniste Hooker a vu, à la base même de l'Himalaya, d'anciennes moraines formant de véritables barrages au travers des vallées, et dans la Syrie il a pu constater que les fameux cèdres du Liban croissent sur des amas de débris de même nature. Au pied de la Sierra-Nevada de Sainte-Marthe, sur le littoral de la Colombie, où la température moyenne est de 27 degrés centigrades, on trouve aussi des amas de débris que les glaces, descendant alors à 4,000 mètres plus bas qu'elles ne descendent aujourd'hui, poussaient jusqu'au bord de la mer. Enfin, Agassiz a reconnu également le passage d'anciens glaciers dans les montagnes du Brésil, non loin de Rio-de-Janeiro et même sous l'équateur, à l'embouchure de l'Amazone; le récif de Pernambuco et de tout le littoral voisin ne serait même qu'une longue série de moraines frontales battues et consolidées par les flots.

Chaque région du globe a donc eu son époque glaciaire; mais cette époque a-t-elle coïncidé pour les diverses régions du globe, ou bien a-t-elle oscillé d'un hémisphère à l'autre, régnant tantôt au nord, tantôt au sud de l'équateur? On ne sait; il est probable cependant qu'un balancement rhythmique de la température s'opère pendant le cours des siècles d'un pôle à l'autre pôle et que par conséquent les périodes glaciaires ont alterné de l'Europe à l'Afrique et de l'Amérique du nord à l'Amérique du sud. D'après Hochstetter, la Nouvelle-Zélande et la Patagonie, où les glaçons descendent si bas, se trouveraient maintenant dans leur période glaciaire. Du reste, les hypothèses abondent relativement à l'extension des anciens glaciers, et sous ce rapport les géologues sont encore bien loin de s'accorder sur une théorie commune.

CHAPITRE II.

LES SOURCES.

I.

Rôle secondaire des glaciers dans la circulation des eaux. — Les eaux sauvages. — Absorption des eaux de neige et de pluie par les terres, les tourbes et les roches. — Les sources et les nymphes.

Excepté dans les contrées polaires, c'est de beaucoup la plus faible partie des eaux de l'atmosphère qui se fixe dans les glaciers et se maintient ainsi, pendant des années ou même des siècles, suspendue au-dessus des plaines, sur le flanc des montagnes. La proportion de l'eau qui tombe des nuages sous la forme liquide est beaucoup plus considérable, et par suite remplit un rôle d'une importance relative bien plus grande dans l'économie du globe. L'eau de pluie ou de neige fondue, incomparablement plus rapide que les glaces dans son mouvement circulatoire, s'écoule aussitôt à la surface du sol, ou bien disparaît dans les profondeurs des roches, pour rejaillir plus loin en fontaines ou même pour continuer souterrainement son cours jusqu'aux abîmes de l'Océan.

Dans les gorges de montagnes dont la terre ou la roche nue ne laisse pas s'infiltrer les eaux de neige et de pluie, celles-ci s'abattent rapidement vers la plaine, en roulant et en poussant sur le fond de leur lit les débris détachés des pentes. Après les averses exceptionnelles, il est souvent difficile de faire une distinction bien nette entre un de ces torrents temporaires, un éboulis et une avalanche. Il arrive alors que des masses neigeuses à demi fondues et mêlées à une boue liquide sont entraînées par leur propre poids et glissent sur les pentes en faisant rouler devant elles des pierres désagrégées. Bientôt tout s'écroule et s'abat dans le couloir de descente. Les eaux et les neiges souillées se changent en une masse fangeuse et noirâtre au milieu de laquelle les blocs roulent en bondissant; dans ce chaos mouvant, les débris se heurtent avec fracas et secouent les rochers du bord, tandis que l'eau torrentueuse les déchausse à la base. A la fin, ces énormes masses s'ébranlent à leur tour et prennent part à l'immense chute. Un bruit de tonnerre précède l'avalanche et l'annonce de loin à ceux qui pourraient se trouver sur son parcours; mais ces phénomènes, qui sont à la fois des éboulis et des abats d'eau, ne durent que peu d'instants. Après avoir entraîné comme des cailloux d'énormes rochers de 10 mètres de côté, le torrent disparu ne laisse plus après lui que des couches de fange.

De pareilles avalanches d'eau sont heureusement assez rares, du moins en Europe; mais toutes les pluies torrentielles qui tombent sur les pentes des monts, et même sur le sol plus ou moins incliné des terres basses, ont pour conséquence la formation de torrents et de ruisseaux temporaires. Ce sont les eaux sauvages. Se précipitant par les chemins creux, les ravins et les dépressions du sol, elles le nettoient de tous les débris qui s'y étaient accumulés, emportent la terre végétale, les herbes et les broussailles, labourent profondément leur lit lorsque celui-ci n'est pas une roche compacte, et quand elles atteignent la rivière de la plaine, elles lui apportent des amas de boue et de longues traînées de cailloux arrachés à leurs rives. Ce sont de véritables agents géologiques, dont le travail d'un jour ou d'une heure contribue pour sa part à modifier l'aspect du globe.

Si les terrains n'étaient point perméables, il n'y aurait

pas de sources et toute la masse liquide apportée par les pluies et les neiges s'écoulerait à la surface du sol, comme le font les eaux sauvages et les torrents des montagnes. Toutefois, la plus grande partie de l'eau pénètre d'abord dans les profondeurs de la terre. Là, elle se purifie plus ou moins complétement des corps étrangers qu'elle avait entraînés, s'élève graduellement à la température des couches parcourues et se sature de sels lorsqu'elle en trouve de solubles sur son passage. Enfin, à la rencontre des couches imperméables, les eaux, ne pouvant pénétrer plus avant, reviennent à la surface et s'échappent en sources.

L'absorption de la pluie ou de la neige fondue s'opère de différentes manières, suivant la nature du sol. La terre végétale ordinaire ne laisse pénétrer l'eau qu'à une faible profondeur, surtout lorsque la pluie tombe sous forme d'averse et que la pente du terrain facilite l'écoulement. L'humus absorbant une très-grande quantité d'eau, parfois supérieure à la moitié de son propre poids, empêche les couches situées au-dessous de prendre leur part de l'humidité et la retient presque tout entière pour l'usage des plantes qu'il nourrit. Des pluies tout-à-fait exceptionnelles peuvent seules saturer un sol labourable ordinaire jusqu'à un mètre de la surface. L'eau traverse beaucoup plus facilement les terrains sablonneux et les graviers; mais la glaise et l'argile compactes lui refusent le passage et la retiennent en flaques à la superficie des campagnes.

Les plantes ne se bornent pas toujours à boire l'eau tombée des nuages, souvent elles aident aussi l'humidité surabondante à pénétrer dans l'intérieur du sol. Les arbres, après avoir tamisé l'eau sur leur feuillage, la laissent s'écouler goutte à goutte sur la terre lentement trempée et facilitent ainsi le suintement graduel de l'humidité dans les profondeurs, tandis qu'une autre partie de l'eau de pluie, glissant le long du tronc et des racines, s'enfonce directement jusque dans les couches du sol. Sur les pentes des hautes montagnes, les mousses et les frais tapis des œillets et d'autres plantes alpines se gonflent comme des éponges en recevant la pluie ou la neige fondue et gardent l'eau dans les interstices qui séparent les tiges, jusqu'à ce que la masse végétale remplie laisse échapper le trop-plein du liquide. Les tourbières surtout absorbent une quantité d'eau considérable, et sont de grands réservoirs d'alimentation pour les sources qui jaillissent dans les terrains inférieurs. D'immenses nappes de mousse, qui recouvrent des centaines de milliers d'hectares sur les pentes des montagnes de l'Écosse et de l'Irlande, peuvent être, en dépit de leur déclivité, considérées comme de vrais bassins lacustres renfermant des millions de tonnes d'eau entre leurs innombrables folioles[1]. Au bas, dans la campagne, les eaux surabondantes de ces tourbières sourdent en fontaines.

Les roches, comme la terre végétale, absorbent des quantités d'eau plus ou moins grandes, suivant leurs fissures et l'écartement de leurs molécules. Le terrain est-il formé de scories volcaniques, de couches poreuses de cailloux, de graviers, de cendres ou de sables, l'eau descend rapidement vers les formations géologiques situées au-dessous. Quant aux roches dures, les unes, surtout certaines espèces de granit, n'absorbent qu'une faible quantité d'eau à cause du petit nombre de leurs failles; d'autres, comme la plupart des massifs calcaires, boivent au contraire toute l'eau qui tombe à leur surface. Il en est dont les assises sont tellement fracturées et fendillées qu'elles ressemblent à d'énormes murailles de moellons superposés; les pluies s'y perdent à l'instant comme dans un crible. Toutefois, la plupart des roches calcaires appartenant à diverses périodes géologiques sont formées de strates épaisses et régulières, fendues de distance en distance par de longues crevasses verticales. Au-dessous de ces premières assises

1. Voir ci-dessous le chapitre intitulé *les Lacs*.

s'étendent des lits de marne tendre que l'eau traverse difficilement, mais dont elle peut délayer et entraîner les molécules. C'est là que se forment, goutte à goutte, filet d'eau à filet d'eau, les ruisseaux souterrains qui s'épanchent ensuite sur leur couche de marne en suivant la pente générale des strates. Après un laps de temps plus ou moins long, la strate marneuse finit par être délayée et les eaux s'écoulent alors par des cavernes, que modifient diversement les éboulis, les failles et l'action séculaire du courant. Les sources qui proviennent des roches calcaires de cette nature sont en général les plus abondantes à cause de la longueur de leur cours souterrain. L'eau qui tombe sur de vastes espaces à la superficie des plateaux finit par se réunir en un seul lit; telle masse liquide qui jaillit tout à coup à la lumière, comme si elle venait de naître du sol, égoutte un territoire de plusieurs centaines ou de plusieurs milliers de kilomètres carrés.

Ainsi, suivant la nature de la roche sur laquelle tombent les eaux de pluie, celles-ci reviennent au jour à de très-grandes distances du lieu de leur chute ou bien sourdent en petits filets presque immédiatement au-dessous de l'endroit où se sont rassemblées les premières gouttelettes. Sur un grand nombre de montagnes, on rencontre avec surprise des fontaines jaillissantes à quelques mètres du sommet. Souvent même, on a voulu considérer ces eaux comme le témoignage d'une intervention miraculeuse. Entre autres, on citait la « source des Sorcières, » qui jaillit de l'un des points les plus élevés du Brocken, la montagne culminante du Harz. Cette source se trouve en réalité à 6 mètres plus bas que la partie la plus haute du plateau terminal, et l'on a calculé que si elle servait à l'écoulement de toute l'eau de pluie tombant sur la calotte du mont, elle pourrait fournir 7 litres 1/2 par minute; or, elle ne fournit guère que le tiers. D'ailleurs, il est rare qu'elle tarisse : on n'en cite que de très-rares exemples [1]. Dans l'île principale de l'archipel Chausey, longue de 700 mètres et large de 250 seulement, jaillit également une source permanente, et l'on se demande si la pluie qui tombe sur ce rocher est suffisante pour alimenter la fontaine, ou si elle provient de la filtration des eaux du continent [2]. Toutefois, c'est dans les vallées qui s'ouvrent à la base des montagnes ou même dans les plaines, au pied de hauteurs secondaires, que les eaux jaillissantes se montrent en plus grande abondance. Les sources sont la beauté de ces paysages discrets où la nature apparaît tout entière dans un espace restreint. Au bord du ruisseau qui s'élance en gazouillant et donne, pour ainsi dire, une voix caressante à la terre, on voit d'un regard tout un ensemble gracieux qui charme et qui console. Sans effort, on peut se sentir vivre avec les objets environnants, qui semblent tous faits à la taille de l'homme; on est attendri, et non pas opprimé, confondu d'admiration comme à la vue des cataractes, des glaciers ou des vagues de la mer. D'ailleurs, peut-on en face de la source ne pas sentir instinctivement que là se trouvent les origines mêmes de toute civilisation? Dans ce petit coin, tout était disposé comme à souhait pour les besoins du premier cultivateur : quelques arbres penchés qui l'ombrageaient, un monticule qui l'abritait du vent, une eau claire pour son jardin, des pierres pour sa cabane; lui en fallait-il davantage pour qu'il commençât ces grands travaux d'aménagement de la terre qui ont fait de nous, ses descendants, ce que nous sommes aujourd'hui?

Si l'homme blasé de nos villes ne peut contempler une source sans émotion poétique, combien plus vif devait être ce sentiment chez nos ancêtres qui vivaient au milieu de la nature! Parmi les peuples anciens, il en est qui révéraient les fontaines comme des divinités. Les Grecs, qui savaient

1. Von Klöden, *Handbuch der Erdkunde*.
2. Audoin et Milne-Edwards, *le Littoral de la France*.

si bien prêter à la terre leurs passions et leurs joies, ont animé chacune de leurs fontaines et l'ont transformée en une gracieuse nymphe ou en un beau demi-dieu. Tous les voyageurs s'étonnent lorsqu'ils aperçoivent ces humbles sources d'Hippocrène ou de Castalie, ces ruisselets du Scamandre, de l'Alphée, de l'Ilyssus ou de l'Eurotas, auxquels les poëtes de la Grèce ont donné une impérissable gloire. Quoi! ce sont là ces faibles cours d'eau que les Hellènes honoraient de médailles, de statues et de temples! Ce sont là ces minces filets de cristal, glissant entre les pierres, qui servaient de patrons à des cités puissantes et que les divins rhapsodes invoquaient dans leurs chants! Ces sources nous semblent bien peu de chose, à nous barbares du Nord, qui ne savons apprécier que le colossal et qui réservons toute notre admiration pour les grands fleuves tels que le Mississipi ou le courant des Amazones; et pourtant qui décrira jamais l'ineffable beauté de la moindre source? Qu'elle s'épanche sous les arbres mystérieux entre deux berges fleuries, qu'elle sorte lentement de l'obscurité des grottes sous les blancs rochers calcaires, ou bien qu'elle jaillisse en perles d'un fond de cailloux et fasse danser les grains de sable sur ses gouttelettes, chaque fontaine a son caractère spécial de grâce ou de beauté sévère. L'une est le charmant Acis échappant aux rochers de lave sous lesquels voulait l'engloutir le Cyclope; l'autre est la nymphe Aréthuse, qui nage sous les mers pour ne pas mêler son eau bleue à l'onde troublée d'un fleuve; une autre encore est la vierge Cyane, baignant les fleurs qu'elle cueillait jadis pour en couronner Proserpine.

Il est facile de comprendre la vénération qu'ont pour les sources les habitants des contrées tropicales dont le sol est aride et le ciel embrasé. Sur les limites des déserts et dans les oasis, l'eau jaillissante est rare et l'on en sent d'autant mieux l'inestimable prix. Cette maigre source, qui s'échappe de la fente d'une roche, c'est elle qui nourrit les herbes, les graines et les fruits nécessaires à la subsistance de toute la tribu. Que l'eau vienne à tarir et la population est obligée d'émigrer aussitôt sous peine de mourir de faim et de soif. Aussi l'habitant de l'oasis professe-t-il un véritable culte pour cette eau bienfaisante qui lui donne la vie. Sous les climats plus favorisés par les pluies, l'amour de l'homme pour les sources diminue naturellement en proportion de leur abondance; mais on retrouve un reste de ce sentiment dans l'esprit de tous les peuples, même ceux qui habitent les pays les mieux arrosés. C'est probablement à cause de cette vénération instinctive pour les eaux jaillissantes que les montagnards de la Suisse ne considèrent pas les torrents d'eau blanche sortant de l'arche terminale des glaciers comme étant les véritables sources des fleuves; ils accordent cet honneur aux petites sources discrètes dont l'eau pure s'échappe en filets de la base d'un rocher. Pour eux, le vrai Rhône n'est pas le furieux cours d'eau qui bondit hors du glacier, c'est un ruisselet légèrement thermal (18 à 22 degrés) qui glisse entre les pierres à quelques centaines de mètres au-dessous de la moraine frontale. L'eau de source, ne tarissant jamais en hiver comme le torrent des glaces, est ferrugineuse et colore en rouge les pierres de son lit; de là, dit-on, le nom du Rhône (*Rotten*) [1].

Ce ne sont point seulement le charme et l'utilité des fontaines qui les font aimer, c'est aussi le mystère de leur origine. On aime à se demander d'où viennent ces eaux pures, quelles voies elles ont suivies dans l'intérieur de la terre avant d'arriver à la lumière du jour. Cette nymphe charmante, dans quelle grotte séjourne-t-elle, et du haut de quelle montagne est-elle descendue? Telles sont les questions que l'ignorant se pose à la vue des sources, et que le savant est loin d'avoir résolues. Que d'études et de recherches sont encore nécessaires avant que l'on puisse, sans

1. H. de Saussure, *Voyages dans les Alpes*, vol. III.

crainte de se tromper, suivre l'immense circuit accompli par la goutte d'eau à travers les rochers, les fleuves et les nuages !

II.

Variations du débit des sources. — Estavelles. — Régularisation du débit pour les sources profondes. — Fontaines intermittentes.

On peut dire d'une manière générale que le débit des sources varie avec l'abondance des pluies. Après les chutes d'eau extraordinaires, toutes les fontaines grossissent et débordent, à l'exception de celles qui, par la forme de leur lit souterrain, se refusent à livrer une quantité de liquide plus considérable. Parfois même, il arrive, pendant les saisons exceptionnellement pluvieuses, que des sources jaillissent de crevasses qui sont presque toujours à sec et forment des ruisseaux temporaires : ce sont les *fontaines de disette*, les *fonts-famineuses*, les *bramafans* (crie-la-faim) dont les cultivateurs voient à bon droit l'apparition comme l'annonce redoutable d'une année trop humide pour leurs récoltes.

Quant aux sources permanentes, un grand nombre d'entre elles, qui s'échappent d'un sol fendu dans tous les sens, ont des orifices supplémentaires après les grandes pluies. On voit souvent dans les montagnes des parois de rochers, à la base desquelles coule, en temps ordinaire, un petit filet d'eau, se hérisser de cascades plongeant à diverses hauteurs de la façade perforée. Dans les gorges et sur les pentes peu inclinées, des phénomènes de même nature se produisent, mais il est quelquefois difficile de reconnaître l'intime connexité de sources diverses qui jaillissent à des distances plus ou moins grandes les unes des autres. En effet, on a de la peine à comprendre au premier abord qu'une fontaine temporaire, coulant à 1 ou 2 kilomètres en amont d'une source pérenne, se trouve cependant située sur le même cours d'eau souterrain, et n'est, pour l'orifice inférieur, qu'une espèce de soupape de dégagement. Ces fontaines supplémentaires sont désignées en Languedoc par le nom d'*estavelles*, récemment introduit par M. Fournet dans le langage scientifique.

Les pentes calcaires du Jura offrent de remarquables estavelles, parmi lesquelles on peut citer notamment celles des environs de Porrentruy. Quatre fontaines abondantes, jaillissant dans la ville elle-même, sont les déversoirs d'un cours d'eau souterrain alimenté par les montagnes qui se dressent au sud-ouest. Grâce aux dépressions du sol et au bruit d'eaux courantes qui se fait entendre çà et là, on peut suivre facilement le ruisseau caché jusqu'au puits ou *creux* de Gena, à 4 kilomètres de la ville, au pied d'un coteau. D'ordinaire, on aperçoit seulement au fond du gouffre une petite nappe liquide descendant vers la vallée; mais, après de longues pluies ou la fonte rapide des neiges, les eaux s'échappent en mugissant des cavités intérieures, puis,

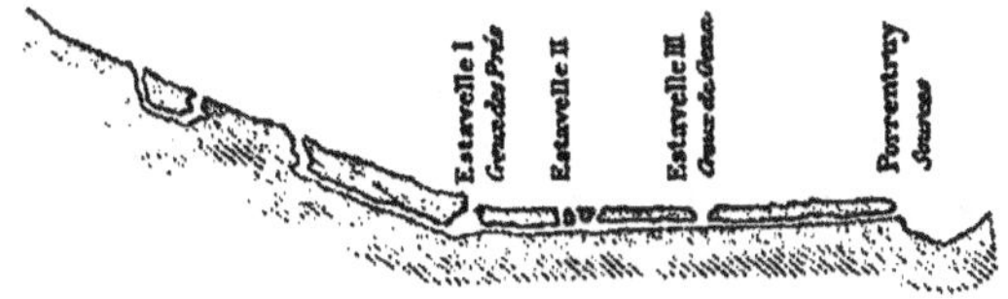

Fig. 71. Estavelles de Porrentruy.

débordant avec fureur dans les prairies, se déversent sur Porrentruy en courant à la surface du sol. Au delà de cette estavelle, où viennent se réunir plusieurs cours d'eau souterrains, la vallée, aux pentes de plus en plus roides, présente quelques autres creux du même genre d'où jaillissent temporairement les eaux surabondantes de l'intérieur. Plus haut encore, s'ouvre la combe escarpée de Rochedor où, dans toutes les saisons de l'année, le ruisseau, tantôt caché, tantôt coulant à l'air libre, passe par une succession de gouffres; on le voit jaillir soudain à la surface des roches, puis il disparaît pour renaître encore à une certaine distance en aval[1].

L'estavelle de France qui se fait remarquer pendant les saisons pluvieuses par la plus grande abondance d'eau est située, comme les creux de Porrentruy, sur un versant du Jura: c'est le Frais-Puits, ouvert à l'origine d'un petit vallon, à 4 kilomètres au sud-est de Vesoul. En temps ordinaire, une source considérable, celle de Champdamoy, est le déversoir unique de toutes les eaux tombées dans le bassin; mais lorsque les cavernes intérieures ne sont plus assez grandes pour contenir toute la masse liquide, celle-ci s'épanche par la gueule du Frais-Puits, à 2 kilomètres en amont de Champdamoy. Parfois un véritable fleuve s'élance de cet abîme. Il submerge les prairies de Vesoul sur une étendue de plusieurs kilomètres carrés et fait déborder la petite rivière de la vallée, et même la Saône qui reçoit le trop-plein de la subite inondation. On a vu le Frais-Puits débiter, conjointement avec une autre estavelle tributaire de la rivière de Vesoul, l'énorme quantité de 100 mètres cubes par seconde, c'est-à-dire plus de deux fois la masse liquide de la Seine à son étiage sous les ponts de Paris.

Si les pluies très-abondantes ont pour résultat de faire jaillir des sources là où d'ordinaire il n'en existe pas, toute précipitation d'humidité, même la plus faible, influe aussi en proportion sur le débit des fontaines. La congélation des neiges fondantes durant la nuit, l'intensité croissante des rayons solaires pendant le jour, l'activité plus ou moins grande des phénomènes d'évaporation qui se produisent à la surface du sol, tous les météores enfin modifient inces-

1. Fournet, *Hydrographie souterraine.*

samment le régime des eaux jaillissantes et le font changer de jour en jour et d'heure en heure. Toutefois, on le comprend, les sources subissent d'autant moins l'influence directe des pluies, du soleil et des vents, que les ruisseaux souterrains ont voyagé plus longtemps et à de plus grandes profondeurs dans l'intérieur de la terre. Tous les retards que le frottement des molécules liquides contre les parois rocheuses fait éprouver aux eaux de filtration et tous les temps d'arrêt qu'elles doivent forcément subir dans les lacs des cavernes, ont pour résultat d'affaiblir dans les couches profondes ce que les changements des saisons ont de brusque à la surface; dans ces profondeurs, les saisons finissent par ne plus avoir de limites précises et leurs effets se compensent mutuellement. Grâce aux longs et tortueux canaux qui les alimentent, les sources peuvent ainsi se régulariser et fournir durant toute l'année un débit ne variant que dans de faibles proportions. Pour un certain nombre d'eaux thermales, qui proviennent de fissures ouvertes à une profondeur très-considérable de la croûte terrestre, l'équilibre s'est tellement bien établi dans la masse liquide qu'on y reconnaît à peine les variations répondant aux diverses saisons. Cependant, d'autres fontaines chaudes, alimentées par des réservoirs avec lesquels elles se trouvent en communication facile et rapide, offrent une grande différence de débit, suivant l'abondance des neiges ou des pluies tombées dans la contrée. Ainsi, en juillet 1855, après une longue suite d'orages, les eaux de Pfeffers, en Suisse, jaillissaient avec une telle abondance de leur source habituelle et de plusieurs autres fentes de rochers, qu'on était obligé de les laisser s'écouler sans emploi dans la Tamina. L'année suivante, au contraire, les thermes reçurent une quantité d'eau si faible qu'on craignit de la voir tarir complétement[1].

1. Otto Volger, *Erdbeben in der Schweiz*, t. III.

Les fontaines qui étonnent le plus les populations sont celles qui, coulant avec abondance, interrompent brusquement leur cours pour reparaître soudain après un laps de temps plus ou moins long; on dirait qu'une invisible main ouvre et ferme alternativement une porte secrète donnant issue au ruisseau souterrain. La raison de ces phénomènes d'intermittence est désormais expliquée. Quand les eaux apportées par le courant caché se rassemblent dans une large cavité du rocher communiquant avec l'extérieur par un canal en forme de siphon, la masse liquide s'élève peu à peu dans la salle de pierre avant de jaillir au dehors : il faut que le réservoir se remplisse jusqu'à la hauteur du siphon pour que celui-ci soit amorcé, et que l'eau s'écoule en source dans le bassin extérieur. Si l'eau du réservoir ne se renouvelle pas assez rapidement et qu'elle ne puisse toujours se maintenir au moins au niveau de l'orifice

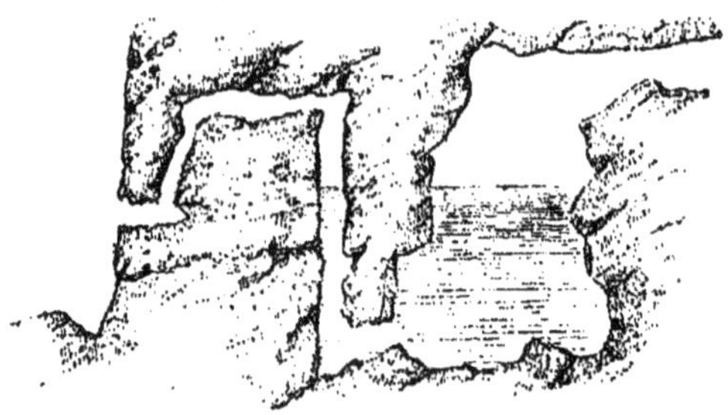

Fig. 73. Source intermittente.

de sortie, l'écoulement cesse aussitôt et ne peut recommencer tant que la partie supérieure de la masse liquide n'est pas montée de nouveau jusqu'au point le plus élevé du siphon. Après une période de repos plus ou moins longue, la source entre alors dans une nouvelle phase d'activité.

Les durées relatives des intermittences varient avec la capacité du bassin de retenue, la hauteur et le diamètre du siphon, la position du canal de sortie, l'abondance des eaux souterraines, l'énergie de l'évaporation. Du reste, les allures de chaque source sont incessamment modifiées par la fréquence ou la rareté des pluies, et tour à tour les eaux jaillissantes prolongent ou diminuent la durée de leur apparition. Parfois, des fontaines qui sont ordinairement intermittentes, reçoivent des canaux souterrains une quantité d'eau suffisante pour couler sans interruption pendant des semaines ou des saisons entières; d'autres fois, après de longues sécheresses, la source cesse complétement de couler, et le visiteur, qui, sur la foi de quelque ancien livre, veut assister, montre en main, au jaillissement prédit, risque fort de regarder vainement pendant de longues heures le bassin desséché de la fontaine. Il arrive aussi fréquemment que des éboulis de rochers ou l'ouverture de nouvelles fentes changent le cours du ruisseau souterrain et en détruisent la périodicité. C'est ainsi que le Bullerborn, fontaine de Westphalie qui s'élançait jadis hors du sol, d'environ quatre heures en quatre heures, avec assez de force pour faire tourner les roues de plusieurs moulins, est devenu, depuis les premières années du XVIIIe siècle, un ruisseau beaucoup plus faible, mais coulant constamment[1].

III.

Sources remontantes. — Puits artésiens. Température des eaux jaillissantes.

Avant de s'échapper en sources, les ruisseaux souterrains n'ont pas tous, comme les eaux qui s'écoulent à la

1. Von Klœden, *Handbuch der Erdkunde*.

superficie du sol, un lit dont la pente soit constamment inclinée dans le sens du courant. Il en est plusieurs, qui, après être descendus dans le sein de la terre, soit par une déclivité uniforme, soit par une série de cascades ou de rapides, finissent par remonter des profondeurs vers la surface et jaillissent verticalement du sol.

Suivons par la pensée un filet d'eau de neige fondue descendant du haut des montagnes à travers les crevasses du sol jusqu'à plusieurs centaines ou milliers de mètres au-dessous de la superficie terrestre. Tant que cette eau ne rencontre pas de couche imperméable, elle ne cesse de plonger vers les abîmes inférieurs ; mais qu'elle soit arrêtée par un lit d'argile étanche ou par toute autre assise infranchissable, elle s'écoulera sur cette assise en en suivant les infléchissements. Là où l'assise se reploie graduellement vers la surface du sol, ou même se redresse soudain, la nappe souterraine remonte dans le puits, afin de s'équilibrer avec les autres masses liquides qui continuent de descendre des hauteurs.

Bien plus, en vertu de la loi qui force les liquides à chercher le même niveau dans tous les réservoirs communiquants, un jet d'eau ne peut manquer de s'élancer en source, dès qu'il trouve une issue en contre-bas des cavernes où se sont assemblées les premières eaux. Même si la partie du sol où s'opère le jaillissement est d'un niveau très-inférieur à celui des réservoirs d'alimentation situés en amont, le jet liquide doit nécessairement s'élever en colonne au-dessus de la surface du terrain. C'est ainsi qu'à Châtagna, dans le département du Jura, un jet d'eau naturel s'élance à 3 ou 4 mètres de hauteur ; dans la grotte de Male-Mort, près de Saint-Étienne, en Dauphiné, une masse d'eau jaillissante n'a pas moins de 7 à 8 mètres[1]. Toutefois, les fontaines étant plus ou moins chargées de sédiments, les

1. Fournet, *Hydrologie souterraine.*

dépôts accumulés en tertre de forme circulaire autour de l'orifice finissent presque toujours par exhausser le sol jusqu'à l'ombelle de la colonne liquide. On peut citer en exemple de ces eaux jaillissantes les fameuses fontaines de Moïse (*Aïn Musa*), qui coulent dans une charmante oasis, non loin des bords du golfe de Suez. Ces eaux, dont la température varie de 21° à 29° centigrades, s'épanchent actuellement du haut de petits cônes de débris sableux et limoneux qu'elles ont graduellement élevés au-dessus du niveau de la plaine et qu'ombragent des oliviers et des tamaris. A une certaine distance de l'endroit où ruissellent les filets d'eau, s'aligne une rangée de cônes desséchés : ce sont les anciennes buttes des sources, désormais abandonnées à cause de leur trop grande élévation [1].

Ce phénomène de l'ascension des eaux profondes est un fait mis hors de doute par les observations directes; car, depuis bien des siècles déjà, l'absolue nécessité de trouver des sources dans les contrées arides a fait connaître aux peuples l'existence de ces nappes remontant des profondeurs de la terre. Dans les déserts de l'Égypte et de l'Algérie, les indigènes avaient appris, dès la plus haute antiquité, à forer des puits de 10, de 20 et même de 25 mètres au-dessus des veines liquides, et faisaient ainsi jaillir au milieu des sables des colonnes ascendantes d'eau déversant autour d'elles la vie et la richesse. Les habitants de certaines vallées de l'Afghanistan et de l'Arabie, craignant de perdre une seule goutte de l'eau si précieuse qui leur descend des montagnes, ont même poussé la prévoyance jusqu'à s'emparer des ruisseaux à l'issue des gorges et à les enfermer dans des canaux souterrains, inclinés suivant la pente générale du sol. L'eau ainsi protégée de la chaleur du soleil, ne s'évapore point en route; elle atteint presque sans déperdition le bas de la pente, et, remontant

1. *Mittheilungen von Petermann*, 1861.

par un puits vertical dans le réservoir de sortie, s'épanche aussitôt dans les rigoles d'irrigation. La plupart de ces canaux sont en outre percés de distance en distance par des sortes de « regards » où les cultivateurs riverains puisent l'eau nécessaire à leurs cultures; il est de ces ruisseaux cachés qui n'ont pas moins de 58 kilomètres de long. Ce sont là des imitations rudimentaires du travail que la nature accomplit elle-même pour élaborer ses sources et les faire jaillir à la surface du sol.

Actuellement, grâce aux puissants moyens de recherche que l'industrie moderne a mis entre les mains des géologues, ce n'est pas seulement à une faible profondeur, mais c'est à plusieurs centaines de mètres qu'ils vont percer les assises d'argile, de sable ou de pierre pour donner issue aux veines d'eau jaillissante descendues des monts ou des plateaux lointains. Par la seconde vue que lui donne l'étude, le savant peut indiquer à l'avance, et souvent avec une précision presque complète, le cours des eaux souterraines et jusqu'à la qualité du liquide. Ainsi, des ingénieurs ont pu forer le sol aux environs de Calais, dans l'espoir, justifié par le résultat, de faire jaillir de leur puits des eaux venues des collines d'Angleterre, par-dessous le détroit. Ailleurs, on a creusé avec une parfaite confiance à l'endroit précis où coulaient, en effet, dans les profondeurs, des eaux salées ou médicinales. Dans le Sahara d'Algérie, des ingénieurs marquent d'avance au milieu du désert sans herbe et sans eau, la place où doit jaillir une fontaine abondante, et chaque coup de sonde amène à la surface un jet d'eau qu'entourent bientôt les tentes et les palmiers naissants d'une oasis.

Ainsi, quoique le regard de l'homme ne pénètre pas à travers les couches superposées des roches, le cours souterrain des ruisseaux n'en est pas moins visible à son esprit. Du reste, ces eaux cachées se comportent exactement comme celles qui s'écoulent à la superficie du sol : elles charrient aussi leurs alluvions et contribuent ainsi pour leur part à modifier le relief du globe. En maints endroits, notamment à Tours, des puits artésiens ont rejeté des restes

Fig. 76. Nappe artésienne de l'Oued R'ir.

de plantes, des branchages, de la mousse, des coquilles d'escargots et d'autres débris que les pluies avaient certainement entraînés, quelques semaines auparavant, dans les profondeurs de la terre. A Elbeuf, l'eau d'un forage contenait même des anguilles vivantes [1].

Un grand nombre de puits artésiens ont une profondeur considérable. Le célèbre puits de Grenelle n'a pas moins de 540 mètres, et l'eau qui s'élève du fond de cet abîme monte en outre à 28 mètres au-dessus du sol. L'eau salée qui jaillit de la source artésienne de Neusalzwerk, près de Minden, provient d'une profondeur de 730 mètres. Une source d'eau sulfureuse, obtenue à Louisville, dans le Kentucky, s'élève par un tube de 636 mètres et son eau s'élance à 52 mètres de l'orifice. Un puits creusé à Saint-Louis du Missouri, pour l'alimentation d'une raffinerie de sucre, dépasse 800 mètres. Quant à la masse d'eau que l'on a pu obtenir de divers forages, elle est très-considérable et dans beaucoup de cas elle serait plus forte encore si les tubes d'ascension avaient un plus large diamètre. La source de Neusalzwerk donne 1,460 litres à la minute; un puits artésien de l'Oued R'ir, celui de Sidi-Amran, lance dans le même

1. Buff, *Physik der Erde*.

espace de temps 4,020 litres, ou plus de 4 mètres cubes. Celui de Passy, à Paris, fournit 5 mètres et demi. Ailleurs, un grand nombre de puits artésiens unissent en une seule colonne jaillissante les eaux de deux ou plusieurs nappes liquides superposées. C'est ainsi qu'à Dieppe, un forage poussé jusqu'à 333 mètres de profondeur rencontra successivement sept veines d'eau très-abondantes.

Dans toutes les sources artésiennes, la température de l'eau est d'autant plus élevée que le puits descend plus bas au-dessous du niveau de la mer. Le jet du puits de Grenelle marque 28 degrés centigrades, 18 degrés de plus que celui de Passy, c'est-à-dire qu'en cet endroit de la croûte terrestre, l'accroissement de chaleur est d'un degré par chaque intervalle de 30 mètres en profondeur. L'étude thermométrique des autres sources artésiennes a donné des résultats peu différents, et l'on a pu constater ainsi que, pour chaque espace de 25 à 30 mètres de hauteur verticale, la température augmente en moyenne d'un degré centigrade, de la surface du sol aux couches les plus basses où les excavations de l'homme ont pénétré [1]. Dans les sources du Sahara, l'accroissement de température est, d'après M. Ville, de 1 degré par 20 mètres de profondeur.

IV.

Les sources froides et les sources thermales.

Les puits artésiens ne différant des sources naturelles que par le changement de direction donné à leurs eaux, les mêmes lois doivent s'appliquer à toutes les veines liquides, et l'on peut en conséquence reconnaître approximativement

1. Voir ci-dessus, pages 28 et 29.

à la température d'une fontaine la profondeur à laquelle l'eau est descendue dans l'intérieur de la terre. Sans crainte de se tromper, il est donc permis d'affirmer d'une manière générale que les sources froides, c'est-à-dire celles dont la température moyenne est inférieure à la chaleur du sol, descendent des hauteurs, et que les sources chaudes proviennent au contraire des couches profondes.

Dans cette multitude innombrable de fontaines, froides ou thermales, qui jaillissent de la terre, on peut observer toute la série des températures possibles, depuis le zéro jusqu'au plus haut degré de l'échelle centigrade. Une source, qui coule des flancs du Hangerer, dans l'Œtzthal, à 2,055 mètres de hauteur, est d'un degré seulement moins froide que la glace[1]. Dans les Alpes, les Pyrénées et toutes les autres chaînes de montagnes neigeuses, on rencontre aussi très-fréquemment dans le voisinage des sommets de petits filets d'eau dont la température est de quelques degrés à peine plus élevée que celle de la neige fondante. Même au pied des montagnes, et surtout des montagnes calcaires, un grand nombre de sources sont beaucoup plus froides que le sol environnant. Ainsi que les géologues qui se sont occupés d'hydrographie souterraine ont eu mainte occasion de le constater, les eaux de filtration se maintiennent d'abord à une température notablement inférieure à celle des roches; c'est que l'eau n'est pas seule à s'introduire dans les canaux souterrains, l'air circule aussi dans tout le réseau des fissures et des crevasses ; en glissant incessamment sur les parois mouillées, il produit une évaporation rapide de l'humidité et réfrigère par conséquent la surface des rochers et le ruisseau lui-même. Aussi la température des sources qui proviennent de l'intérieur de montagnes caverneuses est-elle toujours de plusieurs degrés plus basse que la température normale du sol.

1. Sonklar, *Œtzthaler Gebirgsgruppe*.

Cependant la plupart des ruisselets souterrains qui coulent à une faible profondeur au-dessous de la surface des roches ou du gazon, et jaillissent en sources après avoir parcouru avec lenteur des espaces peu inclinés, ont fini par acquérir une température à peine différente de celle du terrain. Le moyen le plus simple de connaître d'une manière approximative la température moyenne d'un lieu est même de plonger le thermomètre dans l'eau des fontaines, car les extrêmes du froid et de la chaleur ne se faisant point sentir à une profondeur de quelques mètres au-dessous du sol, la plupart des veines liquides restent soustraites aux influences changeantes du dehors et par conséquent révèlent à leur point d'émergence le véritable climat local. En hiver, la Sorgue de Vaucluse semble fumer, à cause de la brusque condensation de ses vapeurs refroidies par l'atmosphère; pendant le rigoureux hiver de 1819 à 1820, alors que le Rhône était complétement gelé et qu'on traversait le fleuve sans danger d'Avignon à Villeneuve, la Sorgues, nous dit M. F. de Lanoye, resta complétement libre de glaces dans tout son parcours.

Les sources dont la température est supérieure à celle du sol sont des sources dites thermales : ce sont là les fontaines dont on évalue vaguement la profondeur en calculant un espace de 30 mètres pour chaque degré centigrade dépassant la chaleur normale du sol environnant. Ainsi, les sources de Plombières, dont la température est de 65 degrés, auraient leur origine à 1,650 mètres au-dessous de la surface; celles de Chaudes-Aigues, qui n'offrent pas moins de 81 degrés de chaleur, sourdraient de couches situées à 2,100 mètres du sol; enfin, le ruisseau jaillissant des Trincheras, au Venezuela, qui marquait 97 degrés lors du voyage de M. Boussingault, en 1823, proviendrait de roches encore plus profondes.

Ainsi qu'on l'a directement observé dans le puits du

Geyser, d'Islande[1], les eaux profondes peuvent atteindre dans l'intérieur de la terre une température bien supérieure à 100 degrés; mais en arrivant à la surface, ces eaux, qui jaillissent d'ailleurs presque toutes dans le voisinage des volcans, doivent nécessairement se transformer en vapeur. Il faut remarquer en outre que la haute température de plusieurs sources est due à des causes accidentelles. Lorsque le volcan de Jorullo fit son apparition en 1759, deux petits ruisseaux, les *rios* de Cuitimba et de San Pedro, furent recouverts de scories incandescentes et reparurent en aval comme sources thermales. En 1803, les laves étaient encore chaudes, puisque la température des sources, mesurée par Humboldt, dépassait 65 degrés[2]; mais les voyageurs qui ont visité récemment le district du Jorullo constatent que l'eau coulant de la base du volcan s'est peu à peu refroidie depuis le commencement du siècle, et que bientôt elle sera ramenée à la température normale du sol environnant. De même l'eau de Bertrichbad, dans le Luxembourg, cesse graduellement d'être chaude et minérale depuis que les laves d'une petite éruption ne sont plus en contact avec le foyer brûlant qui les a produites[3].

Il est à remarquer que les sources thermales qui ne doivent pas leur haute température au voisinage des volcans, jaillissent presque toutes de failles du sol, ouvertes sur le pourtour des massifs cristallins, et principalement à côté de roches modernes injectées au travers de roches plus anciennes. Il doit évidemment en être ainsi, car, en perçant l'enveloppe terrestre, les matières soulevées ont brisé les assises parallèles qui retenaient les nappes d'eau dans les profondeurs, et par cette rupture des strates, elles ont ouvert aux sources des canaux d'ascension vers la surface

1. Voir le chapitre intitulé *les Volcans*.
2. *Cosmos*, première partie.
3. Poulett Scrope, *les Volcans*.

du sol. Ce qui prouve d'ailleurs l'existence de ces fissures profondes d'où jaillissent les eaux thermales, c'est que le degré de température de ces filets liquides change parfois brusquement à la suite de vibrations du sol qui obstruent les anciennes failles ou bien les ouvrent à de plus grandes profondeurs. Lors du tremblement de terre de Lisbonne, la température d'une source de Bagnères-de-Luchon s'éleva tout à coup, dit-on, de 8 à 50 degrés centigrades (?), et depuis cette époque, déjà distante de plus d'un siècle, le régime de la fontaine ne s'est pas modifié. On dit aussi que les sources thermales de Bagnères-de-Bigorre se refroidirent subitement lors d'un grand tremblement de terre, en 1660[1].

L'influence des pluies et des saisons se fait beaucoup moins sentir sur les eaux thermales que sur les sources froides provenant des couches supérieures du sol. Cependant, un grand nombre de fontaines chaudes subissent des variations de débit qui doivent être sans aucun doute attribuées, au moins partiellement, aux mêmes causes que les variations des cours d'eau superficiels. En Auvergne, dans les Pyrénées, en Suisse, plusieurs sources, parfaitement défendues contre toute infiltration des eaux de pluie, coulent en plus grande abondance précisément à l'époque où les torrents voisins se gonflent eux-mêmes. Il est vrai que cet accroissement de l'eau thermale doit être causé en partie par la pression latérale des eaux froides qui saturent le sol et qui font refluer tous les petits filets épars vers la source centrale; mais la masse liquide provenant des couches profondes est aussi beaucoup plus forte, car la température des sources augmente en même temps que le débit, sans doute parce que les ruisseaux souterrains, devenus plus volumineux, sont aussi moins retardés dans leur cours et perdent moins de chaleur en montant vers la surface de la terre. A Brig-Baden, dans le Valais, les eaux, dont la température

1. Lyell, *British Association at Bath.*

moyenne est de 34 à 35 degrés en automne et en hiver, s'élèvent à 45 et à 50 degrés lorsque le souffle du printemps fond les glaces sur la Jungfrau[1]. D'ailleurs, plusieurs des phénomènes que présentent les fontaines thermales sont encore assez difficiles à expliquer. Aussi la plupart des savants qui s'occupent d'hydrologie souterraine admettent-ils que la tension des gaz qui se produisent à l'intérieur de la terre joue un grand rôle dans le jaillissement des eaux chaudes.

La plupart des sources thermales contiennent des substances minérales en dissolution; toutefois, il en est un certain nombre qui sont presque aussi pures que l'eau de pluie. Telles sont les eaux célèbres de Plombières, qui ne contiennent pas même $\frac{1}{3300}$ de sels, celles de Gastein, de Pfeffers, de Wildbad, de Badenweiler[2]. Les sources de Chaudes-Aigues, celles de France dont la température est la plus élevée, (70 à 80 degrés), ne renferment non plus qu'une faible quantité de substances minérales. Les habitants de Chaudes-Aigues utilisent les eaux pour préparer leurs aliments, nettoyer leur linge et chauffer leurs maisons. Des conduits en bois établis dans toutes les rues de la ville alimentent, au rez-de-chaussée de chaque maison, un réservoir servant de calorifère pendant les journées froides, et dispensant ainsi de foyers et de cheminées. En été, de petites écluses, placées à l'entrée de chaque tuyau d'amenée, arrêtent les eaux chaudes et les rejettent dans le ruisseau qui coule au bas de la ville. Un chimiste, M. Berthier, a calculé que la chaleur fournie journellement par les sources égale celle que produirait la combustion de plus de quatre tonnes et demie de houille : c'est assez pour donner une température confortable à l'intérieur des maisons et pour chauffer les rues elles-mêmes. La neige, qui

1. Filhol, *Eaux des Pyrénées.*
2. Buff, *Physik der Erde.*

tombe en grande abondance pendant l'hiver, fond aussitôt après sa chute [1]. Il n'est peut-être pas dans le monde de fontaines thermales dont la chaleur soit mieux utilisée.

V.

Sources minérales. — Fontaines incrustantes. — Veines metallifères. Sources salées.

Les eaux de source, froides aussi bien que chaudes, sont rarement pures de tout mélange ou plutôt elles ne le sont jamais; les milliers d'échantillons analysés jusqu'à nos jours par les chimistes ne fournissent pas un seul exemple d'eau de source qui ne contienne une proportion plus ou moins forte de sels calcaires ou magnésiens. L'eau la plus pure qu'aient encore trouvée les chimistes français est celle de la Dorne, petite rivière de l'Ardèche, presque comparable à de l'eau distillée. Dans les autres régions montagneuses du centre de la France, des eaux considérées comme exquises sont deux, trois, quatre ou même dix fois plus chargées de matières calcaires. L'eau de la Seine en contient trente-six fois plus en moyenne, et certains puits de Paris et de Marseille, dont l'eau est pourtant employée comme boisson, sont de 250 à 350 fois moins purs [2].

Parmi les diverses substances que les eaux de source apportent à la surface, les plus communes proviennent d'assises qui servent à constituer la charpente même du globe. Le calcaire surtout se présente en proportions diverses, dans la plupart des fontaines, soit sous la forme

1. Allard et Boucomont, *Eaux thermo-minérales d'Auvergne.*
2. Robinet, *Discussion sur les eaux potables.*

de plâtre, soit plus souvent comme carbonate de chaux. Les eaux qui contiennent en dissolution de l'acide carbonique se chargent de molécules calcaires enlevées aux parois des roches traversées, puis en s'évaporant déposent les substances pierreuses qu'elles avaient dissoutes. De là toutes ces concrétions calcaires qui se forment autour d'un si grand nombre de fontaines, les stalactites des cavernes et jusqu'à ces incrustations si dangereuses qui s'amassent dans les chaudières des locomotives.

Presque toutes les contrées du monde possèdent de ces curieuses sources qui recouvrent d'une enveloppe calcaire les objets déposés dans leur eau. Parmi ces fontaines incrustantes, celles de Saint-Allyre, près de Clermont, de Rivoli et de San Filippo, non loin de Rome, sont devenues justement célèbres. Ces dernières ont pu, dans un espace de vingt années, remplacer un étang par une couche de travertin de 9 mètres d'épaisseur, et dans le voisinage, on voit des strates entières de la même roche ayant une puissance de plus de 100 mètres [1]. Les sources de Hammam-Mes-Khoutine, dans la province de Constantine, sont aussi très-remarquables par les grandes dimensions de leurs dépôts. Les eaux, dont la température est de 95 degrés centigrades et desquelles s'élève toujours une haute colonne de vapeurs, se forcent elles-mêmes à changer fréquemment d'issue à cause des couches puissantes de travertin qu'elles étalent graduellement sur le sol. La plupart des dépôts, d'une blancheur éblouissante rayée çà et là de couleurs vives, sont des strates mamelonnées; d'autres concrétions, s'accumulant peu à peu autour d'un orifice, ont pris la forme de cônes et, semblables à de petits volcans près d'un cratère, se dressent à 10 mètres de hauteur; enfin, des masses de travertin s'allongent en une sorte de muraille sous le ruisseau qui les dépose. Un de ces murs, interrompu

1. Lyell, *Principles of Geology*.

de distance en distance par des éboulis sur lesquels croissent de grands arbres, n'a pas moins de 1,500 mètres de longueur, de 20 mètres de hauteur et de 10 à 15 mètres de largeur moyenne [1].

Néanmoins ces eaux thermales de l'Algérie le cèdent en grandeur et en beauté aux sources de l'antique cité ionienne d'Hiéropolis (ville sainte), qui coulent aujourd'hui sur le plateau solitaire appelé Panbouk-Kelessi (*château du coton*) à cause de l'aspect cotonneux des masses blanches de travertin qui le composent. Quand on arrive de Smyrne, on aperçoit de loin comme une immense cataracte de 100 mètres de haut et de 4 kilomètres de large : ce sont les murailles que l'eau a graduellement construites, colonne par colonne, assise par assise, en s'épanchant des bords du plateau et en ruisselant sur les pentes. Çà et là de vraies cascades brillent au soleil et de leurs nappes étincelantes éclairent la blancheur mate des parois de cristal. A mesure que l'on s'élève sur les escarpements, les masses déposées et sculptées par les eaux se révèlent dans leur étrange beauté ; on dirait des colonnades, des groupes de figures, de rudes bas-reliefs que le ciseau n'a pas encore complétement dégagés de leurs robes de pierre. Au milieu de tous ces dépôts calcaires façonnés par les cascades dans la succession des âges, s'ouvrent une multitude de coupes et de vasques aux bords cannelés et frangés de stalactites ; une eau pure emplit ces gracieux réservoirs, dont quelques-uns sont nuancés de jaune ou veinés de rouge, de brun, de violet, comme le jaspe ou l'agate. Plus haut se succèdent deux gradins du plateau qui portait l'antique édifice thermal et la nécropole d'Hiéropolis. Là, des masses blanchâtres recouvrent les pierres tombales et remplissent les conduits. Le sol est coupé en divers sens par d'anciens lits du ruisseau qui s'est graduellement barré la route à lui-même en déposant des concré-

1. Grellois, *les Dépôts calcaires de Hammam-Mes-Khoutine.*

tions. Au-dessus de l'un des plus larges canaux desséchés se développe la magnifique travée d'un pont naturel, semblable à une voûte d'albâtre et ruisselant d'innombrables stalactites [1]. A quelle époque, en combien d'années ou de

Fig. 77. Pont naturel de Pambouk-Kelessi; d'après Tchihatchef.

siècles s'est élevée cette construction grandiose? On ne sait. D'après Strabon, les canaux des bains d'Hiéropolis étaient aussitôt remplacés par des masses d'une seule pièce, et si l'on en croit Vitruve, lorsque les propriétaires des environs voulaient clore leur domaine, ils faisaient passer un courant d'eau sur la limite, et dans l'espace de l'année les murs étaient dressés.

La silice, encore beaucoup plus importante que le cal-

1. Tchihatchef, *Le Bosphore et Constantinople*.

caire dans la formation des roches terrestres, se dépose également sur le bord des sources, mais en quantité minime : ce sont uniquement les eaux dont la température est très-élevée qui peuvent dissoudre la silice en proportions suffisantes pour déposer, autour de leurs bassins d'émission, des couches d'une épaisseur considérable. Parmi ces fontaines chargées de silice, les plus connues sont les Geysers d'Islande, dont les eaux bouillantes déposent autour de l'orifice des bordures circulaires de concrétions siliceuses, hautes de plusieurs mètres [1] ; d'autres sources volcaniques ne sont pas moins actives, et même loin de tout volcan, il est peu de fontaines chaudes qui ne contiennent de la silice en quantité plus ou moins appréciable.

Les concrétions et les cristallisations formées par les eaux thermales dans l'intérieur même des failles ont géologiquement plus d'importance que les dépôts extérieurs et peuvent se produire à une température plus faible qu'à l'air libre. M. Daubrée a pris ces phénomènes sur le fait aux sources de Plombières. Les anciennes maçonneries romaines qui servaient au captage et à l'aménagement des eaux sont remplies de *zéolithes* ou cristaux de silicates dus évidemment à l'influence prolongée des eaux et à leur lente réaction chimique sur le ciment calcaire et sur les briques. Ces matériaux ont été même intimement modifiés dans leur structure par cette eau, dont la chaleur ne dépasse pourtant pas 60 à 70 degrés centigrades. C'est sans aucun doute la même action chimique de ces eaux thermales qui a produit dans toutes les failles de Plombières les veines de quartz, d'opale et de spath fluor qu'on y trouve. Les énormes dépôts quartzeux d'une vallée voisine, celle des Roches, sont le résultat du même travail géologique [2].

Il est probable qu'aux profondeurs de 10.000 et de

1. Voir le chapitre intitulé *les Volcans*.
2. Daubrée, *Bulletin de la Société de géologie*, 1859.

12,000 mètres, dans ces abîmes où l'eau, tout en se maintenant à l'état liquide, peut atteindre une température de 300 et 400 degrés centigrades, les opérations chimiques des eaux souterraines s'accomplissent d'une manière beaucoup plus active que dans les couches rapprochées de la surface. La plupart des géologues pensent que les vapeurs peuvent arriver à dissoudre, non-seulement des métaux fondant à de faibles températures, tels que l'étain et le plomb, mais aussi le cuivre, l'or, l'argent. Les veines métallifères ne seraient autre chose que les fissures où les vapeurs thermales en se refroidissant ont déposé les substances métalliques dont elles étaient saturées. L'or, l'argent, le cuivre restent dans la profondeur, et les eaux n'apportent au bassin de la source qu'un petit nombre de sels, de silicates et de gaz. Puis viennent les lents mouvements du sol et les révolutions géologiques qui font affleurer les veines métallifères au niveau du sol ou les rapprochent de la surface [1].

Les dislocations des couches terrestres, le refroidissement des eaux, et peut-être, en beaucoup de circonstances, l'obstruction des canaux par les dépôts de minerai, expliquent pourquoi dans la période actuelle un si petit nombre de sources thermales jaillissent de gîtes métallifères. Cependant on cite plusieurs localités où ce phénomène se produit encore aujourd'hui. Une fontaine de Badenweiler, dans la Forêt-Noire, sourd à quelques mètres d'une veine de plomb sulfuré. Sur le plateau granitique de la France centrale d'autres sources sont également associées à ce métal. Diverses eaux thermales de la Forêt-Noire, de même que celles de Carlsbad et de Marienbad, sont en relation directe avec des filons de fer et de manganèse. Le fer oligiste se montre dans les failles des sources de Plombières et de Chaude-Fontaine. En Toscane, des fumerolles sulfureuses sortent des

1. Lyell, *British Association at Bath*, 1864.

veines d'antimoine. En France et en Algérie, les eaux de Sylvanès et de Hammam R'ira jaillissent de gisements de cuivre; enfin, près de Freyberg, on a découvert une source thermale volumineuse dans un filon d'argent [1].

Parmi les substances minérales que certaines sources amènent d'une manière constante à la surface du sol, la plus importante au point de vue économique est le sel commun. Ce corps étant un de ceux qui se dissolvent le plus facilement dans l'eau, toutes les veines liquides qui passent sur des couches salifères se saturent de sel : aussi les fontaines qui coulent avec une assez grande abondance donnent-elles lieu à une exploitation industrielle plus ou moins considérable. C'est par tonnes et par milliers de tonnes qu'il faut évaluer les masses de sel ordinaire qui s'échappent ainsi chaque année de l'intérieur de la terre. Les sources de Hallein, qui jaillissent sur le versant septentrional des Alpes de Salzburg (Ville du sel) et qui sont aménagées avec le plus grand soin, produisent annuellement 15,000 tonnes de ce minéral. Les eaux salées de Halle, en Prusse, exploitées depuis un temps immémorial par une corporation d'origine celtique, fournissent 10,000 tonnes de sel. D'autres parties de l'Allemagne livrent également à la consommation des milliers de tonnes de sel blanc extraites par l'évaporation des eaux jaillissantes. La masse de sel que fournit le seul puits artésien de Neusalzwerk, près de Minden, en Prusse, représente chaque année un cube de 24 mètres de côté [2].

Sans être aussi riches que l'Allemagne en sources salines exploitées, la plupart des pays civilisés de la terre en ont aussi plusieurs de très-importantes. La France a les eaux de Dieuze, de Salins, de Salies; la Suisse a celles de Bex; l'Italie a les sources des environs de Modène et bien

1. Daubrée, *Bulletin de la Société de Géologie*, 1859.
2. Buff, *Physik der Erde*.

d'autres encore ; l'Angleterre a, près de Chester, ses mines de sel gemme dans lesquelles sourdent de nombreuses veines liquides saturées ; enfin, les États-Unis ont les célèbres sources de Saratoga ; mais dans le monde, combien

Fig. 78. Sources salées de Touzla

d'autres fontaines salées des plus abondantes s'écoulent encore inutilement dans les solitudes !

Non loin des « lieux où fut Troie, » s'ouvre la vallée de Touzla-sou, qui doit son nom (*eau salée*) à ses innombrables sources de sel. Les montagnes qui s'élèvent autour de l'enceinte sont diversement nuancées de bleu, de rouge, de jaune, et les roches s'y décomposent incessamment sous l'action du sel liquide qui suinte et découle de leurs flancs. La plaine elle-même est couverte d'une croûte multicolore que des jets d'eau brûlante et saturée de sel ont fendillée dans tous les sens. Çà et là s'étendent des flaques, dont l'humidité s'évapore au soleil en laissant sur le sol des couches d'un sel blanc comme la neige. Vers l'origine de la vallée, les sources deviennent de plus en plus nombreuses. Enfin, là où les escarpements se rapprochent pour former un défilé, on voit jaillir d'une paroi de rocher, et de bas en haut, une magnifique gerbe d'eau qui n'a pas moins d'un pied de diamètre à l'orifice, et qui retombe après avoir décrit une parabole de plus d'un mètre et demi. D'autres sources, qui s'élancent à droite et à gauche et dont la température constante dépasse 100 degrés, forment, avec le jet principal, un ruisseau d'eau bouillante et fumante. Il serait facile d'extraire chaque année de ces sources une énorme quantité de sel; mais c'est à peine si, dans son incurie, le gouvernement turc, qui s'est approprié la vallée de Touzla-sou, en retire un millier de tonnes par an[1].

Les fontaines d'eau salée sont utilisées pour le traitement des maladies aussi bien que pour l'extraction du sel. Elles constituent l'un des groupes les plus importants des eaux médicinales, suivant les diverses substances qu'elles tiennent en solution; les autres sources employées pour leurs vertus curatives ont été classées en sources ferrugineuses, en sources sulfureuses et en sources acidules. Ces eaux renferment d'ailleurs, en proportions différentes, un nombre plus ou moins grand de gaz et de sels qu'ils ont dissous dans leur passage à travers les couches terrestres de toute nature. Il est probable que la proportion de ces gaz dissous dans l'eau oscille avec toutes les variations de la température et la pression de l'air ambiant; il paraît même qu'il suffit d'une simple excitation du liquide pour modifier la teneur de l'eau en éléments gazeux; mais, en moyenne, la composition chimique est assez stable et l'on connaît pour chacune des sources la vertu particulière qui les rend

1. Tchihatchef, *Le Bosphore et Constantinople.*

propres au traitement d'une ou de plusieurs maladies spéciales. Grâce à cette puissance curative, dont la science, encore incomplète, ne connaît malheureusement pas toutes les ressources, les eaux médicinales servent indirectement d'initiatrices à une connaissance plus intime de la nature, car c'est par milliers et par centaines de milliers qu'elles attirent chaque année les visiteurs dans les sites les plus pittoresques et les plus grandioses de la terre.

En effet, les sources minérales, qui, pour la plupart, sont également des eaux thermales ayant coulé sur des assises profondes, jaillissent presque toutes au point de contact des roches anciennes avec des formations plus modernes, et ces points de contact se trouvent surtout dans les contrées montagneuses, qui reçoivent aussi de l'atmosphère de plus fortes quantités d'eau que les plaines. C'est dans les vallées des monts que sourdent les fontaines minérales les plus nombreuses et les plus abondantes, et que par suite se fondent les grands établissements thermaux. En Europe, la chaîne des Pyrénées est probablement la plus riche de toutes en sources minérales, sulfurées, salines, ferrugineuses, acidules. D'après l'ingénieur François, on comptait en 1860 plus de 550 sources minérales, dont 187 utilisées, jaillissant sur le versant français des Pyrénées. Ces eaux alimentaient 83 thermes dans 53 localités, à la tête desquelles se placent Bagnères-de-Bigorre, Luchon, les Eaux-Bonnes, Cauterets. Les sources les plus abondantes, celles des Graus d'Olette, sont parmi les moins utilisées : elles forment une espèce de rivière minérale débitant plus de 20 litres à la seconde, 1,773 mètres cubes par jour. En Algérie, les sources de Hammam-Mes-Khoutine fournissent 30 litres à la seconde.

Il est certaines régions, volcaniques ou autres, dont presque toutes les sources sont thermales et minérales ; les fontaines d'eau pure et fraîche étant fort rares, y sont considérées comme le plus précieux des trésors. Une de ces régions comprend une grande partie du plateau d'Utah. Là, jaillissent de nombreuses sources chaudes auxquelles on a donné les noms prosaïques de sources de la Bière, du Bateau à vapeur, du Sifflet, etc., et dont l'une est celle où les Mormons plongent leurs néophytes. Les sources non thermales sont presque toutes chargées de substances salines et calcaires; c'est au printemps seulement, lors de la fonte des neiges, que les fontaines, devenues très-abondantes, fournissent une eau comparativement pure; pendant la saison des sécheresses, le sel et le carbonate de chaux se concentrent dans les sources presque taries et donnent aux filets liquides un goût insupportable. Le voyageur Palgrave nous apprend que toutes les fontaines du pays de Hasa, en Arabie, sont aussi des sources thermales.

On comprend qu'en s'échappant du sein des roches, avec l'eau qui les tient en solution, toutes ces substances doivent former des vides dans l'intérieur de la terre. Pendant le cours des siècles, des strates entières finissent par se dissoudre, et sous une forme plus ou moins modifiée chimiquement, sont arrachées des profondeurs pour être distribuées à la surface du sol. Les eaux thermales de Bath, qui sont loin d'être remarquables par la proportion de matières minérales qu'elles contiennent, entraînent au dehors de la terre une quantité de sulfate de chaux et de soude, de chlorures de sodium et de magnésium, dont la masse cubique n'est pas moindre de 423 mètres[1]. On a aussi calculé qu'une seule des sources de Louèche, la source de Saint-Laurent, entraîne chaque année 4 millions de kilogrammes de gypse, soit environ 1,620 mètres cubes; c'est assez pour abaisser de plus de 16 décimètres en un siècle une couche de gypse d'un kilomètre carré. Mais il ne s'agit là que d'une seule source et d'un siècle seulement; si l'on pense aux milliers de fontaines minérales qui

1. Ramsay; — Lyell, *British Association at Bath*, 1864.

jaillissent du sol et à l'immensité des temps pendant lesquels l'eau s'en est écoulée, on pourra se faire une idée de l'importance des transformations causées par les sources. A la longue elles abaissent la masse entière des montagnes, et nul doute qu'après ces tassements, de violentes oscillations de la terre n'aient souvent eu lieu [1].

VI.

Rivières souterraines. — La fontaine de Vaucluse, la Touvre. — Affluents sous marins. — Les *rios* du Yucatan. — Les *mud-lumps* du Mississipi.

Dans les contrées dont les assises sont percées de cavernes larges et profondes, et surtout dans les pays calcaires, les eaux s'amassent parfois en quantités suffisantes pour former de véritables rivières au long cours souterrain. A leur issue des cavernes, ces eaux forment un contraste d'autant plus frappant avec les parois et les collines silencieuses des alentours, que celles-ci, complétement privées d'humidité, sont d'une aridité désolante, tandis qu'au bord de la rivière limpide se montre aussitôt la fraîche verdure des plantes et des arbres. Comme un captif joyeux de revoir la lumière, l'eau qui s'élance de la sombre grotte de rochers scintille au soleil et tourbillonne avec un clair murmure entre les berges fleuries.

Parmi ces rivières souterraines, la plus célèbre, et sans nul doute l'une des plus belles, est la Sorgues de Vaucluse. La grotte en forme de voûte d'où s'échappe la puissante masse d'eau, s'ouvre à l'extrémité d'un cirque de rochers calcaires, aux parois verticales. Au-dessus de la fontaine se

1. Otto Volger, *Ueber das Phänomen der Erdbeben*, 2e vol.

dresse la haute muraille blanche portant à la cime une tour croulante du moyen âge; partout la roche est aride et nue; seulement un maigre figuier, s'attachant à la pierre comme une plante parasite à l'écorce d'un arbre, a plongé ses racines rampantes dans une fissure de la grotte, et de ses feuilles absorbe avidement les gouttelettes brisées qui flottent en brouillard au-dessus des cascatelles de la source. Après les fortes pluies, la masse liquide, qu'on évalue alors à 20 et même à 25 mètres par seconde, s'épanche en une large nappe par-dessus le seuil de la caverne, devenue inaccessible. Quand les eaux sont basses, elles sourdent en bouillonnant à travers la digue de rochers en débris qui barre l'entrée; c'est alors que l'on peut pénétrer sous la voûte et contempler le vaste bassin où viennent s'étaler les eaux bleues de la rivière souterraine avant de s'élancer au dehors. Peu après sa sortie de la grotte et du cirque de

VAUCLUSE ET LA SORGUES

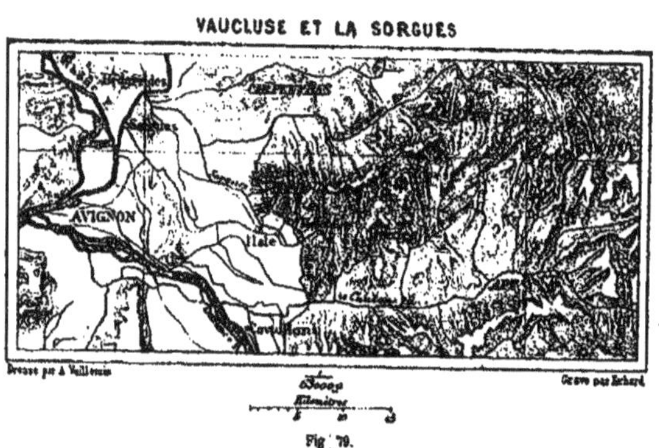

Fig. 79.

Vaucluse, la Sorgues se divise en de nombreux canaux d'irrigation qui vont répandre la fertilité dans les campagnes sur un espace de plus de 200 kilomètres carrés. Le cours souterrain des affluents qui forment la rivière n'est point connu; mais on sait qu'ils commencent pour la plupart à 20 ou 25 kilomètres à l'est sur le plateau de Saint-Christol et de Lagarde, tout percé d'*avens*, gouffres dans lesquels disparaissent les eaux de pluie.

Fig. 80.

Dans une autre partie de la France, coule une importante rivière souterraine beaucoup moins connue, mais non moins remarquable que celle de Vaucluse : c'est la Touvre d'Angoulême, continuant le cours du Bandiat, dont les eaux, ainsi que celles de la Tardoire, se sont engouffrées dans plusieurs abîmes à des distances variables de 5 à 12 kilomètres à l'est et au nord-est. La principale des trois sources de la Touvre coule lentement hors d'une grotte profonde, creusée à la base d'un talus escarpé ; une autre source jaillit à gros bouillons dans une vasque de rochers ; la troisième sort d'une prairie spongieuse et coupée de fossés d'écoulement. A l'issue de leurs gouffres souterrains, ces trois énormes sources forment aussitôt trois rivières qui se réunissent en laissant entre elles deux longues presqu'îles de roseaux et d'autres plantes aquatiques. Au-dessous de la jonction, la Touvre, qui présente une largeur de plus d'une centaine de mètres, contourne une colline abrupte, se divise en plusieurs bras, met en mouvement les nombreuses machines de l'importante fonderie de canons de Ruelle, puis après un cours de 8 kilomètres, va se jeter dans la Charente, à une faible distance en amont d'Angoulême. Parmi les voyageurs que la vapeur transporte chaque année par centaines de mille sur le pont de la Touvre, il en est peu qui sachent combien est curieuse l'origine de cette rivière d'eau limpide au-dessus de laquelle le convoi passe en grondant. Il est vrai qu'aucun Pétrarque n'a chanté la Vaucluse de l'Angoumois.

Sans parler des rivières qui passent accidentellement sous des assises rocheuses pendant une faible partie de leur cours, ou des écoulements souterrains de certains lacs[1], on pourrait citer une foule d'autres exemples de masses d'eau plus ou moins abondantes, qui paraissent au jour après avoir parcouru sous terre des espaces considérables. Telle est la gracieuse fontaine de Nîmes, dont l'eau transparente et bleue, où se reflète le feuillage des pins et des marronniers, effleure de ses molles ondulations les marches en hémicyle d'un vieil escalier romain ; telle est aussi, près de Saintes, la source de Vénéran, jadis consacrée à la déesse de l'amour, qui jaillit du sol dans une gorge de rochers, entre un instant dans un moulin dont elle fait tourner les

1. Voir le chapitre intitulé *les Lacs*

meules, et disparaît en s'engouffrant dans un abîme; elle ne se montre sur terre que pour travailler un instant.

Nombre de cours d'eau ne reparaissent pas à la surface du sol après s'être engouffrés dans les profondeurs et s'en vont directement à la mer par des canaux souterrains. Sur presque tout le pourtour des rivages continentaux et principalement dans le voisinage des côtes de formation calcaire, débouchent des affluents sous-marins dont quelques-uns sont de véritables rivières. La plus grande partie des sources du département des Bouches-du-Rhône jaillissent du fond de la mer, mais à diverses distances du rivage. L'une d'elles, celle de Port-Miou, près de Cassis, forme à la surface marine un courant considérable qui entraîne au loin les corps flottants [1]. A Saint-Nazaire, à la Ciotat, à Cannes, à San-Remo, à la Spezzia, d'autres rivières sourdent aussi du milieu des flots salés, et l'on a même pu tenter d'en mesurer approximativement le débit. M. Villeneuve-Flayosc évalue à 19 mètres cubes par seconde la quantité d'eau que versent dans la mer tous les affluents cachés de la Méditerranée entre Nice et Gênes. Quelques-unes des sources sous-marines de la Provence et de la Ligurie jaillissent à d'énormes profondeurs. C'est à 162 mètres au-dessous du niveau de la mer qu'est l'orifice de la source de Cannes; celle de San-Remo surgit d'une profondeur de 291 mètres; enfin, à 6 kilomètres au sud du cap de Saint-Martin, entre Monaco et Menton, un autre ruisseau d'eau douce déboucherait sous une couche d'eau salée de près de 700 mètres [2].

Les côtes de l'Algérie, celles de l'Istrie, de la Dalmatie et de l'Herzégovine offrent aussi de nombreux exemples de rivières sous-marines; sur les rives orientales de l'Adriatique, l'on peut même se donner le plaisir de contempler le

1. Marsigli, *Histoire physique de la mer.*
2. Villeneuve-Flayosc, *Description géologique du Var.*

delta d'un fleuve considérable, la Trebintchitza, se montrant à travers l'eau de mer à un mètre de profondeur. Les abondantes sources d'eau douce qui jaillissent en pleine mer au sud-ouest du port cubanais de Batabano sont bien connues, depuis que Humboldt les a signalées, et l'on sait que les lamentins, qui redoutent l'eau salée, aiment à fréquenter ces parages. Enfin, la mer Rouge, qui sur tout son immense pourtour ne reçoit pas une seule rivière permanente coulant à la surface du sol, en reçoit qui jaillissent au fond de son lit. C'est peut-être sur les côtes méridionales des États-Unis, que le sol calcaire, percé peut-être de cavernes depuis le centre même du continent, déverse dans la mer les fleuves souterrains les plus abondants. Près de l'embouchure de la rivière Saint-Jean, une rivière sous-marine, d'une eau parfaitement pure, jaillit en bouillons jusqu'à 1 et 2 mètres au-dessus du niveau de l'Océan. Au large des Carolines et des Florides, on a vu l eau salée se changer en eau saumâtre sous l'influence des crues soudaines de ses affluents souterrains. Au mois de janvier 1857, toute la partie de la mer qui avoisine la pointe méridionale de la Floride fut le théâtre d'une immense irruption d'eau douce. Des courants boueux et jaunâtres sillonnaient le détroit, les poissons tués par myriades flottaient à la surface et s'arrêtaient sur les plages. Même en pleine mer, la salure avait diminué de moitié, et dans certains endroits, les pêcheurs puisèrent leur eau potable à la surface de la mer comme dans un fleuve. Tous les observateurs de cette remarquable inondation du fleuve souterrain, affirment que, pendant plus d'un mois, il déchargea au moins autant d'eau que le Missisipi lui-même et s'étala sur tout le détroit de cinquante kilomètres de largeur qui sépare Key-West de la Floride[1].

1. Raymond Thomassy, *Essai sur l'Hydrologie.*

Sur les côtes du Yucatan, les eaux douces qui s'épanchent souterrainement dans la mer paraissent couler, non sous la forme de fleuves ayant un lit étroit et une grande vitesse, mais plutôt sous la forme d'une large nappe au courant presque imperceptible. Sur toute la surface du pays s'ouvrent çà et là des *cenotes*, espèces de puisards naturels d'une faible profondeur où descendent les habitants pour y puiser l'eau vive. A Merida et dans les environs, c'est à 8 ou 9 mètres que se trouve la nappe souterraine; mais plus on se rapproche de la mer, plus l'assise de rochers qui recouvre les veines liquides s'amincit; sur le littoral, c'est presque au niveau du sol qu'on va chercher l'eau douce. La hauteur des nappes varie de quelques centimètres suivant l'abondance des pluies, mais en toute saison, d'innombrables embouchures déversent dans la mer la masse d'eau descendue des plateaux du Yucatan. Ces sources cachées ont collectivement assez de puisssance pour faire équilibre aux eaux de la mer sur une grande partie du littoral de la péninsule. Sous la pression du courant marin qui longe la côte, il s'est formé entre la haute mer et la masse liquide échappée du continent un cordon littoral semblable à ces barres que les vagues construisent devant les embouchures fluviales [1]. Cette levée, qui défend les côtes de Yucatan comme un brise-lames, n'a pas moins de 275 kilomètres de longueur et n'est percée par la mer que sur deux ou trois points de son étendue. Le canal qui s'étend comme un large fleuve entre la flèche d'atterrissement et la côte yucatèque est, non sans raison, désignée par les habitants sous le nom de rivière ou *rio* [2].

Parmi les phénomènes remarquables qui sont peut-être dus à l'existence de cours d'eau souterrains, il faut citer l'apparition soudaine ou graduelle de ces monticules d'ar-

1. Voir le chapitre suivant.

2. Arthur Schott, *Mittheilungen von Peterman*, 1866.

gile (*mud-lumps*) qui s'élèvent, au grand danger des navigateurs, soit au milieu de la barre du Mississipi, soit dans le voisinage immédiat. Semblables à de petits volcans de boue, les *mud-lumps* apparaissent en général sous la forme de cônes isolés, laissant échapper un filet d'eau boueuse par leur orifice terminal; plusieurs offrent aussi une surface irrégulière sur laquelle se montrent çà et là des cratères latéraux, les uns en pleine activité, les autres abandonnés par les sources qui en jaillissaient auparavant. L'eau de quelques *mud-lumps* est chargée d'oxide de fer ou de carbonate de chaux qui forment avec des sables agglutinés des masses dures ayant la consistance de véritables roches. La hauteur de ces monticules varie comme leur forme. La plupart restent cachés au fond des eaux et n'atteignent même pas de leur sommet le niveau du fleuve ou de la mer; d'autres dressent à peine leur tête au-dessus des flots;

Fig. 81. Ile de boue en cours de formation.

enfin les plus considérables s'élèvent à la hauteur de 2, 3 ou même 6 mètres, et leur base couvre une superficie de plusieurs hectares. Dans l'opinion de M. Thomassy, les bouches du Mississipi devaient probablement à l'un de ces monticules le nom de *cabo de Lodo* (cap de la Boue), que leur avait donné le pilote espagnol Enriquez Barroto.

Il est évident que les *mud-lumps* n'ont pas été formés par les atterrissements du fleuve, ainsi que plusieurs géologues l'avaient d'abord supposé : la grande élévation de quelques monticules au-dessus des crues et des marées suffit pour rendre cette hypothèse inacceptable. La brusque apparition de la plupart des volcans de boue, les ancres de navires et les débris de cargaisons qu'on a trouvés sur leur surface, leur forme conique, leur cratère terminal et toutes ces sources « qui semblent jaillir comme d'un crible sous-marin, » indiquent, au contraire, l'existence d'une force

Fig. 88. Cap boueux avec sources bouillonnantes au sommet (Passe sud-ouest du Mississipi).

souterraine toujours à l'œuvre pour soulever la zone des barres. MM. Humphreys et Abbot[1] pensent que cette force consiste dans le dégagement constant de gaz hydrogénés provenant des alluvions du Mississipi. D'après ces ingénieurs, les grandes masses de produits végétaux, troncs d'arbres, branches, feuilles et graines, qu'apportent les eaux du fleuve et qui s'arrêtent sur la barre pour être ensuite recouvertes et comme emprisonnées sous une couche de boue, entrent en fermentation et produisent des gaz qui finissent par gonfler leur couvercle, le boursouflent en une multitude de cônes et s'échappent dans l'air après avoir percé le sol qui les retenait captifs.

Cette hypothèse explique d'une manière suffisante le soulèvement du sol et l'existence de ces gaz inflammables qui se dégagent parfois du cratère des *mud-lumps*, mais elle laisse ignorer pourquoi la boue épanchée par le flanc des cratères se transforme en une argile dure et compacte, bien différente des vases du Mississipi et complétement dépourvue de matières végétales. M. Thomassy pense que les monticules des barres sont les orifices de véritables

1. *Report on the Mississippi River.*

puits artésiens formés naturellement par une nappe d'eau souterraine descendant des plateaux de l'intérieur et coulant au-dessous du Mississipi et des terrains argileux de la Louisiane[1]. Quoi qu'il en soit, le mode de formation de ces monticules de boue est assez bien connu pour qu'il soit facile d'en débarrasser les embouchures du Mississipi et de sauvegarder les intérêts de la navigation. Quand un cône d'argile fait son apparition sur la barre, on y introduit une charge de poudre et on le fait sauter. C'est ainsi qu'en l'année 1858 on débarrassa la passe du sud-ouest d'un *mud-lump* qui formait une île considérable : une seule charge suffit pour tout anéantir. L'île s'affaissa tout à coup ; à sa place s'ouvrit une large dépression, dont la circonférence ressemblait à celle d'un cratère volcanique ; une énorme quantité de gaz hydrogène se dégagea et remplit l'atmosphère.

VI.

Régime des rivières souterraines. — Cloisons de rochers. — Stalactites. — Habitants des grottes. — *Mammouth's cave*. — Grottes de la Carniole et de l'Istrie.

En amont des sources, le cours des ruisseaux souterrains est le plus souvent indiqué par une série de gouffres ou puits naturels ouverts au-dessus de l'eau courante. Les voûtes des grottes intérieures n'étant pas toujours assez fortes pour supporter le poids des masses surincombantes, elles doivent en effet s'écrouler çà et là, se tasser et laisser au-dessus d'elles d'autres vides où s'effondrent successivement les assises supérieures : les débris de la grande ruine sont ensuite déblayés par les eaux ou rongés molécule à molécule par l'acide carbonique contenu dans la

1. *Géologie de la Louisiane*. — *Essai sur l'Hydrologie*

masse liquide, et peu à peu tous les décombres de l'éboulis sont emportés. C'est ainsi que se forment, au-dessus des ruisseaux cachés, ces espèces de puits que l'on désigne dans chaque pays par les noms les plus divers : ce sont les *sinks* des États-Unis, les *dolinas* de la Carinthie, les *catavothras* de la Grèce, les *pots*, les *entonnoirs* et les *creux* du Jura, les *embues, embucs, goules, gouilles, gourgs, gourgues, bétoirs, boit tout, anselmoirs, emposieu, avens, scialets, ragagés, garagaï* de la France méridionale [1].

C'est par ces gouffres naturels que l'on peut atteindre les rivières souterraines et se rendre compte de leur régime, d'ailleurs exactement semblable à celui des ruisseaux et des fleuves coulant à l'air libre. Ces rivières ont aussi leurs cascades, leurs méandres et leurs îles; elles érodent aussi ou bien recouvrent d'alluvions les rochers qui leur servent de lit; elles sont soumises à toutes les fluctuations des crues et de l'étiage. La seule différence importante qu'offrent dans leurs phénomènes les eaux superficielles et les courants souterrains, provient de ce que ceux-ci remplissent en certains endroits la section tout entière de la grotte et sont retardés ainsi par les parois supérieures qui pèsent sur la masse liquide. En effet, les espaces creusés par les eaux dans l'intérieur de la terre sont en un bien petit nombre de lieux des avenues régulières, comparables à nos tunnels de chemin de fer. Sur tous les points de son épaisseur, la roche oppose à l'action de l'eau des résistances inégales, à cause de la diversité de ses fissures, de ses couches, de ses molécules. Là où les failles sont nombreuses et les assises peu compactes, le courant se creuse peu à peu de vastes salles dont les plafonds s'écroulent et sont emportés par l'eau grain de sable à grain de sable; là où des bancs de pierre dure s'opposent au cours du ruisseau, celui-ci n'a pu se tailler pendant le cours des siècles qu'une

1. Fournet, *Hydrologie souterraine*.

étroite ouverture. Ces évasements et ces étranglements successifs, comparables à ceux des vallées de la surface, forment une série de chambres séparées les unes des autres par des parois de rochers. L'eau s'étale largement dans chaque salle, puis elle se rétrécit et se précipite à travers chaque défilé comme par une écluse.

C'est à cause de ces cloisons qu'il est si difficile ou même impossible de naviguer à des distances considérables sur les cours d'eau souterrains, même à l'époque de l'étiage. Pendant les crues, la masse liquide, retenue par les cloisons, monte à un niveau très-élevé dans les salles intérieures, et souvent vient frapper contre les voûtes. Parfois, lorsque les fentes de la roche font communiquer la grotte avec des gouffres d'effondrement, on y voit paraître comme au fond d'un puits l'eau des rivières souterraines débordées. C'est ainsi que la Recca, qui coule sous les plateaux voisins de Trieste, ne trouve pas toujours assez d'espace pour s'écouler librement par les canaux inférieurs et Schmidl l'a vu remonter dans le gouffre de Trebich jusqu'à une hauteur de 109 mètres. On comprend que la pression d'une pareille colonne d'eau fait souvent éclater d'énormes pans de rochers dans l'épaisseur de la montagne et modifie ainsi le cours des torrents intérieurs.

Lorsque les eaux, sollicitées par la pesanteur, trouvent un nouveau lit dans les profondeurs caverneuses de la terre et disparaissent de leurs anciens canaux, ceux-ci sont d'abord plus facilement accessibles qu'ils ne l'étaient auparavant; mais bientôt intervient, dans la plupart des grottes, un nouvel agent qui cherche à les rétrécir ou même à les obstruer complétement. Cet agent, c'est l'eau de neige ou de pluie qui suinte goutte à goutte à travers le filtre énorme des assises supérieures. En passant dans la masse calcaire, chacune des gouttelettes dissout une certaine quantité de carbonate de chaux qu'elle abandonne ensuite à l'air libre sur la voûte ou sur les parois de la grotte. En tombant, la goutte d'eau laisse attaché à la pierre un petit anneau d'une substance blanchâtre : c'est le commencement de la stalactite. Une autre goutte vient trembler à cet anneau, le prolonge en ajoutant à ses bords un mince dépôt circulaire de chaux, puis tombe à son tour. Ainsi se succèdent indéfiniment les gouttes et les gouttes, dégageant chacune les molécules de chaux qu'elles contenaient et formant à la longue de frêles tubes autour desquels s'accumulent lentement les dépôts calcaires. Mais l'eau qui se détache des stalactites n'a pas encore perdu toutes les particules de pierre qu'elle avait dissoutes; elle en conserve assez pour élever les stalagmites et toutes les concrétions mamelonnées qui hérissent ou recouvrent le sol de la grotte. On sait quelle décoration féerique certaines cavernes doivent à ce suintement continu de l'eau à travers les voûtes. Il est sur la terre peu de spectacles plus étonnants que celui des galeries souterraines dont les colonnades d'un blanc mat, les innombrables pendentifs et les groupes divers, semblables à des statues voilées, n'ont pas encore été salis par la fumée des torches. Les cavernes à stalactites ne peuvent garder leur beauté première qu'à la condition de ne pas être livrées à la curiosité banale, et combien sont nombreux pourtant ces admirateurs vulgaires qui, sous prétexte d'aimer la nature, cherchent à la profaner !

Lorsque le travail des eaux n'est pas troublé, les aiguilles et les autres dépôts de sédiment calcaire s'accroissent incessamment avec une grande régularité; en certains cas, chaque nouvelle couche qui s'ajoute aux anciennes concrétions pourrait être étudiée comme une espèce de chronomètre, indiquant l'époque à laquelle les eaux courantes ont abandonné la grotte. A la longue cependant, les couches concentriques molles finissent par disparaître, et sont remplacées par des formes plus ou moins cristallines, car, dans toutes les circonstances où des molécules solides se trouvent dans des conditions constantes d'imbibition par l'eau, les cristaux se produisent facilement[1]. Tôt ou tard, les stalactites, s'abaissant en rideaux et rejoignant les aiguilles qui s'élèvent du sol, obstruent les étranglements, ferment les défilés et séparent les cavernes en salles distinctes. Quant aux objets épars sur le sol des grottes à sédiment, ils sont peu à peu cachés par la concrétion calcaire qui s'épaissit autour d'eux. C'est en général sous une croûte de pierre lentement déposée par l'eau d'infiltration que les géologues trouvent les restes des animaux et des hommes qui habitaient autrefois les cavernes des montagnes. En 1816, on découvrit dans une des grottes d'Adelsberg un squelette, probablement celui d'un visiteur égaré, que la pierre avait déjà revêtu d'un blanc linceul; mais ces ossements sont, depuis de longues années, engagés dans l'épaisseur de la roche, à laquelle s'ajoutent constamment de nouvelles couches, et bientôt la grotte latérale elle-même, obstruée par les stalactites, aura cessé d'exister. De même, les squelettes des trois cents Crétois que les Turcs enfumèrent en 1822 dans la caverne de Melidhoni, vont disparaître prochainement sous la croûte de pierre qui les a collés au sol[2].

Dans ces profondeurs ténébreuses, la vie se montre encore. Toutefois, les plantes d'un ordre supérieur ne pouvant se passer de lumière, on ne trouve au fond des cavernes que des champignons, et même ces plantes de l'obscurité n'arrivent pas toujours à leur complet développement; souvent elles présentent des formes anomales monstrueuses, qui déroutent le botaniste et l'empêchent de tenter toute classification. Quelques champignons restent à l'état d'amas de cellules vaguement organisées; d'autres grandissent de manière à couvrir une surface considérable. La faune, plus indépendante de la lumière que ne l'est la flore, compte dans les cavernes un bien plus grand nombre de représen-

1. Kuhlmann, *Presse scientifique*, 1865.
2. Perrot, *l'Ile de Crète*.

tants. Non-seulement ces espaces souterrains servent de lieu de refuge à divers oiseaux et de tanières à plusieurs espèces de bêtes de proie, renards, blaireaux, hyènes, qui viennent y porter le produit de leur chasse, comme le faisaient jadis nos ancêtres les troglodytes, ils sont habités aussi par diverses familles d'animaux qui ne sortent de la profondeur des grottes que par exception ou par suite d'accidents. Dans le nombre se trouve au moins un mammifère, espèce de chauve-souris [1] qu'on a découverte dans les cavernes de l'Istrie, des Apennins, des montagnes d'Alger. Les lacs et ruisseaux souterrains de l'Europe centrale offrent également plusieurs variétés d'un étrange reptile, l'*hypochthon* ou *protée*, dont les yeux, inutiles dans ces ténèbres, sont presque complétement atrophiés. Les insectes sont la classe la mieux représentée dans ces régions souterraines; mais aucun d'entre eux n'offre les vives couleurs que la lumière du soleil a données à la plupart de leurs congénères; tous ont une robe terne se confondant avec les sombres nuances du rocher. Parmi ces insectes, les plus curieux sont une espèce de mouche (*phora maculata*), qui ne se sert jamais de ses ailes, et divers coléoptères (*anophthalmus*) chez lesquels les yeux manquent complétement. Puis viennent des arachnides, des centipèdes, des crustacés, des mollusques. M. Schiner, qui a fait une étude spéciale de la faune des grottes, énumère vingt-trois espèces d'animaux habitant les seules cavernes des environs de Trieste; mais ce n'est là, sans aucun doute, qu'une très-faible proportion des tribus souterraines qui vivent dans les cavernes du monde entier. On dit que les grottes du Kentucky renferment aussi des écrevisses aveugles, des rats blanchâtres d'une très-forte taille, des lézards tristement égarés dans ce monde des ténèbres, enfin des espèces de grillons jaunes qui se traînent comme des crapauds en se dirigeant au moyen d'énormes antennes.

1. *Miniopterus Schreibersii.*

C'est une de ces grottes du Kentucky, appelée la caverne du Mammouth (*Mammouth's cave*), qui est actuellement la plus grande connue de toute la terre. On ne l'a point encore explorée dans toute son étendue, car c'est un véritable monde souterrain, avec son système de lacs et de rivières et son réseau de galeries sans nombre qui s'entre-croisent et se superposent jusqu'à de grandes profondeurs. De l'entrée principale au fond de la caverne on ne compte pas moins de 15 kilomètres de distance, et les deux cents allées qu'on a parcourues dans ce prodigieux labyrinthe ont ensemble 350 kilomètres de longueur. Jadis, la caverne du Mammouth a dû servir de retraite à des peuplades sauvages, car on a trouvé, sous des couches de stalactites, des squelettes d'hommes d'une race inconnue.

Parmi les diverses contrées calcaires de l'Europe, la plus remarquable de toutes par ses grottes, ses rivières souterraines, ses gouffres d'effondrement, est sans contredit la région des Alpes de la Carniole et de l'Istrie, qui s'étendent à l'orient du golfe Adriatique, entre Laibach et Fiume. La surface entière du pays, de même qu'en France certains plateaux du Jura, est criblée de profondes dépressions en forme de bateau, au fond desquelles l'eau de pluie disparaît en tournoyant, semblable à l'eau qui s'enfuit par la cale d'un navire échoué. Plusieurs montagnes sont percées dans tous les sens de cavernes et d'allées, comme si la masse rocheuse tout entière n'était qu'un amas de cellules; sur telle abrupte paroi, on aperçoit à diverses hauteurs, ici des portes cintrées, là des orifices de formes bizarres où s'engouffraient autrefois des ruisseaux; ailleurs, on voit d'abondantes sources d'eau bleue jaillir des grottes ou des rochers entassés à la base des collines, et former des ruisseaux qui disparaissent plus loin dans les fissures du sol, comme dans les trous d'un crible; partout sur la surface des plateaux, nus ou couverts de forêts, s'ouvrent des puits ou des entonnoirs communiquant avec les réservoirs souterrains. La géographie de ce labyrinthe intérieur des grottes illyriennes n'est qu'ébauchée, et cependant plusieurs savants, à la tête desquels s'était placé M. Schmidl, ont consacré à cette étude de longues années de leur vie. Grâce à eux, certaines galeries des cavernes, notamment celles de Lueg,

GROTTES DE LA CARNIOLE.

Fig. 83.

sont aussi bien connues que les corridors et les salles d'un palais.

Un des fleuves de l'Istrie, dont le cours souterrain, encore inconnu sur un grand nombre de points, a donné lieu aux recherches les plus suivies, est le célèbre Timavus (Timavo), qui se jette dans la mer près de Duino, à 20 kilomètres au nord de Trieste. La description de Virgile[1] ne convient plus aux bouches du Timavo; elles ne sont plus au

1. *... Fontem superare Timavi*
Unde per ora novem vasto cum murmure montis
It mare præruptum, et pelago premit arva sonanti.

nombre de neuf, soit parce que le déboisement du Carso a diminué la masse des eaux, soit parce que les travaux hydrauliques et les atterrissements du delta ont modifié la forme du littoral; mais c'est toujours un magnifique spectacle que celui des trois principales masses d'eau qui s'échappent en bouillonnant du sein des rochers et portent orgueilleusement des navires de leur embouchure à leur source. Une rivière aussi considérable doit certainement

GROTTE DE LUEG

Dressé par A. Vuillemin d'après Schmidl — Gravé par Erhard

Fig. 84.

recevoir les eaux d'un vaste bassin, et cependant toutes les vallées voisines semblent complétement dépourvues de ruisseaux et n'offrent à la surface que la roche nue : l'eau de neige et de pluie s'écoule en entier par l'intérieur des cavernes. C'est seulement à 35 kilomètres au sud-est de l'embouchure du Timavo que l'on rencontre un affluent. Ce tributaire, connu sous le nom de Recca, disparaît dans le rocher sous une haute arcade qui porte le village de Sant-Canzian, se montre encore au fond de deux précipices d'effondrement, puis s'engouffre dans les profondeurs du rocher par une série de belles cascades que les explorateurs n'ont point encore dépassées. Au delà, le cours du torrent souterrain n'est indiqué que par des abîmes entr'ouverts çà et là au milieu des campagnes. En 1841. M. Lindner, qui cherchait de tous les côtés des sources pour l'approvisionnement de la ville de Trieste, menacée de mourir de soif, eut l'idée de faire descendre des mineurs dans le gouffre de Trebich, situé à 6 kilomètres au nord-est de la cité. Après onze mois de travaux, les ouvriers arrivèrent enfin sur le sol de la grotte inférieure, à 324 mètres au-dessous de la surface du plateau, et là en effet la Recca de Sant-Canzian coulait à leurs pieds. On descend au moyen d'échelles dans cette grotte devenue accessible par la main de l'homme.

Le réseau de cavernes le plus remarquable de cette région des Alpes est celui qui se ramifie, du sud-ouest au nord-est, à travers le massif des montagnes d'Adelsberg, entre Fiume et Laibach. La grotte principale surtout est curieuse à cause de sa grandeur, de la variété de ses concrétions calcaires, du torrent qui la parcourt en grondant, et certainement ses vastes salles, ses innombrables pendentifs blancs ou roses, ses abîmes pleins d'ombre et l'éternel écho des eaux courantes, produiraient sur les visiteurs un effet bien plus puissant encore si les fermiers n'avaient pas eu la malencontreuse idée d'embellir leur immeuble par des ponts rustiques ou chinois, des escaliers élégants et des pyramides décorées d'inscriptions sentimentales.

Au nord du bourg d'Adelsberg, on longe la base d'une colline aux flancs escarpés et nus, laissant voir les vives arêtes de ses couches calcaires fortement redressées. A gauche, le torrent de Poik serpente paisiblement dans la vallée, puis il se heurte contre un promontoire, et tournant brusquement, pénètre dans l'intérieur de la montagne par une espèce de haut portail ouvert entre deux assises parallèles de rochers. A moins que les eaux ne soient très-basses, on ne peut suivre le torrent à travers les blocs amoncelés de son lit ; mais à droite, à une hauteur de quelques mètres, se trouve une autre entrée par laquelle on descend à pied sec dans une vaste salle où l'on revoit la Poik sortant de son étroit couloir de rochers. Ici la grotte se bifurque : au nord, le torrent, dont la masse d'eau varie, suivant les saisons, de quelques pouces à 9 et 10 mètres de

GROTTE D'ADELSBERG

Fig. 85.

profondeur, s'enfonce dans une avenue tortueuse que l'on a pu suivre en bateau jusqu'à 940 mètres de l'entrée ; au nord-est, une avenue supérieure, découverte seulement en 1818, pénètre au loin dans l'épaisseur de la montagne et se ramifie diversement en d'étroits couloirs et de larges salles. Cette grotte, qui paraît avoir été l'ancien lit de la Poik, est la partie la plus curieuse du labyrinthe d'Adelsberg ; elle offre d'admirables groupes de stalactites, notamment dans la salle du Calvaire, dont la voûte, à l'énorme portée de 200 mètres, a laissé tomber, sur une colline de débris, une véritable forêt de colonnes et d'aiguilles blanches. La longueur développée de la grotte principale n'est pas moindre de 2,355 mètres ; mais il est probable qu'on découvrira plus tard d'autres avenues plus longues encore.

S'il est impossible de naviguer sur la Poik souterraine à plus de 940 mètres de distance, on peut du moins, en parcourant la surface des plateaux calcaires, suivre à la trace le torrent souterrain, grâce aux entonnoirs qui s'ouvrent au-dessus du cours de la Poik. A plus de 2 kilomètres au nord de l'entrée des grottes d'Adelsberg, se trouve un de ces gouffres, le Piuka-Jama, où l'on pénètre en s'accrochant aux branches des arbustes et en se laissant glisser au moyen d'une corde du haut du rocher. On arrive ainsi à l'entrée d'une espèce de soupirail d'où l'on voit la Poik passer en écumant dans son lit de rochers, et l'on n'a plus qu'à descendre un talus de débris pour gagner le bord du torrent. On ne peut le suivre en aval qu'à 250 mètres seulement ; mais on le remonte facilement sur une distance de 450 mètres en passant sous un haut portail aux superbes piliers, et de cette manière on se trouve à moins d'un kilomètre et demi de l'endroit où se sont perdues les eaux dans la grotte d'Adelsberg.

Plus bas on ne revoit la Poik qu'à sa sortie de la montagne, connue sous le nom de Planina ; elle jaillit d'une arche cintrée à la base d'un promontoire à pic, tout couronné de sapins. C'est bien la Poik, ainsi que le prouvent la température égale de l'eau et l'accroissement subit de la masse liquide après les orages qui ont éclaté sur Adelsberg ; mais le torrent sort toujours de la grotte plus considérable qu'il n'y est entré, grâce aux affluents qui lui viennent de droite et de gauche pendant son cours souterrain de 9 à 10 kilo-

GROTTE DE PLANINA

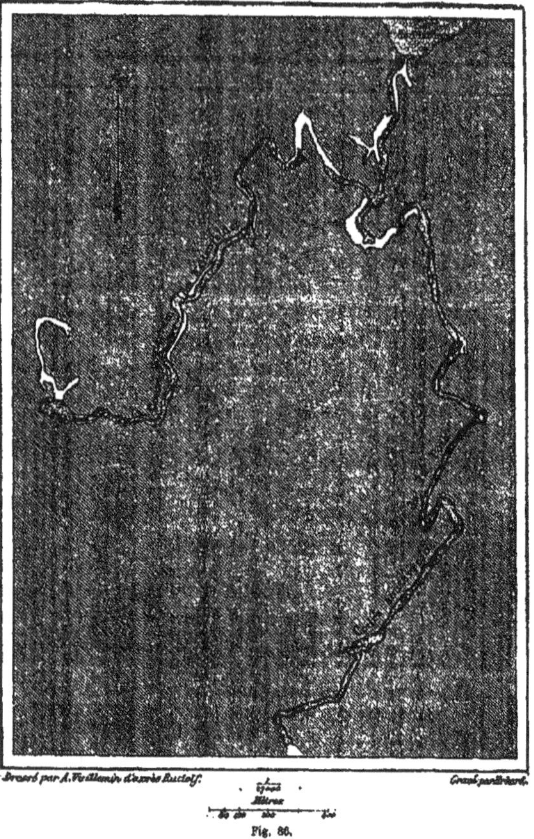

Dressé par A. Vuillemin d'après Rudolf. Gravé par Erhard.

Mètres

Fig. 86.

mètres. Un de ces ruisseaux, descendu des plateaux de Kaltenfeld, s'unit à la Poik à une faible distance en amont de la sortie. Au-dessus du confluent, on peut encore remonter en barque le torrent principal sur une longueur de plus de 3,200 mètres, ce qui fait environ 5 kilomètres avec les autres parties explorées de la Poik souterraine. En aval de la sortie, le torrent se perd encore partiellement dans les fissures de son lit, puis s'unissant à l'Unz, va se jeter dans la Save danubienne.

A une douzaine de kilomètres au sud-est des grottes d'Adelsberg et de Planina s'étend une large plaine entourée de tous les côtés par de hauts escarpements calcaires, à la base desquels se blottissent sept villages. Dans cette dépression, dont la partie la plus élevée est en culture, tandis que le reste est couvert de joncs et d'autres plantes de marais, s'ouvrent plus de 400 entonnoirs, semblables à ceux des autres régions de la Carniole. Ces *dolinas*, dont la profondeur moyenne est de 12 à 18 mètres, ont chacun leur nom, tels que le « Grand Crible, » le « Crible-à-froment, » le « Tambour, » la « Cuve, » le « Tonneau, » indiquant la forme ou quelque particularité remarquable des gouffres. Pendant les fortes sécheresses, il ne reste d'eau que dans un seul entonnoir; mais après les longues pluies, l'eau d'une rivière qui s'engloutit sous les roches en amont de la plaine, monte en grondant de chacun des puits; des torrents s'échappant de tous ces cribles ouverts dans le sol forment dans la grande enceinte entourée de falaises une mer aux eaux bleues et transparentes : c'est le lac de Jessero ou de Zirknitz, *lacus lugens* des Romains. La superficie de la nappe s'étend en moyenne sur un espace de 6,000 hectares; lors des grandes inondations, cet étrange lac temporaire que vomit la rivière cachée n'a pas moins de 10,000 hectares ou de 100 kilomètres carrés d'étendue. Les eaux vont, par un canal en partie souterrain, se jeter dans l'Unz, en aval de Planina.

De pareils bassins lacustres, vomis, puis absorbés par un cours d'eau caché dans les profondeurs, sont assez rares; cependant on en trouve d'autres exemples remarquables en

Europe. Ainsi, dans le Harz oriental, au milieu d'un beau site environné de sapins, apparaît parfois le charmant lac appelé Bauerngraben (*fossé des paysans*), ou bien Hungersee (*lac de la faim*) ; mais à peine cette masse d'eau bleue a-t-elle rempli pendant quelques jours son bassin de roc gypseux qu'elle s'engloutit tout à coup pour s'épancher par des canaux souterrains dans la rivière de la Helme. Le célèbre lac de Copaïs, dans la Béotie, peut être également assimilé au lac de Zirknitz, du moins pour certaines parties de son bassin [1].

1. Voir ci-dessous le chapitre intitulé *les Lacs*.

CHAPITRE III.

LES RIVIÈRES.

I.

Dénominations diverses des eaux courantes. — Détermination de la branche principale parmi les affluents d'un cours d'eau. — Bassins fluviaux et lignes de faîte. — Bifurcation de certains fleuves.

Les géographes ont discuté longtemps et discutent encore sur la valeur précise des noms qui servent à désigner les eaux courantes. Comment établir une distinction entre un fleuve et une rivière, entre une rivière et un ruisseau? Évidemment il n'existe pas de différence absolue, puisque tous les cours d'eau se composent également de masses liquides entraînées par leur propre poids sur un sol incliné. La seule différence relative qu'il semble facile de constater au premier abord consiste dans la plus ou moins grande quantité d'eau que renferme chaque lit. Mais ce ne peut être là qu'une appréciation variant de continent à continent et de pays à pays, suivant l'importance du réseau hydrographique. Tel fleuve d'Europe ne semblerait qu'un mince ruisseau et recevrait à peine un nom dans l'immense bassin des Amazones. D'ailleurs, la masse des eaux change selon les diverses saisons. Telle rivière des régions tropicales, très-abondante pendant la saison des pluies, est souvent tarie en entier ou transformée en une succession de mares durant les sécheresses.

La nature, dont tous les phénomènes sont la diversité

même, ne fournissant pas de règle fixe pour la classification des cours d'eau, quelques géographes, désirant à tout prix introduire une apparence de hiérarchie dans les choses de la terre, ont donné le nom de fleuves aux masses liquides qui se jettent directement dans l'Océan, et réservent le nom de rivières aux simples affluents alimentés eux-mêmes par des tributaires de deuxième ordre et des ruisseaux. En vertu de cette distinction purement scolastique, l'Argens, la Seudre, la Leyre seraient des fleuves, tandis que le Tapajoz et le gigantesque Madeira n'auraient droit qu'au titre de rivières. Comprenant mieux la nature que ne le font bien des savants modernes, nos ancêtres, les Celtes de l'Europe occidentale, se servaient d'un même nom, diversement modifié par l'usage, pour désigner des cours d'eau de toute grandeur : le Rhin, le Rhône, l'Arno, l'Orne, l'Arnon. Toute eau courante était un fleuve à leurs yeux.

La principale difficulté que rencontrent les géographes systématiques est celle de déterminer dans chaque bassin la branche principale qui doit être considérée comme le fleuve par excellence, et dont tous les autres cours d'eau ne sont que des affluents. Dans un certain nombre de cas, on peut, il est vrai, reconnaître sans peine à quelle artère du bassin fluvial appartient incontestablement la prééminence; mais le plus souvent il est malaisé, ou même impossible, de se prononcer avec certitude sur cette question. Est-ce la Seine ou l'Yonne? est-ce l'Adour ou le Gave de Pau, le Rhin ou l'Aar, l'Inn ou le Danube, le Mississipi ou le Missouri, le Marañon ou l'Apurimac (Ucayali) qui doivent imposer leur nom à l'artère principale portant à la mer l'eau mêlée des deux fleuves rivaux ? S'agit-il principalement de considérer la longueur du cours? Alors la Saône et le Rhône lui-même ne sont que des affluents du Doubs, dont le développement total, du Mont-Rizoux au golfe du Lion, dépasse celui du Rhône de 150 kilomètres. De même le Mississipi est dans ce cas le tributaire du Missouri, qui offre en longueur 2,600 kilomètres de plus, c'est-à-dire un développement égal à trois fois le cours de la Seine. Pour déterminer lequel d'entre les affluents supérieurs est le cours d'eau principal vaut-il mieux comparer l'abondance de l'apport liquide ? S'il en est ainsi, l'Yonne, l'Aar, l'Inn sont des fleuves alimentés respectivement par la Seine, le Rhin et le Danube. La direction générale plus ou moins rectiligne et l'unité géologique plus ou moins grande de la vallée de chaque affluent sont-ils les signes principaux qui doivent servir à déterminer le véritable fleuve ? Alors le Rhône et la Seine ne sont plus que des cours d'eau secondaires relativement à la Saône et à l'Yonne, et l'Yonne elle-même doit céder son rang à la Cure.

Le savant qui s'occupe du travail ingrat de rechercher la maîtresse branche d'un fleuve a donc à tenir compte des éléments les plus divers : masse des eaux, longueur développée du cours, direction générale de la vallée, nature géologique du sol ; mais quel que soit le résultat de ses investigations, il doit finir par se courber devant la toute-puissante tradition. C'est elle, et non la science, qui a nommé les fleuves ; c'est elle qui, par suite de mille circonstances tenant à la mythologie, à l'histoire des conquêtes ou de la colonisation, à l'agriculture, à la navigation, ou bien encore à des phénomènes naturels, s'est décidée d'une manière arbitraire en apparence à donner à tel ou tel cours d'eau la prééminence sur les autres rivières du même bassin. Il est trop tard désormais pour changer la nomenclature hydrographique.

D'ailleurs ce changement serait à peu près inutile, car la nature vivante ne s'accommode point de ces classifications rigoureuses dans lesquelles les pédants voudraient l'enfermer. C'est par abstraction pure qu'on arrive à considérer un fleuve comme un être isolé. Il n'est en réalité que l'ensemble des rivières et des ruisseaux accourus de toutes les extrémités du bassin ; il réunit les millions de filets d'eau échappés aux glaces ou sortis des veines de la pierre; il se compose des gouttelettes innombrables qui suintent de la terre saturée de pluie ou couverte de neige. Le fleuve se renouvelle sans cesse, et tous les affluents ont leur part à cette œuvre de transformation. C'est donc la région d'écoulement tout entière, et non telle ou telle eau tributaire qui doit être regardée comme le véritable fleuve. Ce sont le Missouri, l'Ohio et la rivière Rouge, non moins que le Mississipi, qui jettent dans le golfe du Mexique une longue presqu'île de boue incessamment grandissante; le Tapajoz, le Rio-Negro, le Madeira roulent comme le Solimoës dans le vaste estuaire des Amazones; et pour parler comme les marins de la baie de Biscaye, ce sont les « deux mers » de Garonne et de Dordogne qui, par leurs eaux réunies, constituent la « mer » de Gironde.

Les noms de rivières contractés de ceux des affluents principaux sont les seules expressions géographiquement vraies. Tels sont, par exemple, les noms de la Somme-Soude, de la Tamise (Thame, Isis), du torrent de Gyronde (Gyr, Onde), dans les Hautes-Alpes, et mieux encore celui du fleuve virginien Mattapony (Mat, Ta, Po, Ny). Toutes les artères d'un bassin fluvial peuvent être comparées aux branches et aux rameaux d'un arbre immense. Le Rhin, le Mississipi rappellent le chêne par la majesté de leur port et la puissance de leurs branches projetées à angle droit; le Nil, au long stipe dépourvu de rameaux inférieurs et s'épanouissant en panache terminal, fait penser au palmier des oasis. Ces comparaisons n'ont, il est vrai, rien de scientifique, mais elles s'imposent au regard, et le géographe, comme l'artiste, ne peut s'empêcher d'en être frappé.

Presque toutes les parties des continents où l'humidité de l'atmosphère se précipite en neiges et en pluie ont leur réseau de rivières dans lesquelles se déverse l'eau qui n'est pas, immédiatement après sa chute, absorbée par la terre ou bue par les racines des plantes. Toutefois, lorsque le sol est presque entièrement horizontal, l'eau de pluie ne trouve pas une déclivité suffisante pour s'écouler vers la mer et s'étale en flaques stagnantes. Ainsi dans les pampas de la république Argentine, où la chute d'eau annuelle est cependant plus considérable qu'en France, les prairies sont parsemées de lagunes sans écoulement, et les grands fleuves qui descendent des massifs du nord-ouest, le Vermejo, le Salado, le Pilcomayo ne reçoivent pas un seul affluent des plaines qu'ils parcourent[1].

Les hautes chaînes de montagnes dont les cimes se dressent dans le ciel au travers du chemin pris par les nuages et qui recueillent proportionnellement une plus grande part d'humidité que les plaines, donnent naissance aux cours d'eau les plus abondants ; toutefois, comme les contrées basses ou d'un relief modéré comprennent un espace beaucoup plus étendu que les pays montagneux, c'est aussi là que les ruisseaux jaillissent du sol en plus grand nombre. En général les ravins ou les vallons de plaines, dans lesquels se réunissent les premières eaux, reproduisent en miniature les gorges profondes et les cirques d'érosion des hautes montagnes ; mais parmi les affluents naissants des fleuves il en est qui commencent sur des plateaux uniformes ou dans un léger pli du terrain ; il en est d'autres, notamment dans les grandes plaines de la Russie, qui sortent de lacs ou de marécages s'étalant en vastes nappes au centre de la contrée. Aussi l'arête qui sépare deux versants, ligne sinueuse de chaque côté de laquelle les eaux coulent en sens opposé, affecte dans son développement les formes les plus diverses. Le bassin d'un fleuve, c'est-à-dire l'espace que parcourent tous ses affluents, peut être circonscrit d'un côté par la crête hérissée d'une chaîne de montagnes, de l'autre par les molles ondulations d'une rangée de collines, plus loin par le renflement insen-

1. Martin de Moussy, *Confédération Argentine*.

sible de quelque plaine basse. En certains endroits on est même obligé de niveler le sol pour savoir exactement où s'opère ce que les anciens appelaient le *divorce des eaux*. D'ailleurs, même dans les montagnes, la ligne de crête ou de plus grande élévation est loin de coïncider uniformément avec le faîte des terres qui séparent deux versants. Les monts offrent une telle variété dans leur forme première et les agents qui les rongent ont creusé leurs flancs de manières si diverses que nombre de vallées ont précisément leur origine sur la pente opposée à celle du versant qu'ils vont arroser.

L'exemple le plus remarquable d'interruption soudaine qui se présente sur la terre dans un système de montagnes est probablement l'étonnante coupure de Riñihue située

LE PASSAGE DE RIÑIHUE

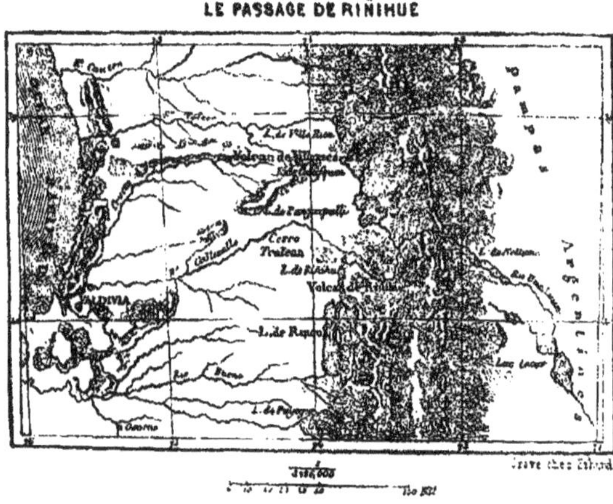

Fig. 83.

dans les Andes du Chili, vers le 40e degré de latitude. D'après le témoignage unanime des Indiens sauvages et des paysans chiliens de la contrée, la rivière de Huahuum, qui prend naissance dans les hautes pampas de Buenos-Ayres, déverserait ses eaux dans le Pacifique en franchissant ainsi la chaîne des Cordillières; sortie du lac Neltume, elle s'engagerait ensuite dans un défilé sous le nom de Caillitue. Il est certain qu'en aval elle reçoit une rivière issue des lacs andins de Panguipulli et de Cafalquen et que toute cette masse liquide réunie va se jeter dans le lac de Riñihue, tributaire de l'océan Pacifique. Les Indiens affirment que le Huahuum et le Caillitue sont navigables sur toute leur étendue et ne sont interrompus que par un seul rapide; malheureusement les explorations scientifiques de cette région n'ont guère dépassé les bords du lac Riñihue. Il paraît qu'en cette partie de son développement, la chaîne des Andes doit sa forme à l'action des agents souterrains qui ont dressé de distance en distance de grands cônes d'éruption sur la faille volcanique [1].

Plusieurs bassins fluviaux offrent un curieux phénomène. Les lignes de faîte, hautes chaînes de montagnes, plateaux ou marécages, qui séparent deux systèmes hydrographiques, sont interrompues par des brèches à travers lesquelles les eaux peuvent s'épancher d'un bassin dans l'autre. En arrivant à cette brèche, le cours d'eau, sollicité par une double pente, se bifurque en deux rivières coulant en sens inverse et parfois vers deux mers opposées. C'est ainsi que, dans la Colombie, le haut Orénoque se partage en deux fleuves, dont l'un va s'unir à l'Atlantique, immédiatement au sud de la grande rangée des Antilles, tandis que l'autre, connu sous le nom de Cassiquiare, descend au sud-ouest vers le Rio Negro, affluent des Amazones. La rivière qui recueille les eaux du bassin supérieur de l'Orénoque est donc tributaire de deux mers à la fois; elle contribue à transformer toutes les Guyanes en une grande île, entourée d'un côté par l'Océan, de l'autre par un canal

1. Frick, *Mittheilungen von Petermann*, II, 1864

navigable à double pente, ayant son bief de séparation à 280 mètres, au pied de la haute montagne de Duida.

BIFURCATION DE L'ORÉNOQUE

Fig. 58.

Ce phénomène de bifurcation, devenu célèbre par le voyage de Humboldt et de Bonpland, se retrouve, mais, il est vrai, en proportions moins grandioses, dans plusieurs autres contrées de la terre, les unes montagneuses, les autres faiblement accidentées. D'ailleurs, par suite de l'espèce d'indécision qui se produit dans la masse liquide entre les deux pentes, il a été souvent facile à l'homme de régler à sa guise le régime de ces eaux divergentes ou même de supprimer complétement la bifurcation par un barrage ou d'autres travaux hydrauliques. En revanche, l'industrie humaine a su, dans une foule d'autres cas, utiliser les dépressions du sol pour dériver latéralement des bras de fleuves et créer ainsi une bifurcation artificielle[1].

1. Voir, dans le deuxième volume, le chapitre intitulé : *le Travail de l'homme*.

Pour l'Europe seulement, on pourrait citer des exemples nombreux de bifurcations naturelles. En Suède, un petit lac, situé à plus de 1,000 mètres d'altitude au pied de la grande montagne de Sneehättan, alimente en même temps la rivière de Lougen qui descend vers Christiania et celle de Romsdal qui se jette dans le Molde-Fjord, entre Bergen et Trondjhem. Bien plus : il est même un marécage, celui de Kol, sur le plateau de Hardanger, qui donne naissance à huit ruisseaux divergeant chacun de son côté[1]. De même, sur un plateau rocheux situé à plus de 800 mètres d'élévation à l'est du Puy de Carlitte, dans les Pyrénées orientales, se trouve le petit étang de *las Dous* (les Deux) déversant à la fois ses eaux dans un affluent de la Têt du Roussillon et dans le ruisseau d'Angoustrine, tributaire de la Sègre et de l'Èbre. L'Italie centrale offrait un exemple de bifurcation encore bien plus curieux. Il paraît incontestable que du temps des Romains et durant les premiers siècles du moyen âge l'Arno se partageait en deux branches dont l'une atteignait directement la mer, tandis que l'autre traversait au sud le val de Chiana pour se déverser dans la Paglia, affluent du Tibre[2]. Lorsque le fleuve Arno, approfondissant graduellement son lit septentrional, eut cessé de couler dans le val de Chiana, les eaux qui tombaient des ravins latéraux dans cette dépression presque horizontale s'épanchaient faiblement d'un côté dans le Tibre, de l'autre dans l'Arno et croupissaient le plus souvent en de tristes marécages d'où s'échappait la fièvre. Cependant les marais ont disparu, grâce aux beaux travaux hydrauliques entrepris depuis Toricelli par les ingénieurs toscans pour l'assainissement de la vallée. Au moyen des alluvions apportées de droite et de gauche par les torrents dans les bassins de colmatage, on a su créer une ligne de faîte artificielle au milieu de la vallée et donner

1. Fritsch, *Mittheilungen von Petermann*, XI, 1866.
2. Salvagnoli Marchetti.

aux eaux deux pentes bien sensibles, inclinées en sens inverse[1]. Naguère le bassin de la Seine offrait aussi parmi ses tributaires un exemple de bifurcation constante; à Mœurs, le Grand-Morin se partageait en deux ruisseaux, dont l'un descendait vers la Marne, tandis que l'autre alimentait le Superbe ou ruisseau des Auges, affluent de la Seine; mais depuis qu'à la suite du déboisement les sources se sont appauvries, la communication des eaux ne s'opère plus que d'une manière artificielle au moyen d'un barrage[2].

C'est parmi les phénomènes de même nature qu'il faut ranger aussi le partage des eaux d'un fleuve en deux bras,

BIFURCATION DES VALLÉES DU RHIN

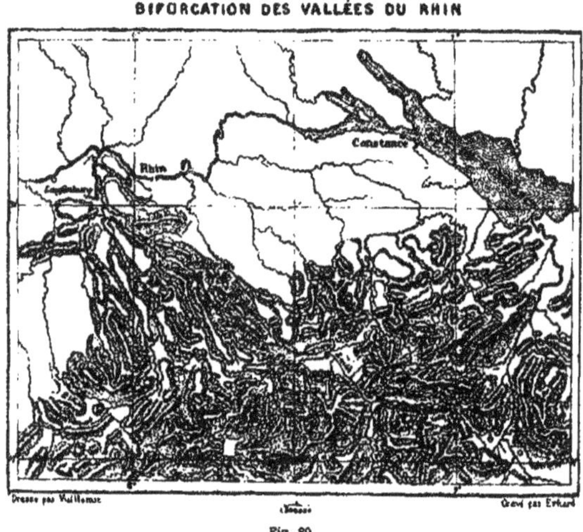

Fig. 80.

qui, après avoir coulé chacun dans une vallée distincte, finissent par se rejoindre à une grande distance en aval de

1. Simonin, *l'Étrurie et les Étrusques.*
2. Plessier, *Formation des plateaux et des vallées de la Brie.*

la bifurcation. Il est probable qu'à une époque géologique récente, le Rhin se divisait ainsi pour embrasser dans son cours une île immense de rochers et de montagnes comprise entre les lacs de Wallenstadt, de Zurich, de Constance, et le confluent actuel de l'Aar et du Rhin. Dans l'histoire de la terre, on peut considérer les deux vallées comme étant au même titre les axes du bassin fluvial, puisqu'elles lui ont servi de lit, soit en même temps, soit tour à tour. Entre Meyenfeld et Sargans, à l'altitude de 485 mètres, le

SEUIL DE SARGANS

Grav. par Erhard. d'après la carte fédérale.

1 : 100.000

Kilomètres

Fig. 90.

Rhin tourne brusquement au nord-est, s'engage dans un étroit défilé, puis descend vers le lac de Constance, qu'il traverse pour aller rejoindre les eaux de l'Aar et de la Limmat, à 150 kilomètres en aval de Sargans. Cette ville est située précisément sur un isthme de galets et de tourbe qui sépare le lit actuel du Rhin de son ancien lit dirigé vers le nord-ouest. Que cet isthme, haut de 5 mètres environ, vienne à disparaître, et le fleuve se bifurquera de nouveau pour épancher un de ses bras dans le lac de Wallenstadt, situé à 60 mètres plus bas, et de là dans le lac de Zurich et dans la vallée de l'Aar. On a émis diverses hypothèses pour expliquer la formation de l'isthme qui a coupé le bassin fluvial en deux parties, et forcé le Rhin à s'épancher tout entier vers le lac de Constance. Il est probable que cet amas de cailloux roulés est un talus de débris apportés par le torrent de Seez du fond de la gorge de Weiss-tannen

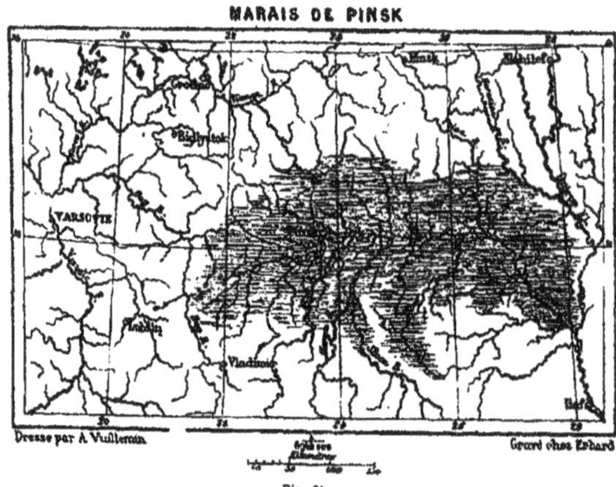

Fig. 91.

(Blancs-sapins) et déposé à l'issue de cette vallée latérale[1]. Tant que le fleuve a pu déblayer ces amas de cailloux, il a suivi son cours vers le lac de Wallenstadt; mais constamment

1. W. Huber, *Bulletin de la Société de Géographie*, février, mars, 1866.

retardé par le talus grandissant, il dut enfin se frayer une nouvelle issue vers le nord.

Les plaines basses et marécageuses offrent un grand nombre d'exemples de ce double épanchement des eaux vers deux bassins. En Volhynie, les marais de Pinsk servent de source commune à divers affluents de la Vistule et du Dniepr, et relient ainsi la mer Baltique à la mer Noire. Au printemps, lors de la fonte des neiges, et vers la fin de l'automne, après les grandes pluies, une série de lacs, de marais et de ruisseaux temporaires rattache aussi la méditerranée Caspienne à la mer d'Azov et au Pont-Euxin; les eaux du Kalaous, descendues d'une âpre vallée du Caucase, se partagent pour former un canal temporaire entre les deux bassins jadis unis en un même océan.

ISTHME PONTO-CASPIEN

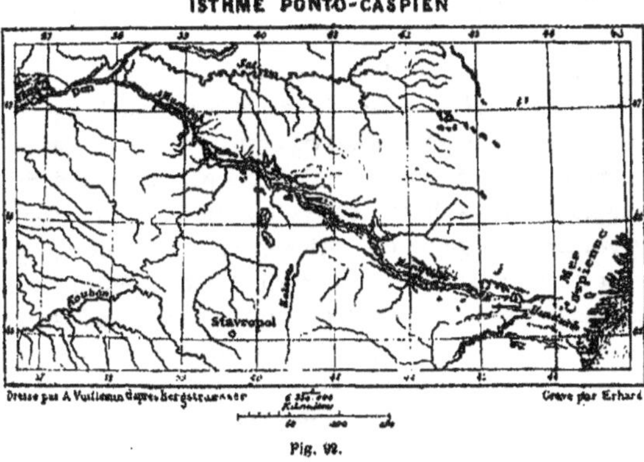

Fig. 98.

Les deux principaux systèmes fluviaux de l'Amérique septentrionale, ceux du Mississipi et du Saint-Laurent, se confondent également, pour quelques jours, après des pluies prolongées. Même avant la construction du canal qui réunit aujourd'hui les deux fleuves, de petites embarcations pouvaient quelquefois passer de la rivière de Chicago dans celle des Illinois, et traverser ainsi le faîte, à peine indiqué, qui s'élève entre la mer de Terre-Neuve et celle du Mexique. Récemment encore, c'est-à-dire il y a 4.500 ou 5.000 ans, l'union des deux bassins fluviaux, devenue temporaire, semble avoir été permanente. Les calculs et les observations de sir Charles Lyell, de Schoolcraft et de nombreux géologues américains, rendent très-probable qu'à cette époque tous les affluents supérieurs du Mississipi et du Saint-Laurent alimentaient un réservoir lacustre dont la vaste nappe, située à 180 mètres au-dessus de l'Océan, s'étendait du côté du nord jusqu'à l'embouchure du Wisconsin, s'unissait à l'est avec le lac Michigan, et recouvrait les péninsules intermédiaires. Le centre du continent était occupé par une mer aussi grande que notre Méditerranée, se déversant dans l'Océan par un immense delta dont chaque bras était l'un des plus grands fleuves de la terre [1].

D'ailleurs, les bifurcations des cours d'eau ne s'accomplissent pas toutes à la surface du sol, et si les couches profondes nous étaient dévoilées, il est probable que la majorité des bassins fluviaux nous offriraient des exemples de dérivations souterraines. Dans les pays tels que la France, dont l'exploration géologique est sérieusement commencée, on connaît un grand nombre de ces curieux phénomènes, d'ordinaire bien peu remarqués. C'est ainsi que dans les Basses-Pyrénées, le Gave d'Ossau se bifurque au pied de la haute colline de Sévignac; tandis qu'un bras, coulant au nord-ouest, va s'unir au Gave d'Aspe pour former le Gave d'Oloron, l'autre bras s'engouffre sous les rochers et reparaît à 8 kilomètres au nord en deux sources très-fortes dont le ruisseau, appelé le Neez, se jette non loin de Pau dans le Gave du même nom. De même au centre de la France, la Haute-Vézère envoie souterrainement un de ses bras, long

1. Humphreys and Abbot. *Report on the Mississippi river.*

d'environ 5 kilomètres dans la rivière de l'Isle, dont la profonde vallée se développe parallèlement en longs méandres.

II.

Systèmes hydrographiques dans les diverses parties du monde.

La grande différence qui existe entre les continents sous le rapport du relief et de l'étendue a donné aux cours d'eau de chaque partie du monde les directions les plus diverses ; partout la forme générale du réseau hydrographique varie en proportion de la hauteur et de l'orientation des chaînes de montagnes, de la longueur et de l'inclinaison des pentes, de la nature géologique des terrains arrosés, de l'abondance et de la répartition annuelle des pluies. Mais puisque les masses continentales offrent dans leurs contours généraux et dans leurs diverses parties une évidente pondération de formes, puisque le cours des nuages et des vents obéit à des lois constantes, il en résulte que les fleuves eux-mêmes se distribuent sur la surface de la terre dans un ordre remarquable, d'autant plus beau qu'il est moins régulièrement symétrique. Les gracieux méandres des cours d'eau, leurs longues courbes tremblotantes et celles de leurs innombrables affluents empêchent de voir combien les systèmes sont rhythmiques dans leur ensemble d'un bout du monde à l'autre. Sur la terre, la loi se montre rarement dans une inflexible simplicité ; elle se fait belle, grâce à la vie qui pénètre toutes choses, et par sa beauté même elle échappe souvent aux regards des hommes.

Le premier fait que révèle l'étude de la carte à l'égard de la distribution des fleuves sur la surface du globe, c'est que les cours d'eau tributaires de l'Atlantique dépassent considérablement en nombre et en importance ceux du grand océan Pacifique. Cette mer, la plus vaste de toutes, ne reçoit directement que cinq grands fleuves : le Cambodge, le Yantse-kiang, le Hoang-ho, l'Amour et la Columbia, tandis que le canal relativement étroit de l'Atlantique est le réservoir commun dans lequel viennent se déverser les fleuves les plus considérables de la terre : l'Uruguay et le Parana, le courant des Amazones, l'Orénoque, le Mississipi, le Saint-Laurent, sans compter le Congo, le Niger, la Gambie, tous les cours d'eau de l'Europe occidentale, et, par l'intermédiaire de la Méditerranée, les deux grands fleuves des anciens, le Nil et le Danube. Cette inégale répartition des eaux courantes est une conséquence de la disposition semi-circulaire des Andes, des monts Californiens, de ceux du Kamtchatka et de la Sibérie autour du bassin du Pacifique. Le versant occidental de l'Amérique du Sud est d'une excessive pauvreté en courants d'eau. Sur cette étroite zone, dix fois moins large en moyenne que le versant atlantique, et d'ailleurs rarement visitée par les pluies, deux ou trois rivières à peine sont navigables. Les torrents de la Colombie occidentale et du Chili mériteraient tout au plus le nom de ruisseaux dans le bassin du gigantesque Marañon.

Au point de vue hydrographique, le continent d'Asie peut se diviser en trois régions bien distinctes : celles du nord, du centre et du midi. La première est la grande plaine de la Sibérie, doucement inclinée vers l'océan Glacial et traversée dans toute sa largeur par trois fleuves parallèles, qui comptent parmi les plus considérables, mais aussi parmi les moins utilisés par l'homme. Au centre du continent se trouvent plusieurs bassins fermés, plateaux plus ou moins déserts dont les torrents vont se perdre dans quelque lac ou s'évaporent en route. Les contrées méridionales et orientales de l'Asie sont les parties vraiment vivantes du continent, grâce à la mer qui les baigne, à la forme dentelée de leurs péninsules, aux productions si variées de leur sol.

et surtout aux nombreux cours d'eau qui les arrosent.

Parmi ces fleuves, les plus remarquables se réunissent deux à deux pour constituer trois groupes de courants jumeaux : ce sont le Tigre et l'Euphrate, le Gange et le Brahmapoutra, le Yantse-kiang et l'Hoang-ho. Dans chacun de ces couples, les deux fleuves prennent leur source à côté l'un de l'autre, au sein du même système de montagnes, s'éloignent en des directions opposées, puis après avoir décrit une vaste demi-circonférence à travers le continent, reviennent l'un vers l'autre se perdre dans la mer par le même delta. Ce qui augmente encore l'analogie de ces doubles artères fluviales, c'est qu'elles portent respectivement leurs eaux à chacune des mers situées à l'est des trois péninsules méridionales de l'Asie : le Chat-el-Arab se jette dans le golfe Persique, à l'orient de l'Arabie ; le Gange dans le golfe du Bengale, à l'orient de l'Inde ; les fleuves chinois dans l'océan Pacifique, qui s'étend au nord et à l'orient de l'Indo-Chine.

Pour comprendre dans ses traits généraux l'hydrographie du continent d'Asie, il faut compter un quatrième groupe de fleuves accouplés, l'Indus-Sutledj. Il est vrai que ces deux rivières des contrées occidentales de l'Hindoustan unissent leurs eaux à une assez grande distance de l'embouchure, mais leur cours inférieur a tout à fait le caractère d'un delta errant sans cesse à la recherche d'un nouveau lit. L'Indus et le Sutledj, probablement séparés autrefois, se sont réunis par suite du déplacement de leur cours et de l'allongement considérable du delta commun qui reçoit leurs alluvions ; de même, du temps d'Alexandre, les bouches du Tigre et de l'Euphrate se trouvaient à une bonne journée de marche l'une de l'autre, tandis que de nos jours les deux bras s'unissent à une assez grande distance de la mer pour former le Chat-el-Arab. Ainsi, l'on peut ranger l'Indus et le Sutledj parmi les doubles fleuves, puisque leurs sources sont très-rapprochées l'une de l'autre, la direction de leurs cours tout à fait distincte et leur embouchure commune. Les eaux de ce quatrième groupe de fleuves descendant du massif de montagnes qui donne naissance au Gange et au Brahmapoutra, on peut dire qu'il existe au nord de l'Hindoustan un double système de fleuves accouplés qui se rejoignent presque entièrement par leurs sources. Partis du même point, les quatre courants d'eau les plus considérables de l'Inde prennent des directions opposées l'une à l'autre et décrivent d'énormes circuits, puis, comme pour se conformer à une double loi d'harmonie et de contraste, se réunissent deux à deux, l'Indus et le Sutledj à l'occident, le Gange et le Brahmapoutra à l'orient. Ce sont les quatre animaux de la légende indoue, l'éléphant, le cerf, la vache et le tigre, qui, du haut d'un même pic de la montagne sacrée, bondissent vers les plaines vertes de l'Hindoustan.

Le contraste offert par l'Europe proprement dite, si riche en montagnes, en péninsules, en indentations profondes, et la vaste plaine, au caractère presque asiatique, de l'Europe orientale, se reproduit également dans le régime hydrographique des deux moitiés du continent. Dans l'Europe occidentale, les Alpes et les autres chaînes de montagnes rayonnant autour de ce massif déterminent le caractère du système des eaux ; dans les contrées slaves, habitées par des peuples à peine échappés à la barbarie, les grands fleuves, tels que le Volga, la Dwina méridionale, le Niemen, le Bug, le Dniepr, proviennent tous d'une région marécageuse ou faiblement accidentée occupant le milieu de la Russie. Ils roulent une masse d'eau très-considérable ; mais leur importance historique est bien inférieure à celle des rivières qui jaillissent des Alpes pour arroser dans tous les sens les diverses contrées de l'Europe occidentale, théâtre principal de la civilisation moderne. C'est le groupe alpin des eaux courantes qu'il importe principalement d'étudier à part.

Des flancs du Saint-Gothard, centre du massif des

Alpes, s'échappent, sans compter la Reuss, trois fleuves, le Rhin, le Rhône et le Tessin, qui vont se perdre respectivement dans la mer du Nord, la Méditerranée et le golfe Adriatique. Deux autres cours d'eau, sans descendre du Saint-Gothard lui-même, prennent leur source dans sa proximité : ce sont l'Aar, principal tributaire du Rhin, et l'Inn, rivière plus importante que le Danube dont il prend le nom en aval du confluent. Voilà donc cinq fleuves qui rayonnent vers quatre mers autour d'un seul groupe des Alpes, non sous forme de doubles systèmes, semblables à ceux de l'Inde et de la Chine, mais comme fleuves isolés. D'ailleurs, ces cours d'eau distincts, notamment le Rhône et le Rhin, offrent entre eux de remarquables analogies. Les deux grands fleuves, à peu près égaux en volume, coulent chacun dans une direction diamétralement opposée, puis s'échappent soudain vers le nord par un brusque méandre, traversent un lac de dimensions considérables, ici le Léman, là le lac de Constance, franchissent les chaînons parallèles du Jura par des rapides ou des cataractes, et sortant enfin de la région des montagnes, s'écoulent l'un directement au nord vers la mer d'Allemagne, l'autre directement au sud vers la Méditerranée [1].

D'autres nœuds de la même chaîne, tels que ceux du Viso et de la Levanna, près du Mont-Cenis, sont des centres secondaires pour le rayonnement des eaux ; mais aucun ne peut être comparé, au point de vue de l'importance hydrographique, au massif central du Saint-Gothard.

Les grands fleuves de l'Europe péninsulaire qui ne sont pas alimentés par les neiges des Alpes coulent au nord de cette ligne de montagnes à peu près continue que forment à travers le continent les chaînes des Pyrénées, des Cévennes, du Jura, des Carpathes. Au sud descendent des rivières peu considérables à cause du peu de largeur qu'offre

1. W. Huber, *Bulletin de la Société de Géographie*, 1866.

en Europe le versant méditerranéen ; mais il est à remarquer que la ligne des sommets ne marque point exactement la division ou le partage des eaux coulant les unes vers le nord, les autres vers le sud ; la pénétration réciproque des bassins opposés est complète ; ils s'emboîtent pour ainsi dire les uns dans les autres. Tel fleuve qui coule au nord reçoit les affluents de la partie méridionale des montagnes, tel autre qui coule au midi les reçoit du nord. C'est ainsi que dans le Tatra (Carpathes) la division des versants, loin de se confondre avec la ligne des sommets, coupe transversalement la chaîne de montagnes. L'Arva, venant du nord, perce la chaîne de montagnes pour aller se jeter dans la Theiss, tandis que le Poprat, prenant sa source au midi, se creuse un chemin à travers les gorges pour rejoindre la Vistule [1]. De même, la Garonne naît dans les glaciers de la Maladetta, au sud de la chaîne principale des Pyrénées ; pour se rendre au nord dans le pays d'Aran et les campagnes de la France, il lui faut traverser la base de la montagne de

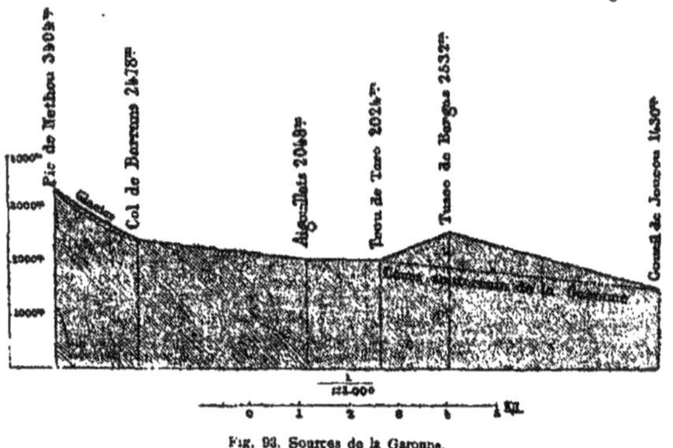

Fig. 93. Sources de la Garonne.

Poumero par un gouffre souterrain de 4 kilomètres de longueur. L'eau qui disparaît du côté de l'Espagne dans la haute

1. Carl Ritter.

vallée de l'Essera, reparaît sur l'autre côté du mont à 600 mètres plus bas. La source jaillissante, dont l'eau perce ainsi de part en part les roches de Poumero, était jadis sacrée : c'est le *Goueil de Joueou*, l'œil de Jupiter.

Dans l'Amérique septentrionale, il y a rayonnement de fleuves comme en Europe, mais autour de trois centres, dont deux sont des massifs de montagnes, et l'autre une simple élévation graduelle et insensible des plaines. Dans le territoire d'Idaho, entre le 43e et le 44e degré de latitude nord, se dresse un grand pic (4,200 mètres) auquel le lieutenant Raynolds a donné le nom de Union-Peak, parce que ses eaux de neige, bientôt grossies et transformées en importantes rivières, coulent au sud vers le Colorado, au nord vers le Missouri, à l'ouest vers la Columbia [1]. Plus au sud, mais toujours dans l'angle que forment la vallée du Colorado et celles des affluents du Missouri, commence le Rio Grande del Norte, complétant ainsi le rayonnement des grands fleuves autour d'un massif élevé des montagnes Rocheuses. A neuf degrés plus au nord, dans le voisinage du pic de Murchison, jaillissent plusieurs des sources les plus importantes du Fraser, de la Columbia, du Saskatchevan, de l'Athapasca, du Mackenzie. D'après Antisell, trois de ces cours d'eau sont alimentés par les neiges de la même montagne : les sources du Mackenzie et de la Columbia apparaissent au jour, à une distance de 200 mètres l'une de l'autre, et l'on peut se rendre en 14 pas de l'origine de la Columbia à celle du Saskatchevan. C'est donc là que se trouve la partie centrale de la région dans laquelle s'opère le rayonnement des fleuves au nord-ouest du continent. Quant au centre des rivières de plaines, il est situé un peu à l'ouest du lac Supérieur, aux environs des lacs Rouge, Itasca, des Bois et de tant d'autres nappes d'eau douce qui parsèment la partie la plus haute des plateaux peu élevés de

1. Humphreys and Abbot; — Antisell, etc.

l'Amérique septentrionale. Là jaillissent les sources du Mississipi proprement dit, celles du Saint-Laurent et de la rivière Rouge du Nord, tributaire du grand lac Winnipeg, communiquant lui-même avec le fleuve Mackenzie et l'océan Glacial par un enchaînement de nappes d'eau. Le centre de rayonnement des plaines sert à relier les deux centres de la chaîne des Rocheuses; il en est le complément.

Les trois régions des sources américaines sont reliées entre elles par les deux affluents principaux d'un grand fleuve. Ainsi le gigantesque développement des branches supérieures du Mississipi rattache les groupes superbes des monts de l'Idaho aux plateaux marécageux du Minnesota : courant des montagnes par le Missouri, courant de plaines par le haut Mississipi, le fleuve qui unit toutes ces eaux est essentiellement double. Le Mackenzie offre également ce caractère de dualité, bien qu'à un moindre degré, puisqu'il lui vient à la fois des affluents de la région des lacs et de la chaîne des Rocheuses. De même les deux principales branches de la Columbia, la rivière du Serpent et la Columbia proprement dite, prennent chacune leur origine dans l'un des groupes de cimes d'où les eaux rayonnent vers divers points du continent.

L'Amérique du sud est par excellence le pays des fleuves. Là se déroulent l'immense Amazone, que les navires peuvent remonter jusqu'à plus de 5,000 kilomètres, le puissant Parana, au nom guarani signifiant la rivière par excellence, l'Orénoque, dont le bassin est trois fois moindre que celui du Mississipi, et qui cependant porte à la mer une quantité d'eau plus considérable que ce fleuve, surnommé le Père des eaux. A cause du peu de largeur qu'offre le versant du Pacifique, les grands cours d'eau de l'Amérique méridionale coulent dans les plaines situées à l'est du continent; mais ils ne prennent pas tous leur source dans la chaîne des Cordillières; l'Orénoque a son origine dans les montagnes de la Guyane, le Marañon dans les Andes, le

Parana et la plupart de ses affluents naissent sur les plateaux de l'intérieur du Brésil. Ces fleuves ne rayonnent donc pas autour d'un même centre; au contraire, ils appartiennent à deux bassins parfaitement distincts et se croisant à angle droit. En effet, le bassin de l'Amazone se dirige de l'occident à l'orient, tandis que les plateaux et les plaines du milieu du continent, formant dans le sens du méridien un bassin transversal à celui de l'Amazone, sont arrosés au nord par l'Orénoque et le Rio Negro, au sud par le Tapajoz, le Madeira, le Paraguay et le Parana. Ce qui distingue entre tous le système hydrographique de l'Amérique du sud, c'est que les trois fleuves principaux s'entrelacent au moyen d'une ligne d'eau courante à peine interrompue, qui s'étend du nord au sud, de la bouche du Dragon à l'estuaire

Fig. 91.

de la Plata. Déjà depuis plus d'un demi-siècle, Humboldt a mis hors de doute que le Cassiquiare déverse ses eaux à la fois dans l'Orénoque et dans le Rio Negro; quant aux communications entre le Tapajoz et le Paraguay, elles sont beaucoup moins complètes, mais elles existent néanmoins en nombre d'endroits. D'après M. de Castelnau, le propriétaire de la ferme Estivado arrose son jardin en détournant les eaux d'un affluent du Paraguay dans le lit du Tapajoz et fait couler à son gré les filets d'irrigation sur le versant septentrional ou sur le versant méridional du continent; de même, près de Macu, coule un torrent qui, lors des inondations, se divise en deux courants « aux sources tressées » appartenant l'un au système de la Plata, l'autre au système de l'Amazone. Plus à l'ouest, le Rio Guaporé, affluent du Madeira, et le Jauru, tributaire du Paraguay, prennent leur origine dans une plaine périodiquement inondée pendant la saison des pluies. Au pied des Andes boliviennes, la même confusion des bassins se reproduit entre le Mamoré et le Pilcomayo. Ainsi la mer des Caraïbes et l'embouchure de l'Orénoque se rattachent à l'estuaire de la Plata par une série de fleuves, de rivières et de marécages.

Les nombreux cours d'eau qui proviennent du plateau central du continent sont tous orientés parallèlement au Tapajoz et au Madeira. Les principaux affluents de l'Orénoque, au contraire, suivent la même direction que le fleuve des Amazones; il est donc vrai de dire que le système hydrographique de l'Amérique du sud comprend deux bassins transversaux l'un à l'autre. Quant au Rio Magdalena, à l'Atrato et aux diverses rivières des Guyanes, ce sont des fleuves aux bassins nettement limités; mais il est à remarquer qu'eux aussi coulent uniformément du sud au nord, dans le même sens que les affluents méridionaux de l'Amazone.

Dans la partie du monde la plus massive de formes et la moins articulée, on retrouve les mêmes rapports harmoniques entre les cours d'eau et le continent lui-même. Tant que la plus grande partie de l'Afrique était une terre inconnue, les géographes pouvaient donner à ses fleuves des cours imaginaires, ils pouvaient à leur fantaisie faire sortir le Nil, le Niger, le Congo d'une source commune ou bien entrelacer en un véritable réseau tous les tributaires de ces grands fleuves; mais les découvertes des voyageurs modernes permettent de se faire désormais une idée générale de l'hydrographie africaine. Cette terre, si dépourvue de péninsules, aux côtes si peu développées, ne présente probablement qu'un grand centre de dispersion des eaux, situé vers le milieu du continent : c'est de là que descendent le Chary, le Binué, tributaire du Niger, diverses rivières allant se jeter dans le Congo et d'importants affluents du Nil. Toutefois, les branches principales des grands fleuves prennent leur source à d'énormes distances les unes des autres et n'offrent dans l'ensemble de leur cours que des ressemblances fugitives. Le bassin du Nil est en partie séparé de celui du Niger par une grande dépression dont le lac Tsad occupe le centre; de même, diverses nappes de lacs intérieurs et les cours de leurs affluents s'interposent entre les trois bassins du Nil, du Zambèze et du Congo; enfin, une autre petite mer indépendante, le lac Ngami, ayant son système propre de tributaires, remplit l'espace laissé vide entre les bassins du Zambèze, de l'Orange et du Limpopo. Ce qui distingue aussi plusieurs des fleuves africains de ceux des autres contrées, c'est le manque de ramifications; par ce caractère ils rappellent encore leur propre continent, gigantesque tronc sans branches péninsulaires. D'Assouan à Rosette, sur une longueur de 7 degrés, le Nil ne reçoit pas un seul affluent visible; cependant, il doit être alimenté par plusieurs tributaires cachés, car sa masse liquide est plus forte en Égypte qu'en Nubie [1].

L'Australie est plus pauvre en fleuves que ne l'est le continent africain lui-même; à l'exception du Murray, de

1. Elia Lombardini, *Hydrologie du Nil*.

son affluent le Darling et de quelques autres rivières navigables en toute saison, la plupart des cours d'eau de l'Australie n'ont guère d'existence que pendant la saison des pluies; et en été, leurs lits ne sont marqués de loin en loin que par des flaques d'eau croupissante. Leur caractère spécial semble être la périodicité.

On peut donc résumer ainsi les traits généraux de l'hydrographie de chaque partie du monde :

L'Asie se distingue par des fleuves simples au nord, accouplés au sud et à l'est, rayonnant autour d'un grand plateau central ;

L'Europe, par deux centres de dispersion des eaux, l'un situé au milieu de vastes plaines, l'autre au cœur des monts les plus hauts du continent;

L'Amérique septentrionale, par un rayonnement de fleuves autour de trois centres, dont deux, massifs élevés d'une chaîne de montagnes, sont reliés par le troisième, occupant un renflement marécageux des plaines;

L'Amérique méridionale, par le croisement de deux bassins transversaux l'un à l'autre et l'union continue des systèmes de fleuves;

L'Afrique, par l'indépendance relative de ses cours d'eau et leur pauvreté d'affluents;

L'Australie, par le petit nombre de ses rivières et la périodicité de leur existence.

C'est ainsi que la forme de chaque continent et les phénomènes climatériques qui leur sont propres ont déterminé la naissance de fleuves modelés sur un type particulier dans chaque partie du monde. Tous les corps continentaux différant les uns des autres, le système circulatoire de chacun d'eux s'est naturellement harmonisé avec l'ensemble des terres que les eaux courantes avaient à vivifier.

III.

Fleuve des Amazones. — Diversité des cours d'eau, unité des lois qui les régissent. — Régularisation de la pente. — Cours supérieur, cours moyen et cours inférieur des rivières.

Les fleuves de chaque contrée, les divers tributaires de chaque fleuve présentent, aussi bien que les systèmes hydrographiques de chaque continent, les contrastes les plus marqués. Ils se distinguent par la longueur de leur développement, la sinuosité de leur cours, l'abondance de leurs eaux, la nature du terrain qu'ils parcourent, la couleur plus ou moins foncée de leurs alluvions, l'inclinaison générale de leur lit, l'ampleur et le nombre de leurs méandres. Ainsi, pour ne citer que le bassin d'un seul fleuve, on compte parmi les affluents du Mississipi la rivière Claire-Eau, la rivière Boueuse, les rivières Bleue, Verte, Jaune, Rouge, Noire, Blanche. Les noms désignant des propriétés physiques autres que la nuance ou la pureté des eaux sont aussi très-nombreux dans les vallées tributaires du fleuve américain. Il en est de même dans la plupart des systèmes fluviaux, et rien d'ailleurs ne serait plus facile que de donner à chaque cours d'eau un nom rappelant son aspect général, ses allures caractéristiques, ou l'un des accidents locaux qui le distinguent, tels que gouffres, cascades ou défilés. Une diversité infinie, semblable à celle des arbres de la forêt, se montre dans les eaux courantes qui arrosent la surface de la terre. C'est dans la constitution géologique du sol qu'il faut surtout chercher la cause de cette innombrable variété des fleuves. Ainsi, dans les schistes anciens et dans les gneiss, les rivières sont le plus souvent caractérisées par l'abondance de la masse liquide et la sinuosité du lit; dans les pays calcaires, les cours d'eau sont moins riches, plus rectilignes, et le plus souvent dominés à droite et à gauche par des escarpements abrupts. Un brusque détour dans le cours d'un fleuve indique d'ordinaire une importante modification dans la nature géologique du sol. On peut citer en exemple les coudes du Rhin à Bâle et à Bingen, ceux du Rhône à Lyon, du Danube à Ratisbonne, de l'Elbe au sortir de la Suisse saxonne. Dans l'Amérique du sud, tous les grands fleuves tributaires de l'Atlantique décrivent une grande courbe vers l'est en quittant les vallées des Andes pour entrer dans les terrains tertiaires du continent[1].

Le fleuve par excellence, la gloire de notre planète, est le grand courant des Amazones, qui forme, après le long soulèvement de la chaîne des Andes, le trait principal du continent colombien. Cette mer d'eau douce en mouvement, qui prend sa source à une petite distance du Pacifique et s'unit aux eaux de l'Atlantique par un estuaire mesurant 300 kilomètres de promontoire à promontoire, sert de ligne de partage entre les deux moitiés de l'Amérique du sud, et, comme un équateur visible, sépare l'hémisphère du nord de celui du midi sur une longueur de 5,000 kilomètres environ. Tout est colossal dans cette artère centrale qui recueille dans son immense bassin de 7 millions de kilomètres carrés deux ou trois mille fois autant d'eau que la Seine. Connu sous plusieurs noms dans les diverses parties de son cours, comme s'il était composé de rivières distinctes et mises bout à bout, le grand fleuve offre à la vapeur, avec ses affluents, ses *furos* ou fausses rivières, ses *igarapés* ou bras latéraux, plus de 50,000 kilomètres de navigation. Il est si profond que les sondes de 50, de 80 et même de 100 mètres ne peuvent pas toujours en mesurer les gouffres et que les frégates le remonteraient sur plus

1. Ami Boué.

de 1,000 lieues de distance; il est si large qu'en certains endroits on n'en distingue pas les deux bords, et qu'à l'embouchure du Madeira, du Tapajoz, du Rio Negro et d'autres grands affluents on voit l'horizon reposer au loin sur les eaux, comme si l'on se trouvait en pleine mer. Il reçoit par dizaines des fleuves qui ont à peine leurs égaux en Europe, et dont plusieurs, encore inexplorés, appartiennent au domaine de la fable. En maints endroits ses deux rives servent de limites à deux faunes distinctes, et même de nombreuses espèces d'oiseaux n'osent en franchir la vaste nappe. Comme la mer, il est habité par les dauphins; comme elle, il a ses tourmentes, et pendant les tempêtes ses vagues se dressent à plusieurs mètres de hauteur. Quand on navigue dans l'estuaire de l'embouchure sur les eaux grises descendant rapidement vers l'Atlantique, on se surprend à demander, dit M. Avé-Lallemant[1], si la mer elle-même ne doit pas son existence à ce fleuve qui lui apporte incessamment l'immense tribut de ses flots. La différence de roulis, produite par le mouvement des vagues ou par la pression du courant, peut seule indiquer sur quel domaine on se trouve : celui des eaux douces ou celui des eaux salées. Récemment encore la plupart des riverains des Amazones, blancs, noirs ou rouges, se figuraient que le grand fleuve entoure l'univers entier et que tous les peuples de la terre en habitent les bords[2].

Certes, la différence est considérable entre le puissant fleuve de l'Amérique du sud et tel faible cours d'eau comme l'Argens, que franchissent des ponts d'une seule arche, et que les voyageurs passent facilement à gué; mais quelle que soit l'importance et la variété d'aspect de ces diverses rivières, elles n'en sont pas moins régies par les mêmes lois : le géographe peut les décrire toutes ensemble en

1. *Reise durch Nord-Brasilien.*
2. Bates, *the Naturalist on the river Amazons.*

faisant la monographie d'un fleuve idéal dont le cours présenterait les phénomènes réunis de tous ceux qui parcourent le globe.

La fonction des fleuves dans la nature est de renouveler sans cesse la surface des continents, de porter la vie et les alluvions des hautes montagnes aux plaines et aux bords de l'Océan. On a souvent dit qu'un paysage ne peut être vraiment beau quand il lui manque le frémissement d'un lac ou le mouvement des eaux courantes. C'est qu'en effet l'homme dont la vie est si courte, et par conséquent si mobile, a une horreur instinctive de l'immobilité. Pour lui faire sentir la vie de la nature, il faut que le mouvement et le bruit la témoignent à ses sens; ne pouvant apprécier que par de longues réflexions la grandeur des mouvements séculaires de la croûte terrestre, il lui faut les bonds rapides de l'eau jaillissant de cascade en cascade ou l'ondulation harmonieuse des vagues; de plus, il lui faut encore le contraste du stable et de l'instable, du mouvement et de l'immobilité. Voilà pourquoi des champs de neige à perte de vue, un désert sans eau, un ciel sans nuages, une mer sans bords, ne peuvent exciter en lui qu'une sombre ou mélancolique admiration; en leur présence, l'homme se sent anéanti, tandis que dans un vallon parcouru par des eaux courantes, il se sent vivre.

Sur la terre, l'eau symbolise le mouvement par excellence : elle coule et coule toujours, sans répit, sans fatigue; les siècles ne parviennent pas à dessécher le mince filet d'eau qui s'échappe des fissures du rocher et n'étouffent pas son doux et clair murmure. Joyeux, il bondit de cascatelle en cascatelle, se mêle au torrent impétueux, puis au fleuve calme et puissant, et se perd enfin dans la mer immense et mystérieuse, tombeau où s'engloutissent tous les débris et les résidus pour rentrer par leurs éléments dans le vaste sein de la nature, et devenir autant de vies nouvelles. Qui dit mouvement dit action : il ne suffit pas à l'eau de descendre dans un lit tout creusé, elle ronge, elle mine, elle érode, elle entraîne, elle soulève incessamment les terres et les rochers qui la contiennent ou qui s'opposent à son cours; caillou à caillou, grain de sable à grain de sable, elle porte les montagnes dans la mer; elle n'est pas seulement, comme dit Pascal, un chemin qui marche, elle est aussi une masse continentale en voyage, qui, dans les siècles d'hier, était couverte de la neige éternelle des montagnes, et qui demain se fixera sur les bords de la mer pour augmenter le domaine de l'homme. Les fleuves établissent la circulation des solides aussi bien que celle des fluides; ils sont, comme le sang humain, une chair encore coulante. Il importe donc d'étudier avec soin comment les fleuves travaillent au renouvellement de l'étendue continentale qu'ils parcourent.

Tout courant d'eau tend constamment à régulariser sa pente. à l'augmenter là où elle est presque insensible, à la diminuer là où elle est trop rapide. Le fleuve tout entier, de sa source dans les montagnes à sa jonction avec la mer, peut être assimilé à une avalanche s'écroulant du haut de quelque cime neigeuse. Les masses qui s'abîment dans les vallées, sollicitées par la force de pesanteur, modifient peu à peu dans leur chute le relief des escarpements. Les saillies sont abattues, les fissures sont comblées, un talus de débris gracieusement recourbé s'appuie sur les parois verticales et se prolonge en pente douce dans la plaine; à la suite de tous ces déblais et de tous ces remblais, le couloir que parcourt l'avalanche finit par offrir un profil parabolique d'une grande régularité. Moins brusque dans sa marche, moins violent dans ses effets. et glissant sur une pente plus faible que l'avalanche, le fleuve agit pourtant d'une manière analogue ; il déblaye les obstacles et comble les dépressions en cherchant à se donner jusqu'à la mer une pente uniforme.

Les parties du cours fluvial où s'opère surtout ce

travail de régularisation des pentes sont naturellement celles où la déclivité du lit est la plus rapide et où les

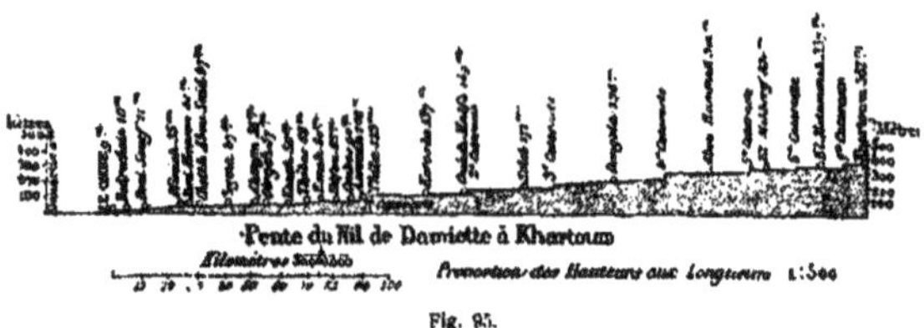

Fig. 95.

eaux ont en conséquence leur plus grande vitesse. On peut dire d'une manière générale que ces parties des bassins fluviaux qui se distinguent par une inclinaison plus forte sont les plus élevées, car dans presque toutes les contrées du monde, les plaines s'étendent sur le pourtour des terres, et les montagnes se dressent au loin dans l'intérieur. La plupart des ruisseaux et des torrents prennent leur origine à des centaines ou même à des milliers de mètres au-dessus

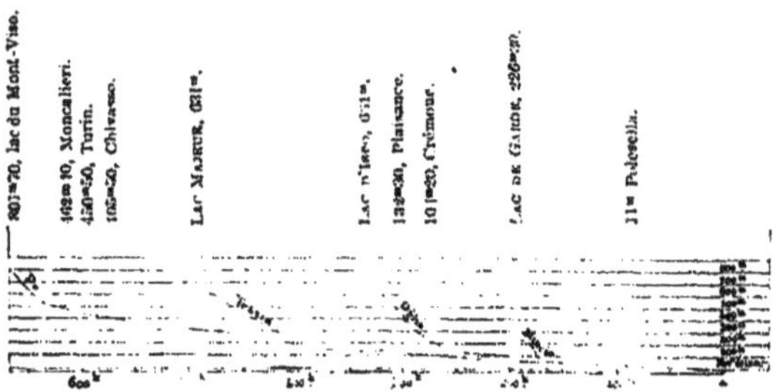

Fig. 96. Pente du Pô, du Tessin, de l'Oglio et du Mincio.

du niveau marin, et descendent d'abord par un lit très-incliné, parfois coupé de précipices ou même interrompu par des bassins lacustres. Arrivée dans les plaines inférieures, l'eau courante, transformée en rivière considérable par les tributaires que lui envoient de droite et de gauche les vallées du système de montagnes. se développe en longs et paisibles méandres à travers les terres plus ou moins doucement inclinées qui servent de piédestal à la chaîne des monts. C'est là le cours moyen, dans l'espace duquel le fleuve reçoit les principaux affluents descendus d'autres chaînes de montagnes ou des hautes terres qui le dominent latéralement. Puis, en aval des dernières collines, commence le cours inférieur : les eaux douces descendent lentement vers la mer et, non loin de leur embouchure, s'arrêtent deux fois par jour devant le flot salé qui vient à leur rencontre.

Le Rhin est le magnifique exemple d'un fleuve [1] où les trois parties du cours sont développées d'une manière normale. Le cours supérieur, en entier compris dans la région des Alpes, se recourbe en un vaste demi-cercle jusqu'à Laufenburg et Bâle, où cessent les rapides. Le cours moyen, remarquable par sa régularité, se déroule uniformément jusqu'en aval de Mayence, où le Rhin a dû s'ouvrir un passage à travers l'Odenwald et d'autres systèmes de collines; puis, au-dessous du Siebengebirge, entre deux rives basses d'origine alluviale, commence le cours inférieur qui va se terminer dans les estuaires vaseux de la Hollande. Mais pour un fleuve où les trois divisions du cours sont tracées avec tant de netteté, combien de rivières n'offrent aucune différence tranchée entre les diverses parties de la vallée, combien d'entre elles sont même plus calmes et moins inclinées sur les plateaux de l'intérieur que dans le voisinage de la mer, combien surtout qui, par certains de leurs affluents, sont en entier des fleuves de plaines, tandis que par d'autres tributaires descendus des montagnes, ils offrent le caractère de torrents. Ce sont là des différences essentielles pour le régime fluvial et pour son travail géologique.

1. Carl Ritter, *Europa*.

IV.

Torrents des montagnes. — Inégalités de leur lit et de leurs eaux. — Torrents temporaires. — Comblement des lacs. — Érosions, gorges et talus. — Torrents des Alpes françaises.

Ce qui distingue principalement les torrents de montagne des cours d'eau de la plaine, c'est l'irrégularité de leur lit, de leurs allures, de leur débit, de leurs sédiments. Tandis que, dans les campagnes aux traits adoucis, le ruisseau coule avec lenteur, et que les changements de pente, de courbe et de niveau s'opèrent par transitions graduelles, tout, au contraire, dans les gorges tortueuses, est violent, heurté, bizarre. Les angles des rochers se projettent brusquement au travers de l'eau; la déclivité est coupée de précipices; la masse liquide que verse le torrent est parfois comparable à celle d'un fleuve, puis, en d'autres saisons, ne forme plus qu'un maigre ruisseau ou même tarit complétement. Enfin, la plupart des eaux de montagne sont tantôt d'une pureté cristalline, tantôt chargées d'une si grande quantité d'alluvions qu'elles ressemblent à des avalanches de débris.

Les tours et détours des gorges de torrent sont d'autant plus soudains que les roches des bords sont plus hautes, plus dures et plus irrégulières dans leurs stratifications et leurs fissures transversales. L'eau, se heurtant contre un promontoire, se rejette à angle droit sur la roche opposée, pour s'y briser de nouveau et descendre vers la vallée par une série de fuites en zigzag; dans ces âpres gorges, où le chemin se suspend alternativement aux deux falaises opposées, on aperçoit au-dessus de sa tête, à droite, à gauche, les brusques fissures où le torrent s'est frayé un passage. Et non-seulement cette masse d'eau et d'écume est incessamment rejetée d'une rive à l'autre par les obstacles qui la bordent, elle est aussi très-souvent arrêtée temporairement par les digues de débris qui s'écroulent en travers de son cours. Lorsque le barrage, composé de pierres et de blocs de rochers, n'offre aucun interstice où puissent se glisser les eaux, celles-ci s'élèvent graduellement en lac, puis descendent en cascade par-dessus le rempart de décombres qu'elles ravinent et creusent peu à peu jusqu'au niveau de l'ancien lit; mais d'ordinaire, les avalanches qui barrent le torrent consistent en une masse de neiges, de poussière et de pierrailles : l'eau retenue par cette digue peu compacte, la change lentement en une sorte de bouillie et se fraye une issue souterraine. Au printemps, alors que de nombreuses avalanches sont tombées des flancs des Alpes, tout rayés de couloirs, il est curieux de suivre dans les gorges le cours çà et là visible des torrents. On voit l'eau plonger sous une masse grise ou noirâtre unissant par une gracieuse courbe les deux versants opposés des montagnes. L'entrée du gouffre forme une espèce de porche orné de pendentifs de glace d'où l'eau fondue s'écoule en filets ou tombe goutte à goutte. Au-dessus du torrent que l'on entend gronder dans les profondeurs, la masse de débris est crevassée en certains endroits, et la neige tassée offre une tranche bleuâtre semblable à celle de la glace; de distance en distance s'ouvrent des puits, au fond desquels on aperçoit vaguement les flots écumeux qui s'enfuient.

Dans les vallons et les défilés dont la pente est uniforme, les eaux des torrents offrent une assez grande régularité de volume; mais, lorsque la déclivité est inégale et brisée, et surtout quand elle se compose, comme dans la plupart des régions calcaires, d'assises horizontales coupées de précipices, la masse liquide change incessamment de largeur et de profondeur. Dans les parties planes ou faiblement inclinées de son lit, l'eau, coulant avec lenteur, s'étale en un large ruisseau, puis arrivée au bord de l'escarpement, elle se précipite tout à coup et, perdant en volume ce qu'elle gagne en vitesse, n'est plus qu'un mince filet d'écume glissant sur les parois du roc. Au-dessous de cette chute s'ouvre un nouveau bassin, souvent creusé en forme de cuve, où l'eau, que ne semble animer aucun courant, se repose comme dans un lac. Un grand nombre de vallées des Alpes, du Jura et de tous les autres pays de montagnes doivent leur pittoresque beauté à cette succession de larges vasques d'eau

CIRQUE DE LA VALLÉE DU LYS

Fig. 97.

dormante et de gracieuses cascatelles. Cette série d'étages constitue les *plans* successifs des hautes vallées[1].

Quant aux variations offertes par le débit des torrents,

1. Voir ci-dessus, page 176.

elles sont vraiment énormes, même dans les pays de montagnes où, par suite de l'accumulation des neiges de l'hiver sur les hauteurs, l'eau ne tarit jamais. Pendant les grands froids, alors que les neiges supérieures sont congelées sur le sol et que nombre de ruisseaux sont changés en glace solide, le lit central de la vallée ne roule qu'un mince volume liquide, et le voyageur peut facilement le traverser en sautant de pierre en pierre; mais, à l'époque des premières chaleurs, quand les pluies et le soleil, aidés du vent du sud, fondent les neiges et font glisser les avalanches, les masses d'eau qui se précipitent de tous côtés vers le torrent, le transforment en un fleuve formidable, coulant parfois, nous dit Surell, avec une vitesse de 14 mètres par seconde, plus de 50 kilomètres par heure. Il s'épand largement dans les bassins, recouvre les prairies et souvent emporte les chalets, les arbres et jusqu'à la terre végétale : dans les défilés, au contraire, il est obligé de gagner en hauteur l'espace qu'il ne trouve pas en largeur et son niveau s'élève brusquement de 20, 30 et même 40 mètres. C'est là ce qu'il est facile d'observer dans les étroites vallées italiennes alimentées par les neiges des groupes du Mont-Blanc et du Mont-Rose. La Sesia, la Dora et plusieurs de leurs affluents passent, avant de déboucher dans la plaine, à travers de sombres gorges, où la masse liquide des grandes crues, dix fois plus profonde que large, descend avec une rapidité d'avalanche : en prévision de tous ces abats d'eau, les montagnards ont en certains endroits suspendu leurs sentiers à plus de 50 mètres au-dessus du lit du torrent.

Le Var peut être cité en exemple de cette étonnante oscillation du débit dans les eaux torrentielles. A son embouchure, la masse liquide de ce fleuve varie de 28 mètres cubes par seconde à 4,000 mètres cubes dans le même espace de temps : c'est un écart total de 1 à 143 et la proportion serait bien plus forte encore si l'on mesurait les oscillations de niveau en amont des confluents de la Vaire, de la Tinée et de la Vésubie[1]. Dans les campagnes unies de l'Europe occidentale, l'écart qu'offrent les rivières entre les hautes et les basses eaux est en moyenne dix fois moins fort qu'il ne l'est pour le Var. Pour les grands fleuves tels que le Mississipi la différence entre l'étiage et les crues est de 1 à 4 seulement. Comme terme de comparaison entre les crues d'un torrent et celles d'une rivière des plaines sous un même climat, on peut citer la haute Loire et la Somme. En amont de Roanne, le bassin de la Loire supérieure, à peine issue de ses gorges de montagnes, comprend une superficie de 6,400 kilomètres carrés, et le torrent débite, lors de ses gonflements exceptionnels, une masse d'eau de 7,290 mètres par seconde, soit plus d'un mètre cube par kilomètre de la surface du bassin. Dans ses plus grandes crues, la Somme roule 90 mètres cubes d'eau, soit environ 1 mètre 35 pour 100 kilomètres carrés. Les crues de la haute Loire sont donc proportionnellement 84 fois plus considérables que celles de la Somme[2], et sans aucun doute, un examen comparé des inondations de tous les cours d'eau de la France révèlerait des écarts plus grands encore entre le régime des torrents et celui des fleuves de plaines.

Dans les régions tropicales où une saison des pluies succède à une saison sèche, la plupart des rivières de montagnes coulent seulement pendant une moitié de l'année : ce sont alternativement des fleuves et des ravins sans eau.

Certaines vallées, celles de la Sierra-Nevada de Sainte-Marthe, par exemple, présentent aussi une oscillation journalière dans le débit de leurs torrents à cause des orages que le souffle des alizés manque rarement de faire éclater sur les hauteurs pendant l'après-midi. Le soir, toutes les gorges sont remplies de masses d'eau furieuses, et le voyageur se trouve forcément arrêté dans sa marche : il campe

1. Villeneuve-Flayosc.
2. Belgrand, *Annales des Ponts et Chaussées*, 1854.

au bord du fleuve et s'endort au bruit des cataractes qui grondent entre les roches, puis, quand il s'éveille à l'aube du jour suivant, il ne voit plus qu'un petit filet d'eau disparaissant çà et là sous les amas de gravier.

Les torrents qui peuvent être cités comme les types de cours d'eau temporaires sont les *ouadys* des plateaux de l'Arabie et du Sahara, et les masses liquides qui roulent parfois dans les *quebradas* de la Bolivie et des pampas argentines. Autour de la mer Rouge, sur un développement total de plus de 2,500 kilomètres de côtes, il n'existe pas un seul ruisseau permanent ; tous les ouadys qui, lors d'une pluie soudaine, coulent à la mer, lui portent seulement le surplus des eaux sauvages que le sable du désert n'a pas absorbé. D'ordinaire, avant de disparaître tout à fait, les torrents, qui coulent presque tous sur un fond de roches souterraines, suintent invisiblement à travers les sables, et se montrent çà et là en flaques croupissantes au passage des défilés. Les exemples de ces fleuves transformés en une chaîne de mares sont très-nombreux dans tous les déserts du monde, en Arabie, en Algérie, dans les steppes caspiens, et les solitudes de l'Amérique du nord.

Dans ces régions, le sol des plateaux et des plaines est sillonné de vallées exactement semblables à celles des pays les mieux arrosés de ruisseaux, de rivières et de fleuves. Le réseau hydrographique existe en entier, et sur des centaines de kilomètres le voyageur peut suivre de larges lits parfaitement tracés qui contiendraient des fleuves comme le Danube ou le Rhin et dans lesquels débouchent de droite et de gauche les lits pierreux des vallées latérales. Toutefois, ces profondes et sinueuses dépressions creusées par les cours d'eau temporaires ne renferment le plus souvent que des cailloux et des sables : les eaux en sont absentes, si ce n'est pendant les pluies du solstice. Un de ces fleuves sans eau, le Roumah, dont le lit va rejoindre celui de l'Euphrate, non loin des bouches du Chat-el-Arab, n'a pas moins de

1,200 kilomètres de développement total. De son vaste réseau hydrographique, idéal pour ainsi dire, il n'existe

Fig. 98.

d'une manière permanente que des fontaines et des ruisselets s'épanchant du flanc des montagnes sur le pourtour du bassin.

Dans la partie supérieure de leur cours, les eaux torrentielles contribuent, nous l'avons dit, à modifier le relief de la surface terrestre; toutefois, ces grandioses travaux d'érosion qui creusent les montagnes ou du moins en élargissent les failles et finissent par donner à de simples fissures de si grandes dimensions en largeur et en profondeur, ne sont point uniquement l'œuvre des torrents : ceux-ci ne sont même point les principaux agents d'excavation; ils ne font guère que déblayer les pierres et les débris tombés du haut des escarpements supérieurs. Tous les météores atmosphériques, parmi lesquels, il est vrai, les neiges et les pluies peuvent être considérées comme l'origine même du torrent, contribuent à l'œuvre de destruction, et détachent des parois des masses de décombres qui s'accumulent au pied des rochers en talus plus ou moins élevés. Le torrent, dans lequel s'écroulent ces débris, emporte aussitôt les sables et les matériaux légers, puis, lorsqu'il est gonflé par les pluies ou par la fonte des neiges, roule aussi vers la vallée les gros blocs de rochers tombés dans son lit. Ce n'est point sans une sorte d'effroi qu'en longeant la rive d'un torrent débordé on entend, à travers le fracas des eaux, le sourd tonnerre des masses de pierre qui s'entrechoquent sous l'eau jaune de terres entraînées.

Ainsi d'année en année et de siècle en siècle, le torrent déblaye d'énormes pans de montagnes qui se sont écroulés roche à roche, et la grande œuvre d'érosion se continue incessamment. En certains massifs, dont les roches se délitent facilement sous l'action des intempéries, il ne reste guère qu'un squelette des anciennes hauteurs qui se dressaient jadis vers le ciel; mais dans les régions mêmes où les assises des monts sont de formation compacte et ne se laissent entamer que lentement par les eaux, on voit çà et là de larges trouées que les torrents ont graduellement ouvertes dans l'épaisseur du massif. Il est rare qu'à la rencontre de deux ruisseaux des montagnes, les trois promontoires qui dominent le confluent ne laissent pas à leur base un petit vallon triangulaire d'où les eaux s'élancent dans la gorge inférieure. De même lorsque deux torrents provenant

VALLÉE DE COGNE.

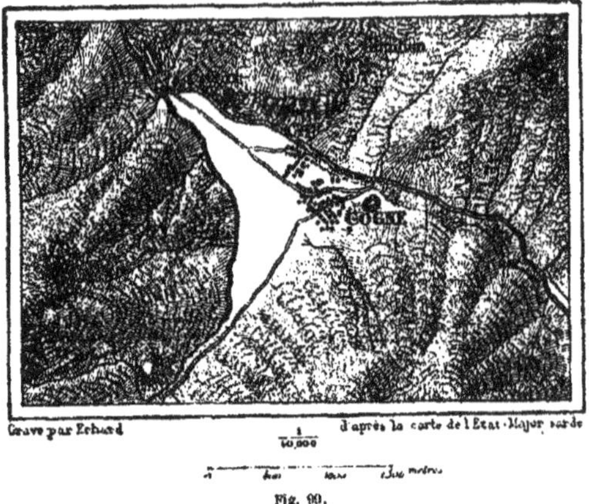

Fig. 99.

de combes directement opposées l'une à l'autre se jettent au même endroit dans le cours d'eau principal d'une vallée,

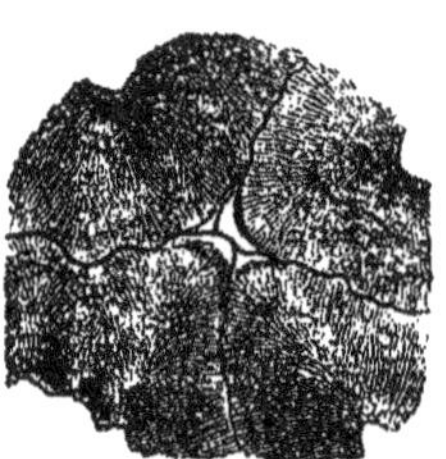

Fig. 100. Bassin quadrangulaire d'érosion ; d'après Sonklar.

la petite plaine d'érosion qui se trouve au confluent affecte en général une forme quadrangulaire. Du reste, on le comprend, les dimensions et les contours de ces bassins doivent

VALLÉES D'ÉROSION DE LA BOURGOGNE.

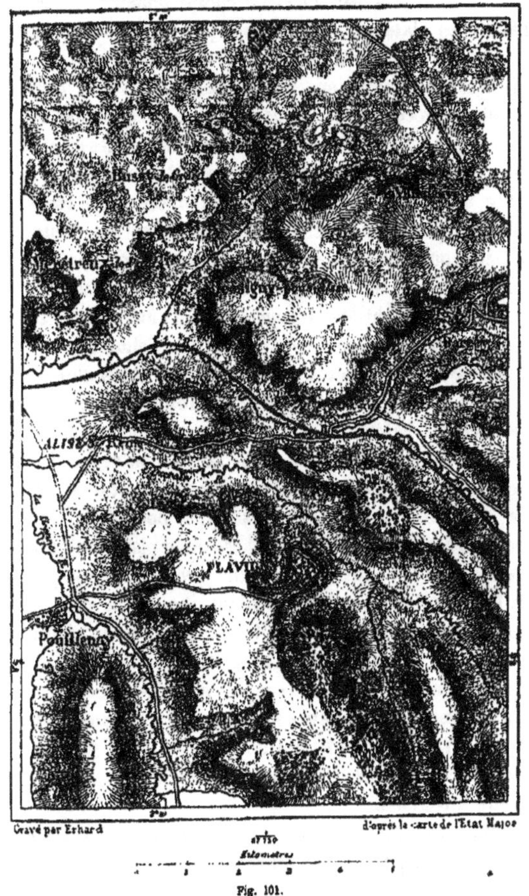

Fig. 101.

varier à l'infini suivant la force des torrents, la dureté des roches et l'énergie des agents qui les attaquent. A la longue, les terres, sculptées par les eaux depuis un nombre inconnu de siècles, finissent par changer complétement d'aspect : les monts, les plateaux sont déblayés par les rivières ; il ne reste plus que des *témoins* isolés de l'ancien édifice.

Il n'est probablement pas de pays au monde où la dévastation s'accomplisse d'une manière plus rapide que dans les Alpes françaises. En général, les montagnes de cette région, et surtout celles qui dominent les bassins de la Durance et de ses tributaires, sont composées de roches très-dures, alternant avec d'autres assises qui se délitent facilement sous l'action des eaux : partout on voit d'immenses escarpements reposant sur des bases sans consistance. Les marnes, les schistes désagrégés et d'autres matériaux friables sont graduellement délayés et leur chute entraîne celle des assises compactes du sommet qui s'écroulent ou glissent lentement dans les vallées[1]. Toutefois, c'est l'imprévoyance des habitants et non la constitution géologique du sol qui est la principale cause de l'action dévastatrice des torrents. Dans les montagnes du Dauphiné et de la Provence, les pentes, aujourd'hui si nues pour la plupart, étaient autrefois recouvertes d'arbres et de plantes diverses qui retardaient les eaux superficielles provenant de la pluie ou de la fonte des neiges, absorbaient une grande partie de l'humidité tombée et retenaient la couche de terre végétale sur les assises friables du rocher. Pendant le cours des siècles, les arbres ont été coupés par des spéculateurs avides et par des agriculteurs insensés qui voulaient ajouter quelques parcelles aux champs de la vallée et aux pâturages des sommets ; mais en détruisant la forêt, ils ont détruit le territoire lui-même.

Maintenant l'eau de pluie ou de neige n'étant plus retenue sur les pentes par les racines des arbres, descend

1. Scipion Gras ; — Rozet ; — de Ladoucette ; — de Ribbe.

rapidement dans la vallée en poussant devant elle tous les débris arrachés aux flancs de la montagne; la dent des chèvres et des brebis aide à déchausser les radicules des plantes herbeuses et des broussailles; peu à peu toute la mince couche de terre végétale est enlevée, la roche nue se montre, de profonds ravins se creusent dans les escarpements et sont parcourus en temps de pluie par des torrents furieux qui jadis n'existaient pas : l'eau qui pénétrait lentement la terre et portait aux racines des arbres des sels fertilisants ne sert plus qu'à dévaster. Dès que les forêts sont abattues, on voit s'ouvrir sur la pente, de distance en distance, des couloirs d'érosion qui correspondent souvent à des ravins situés sur l'autre versant et finissent, dans un espace de temps relativement court, par découper la crête de la montagne en cimes distinctes, environnées uniformément par des talus de roches ou de terres éboulées; il est tel sommet, que l'on voit se fondre, pour ainsi dire, d'année en année. En certains endroits, il n'existe pas une seule broussaille verdoyante dans un espace de plusieurs lieues d'étendue ; à peine un pâturage grisâtre se montre-t-il çà et là sur les pentes ; des maisons en ruine se confondent avec les rochers croulants qui les entourent. Le torrent de la vallée n'est d'ordinaire qu'un mince filet d'eau serpentant à travers les pierres entassées; mais ces lits de galets et de roches, c'est *le torrent lui-même qui* les a charriés dans ses jours de fureur. En plusieurs parties de son cours, la haute Durance, qui le plus souvent n'a pas 10 mètres de largeur, semble perdue au milieu d'un immense lit de cailloux roulés, ayant 2 kilomètres de bord à bord. Le Mississipi lui-même n'offre pas de pareilles dimensions.

Cette action dévastatrice des torrents dans les Alpes françaises est un phénomène des plus curieux au point de vue historique, car il fait comprendre pourquoi tant de contrées de la Syrie, de la Grèce, de l'Asie Mineure, de l'Afrique et de l'Espagne ont été délaissées par leurs habitants. Les hommes ont disparu avec les arbres, la hache du bûcheron, non moins que l'épée du conquérant, a supprimé ou déplacé des populations entières. De nos jours, les vallées des Alpes méridionales deviennent de plus en plus désertes et l'on pourrait presque évaluer approximativement l'époque précise à laquelle les départements des Hautes et des Basses-Alpes n'auront plus d'habitants indigènes. Pendant les trois siècles qui se sont écoulés de 1471 à 1776, les *vigueries* de ces régions montagneuses avaient perdu le tiers, la moitié, ou même les trois quarts de leurs cultures, et les hommes avaient disparu du sol appauvri suivant la même proportion. De 1836 à 1866, les Hautes et les Basses Alpes ont perdu 25,090 habitants, soit à peu près le dixième de leur population. Actuellement, sur un espace de 10,000 kilomètres carrés, compris entre le massif du Mont-Thabor et les Alpes de Nice, on ne compte pas un seul groupe d'habitants dépassant le nombre de deux mille individus. La localité la plus considérable, Barcelonnette, a plus d'une fois risqué d'être emportée par le torrent, dont le lit est plus élevé que les rues de la ville, et certainement celle-ci serait encore beaucoup moins peuplée si les nombreux fonctionnaires obligés de toute sous-préfecture ne lui donnaient une vie factice. Sans les employés et les douaniers, qui se considèrent comme des bannis, une grande partie de ces régions montagneuses ne serait dans toute son étendue qu'une morne solitude. Et ce désert qui sépare les vallées tributaires du Rhône des plaines si populeuses du Piémont, ce sont les montagnards eux-mêmes qui l'ont fait et qui cherchent encore à l'étendre. Si quelque nouvel Attila traversant les Alpes eût pris à tâche d'en désoler à jamais les vallées, il n'eût point manqué d'encourager les indigènes dans leur œuvre insensée de destruction. Faut-il donc que l'homme délivre enfin les montagnes de son odieuse présence, afin que celles-ci, laissées à la bienfaisante nature, retrouvent quelque jour leurs épaisses pelouses de gazons fleuris et leurs forêts de sapins ?

Si les torrents abaissent les montagnes, ils élèvent aussi les plaines ; mais leurs apports, non encore broyés en argiles et en sables, constituent fréquemment un désastre de plus pour les habitants du pays, qui voient leurs terres fertiles disparaître sous d'énormes amas de roches et de cailloux. En effet, le torrent qui débouche dans une vallée à la pente peu inclinée et qui éprouve en conséquence un brusque arrêt dans son mouvement, dépose peu à peu en un long talus tous les débris qu'il charrie dans ses eaux ou roule devant lui. Les masses d'alluvions grossières s'accumulent à droite et à gauche de son cours, de manière à former une colline aux pentes régulières s'appuyant sur les escarpements de la montagne ; même là où le torrent plongeait jadis dans la vallée en rapides ou en cascades, il travaille à cacher graduellement toutes ces inégalités de son ancien lit sous le talus grandissant des roches, des cailloux et du sable. A la profonde entaille de la vallée supérieure succède, et de manière à continuer la pente, un long remblai qui pénètre au loin dans la vallée principale, et en force les eaux à décrire un grand méandre à la base du cône de débris.

TALUS DE DÉBRIS DE LA VALLÉE DE L'ADIGE

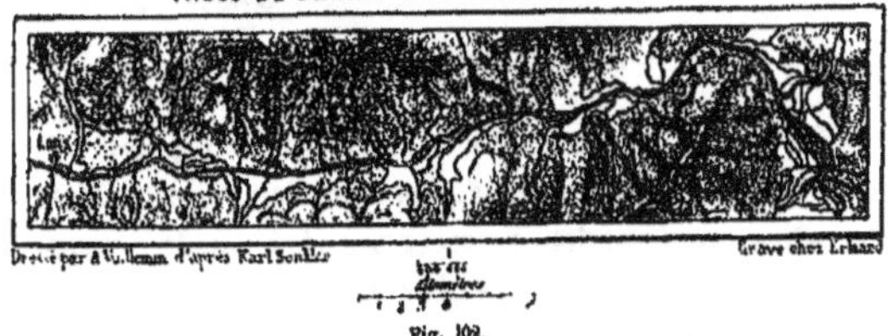

Fig. 102.

Quelques-uns de ces talus ont des dimensions très-considérables. Il s'en est formé d'énormes à l'issue de chacun des vallons latéraux de la haute vallée de l'Adige, au sud du massif de l'OEtzthal. L'un, celui du Litznerthal, a 316 mètres de hauteur à la sortie de la combe et se prolonge jusqu'à l'Adige sur 3,793 mètres de distance avec une pente moyenne de 4°,46; le méandre du fleuve qui en contourne la base n'a pas moins de 8 kilomètres de développement.

Lorsque les torrents déversent leurs eaux, non dans une vallée, mais dans un lac de montagne, les débris qu'ils charrient s'accumulent à l'extrémité supérieure du bassin lacustre en formant un talus beaucoup plus rapide que les amas de pierres déposés en pente douce à l'issue des ravins. En effet, au sortir de ces gorges, les eaux torrentielles ne cessent de couler sur les masses qu'elles ont entassées; elles apportent incessamment de nouveaux matériaux, les uns ténus, les autres grossiers, qui leur servent également à prolonger leur pente et à la rendre de plus en plus uniforme avec celle de la plaine inférieure. Dans les lacs, au contraire, il s'opère aussitôt une séparation entre les débris qu'apporte le courant. Les blocs de pierre et les cailloux, entraînés par leur propre poids, s'écroulent dans les profondeurs et forment au torrent une sorte de moraine frontale

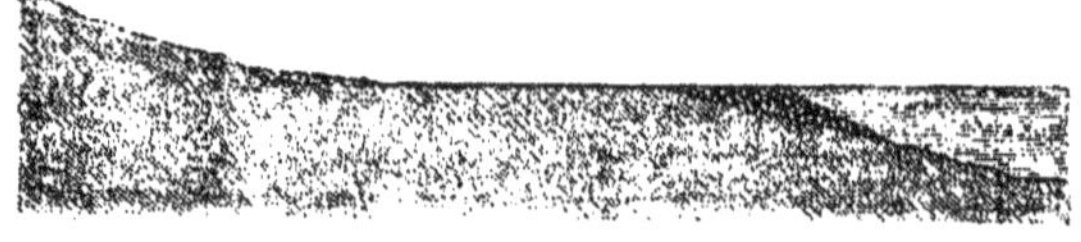

Fig. 103. Talus des torrents.

sans cesse en progrès sur les eaux paisibles; quant aux alluvions ténues qui se trouvent en suspension dans la masse liquide, elles sont partiellement entraînées par le courant vers le milieu du lac, mais la plus grande quantité de ces apports est aussitôt rejetée à droite et à gauche de l'embouchure et finit par s'étendre en péninsules horizontales au-dessus de la masse accumulée des gros décombres. Ainsi le lit du torrent, précédé de son rapide talus de pierres, bordé de ses strates d'alluvions, empiète incessamment sur la nappe lacustre en se maintenant constamment au même niveau.

Un grand nombre de lacs ont été ainsi graduellement comblés dans leur entier ; dans plusieurs hautes vallées de montagnes où se trouvaient des lacs étagés de distance en distance, tous les bassins ont été successivement emplis ;

ANCIENS LACS ET DÉFILÉS DE L'ALUTA

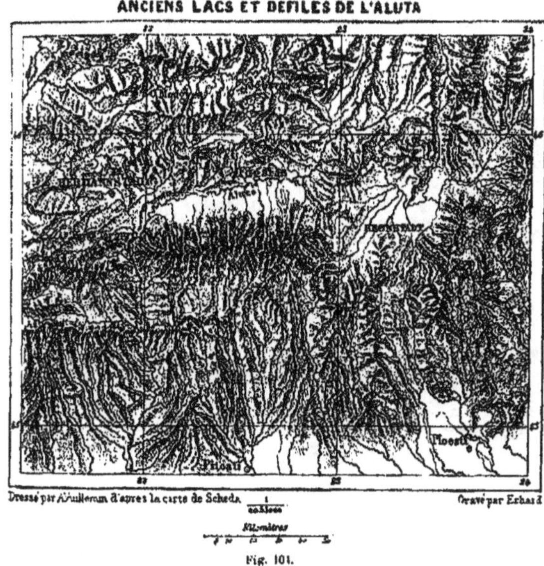

Dressé par A. Vuillemin d'après la carte de Scheda — Gravé par Erhard

Fig. 101.

ailleurs, les vasques supérieures sont déjà comblées et l'œuvre se continue pour l'un des lacs inférieurs, qui, lui aussi, finira tôt ou tard par être transformé en une plaine horizontale. En mesurant avec le plus grand soin les apports annuels d'un torrent et en constatant au moyen de forages la profondeur des anciens lacs qu'il a remplis, on pourrait même évaluer approximativement le nombre de siècles qu'il a employés à cette œuvre immense : le sondage des bassins encore pleins d'eau indiquerait ensuite la durée des âges nécessaires au comblement de leurs gouffres. Au pied du grand massif des Alpes bernoises, sur l'isthme d'Interlachen, si bien connu des voyageurs, il serait relativement facile de faire les expériences nécessaires à la solution de ce problème, qui nous apprendrait en même temps d'une manière approximative combien a duré l'époque géologique

LACS DE THUN ET DE BRIENZ.

Fig. 105.

pendant laquelle ont coulé les torrents descendus de ce puissant massif dominé par la Jungfrau. Il suffirait pour cela de mesurer les apports actuels de la fougueuse Lutschine et d'évaluer l'énorme masse cubique de l'isthme d'Interlachen, jetée par le torrent comme une sorte de digue entre les deux lacs de Brienz et de Thun, qui jadis formaient un seul bassin lacustre.

V.

Érosion des digues lacustres. — Cataractes et rapides.

En traversant les lacs situés à la base des montagnes, les torrents calment leurs eaux et régularisent leur cours[1] : ils sortent du bassin en rivières moins fougueuses et vont se réunir à d'autres cours d'eau pour descendre avec eux paisiblement vers la mer.

Cependant, la rivière d'aval, d'ordinaire plus tranquille que le cours d'eau supérieur, n'en accomplit pas moins son œuvre géologique, et travaille aussi à la suppression du bassin lacustre. Les eaux, sollicitées par leur propre poids, ne cessent de ronger les assises qui forment le rebord inférieur du lac : l'arête de ce rebord, graduellement érodée par la masse liquide, s'abaisse donc peu à peu, et le niveau moyen du réservoir lacustre est déprimé dans la même pro-

Fig. 109. Disparition d'un lac.

portion. Ainsi, le fleuve accomplit aux deux extrémités du lac des travaux géologiques, contraires en apparence, mais ayant également pour résultat de réduire la superficie du bassin qu'il traverse. En amont, il exhausse graduellement son lit et gagne sur le lac en le comblant d'alluvions ; en aval, il abaisse le seuil, et, par ce déversoir incessamment agrandi, écoule peu à peu les eaux. A la fin les deux lits d'amont et d'aval se rencontreront à mi-chemin, et le lac

1. Voir ci-dessous le chapitre intitulé *les Lacs*.

aura cessé d'exister. C'est là le double phénomène qui n a cessé de s'accomplir depuis des âges pour le Léman. Jadis cette nappe lacustre en forme de croissant s'étendait certainement en amont jusqu'à l'endroit où se trouve aujourd'hui la ville de Bex, à 18 kilomètres du fond du lac, et se prolongeait en aval, par d'étroits bassins, jusqu'au fort de l'Écluse, à 15 kilomètres de la sortie du Rhône.

ALLUVIONS DU RHÔNE ET DE LA DRANSE

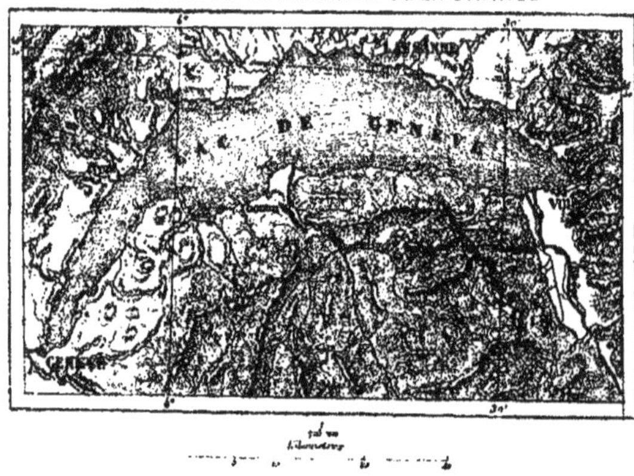

Fig. 107.

D'ailleurs, on le comprend, ce n'est pas seulement à l'issue des réservoirs lacustres que les rapides et les cataractes des fleuves érodent les rochers afin d'abaisser le bief d'amont et d'élever le bief d'aval. Quelle que soit la dureté des assises qui forment le lit des rapides, les eaux tourbillonnantes finissent par entamer la pierre et par en déposer les débris en aval du gouffre que le choc furieux des vagues a creusé au pied des rochers. De même les cascades et les cataractes ne cessent d'user les corniches du haut desquelles la masse de leurs eaux plonge au fond de l'abîme. Entraînant les blocs dans leur chute et détruisant assise après assise, elles reculent incessamment vers la source du fleuve, et tendent à se transformer en de simples rapides destinés à prendre eux-mêmes, dans quelques milliers d'années ou de siècles, une inclinaison parfaitement uniforme. Tel est, pour ainsi dire, l'idéal de chaque fleuve : supprimer les accidents de son cours et descendre vers la mer en décrivant une courbe parabolique régulière. Cet idéal n'est jamais complétement atteint, à cause de la diversité des roches du fond, des changements du lit, des trépidations ou des soulèvements du sol et des accidents de toute nature qui peuvent faire dévier le courant; mais quels que soient les obstacles qui s'opposent à la régularisation de la déclivité, tout fleuve coupé de chutes et de rapides n'en travaille pas moins à l'uniformité générale de sa pente.

Les cataractes et les rapides ne le cèdent en beauté grandiose qu'aux ouragans et aux éruptions volcaniques. Il en est en Europe de très-remarquables, telles que la chute du Rhin à Schaffouse, les quatre cataractes du Gotha-Elf à Trollhätta (demeure des sorcières), le Hjommel-saska (saut du lièvre), où le fleuve Lulea plonge tout entier d'une hauteur de 80 mètres, le Riskan-fos (cascade mugissante) qui se déverse au sortir du lac norvégien de Mjösvand en un seul jet de 270 mètres. La chute la plus célèbre de la terre entière est le Niagara, cette « mer qui tombe » et dont le tonnerre incessant se fait entendre parfois jusqu'à 20 kilomètres de distance. En amont de la cataracte, le fleuve, qui roule en moyenne de 1,000 à 1,100 mètres cubes d'eau à la seconde, se heurte contre l'îlot de Goat's-Island et se divise en deux courants inclinés sur une pente rapide. Là déjà la masse des eaux est animée d'une telle vitesse, que les ingénieurs n'ont pu réussir encore à la sonder, ce que d'ailleurs ils n'ont pas non plus fait en aval de la cataracte. Arrivées aux corniches de la falaise, les deux moitiés de fleuve, larges, l'une de 600 mètres, l'autre de 270 mètres, prennent leur élan suprême et décrivent leur vaste parabole de 45 et de 49 mètres de hauteur. Une sombre allée, parcourue de furieuses rafales, s'ouvre entre la paroi du roc et une nappe d'eau de 6 à 40 mètres d'épaisseur, qui se

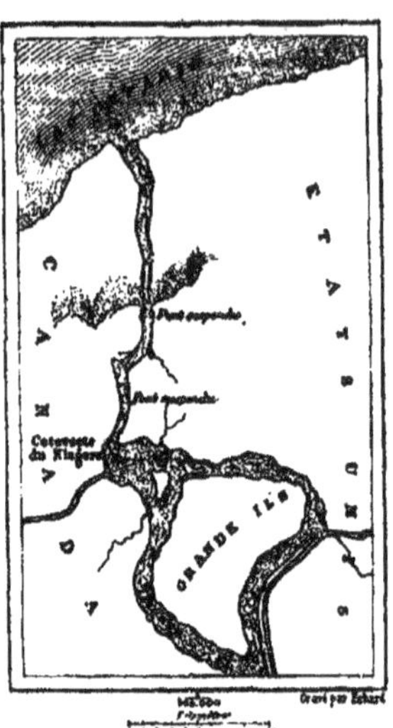

Fig. 108. Cours du Niagara.

développe librement dans l'espace comme une immense voûte de cristal. Des colonnes de vapeurs irisées jaillissent du tourbillon des eaux grondantes et cachent à demi les deux masses blanches des cataractes. A chaque instant du jour, suivant la marche du soleil, le grand arc-en-ciel peint sur les fumées changeantes se déplace et modifie l'aspect de la chute. Les diverses saisons ajoutent aussi chacune quelques traits de beauté à la magnificence du spectacle. Les arbres encore respectés de Goat's-Island et des falaises contrastent avec la blancheur des eaux, en été par leur verdure, en automne par les couleurs si variées de leur feuillage. L'hiver, des stalactites de glace, brillant parfois aux rayons solaires comme d'immenses parures de diamants, sont suspendues de toutes parts aux rochers et servent de cadre aux deux grandes nappes plongeantes des eaux; enfin, au printemps, lors de la débâcle, on assiste au formidable spectacle que présentent les blocs de glace, semblables à des débris de montagnes, se pressant sur le bord de la cataracte et s'entrechoquant avec fracas sur la courbe énorme de l'eau qui les entraîne.

Les autres grandes chutes de la terre présentent des phénomènes analogues, et dans le nombre il en est plusieurs qui peuvent rivaliser de beauté avec le saut du Niagara. Telles sont dans l'Amérique du nord les magnifiques chutes du Missouri, de la Columbia, du Montmorency. Telle est aussi dans le Brésil, non loin de Bahia, l'étonnante cataracte du San-Francisco, connue sous le nom de Paulo-Affonso. Au pied d'une longue pente sur laquelle il glisse en rapides, le fleuve, l'un des plus considérables du continent colombien, pénètre en tournoyant dans une espèce d'entonnoir hérissé d'écueils, puis se contracte soudain, se heurte contre trois masses rocheuses dressées comme des tours au bord de l'abîme, et, se partageant en quatre colonnes d'eau, plonge dans un gouffre de 75 mètres de profondeur. La colonne principale, comprimée dans un couloir perpendiculaire, offre à peine 20 mètres de largeur; mais elle doit être d'une épaisseur énorme, car elle forme la masse presque tout entière du fleuve. A mi-hauteur, le canal qui la contient s'incline à gauche, et changeant de direction, la masse croulante vient passer sous une colonne d'eau verticale qui la traverse de part en part, la brise en un chaos de vagues, la change en une mer d'écume. Parfois on peut apercevoir les vapeurs blanches et discerner le tonnerre lointain des eaux à 25 kilomètres de distance[1].

1. Avé-Lallemant, *Reise durch Nord-Brasilien.*

A cette cataracte si tourmentée on peut opposer la majestueuse chute du Zambèze, dont Livingstone a révélé l'existence au monde. En amont du précipice, le fleuve est calme et coule dans un lit faiblement incliné; quelques îlots ombragés de cocotiers se mirent dans la nappe unie; une grande île, appelée le Jardin à cause de sa riche végétation, sépare le Zambèze en deux bras ; l'aspect général du paysage est plein de grâce. Tout à coup, sans transition, le sol vient à manquer sous les eaux, les deux masses liquides, dont l'une a 1,700 mètres, et l'autre 500 mètres de large, s'abîment à une profondeur de 106 mètres dans la fissure béante d'une chaussée de basalte; puis elles s'échappent par un étroit et tortueux canal que le fleuve s'est taillé lui-même en rongeant la pierre pendant des siècles et des siècles. Dix colonnes de vapeurs, répondant à dix grandes saillies sur lesquelles l'eau vient se briser, s'élèvent en tourbillons du fond du précipice, et flottent, comme des fumées d'incendie, bien au-dessus de la surface du fleuve; elles varient en hauteur suivant l'état des eaux et de l'atmosphère; mais d'ordinaire elles ne montent pas à moins de 300 ou de 350 mètres au-dessus des bords du gouffre [1]. C'est à cause de ces nuages de gouttelettes brisées que les indigènes ont donné à la cataracte du Zambèze le nom de *Mosi-oa-Tounya* ou « Fumée tonnante. »

Quant aux rapides, la plupart des rivières en offrent quelques-uns sur divers points de leur cours, soit aux endroits où plongeaient autrefois des cataractes, soit aux embouchures de rivières qui apportent avec elles de grandes quantités de débris et les élèvent comme des digues à travers le courant. C'est principalement sur les fleuves américains qu'on peut contempler ces rapides dans toute leur beauté. Humboldt le premier a décrit les *raudales* d'Atures et de Maypures, où l'Orénoque, changé en une masse

1. Baines, *Exploration in South-west Africa.*

d'écume, descend en formant d'innombrables cascades et cascatelles à travers un chaos de rochers et d'écueils aux flancs noirâtres, à la cime verdoyante. Chaque masse de granit, semblable à la ruine d'une tour ou d'un château,

CATARACTE DU ZAMBEZE

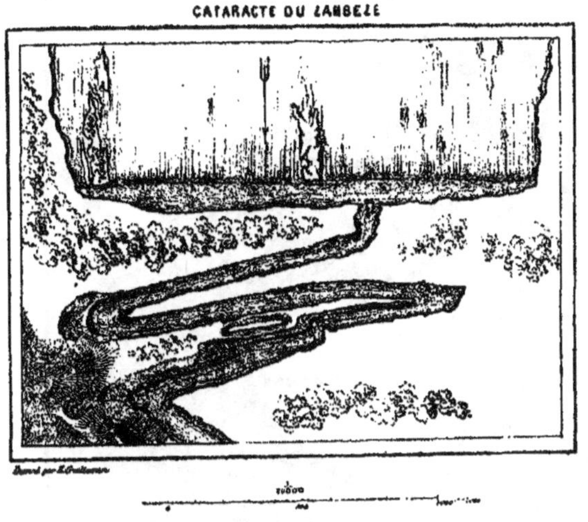

Fig. 108.

porte un groupe de palmiers ou d'arbres au feuillage touffu; chaque pierre plus basse que peuvent atteindre les eaux du fleuve pendant les crues est couverte d'alluvions où croissent en abondance des mimosées au feuillage délicat. des fougères, des orchidées aux charmantes fleurs : ce sont des jardins environnés d'écume et rappelant ces rochers couverts de gazons fleuris qui se dressent au milieu de certains glaciers de la Suisse. Une nuée de vapeurs plane au-dessus du fleuve, et l'arc-en-ciel apparaît à travers les branches des innombrables berceaux de feuillage. Tel est le spectacle qu'offre l'Orénoque sur une longueur de plusieurs kilomètres dans chacun de ses deux rapides. La

RAPIDES DE MAYPURES

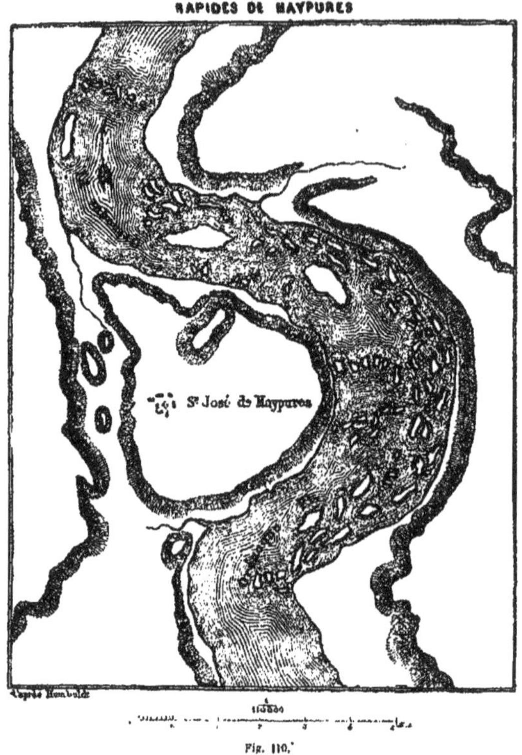

Fig. 110.

chute n'est pas considérable, puisqu'elle est de 9 mètres à peine pour le *raudal* de Maypures ; mais la pente n'en est pas moins très-difficile à vaincre, et, sur une largeur de

2,600 mètres, il ne se trouve parfois qu'un chenal navigable de 6 mètres[1].

A peu près à l'époque où les deux amis Humboldt et Bonpland visitaient les rapides d'Atures et de Maypures, Azara voyait le grand *salto* de Maracayu, où le fleuve Parana, large en amont de 4,200 mètres, se réduit tout à coup à un simple canal de 60 mètres et, glissant sur un plan incliné de 60 degrés, forme une chute de 17 mètres de hauteur verticale. Les récits des voyageurs nous ont fait connaître aussi les rapides du Madeira, du Huallaga, de l'Ucayali et de tant d'autres fleuves sur lesquels les pirogues des sauvages descendent comme des flèches au milieu de l'écume. Dans l'Amérique du nord, les rapides les plus célèbres sont ceux que forme le Saint-Laurent à sa sortie du lac Ontario, et que la toute-puissante vapeur est parvenue à surmonter. Les rapides d'Europe sont moins imposants à cause du moindre débit des rivières et parce que le relief général du continent est beaucoup plus adouci que celui du nouveau monde; toutefois on peut citer les *porogs* du Dniepr, les rapides du Shannon, en amont de Limerick, les tourbillons (*Strudeln*) de Bingen, si dangereux avant qu'on eût fait sauter les rochers qui embarrassaient le cours du Rhin. En France, un des rapides les plus imposants par la masse et la fureur de ses eaux bouillonnantes, aussi bien que par la solennité calme du paysage environnant, est le saut de la Gratusse, que forme la Dordogne à quelques kilomètres en amont de Bergerac.

Ce qui frappe surtout l'esprit dans le spectacle des rapides et des cataractes, c'est que d'ordinaire les eaux, à peine échappées à l'effroyable bouillonnement, reprennent une surface unie et s'étalent largement en nappes tranquilles, connues dans l'Amérique espagnole sous le nom de *remansos*. D'un côté, on contemple le chaos vertigineux des

1. Humboldt, *Voyage aux régions équinoxiales*.

masses liquides qui s'entrechoquent; de l'autre, on voit des eaux presque dormantes ou tournoyant avec lenteur. Ici les longs remous ne peuvent pas même emporter les pailles et

CATARACTE DU FELOU

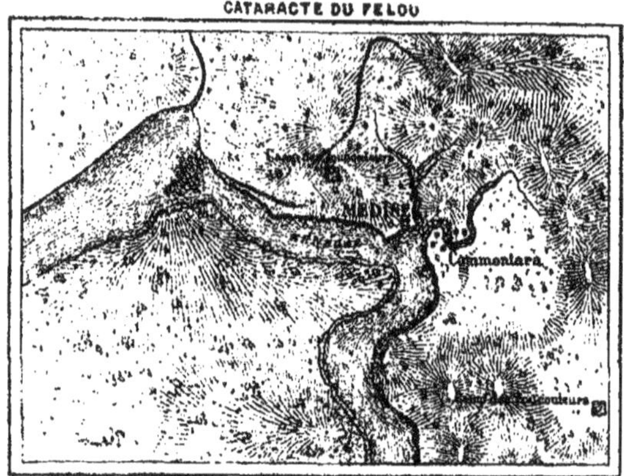

Fig. 111.

les branches qui tournoient incessamment dans le même cercle; plus haut, le fleuve entraîne dans sa courbe immense les troncs d'arbres, arrache les pierres de son lit, et scie, pour ainsi dire, l'arête de falaise du haut de laquelle il se précipite. Ce contraste devient encore plus saisissant quand on pense que la cataracte s'abîmait autrefois à l'endroit où s'étend actuellement la nappe des eaux tranquilles, et que la chute n'a cessé de reculer pendant le cours des siècles. Les hauts rochers verticaux qui bordent les deux rives du fleuve appartiennent aux mêmes formations géologiques, et les lignes parallèles de leurs assises se correspondent parfaitement d'une rive à l'autre. Les traces du courant qui a rongé la pierre sont encore visibles : on peut suivre du regard la marque du travail lentement accompli par les eaux. L'immense tranchée qui se développe comme une sombre allée en aval de la chute a été creusée par la cataracte, évidée, pour ainsi dire, grain de sable à grain de sable.

La rapidité plus ou moins grande avec laquelle la chute se déplace peut servir à mesurer d'une manière approximative l'âge du fleuve lui-même. Si les géologues avaient étudié ce mouvement de recul depuis un laps d'années assez considérable, s'ils connaissaient exactement quel est le degré de résistance qu'offrent les roches dans toute l'étendue de la tranchée, ils pourraient dire avec certitude depuis combien de siècles dure le régime actuel de chaque fleuve interrompu dans son cours par une cataracte. Mais cette étude comparative des chutes est à peine commencée, si ce n'est pour le Niagara et quelques autres grands cours d'eau de l'Amérique du nord. D'après Hall, Lyell et d'autres géologues, la cataracte du Niagara aurait reculé de 5 kilomètres et demi dans l'espace de 35,000 années environ. L'érosion du rebord de rochers s'accomplit actuellement[1] au taux moyen de 31 centimètres par année. C'est là un mouvement de recul assez rapide qui s'explique d'ailleurs par la nature des roches. Celles-ci sont composées d'assises calcaires reposant sur des couches de marnes molles et friables. L'eau pénètre dans ces couches, les mine lentement, les délaye et fait écrouler les assises supérieures par blocs massifs qu'entraîne la cataracte. Les observations de M. Marcou établissent que le volume d'eau diminue constamment dans la chute américaine, et que par conséquent les roches y sont à peine entamées depuis une vingtaine d'années. En revanche, la grande cataracte recule rapidement vers l'amont, et déjà n'a plus sa gracieuse forme en hémicycle qui lui valait le nom de « chute du fer à cheval. »

1. D'après Lyell. — M. Bakewell dit que le recul annuel a été de près d'un mètre depuis 1790.

Dans un espace de temps que l'on peut évaluer à huit ou dix siècles, la falaise de la cataracte sera probablement abattue jusqu'aux petites îles des Trois-Sœurs; toute la masse

a. Calcaire de Niagara, 83 m. *c*. Marne de Niagara, 24 m.
b. Groupe de Clinton, 9 m. *d*. Grès de Medina, 90 m

Fig. 119. Cataracte du Niagara; d'après Marcou.

liquide se précipitera par le courant qui longe la rive canadienne, et le bras de la rive américaine, ne recevant plus d'eau, se desséchera graduellement. Le Goat's-Island se réunira au continent, et le Niagara, reculant incessamment vers le lac Erie, versera toutes ses eaux en une seule et formidable chute.

Il est également à présumer que la hauteur de la cataracte deviendra de plus en plus grande, car les assises de calcaire qui s'effondrent sous le poids des eaux augmentent graduellement en épaisseur vers l'amont[1]. Toutefois on ne peut guère se permettre d'évaluer approximativement le temps qu'emploiera le Niagara pour reculer jusqu'à la Grande-Ile ou jusqu'au lac Erie, car, ainsi que le fait remarquer M. Marcou, la prodigieuse activité industrielle des Américains pourrait bien y mettre bon ordre. Un canal, qui est une véritable rivière, fait déjà mouvoir un grand nombre d'usines du côté américain, et si l'on fait au fleuve une trentaine ou une quarantaine de saignées de cette importance, le puissant Niagara ne sera plus qu'un modeste ruis-

1. Marcou, *Bull. Soc. géol. de France*, deuxième série, t. XXII.

seau. « L'industrie aura désarmé Jupiter tonnant. » D'ailleurs, le lac Erie qui, d'après Ellet, renferme actuellement plus d'eau que la chute ne pourrait en écouler en six ou huit ans, sera-t-il peut-être comblé par les alluvions avant que le Niagara ait pu ronger le rebord inférieur de rochers qui l'empêche de s'abîmer dans le bassin du lac Ontario.

Ce qui s'accomplira dans l'avenir pour le Niagara s'est accompli déjà pour le Mississipi. A peu près à moitié chemin entre Saint-Louis et Cairo, le fleuve s'engage dans un défilé qui coupe transversalement la chaîne des monts Ozark; des rochers de 90 mètres d'élévation se dressent au-dessus des deux rives, et l'on aperçoit distinctement sur leurs parois perpendiculaires des lignes d'érosion tracées par le courant du Mississipi. Autrefois ces rochers formaient une digue du haut de laquelle plongeait une cascade semblable à celle du Niagara, et, comme elle, rongeant incessamment les assises qui lui servaient de lit. En amont de cette barrière de collines, les eaux de tous les affluents supérieurs s'unissaient en un vaste lac qui s'étendait au nord jusqu'à l'embouchure du Wisconsin, rejoignait à l'est le lac Michigan, et recouvrait les prairies immenses des péninsules intermédiaires[1]. De même le Rhin, le Danube et la plupart des fleuves dont le cours est aujourd'hui assez régulier, présentaient une succession de biefs lacustres étagés les uns au-dessus des autres et réunis par des cascades. Les barrières de rochers placées entre les biefs ont été graduellement démolies et déblayées par les eaux. Quelques-unes même ont été percées à la base. Telle est l'origine des ponts naturels qui arrondissent leur arcade au-dessus d'un grand nombre de rivières et de ruisseaux. Le pont d'Arc, que les flots de l'Ardèche ont lentement foré pendant la durée des âges géologiques, n'a pas une portée moindre

1. Humphreys and Abbot, *Report on the Mississippi river*.

de 54 mètres. Le fameux pont naturel de la Virginie n'a que 34 mètres d'ouverture.

C'est par des travaux semblables que les fleuves régularisent graduellement leur pente et font communiquer les uns avec les autres les plateaux de différente hauteur qui s'affaissent par degrés successifs de la base des montagnes au bord de la mer. Quelles que soient les inégalités de la surface continentale, les eaux courantes les sculptent en forme de plans inclinés et leur donnent une pente plus ou moins régulière, que suivent les denrées, les voyageurs et la civilisation elle-même, pour pénétrer dans chacun des bassins partiels du système fluvial. Toute coupure faite par un fleuve à travers une chaîne de collines ou le seuil d'un plateau peut être considérée comme une porte ouverte dans une muraille qui séparait deux régions distinctes. Aussi, dans la monographie de chaque fleuve, faut-il nécessairement étudier d'une manière spéciale les percées que les eaux ont faites à travers les barrières jadis opposées à leur libre cours. C'est par une succession de victoires remportées sur les masses énormes des rochers que le fleuve a pu sortir des réservoirs lacustres où l'eau se mêle confusément, et qu'il s'est peu à peu constitué comme une individualité vivante sans cesse à l'œuvre par ses flots, ses alluvions et les barres de ses embouchures. Le Danube a conquis son importance hydrologique depuis le jour où ses eaux ne se perdent plus dans ces lacs devenus maintenant la plaine d'Autriche, la Hongrie, la Valachie.

Souvent le fleuve, en s'ouvrant ainsi un chemin à travers les barrières rocheuses, laisse debout, comme un témoin des anciens jours, un îlot de pierre dure qu'il n'a pu entamer. Presque toutes les grandes rivières offrent dans les plus pittoresques parties de leur cours quelques-unes de ces masses solides qui résistent encore à la pression des eaux bien des siècles après la destruction des assises environnantes. Tels sont, sur le Danube, ces rocs superbes, aux flancs perpendiculaires, qui se dressent comme d'énormes piliers jusqu'au niveau des hautes terres riveraines, et qui portent sur leur cime, tantôt une forteresse féodale, tantôt un ermitage, ou simplement un massif de broussailles et d'arbustes. Tel est aussi, non loin de l'endroit où les eaux du Mississipi tout entier s'abîmaient jadis en une puissante cataracte, le beau rocher auquel sa forme et la majesté de son aspect ont valu le nom de *Grand-Tower*, et qui porte encore à 40 mètres d'élévation la ligne circulaire d'érosion tracée jadis par le courant. Toutefois, si l'on voit encore sur les fleuves un nombre assez considérable de ces tours naturelles environnées d'eau, la plupart de celles qui existaient autrefois ont graduellement disparu sous l'action des intempéries, et leur place est indiquée par des récifs cachés ou des roches à fleur d'eau.

II.

Formation des îles. — Réciprocité des anses. — Méandres et coupures. Déplacement du cours des affluents.

Ainsi, les fleuves ne cessent de détruire, comme tous les agents de la nature, mais c'est pour reconstruire aussitôt; ils rongent incessamment les îles de rochers pour en employer les débris à la formation d'îles sablonneuses. Lorsque au milieu du courant il existe un obstacle quelconque, banc de rochers, tronc d'arbre échoué ou produit de l'industrie humaine, les eaux, arrêtées brusquement dans leur course, se partagent en deux faisceaux liquides comme devant le taille-mer d'un navire, glissent respectivement le long des côtés antérieurs de l'écueil, puis vont se heurter, l'un à droite, l'autre à gauche, soit contre la masse des eaux régulièrement emportée par le courant, soit dans les petites rivières, contre les berges elles-mêmes. Il en résulte un double choc : les deux faisceaux liquides, plus ou moins infléchis et retardés par les mille accidents locaux, sont rejetés vers le milieu du lit, où ils se rencontrent après avoir décrit chacun leur parabole. Là, une partie de ces courants partiels ayant perdu de sa force d'impulsion, continue de descendre en dessinant une parabole plus mince et plus allongée, tandis qu'une autre partie reflue dans l'espace relativement tranquille qui se trouve en aval de l'obstacle, et dépose graduellement sur le fond les troubles de ses eaux. Ainsi se forme un premier îlot destiné à s'accroître graduellement et servant de tête à une série d'autres îlots et bancs de sable qui font successivement leur appa-

SÉRIE D'ILES SUR L'ESCAUT-OCCIDENTAL

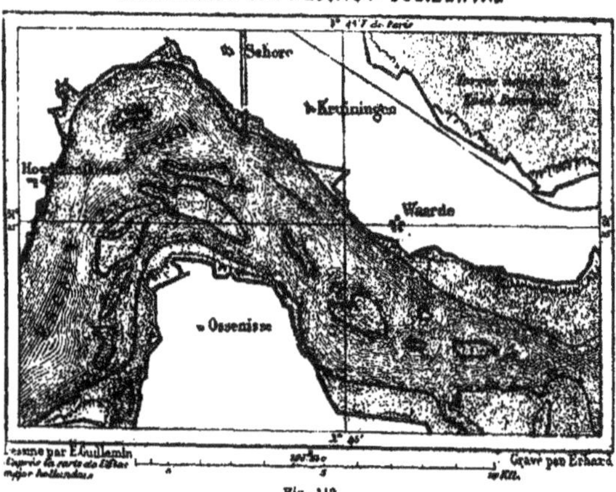

Fig. 113.

rition dans les nappes d'eau calme comprises entre les deux paraboles des faisceaux liquides. Les Allemands donnent à ces îles le nom de *Werder* (de *werden*, devenir[?]), qui indique, semble-t-il, le mode de formation lente et graduelle.

En vertu de la même loi de *sériation des îles*, des bancs

d'alluvions devraient aussi émerger régulièrement au confluent de deux rivières; car là aussi des masses d'eau viennent se heurter l'une contre l'autre, pour se repousser mutuellement et se rapprocher encore en courbes allongées. En effet, on voit souvent des rangées d'îlots continuer en aval du confluent la langue de terre qui sépare les deux cours d'eau; mais la force du courant étant considérablement accrue par le doublement du volume liquide, le lit commun est toujours beaucoup moins large que la somme des deux lits tributaires, et doit nécessairement gagner en profondeur ce qu'il perd en surface. L'eau, comprimée dans un canal plus étroit, creuse énergiquement le fond et prévient ainsi la formation des bancs de sable[1] : les alluvions, rejetées dans l'entre-deux des courants, servent à prolonger incessamment vers l'aval le *bec* ou péninsule intermédiaire.

Les chaînes d'îles sablonneuses se déposeraient toujours avec la plus grande régularité si le fleuve descendait en ligne droite vers la mer. Il est vrai que tout cours d'eau, en vertu de la force de pesanteur, cherche à se creuser un canal rectiligne, afin de gagner l'océan par la pente la plus rapide; mais les inégalités du fond et des berges modifient diversement la direction du fleuve et lui font décrire une succession de courbes ou méandres, allongeant le développement du cours total. C'est ainsi qu'une nouvelle loi, celle de la *réciprocité des anses*, se combine avec la sériation des îles pour embellir la surface et les contours du fleuve et lui permettre de remanier sans cesse le sol de la vallée en creusant son lit tantôt d'un côté tantôt de l'autre.

Il suffit d'une impulsion latérale quelconque imprimée à la masse liquide pour rejeter le fleuve à droite ou à gauche. Les eaux viennent-elles à frapper contre une paroi de rochers ou tout autre obstacle placé en travers de la direction normale du courant, celui-ci rebondit de manière

1. Von Hoff, *Veränderungen der Erdoberfläche*, tome III.

à former un angle de réflexion égal à l'angle d'incidence, et, sollicité à la fois par sa force d'impulsion et par la pente générale du lit, il s'infléchit de plus en plus pour décrire une courbe parabolique vers la rive opposée. Là ses eaux sont de nouveau réfléchies par la berge et reprennent obliquement leur course à travers le lit du fleuve. La première déviation une fois obtenue, le courant doit nécessairement former une suite de méandres en vertu de la loi de réciprocité des anses, qui n'est autre chose que la loi du pendule. Chaque oscillation provoque une oscillation égale et isochrone en sens inverse; chaque courbe provoque une autre courbe d'un égal rayon et d'une vitesse égale. Si l'économie du fleuve ne changeait par la différente composition des terrains et par l'immense variété des obstacles de toute sorte qu'il rencontre, le courant ne cesserait de descendre vers l'Océan en formant des lacets aussi réguliers que les oscillations d'une boule suspendue.

La masse du courant ne se borne point à frapper alternativement contre les deux rives, elle ne cesse aussi de les entamer et d'en modifier régulièrement les contours. Quand les eaux viennent heurter le rivage avec tout le poids que leur donnent le courant et la force centrifuge, elles déchirent le terrain, dissolvent les particules solides, entraînent les sables et pénètrent toujours plus avant dans l'intérieur des terres. Repoussées vers la berge opposée, elles déchirent et fouillent encore pour être rejetées de nouveau sur l'autre rive et y faire également leurs travaux d'excavation; c'est ainsi que, par une loi d'équilibre, le courant affouille alternativement chaque bord, tandis que les alluvions se déposent sur les pointes des deux anses. Par suite de l'alternance des anses et des pointes, les méandres sont quelquefois presque entièrement annulaires; l'embarcation partie de l'anse supérieure décrit une longue courbe avec le fleuve, et quand elle arrive enfin dans l'anse inférieure, elle se retrouve en vue du point de départ qu'elle a quitté depuis longtemps. Dans la plus grande partie de son cours

LE MÉANDRE DE FUMAY

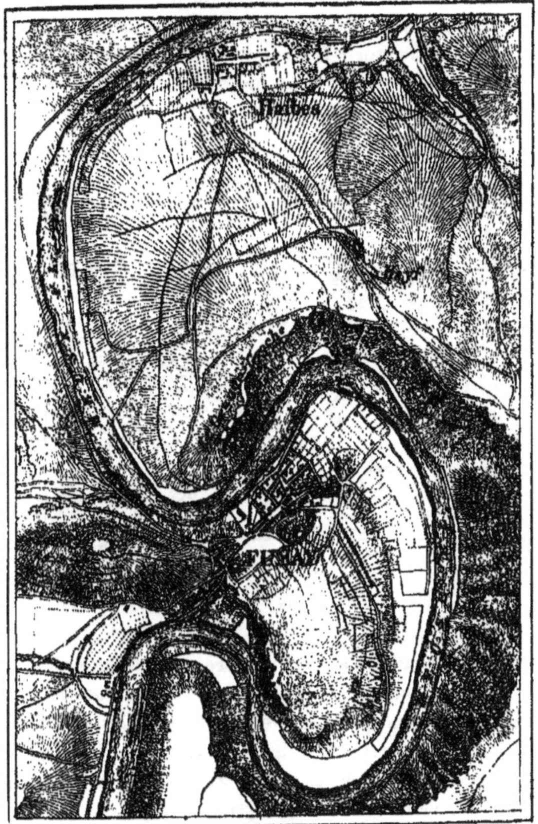

Fig. 114.

moyen, le Mississipi forme une série de méandres tellement semblables les uns aux autres, que les Peaux-Rouges et les premiers colons européens avaient l'habitude d'évaluer les distances par le nombre des courbes que décrit le fleuve. Ces méandres sont d'ailleurs, à un certain point de vue, de la plus grande utilité pour la navigation. Chaque détour a pour résultat d'amoindrir la pente, et, retardant ainsi la vitesse du courant, augmente en proportion la masse et la profondeur des eaux.

MÉANDRES DE LA SEINE

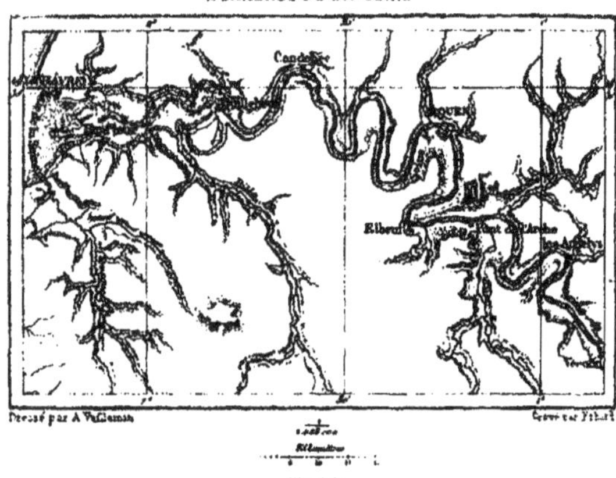

Fig. 115.

A force d'affouiller l'anse supérieure et l'anse inférieure en sens inverse l'une de l'autre, le fleuve rétrécit constamment l'isthme ou *cou* qui rattache encore la péninsule aux plaines environnantes; enfin le jour vient où, l'isthme disparaissant, les deux anses se rejoignent, et le méandre du fleuve est devenu une ellipse parfaite. Alors, à moins que les travaux des hommes ne s'y opposent, toute la masse liquide se précipite en ligne droite le long de la pente rapide formée par la jonction des deux anses, tandis que l'eau restant encore dans l'ancien lit devient paresseuse et dormante, à cause du peu de pente que lui offre, relativement au nouveau passage, l'énorme courbe du détour. Les eaux rapides du lit supérieur, en venant frapper contre les

MÉANDRE DE LUZECH.

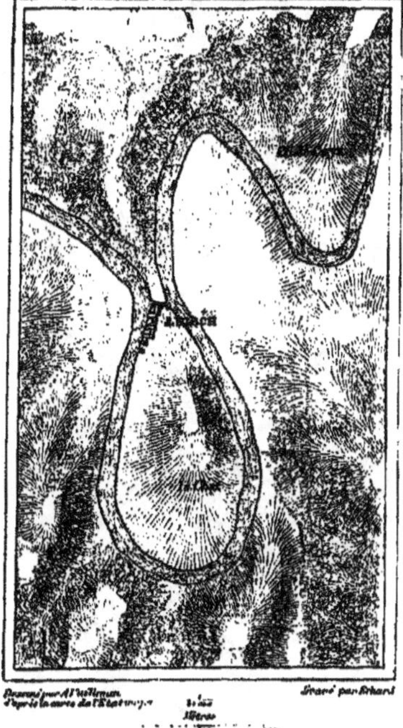

Fig. 110.

eaux tranquilles de l'ancien méandre, sont inopinément arrêtées ou même refoulées en arrière; elles laissent tomber les débris terreux qu'elles tenaient en suspension, et forment ainsi graduellement des levées naturelles de sable et d'argile entre l'ancien et le nouveau lit du fleuve; une levée semblable ne tarde pas à séparer également les deux

FAUSSES RIVIÈRES DU MISSISSIPI.

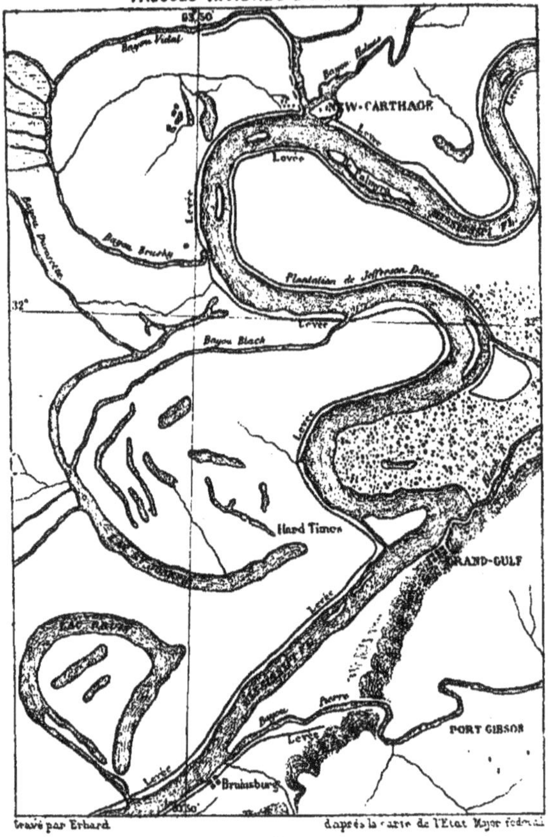

Gravé par Erhard. d'après la carte de l'État Major fédéral

1/273.000

0 1 2 3 4 5 6 7 8 9 10 20 Kil.

Fig. 117.

lits de l'anse inférieure, de telle sorte que le méandre dé-

COURS MOYEN DU MISSISSIPI

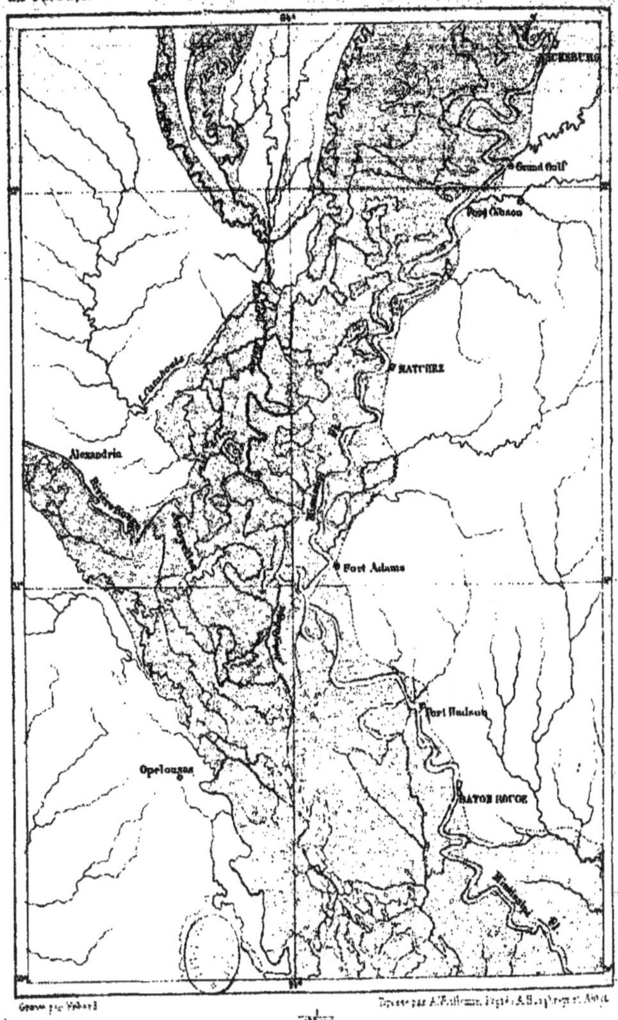

laissé finit par n'avoir plus aucune communication avec le nouveau courant du fleuve. Ses eaux deviennent stagnantes; il est transformé en lac. Dans les bassins du Mississipi, des Amazones, du Gange, du Rhône, du Pô, le nombre de ces lacs circulaires est très-considérable. On peut suivre des yeux comme trois fleuves, dont l'un, actuel et vivant, roule ses eaux sans interruption de sa source à la mer, tandis que les deux autres, l'un à droite, l'autre à gauche, sont devenus des « eaux mortes; » leurs restes épars le long du fleuve actuel indiquent encore la place où jadis ils déroulaient leurs anneaux. Par suite de ces déplacements alternatifs, la vallée est toujours beaucoup plus large que son fleuve; elle est le grand lit géologique où serpente le lit incessamment changeant des eaux actuelles. Dans certaines parties de son cours, le Pô ne met que trente années environ à former et à détruire chacun de ses méandres [1].

Le percement des isthmes fluviaux ne s'est pas toujours accompli par les seules forces de la nature; plusieurs canaux, réunissant deux anses de rivières, ont été creusés de main d'homme, et ont fini, grâce au courant qui les approfondissait, par remplacer d'anciens lits. Quelques ingénieurs ont même proposé d'opérer systématiquement ce travail sur tout le parcours du Mississipi, et de rectifier ainsi le lit du fleuve, de Cairo à la Nouvelle-Orléans. Depuis la colonisation de la Louisiane, le travail de l'homme, aidant l'action du courant, a déjà rectifié plusieurs méandres : c'est ainsi qu'ont été formés les *cut-offs* de Bunch, de Needham, de Shreve, de Pointe-Coupée, du Fer-à-Cheval, et la coupure plus spécialement connue sous le nom de raccourcis. En amont de ces divers points, les isthmes sont beaucoup plus difficiles à percer, à cause des strates d'argile compacte et dure qui s'étendent immédiatement au-dessous de la couche superficielle des alluvions mo-

1. Elia Lombardini, *dei Cangiamenti del Po.*

dernes et qui ne se laissent pas affouiller par les eaux. C'est

ANCIENS MÉANDRES DU RHIN

Fig. 118.

ainsi qu'en face de Vicksburg une partie de l'armée de

Grant a vainement travaillé pendant plusieurs mois pour faire passer le courant du Mississipi à travers l'étroite péninsule de la rive droite.

CANAL DE VICKSBURG

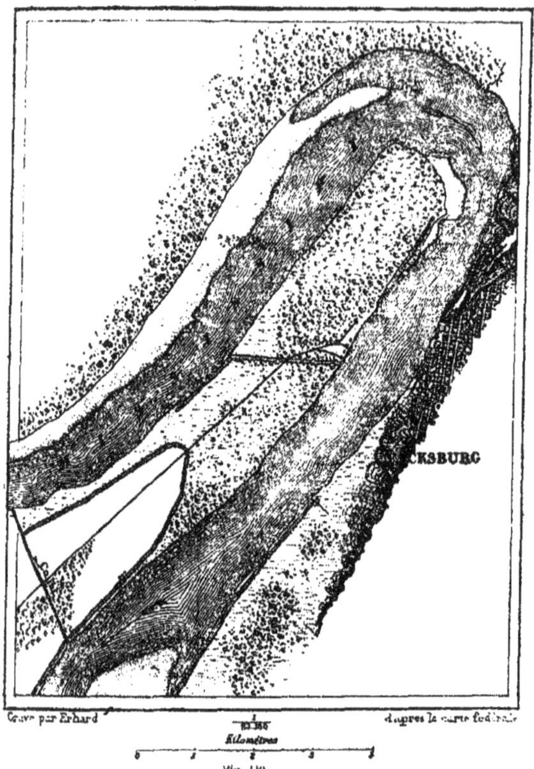

Fig. 119.

D'ailleurs, tous les « raccourcis » creusés de main d'homme doivent nécessairement finir par s'oblitérer; car, en vertu de la loi de réciprocité des anses, le fleuve, privé de ses méandres, ne manque pas de s'en créer de nouveaux. C'est ainsi qu'en amont de Compiègne, on essaya vainement de redresser les cours de l'Oise; en peu de temps il se forma des sinuosités nouvelles dont le développement s'est trouvé exactement égal à celui des contours supprimés. En revanche, pour fixer le cours de la Midouze, dans les Landes, on a eu l'ingénieuse idée, suivie de succès, de donner à la rivière une série de méandres d'une régularité parfaite. Quand l'homme touche à la nature, il ne peut réussir à en modifier l'aspect d'une manière permanente qu'en étudiant la loi constante des phénomènes et en y conformant son œuvre.

L'idée de creuser et de maintenir un canal rectiligne entre deux méandres paraboliques du Mississipi n'est en rien plus absurde que l'idée de construire des épis perpendiculaires au fil du courant, afin de rétrécir le lit du fleuve et de rejeter les eaux dans un chenal régulier. C'est par de semblables travaux, contraires aux lois hydrologiques, que les ingénieurs français ont gâté le régime de la Garonne, de la Loire et de plusieurs autres cours d'eau. La Loire, ce fleuve qui fait le désespoir des ingénieurs, et bien plus encore celui des bateliers, se distingue entre toutes les rivières de France par l'inconstance de son courant et le continuel déplacement de ses chenaux navigables. La différence est grande entre la masse d'eau que roule le fleuve pendant ses débordements et les minces filets qui se frayent lentement un chemin à travers les sables à l'époque des sécheresses. Or, un déplacement latéral du courant se produisant lors de chaque oscillation du niveau, il en résulte que plusieurs sillons partiels se forment et s'oblitèrent successivement. Quelques *mouilles*[1], ou fosses relativement profondes se rencontrent, il est vrai, d'une manière permanente à l'extrémité concave des anses où viennent se réunir les courants partiels; mais partout ailleurs le fond du

1. Ce sont les *meuilles* du lit de la Saône.

lit se redresse plus ou moins dans toute sa largeur pour former des *râcles*, et la navigation reste impossible pendant une grande partie de l'année. Cette fatale interruption du commerce, représentant une perte annuelle de plusieurs millions, ne se produirait point si l'on adoptait le système des *rives directrices* proposé par M. Edmond Laporte[1], et plus tard par M. de Vézian. Au lieu d'épis rectilignes construits en travers du lit fluvial, il faudrait élever des jetées de forme parabolique, sur lesquelles le courant principal pourrait s'appuyer en toute saison, de manière à décrire sans obstacle la série normale de ses courbes serpentines : tel est le seul moyen d'assurer la plus grande profondeur possible au chenal de navigation. La figure suivante empruntée à l'étude de M. de Vézian[2], indique la position que devraient

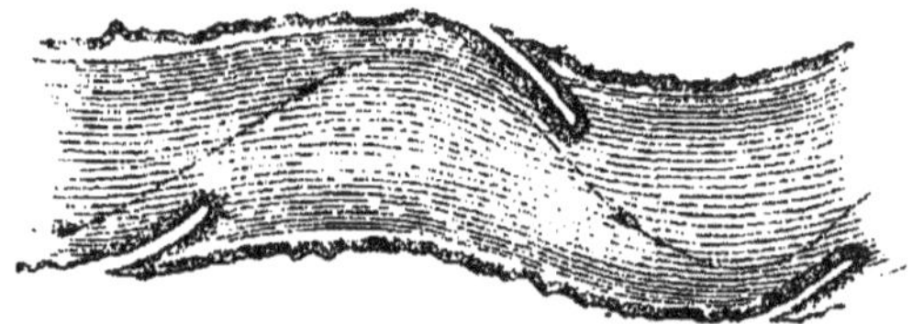

Fig. 120. Rives directrices ; d'après M. de Vézian.

occuper les jetées et la direction qu'elles imprimeraient au courant fluvial.

La masse des eaux dût-elle rester toujours la même de saison en saison et de siècle en siècle, il est certain que la seule action du courant, frappant tour à tour l'une et l'autre rive, suffirait à la longue pour changer les courbes du fleuve et remanier graduellement le sol de la vallée. Toutefois la masse liquide de chaque rivière ne cesse de varier depuis le commencement du printemps jusqu'à la fin

1. *Gironde*, septembre 1861.
2. *Annales du Génie civil*, mai 1863.

de l'hiver; elle s'accroît pendant les saisons pluvieuses et à l'époque de la fonte des neiges; elle diminue au contraire lorsque le tribut des nuages, des névés et des glaciers n'égale pas en abondance toute l'eau qu'ont bue les innombrables radicelles des plantes riveraines et celle qu'ont fait évaporer les vents et la chaleur. Sous l'influence de ces divers phénomènes qui le relèvent ou l'abaissent, le niveau de chaque fleuve oscille constamment entre la *crue* et l'*étiage*, ou période des basses eaux; par suite, le fil du courant se déplace tantôt d'un côté, et tantôt de l'autre, et contribue ainsi chaque jour d'une manière différente à l'érosion ou à la consolidation de chacune de ses rives. La quantité d'eau roulée par le fleuve étant, lors de la crue, cinq, dix, trente, cinquante ou même cent fois plus considérable qu'à l'époque de l'étiage, il n'est pas étonnant que l'œuvre géologique accomplie par le courant varie aussi dans de très-fortes proportions.

A force de remanier les particules ténues qu'il a portées lui-même dans ses plaines alluviales, le fleuve finit par changer complétement la direction de ses propres tributaires. Les courtes péninsules situées au confluent entre la rivière principale et le cours d'eau qui s'y déverse s'allongent incessamment d'amont en aval par tous les débris sableux ou argileux qu'y déposent les deux courants. De chaque côté de cette presqu'île grandissante, les deux masses d'eau qui vont à l'encontre l'une de l'autre prennent une direction moyenne de plus en plus parallèle, et développant leurs méandres à droite et à gauche de leur axe de descente se promènent ainsi de compagnie dans les plaines. On peut voir un magnifique exemple de cet infléchissement des lits de rivière dans la vallée du Rhin entre Bâle et Mayence. Tous les affluents que les Vosges et la Forêt-Noire envoient au grand fleuve se courbent au nord, aussitôt après être échappés à leur vallée natale, et parcourent sinueusement les campagnes, entraînés dans le même sens que le courant du Rhin. En amont et en aval

COURS MOYEN DU RHIN.

Gravé par Erhard.

Fig. 121.

de cette large plaine d'alluvions, où la nature n'offrait pas d'obstacle au libre passage des eaux, les rivières latérales n'infléchissent point leur cours de la même manière avant de s'unir aux eaux du Rhin : retenues par les monts ou les coteaux qui les dominent, elles débouchent directement dans le fleuve suivant un angle droit ou du moins très-ouvert.

VII.

Crues régulières. — Embarras d'arbres. — Débâcles des fleuves du nord. Inondations.

L'abondance des pluies étant la principale cause du gonflement des rivières, les crues doivent nécessairement se produire dans tous les cours d'eau à l'époque des saisons pluvieuses. Dans les régions tropicales, où les zones de nuages et d'averses se déplacent régulièrement du nord au sud et du sud au nord pendant le cours de l'année, les oscillations du niveau des fleuves peuvent être, aussi bien que les saisons elles-mêmes, calculées et prédites d'avance, d'après la marche du soleil sur l'écliptique[1]. Lorsque cet astre brille au-dessus de l'hémisphère méridional et que les sécheresses règnent au nord de l'équateur, les cours d'eau de la zone tropicale du nord s'abaissent, et plusieurs même tarissent complétement. Durant l'hivernage au contraire, alors que le soleil a ramené vers le nord les nuages de tempête et les pluies, les ruisseaux, les rivières, les fleuves se gonflent de nouveau et coulent à pleins bords. Les mêmes phénomènes s'accomplissent en ordre inverse dans l'hémisphère austral. Ainsi, le niveau des eaux courantes oscille alternativement au nord et au sud de l'équa-

1. Voir, dans le douzième volume, le chapitre intitulé *les Nuages et les Pluies*.

teur, de manière à former une sorte de marée annuelle comparable par sa régularité aux marées diurnes de l'Océan. Toutefois il faut ajouter que, dans chaque pays des régions tropicales, la périodicité des crues annuelles est diversement modifiée par le relief du sol, les remous aériens et les faits de toute espèce qui influent sur la précipitation des eaux de pluie.

Parmi tous les cours d'eau de la zone intertropicale, le Nil est celui dont les crues ont la plus grande célébrité. Hérodote et les autres historiens de l'antiquité grecque nous ont raconté avec un étonnement religieux ce gonflement périodique du fleuve sacré qui porte à la basse Égypte la terre nourricière. Pour les agriculteurs riverains, cette crue bienfaisante tenait du miracle, et les prêtres ne manquaient pas de s'en prévaloir auprès du peuple pour accroître leur puissance. Lorsque les hautes vallées du Nil et de ses affluents étaient encore inconnues, il était vraiment difficile de ne pas voir un prodige dans ce phénomène des inondations annuelles du fleuve. Le cours inférieur du Nil ne reçoit pas un seul tributaire; il traverse un pays aride, rarement abreuvé par les pluies du ciel; un soleil ardent en fait évaporer les eaux, et cependant voilà que tout à coup, vers le commencement de juillet, le niveau fluvial s'élève, sans cause apparente, dans le large lit semé d'îles; la nappe liquide monte, monte encore, et d'août en octobre elle recouvre les bancs de sable, s'étale sur les rives, inonde les berges et se déverse en strates non moins régulières que les couches annuelles des troncs d'arbres. Au plus haut de sa crue, le fleuve roule souvent une masse d'eau vingt fois[1] supérieure à celle qu'il porte à la mer lors du plus bas étiage, et cependant le ciel égyptien n'a peut-être pas laissé tomber de plusieurs mois une seule goutte de pluie. Ce prodige, incompréhensible pour nos ancêtres, s'explique

1. Elia Lombardini, *Essai sur l'hydrologie du Nil.*

facilement aujourd'hui. L'énorme masse d'eau qui sert à l'irrigation des cultures du delta provient des neiges et des pluies que les nuages répandent en abondance sur les montagnes de l'Éthiopie et d'autres contrées de l'Afrique équatoriale.

Les cours d'eau dont les crues se produisent avec autant de régularité que celles du Nil sont assez nombreux dans la zone intertropicale; mais il n'en est pas de plus curieux sous ce rapport que les grands fleuves du bassin de l'Amazone. Ce « Père des Eaux » coule à peu près sous l'équateur et reçoit à la fois les affluents des deux hémisphères. Grâce à cette disposition du réseau fluvial, les crues des rivières du nord ont lieu en été et en automne, tandis que les tributaires méridionaux débordent durant l'hiver de l'hémisphère boréal. Quant au fleuve principal et au Madeira, ils sont principalement gonflés par les pluies d'équinoxe, et leurs crues ont lieu au printemps et en été. Une véritable compensation s'établit dans le lit inférieur des Amazones entre les affluents de la rive droite et ceux

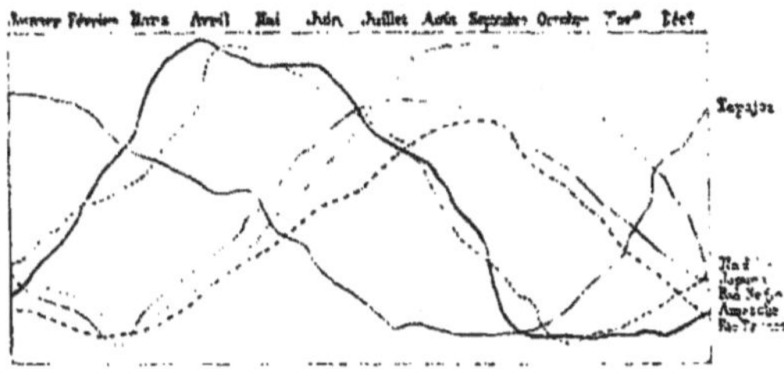

Fig. 121. Compensation des crues dans le bassin de l'Amazone; d'après Spix et de Martius.

de la rive gauche. Lorsque le Pastaza, le Japurà, le rio Negro sont à l'étiage, l'Ucayali, le Madeira, le Tapajoz coulent à pleins bords; lorsque ceux-ci commencent à baisser, les affluents du nord accroissent à leur tour la masse de leurs eaux.

En dehors de la zone tropicale, les rivières doivent nécessairement offrir moins de régularité dans leurs crues annuelles, puisque les pluies elles-mêmes sont plus irrégulièrement distribuées dans les diverses saisons. Toutefois un ordre incontestable ne cesse de se manifester chaque année dans la précipitation de l'humidité atmosphérique, et cet ordre se retrouve toujours dans l'oscillation correspondante du niveau des fleuves. C'est là ce que prouve l'étude de tous les cours d'eau. Dans les régions à pluies d'hiver, de printemps et d'été, comme le nord de la France, les crues ont lieu en général du 15 octobre au 15 mai; c'est uniquement à cause de la rapide évaporation qui se produit pendant la saison des chaleurs que les crues estivales sont très-rares[1]. Dans les contrées méditerranéennes, où prédominent les pluies d'automne, les cours d'eau s'enflent vers la fin de l'année. Dans les bassins fluviaux qui, par la grandeur de leur superficie, appartiennent à la fois à plusieurs régions météorologiques, les oscillations de niveau qui se succèdent avec plus ou moins de régularité pour chacun des divers affluents se combinent de manière à former dans l'artère principale une nouvelle série de crues dont la marche générale peut être prévue d'avance. L'exemple le plus frappant que l'on puisse citer est celui du Mississipi, cette rivière qui réunit dans son vaste lit les eaux venues des grands déserts de l'ouest et celles qu'épanchent les riantes vallées des Alleghanys. A la Nouvelle-Orléans, le fleuve commence à monter vers le 1er décembre, et la masse de ses eaux augmente jusque vers le milieu de janvier, époque de la première crue. Alors le niveau baisse lentement, puis il reste à peu près stationnaire pendant les mois de février et de mars. En avril et en

1. Belgrand.

mai, le Mississipi se gonfle de nouveau, et, dans le courant du mois de juin, il forme la grande crue si redoutée par les planteurs. Aussitôt après il baisse rapidement jusqu'à la fin de septembre ; le plus bas point de l'étiage coïncide le plus souvent avec le commencement de novembre.

Plusieurs cours d'eau de la zone tempérée présentent dans leurs oscillations de niveau un phénomène de compensation semblable à celui des Amazones. Ce sont les fleuves qui reçoivent à la fois des rivières alimentées par des eaux de pluie et des torrents grossis par la fonte des neiges et des glaciers. Les variations des rivières de plaines étant, suivant les saisons, précisément inverses des variations que subissent les tributaires descendus de la montagne, le niveau du fleuve reste à une hauteur à peu près normale. Les affluents d'eau de pluie diminuent de volume à l'époque où grossissent les affluents descendus des glaciers, c'est-à-dire en été; en hiver et au printemps, au contraire, les glaciers ne donnent que très-peu d'eau, tandis que les pluies inondent la plaine et remplissent les rivières jusqu'aux bords; c'est ainsi que la richesse d'un affluent fait équilibre à la pauvreté de l'autre. On a souvent cité l'exemple du Rhône et de la Saône; pendant les chaleurs de l'été, celle-ci roule en moyenne cinq fois moins d'eau qu'en hiver. De son côté, le Rhône supérieur est beaucoup plus élevé dans la même saison; mais en aval de sa jonction avec la Saône, la hauteur moyenne de ses eaux est à peu près la même dans toutes les saisons de l'année.

Une compensation du même genre s'opère également entre les affluents d'eaux superficielles et ceux qui sont alimentés par des sources. En effet, les ruisseaux qui parcourent les galeries souterraines des rochers ne peuvent descendre aussi rapidement dans les plaines que les cours d'eau dont tous les affluents coulent à la surface du sol. Le profil des crues d'une rivière à sources nombreuses est toujours beaucoup plus régulièrement ondulé que celui des autres rivières.

La grandeur de l'œuvre géologique accomplie par les crues peut s'apprécier principalement sur les rives fluviales qui n'ont pas encore été mises en état de défense par le travail de l'homme. Quand il déborde, le fleuve des Amazones forme en certains endroits, avec les marécages de ses bords, une mer de 100 ou même de 200 kilomètres de large; les animaux cherchent alors un refuge au haut des arbres, et les Indiens qui habitent la rive campent sur des radeaux. Vers le 8 juillet, lorsque le fleuve commence à baisser, l'eau, rentrant dans son lit, mine en-dessous les bords longtemps détrempés, les ronge lentement, et tout à coup des masses de terre de plusieurs centaines ou de plusieurs milliers de mètres cubes s'écroulent dans les flots, entraînant avec elles les arbres et les animaux qu'ils portaient. Les îles mêmes sont exposées à une destruction soudaine; quand les rangées de troncs échoués qui leur servaient de brise-lames viennent à céder à la violence du courant, il suffit de quelques heures ou même de quelques minutes pour qu'elles disparaissent, rongées par le flot; on les voit fondre à vue d'œil, et les Indiens qui y travaillaient paisiblement à recueillir les œufs de tortue ou bien à sécher le produit de leur pêche, sont obligés de s'enfuir précipitamment pour échapper à la mort. C'est alors que passent au fil du courant ces longs radeaux de troncs entrelacés qui se nouent, se dénouent, s'accumulent autour des promontoires, s'entassent en plusieurs étages le long des rives. Autour de ces immenses processions d'arbres qui roulent et plongent lourdement sous le poids du courant, comme des monstres marins ou comme des carènes renversées, flottent de vastes étendues d'herbe *canna rana*, qui font ressembler certaines parties de la surface de l'eau à d'immenses prairies[1]. Aussi comprend-on la terreur religieuse éprouvée par les voyageurs qui pénètrent dans le fleuve des Ama-

1. Avé Lallemant, *Reise in Nord-Brasilien.*

zones et voient à l'œuvre ces tourbillons jaunes de sable rongeant les rivages, renversant les arbres, emportant les îles pour en construire de nouvelles, entraînant de longs convois de troncs et de branches. « Le grand fleuve était effrayant à contempler, dit l'Américain Herndon; il roulait à travers les solitudes d'un air solennel et majestueux. Ses eaux semblaient colères, méchantes, impitoyables; l'ensemble du paysage réveillait dans l'âme des émotions d'horreur et d'effroi semblables à celles que causent les solennités funéraires, le canon tonnant de minute en minute, le hurlement de la tempête ou le sauvage fracas des vagues, alors que tous les matelots se rassemblent sur le pont pour ensevelir les morts dans une mer agitée. »

Le Mississipi offre le curieux exemple d'un grand cours d'eau que l'homme a récemment annexé à son domaine et dont il a pu modifier l'action géologique dans l'espace de quelques années. En 1782, et même lors de la grande inondation de 1828, toute la région comprise entre la rive gauche du Mississipi et le cours du Yazoo, c'est-à-dire une zone de 50 kilomètres de largeur moyenne, fut complétement recouverte par les eaux, ainsi que le prouvent les ossements d'animaux sauvages retrouvés plus tard sur les monticules artificiels des anciens Peaux-Rouges. De nos jours, le fleuve, contenu à droite et à gauche par des levées latérales, n'inonde plus en entier le bassin du Yazoo; il n'arrache que des lambeaux étroits des vastes forêts riveraines, et dans les plus fortes crues, les troncs entremêlés qui suivent le fil de l'eau ne forment point comme autrefois de longs radeaux flottants.

Encore au commencement du siècle, ces radeaux ou *embarras* rendaient la navigation presque impossible en certains bras du fleuve et de ses affluents. L'Atchafalaya, le Ouachita étaient complétement cachés par des amas d'arbres sur une grande partie de leur cours; en plusieurs endroits on pouvait les traverser sans reconnaître qu'on franchissait des rivières; des broussailles et même de grands arbres croissaient sur ces masses flottantes[1]. Un de ces enchevêtrements de bois de dérive, connu par les Américains sous le nom de grand radeau (*great raft*), obstrue toujours le lit de la rivière Rouge. Cette immense agglomération d'arbres, sous laquelle les eaux disparaissent en entier comme sous une voûte mobile, remonte peu à peu le cours du fleuve à mesure que les arbres de la partie d'aval se détachent et que les crues annuelles apportent en amont de nouveaux troncs de dérive. L'obstruction, qui probablement s'était d'abord formée au confluent de la rivière Rouge et du Missisipi, s'est ainsi graduellement avancée jusqu'à 630 kilomètres de l'embouchure, en gagnant de 2 à 3 kilomètres par année. En 1833, le gouvernement fédéral fit entreprendre des travaux pour la destruction de l'embarras, qui avait alors 200 kilomètres de longueur; mais, tandis qu'une flottille de bateaux *arracheurs* était occupée à extraire les troncs d'arbres qui formaient l'extrémité inférieure du radeau, l'extrémité supérieure s'accroissait sans cesse par de nouveaux apports. En 1855, après vingt-deux années consacrées à ce travail de Sisyphe, on se demanda s'il ne valait pas mieux abandonner l'œuvre ingrate pour appliquer tous les fonds disponibles à l'amélioration des *bayous* ou canaux de décharge latéraux. Le grand radeau, laissé dans les marais qui formaient l'ancien lit du fleuve, se changera graduellement en une vaste tourbière destinée à devenir elle-même une couche de houille dans les âges géologiques futurs, si l'industrie humaine n'en dispose autrement.

Les cours d'eau des contrées froides, telles que l'Amérique anglaise, la Russie, la Sibérie, portent à la mer beaucoup moins de débris végétaux que les fleuves plus rapprochés de l'équateur; mais, en revanche, ils charrient d'énormes blocs de glace lors du dégel, qui coïncide sou-

1. Lyell, *Second visit to the United States.*

vent avec l'époque de la grande crue. C'est là un admirable spectacle, surtout dans les rivières à cataracte, comme le Niagara, où les rochers de glace qui s'entrechoquent et se brisent au milieu des colonnes d'eau, donnent l'idée d'un cataclysme dans lequel tout s'abîmerait à la fois, lacs et continent. La couche glacée qui s'étendait sur la surface liquide se rompt en grinçant et les fragments brisés sont saisis par le courant qui les heurte violemment les uns contre les autres, détache avec fracas les angles de leur pourtour et les fait tournoyer en longs remous. Aux courbes des promontoires, aux pointes des îles et des bancs de sable, ainsi que dans les parties du fleuve où les barrages de glace tiennent encore, les masses brisées s'accumulent peu à peu, montent les unes sur les autres par suite de la force d'impulsion, heurtent les rivages comme des béliers et souvent frayent ainsi une issue dans la campagne aux eaux débordées. Parfois elles se dressent en forme de digues et refoulent en amont la masse du fleuve. Aussi les digues, les levées et autres remparts hydrauliques, bâtis sur le cours des rivières à débâcles annuelles, doivent-ils être de la plus grande solidité. Tels sont, entre autres constructions, les énormes éperons dont sont armées les piles du pont de Montréal, sur le Saint-Laurent, et les brise-glaces protecteurs élevés dans la Vistule, en amont de chaque pilier du pont de Dirschau. A Saint-Pétersbourg, les quais de granit et les édifices qu'ils défendent seraient tous emportés par la débacle, si de violentes tempêtes de l'ouest accumulaient en même temps les vagues du golfe à l'embouchure de la Neva.

Dans l'Europe tempérée, les débâcles des fleuves n'offrent guère aucun danger; mais les simples inondations sont déjà très-redoutables à cause des villes, des villages et des riches cultures dont les bords sont couverts. Les riverains de la Loire se rappellent encore avec effroi les désastres que les grandes crues exceptionnelles ont causés et qui, dans une seule année, celle de 1856, ont emporté des routes et des ouvrages de défense pour une valeur de 172 millions de francs. Dans la même année, les désastres furent à peine moindres pour la vallée du Rhône, couverte en certains endroits, notamment dans la Camargue, par un autre fleuve des Amazones. Les riverains n'ont pas seulement

LIMITES DE L'INONDATION DU RHÔNE EN 1840

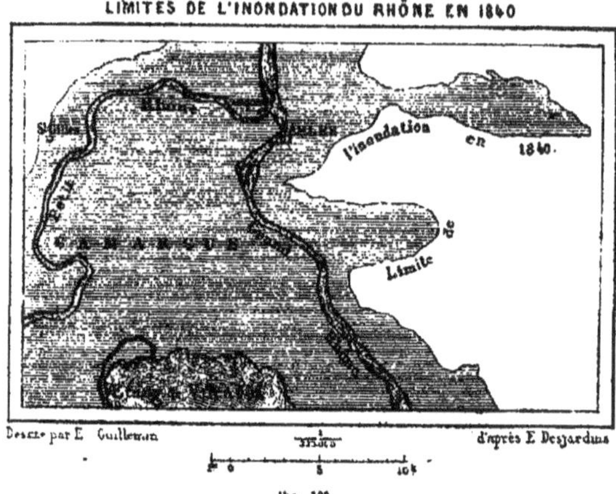

Fig. 189.

à redouter, comme leurs ancêtres, les pluies exceptionnelles causées par les révolutions atmosphériques, ils doivent également s'attendre à une irrégularité d'autant plus grande dans le régime des eaux et à des inondations d'autant plus soudaines que les marécages et les étangs sont plus complétement desséchés et que les pentes des montagnes sont plus déboisées par la hache de l'homme ou dégazonnées par la dent des chèvres; ils ont à craindre aussi les effets immédiats des canaux souterrains de drainage qui déversent rapidement l'eau de pluie dans les rivières; enfin, chaque année, les eaux qui s'écoulent à la superficie du sol se précipitent plus brusquement vers les plaines à cause du nombre de plus en plus considérable des fossés soigneusement entretenus qui bordent les routes et les chemins, et dans lesquels viennent déboucher les rigoles des propriétés particulières[1]. D'un autre côté, une extension de cultures riveraines, sans l'application du drainage, permet à la terre de s'imbiber plus profondément, et diminue par conséquent la hauteur des crues : c'est là ce que prouve l'exemple du lac d'Aragua, dans le Venezuela. Au commencement du siècle, alors que la plus grande partie des campagnes avoisinantes était en culture, le niveau de la nappe liquide était relativement bas, mais il s'éleva peu à peu pendant la guerre de l'indépendance à cause de la dévastation du pays par les armées en lutte et du retour des campagnes à l'état de forêts vierges; depuis, de nouveaux défrichements ont pour la seconde fois abaissé les eaux du lac.

Sous l'action de toutes ces causes qui influent diversement sur l'économie des fleuves, les uns, comme l'Oder, depuis 1778, et l'Elbe, depuis 1828, ont perdu de leur volume, bien que, d'après les registres météorologiques, la pluie tombant dans leurs bassins n'ait certainement pas diminué; d'autres cours d'eau, comme le Rhône et la Loire, paraissent n'avoir rien perdu de l'abondance de leurs eaux, mais en revanche leurs inondations sont beaucoup plus dangereuses qu'autrefois. La Seine, qui, d'après le témoignage de l'empereur Julien, roulait devant Paris, il y a quinze cents ans, à peu près la même quantité d'eau dans toutes les saisons (?), offre actuellement un écart de 10 mètres environ entre le niveau de l'étiage et celui des grandes eaux; mais la série de ses crues est assez uniforme depuis des siècles. Enfin, quelques fleuves, tels que la Garonne, semblent avoir été jadis plus redoutables que de nos jours. La plus forte inondation connue de la Garonne fut celle d'avril 1770. A Castets, lieu où vient s'arrêter le flot

1. Becquerel, *Comptes rendus de l'Académie des sciences*, nov. 1866.

de marée, le niveau de la crue atteignit près de 13 mètres (12m,97) au-dessus de l'étiage; c'est un niveau supérieur de 2 mètres à celui des plus hauts débordements de notre siècle[1].

Quoi qu'il en soit, quelques-unes de ces inondations prennent de telles proportions qu'elles sont de véritables cataclysmes pour les contrées riveraines. L'exemple de trois petites rivières, le Doux, l'Érieux et l'Ardèche, contenues, de leur source à leur embouchure, dans les limites d'un seul département, peut donner une idée du gonflement rapide des eaux de crue. Le 10 septembre 1857, ces trois cours d'eau, qui d'ordinaire coulent paisiblement sur leur fond de rochers ou de cailloux et n'apportent au Rhône qu'une masse liquide d'une vingtaine de mètres cubes, déversaient alors dans le fleuve un volume total de 14,000 mètres, plus que le Gange et l'Euphrate réunis ne portent à la mer. S'épanchant dans leurs vallées respectives à 15 et 18 mètres au-dessus de l'étiage, ces rivières débordées rasaient les maisons, arrachaient les cultures, déracinaient les arbres. Tant de milliers de troncs furent enlevés en un seul jour qu'en aval de l'Érieux et du Doux toute la surface du Rhône ne présentait, d'une rive à l'autre, qu'un vaste train de bois, sur lequel, semblait-il, un homme audacieux eût pu se hasarder pour franchir le fleuve. Et cependant de pareilles inondations peuvent être dépassées, car le 9 octobre 1837 l'Ardèche s'est élevée, au pont de Gournier, à 21m,40 au-dessus de l'étiage, c'est-à-dire à près de 3 mètres de hauteur de plus qu'en 1857[2]. En amont des Portes de Fer, certaines crues du Danube ont fait gonfler le fleuve à plus de 18 mètres au-dessus de l'étiage.

Heureusement que dans le bassin d'un fleuve la coïncidence exacte des crues de plusieurs affluents est un fait

1. Raulin, *Géographie Girondine*.
2. Marchegay, *Annales des Ponts et Chaussées*, 1, 861.

rare, et jamais on n'a vu tous les tributaires se gonfler à la fois. En effet, lorsqu'un vent pluvieux pénètre dans une vallée, il se décharge de son humidité, tantôt sur l'un, tantôt sur l'autre versant du bassin, et les divers cours d'eau qu'il fait grossir débordent successivement après le passage des nuées d'averse. Ainsi, dans la vallée du Rhône, quand les vents de pluie viennent se heurter contre les Cévennes, les pentes des Alpes tournées vers le fleuve sont abritées contre l'orage, et c'est peu à peu seulement que la traînée d'averses remonte des Cévennes vers les montagnes d'Annonay. Si tous les affluents du Rhône devaient grossir à la fois, ce fleuve roulerait une formidable masse liquide de plus de 100,000 mètres cubes d'eau. Ce serait un autre courant des Amazones, et pourtant lorsqu'il apporte à la mer 12 ou 15,000 mètres par seconde, les dégâts qu'il commet sur les rives sont déjà des plus effrayants.

VIII.

Moyens de prévenir les inondations. — Réservoirs naturels et artificiels. Irrigations. — Levées et crevasses.

Il est évident que l'homme ne peut rester ainsi sous le coup de la terreur et qu'il doit trouver les moyens de prévenir les inondations. Depuis des centaines et des milliers d'années, et surtout pendant notre siècle d'activité industrielle, on a projeté et mis à exécution bien des plans de défense contre les débordements des fleuves; mais trop souvent ces travaux sont restés inutiles ou même ont produit des résultats tout contraires à ceux qu'en attendaient les ingénieurs et les riverains. C'est qu'en se mettant à l'œuvre, on n'a pas toujours su tenir compte des lois hydrologiques. Pour que l'homme s'empare des forces de la nature et les fasse travailler à son profit, la première condition est qu'il les comprenne.

Il faut remarquer tout d'abord que la masse des eaux surabondantes formant la crue n'est pas animée de la même vitesse dans toute sa largeur : les molécules liquides sont d'autant plus retardées dans leur marche qu'elles sont plus rapprochées des bords. Ce phénomène, causé par le frottement du fluide contre les berges et le fond du lit, se produit, il est vrai, dans toutes les saisons, aussi bien à l'étiage qu'à l'époque des hautes eaux; mais c'est lorsque le niveau fluvial est le plus élevé que les diverses parties de la masse liquide offrent entre elles les plus grandes différences de vitesse. Le *fil du courant*, cette ligne mathématique de plus grande rapidité qui varie chaque jour et dans chaque rivière suivant l'abondance des eaux et la section du lit et qui dépasse environ d'un cinquième la vitesse moyenne [1], s'élève graduellement au-dessus du fond pendant les crues. En remontant ainsi vers la surface du fleuve, de manière à rester, selon la direction et la force des vents, tantôt à la surface du fleuve, tantôt à quelques décimètres plus bas, le fil du courant s'éloigne des parois solides qui constituent le lit du fleuve, et la partie médiane des eaux dont il est l'axe idéal se meut en conséquence avec plus de facilité; dans les grands fleuves, tels que les Amazones, le Mississipi, le Rhône, elle descend parfois avec une vitesse de 10 et 11 kilomètres à l'heure. Tandis que le courant central se hâte ainsi vers la mer, les eaux latérales, retenues par les aspérités du lit, restent en arrière et longent plus lentement les rives. Grâce à cette différence de rapidité, qui s'accroît en proportion de la hauteur du fleuve, les débordements sont atténués ou même entièrement prévenus. En effet, lorsque de puissantes masses d'eau, descendues des nuages ou des montagnes, s'abattent à la fois dans le

1. 0,1835, d'après M. de Prony.

bassin d'une rivière, ces avalanches liquides produiraient certainement de formidables inondations si elles ne descendaient aussitôt par le fil du courant et ne distribuaient successivement une partie de leur volume sur tous les points qu'elles parcourent. Formant pour ainsi dire un fleuve au milieu du fleuve, cette vague rapide affaiblit la crue en la répartissant sur un vaste développement de rives : dans la rivière de l'Ohio, elle a déjà marché de 8 kilomètres lorsque, à 4 kilomètres du lieu même où sont tombées les averses, les berges sont à peine effleurées par les eaux grossissantes.

Par suite de la vitesse imprimée à la vague de crue, la masse liquide qu'elle entraîne est sensiblement plus élevée que le niveau moyen du fleuve; elle forme une espèce de dôme, du haut duquel l'eau s'épanche en nappes légères

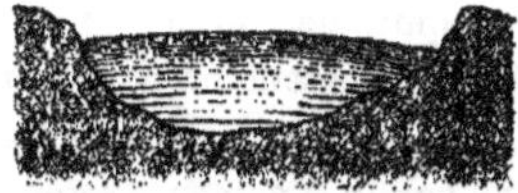

Fig. 124. Période de croissance des fleuves.

vers les deux rives. En revanche, lorsque la vague de crue a disparu, le milieu du fleuve offre une dépression sensible, et l'eau qui s'est graduellement accumulée près des deux bords doit refluer vers le fil du courant pour rétablir peu à peu le niveau fluvial. Sur le Mississipi on a constaté que le

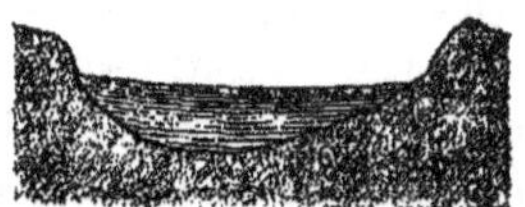

Fig. 125. Période de décroissance des fleuves.

bombement central des eaux de crue est d'un mètre en moyenne. Quand le fleuve baisse, une dénivellation presque aussi forte se produit en sens inverse. Les bûcherons du Maine et du Canada n'ignorent point ce fait hydrologique. Ils savent que les troncs d'arbre lancés dans un fleuve pendant la crue sont rejetés sur les bords, tandis qu'ils descendent régulièrement par le milieu du courant lorsque le niveau fluvial s'abaisse [1].

Toutefois, la dépression qui se creuse au milieu du fleuve pendant la période de décroissance s'efface dès que la masse liquide a cessé de diminuer, puis l'eau recommence à se bomber dans l'axe du courant à cause de la plus grande facilité qu'ont à s'y mouvoir les molécules aqueuses. La surface de ces grands fleuves de la Russie qui se recouvrent de glace durant plusieurs mois de l'année offre un remarquable exemple du bombement de la masse liquide dans la partie centrale du courant. A la fin de l'hiver, lorsque l'eau de neige fondue descend des rivages vers le lit des fleuves, et que néanmoins la couche de glace étendue sur la rivière ne s'est pas encore rompue, on constate uniformément que les eaux superficielles s'amassent en flaques allongées sur les parties du champ de glace les plus rapprochées des bords, tandis que la partie médiane s'arrondit en voûte au-dessus du courant et reste toujours à sec. Sur le Volga, la différence de niveau entre les bords et le milieu de la glace s'élève parfois à plus d'un mètre [2].

Le courant n'est pas le seul régulateur qui atténue la force des crues et rende la hauteur des eaux moins variable. Il est aussi des agents qui travaillent à régulariser le débit du fleuve en recevant le trop-plein des eaux pendant les saisons pluvieuses et en le reversant plus tard dans le courant principal. Ces agents régulateurs sont les réservoirs superficiels ou souterrains qui bordent à droite et à gauche les cours d'eau laissés encore à l'état de nature.

1. Marsh, *Man and Nature*.
2. De Baer, *Bulletin de l'Académie de Saint-Pétersbourg*, t. VII, n° 6.

Ainsi, d'après Humboldt, le haut Marañon déverse dans les cavernes du *pongo* de Manseriche une partie de ses eaux et tout le bois de dérive apporté des vallées supérieures. Par simple filtration à travers le sol spongieux de leurs vallées, plusieurs rivières perdent aussi une quantité d'eau considérable : on dit même qu'en certains endroits l'eau du Nil pénètre latéralement jusqu'à 80 kilomètres du lit fluvial[1]. De même, pendant ses crues, la Seine alimente la nappe d'infiltration qui s'étend au-dessous de Paris, et tous les puits se remplissent alors de l'eau du fleuve[2].

Après les lacs, qui sont les grands régulateurs des eaux courantes[3], ce sont les marécages des bords qui contribuent le plus à en mesurer le débit. Durant les inondations, les lagunes et les terres noyées des deux rives emmagasinent provisoirement une grande quantité des eaux de la crue et ne les rendent en partie qu'après la baisse du fleuve. Les régions marécageuses que traverse le Mississipi dans son cours moyen offrent un exemple remarquable de ce fait. C'est ainsi qu'en 1858 le grand fleuve américain, qui roulait 39,725 mètres cubes d'eau en aval de l'embouchure de l'Ohio, ne débitait plus que 35,050 mètres à Bâton-Rouge, après avoir reçu cependant l'Arkansas, le Yazoo et d'autres rivières moins importantes. Une masse de 4,675 mètres cubes d'eau par seconde, égale à dix-neuf fois la Seine, s'était donc perdue en route[4]. De même le Rhône, dans ses grandes inondations, franchit ses digues latérales vis-à-vis de Culoz, recouvre en entier les vastes marais de la Chautagna et déverse ses eaux surabondantes dans le lac du Bourget. On a calculé que pendant la crue de 1863, ce réservoir avait reçu du Rhône une masse totale de 54,900,000 mètres cubes d'eau, dont les effets

1. Marsh, *Man and Nature*.
2. Delesse, *Carte hydrologique*.
3. Voir, ci-dessous, le chapitre intitulé *les Lacs*.
4. Humphreys and Abbot, *Report on the Mississippi river*.

eussent été désastreux sur les campagnes situées en aval[1].

Là où les marécages des bords ont été asséchés par le travail de l'homme, le niveau des eaux s'élève lors des crues à une hauteur beaucoup plus considérable dans le lit du fleuve, et les campagnes sont inondées. Mais les débordements deviennent de nouveaux régulateurs pour le débit des eaux, et cela par leur irrégularité même; la couche liquide qui recouvre les champs est arrêtée par les inégalités du terrain et les massifs d'arbres; ne pouvant suivre le courant du fleuve dans sa course impétueuse, elle reste en arrière, comme un lac temporaire, jusqu'au moment où le fleuve est assez bas pour qu'elle rentre dans son lit naturel. Aussi les vagues d'inondation décroissent-elles toujours en hauteur à mesure qu'elles avancent vers la mer, et finissent-elles par disparaître complétement. La crue moyenne du Nil va sans cesse en diminuant, d'Assouan, où elle a de 16 à 17 mètres de hauteur, à Rosette et à Damiette, où elle n'atteint guère plus d'un mètre. Une décroissance analogue du flot d'inondation s'observe sur tous les autres fleuves. D'ailleurs, il ne faut pas perdre de vue que cette déperdition graduelle des eaux provient ainsi de plusieurs autres causes, telles que la nature perméable des terrains baignés par le fleuve, l'activité de la végétation riveraine, l'abondance de l'évaporation. Cette dernière cause d'appauvrissement des eaux est probablement la plus importante de toutes dans les pays chauds, comme l'Égypte et la Guinée.

C'est aux hommes à compléter l'œuvre de la nature en imitant dans leurs travaux quelques-uns des moyens qu'elle emploie pour emmagasiner les eaux fluviales, les répartir également sur de vastes surfaces et en assurer le débit régulier. C'est à eux qu'il appartient de voir tomber la gouttelette de pluie, de la suivre dans sa course, de l'arrêter au passage lorsqu'elle servirait à gonfler une crue

1. Gobin, *Commission hydrométrique de Lyon*, 1862.

redoutable, et de l'employer au bénéfice de l'agriculture, de la navigation, de l'industrie. Sur tous les escarpements et les plateaux élevés, ils ont, pour la prévention des crues, le puissant moyen que leur offre le reboisement, car, ainsi que l'ont prouvé les expériences de M. Becquerel, il ne tombe sous bois, pendant les fortes pluies, que les six dixièmes de l'eau qui tombe sur le sol nu[1] ; dans un grand nombre de vallées supérieures, ils peuvent construire des bassins de retenue où s'accumulera la masse liquide en temps de pluie pour se déverser plus tard sur les pentes en d'innombrables filets d'irrigation ; sur les penchants cultivés, comme ceux de la Provence et des Alpes maritimes, ils ont à prolonger et à consolider ces gradins qui s'étagent du haut en bas des montagnes et forment autant d'escaliers dont chaque marche retient les eaux de pluie ; dans les vallées, ils ont à saigner le fleuve pour alimenter des rigoles d'arrosement et des canaux d'usines ; enfin, dans les plaines inférieures, il leur est facile de border les rives de bassins de colmatage où les eaux viendront déposer les troubles qu'elles charrient.

Les rivières sur les bords desquelles s'élèvent de nombreuses manufactures sont disciplinées pour ainsi dire, à cause des canaux de dérivation et des réservoirs où sont retenues les eaux, et surtout à cause des écluses et autres obstacles qui transforment le fleuve ou le ruisseau en un canal régulier à plans étagés. Aussi les inondations sont-elles rares ou même complétement inconnues dans un grand nombre de vallées manufacturières d'Angleterre, d'Écosse et des États-Unis. Toutefois la force gratuite des eaux n'est point encore utilisée d'une manière générale dans les vallées, et même les habitants des contrées les plus industrielles laissent perdre une quantité très-considérable de l'eau disponible. Ainsi, pour choisir un exemple parmi les

1. *Comptes rendus de l'Académie des Sciences*, 5 nov. 1866.

rivières de France qui font mouvoir les roues du plus grand nombre d'usines, le Doubs même dans les districts manufacturiers par excellence, fait à peine, le quart du travail qu'on pourrait lui confier. De Vougeaucourt à Besançon, sur un espace de 70 kilomètres, où la chute totale est de 75m,50, seulement 900,000 chevaux-vapeur, sur une force totale de 3,400,000, étaient utilisés en 1860.

Si les travaux industriels ne peuvent que d'une manière exceptionnelle contribuer à l'amoindrissement et à la suppression graduelle des inondations, les travaux agricoles, qui s'accomplissent dans toutes les vallées habitées par l'homme, devraient exercer pour la régularisation des eaux une influence bien autrement directe et décisive. Le cultivateur ne devrait pas laisser perdre une goutte de cette eau bienfaisante qui, par l'irrigation bien entendue, peut doubler, décupler même les récoltes, et transformer le désert en un jardin. Pour l'emploi intelligent des eaux courantes à la fertilisation du territoire, les agriculteurs modernes ont encore à s'instruire de l'exemple des anciens. Déjà, du temps des Égyptiens, des travaux d'irrigation de dimensions vraiment colossales avaient été accomplis, et peut-être que parmi les grandes entreprises de ce genre dues à l'industrie moderne aucune ne dépasse en hardiesse de plan et en utilité pratique le *meri* (bassin) ou lac Mœris ouvert aux eaux du Nil sous le règne de Pharaon Amenemha III, il y a plus de 4500 années, suivant la chronologie de M. Brugsch.

D'après les détails topographiques laissés par les auteurs anciens sur cette merveille du monde, on savait que l'emplacement du Mœris devait être cherché dans la province actuelle de Fayoum, dont le nom, d'origine copte, signifie *mer*. Or, il existe un lac considérable, le Birket el Keyroun dans la partie la plus basse de la province, et tant que la géographie de cette partie de l'Égypte était seulement à demi connue, il était tout naturel de regarder ce lac comme l'ancien bassin des Pharaons. L'étude des lieux a prouvé qu'il ne peut en être ainsi. En effet, le Birket el Keyroun est situé dans une dépression profonde, à peu près au niveau de la mer, et à 16 mètres au-dessous des eaux

CARTE DU FAYOUM.

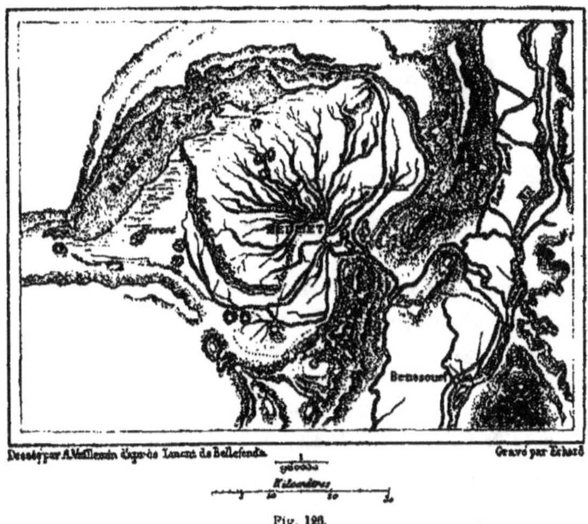

Dessiné par A. Vuillemin d'après Linant de Bellefonds. Gravé par Erhard

Kilomètres

Fig. 126.

moyennes du Nil; il n'est donc point ce réservoir qui tour à tour recevait les eaux surabondantes de la crue pluviale et les reversait par deux larges portes, comme dit Strabon, dans les campagnes riveraines du Nil. D'ailleurs la position de ce lac diffère beaucoup de celle que les anciens géographes assignaient au Mœris. Ainsi que l'a découvert, après une étude approfondie de la contrée, l'ingénieur Linant de Bellefonds, le grand réservoir se trouvait précisément dans la partie la plus élevée du Fayoum, à l'ouest de la gorge rocheuse d'Illaoun, où passe une dérivation naturelle de ce Bahr Yousef qui fut probablement à une époque géologique antérieure le principal courant du Nil. Une longue digue qui, en certains endroits, n'a pas moins de 9 mètres de haut et de 60 mètres de large, s'élève encore

Fig. 127. Profil du Fayoum.

par fragments dans la partie orientale du Fayoum; elle constituait jadis un rempart demi-circulaire qui se développait à l'entrée du grand bassin des campagnes du Fayoum et retenait les eaux apportées par le Bahr Yousef.

M. Linant a calculé que, pendant les cent jours de crue, ce bras du fleuve, qui représente en moyenne la vingt-huitième partie du Nil, déversait dans le bassin une quantité d'eau de 356 mètres cubes par seconde, et que la masse totale de l'eau enfermée dans le gigantesque réservoir, même en tenant compte de l'évaporation, ne pouvait être moindre de 2,820,000,000 de mètres cubes. C'était assez pour diminuer notablement les dangers des inondations élevées du Nil, et pour rendre ensuite l'eau nécessaire à l'irrigation de 180,000 hectares. D'après le témoignage d'Hérodote, l'excédant des eaux s'épanchait à l'ouest vers la Syrte de Libye, c'est-à-dire qu'après avoir traversé le lac appelé aujourd'hui Birket el Keyroun, il emplissait le lit d'un canal maintenant desséché qui portait les eaux du Nil dans les déserts de l'ouest. Actuellement, le Fayoum possède encore un magnifique système d'irrigation comparable aux ramifications des artérioles et des vaisseaux sanguins; mais il y a quarante-cinq siècles, le lac Mœris, dont le niveau changeait incessamment selon les besoins de l'agriculture, était comme le cœur d'où la vie se répandait à flots pour nourrir le grand corps de l'Égypte jusqu'à Memphis. Il ne reste maintenant du Mœris que les digues rompues, quelques débris des deux pyramides élevées dans les eaux à la gloire d'Amenemha, et une épaisse couche d'alluvions déposée sur le sol du bassin par les eaux troubles du Bahr Yousef[1].

En Europe, le Pô est le fleuve que l'on peut le mieux comparer au Nil des anciens par le soin avec lequel sont utilisées ses eaux pour la fertilisation du sol. En 1863 déjà, les agriculteurs lombards lui demandaient pour l'arrosement de leurs cultures 45 millions de mètres d'eau par jour, soit plus de 520 mètres par seconde, c'est-à-dire une masse liquide égale au débit moyen de la Seine[2]. Depuis cette époque, on a encore ouvert le grand canal Cavour, véritable fleuve artificiel qui prend à lui seul 110 mètres cubes d'eau par seconde. Partant de Chivasso, en aval de Turin, cette rivière, qui n'a pas moins de 50 mètres de largeur à l'origine, épanche à droite et à gauche ses eaux fertilisantes dans les plaines déjà si fertiles de la Lomellina, reçoit en passant de nombreuses rivières, l'Elvo, la Sesia, l'Agogna, le Terdoppio, puis à Turbigo verse au Tessin ce qui lui reste de sa masse liquide, après avoir servi, dans son cours de 85 kilomètres, à l'irrigation de plus de 200,000 hectares. Avec le grand canal du Gange, en Hindoustan, c'est le plus grand travail de ce genre accompli dans les temps modernes. Il n'est pas douteux qu'à la fin le Pô, si redoutable jadis à cause de ses crues soudaines ou *furie*, ne devienne, ainsi que les autres cours d'eau de la Lombardie, un ensemble savamment agencé de canaux agricoles.

1. Linant de Bellefonds, *Mémoire sur le lac Mœris*.
2. Elia Lombardini, *Politecnico*, janvier 1863, cité par Marsh.

Ce n'est pas seulement l'eau des torrents et des rivières que doivent employer les agriculteurs pour accroître leurs récoltes et féconder le sol, ce sont aussi les troubles et les débris de toute espèce arrachés par les eaux à leurs rives d'amont. Prenons l'exemple de la Durance, la rivière française sur laquelle on a fait les études les plus sérieuses, et dont les eaux et le limon sont le mieux utilisés pour l'irrigation et le colmatage des campagnes riveraines. Les dix-huit canaux qu'alimente ce torrent peuvent lui emprunter jusqu'à 69 mètres cubes d'eau, en sorte qu'aux heures où toute cette masse liquide est prise à la fois, il reste à l'étiage, dans le lit de la Durance, seulement 23 mètres cubes, ou le quart du débit normal. D'après les observations de M. Hervé-Mangon, qui ont duré du 1er novembre 1859 au 31 octobre 1860, la masse de limon apportée par le torrent représente pour toute l'année une quantité de près de 18 millions de tonnes et de 11 millions de mètres cubes. On peut se faire une idée de l'énorme volume des limons arrachés tous les ans par la Durance aux terrains supérieurs de son bassin en se figurant cette masse sous la forme d'un cube de 220 mètres de côté : déposées uniformément sur le sol, ces alluvions recouvriraient en un an plus de 110,000 hectares d'une couche d'un centimètre d'épaisseur, contenant, dans l'état de combinaison le plus agréable aux racines des plantes, plus d'azote que 100,000 tonnes de guano, et plus de carbone que 49,000 hectares de forêts. Malheureusement, les canaux ne fonctionnant guère qu'en vue de l'arrosement, les neuf dixièmes des limons sont perdus pour le colmatage, et les cultivateurs achètent, au prix de plusieurs millions par an les éléments de fertilisation que leur torrent porte à la Méditerranée, et dont il leur serait si facile de s'emparer.

Chaque fleuve ayant son individualité propre, les travaux de régularisation qu'ont à entreprendre les ingénieurs pour la suppression des débordements et la répartition plus égale des eaux doivent être combinés d'une manière différente, suivant la forme et la capacité des cirques supérieurs, la rapidité du courant, la soudaineté des crues, la perméabilité des terres riveraines, l'étendue des forêts qui revêtent les pentes. L'œuvre de la régularisation des cours d'eau est certainement très-difficile à accomplir; dans certains bassins elle demandera le travail de plusieurs générations; mais il suffit de savoir qu'elle n'est pas impossible, et que d'ailleurs elle a été déjà menée à bonne fin sur plusieurs points du globe. Si la plupart des fleuves de l'Europe et de l'Amérique civilisée ont jusqu'à nos jours échappé à la direction de l'homme et dévastent encore de temps en temps les cultures et les cités qui les bordent, il en est du moins quelques-uns dont les crues sont devenues inoffensives, grâce aux travaux des riverains menacés. Parmi les rivières, jadis des plus dangereuses et de nos jours presque domptées, on peut citer l'Arno, que les habiles ingénieurs toscans surveillent depuis des siècles. Jadis ce fleuve était très-redoutable par ses inondations périodiques; de 1400 à l'année 1761 on ne compta pas moins de trente et un désastres de ce genre. Depuis 1761, époque de grands travaux d'amélioration jusqu'en l'année 1835, il ne se produisit pas un seul débordement grave [1]. Le Pô lui-même, ce fleuve qui est, en temps de crue, suspendu pour ainsi dire au-dessus des campagnes environnantes, est beaucoup moins à craindre qu'autrefois, grâce aux canaux d'irrigation qui le saignent et aux levées latérales qui le bordent dans tout son parcours inférieur, en aval de Crémone [2].

Dans cette rivière, comme dans un grand nombre d'autres fleuves, les eaux surabondantes des fortes crues arrivent trop rapidement et en masses trop puissantes pour qu'il

1. Marsh, *Man and Nature*.
2. Voir, ci-dessous, page 472.

soit possible de les emmagasiner en amont, ou de les déverser latéralement sans ravager les campagnes. Il faut que les riverains se défendent par des ouvrages d'art contre la pression menaçante des flots. Les Égyptiens du delta bâtissaient leurs cités sur des monticules artificiels, supérieurs au niveau des crues annuelles. De même les habitants de certaines parties de la Hollande, voulant faciliter le colmatage des champs, élèvent leurs demeures sur des terrains qui deviennent autant d'îles durant les inondations. Dans les pays récemment colonisés où le premier soin de l'homme est de protéger ses habitations, on se borne d'abord à construire une digue circulaire autour de la ville ou du village. C'est ainsi que procédèrent les colons français, après avoir planté les premiers pilotis de la Nouvelle-Orléans; c'est aussi de la même manière que les Américains défendent contre les inondations Sacramento, la ville californienne, et les entrepôts de Cairo, situés au confluent de l'Ohio et du Mississipi. De même, les villes riveraines de la Loire sont protégées contre les flots débordés par des murs de défense. En outre, lorsque les cours d'eau des rives sont couverts de cultures et que l'inondation leur serait fatale, comme en Louisiane, en Lombardie, en Chine et dans la plupart des pays de la zone tempérée, il faut élever des digues longitudinales sur les bords des rivières dont le niveau dépasse, à l'époque de la crue, celui des campagnes environnantes : emprisonnés entre leurs digues, les fleuves doivent abandonner leur marche errante pour descendre vers la mer par un canal tracé d'avance. Ce travail d'endiguement, qui du reste n'embellit point la nature, est parfois de nécessité absolue; mais si les constructeurs veulent éviter la rupture de leurs levées et les désastres qui sont la conséquence des *crevasses*, ils doivent calculer d'avance quelle est la masse liquide contre laquelle ils auront à lutter pendant les crues exceptionnelles et bâtir leurs remparts en matériaux assez solides pour qu'ils résistent sans peine à la pression latérale des eaux. Ils doivent également défendre ces digues avec soin contre les animaux rongeurs; car plus d'une fois les levées du Pô ont été percées par les taupes,

DIGUES DU RHIN PRÈS DE SELTZ.

Fig. 128.

et celles du Mississipi par les rats musqués. Il faut aussi donner aux levées une douce inflexion et laisser une assez grande largeur au fleuve endigué. Devant Orléans, la Loire, jadis large de 3,500 mètres, a été réduite par ses digues à un lit de 280 mètres; à Jargeau, elle n'a plus que 250 mètres de large, là où elle avait autrefois, pour s'épancher latéralement, un espace de 7,000 mètres; aussi la Loire s'ouvrit-elle, en 1856, soixante-treize brèches à travers ces levées dites insubmersibles[1]: dès que la hauteur de crue s'élève dans le fleuve à plus de 5 mètres, les crevasses deviennent inévitables. Les pertes occasionnées par la rupture de ces remparts trop faibles, à travers lesquels l'eau d'inondation se précipite en déluge, sont tellement considérables qu'on s'est demandé souvent s'il ne vaudrait pas mieux abattre purement et simplement les digues et les remplacer par des plantations d'arbres. Les eaux, s'épanchant sans peine entre les barrières à claire-voie des troncs pressés, se répartiraient d'une manière égale sur les campagnes riveraines, et par conséquent ne s'élèveraient jamais à la formidable hauteur qu'elles atteignent entre les digues; en outre, leurs ravages annuels seraient en grande partie compensés par les alluvions fertiles que déposeraient les eaux chargées de sédiment. On a calculé que si le vaste bassin de la Saône, situé en amont de la gorge de Pierre-Encise, était protégé contre les inondations de la rivière au moyen de digues contenant les eaux dans un lit de 250 mètres de large, comme à Lyon, une masse liquide de 1,427 millions de mètres cubes, qui, pendant les inondations pareilles à celles de 1840, s'étale maintenant sur les campagnes riveraines, s'abîmerait sur la ville dans l'espace de quelques jours. De l'autre côté de Lyon, le Rhône offre d'ailleurs un exemple remarquable de l'influence qu'exercent les dimensions du lit sur la hauteur de la crue. En 1856, tandis que l'eau débordée s'élevait seulement à 2^{m},97 dans la large plaine de Miribel, à 12 kilomètres en amont de Lyon, elle montait à 6^{m},25, c'est-à-dire à une hauteur plus que double, dans le

1. Champion, *Inondations de la France.*

lit étroit contenu entre Lyon et les Brotteaux[1]. Dans la vallée de l'Isère, la hauteur moyenne des crues s'est incontestablement élevée depuis la construction des digues latérales, trop rapprochées l'une de l'autre. C'est là ce qu'ont prouvé les observations si précises de M. Dausse.

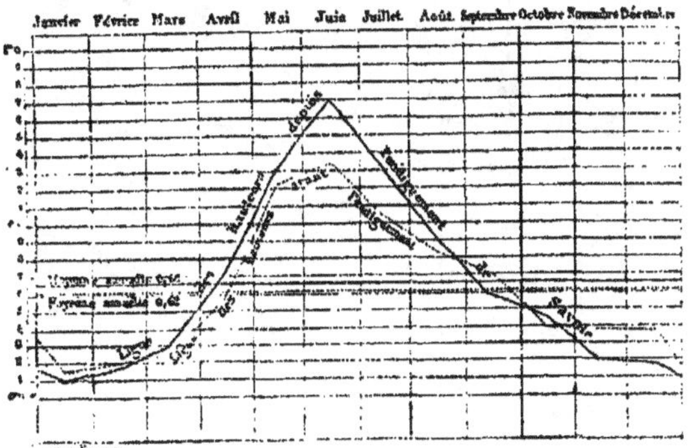

Fig. 199. Hauteurs moyennes de l'Isère.

Les levées du Pô, plus savamment construites que celles de la Loire, ont été commencées, il y a bien des siècles déjà, alors que la longue nuit du moyen âge pesait encore sur le reste de l'Europe. Très-larges en aval de Crémone, où se trouve le point d'origine des levées continues, l'espace où peuvent s'épancher les eaux d'inondation se réduit graduellement vers l'embouchure du fleuve : de 6 kilomètres, il diminue jusqu'à 3, 2 et même 1 kilomètre; enfin chacun des bras du delta ne présente plus que de 300 à 500 mètres de largeur entre ses digues latérales : c'est que la masse d'eau, trouvant à l'amont entre ses digues un espace considérable qu'elle peut recouvrir librement, reste en grande partie emmagasinée dans les campagnes supé-

1. Gobin; L'Éveillé, *Commission hydrométique de Lyon*, 1863.

rieures comme en de vastes réservoirs, et la crue diminue ainsi constamment de l'amont à l'aval. Tandis qu'au-dessous du confluent du Tessin la masse liquide du fleuve et de ses tributaires s'élève parfois à 15,000 mètres cubes, cette

DIGUES DU PO, DE CRÉMONE A LA MER.

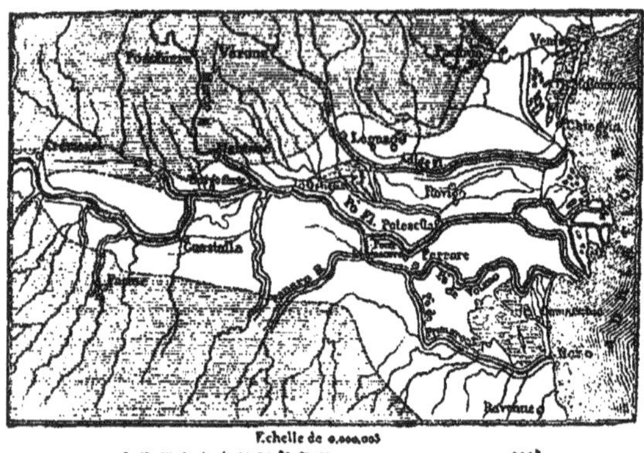

Fig. 130.

énorme quantité d'eau se trouve, lors des plus grandes crues, réduite à 5,150 mètres à Ponte-Lagoscuro, près de Ferrare. Les campagnes comprises entre les digues sont appelées *golenas;* chaque propriétaire peut les cultiver et les endiguer à sa guise, mais à la condition que ses levées resteront toujours de près de 2 mètres plus basses que les maîtresses levées et n'offriront ainsi aucun obstacle sérieux aux fortes inondations. Ces golenas endiguées constituent ainsi autant de réservoirs de colmatage où s'accumulent les alluvions après chaque nouvelle crue : aussi leur niveau est-il beaucoup plus élevé que celui des plaines situées en dehors des digues [1].

1. Elia Lombardini, *dei Cangiamenti del Po.*

Grâce au soin avec lequel ces levées sont entretenues par les syndicats de propriétaires riverains, les crevasses sont très-rares. Depuis 1705, époque à laquelle une brèche

GOLENAS.

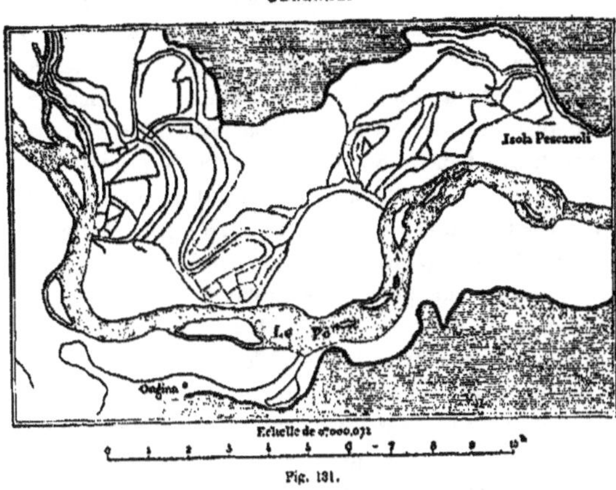

Fig. 131.

de 80 kilomètres se fit en aval de Crémone, la partie reconstruite de cet énorme rempart n'a cédé sur aucun point; si, plus en aval, des inondations exceptionnelles brisent encore en quelques endroits isolés leurs levées latérales, les désastres sont en grande partie prévenus par les canaux de dérivation ouverts à droite et à gauche dans le delta du Pô. Cependant, le système des levées n'est point encore parfait. M. Lombardini croit qu'il serait très-important de laisser dans la partie inférieure du fleuve un espace considérable aux eaux d'inondation, afin que les alluvions puissent se répartir latéralement dans les campagnes au lieu d'aller se projeter en péninsule dans la mer Adriatique et d'exhausser en conséquence le lit du fleuve[1].

1. Voir ci-dessous, page 507.

Les levées du Pô forment avec celles des fleuves hollandais le plus remarquable système de défense qu'on ait imaginé en Europe contre les inondations; mais elles le cèdent en importance aux digues en terre qui bordent le Mississipi sur une grande partie de son cours, et qui font l'admiration du voyageur par leur énorme développement. Sur la rive droite du fleuve, de Cap-Girardeau (Missouri) à la Pointe-à-la-Hache, située en aval de la Nouvelle-Orléans, les levées forment un mur de 1,800 kilomètres de longueur, interrompu seulement par les embouchures des rivières et quelques terres hautes. Sur la rive gauche, le plateau dont le Mississipi vient frapper la base de distance en distance a dispensé les riverains de construire une digue continue; mais on a dû recourir aux levées pour défendre toutes les campagnes qui s'étendent de Memphis à Vicksburg et de Bâton-Rouge à la Nouvelle-Orléans. Les remparts élevés sur la rive orientale ont ensemble plus de 1,000 kilomètres de développement, et quelques-uns ont de très-grandes dimensions; celui qu'on a construit à Yazoo-Gate pour fermer un bayou du Mississipi qui se déversait dans le Yazoo, n'a pas moins de 13 mètres de hauteur, 13 mètres de largeur au sommet et 96 mètres de largeur à la base. A ces grands travaux il faut encore ajouter toutes les levées construites sur les rives des affluents du Mississipi et sur celles des bayous de son delta; il faut également tenir compte de toutes les doubles et triples digues parallèles qui ont été élevées dans les endroits les plus exposés aux érosions du fleuve. Certainement l'ensemble des levées mississipiennes atteint un développement d'au moins 4,000 kilomètres. Il est vrai que ces levées imposantes laissent encore beaucoup à désirer sous le rapport de la solidité.

On ne cite pas une seule grande crue du Mississipi qui n'ait formé une ou plusieurs crevasses en amont de la Nouvelle-Orléans. Alors l'eau descend en cataracte dans les campagnes qui s'étendent au-dessous de son niveau à une profondeur de 3, 4 ou même 5 mètres; elle agrandit rapidement la trouée en rasant les digues sur une largeur d'un ou de plusieurs kilomètres, puis, labourant profondément le sol, se creuse un nouveau lit à travers les plantations. Un seul de ces lits temporaires que le fleuve se fraya en

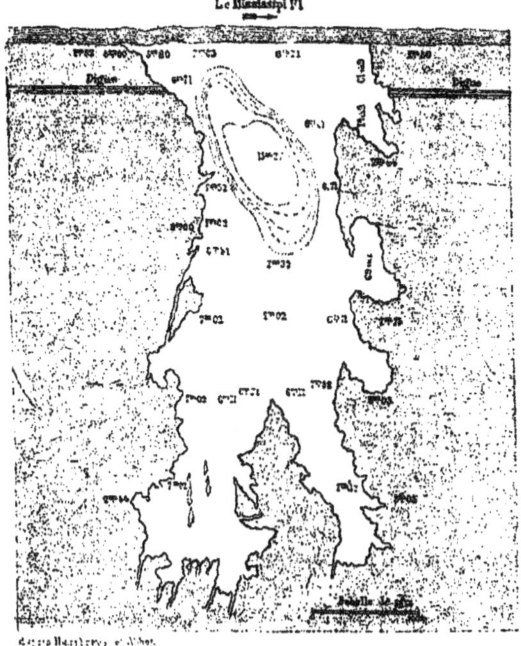

d'après Humphreys et Abbot.

Fig. 182. Crevasse près de la Nouvelle-Orléans.

1850, en 1859 et en 1862 près du hameau de Bonnet-Carré, ne débitait pas moins de 3,000 mètres cubes d'eau par seconde, soit un sixième de la masse liquide moyenne du Mississipi; si l'on n'avait réussi chaque fois à l'obstruer, la nouvelle rivière serait sans doute devenue peu à peu l'un des bras du delta mississipien. C'est ainsi que le Hoang-ho, après avoir percé ses levées, s'est jeté dans la mer, tantôt au nord, tantôt au sud de la péninsule de Chan-toung, laissant entre ses deux bouches successives une distance de 350 kilomètres. Le territoire exposé à ses ravages n'a pas une étendue moindre que l'Angleterre. D'après une tradition, sans doute fort exagérée, que rapporte Ritter, 200,000 personnes de la province de Honan furent noyées pendant une guerre civile, par suite du percement des digues[1].

IX.

Bouches des fleuves. — Estuaires. — Flèches de sable. — Deltas. Réseau de branches fluviales dans les plaines d'alluvions.

En aval de son dernier tributaire, le fleuve ne peut que s'appauvrir, à cause de l'évaporation des eaux et de l'infiltration souterraine. Il est même des rivières, nous l'avons vu, qui, s'affaiblissant peu à peu sans recevoir de nouveaux affluents en compensation de la perte du liquide, finissent par se dessécher en entier. Non-seulement dans les contrées brûlantes où les pluies sont rares, mais aussi dans les grandes plaines de la zone tempérée dont le sol trop horizontal ne se prête pas à l'écoulement des eaux, nombre de rivières descendues des montagnes ne peuvent gagner l'Océan ou les mers intérieures et se perdent dans les sables. Ainsi le Río-Dulce, les fleuves Primo, Segundo, Quinto et plusieurs autres cours d'eau de la république Argentine, se terminent au milieu des pampas par des séries de lagunes qui se gonflent ou s'abaissent, avancent ou reculent dans les solitudes suivant les saisons de l'année et l'abondance des eaux. Tandis qu'en amont ces rivières portent bateaux et recouvrent parfois les campagnes de leurs flots débordés, en aval elles amortissent leur courant, se fractionnent en mares, puis se changent en boue, et plus loin ne parviennent même pas à humecter le sol de la prairie. De même le bras du delta rhénan qui a conservé le nom de Rhin se perdait dans les sables avant 1806, époque à laquelle on creusa à travers les dunes un canal protégé contre la mer par de fortes écluses.

Toutefois, le fleuve ne mérite vraiment ce nom, et ne peut accomplir d'œuvre considérable dans l'histoire, s'il ne porte d'une manière permanente ses eaux à l'Océan. Alors seulement il est accessible aux navires et peut mettre en rapport les unes avec les autres les régions de l'intérieur et celles du littoral. Pareil à l'arbre dont la tige, formée par la réunion de toutes les branches et plongeant ses racines dans le sol fait communiquer l'atmosphère et les espaces souterrains, le tronc principal du fleuve, dans lequel tous les affluents latéraux viennent joindre leur masse liquide, relie la mer aux montagnes et aux plaines du continent; par ses flots toujours en mouvement et ses bouches où l'eau salée se mêle au courant d'eau douce, il rapproche toutes les parties de son bassin et fait vivre la terre comme le sang fait vivre la chair qu'il arrose.

La partie océanique du fleuve est caractérisée par les marées qui, deux fois en vingt-quatre heures, changent la direction du courant et font refluer l'eau vers l'amont. Dans cette fraction de son développement, le régime de la rivière est complétement modifié; ce n'est plus un cours d'eau, et ce n'est pas encore l'Océan; c'est un lit commun où se rencontrent et s'unissent les deux éléments. Aussi le terme d'*embouchure* désignant la brèche du littoral par laquelle le fleuve *débouche* dans la mer, est-il moins erroné qu'il peut le sembler au premier abord [1]. Non-seulement cette brèche est pour les navigateurs l'entrée du continent, elle ouvre

1. Le mot anglais *disembogue* offre un exemple de formation plus vicieuse encore : traduit littéralement, il signifie *dés-emboucher*.

également une issue aux eaux marines et leur permet de remonter au loin dans l'intérieur des terres pour s'y mélanger aux masses liquides apportées par le fleuve. La partie du canal où s'opère la jonction des eaux douces et des eaux salées constitue donc un domaine géographique parfaitement distinct de tout le reste du bassin.

En approchant de la mer, la plupart des cours d'eau, même les plus tortueux, descendent vers le rivage par la ligne la plus courte, de manière à former avec la côte un angle droit. Cette direction s'explique en partie par ce fait que la pente la plus forte du sol est généralement inclinée dans le même sens; mais elle a aussi pour raison d'être le jeu alternatif du flot de marée qui se produit perpendiculairement au littoral, et dont le mouvement de va-et-vient finit par gouverner celui de la rivière.

En outre, un grand nombre de fleuves, arrivés à la partie maritime de leur développement, écartent largement leurs rives de manière à former de véritables golfes, au travers desquels il serait impossible de tracer une limite précise indiquant l'embouchure. Lorsque ces baies ne sont pas d'anciennes indentations de la côte, elles doivent leur existence à l'action combinée du fleuve et de la mer qui rongent graduellement les berges pour en déposer ensuite les débris sur les plages lointaines ; aussi les estuaires fluviaux se trouvent-ils en général sur les parties du littoral qui sont directement exposées à la force des marées et des tempêtes. Très-nombreux sur les bords de toutes les mers ouvertes, où le flot de marée s'élève à une grande hauteur, ils sont relativement beaucoup plus rares dans les mers fermées au niveau presque invariable, telles que la Méditerranée, la Baltique, la mer des Caraïbes. Néanmoins plusieurs bassins intérieurs, entre autres le Pont-Euxin, redoutable par ses vents, offrent sur leurs rives des estuaires fluviaux analogues à ceux du littoral océanique; les plus remarquables sont les *limans* du Dniestr, du Bug, du Dniepr.

Presque tous les fleuves de l'Europe occidentale s'élargissent en estuaires dans la partie inférieure de leur cours; dans le nombre il en est même plusieurs, tels que la Tamise, la Severn, et d'autres rivières de la Grande-Bretagne, qui sont de très-faibles cours d'eau en amont des golfes de leur embouchure, et qui doivent toute leur importance aux flots alternatifs des puissantes marées de l'Atlantique. En France, la Seine, la Loire et les deux fleuves unis de la Garonne et de la Dordogne arrosent des bassins dont l'étendue est mieux proportionnée aux dimensions de leurs estuaires; toutefois, la quantité d'eau douce apportée dans ces avant-baies de l'Océan n'est qu'une très-faible partie de la masse liquide qu'elles contiennent. Dans la Gironde, qui peut être prise comme type d'un estuaire marin, les eaux salées remontent en général jusqu'à Pauillac, à 50 kilomètres de l'entrée, et quand on vogue sur le fleuve, on suit du regard la ligne changeante où les diverses couches liquides, les unes vertes et transparentes, les autres jaunâtres et chargées de boue, se mêlent en longs tourbillons.

A plus de 10 kilomètres de la côte marine, la salure de la Gironde est à peine atténuée par le mélange des eaux douces. Jadis les terrains bas des deux rives étaient découpés en marais salants, et l'anse de Méchers, sur le rivage du nord, est utilisée depuis quelques années pour l'élève des huîtres. Les profondeurs de l'estuaire sont aussi très-fortes. Par le travers de Méchers, la Gironde, qui mesure en cet endroit 12 kilomètres de large, a de 15 à 20 et même 30 mètres de profondeur à marée basse. A l'entrée proprement dite, l'estuaire rétréci n'a plus que 5 kilomètres; mais, au milieu du chenal, la sonde ne touche le fond qu'à 32 mètres. Cet énorme bassin n'a point l'apparence d'un fleuve. Quand on le contemple, non du sommet d'un promontoire, mais simplement du bord de la plage de Saint-George ou de Royan, on ne distingue pas même en son entier le rivage opposé: quelques bouquets de pins, séparés les uns des autres par la ligne blanche des eaux lointaines, semblent former un archipel ; la Gironde a pris l'apparence d'une mer semée d'îles et d'îlots. La couleur et l'apparence de l'eau changent continuellement, comme si plusieurs fleuves, se croisant dans tous les sens, coulaient en un même lit. Les bancs de sable qui blanchissent vaguement sous les ondes vertes, les courants maritimes qui se rencontrent et se mêlent diversement avec le jusant chargé de troubles, les bouffées de vent qui tracent sur l'estuaire un réseau de rides entre-croisées, les longues traînées d'écume qui se déplacent ; enfin les contre-courants sous-marins qui refluent à la surface et s'épandent en nappes unies comme de l'huile, tous ces phénomènes changeants ne cessent de modifier le spectacle grandiose présenté par la baie de Gironde.

Et qu'est ce bel estuaire du littoral de la France, comparé aux magnifiques embouchures des grands fleuves américains, le Saint-Laurent, le courant des Amazones, le rio de la Plata ? Ce dernier estuaire, dans lequel se déversent le gigantesque Parana et l'Uruguay, larges de plus de 10 kilomètres, n'a pas moins de 250 kilomètres à l'entrée, et sa nappe d'eau occupe une surface de plus de 40,000 kilomètres carrés. Dans une période géologique récente, elle s'étendait sur un espace encore bien plus vaste. Alors le Parana n'avait pas comblé de ses alluvions toute la partie supérieure de l'estuaire, et probablement aussi le sol des immenses pampas était recouvert par les eaux marines. De nos jours, le golfe rétréci n'en est pas moins toujours une véritable mer. Le fond qui continue en pente douce la surface de la plaine Argentine, se creuse jusqu'à 20 et 30 mètres au-dessous du niveau de l'Océan. Des courants et des contre-courants rapides semblables à ceux de la haute mer, parcourent le golfe dans tous les sens ; des vents furieux qui soulèvent la masse liquide tout entière y produisent des tempêtes plus redoutables que celles du large, à cause des bancs de sable et des écueils qui bordent les chenaux. Les crues les plus fortes de l'Uruguay et du Parana n'ont aucune influence appréciable sur le niveau du rio de la Plata, et se perdent comme de simples filets dans l'énorme estuaire.

Si les vents et les courants agrandissent ainsi les bouches fluviales dans lesquelles ils poussent directement les flots, ils agissent d'une manière bien différente lorsqu'ils se propagent parallèlement à des rivages sablonneux, ou viennent les frapper sous un angle très-aigu. Alors les vagues de la haute mer, poussées obliquement contre la côte, lui arrachent de grandes quantités de débris, qu'elles vont ensuite porter devant les embouchures. Sous l'énorme pression de l'Océan, le courant du fleuve s'incline et se ploie graduellement dans le même sens que le courant marin, et laisse une pointe de sable se former en travers de son ancien lit. A la longue, une étroite péninsule, d'un côté plage marine, de l'autre berge fluviale, sépare l'eau douce de l'eau salée sur une distance de plusieurs kilomètres, et tantôt se prolonge, tantôt se fractionne suivant les divers changements de l'atmosphère, du courant et de la marée. Ainsi, sur les côtes néo-grenadines qui s'étendent du cap de la Vela au pied des montagnes neigeuses de Santa-Marta, toutes les bouches fluviales sont repoussées vers l'ouest par le courant du littoral qui se porte vers le golfe du Darien ; de simples levées, ornées çà et là des pampres verts et des corolles violettes d'un liseron, protégent les eaux paisibles des rivières contre les assauts des brisants.

Un des exemples les plus remarquables de ces cordons littoraux formés par les courants marins en travers de l'embouchure des fleuves, est celui qu'offre le Sénégal. De l'île de Morfil au pays des Trarzas, sur une distance de plus de 300 kilomètres, le grand cours d'eau suit une direction perpendiculaire à la côte. Il arrive ainsi jusqu'à 25 kilomètres de la mer, mais là il se trouve arrêté par un chaîne de dunes, et doit se percer une issue par une autre région du littoral. Jadis le fleuve, ou du moins l'un de ses bras, continuait sa route directe vers l'Océan, et l'on voit encore à la place de l'ancien lit une étroite coulée marécageuse connue sous le nom de marigot de N'diadier, ou des Marin-

BARRES DU SÉNÉGAL

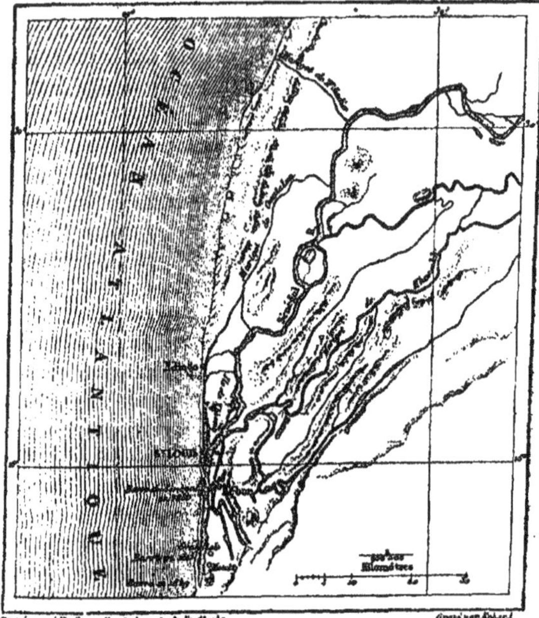

Fig. 133.

gouins. Repoussé dans la direction du sud-ouest, le Sénégal est forcé de se rapprocher obliquement de la mer. En amont de Saint-Louis, il n'est déjà plus séparé de la ligne des brisants que par l'étroite plage du Guet-N'dar, où les noirs ont bâti leur faubourg. Plus bas, cette uniforme levée de sable, dressée par le courant maritime qui vient du nord, se continue sur une longueur considérable, variant chaque année sous la double action des crues fluviales et des vagues marines. Actuellement l'embouchure du Sénégal s'ouvre à 4 kilomètres au sud de Saint-Louis et remonte lentement vers la ville; en 1849, elle était à 15 kilomètres plus au sud; en 1825, elle se trouvait près de Gandiole, un peu plus en amont. Le rempart sablonneux, qui développe du nord au sud sa courbe gracieuse de plus de 40 kilomètres de longueur, est coupé par le courant du fleuve, tantôt sur un point, tantôt sur un autre; mais il finit toujours par se reformer sous l'action des vagues marines. L'embouchure du Sénégal ne cessera d'errer le long de cette digue tant que les travaux de l'homme ne l'auront pas fixée.

De même les diverses rivières qui se jettent dans la mer sur les côtes basses des landes françaises se recourbent toutes vers le sud dès qu'elles sont arrivées à une faible distance du littoral. En effet, un courant produit par la houle se meut parallèlement au rivage des landes, ainsi qu'il est facile de s'en convaincre en voyant les épaves qui vont à la dérive sur les vagues, et les embarcations naufragées, dont l'arrière est uniformément tourné au midi. Ce courant pousse devant lui des masses de sable qu'il mêle aux brisants et rejette sur la plage. Les pointes sablonneuses, sans cesse alimentées par l'apport des flots, s'allongent ainsi dans la direction du sud, et finiraient par atteindre la base des promontoires pyrénéens si les rivières ne s'exhaussaient en amont pour accroître leur pente, et ne pesaient d'un poids de plus en plus fort sur les sables qui leur font obstacle. Naguère, les déversoirs ou *courants* des étangs de Soustons et de Saint-Julien coulaient parallèlement à la mer sur une longueur de plusieurs kilomètres en amont de leur embouchure, et l'on craignait que, par suite de l'allongement de ces rivières et de l'exhaussement de leur niveau, les étangs supérieurs ne recouvrissent les campagnes environnantes.

Afin de parer à ce désastre, les riverains ont entrepris de rectifier le cours des canaux de déversement et d'abaisser ainsi les nappes lacustres. L'entreprise a parfaitement réussi pour l'étang de Soustons; le niveau en a été déprimé de 3m ètres, au grand avantage du village qui s'est enrichi d'une zone de laisses assez fertiles. L'étang de Saint-Julien a été également abaissé de plusieurs mètres par le redressement du courant de Contis; mais ce n'est pas sans peine que les ingénieurs ont pu maîtriser ce cours d'eau et l'empêcher de se déverser dans la direction du sud, parallèlement à la côte; plusieurs fois déjà on a dû prolonger l'estacade qui le force à descendre en ligne droite vers la mer. Quant au grand courant de Mimizan, qui sert de déversoir à plusieurs étangs considérables, on a maintes fois essayé de lui creuser un lit normal à la côte et d'y maintenir ses eaux; le fleuve ne s'est pas laissé vaincre, et, renversant les barrières de pieux et de fascines qu'on lui opposait, il n'a cessé de couler vers le sud-ouest et le sud. Des kilomètres entiers de clayonnages élevés pour diriger les eaux sont aujourd'hui ensevelis sous les dunes.

Durant les siècles du moyen âge, et probablement aussi durant toute l'ère historique précédente, le cours inférieur de l'Adour, actuellement perpendiculaire à la côte, se développait parallèlement à la chaîne des dunes et au littoral sur une longueur de 20 kilomètres environ; le fleuve se jetait dans la mer, non loin de l'endroit où s'élève aujourd'hui le bourg de Cap-Breton. Vers la fin du XIVe siècle, une violente tempête obstrua cette embouchure, et l'Adour, rejeté encore plus au nord, ne trouva d'issue qu'à 36 kilomètres de Bayonne: un village, le Vieux-Boucau (vieille bouche) marque la rive du fleuve disparu. Au premier abord, cette direction prise autrefois par l'Adour semble devoir être expliquée de la même manière que la courbe décrite vers le sud par les embouchures des rivières landaises; mais, s'il en était ainsi, le courant de houle devrait se diriger vers le nord dans cette partie du golfe de Gascogne. Or le mouvement des vagues se propage au contraire du nord au sud, jusqu'à l'embouchure de la Bidassoa, et par suite les pointes sablonneuses tendent à se prolonger

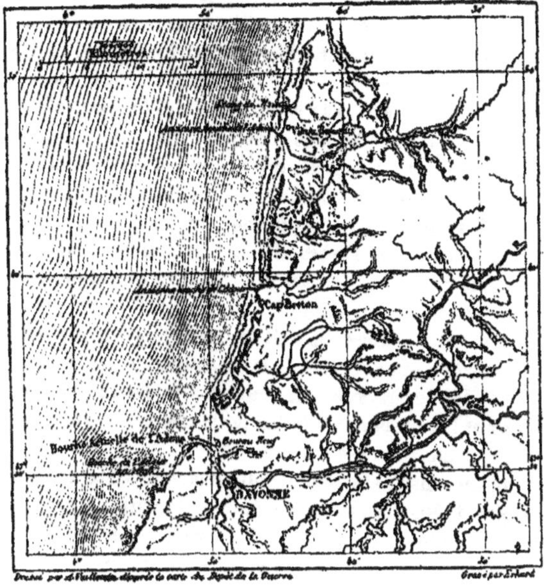

Fig. 134.

dans la direction du midi. Le cordon littoral placé en travers de l'Adour était tourné vers le nord; il faut sans doute en chercher la raison dans l'existence d'une chaîne de dunes solidement appuyée sur les premiers rochers pyrénéens, et présentant au fleuve du côté de l'ouest une barrière infranchissable. En 1578, cette chaîne fut percée à

6 kilomètres en aval de Bayonne, grâce à une tranchée ouverte par l'ingénieur Louis de Foix, et plus encore à un formidable débordement qui menaça d'emporter la ville. Depuis cette époque, la bouche de l'Adour, cédant à la pression du courant côtier, tend incessamment à se recourber vers le sud, et c'est de ce côté que l'on prolonge le plus avant les jetées destinées à contenir le fleuve. A la fin du XVIIe siècle, lorsque ces travaux n'avaient pas encore été commencés, l'embouchure, obliquant graduellement vers le sud, entrait dans la mer au pied des rochers de la Chambre-d'Amour, à 3 kilomètres de Boucau-Neuf. Si le fleuve n'était contenu à droite par les digues de Louis de Foix, il est fort possible qu'il eût de nouveau pris son cours vers le nord, à la base occidentale des dunes [1].

Un des phénomènes les plus admirables de la terre est la formation de ces flèches d'alluvions qui servent à la fois à plusieurs fleuves et, sur des centaines de kilomètres de distance, protégent contre les vagues marines un grand nombre d'embouchures. On voit un magnifique exemple de cette formation sur les côtes de la Virginie et de la Caroline du Nord. Là, les rivières qui coulent à la surface du sol, équilibrant la pression de l'Océan de la même manière que les eaux souterraines du Yucatan [2], se sont construit au large un immense brise-lames. Cette digue de sable, qui n'a pas moins de 300 kilomètres de développement, se reploie autour du continent en courbes gracieusement infléchies et renferme de véritables mers intérieures ayant leurs baies, leurs archipels et leurs courants : c'est là que se jettent le Tar, l'Alligator, la Neuse et d'autres rivières. On peut juger de la différence qu'offrent ces flèches, communes à plusieurs fleuves, en la comparant au cordon littoral parfaitement normal qui borde la rivière Cape-Fear, immédiatement au sud.

1. Vionnois, *Annales des Ponts et Chaussées*, t. XVI.
2. Voir ci-dessus, page 347.

Une troisième disposition des bouches fluviales est celle que les anciens Grecs ont désignée sous le nom de *delta* (Δ), à cause de la forme triangulaire affectée souvent par la plaine d'alluvions comprise entre les bras des cours d'eau. Cette plaine, dont le rivage maritime est projeté en dehors de la ligne normale des côtes, n'est autre chose qu'un ancien estuaire graduellement comblé par les boues et les apports de toute sorte : aussi ne peut-elle guère se déposer que dans les parages où la houle, les courants et les marées ne bouleversent pas incessamment les entrées des rivières : il faut que le cours d'un tributaire y trouve des conditions analogues à celles des lacs tranquilles où les deltas se forment sans le moindre obstacle. Ce sont les mers intérieures, à flux à peine sensible, telles que la Baltique et la Méditerranée, qui laissent les fleuves s'emplir graduellement de limon. Les alluvions qu'apporte le courant fluvial sont, il est vrai, molles et peu solides; elles sont fréquemment remaniées par les eaux à l'époque des crues et ne peuvent empêcher les masses liquides de se bifurquer et même de se diviser en un grand nombre de ramifications; mais la mer qui les assaille, ayant toujours le même niveau, finit par les consolider en les heurtant de ses vagues. Au contraire, lorsqu'un fleuve débouche dans un océan où les marées s'élèvent à une grande hauteur et que parcourent alternativement les courants rapides du flot et du jusant, les alluvions fluviatiles n'ont pas le temps de se déposer : repoussées au loin par le flux dans l'intérieur du fleuve, elles sont ensuite saisies de nouveau par le reflux, puis entraînées en large, au-dessus de mers profondes. Dans ce combat entre le fleuve et l'Océan, c'est à celui-ci que reste l'avantage, à cause de la masse énorme de ses eaux qui, par leur mouvement oscillatoire d'exhaussement et de dépression, creusent et nettoient sans cesse l'estuaire où s'épanche l'eau douce venue de l'intérieur des terres.

Parmi les fleuves qui ne cessent de gagner sur les eaux

par les plages de leur delta, on peut citer en première ligne les grands affluents de la Méditerranée, le Danube, le Nil, le Pô, le Rhône, et ceux de la Caspienne, le Terek, le Kouban, le Volga. D'autres fleuves à delta se jettent au fond de golfes bien abrités par une barrière d'îles et visités seulement par de faibles marées : tels sont le Hoang-ho, le Yan-tse-kiang et autres cours d'eau dont les plages d'alluvions font une saillie de plus en plus marquée dans la mer peu profonde de la Chine et dans le golfe de Pé-tchi-li. Le delta du Mississipi, qui peut servir de type à toutes les autres formations du même genre, s'avance dans un golfe fermé, où la hauteur de la marée normale ne dépasse jamais un mètre. Le seul exemple que l'on puisse citer d'un grand delta fluvial, existant à l'extrémité d'un golfe largement ouvert sur l'Océan, est celui du Gange et du Brahmapoutrah ; mais il ne faut pas oublier qu'à l'entrée de ces fleuves la marée, oscillant entre 30 centimètres et 5 mètres, ne s'élève en moyenne qu'à 3 mètres de hauteur[1] ; en outre, le delta, au lieu de se projeter au loin dans la mer, présente une forme écrasée et développe ses plages basses de l'est à l'ouest sur une largeur d'au moins 300 kilomètres. Nul doute que dans une mer fermée, le delta des deux grands fleuves indous réunis, qui apportent dans leurs eaux troubles une si forte quantité d'alluvions, n'eût formé une péninsule avancée de proportions bien autrement considérables.

Du reste, il serait facile, en un seul et rapide examen de la carte, de se tromper sur la nature réelle des embouchures et de prendre pour un véritable delta projeté dans la mer par la puissance du fleuve lui-même un ensemble de terrain d'apport déposé à l'abri d'îles de formation maritime. Ainsi la Hollande, placée à l'angle du continent d'Europe, semble à première vue un delta collectif de l'Escaut, de la Meuse et du Rhin ; mais le littoral extérieur est une

1. Beardmore, *Manual of Hydrology*.

ancienne côte découpée par les vagues de l'Océan et se compose d'un vaste demi-cercle de dunes, s'étendant des bouches de l'Escaut à celles de l'Ems et du Weser. Loin d'avoir dépassé ce cordon littoral, la plupart des fleuves de la Hollande ont été creusés en estuaires, et les larges étendues liquides du Bies-bosch, du Zuyderzee, du Dollart, sont les témoignages irrécusables de l'invasion des eaux marines. Les terrains d'alluvion de la Hollande n'ont donc point le caractère d'un delta proprement dit.

Les deltas ne se forment pas uniquement dans la partie inférieure des fleuves ; il en existe aussi sur tous les points du tronc fluvial où d'anciens bassins lacustres ont été comblés par les apports d'un ou de plusieurs affluents. Là aussi le cours d'eau principal et ses tributaires se divisent en plusieurs branches rayonnant en forme d'éventail à travers la plaine d'alluvions ; parfois même ils s'entre-croisent de manière à former un véritable réseau. Vers le milieu de son cours, le Mississipi reçoit du côté de l'ouest deux affluents considérables, l'Arkansas et la rivière Blanche. Les deux rivières et le fleuve lui-même sont unis par un lacis d'innombrables *bayous* [1] qui changent, à chaque inondation, de cours et de profondeur, et se jettent alternativement dans l'un ou l'autre des trois courants, suivant la hauteur respective des crues. Quand le Mississipi est très-élevé, il dégorge le surplus de ses eaux dans le système des bayous, et ceux-ci, à leur tour, se vident dans l'Arkansas et dans la rivière Blanche. Pendant la saison des eaux basses, au contraire, alors que l'eau versée par le Mississipi dans les marécages supérieurs a eu le temps de se traîner de lagune en lagune jusque dans la rivière Blanche, celle-ci se charge d'alimenter le réseau de bayous qui l'unit au Mississipi et à l'Arkansas. Lorsque cette dernière s'est enflée plus que de

1. Du mot français *baie*. Les Espagnols de la Plata donnent aux canaux naturels du même genre le nom de *bahia*.

coutume à la suite des grandes pluies dans les prairies de l'ouest, alors la pression de ses eaux refoule celles du Mississipi et, pour un temps, l'Arkansas s'empare du delta commun. Sur les bords du fleuve des Amazones, tous ces phénomènes se reproduisent d'une manière encore beaucoup plus grandiose ; à l'embouchure du Japura surtout, le courant principal forme avec son affluent un réseau inextricable de fausses rivières qui semblent couler indifféremment dans l'un ou l'autre sens, et, sur un espace de plusieurs milliers de kilomètres carrés, promènent le superflu de leurs eaux de marécage en marécage à travers les forêts vierges. Ces systèmes de *furos*, comme on les appelle dans l'Amérique du Sud, ressemblent à ces engorgements où l'abondance du sang crée tout un réseau de fausses artères et de fausses veines.

X.

Passes du Missisipi. — Fleuves « travailleurs. » — Déplacement du lieu de bifurcation. — Exhaussement du lit en amont du delta. — Bouches erratiques.

Au point de vue géographique, il est important de ne pas confondre les deltas apparents avec les vrais deltas des terres alluviales. Ainsi le bassin du Mississipi, dans lequel on peut étudier tant d'autres phénomènes hydrologiques, offre plusieurs exemples d'émissaires qui ne doivent pas être considérés comme des branches du delta. En effet, l'Atchafalaya n'est point une branche du Mississipi, puisqu'il n'est point alimenté par lui ; il est bien plutôt la continuation de la rivière Rouge, qui lui envoie directement une partie de ses eaux par un grand bayou et l'autre partie d'une manière médiate, en empruntant sur une distance d'un kilomètre à peine le lit du Mississipi lui-même. Quant aux bayous Plaquemine et Lafourche, qui reçoivent pendant les crues une faible portion des eaux mississipiennes, ce ne sont pas de véritables lits fluviaux comme les branches du Rhône, du Nil et du Pô, mais de simples canaux qui mettaient en communication les lacs et les marais de l'intérieur et qu'une érosion des bords du fleuve a réunis au Mississipi : c'est même au travail de l'homme, c'est-à-dire aux levées latérales et au desséchement des marécages les plus rapprochés que le bayou Lafourche est redevable d'avoir pris l'aspect d'un fleuve pendant la plus grande partie de son cours et de ne plus se perdre comme autrefois dans un dédale de lacs et de marigots. Quant au bayou Manchac ou Iberville, qui se rendait à la mer par la rivière Amite et le lac Maurepas, et qui est aujourd'hui complétement oblitéré par les atterrissements et les embarras d'arbres, il n'a jamais été qu'une simple coulée sans importance [1]. Ainsi le delta proprement dit ne commence qu'à la Fourche des passes (*head of the passes*), et cette gaîne, dans laquelle roule le Mississipi, entre deux minces levées d'alluvions qui sont d'un côté des berges fluviales, et de l'autre des plages marines, est encore géologiquement l'unique lit du fleuve. Projetée hors du continent comme un bras, elle s'avance de 100 kilomètres dans la mer pour étaler sur les eaux les branches de son delta, semblables aux doigts d'une gigantesque main. Un Hindou pourrait aussi comparer l'épanouissement de ces bouches fluviales à une fleur immense entr'ouvrant sur l'Océan sa corolle dentelée.

C'est un spectacle saisissant que celui de ces étroites chaussées de boue apportées en pleine mer par le courant d'eau douce. En plusieurs endroits, ces plages ont à peine quelques mètres de largeur, et pendant les tempêtes les vagues de la mer vont déferler jusque dans le fleuve par dessus le cordon littoral. Là, le sol devient complétement spongieux ; il n'est plus assez ferme pour que les racines

1. Humphreys and Abbot, *Report on the Mississippi river*, 1861.

des saules puissent s'y implanter, et l'unique végétation est celle des grands roseaux (*miegea macrosperma*), dont les racines fibreuses donnent un peu de cohésion à la vase, et l'empêchent d'être délayée et dissoute à chaque nouvelle

BOUCHES DU MISSISSIPI.

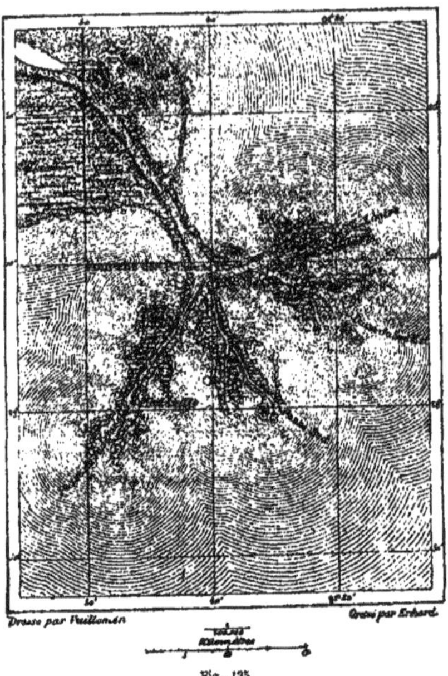

Fig. 135.

marée. Plus loin, les roseaux disparaissent à leur tour, et les rives de boue se forment, s'engloutissent, se reforment, errant pour ainsi dire entre le fleuve et la mer au gré des vents et des flots. Sur la rive gauche de la passe du sud-ouest, qui sert à la grande navigation, on a déposé aussi délicatement que possible les maisons en planches d'un petit village de pilotes. Ces constructions sont si légères et le sol qui les supporte est si mouvant qu'on est obligé de les ancrer comme des navires, de peur qu'un ouragan ne les emporte, et cependant la force du vent les fait quelquefois chasser sur leurs ancres. En aval, les rives du Mississipi se réduisent à un cordon de vase rougeâtre, coupé de distance en distance par de larges coulées transversales; plus loin, ce cordon vient à manquer, et les bords du fleuve sont indiqués par des îlots de plus en plus rares, pareils aux crêtes de dunes sous-marines; bientôt le sommet de ces îlots n'est plus en apparence qu'une légère pellicule jaunâtre flottant à la surface des eaux. Là tout est vase, la terre ressemble à la mer, tant elle est inondée; la mer ressemble à la terre, tant elle est saturée de boue. Enfin, toute trace de la rive disparaît, et l'eau vaseuse peut s'épandre librement sur l'Océan. Après avoir franchi la barre, cette nappe d'eau qui fut le Mississipi conserve encore pendant les crues sa couleur jaunâtre jusqu'à une vingtaine de kilomètres; mais elle perd en profondeur ce qu'elle gagne en surface, et, déposant peu à peu les matières terreuses qu'elle tient en suspension, finit par se mélanger entièrement avec la mer : c'est là que cesse définitivement le fleuve.

En temps calme, l'union des eaux douces et des eaux salées offre un spectacle intéressant, ayant quelque analogie avec celui que présente la rencontre de la marée et du courant fluvial dans les estuaires. Glissant en une couche de plus en plus mince sur la pesante masse liquide de l'Océan, l'eau limoneuse, échappée aux bouches du delta, nage comme de l'huile au-dessus des flots, et les matelots peuvent la recueillir sans peine en écumant la surface. Les navires déchirent en passant cette légère nappe jaunâtre et laissent derrière eux un long sillage formé par l'eau bleue et transparente de la mer. Un contraste de même nature se produit à l'endroit où le courant du golfe fait dévier à l'est la zone des eaux mississipiennes; on dirait qu'une ligne droite et comme tirée au cordeau sépare jusqu'à l'horizon les deux étendues diversement colorées. A la fin, la nappe d'eau douce, trop amincie, se fractionne en petits îlots troubles

PASSE A LOUTRE.

Fig. 136.

environnés d'eau salée : souvent chargés de débris végétaux, ils sont alors bordés de brisants en miniature qui leur donnent un liseré d'écume[1]. La sonde qui va toucher le fond de la mer au large de l'embouchure retrouve la

1. Kohl, *Zeitschrift für allgemeine Erdkunde*, sept. 1862.

boue du Missisipi jusqu'aux bancs de coraux des bords de la Floride. C'est là ce que prouve la différence des profon-

Fig. 137. Profondeurs du golfe du Mexique dans l'axe du courant mississipien ; d'après Bache.

deurs marines dans l'axe du courant mississipien et dans les parages du golfe situés immédiatement au sud.

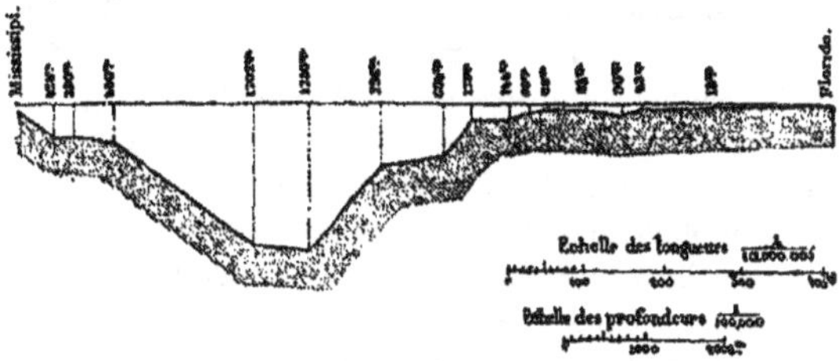

Fig. 138. Profondeurs du golfe du Mexique au sud du courant mississipien ; d'après Bache.

Les atterrissements fluviaux qui se forment constamment sous nos yeux peuvent être comptés parmi les phénomènes géologiques les plus importants de l'histoire du globe. Grâce aux boues que les masses d'eau courantes apportent à leurs embouchures, la ligne des rivages change incessamment, et les continents s'accroissent. Carl Ritter a nommé *fleuves travailleurs* les cours d'eau qui déposent dans leurs deltas de grandes quantités d'alluvions et projettent leurs rives de plus en plus avant au milieu de la mer. Toutes les rivières, il est vrai, font leur part de travail ; mais dans les grands deltas du monde, la terre empiète sur l'Océan comme à vue d'œil. Aux bouches de plusieurs fleuves, un aussi court espace de temps que celui de la vie d'un homme suffit même pour que la baie salée devienne une campagne, et le lit d'algues flottantes une forêt majestueuse.

Les deltas eux-mêmes, vastes plaines qui, suivant la belle expression d'Hérodote, sont les « présents des fleuves », témoignent de l'importance géologique des eaux courantes dans la formation des continents ; mais les recherches faites jusqu'à nos jours ne permettent d'évaluer que pour un petit nombre de rivières la marche progressive des travaux d'atterrissement. En effet, le problème qu'il s'agit de résoudre est des plus complexes. D'abord il serait indispensable de dresser à intervalles égaux des cartes exactes du littoral et des profondeurs sous-marines, puis il faudrait doser rigoureusement la proportion des troubles apportés à chaque saison de l'année par les eaux fluviales et connaître la quantité d'alluvions qui vont se perdre le long des côtes ; enfin il resterait à distinguer, dans les couches mêmes du delta, les débris arrachés aux rivages voisins et les apports fluviatiles proprement dits ; car la formation d'une pointe limoneuse suffit pour que les courants du littoral viennent y porter, comme sur un épi, une plage de sable incessamment grandissante. Un jour, sans aucun doute, des observations précises permettront de suivre sur les fleuves le voyage des alluvions ; on saura combien de temps se passe en moyenne avant que le bloc roulé par le torrent soit broyé en galets, puis réduit successivement en gravier, en sable, en limon impalpable ; on connaîtra le nombre d'étapes que ses débris fournissent de méandre en méandre depuis sa source jusqu'à la mer ; peut-être même qu'à la simple vue des couches alluviales, on saura découvrir l'âge du terrain, de même que l'on constate celui d'un arbre par ses anneaux concentriques. Toutefois, il faut le dire, ce domaine des observations géographiques est à peine inauguré, et d'ailleurs demanderait un énorme personnel de savants qui n'existe pas encore. On en est donc réduit à de grossières évaluations pour la plupart des grands fleuves travailleurs, et notamment pour le puissant Hoang-ho, qui, parmi les cours d'eau de l'ancien monde, est probablement le plus chargé d'alluvions.

Ce fleuve doit son nom de jaune (Hoang) à ses apports limoneux qui troublent au loin la pureté des eaux marines, et sont portés par les courants jusque sur les côtes de la Corée. Le delta qu'il a formé durant les âges de la période actuelle s'étend sur un espace d'au moins 250,000 kilomètres carrés, et constitue l'une des provinces les plus importantes de la Chine. Les alluvions ont réuni au continent le massif montagneux de Chan-tung, naguère isolé au milieu des eaux; de nouvelles îles ont lentement surgi du fond de la mer, et les détritus se déposent en quantités si fortes que, d'après le calcul plus ou moins approximatif fait à la fin du siècle dernier par Staunton, elles suffiraient pour former, dans l'espace de vingt-cinq jours, une île d'un kilomètre carré de surface et d'une profondeur moyenne de 36 mètres. Suivant l'évaluation du même auteur, la mer Jaune tout entière serait destinée à disparaître complétement en 24,000 années; mais ce chiffre doit être au moins doublé, car les eaux de ces parages sont beaucoup plus profondes que ne l'admettait Staunton.

Les auteurs anglais qui se sont occupés de la région basse des Sunder-Bunds, prodigieux amas d'atterrissements apportés par le Gange et le Brahmapoutra, ce terrible « fils de Brahma », ne donnent non plus que des renseignements incertains au sujet de l'allongement des embouchures. D'après Rennell, le Gange seul roulerait dans ses eaux de 4 à 5 mètres cubes de limon par seconde; toutefois la ligne du rivage qui s'étend de la bouche du Hoogly à l'estuaire de Huringota, et qui limite par conséquent la partie gangétique du delta, paraît n'avoir subi que de très-faibles modifications durant les temps historiques. Les péninsules et les îlots de la partie orientale empiètent beaucoup plus rapidement sur la mer, car c'est là que les eaux du Brahmapoutra, charriant en moyenne deux fois plus de vase que celles du Gange, se déversent dans le golfe du Ben-

DELTA DU GANGE

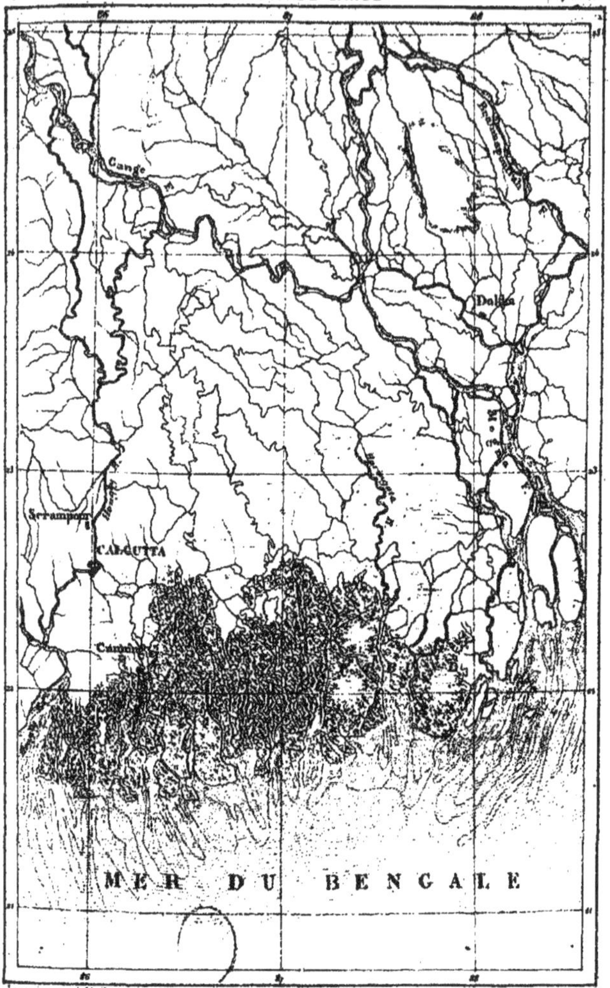

Gange
Dakka
Serampour
CALCUTTA
MER DU BENGALE
86
87
88

Dressé par A. Vuillemin d'après [illegible] — Gravé par Erhard

$\frac{1}{2.750.000}$

Kilomètres.

10 20 30 40 — 80

gale[1]. Une grande quantité des alluvions portées par les deux fleuves se perd dans l'immense profondeur de cette dépression maritime qui se trouve à 50 kilomètres de l'embouchure du Gange et qu'on appelle le gouffre sans fond (*great swatch*).

Le Nil, ce fleuve type dont les hiérophantes égyptiens étudiaient le régime il y a déjà des milliers d'années, et qu s'épanouit en un delta semi-circulaire si gracieusement

DELTA DU NIL

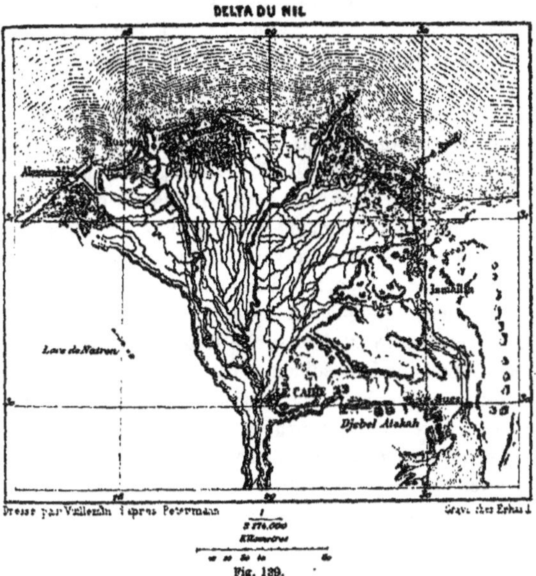

Fig. 139.

formé par ses propres alluvions, est incomparablement mieux connu dans sa partie inférieure que ne l'est aucune rivière de l'Asie. Ce grand cours d'eau, comparable au Missisipi et au fleuve des Amazones pour la longueur développée de son lit, dépasse à peine, par l'importance de sa

1. Ferguson, *Zeitschrift für Erdkunde*, 1864.

masse liquide, des rivières de troisième ordre, telles que le Rhône et le Pô, et leur est de beaucoup inférieur par la quantité de ses alluvions. On a calculé que si tout le limon apporté par les bouches du Nil était uniformément rejeté sur le littoral, celui-ci avancerait d'environ 4 mètres par année. Les pointes basses d'alluvions qui se déposent près des embouchures de Rosette et de Damiette s'accroissent en moyenne, l'une de 14 et l'autre de 16 hectares, ce qui donne seulement 1 mètre de progrès annuel pour le front du delta, dont la convexité mesure 300 kilomètres de développement. Si la marche progressive des vases n'avait pas été plus rapide pendant les âges d'autrefois, il n'aurait pas fallu moins de 74,253 années pour que le Nil pût déposer, grain de sable à grain de sable, la plaine triangulaire du delta, comprenant 22,276 kilomètres carrés de superficie[1].

C'est que le Nil abandonne presque toutes ses alluvions dans les campagnes riveraines ; en outre, l'expansion des eaux sur les deux rives, et la diminution de courant qui en est la conséquence, ont pour résultat nécessaire la chute d'une certaine quantité de troubles sur le fond du lit fluvial. Les savants français de l'expédition d'Égypte ont trouvé, pour l'exhaussement du fond, une moyenne de 126 millimètres par siècle. Cette élévation graduelle du lit correspond sans aucun doute à un changement analogue de niveau sur les deux rives du fleuve. En mesurant la couche d'alluvions dans laquelle est enfouie la statue de Ramsès II à Memphis, M. Horner est arrivé à la conclusion que depuis 3,215 ans, le sol de cette partie de l'Égypte s'exhausse d'environ 9 centimètres tous les siècles. Il est probable que désormais le sol s'élèvera de plus en plus rapidement chaque année, et que par suite, le prolongement du delta diminuera en proportion, à cause des colmatages que ne cessent de faire à droite et à gauche les agriculteurs riverains. Maintenant

1. Elia Lombardini, *Essai sur l'hydrologie du Nil.*

que la grande culture industrielle a pris possession des bords du Nil et que des pompes à vapeur puisent l'eau du fleuve en toute saison, le débit liquide et la masse de sédiments doivent diminuer à l'embouchure, et si l'appauvrissement du fleuve continuait dans la même proportion, on pourrait presque calculer l'époque future où le Nil, épuisé par les canaux d'arrosement, n'apportera plus ni une goutte d'eau ni un grain de sable dans la Méditerranée.

C'est en Europe, on le comprend, et dans la contrée où depuis tant de siècles on s'est occupé le plus sérieusement de toutes les questions relatives à l'hydraulique et à l'irrigation des terres, que se trouve le delta fluvial le mieux connu. Ce delta est celui du Pô. Grâce aux témoignages de l'histoire, aux monuments laissés par les anciens et aux travaux laissés par les ingénieurs du moyen âge, on peut suivre du regard de la pensée les progrès accomplis durant les vingt derniers siècles par les alluvions du fleuve; en certains endroits, notamment sur le pourtour de la lagune de Comacchio, il existe même plusieurs deltas secondaires dont on peut mesurer les empiètements avec une exactitude mathématique, car ces terrains sont pour ainsi dire de création humaine et se sont déposés en entier depuis l'ouverture d'écluses artificielles.

Malgré le peu de longueur de son cours, le Pô est un des fleuves « travailleurs » les plus remarquables du monde entier : l'affaissement graduel des rives de l'Adriatique, affaissement que Donati évalue à 2 mètres au moins depuis la fondation de Venise, n'empêche pas la rivière d'empiéter sans relâche sur le domaine de la mer. Ravenne, qui jadis, comme une autre Venise, était bâtie au milieu des lagunes, et dont l'Adriatique baignait les murailles extérieures, est aujourd'hui située loin du golfe dans une plaine comblée par les alluvions du Pô. On sait aussi que la ville d'Adria, antique *emporium* de la mer Adriatique, et qui lui a même donné son nom, est maintenant à 35 kilomètres de la pointe extrême du rivage. C'est là une preuve qu'en 2,000 années le progrès annuel du delta a été de 17 mètres en moyenne; mais de nos jours, la marche des alluvions est beaucoup plus rapide. Ainsi que l'ont établi les patientes recherches de Lombardini, le fleuve apporte annuellement 42,760,000 mètres cubes

ANCIEN LITTORAL DES BOUCHES DU PÔ

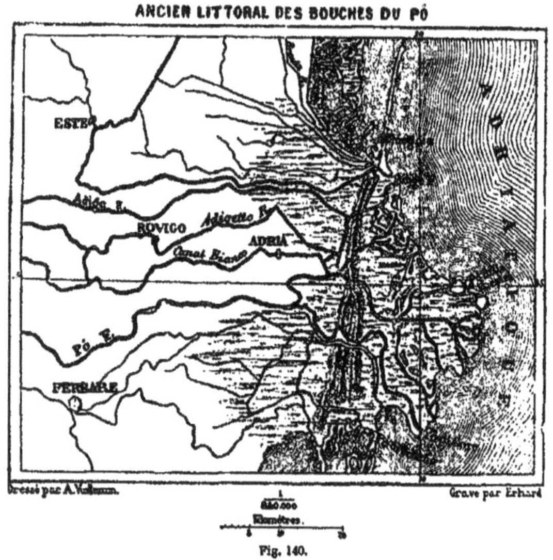

Fig. 140.

de limon[1], soit $1^{m},36$ par seconde, et prolonge le littoral de son delta de 70 mètres : une chaîne de dunes, délaissées dans l'intérieur des terres par les alluvions envahissantes, indique encore la direction de l'ancien littoral. Cet énorme travail accompli par un fleuve de troisième ordre s'explique par les endiguements qui forcent le Pô à transporter toutes ses alluvions à la mer, tandis que le Nil et le Gange se ré-

1. D'après Ch. Hartley, le Danube, qui a cinq fois la masse d'eau du Pô, ne porterait à la mer que 35,500,000 mètres cubes d'alluvions.

pandent lors de chaque inondation sur une grande étendue de terrains dont ils exhaussent le niveau.

Le fleuve de France le plus actif pour la formation de son delta est le Rhône. La péninsule que son courant a déposée en pleine mer fait une saillie beaucoup plus marquée que celle du Nil en dehors de la ligne normale des rivages, et progresse chaque année avec une rapidité presque comparable à celle du Pô. Au IVe siècle, la ville d'Arles était à 26 kilomètres seulement de la mer, tandis qu'elle en est aujourd'hui distante de 48 kilomètres : le progrès des alluvions a donc été de 22 kilomètres pendant cet espace de quatorze siècles, soit d'environ 16 mètres par année[1]. De nos jours le prolongement annuel des rives de la branche principale est de 50 mètres en moyenne; mais cela ne prouve point que les débris apportés par le fleuve à son embouchure se soient augmentés du triple par suite de l'endiguement des terres riveraines, car le Rhône a fréquemment déplacé ses bouches en les ouvrant alternativement d'un côté et d'autre à travers les bancs de limon qu'il dépose lui-même. De cette manière l'accroissement du delta s'accomplit successivement sur plusieurs points : tandis que les alluvions empiètent rapidement d'un côté, elles restent ailleurs presque stationnaires.

Pour le Rhône, comme pour le Pô, on a essayé de doser approximativement par le débit annuel des eaux la quantité de limons que dépose le fleuve. Cette masse serait d'environ 17 millions de mètres cubes chaque année. Il est vrai que par des mesures directes sur l'augmentation du delta et par des sondages opérés sur la barre, M. Reybert a trouvé, pour l'ensemble des terres apportées de 1841 à 1858 un total de 320 millions de mètres cubes, ce qui correspondrait à un accroissement d'à peu près 19 millions de mètres par an; mais cette différence en plus s'explique par l'énorme quan-

1. E. Desjardins, *Aperçu historique sur les embouchures du Rhône.*

tité d'infusoires et de coquillages de mer qui vivent sur tous ces rivages mous nouvellement formés : certains échantillons de limons pris à la bouche du Rhône contiennent, ainsi

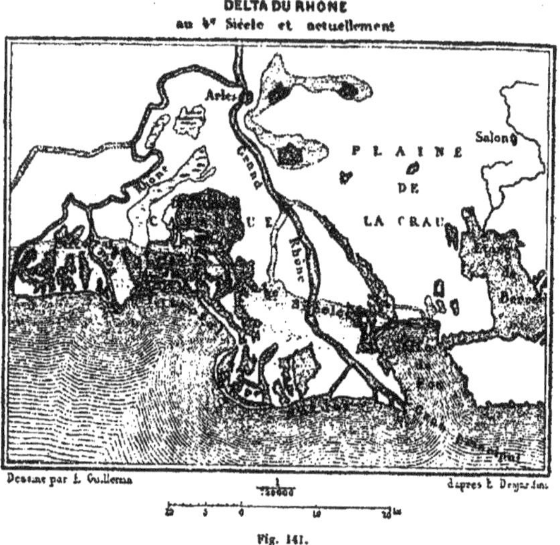

Fig. 141.

que l'a constaté M. Delesse, jusqu'à 30 pour cent de carbonate de chaux, provenant sans doute de débris de coquillages. Il paraît d'ailleurs que les alluvions du Rhône portées dans la mer, puis entraînées par les courants sur les rivages lointains, sont en très-faible quantité. Presque tous les limons sont employés à la construction du delta et forment ces *teys* ou îlots boueux qu'on voit apparaître à droite et à gauche de l'embouchure. Le sol de ces terrains d'apport est d'ordinaire d'une grande fertilité. Le limon du Rhône n'est pas moins fécond que celui du Nil, et des travaux d'assainissement et d'irrigation pourraient faire de la Camargue une autre Égypte. Sous ce rapport la France a beaucoup à apprendre de l'antique pays des Pharaons.

Quant au Mississipi, son delta progresse même plus rapidement que celui du Pô. De toutes les questions relatives à ce grand fleuve du nouveau monde, c'est l'allongement séculaire de ses atterrissements qui a le plus excité la curiosité scientifique. De combien de mètres le Mississipi s'avance-t-il chaque année dans la mer? Quel nombre de kilomètres carrés ajoute-t-il au continent dans l'espace d'un siècle? Pendant combien de milliers d'années a-t-il dû travailler pour former son delta et déposer son énorme fardeau d'alluvions? Plusieurs géologues ont essayé tour à tour de répondre en étayant sur des données parfois hypothétiques les résultats si divers auxquels ils sont arrivés. Ainsi, M. Élie de Beaumont, qui n'avait pas encore à sa disposition tous les éléments nécessaires, évaluait les progrès du delta à 350 mètres par année; M. Thomassy, comparant les anciennes cartes françaises aux levés hydrographiques de la marine américaine, a cru pouvoir fixer à 101 mètres environ la conquête annuelle du Mississipi. MM. Humphreys et Abbot, considérant les cartes de Serigny et de la Tour comme trop inexactes pour servir de base à un calcul sérieux, se contentent de comparer les cartes de Talcott et du *Coast-Survey*, et trouvent pour le prolongement du delta le chiffre de 79 mètres. M. Ellet, l'un des explorateurs les plus consciencieux du fleuve, réduit à 20 mètres l'allongement probable du delta, afin de tenir compte des érosions exercées par la mer. Enfin M. Kohl, dont il est bien difficile de comprendre les hypothèses quand on a les cartes sous les yeux, maintient que le delta du Mississipi reste à peu près stationnaire[1]. Ce seraient là, il faut l'avouer, d'assez fortes divergences pour que le doute en cette occasion, restât « le meilleur oreiller du sage », si les computations de M. Tho-

1. *Zeitschrift für Erdkunde*, sept. 1862.

massy et celles des savants explorateurs Humphreys et Abbot ne primaient incontestablement toutes les autres en valeur scientifique. C'est donc entre 79 et 101 mètres par an que doit être évaluée la progression moyenne du delta pendant les deux derniers siècles.

Cette marche rapide des alluvions est peut-être due en grande partie au déboisement qui a rendu le sol des rivages beaucoup plus meuble[1]. A cette cause d'allongement pour le delta s'ajoute actuellement la construction de hautes levées sur les bords du Mississipi et de ses affluents, car les boues, ne pouvant se déposer latéralement qu'en faibles quantités, sont, en masse beaucoup plus considérable, entraînées vers l'embouchure; toutefois, le delta ne s'allongera point en proportion. A mesure que les pointes alluviales gagneront sur les eaux, la masse de limon, évaluée à 6 mètres par seconde, se déposera dans une partie plus profonde du golfe. A l'extrémité méridionale du delta mississipien, l'épaisseur des couches de sédiment n'est pas moindre de 30 mètres, et les sondages ont démontré que le fleuve atteindra bientôt le bord du profond abîme où passe le Gulf-stream. A 18 kilomètres de la passe du sud-ouest, le fond de la mer se trouve à 270 mètres au-dessous de la surface, et cette profondeur augmente rapidement jusqu'à plus de 1,500 mètres. Incapable de combler ces gouffres, où les eaux rapides du courant emporteraient ses alluvions vers la haute mer, il ne reste plus au Mississipi qu'à remblayer peu à peu ses baies latérales ou à se rejeter vers l'est dans la direction de la Floride. Un jour, le delta de ce fleuve sera borné du côté de la mer par un talus à pente rapide semblable à celui que forment les alluvions du Rhône dans le lac de Genève et celles du Congo dans le golfe de Guinée. A l'embouchure de ce dernier cours d'eau, le plomb de sonde tombe rapidement de 10 mètres à 500 ou 600 mètres.

1. Marcou, *Bulletin de la Société de Géographie*, juill. 1865.

Lorsque les embouchures sont laissées à elles-mêmes, la partie du fleuve où s'opère la bifurcation se déplace graduellement du côté de l'aval à mesure que les bouches se prolongent vers la mer. En effet, le courant, qui vient frapper contre la pointe supérieure du delta, doit ronger sans cesse les deux rives de l'île qu'il a formée lui-même par le dépôt de ses alluvions. On voit un remarquable exemple de ce déplacement de la bifurcation des embouchures à l'origine du delta d'Égypte. Du temps d'Hérodote, c'est à Memphis que le Nil se partageait en deux branches; de nos jours, il se bifurque en aval du Caire, à plus de 30 kilomètres du point où s'opérait le partage, il y a 2,400 ans. Désormais la pointe supérieure du delta restera stationnaire, grâce aux digues de barrage construites à l'origine même des deux branches principales du fleuve.

L'allongement du delta fait nécessairement hausser en proportion et d'une manière constante le lit du fleuve en amont de l'embouchure. La grande rivière tranquille qui se déverse dans la mer obéit aux mêmes lois que le torrent fougueux tributaire d'un lac. A mesure qu'elle projette ses bras plus avant, elle doit se ménager une pente assez considérable pour que le débit de la masse d'eau soit assuré; or, cette pente ne peut se produire que par l'exhaussement

Fig. 142. Exhaussement des lits.

graduel du fond. Il est évident que cette élévation du lit fluvial en amont de l'embouchure s'effectuera d'une manière d'autant plus rapide, que les rives seront mieux protégées contre les inondations par des levées, car les alluvions doivent alors descendre jusqu'à la mer et prolonger les pointes extrêmes du delta.

Toutefois, on a singulièrement exagéré les résultats que produisent les digues latérales sur le régime des fleuves. Souvent les pessimistes ont cité l'exemple du Pô en preuve du rapide exhaussement du niveau fluvial qu'entraîne la construction des levées; « mais cette affirmation si fréquemment répétée ne repose point sur un fait vrai. Cuvier s'est trompé complétement en avançant, d'après une communication de M. de Prony, que la surface des eaux du Pô est maintenant plus haute que les toits des maisons de Ferrare[1] »; c'est là malheureusement une de ces erreurs accréditées qu'il est difficile de faire disparaître à cause des grands noms qui les protégent. Elia Lombardini a constaté, par des mesures rigoureuses, que le niveau moyen du Pô dépasse en de rares endroits le sol des régions adjacentes. En 1830, lors d'une des plus fortes crues du siècle, la surface du Pô était de 3 mètres à peine plus élevée que le niveau du pavé situé devant le palais de Ferrare. Quant à la hauteur moyenne des eaux, elle est toujours, dans le cours entier du fleuve, notablement inférieure à celle des campagnes avoisinantes. En revanche, les rivières du Reno, de l'Adige, de la Brenta, qui débouchent dans le delta du Pô, coulent en certains endroits de leur lit plus haut que les terrains limitrophes; c'est qu'à peine sorties de leurs gorges de montagnes, elles conservent encore leur caractère torrentiel, et comme tous les cours d'eau sauvages, élèvent un remblai de débris en aval des ravins d'érosion[2]. Ce n'est point aux digues qui bordent ces rivières dans la partie inférieure de leur cours, mais bien à l'impétuosité des eaux d'amont qu'il faut donc attribuer la hauteur exceptionnelle de l'Adige, du Reno et de la Brenta. Les calculs de MM. Humphreys et Abbot démontrent que les bouches du Mississipi devraient se projeter de 40 kilomètres plus avant dans la mer, pour que le

1. *Discours sur les révolutions du globe.*
2. Voir ci-dessus, page 411.

fleuve s'élevât de 30 centimètres seulement sous les remparts du fort Saint-Philippe, à 50 kilomètres en amont de la passe du sud-ouest.

D'ailleurs, si les fleuves à grandes crues, tels que le Nil, le Pô, le Mississipi, ont à l'époque des inondations un niveau supérieur à celui des campagnes riveraines, cela tient au bourrelet d'alluvions qui se forme peu à peu sur les bords. Pendant la période de la crue, les eaux qui se déversent par-dessus les berges sont retardées par mille obstacles : troncs d'arbres, touffes de plantes, remblais, palissades, constructions, et laissent en conséquence tomber sur le sol les troubles qu'elles contiennent : avant de s'éloigner des rives pour s'épancher au loin dans les campagnes, elles sont déjà presque clarifiées. Il en résulte une élévation graduelle des berges et des terres adjacentes au-dessus du niveau général de la contrée. En amont de la Nouvelle-Orléans, l'in-

Fig. 143. Coupe du Mississipi à Plaquemine.

clinaison naturelle du sol, des rives du Mississipi aux marécages de l'intérieur, n'est pas moindre de 4 ou 5 mètres, et sur divers points cette pente considérable est encore dépassée. Les rivages des îles éparses dans le cours inférieur des fleuves sont également exhaussés par les inondations au-dessus du sol adjacent. Le bas Parana[1], le Volga[2] et nombre d'autres grands cours d'eau présentent près de leur embouchure des multitudes d'îles dont les bords relevés circulairement environnent des étangs ou des marécages intérieurs.

1. Martin de Moussy, *Confédération Argentine*.
2. De Baer, *Kaspische Studien*.

L'élévation du cours inférieur des fleuves au-dessus de la surface des plaines environnantes explique de la manière la plus simple le déplacement continuel des bouches du delta ; qu'une brèche se forme dans le bourrelet de la rive, aussitôt une partie considérable de l'eau courante s'échappe par cette ouverture et descend vers la mer par un nouveau

ANCIEN COURS DE L'AMOU-DARIA.

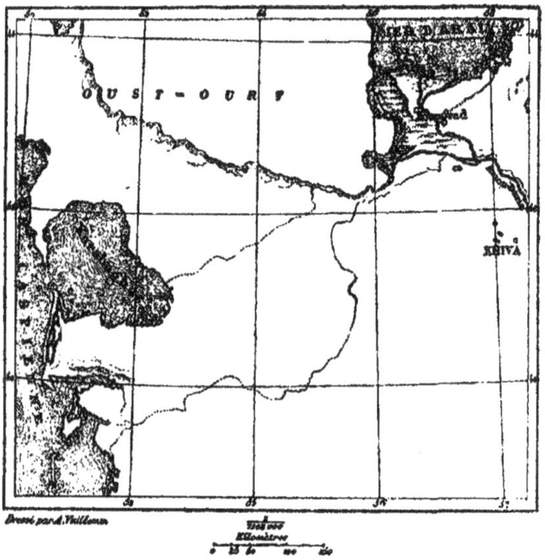

Fig. 144.

lit qu'elle déblaye peu à peu en traversant les terres basses, les marais et les lagunes : ce sont des crevasses naturelles, analogues à celles des levées faites de main d'homme. Ainsi, les fleuves dont l'économie n'a pas été modifiée par le travail de l'homme ont des embouchures changeantes qui se promènent à travers le delta et déposent leurs sédiments dans les lagunes de manière à élever graduellement le terrain, et à le mettre partout au niveau des grandes inondations. Le nombre, la direction et l'importance des bras de chaque delta se modifie, même dans la période historique; des sept fameuses bouches du Nil, cinq n'existent plus de nos jours, si ce n'est en temps de crue, et les deux qui sont encore ouvertes, celles de Rosette (Bolbitine) et de Damiette (Phatnétique) paraissent, d'après le témoignage d'Hérodote, avoir été creusées de main d'homme. Depuis 3,000 ans, les branches du bas Hoang-ho ont subi dans leur cours des modifications de même nature, plus remarquables à cause de l'immense étendue du territoire à travers lequel elles ne cessent d'errer[1]. Plus bizarre encore, l'Amou-Daria de Tartarie, qui se jette aujourd'hui dans le lac d'Aral, était autrefois tributaire d'une autre mer et coulait vers la Caspienne : dans le désert se montrent çà et là les traces de son ancien lit.

Par suite des modifications incessantes que subissent les fleuves dans leur partie inférieure, il arrive souvent que deux cours d'eau, naguère parfaitement distincts et indépendants l'un de l'autre, confondent leurs deltas et leurs bouches principales. On peut citer l'exemple du Chat-el-Arab. De même, l'Adige et le Pô, communiquant déjà l'un avec l'autre par des bras latéraux, tendent à s'unir complétement dans un lit commun, et c'est par de grands travaux seulement qu'on a pu empêcher jusqu'à nos jours la jonction complète de ces rivières. Le Mississipi, déjà si remarquable à tous autres égards, offre, d'après Ellet, le phénomène de trois anciens fleuves unis en un seul. Autrefois, la rivière Ouachita descendait à la mer par l'Atchafalaya, qui maintenant est un déversoir du Mississipi, mais qui était alors un fleuve distinct; de son côté, la rivière Rouge coulait dans la vallée de la Têche, où elle a laissé des traces nombreuses

1. Voir ci-dessus, page 498.

de son passage. Peu à peu les méandres opposés de la rivière Rouge et du Mississipi se sont rapprochés, puis ils se sont confondus, et le Ouachita-Atchafalaya a été pour ainsi dire coupé en deux parties, dont l'une, celle du nord, est devenue l'affluent, et l'autre, celle du sud, l'effluent du Mississipi. On observe des phénomènes analogues dans le delta commun du Gange et du Brahmapoutra. Entre les bras de ces deux fleuves, c'est un véritable combat; ils se heurtent, se repoussent, se coupent en deux, se comblent réciproquement[1].

D'ailleurs, si des rivières distinctes s'unissent, d'autres, autrefois confondues, se séparent et prennent des directions contraires. On peut citer comme un exemple frappant de cette double série de phénomènes hydrologiques les deux fleuves de la Cilicie appelés autrefois le Sarus et le Pyrame, et désignés de nos jours sous les noms de Seihoun et de Djihoun. Ces cours d'eau, dont les alluvions dépassent de plus de 10 kilomètres le profil de l'ancien littoral, se jettent dans la mer tantôt par deux embouchures distinctes, tantôt par une bouche commune. Depuis l'époque de Xénophon, les deux fleuves qui coulaient alors en des lits éloignés l'un de l'autre se sont réunis trois fois, et trois fois il se sont séparés de nouveau. Dans l'espace de vingt-trois siècles, dit M. Langlois, six révolutions complètes se sont succédé dans le régime du Sarus et du Pyrame.

XI.

Barres des fleuves. — Travaux entrepris pour l'approfondissement des embouchures.

Rien de plus mobile que les passes des embouchures. Ainsi, pour ne citer que le Mississipi, il a maintenant cinq

1. Ferguson, *Zeitschrift für Erdkunde*, 1864.

passes, celles du sud-ouest, du sud, du sud-est, du nord-est, et la passe à Loutre, qui est une ramification de la précédente. C'est tantôt l'une, tantôt l'autre de ces ouvertures qui devient la véritable bouche, et le fleuve les reprend et les délaisse tour à tour. En effet, le Mississipi, après avoir considérablement allongé sa maîtresse embouchure par les alluvions qu'il charrie, doit chercher un autre lit plus court et par conséquent plus incliné pour y déverser la masse de ses eaux; quand cette nouvelle bouche est également projetée trop avant dans la mer, le fleuve se rejette à droite ou à gauche pour se frayer une troisième issue. Lors des premières tentatives de colonisation en Louisiane, la passe du sud-est était la principale; mais elle s'obstrua graduellement, et la bouche du nord-est lui succéda en importance. La masse d'eau de cette passe diminue tous les ans; en 1853, elle n'avait plus que 2 mètres et demi d'eau sur la barre, et les petits caboteurs seuls osaient s'y aventurer. Depuis 1843, la passe du sud-ouest est devenue la véritable bouche du fleuve, celle dont presque tous les gros navires tâchent de forcer l'entrée. En 1853, elle avait 5 mètres d'eau; mais il faut maintenir cette profondeur par de constants travaux, car elle tend à diminuer, tandis que celle de la passe à Loutre augmente peu à peu. Quelques hydrographes pensent que cette dernière embouchure finira par devenir le vrai Mississipi; elle a déjà 4 mètres d'eau sur la barre, et, pour éviter un grand détour, presque tous les bateaux à vapeur qui voyagent entre Cuba, Mobile et la Nouvelle-Orléans en tentent le passage.

Quels que soient les changements de leur cours, la plupart des fleuves n'en sont pas moins toujours obstrués à l'entrée par une digue de sable ou de vase à laquelle les marins ont donné le nom de *barre*. Ces bourrelets d'alluvions sont pour la plupart disposés en forme de croissant au large de l'embouchure, et tournant leur convexité vers la haute mer, marquent l'endroit précis où se dresse la première lame des brisants lors d'une mer houleuse. Ils peuvent se déposer de différentes manières, suivant la masse et l'impulsion des eaux fluviales, la quantité des troubles que celles-ci tiennent en suspension, la configuration des côtes, la direction générale des vents et des courants du large. Il est d'ailleurs un bien petit nombre de problèmes d'hydrologie qui aient soulevé de plus vives discussions parmi les ingénieurs et les géographes, et pour lesquels on ait proposé plus de solutions diverses ou contradictoires. C'est que la question est tout à fait complexe et se présente sous une nouvelle face à l'embouchure de chaque rivière. Il est vrai que la rencontre de masses liquides se heurtant l'une contre l'autre est, dans tous les fleuves, la cause première de la formation des barres; mais les matériaux employés et la marche du travail varient singulièrement.

Au premier abord, l'origine des barres paraît très-facile à comprendre, surtout quand il s'agit de fleuves aux eaux chargées de limon. On pense que le courant d'eau douce, arrêté soudainement dans sa marche par les eaux de

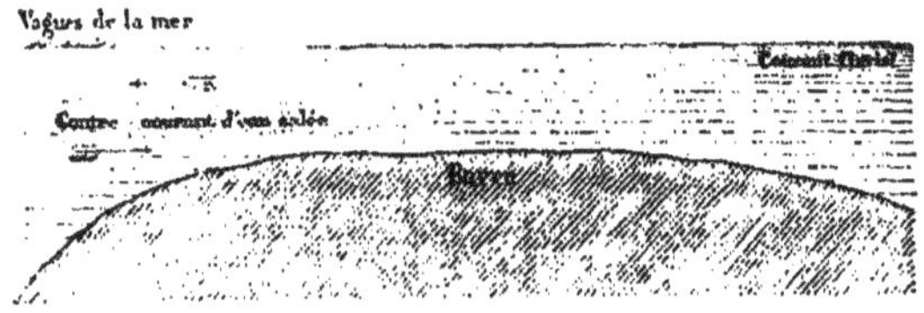

Fig. 145. Coupe longitudinale de la barre du Mississipi.

la mer, laisse tomber aussitôt sur le fond les boues qu'il tenait en suspension, et forme ainsi graduellement l'espèce de seuil qui se redresse entre le lit fluvial et l'Océan. Toutefois les choses ne se passent pas ainsi. La nappe d'eau douce, à peine retardée, continue son mouvement par-dessus les eaux salées qui viennent en sens inverse. Les troubles que le courant du fleuve laisse tomber sont repris par le contre-courant marin et ramenés vers l'amont. En même temps les alluvions plus lourdes qui descendaient vers la mer en glissant sur le fond du lit sont arrêtées dans leur marche, et mêlées au sable et aux innombrables restes organiques poussés par la vague; un bourrelet grandissant de limon se forme devant le flot qui vient à la rencontre du fleuve. C'est ainsi que s'entassent peu à peu les amas de débris qui constituent la barre. Produit par le choc de deux courants opposés, cet obstacle se déplace en même temps que le théâtre de la lutte. En temps de crue, la force d'impulsion de la masse d'eau douce devient assez grande pour enlever la barre tout entière et la transporter plus avant; en revanche, lorsque les eaux du fleuve sont basses, c'est le flot marin qui reprend la prépondérance, et la barre est de nouveau repoussée vers l'amont. La barrière se déplace tantôt dans un sens, tantôt dans l'autre, et cherche sans cesse à se mettre en équilibre entre les deux forces contraires qui la sollicitent.

On peut citer en exemple de ce mode de formation les barres du delta mississipien. Celle qui obstrue l'entrée de la grande passe, et qui est la plus praticable de tout le littoral du golfe, présente en moyenne 5 mètres de profondeur. Les alluvions du lit, sans cesse remuées par les flots et le courant, sont encore presque fluides : on a vu des bâtiments traverser la barre sans autre secours que celui de leurs voiles, bien que leur coque restât engagée de plus de 2 mètres dans la boue sur un espace de 1 kilomètre. Malgré le peu de consistance de la vase, les embarcations peuvent courir néanmoins de grands dangers en franchissant la barre. Celles qui ne sont point assujetties à un remorqueur sont parfois prises en travers par le vent, la marée ou le courant, et poussées irrévocablement vers la côte. Souvent il est impossible de les renflouer; le mouvement de la quille soulève et livre au courant les particules les plus ténues de la vase, tandis que le gros sable reste et finit par se cimenter autour de la carène.

Il est des barres qui sont presque entièrement l'œuvre de la mer : ce sont les digues de sable ou de gravier que les vagues dressent à l'entrée des fleuves et qui continuent ainsi d'une rive à l'autre la ligne du cordon littoral. De semblables barrières se forment devant les cours d'eau qui débouchent dans les mers, souvent bouleversées par de violentes tempêtes ou soulevées chaque jour par de fortes marées. Le flot venu du large remonte au loin dans l'embouchure et force les alluvions fluviales qui glissent sur le fond à se déposer en bancs de sable ou de vase à une grande distance en amont de la barre proprement dite. Quant aux molécules terreuses tenues en suspension dans le courant du fleuve, elles ne peuvent se précipiter à cause de l'agitation continuelle que les brisants et la houle entretiennent à l'entrée : elles restent mêlées aux masses d'eau tournoyantes, et sont repoussées en amont par le flot, ou bien entraînées au large par le jusant. Même les sables fins que les vagues de la mer jettent sur la barre ne peuvent y rester définitivement ; ils sont de nouveau soulevés par l'eau qui les apporta, et s'arrêtent seulement aux endroits où le mouvement des ondes commence à se calmer. Les sables lourds, les graviers, les galets que les vagues poussent devant elles sans les entraîner en tourbillons, sont les seuls matériaux qui servent à constituer la barre. Comme les digues de vase des fleuves à deltas, ce cordon de débris ne cesse de se déplacer, tantôt vers l'amont, tantôt vers l'aval, afin de trouver la ligne exacte où s'opère l'équilibre entre le flot et le jusant. Lors des crues du fleuve, la force des eaux descendantes reporte la barre plus au large ; lors de l'étiage, au contraire, la marée a de nouveau l'ascendant et repousse les sables plus avant dans l'embouchure.

En France, c'est à la redoutable barre de l'Adour qu'on

a peut-être le mieux étudié ces divers phénomènes : grâce aux cartes sous-marines de l'embouchure, que les ingénieurs font dresser deux fois par mois, on suit du regard, pour ainsi dire, toutes les oscillations du bourrelet de débris, et l'on se rend facilement compte de la cause des déplacements. Là, du reste, il est de toute évidence que les matériaux de la barre sont apportés par les vagues. Tandis que les sondages opérés dans le lit de l'Adour, jusqu'à 25 kilomètres en amont de Bayonne, donnent uniformément un fond de vase ou de sable fin, on constate que le bourrelet de l'embouchure se compose de gros sable et de gravier provenant sans aucun doute des falaises de la côte d'Espagne[1].

Les barres des fleuves, qui de tout temps furent un obstacle et un danger, sont actuellement beaucoup plus gênantes pour la grande navigation qu'elles ne l'ont jamais été. Il est vrai que, grâce aux remorqueurs, les navires d'un faible tirant d'eau peuvent suivre directement le chenal et franchir dans l'espace de quelques minutes le pas difficile; mais aujourd'hui le commerce ne se contente plus des faibles embarcations d'autrefois; il lui faut des bâtiments portant dans leurs flancs de grandes quantités de marchandises, et déplaçant un volume d'eau considérable. Tel port de rivière, jadis le rendez-vous des navires, est de plus en plus délaissé à cause de la barre qui le sépare de l'Océan; il n'est plus fréquenté que par les bateaux de cabotage, et la vie commerciale l'abandonne peu à peu. Aussi le creusement des embouchures fluviales est-il la question capitale pour certaines villes maritimes : qu'on parvienne à supprimer la barre, et ces villes augmenteront tout à coup en richesse, en population, en puissance; que le bourrelet de sable reste fixé en travers de l'embouchure, et la cité marche vers une ruine certaine. Chaque ingénieur recommande son

1. Vionnois, *Annales des Ponts et Chaussées*, 3e série, t. XVI.

plan comme de nature à écarter le danger; chacun promet de corriger ces bouches de fleuves que Vauban qualifiait « d'incorrigibles ; » mais trop souvent on procède à l'entreprise sans avoir pu se rendre compte des causes multiples qui déterminent la formation et les oscillations de la barre. Parmi les immenses travaux exécutés à l'entrée des rivières, plusieurs sont devenus inutiles ou même absolument funestes à la navigation; des millions et des millions ont été jetés en pure perte dans l'Océan.

Le moyen le plus simple et celui auquel on a toujours eu recours en premier lieu, afin d'abaisser le niveau des barres, est le dragage; mais ce moyen est évidemment tout provisoire, et, dans l'état actuel de la science, ne peut être considéré comme sérieux. Déplacer l'obstacle n'est pas le supprimer; d'ailleurs les flottilles de bateaux que l'on pourrait employer sur les barres pour enlever les alluvions seraient toujours insuffisantes. Quand même elles seraient constamment à l'œuvre, il n'y aurait encore rien de fait, car l'intarissable Océan deviendrait à son tour la principale source des alluvions, et c'est lui qui se chargerait d'élever la barre : l'obstacle serait tout simplement déplacé.

Au lieu d'enlever les boues, on a souvent appliqué le moyen plus simple de les livrer au courant en maintenant l'eau dans une constante agitation. Depuis longtemps on a reconnu en effet qu'après le passage de plusieurs navires, les barres composées de vases et de sables fins deviennent momentanément plus profondes; les molécules soulevées autour de la quille ont été entraînées dans le courant. Il est facile de reproduire ce phénomène par des moyens artificiels. Il y a plus d'un siècle, la compagnie française des Indes appliqua ce moyen sur la passe principale du Mississipi en faisant traîner de grandes herses de fer sur le fond mouvant du fleuve. Récemment encore, en 1852, on revenait au même système et le gouvernement fédéral entretenait sur la barre un certain nombre de bateaux à vapeur qui remuaient sans relâche la vase du fond au moyen de dragues ou de herses, et prévenaient ainsi la précipitation des boues. D'après une tradition populaire que cite M. Engelhardt, un pacha turc avait eu la même idée que les ingénieurs américains; il obligeait chaque bâtiment qui sortait du Danube à traîner à l'arrière, en franchissant la barre, une herse attachée à une lourde chaîne. Dans les deux cas l'agitation des vases semble avoir produit le plus favorable résultat. Le pacha réussissait à maintenir un chenal d'environ 4 mètres sur la barre de Soulina, dont la profondeur était autrefois inférieure de moitié; de leur côté, les ingénieurs américains ont obtenu par le même procédé une profondeur constante de près de 6 mètres d'eau dans la passe du sud-ouest. C'est ainsi que, pour forcer les torrents à creuser leurs lits, les habitants des Alpes piémontaises labouraient les champs de galets apportés par les crues [1].

Malheureusement, ce moyen si simple d'améliorer l'état des barres ne produit aucun effet durable et le travail est toujours à recommencer, car le bourrelet se reforme immédiatement dès que la drague laisse un instant de répit aux troubles en suspension. D'ailleurs, lorsque les eaux du fleuve sont basses, il faut nécessairement interrompre les travaux pour éviter que la mer ne reporte les troubles en amont et ne contribue ainsi à l'envasement du lit. On doit remarquer en outre que de pareilles opérations sont possibles seulement dans les fleuves dont les barres, composées de molécules ténues n'ont pas à subir toute la violence de la houle et des vents. A l'embouchure de l'Adour, par exemple, de quelles formidables herses faudrait-il se servir pour délayer les couches de gravier qu'apportent les tempêtes ?

C'est donc au système des jetées que les ingénieurs ont

1. Chabrol, *Statistique du département de Montenotte.*

généralement recours afin d'améliorer l'embouchure des rivières. Ce système, analogue à celui des endiguements, qu'on a employé avec des succès divers sur le cours moyen des fleuves, n'a pas toujours donné des résultats favorables, et nombre d'expériences qui semblaient offrir de grandes chances de réussite ont complétement avorté. Parmi les tentatives de ce genre qui ont été le plus coûteuses et le plus inutiles, on peut citer celles que l'on a faites dans le delta du grand Rhône. On espérait qu'en resserrant la masse d'eau dans un canal plus étroit et en la déversant dans la mer par une seule embouchure, on produirait une chasse assez violente pour nettoyer les passes jusqu'à une grande profondeur et permettre ainsi l'accès du fleuve aux navires d'un fort tirant d'eau. En 1852, l'ingénieur Surell ferma les divers *graus*[1] par lesquels l'eau du Rhône s'épanchait latéralement, et prolongea les deux rivages de la bouche principale au moyen de digues convergeant l'une contre l'autre et doublant ainsi la force du courant. Les eaux du fleuve accomplirent en effet l'œuvre d'érosion et déblayèrent les passes; mais de nouvelles alluvions étant sans cesse apportées par les flots du Rhône et par les vagues de la mer, une nouvelle barre se forma au large de l'embouchure. Avant que les travaux d'endiguement fussent commencés, la profondeur moyenne de la passe était de $1^m,80$; de nos jours, elle est la même après avoir varié de 4 mètres à 2 mètres et à $1^m,15$, suivant la masse des eaux apportées par le courant fluvial[2].

Une entreprise analogue, tentée en 1857 à la passe mississipienne du sud-ouest, n'a pas eu de meilleur résultat, une jetée curviligne de 1,732 mètres de longueur ayant été emportée pendant une tempête. Toutefois les commis-

1. Du latin *gradus*, degré, passage. On appelle ainsi, dans le midi de la France, les ouvertures des fleuves, les passes qui font communiquer les étangs avec la mer et les défilés des montagnes.

2. Minard, *des Embouchures des rivières navigables*.

saires nommés par le gouvernement fédéral pour étudier le régime du delta mississipien, recommandent de nouveau la construction de jetées convergentes, comme étant de nature à nettoyer les passes. Il est vrai qu'en prévision de l'accroissement constant des alluvions fluviales dans le canal rétréci de l'embouchure ils conseillent en outre comme indispensable de prolonger les jetées d'environ 225 mètres par an, sauf à délaisser une entrée pour en choisir une nouvelle quand les digues de la première seraient démesurément longues[1]. Ce seraient là d'énormes travaux, mais s'ils devaient avoir pour résultat, comme on l'espère, de maintenir une profondeur de plus de 6 mètres dans les passes, il serait facile de prélever chaque année sur l'immense commerce du bas Mississipi des sommes suffisantes pour acquitter largement les frais de construction.

L'Adour, qui n'apporte point à son embouchure, comme le Rhône et le Mississipi, de grandes quantités d'alluvions, est un des fleuves peu nombreux où les ingénieurs ont obtenu, du moins pour un temps, des résultats favorables. D'ailleurs, il faut le dire, les travaux entrepris pour l'amélioration de la barre ont duré pendant une assez longue série d'années, car c'est en 1694 que l'ingénieur Ferry fit construire à la pointe méridionale une jetée qui devait fixer et approfondir la passe, et depuis cette époque, on n'a guère cessé de travailler à cet interminable labeur. Les digues latérales ont été continuées vers la mer, soit par des enrochements, soit par des pilotis, et suivant diverses directions adoptées en désespoir de cause après chaque insuccès. Enfin, de 1855 à 1860, les jetées des deux pointes ont été légèrement recourbées vers le nord et continuées à une égale distance en mer jusqu'à 500 mètres du rivage. La jetée du nord, reposant sur une base d'enrochements cachée par les eaux, est à claire-voie dans toute sa longueur et

1. Humphreys and Abbot, *Report on the Mississippi river*.

laisse le courant s'épancher entre les pilotis ; la jetée méridionale, qui doit empêcher l'embouchure d'obliquer au sud, est pleine sur une longueur de 200 mètres et maintient la barre dans une direction normale à la côte. Depuis que ces travaux sont terminés, le régime de l'embouchure a subi bien des changements ; en février 1862, alors que le niveau du fleuve était fort bas, on a même vu un banc de sable se former exactement en travers de l'embouchure et forcer les eaux de l'Adour à s'échapper latéralement par la claire-voie des digues. Toutefois l'état général de la passe témoigne d'une amélioration notable. Le chenal prend une direction fixe vers l'ouest, et ne s'épanouit plus au sud ; la barre a été repoussée au large, mais elle offre une profondeur moyenne plus considérable ; tandis que, avant les travaux, elle était recouverte à basse mer d'une tranche d'eau de $1^m,60$ à $1^m,80$, elle s'est creusée maintenant jusqu'à $3^m,20$. C'est là un immense résultat qui, d'après les calculs d'un auteur assez sceptique en matière de ce genre[1], représente, pour le commerce de Bayonne, un bénéfice net de près d'un million par année. Plus tard, si le bourrelet de gravier se redresse à la même hauteur qu'autrefois, il faudra nécessairement prolonger de nouveau les jetées de l'Adour jusqu'à une distance de plusieurs centaines de mètres dans le golfe, et peut-être, grâce à l'expérience acquise, les travaux des ingénieurs produiront-ils encore une grande amélioration temporaire. D'après M. Bouquet de la Grye, dont l'opinion a une grande valeur, il serait très-utile d'incliner les estacades dans la direction du sud-ouest afin que les lames du large ne viennent pas heurter de front le courant du fleuve et du jusant. Du reste, les chances en faveur d'une correction définitive de la barre doivent augmenter en proportion du prolongement des jetées. Lorsque ces promontoires artificiels, semblables

1. Minard, *des Embouchures des rivières navigables.*

à des caps de falaises, sont entourés d'une mer profonde, les débris que les courants et les lames de fond déposent à

BOUCHES DU DANUBE.
Bras de Kilia et de Soulina.

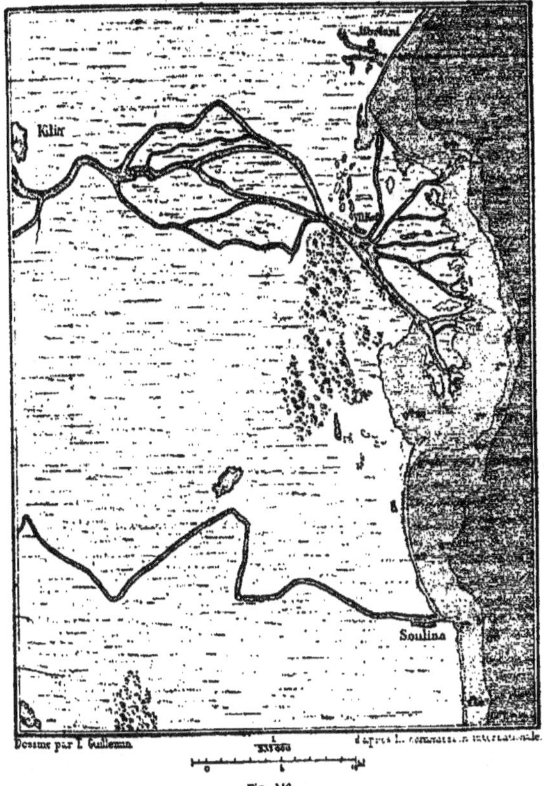

Fig. 146.

leur base ne sont plus sans cesse agités par les brisants et redressés en forme de barre; ils s'accumulent avec lenteur et ne peuvent modifier le relief sous-marin qu'après une longue série d'années ou de siècles[1].

Les travaux entrepris à la Soulina, l'une des bouches du Danube, semblent avoir très-bien réussi, mais par une raison toute particulière. M. Charles Hartley, l'habile constructeur des jetées de la Soulina, a eu le soin de les pousser à plus de 100 mètres en mer, jusqu'à l'endroit où passe d'ordinaire un courant littoral portant du nord au sud; ce courant s'empare de toutes les alluvions qui glissent sur le fond du lit

JETÉES DE LA SOULINA

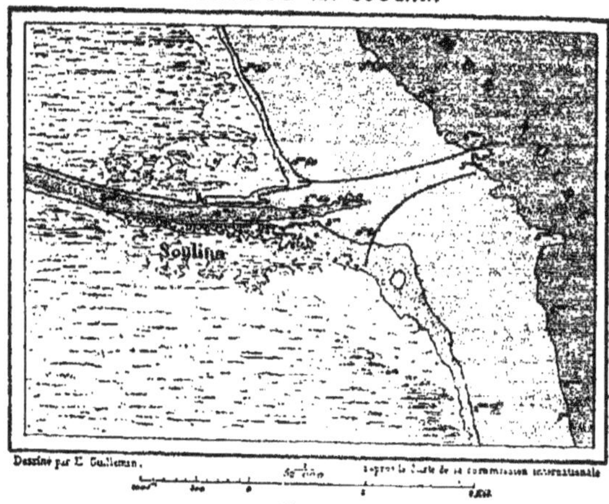

Fig. 147.

fluvial et retarde ainsi la formation d'une nouvelle barre[2]. La profondeur moyenne de la passe, qui était, avant les travaux, de $2^m,75$ seulement, n'est pas moindre de 5 mètres depuis que les digues ont été construites. Il est vrai que les empiétements graduels du delta danubien tout entier auront

1. Mongel-Bey, *Percement de l'isthme de Suez.*
2. *Zeitschrift für allgemeine Erdkunde.*

pour résultat de repousser le courant lui-même, et tôt ou tard un deuxième bourrelet de sable obstruera la bouche de la Soulina : d'après un calcul approximatif, et reposant d'ailleurs sur bien des hypothèses, ce serait vers l'année 1916 que les travaux achevés en 1860 seront devenus complétement inutiles[1].

D'autres embouchures de fleuves, notamment celles de l'Oder en Prusse, de la Meuse en Hollande, ayant été améliorées d'une manière permanente par les travaux des ingénieurs, il n'est donc plus permis désormais de répéter les paroles de Vauban et de qualifier d'incorrigibles les barres des rivières navigables. Les résultats obtenus sur la Clyde, en Écosse, peuvent surtout être comptés parmi les plus grands triomphes de l'art des ingénieurs. Jadis l'eau de la rivière était si peu profonde que les navires d'un fort tirant d'eau devaient s'arrêter à 25 kilomètres en aval de Glasgow, et que les marchandises devaient être transbordées sur des radeaux et des barques; actuellement les grands trois-mâts viennent accoster facilement les quais. D'ailleurs, en un grand nombre de cas, il sera peut-être possible de tourner les bouches fluviales dont on n'a pas su forcer l'entrée, et d'obtenir ainsi par des moyens indirects le tirant d'eau nécessaire aux grands navires; un profond canal protégé contre les atterrissements par un système d'écluses remplacera la passe naturelle. C'est là, d'après M. Desjardins, ce que les anciens avaient fait pour le Tibre et pour la branche occidentale du Nil, dérivée vers Alexandrie; c'est aussi ce que divers ingénieurs américains ont proposé pour assurer à la Nouvelle-Orléans une magnifique porte commerciale digne du fleuve qui la baigne. Mieux encore, une œuvre semblable s'exécute à l'embouchure du Rhône par le creusement du canal de Saint-Louis. Cette voie navigable, longue de 4 kilomètres et large de 60 mètres, doit faire communiquer

1. Engelhardt, *Études sur les embouchures du Danube.*

le fleuve avec le golfe de Fos, ainsi nommé d'un ancien canal de navigation creusé par Marius (*fossæ marianæ*), et les vaisseaux calant 7^{m},50 pourront remonter jusqu'au port d'Arles, presque complétement délaissé de nos jours par le commerce, à cause du manque d'eau sur les passes du Rhône. Si le creusement du canal de Saint-Louis doit réussir, ce qui ne semble pas douteux, cette grande entreprise pourra servir de modèle pour la conquête de plusieurs autres embouchures fluviales, qui jusqu'à présent étaient restées rebelles aux travaux des ingénieurs.

XII.

Déplacement des cours d'eau par suite de la rotation de la terre. — Masse d'eau que les fleuves apportent dans la mer. — Considérations générales.

Les brusques changements de lit produits par la rupture des digues, de même que les déplacements et les oblitérations des embouchures fluviales, étant en général de véritables catastrophes, on comprend que l'imagination des hommes ait vu dans ces accidents les faits les plus considérables de l'histoire des fleuves. Cependant il n'en est pas ainsi. Quelle que soit l'importance de ces modifications subites dans le régime des cours d'eau, ce ne sont que des phénomènes d'un ordre secondaire comparés aux changements durables que la rotation de la terre apporte dans l'économie de chaque fleuve et dans la physionomie générale du bassin. C'est que l'eau des rivières, comme celle de l'Océan et comme les vagues aériennes, subit aussi l'influence des grandes lois astronomiques. Les fleuves, aussi bien que les vents, tendent naturellement à déplacer leur cours de manière à opérer un arc de révolution autour de la planète.

1. Ritter, *Erdkunde*.

En effet, les eaux courantes que la terre entraîne dans son mouvement diurne ne se comportent point comme des corps solides posés sur le sol. Tandis que ceux-ci, semblables à de simples aspérités de la surface terrestre, décrivent uniformément leur orbite de chaque jour autour de l'axe central, les molécules fluides qui glissent sur la rondeur du globe traversent successivement diverses latitudes, et leur mouvement varie en conséquence. La vitesse de rotation étant complétement nulle sur les points mathématiques qui servent de pôles et s'accroissant graduellement jusqu'aux régions équatoriales où elle dépasse 450 mètres à la seconde, tout mobile qui se dirige d'un pôle vers l'équateur doit nécessairement rester en arrière du mouvement terrestre de plus en plus rapide qui l'emporte, et par conséquent dévier vers l'occident, qui est à droite dans l'hémisphère du nord, à gauche dans l'hémisphère du sud. De même tout corps qui se meut de l'équateur vers l'un des pôles devance, par suite de sa vitesse acquise, le mouvement angulaire du globe et dévie fatalement à l'est, c'est-à-dire à droite encore dans l'hémisphère septentrional, à gauche dans l'hémisphère opposé. C'est là ce qu'ont rendu visible les célèbres expériences de M. Foucault sur le pendule du Panthéon ; c'est là ce que tout le monde peut constater facilement en faisant tourner rapidement sur eux-mêmes des globes suspendus et en laissant glisser à leur surface un liquide coloré[1]. Les vents alizés et tous les courants atmosphériques obéissent à cette loi de déviation, de même que le Gulf-stream et les autres fleuves de l'Océan, les boulets eux-mêmes sortis de la gueule du canon, et parfois, quand elles déraillent, les locomotives de nos voies ferrées. Cette loi s'applique également à tous les cours d'eau, et pourvu que la configuration du sol s'y prête, pourvu que les oscillations de la surface terrestre ou d'autres forces géologiques ne viennent pas la

1. A. Herschel, *Intellectual Observer*, nov. 1865.

contrarier, elle fait régulièrement dévier les eaux courantes à droite dans l'hémisphère du nord, à gauche dans l'hémisphère du sud. Quant aux fleuves qui coulent parallèlement à l'équateur, aucune force ne les oblige à ronger l'une ou l'autre de leurs rives; mais ils sont retardés dans leur marche s'ils coulent vers l'orient; accélérés, au contraire, s'ils descendent vers l'occident.

Telle est la loi que plusieurs géographes avaient depuis longtemps indiquée, et que M. de Baer a eu l'honneur de mettre complétement en lumière. Du reste, on n'a que l'embarras du choix pour citer des exemples de fleuves qui modifient graduellement leur cours dans le sens prévu par la théorie. Au sud de l'équateur, ce sont les affluents du gigantesque rio de la Plata, qui, après avoir nivelé à l'ouest l'étendue des pampas, rongent incessamment leur rive gauche. Dans l'hémisphère du nord, c'est l'Euphrate, qui essaye de se déverser en entier dans le lit de l'Hindiah, à droite de son propre cours[1]; c'est le Gange abandonnant la ville de Gour au milieu des jungles et se déplaçant de 7 à 8 kilomètres vers l'ouest dans son delta[2]; c'est l'Indus rongeant les collines caillouteuses de sa rive occidentale pour déplacer son delta de plus de 1,000 kilomètres à l'ouest; c'est le Nil laissant son ancien lit dans le désert de Libye pour se porter du côté de la chaîne arabique. De même, en Europe, la Gironde, la Loire, l'Elbe rongent la base des escarpements de leur rive droite; la Vistule approfondit son embouchure orientale aux dépens de celle de gauche. Le Rhin, dans la plaine d'Alsace, s'éloignait graduellement de la base des Vosges pour se rapprocher de celle des monts de la Forêt-Noire, et tant que son cours n'a pas été fixé par les remparts continus des levées, il gagnait incessamment sur le pays de Bade et contournait à

1. *Mittheilungen von Petermann*, t. XI, 1862.
2. Ferguson, *Zeitschrift für Erdkunde*, avril 1864.

l'ouest les monticules dont il avait précédemment longé le pied du côté de l'occident[1]. Plus remarquable encore, le Danube, qui passe successivement par une série de défilés, développe uniformément ses méandres vers la droite en aval de chaque porte de rochers qu'il est obligé de traverser. Le fleuve se déplace sous l'influence du mouvement de translation terrestre, de la même manière que sous l'effort d'un courant se tendrait une corde retenue à certains points fixes[2]. C'est ainsi qu'en entrant dans la plaine de Hongrie, qui fut jadis un vaste lac, le Danube, au lieu de traverser en diagonale cette uniforme étendue nivelée par les eaux, se recourbe brusquement au sud, puis à l'est, pour longer autour de la grande dépression centrale les hautes terres qui la bordent à droite.

C'est dans la Russie d'Europe et d'Asie que le déplacement normal des fleuves se prête surtout aux études les plus intéressantes. Là se trouvent en effet réunies toutes les conditions favorables à l'empiétement graduel des eaux sur leur rive droite : une longueur de cours considérable, de puissantes masses liquides qui peuvent balayer bien des obstacles, d'énormes crues accroissant périodiquement la force d'érosion du courant, des falaises composées d'un sol friable, enfin la forte courbure du globe, cause d'un changement rapide de la vitesse angulaire sous les diverses latitudes. Il y a deux siècles, la bouche principale du Volga coulait directement à l'est d'Astrakhan ; depuis, le grand courant s'est frayé successivement de nouveaux lits, obliquant de plus en plus à droite, et de nos jours, le bras suivi des embarcations est dirigé au sud-sud-ouest. En amont du delta, le fleuve s'est partout déplacé vers l'ouest et vis-à-vis de Tchernoï-Iar, l'Achtouba, ancien lit du Volga, est aujourd'hui laissé à 20 kilomètres du courant principal. Les vingt-

1. Bourlot, *Variations de latitude et de climat.*
2. Von Süss, *der Boden der Stadt Wien.*

trois cités construites sur la rive occidentale, appelée aussi rive d'amont à cause de ses hautes falaises, sont presque

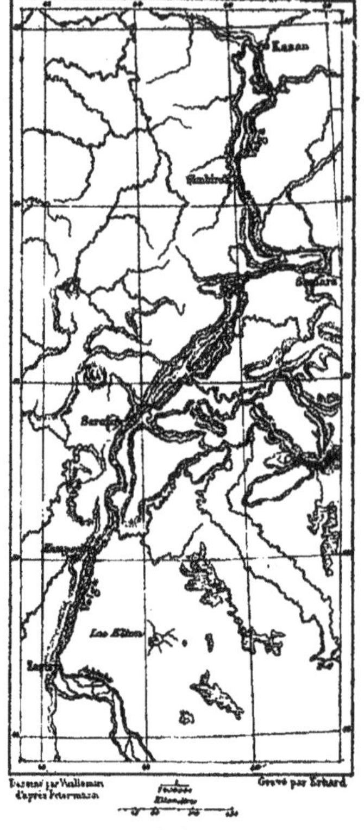

Fig. 148.

toutes démolies en détail, maison à maison, rue à rue, et, rongées d'un côté, sont obligées d'avancer de l'autre dans le steppe. A l'est, les campagnes, jadis nivelées par le fleuve, sont à peine élevées au-dessus du niveau moyen des eaux; pendant les inondations, elles sont transformées en de véritables mers : aussi n'a-t-on pu bâtir que trois villes sur la rive orientale. L'une d'elles, Kasan, située autrefois au confluent de la Kasanka et du Volga, est maintenant à 3 kilomètres de ce dernier fleuve; elle a pour ainsi dire voyagé vers l'est. En Sibérie, les cours d'eau se déplacent à droite beaucoup plus rapidement encore. Déjà les villes modernes de Jakutsk, de Tobolsk, de Semipalatinsk, de Narym ont dû être partiellement reconstruites. Le long de ces cours d'eau, la rive droite, que vient saper le courant, est presque toujours plus élevée que la rive gauche ou rive des toundras, servant jadis de lit au fleuve. C'est là un fait tellement général, que les cartographes l'admettent comme un axiome et ne manquent jamais de dessiner la rive droite comme étant la plus haute et la plus escarpée.

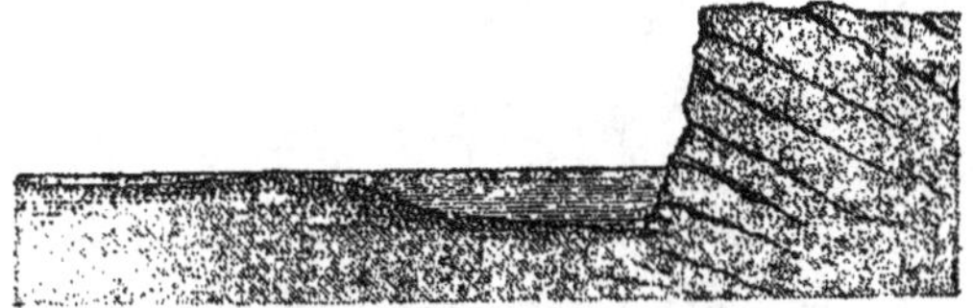

Rive d'amont et rive d'aval

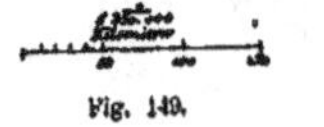

Fig. 149.

Un grand nombre de rapides et de cataractes, entre autres la magnifique chute du Trolhätta, offrent aussi l'exemple d'un déplacement continu produit par la rotation du globe. On observe également des phénomènes semblables dans les espèces de fleuves que forment les eaux de la mer en passant dans un canal resserré; ainsi la force du courant se fait sentir principalement à droite dans le détroit de

Kertch et dans le Bosphore, et c'est de ce côté que la berge marine est érodée. La loi est d'un effet général et s'applique à tous les fleuves qui se meuvent à la surface de la terre. Les grands abats d'eau des époques géologiques antérieures se sont également épanchés en érodant le sol sur la droite. Au nord des Pyrénées, les gaves qui rayonnent d'une ma-

LE RAYONNEMENT DES GAVES

Gravé par Erhard.

Fig. 150.

nière si remarquable autour des plateaux de Lourdes et de Lannemezan coulent tous en d'anciennes vallées d'érosion dominées à l'est par de hauts escarpements rongés à la base, et à l'ouest par de longues pentes d'un accès facile où se sont déposés les débris[1].

Parmi les rivières importantes qui, par suite de circonstances locales, semblent contredire la loi de déplacement des eaux courantes, on peut citer le Mississipi et le Rhône. Loin de gagner sur sa rive droite et de ronger la base des hauteurs qui s'élèvent à l'ouest, le grand fleuve américain vient frapper en quinze endroits les falaises du plateau oriental et ne cesse, dans tout son cours, d'obliquer vers la gauche. Dès qu'en aval de Bâton-Rouge, il entre dans la plaine marécageuse de son delta, il coule presque en droite ligne vers le sud-est pour former cette remarquable péninsule de vase par laquelle il se déverse dans la mer. Il est à remarquer que la direction prise par les eaux du courant mississipien est exactement la même que celle de tous les fleuves qui se déversent dans le golfe du Mexique, le Rio-Grande et ses affluents, le Rio-Pecos, le Nueces, le Colorado du Texas, le Brazos, le Trinity, le Neches; ces fleuves eux-mêmes, qui se dirigent uniformément vers le sud-est, sont parallèles aux arêtes des montagnes Rocheuses. S'il est vrai, comme plusieurs géologues paraissent l'avoir établi, que les chaînes occidentales de l'Amérique du nord subissent un mouvement d'ascension, tandis que les Carolines, la Georgie et d'autres contrées limitrophes s'affaissent peu à peu, il se pourrait fort bien que le cours inférieur du Missisipi et de tous les fleuves du Texas penchât vers l'est par suite du lent mouvement de bascule dont est animé le continent nord-américain[2].

Quant au Rhône, dont la bouche coule également dans la direction du sud-est, au lieu d'obliquer à droite, comme elle le faisait autrefois, et de suivre le vaste lit emprunté aujourd'hui par le petit Rhône, il est possible que son cours

1. Leymerie.
2. Voir, ci-dessous, le chapitre intitulé *Soulèvements et Dépressions*.

ait été modifié, durant les temps historiques, par l'impétuosité du mistral. Aussi étrange que pareille assertion puisse paraître au premier abord, elle a peut-être droit à l'attention des géographes. En effet, il semble hors de doute que, par suite du déboisement graduel des Cévennes et du plateau central de la France, le mistral n'ait cessé d'augmenter en violence depuis les siècles de l'occupation romaine. S'il en est ainsi, ce vent fougueux a dû nécessairement repousser les eaux du Rhône vers la rive gauche, dans la direction qu'elles ont prise aujourd'hui. Le courant aérien, s'abattant des montagnes cévenoles sur les marais de la Camargue, a dû peser sur le courant fluvial et lui marquer d'avance la ligne droite qu'il avait à suivre pour se creuser un nouveau lit. Tout est solidaire dans la nature : chacun des traits de la planète doit sa forme au souffle des vents, au courant des eaux, au mouvement du sol, aussi bien qu'à la translation du globe dans l'espace.

Considérés dans leur ensemble, les fleuves n'étant autre chose que le système artériel des continents et renouvelant incessamment la masse liquide des mers, d'où les eaux reviennent ensuite par les nuages et les pluies dans l'intérieur des terres, il importe de connaître, au moins d'une manière approximative, la quantité de l'eau fluviale qui s'écoule à la surface du sol. On a depuis longtemps hasardé bien des hypothèses à cet égard; mais les données rigoureusement exactes manquent encore, et ce n'est que par une série d'observations séculaires qu'il sera possible d'arriver à la connaissance de ce fait hydrologique, si important dans l'économie du globe. Buffon supposait que la masse d'eau versée par l'ensemble de toutes les bouches fluviales représenterait en 812 années une quantité d'eau égale à celle de l'Océan; mais les documents sur lesquels il s'appuyait n'ont pas une autorité suffisante pour qu'il soit utile de les discuter aujourd'hui. Parmi les calculs plus sérieux qu'on a faits récemment en prenant pour point de départ la quantité de pluie tombée annuellement sur la terre, il faut citer celui de Metcalfe. Il évalue la masse totale des eaux apportée par les rivières à 135 milliards de mètres cubes par jour. Keith Johnston trouve pour le tribut quotidien des fleuves une moyenne de 175 milliards de mètres cubes, soit plus de 2 millions de mètres cubes par seconde.

Ce chiffre est certainement beaucoup trop élevé, car en suivant une autre méthode, plus conforme aux règles de l'observation directe et par conséquent plus scientifique, c'est-à-dire en additionnant les masses d'eau roulées par les fleuves qui ont été déjà jaugés dans les diverses parties du monde par les ingénieurs et les géographes, on ne trouve, pour un ensemble de bassins fluviaux comprenant 11 millions de kilomètres carrés, qu'un débit total d'un peu plus de 55,000 mètres cubes par seconde. Or ces bassins, qui

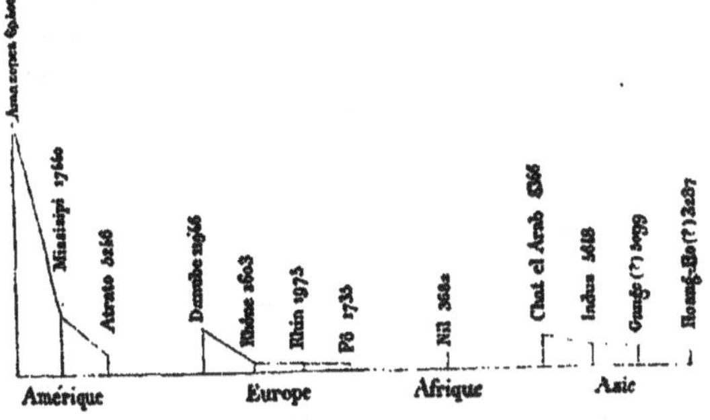

Fig. 151. Débit comparé des fleuves.

sont ceux des fleuves principaux de l'Europe occidentale et ceux du Danube[1], du Nil, du Chat-el-Arab, du Gange, du

1. Le débit attribué au Danube dans ce tableau est probablement trop fort; d'après M. Hartley, le vrai débit serait seulement de 8,491 mètres par seconde.

Hoangho, du Mississipi, de l'Atrato, forment à eux seuls la dixième partie de la surface terrestre dont les eaux s'écoulent vers l'Océan ; de sorte que si la proportion de l'eau qui s'épanche dans la mer superficiellement au sol était partout la même, la masse liquide d'eau douce s'unissant par chaque seconde aux flots de l'eau salée serait seulement de 650,000 mètres cubes. Cependant il faut aussi tenir compte de l'énorme quantité d'eau que roulent certains fleuves de la zone tropicale, et notamment l'Amazone, dont le débit probable est de 80,000 à 100,000 mètres cubes[1]. Si l'on augmente en conséquence d'un tiers l'apport total des rivières obtenu par le calcul précédent, on trouve pour la masse des eaux fluviales un maximum d'un million de mètres cubes par seconde. C'est là une quantité qui représente l'écoulement moyen d'environ 29 centimètres d'eau de pluie sur la surface entière de chaque bassin, moyenne de beaucoup supérieure à celle de la plupart des fleuves étudiés jusqu'à maintenant. En admettant que la profondeur moyenne des mers est de 5 kilomètres, la quantité d'eau que roulent les rivières superficielles des continents n'égalerait celle qui remplit les abîmes de l'Océan qu'après un laps de 50 millions d'années.

Ce n'est là évidemment qu'un calcul tout provisoire, et qui sera graduellement rectifié à mesure que les faits relatifs à l'hydrologie du globe seront mieux connus. Lorsque le débit moyen de tous les cours d'eau visibles aura été jaugé d'une manière précise, lorsque la force des rivières souterraines aura été révélée par les recherches des météorologistes sur la chute et l'évaporation des pluies, alors il sera facile de calculer, à quelques millions près, quelle est la masse totale du liquide versé annuellement dans la mer par les fleuves des continents. Nul doute que, dans un avenir

1. Au défilé d'Obydos, la tranche d'eau qui s'écoule chaque seconde vers la mer serait, d'après Spix et Martius, de 17,644 mètres cubes à l'étiage : en temps de crue, dit Avé-Lallemant, elle est au même endroit de 243,875 mètres.

prochain, les mesures prises avec tant de précision pour le Mississipi, le Pô, le Rhône, le Nil, ne soient continuées tout aussi soigneusement aux autres embouchures.

Les recherches faites en même temps sur la proportion des troubles qui se trouvent en suspension dans les rivières permettront aussi de résoudre la question si discutée de l'importance réelle des alluvions fluviatiles. Sans parler ici des torrents qui peuvent être de la boue liquide ou même parfois des avalanches de vase, il est des rivières, comme le Missouri, dont les eaux sont tellement chargées de troubles, que les bois de dérive, pénétrés de particules vaseuses, finissent par s'immerger complétement dans l'eau et recouvrent le fond du lit [1]. Il est au contraire d'autres fleuves, tels que le Saint-Laurent, qui apportent à l'Océan des eaux généralement pures et transparentes. Dans ses crues, la Durance tient en suspension jusqu'à 21 millièmes de limon [2], la Garonne en contient parfois 10 millièmes [3], le Rhin 6 millièmes seulement [4]. On le comprend, la teneur en alluvions doit varier nécessairement pour les différents fleuves, suivant la nature plus ou moins compacte des terrains qu'ils parcourent; aussi les observations faites sur chaque cours d'eau n'ont-elles qu'une valeur locale. Les évaluations qu'ont faites les divers géographes sur la quantité moyenne des troubles contenus dans les eaux courantes s'écartent prodigieusement les unes des autres. Au siècle dernier, le savant Eustache Manfredi qui, à la vue des énormes atterrissements produits par le Pô, s'était exagéré le travail des autres fleuves, évaluait la proportion moyenne des matières terreuses à 1/175e de la masse liquide des rivières; mais dans ce chiffre il comprenait sans doute les sables et les vases que le courant pousse au fond du lit, et

1. *Continental Monthly*, juin 1864.
2. Payen. La moyenne pour toute l'année ne s'élève pas même à un millième.
3. Baumgarten.
4. Payen.

dont la masse est probablement deux fois plus forte que celle des troubles flottants. Hartsoeker admettait, dans son *Traité de physique*, la proportion de 1/100e d'alluvions, tandis qu'un autre écrivain de la même époque, l'auteur des *Recherches philosophiques sur les Américains*, était amené, par ses observations et ses calculs, à trouver seulement 1/51,080e de débris dans l'eau des fleuves[1].

Les écarts entre les nombres divergents sont naturellement tout aussi grands lorsqu'on cherche à évaluer d'une manière approximative le temps que mettraient les alluvions des embouchures pour élever le niveau de l'Océan d'une quantité donnée. Manfredi suppose que les détritus entraînés dans la mer suffiraient pour en exhausser le fond d'un mètre en 3,000 ans, tandis que Tyler se croit autorisé, par ses calculs sur les alluvions du Mississipi, à dire que les atterrissements des fleuves ne pourraient hausser le niveau de l'Océan que de 5 centimètres tous les 10,000 ans, soit de 1 mètre en 125,000 ans. Ce sont là des évaluations bien différentes; mais quand on réfléchit à la grandeur de la mer et à la petitesse des cours d'eau comparés à cet immense réservoir, ce dernier résultat lui-même semble très-élevé. En admettant que la moyenne du limon porté à la mer est d'environ 1/3,000e de toute la masse liquide des fleuves, et en adoptant pour le débit total des eaux courantes le nombre approximatif auquel l'examen critique des faits connus de l'hydrographie fluviale nous a conduit, on trouve, pour la quantité d'alluvions déposées par seconde aux embouchures des rivières, une masse compacte de 333 mètres cubes, soit, par an, un bloc de 10,400 kilomètres carrés de surface et de 1 mètre de profondeur. C'est environ 10 kilomètres cubes, c'est-à-dire une quantité presque infinitésimale relativement aux énormes abîmes de l'Océan.

1. Cette question est traitée en détail dans l'ouvrage de von Hoff, *Veränderungen der Erdoberfläche*, tome I.

Cependant le temps appartient à la terre, et durant le cours des âges, l'œuvre géologique finit par s'accomplir. Ces fleuves, presque imperceptibles pour ainsi dire, en comparaison de l'Océan, érodent peu à peu les montagnes et les plateaux pour remplir de débris amoncelés les gouffres de la mer. Les mêmes atterrissements ont aussi pour résultat d'élever le niveau moyen des eaux océaniques et de leur faire recouvrir les plages basses. Il y a donc là une double cause de modification dans le relief et le contour des masses continentales. Si la seule force agissant à la surface du globe était celle des eaux courantes, les parties élevées de la terre ne cesseraient de s'abaisser, la mer de son côté ne cesserait d'envahir ses bords, et la planète finirait tôt ou tard par devenir un immense boulet, recouvert uniformément sur toute sa surface d'une mince couche d'eau. Grâce aux mouvements géologiques des couches terrestres, une pareille transformation du globe n'est pas à craindre, mais l'action des eaux fluviales n'en fait pas moins subir aux continents et aux mers des changements de la plus haute importance géographique. Déjà la mer Baltique n'est plus, pour ainsi dire, qu'un intermédiaire entre une *méditerranée* et un enchaînement de lacs d'eau douce. La masse liquide que lui apportent les fleuves est toujours la même, tandis que la superficie et la profondeur de son bassin diminuent constamment; son eau finira par devenir complétement douce pendant le cours des âges, et le détroit du Sund ne sera plus que le Saint-Laurent de l'Europe.

Un jour, nous dit Bory de Saint-Vincent, un jour, la Méditerranée elle-même ne sera plus qu'un enchaînement de lacs, puis qu'un gigantesque fleuve. Déjà la mer d'Azof se transforme graduellement en rivière, puisque ses bords se rapprochent l'un de l'autre, tandis que son lit reste sensiblement le même[1]. Les eaux qui s'étendent de l'embouchure

1. *Zeitschrift für Erdkunde*, mai 1862.

du Don au détroit des Dardanelles pourront se comparer aux lacs Supérieur, Huron, Michigan; les îles de l'Archipel domineront plus tard un dédale de lagunes semblables à celles qui bordent la mer Baltique; le golfe de Venise ne sera plus que le prolongement de la vallée du Pô, et les deux grands bassins de la Méditerranée, séparés par la barre sous-marine siculo-africaine, formeront deux lacs de plus en plus rétrécis, dont les eaux alimenteront le plus grand fleuve du monde. Alors le Dniepr, le Danube et le Pô seront de simples tributaires; peut-être même que le Nil, déjà si peu considérable à son embouchure, perdra toute son eau par l'évaporation avant de pouvoir atteindre le fleuve Méditerranée et deviendra un cours d'eau entièrement continental, comme le Chary, l'Houach et le Jourdain.

Certes, il serait difficile de s'exagérer l'importance des fleuves dans l'histoire de la terre et de l'humanité. Ils répartissent d'une manière uniforme l'eau de neige et de pluie tombée sur divers points de leur bassin, et fertilisent ainsi tout le territoire par leurs innombrables ramifications. Ils broient les rochers des montagnes pour les distribuer en fécondes alluvions dans les champs riverains, et former de nouvelles plaines à leur embouchure. Ils égalisent les climats. Les fleuves venant du midi réchauffent de leurs vapeurs les pays du nord, tandis que les rivières coulant en sens inverse tempèrent la chaleur des latitudes méridionales. Bien plus, les cours d'eau, ces puissants *travailleurs,* ne se contentent pas d'apporter les eaux, les alluvions et les climats, ils roulent aussi dans leurs flots l'histoire et la vie des nations. C'est au fil de leur courant que descendait le canot du guerrier barbare, et que descendent ou remontent aujourd'hui les flottes commerciales portant la paix et le bien-être. La vapeur ayant changé les fleuves en chemins qui marchent à la fois en avant et en arrière, une population flottante se croise constamment sur leur surface. Loin de limiter les nations, les fleuves les mobilisent, ils sont les continents faits mouvement; par eux, les montagnards des Alpes et des Pyrénées se rendent vers l'Atlantique et la Méditerranée, tandis que les habitants du littoral remontent vers les hautes contrées de l'intérieur du continent.

Les cours d'eau n'ont plus aujourd'hui, dans l'histoire de la civilisation, l'importance exclusive qu'ils avaient autrefois, car ils ne sont plus les seules voies de communication entre les peuples. Aucun fleuve ne sera ce qu'était le Nil pour les Égyptiens, à la fois le père et le dieu, celui qui faisait naître les agriculteurs et les récoltes dans sa vase échauffée par les rayons du soleil. Aucun Gange aux ondes sacrées ne coulera désormais sur la terre, car l'homme n'est plus l'esclave de la nature. Il peut se créer des chemins artificiels plus courts et plus rapides que les chemins naturels, et la seconde nature, plus vivante, qu'il se crée par le travail de ses propres mains, le dispense d'adorer la première nature qu'il vient de discipliner. Néanmoins les fleuves seront plus importants comme serviteurs qu'ils ne l'auraient jamais été comme dieux. Ils portent incessamment les produits et les navires et servent d'artères à de vastes organismes de montagnes, de vallées et de plaines où se parsèment les villes par milliers et les habitants par millions. Ils vivifient la terre par leur mouvement, la sculptent par leurs érosions, la complètent par leurs deltas toujours envahissants. Un jour, lorsque le doigt de l'homme pourra guider les fleuves et leur tracer un lit, il se servira de ces ouvriers pour leur faire tailler une nature à sa guise; les cours d'eau rongeront les collines, rempliront les lacs, jetteront des péninsules dans la mer pour obéir à ses ordres. Leur éternelle et puissante vie deviendra le complément de la nôtre.

CHAPITRE IV.

LES LACS.

I.

Formation des lacs; leur croissance et leur diminution. — Bassins lacustres; leur forme et leur profondeur. — Lacs étagés.

Des amas d'eau, mares, étangs, lacs ou mers intérieures se forment dans toutes les dépressions du sol qui reçoivent une plus grande abondance de liquide, soit par les fleuves, soit directement par les nuages, qu'elles ne peuvent en épancher par leurs affluents ou renvoyer dans l'atmosphère sous forme de vapeurs : de là cette infinie variété de nappes lacustres qui donnent tant de grâce ou de grandeur aux paysages des continents et qui exercent tant d'influence sur le régime des fleuves, sur les climats, sur les productions du sol et par conséquent sur le développement de l'humanité.

La masse liquide contenue dans un bassin de la surface terrestre ne s'accroît pas indéfiniment, alors même que des quantités d'eau considérables y sont apportées incessamment par des tributaires. Ou bien le bassin s'emplit en entier et le trop-plein se déverse par-dessus l'échancrure la plus basse du pourtour, ou bien la nappe lacustre, graduellement élargie, finit par offrir une assez grande surface pour que l'évaporation fasse équilibre à l'apport des eaux.

D'ailleurs, l'égalité parfaite entre la masse d'eau reçue

et celle qui s'échappe n'existe pour aucun lac et par suite le niveau ne cesse d'osciller ; tantôt il s'élève, tantôt il s'abaisse, suivant les saisons et les années. Après les abats d'eau ou lors de la fonte des neiges, il est des mares qui se changent en lacs, de même que durant de longues sécheresses, on voit des bassins lacustres s'assécher complétement. Les grands phénomènes de la vie du globe, tels que les soulèvements et les affaissements du sol, la croissance des arêtes montagneuses, les empiétements ou les reculs des rivages continentaux, les alternatives séculaires des vents et des pluies, les éboulements de roches et les ruptures de digues naturelles ont tous pour résultat, soit de faire naître et grandir, soit de faire diminuer et s'évaporer les amas d'eau de l'intérieur des continents. Comme tout ce qui existe à la surface du globe, les lacs ont leur période de progrès et leur période de décroissance, et même depuis que l'homme a commencé d'écrire les annales de sa planète, nombre de lacs ont fait leur apparition, tandis que plusieurs autres se sont desséchés ou bien ont considérablement diminué d'étendue.

Dans les régions de montagnes, on le sait, les chutes de rochers et le progrès des glaces ont maintes fois causé la formation de lacs considérables ; de même quelques-uns des grands étangs des Landes sont nés depuis le moyen âge par suite du déboisement des dunes et de leur marche vers l'est[1]. Par contre, les exemples de lacs disparus par des causes naturelles, sans que l'homme ait travaillé à leur épuisement, sont également très-nombreux.

Ainsi, la plaine de l'Oisans, dans les Alpes du Dauphiné, ayant été soudain fermée en 1181 par un éboulement de rochers descendu des flancs de la Voudène, les eaux de la Romanche, de l'Olle et du Vénéon s'accumulèrent en amont de l'obstacle et s'étalèrent en un lac de 10 kilomètres de

1. Voir, dans le deuxième volume, le chapitre intitulé *les Dunes*.

longueur; des villages, de vastes campagnes, des forêts entières, furent engloutis sous une couche liquide d'une profondeur moyenne de 10 mètres, et graduellement l'industrie locale devint celle de la pêche. Le lac existait depuis trente-huit ans, lorsque le barrage de débris céda tout à coup sous la pression des eaux, et la masse liquide s'écroula comme un déluge sur Grenoble et toutes les villes et les campagnes des bords de l'Isère. Au commencement du XIVe siècle, l'ancien lac, qui avait reçu le nom de lac de Saint-Laurent, était complétement desséché.

Toutefois la formation de lacs en amont de digues d'éboulis, et leur disparition soudaine lorsque ces digues sont rompues, peuvent être considérées comme des phénomènes accidentels et ne dépendent pas directement du climat. Sous ce dernier rapport, les changements de niveau qu'offrent certaines grandes nappes lacustres, comme le Titicaca et le lac de Van, sont des faits beaucoup plus remarquables. Les voyageurs affirment que la superficie de l'immense lac de Bolivie n'a cessé de diminuer depuis la période historique. Ses eaux baignaient autrefois les murs de Tia-Huanacu, l'une des principales villes des Incas, et maintenant cette localité est située à 20 kilomètres du lac et à plus de 40 mètres au-dessus de la surface de l'eau : ce serait là une preuve remarquable de l'accroissement de la sécheresse sur les hauts plateaux de la Bolivie[1]. En revanche, la hauteur du lac de Van ne cesse d'augmenter, ainsi que les voyageurs le constatent d'année en année. Les riverains sont obligés de reporter fréquemment dans l'intérieur les chemins du littoral; d'anciens villages ont été engloutis, et çà et là on peut encore voir les ruines ensevelies par les eaux; enfin la ville d'Erdjisch, qu'une grande plaine séparait autrefois du lac, est aujourd'hui à moitié envahie et la cité de Van elle-même, située naguère loin du rivage,

1. Pentland; — Bollaert, *Antiquities*.

en est maintenant très-rapprochée. La légende, expliquant à sa manière le gonflement continu des eaux, raconte que de capricieux nomades ayant obstrué un déversoir du lac firent ensuite des efforts inutiles pour rétablir l'ancienne issue; depuis cette époque, le lac irrité ne cessa de recouvrir chaque année de nouvelles campagnes[1].

Ainsi que l'indique d'avance le simple raisonnement, les lacs les plus nombreux et les plus étendus se trouvent dans les contrées où les pluies tombent en quantité considérable et dont la surface, assez faiblement accidentée, est cependant formée de roches compactes, ne permettant pas à l'eau de s'écouler dans les profondeurs et la retenant comme en des vasques naturelles. Telles sont les régions de l'Amérique du nord où se trouvent la Méditerranée d'eau douce traversée par le Saint-Laurent, le Winnipeg, le Winnipegous, les lacs de l'Ours et de l'Esclave et tant d'autres nappes d'eau d'une moindre étendue : il y pleut moins, il est vrai, que sous la zone tropicale et même que dans la plupart des pays des zones tempérées, car la tranche d'eau de pluie et de neige n'y atteint point annuellement la hauteur d'un mètre ; mais le sol granitique retient dans les dépressions peu profondes l'humidité qui se précipite de l'atmosphère ; l'évaporation est peu active et les versants inclinés vers les différentes mers ne sont pas assez inclinés pour que des fleuves nombreux puissent rouler vers l'Océan toutes les eaux surabondantes.

L'île de Terre-Neuve, en grande partie granitique, comme la Nouvelle-Bretagne, est également couverte de lacs entretenus par l'humidité constante qui règne dans ces parages de la mer. De même en Europe, les vallées orientales des monts Scandinaves et les plaines de la Suède offrent un véritable dédale de lacs, dont les uns ont à peine quelques mètres de surface, tandis que d'autres s'étendent

1. Otto Blau, *Mittheilungen von Petermann*, VII, 1863.

à perte de vue jusqu'à l'extrême horizon, à moins qu'ils ne soient semés d'archipels, de rochers et d'îlots, comme le lac Mälar, qui ne contient pas moins de douze cent soixante îles. De l'autre côté du golfe de Bothnie, les plaines de granit de la Finlande sont parsemées de lacs dans une proportion plus forte encore que la Scandinavie elle-même, de

LACS DE LA FINLANDE.

Fig. 131.

sorte que le pays tout entier pourrait être considéré comme une immense nappe d'eau coupée d'innombrables isthmes s'entrecroisant dans tous les sens..

Des labyrinthes de lacs tout à fait analogues se trouvent aussi dans les pays dont le terrain, sans être rocheux, repose sur un sous-sol argileux ou ocreux parfaitement étanche. C'est ainsi qu'il existait jadis dans les landes françaises un très-grand nombre de lagunes et d'étangs que la couche d'*alios* retenait à la surface[1] et qui depuis ont été

LES DOMBES.

Fig. 153.

asséchés pour la plupart. De même la Sologne, la Brenne et les autres solitudes du centre de la France étaient parsemés de nappes d'eau peu profondes. La Dombes, plateau d'une centaine de mètres d'altitude qui s'étend au nord-est

1. Voir ci-dessus, page 106.

de Lyon, entre le Rhône, la Saône, la Veyle et l'Ain, est aussi couverte d'une multitude d'étangs, occupant ensemble une superficie de plus de 20,000 hectares. Il est vrai qu'en cette région de la France, l'homme a malheureusement aidé au travail de la nature : une grande partie des lagunes de la Dombes sont d'origine artificielle, et l'assèchement en serait encore moins coûteux que n'en a été la création. Elles servent de viviers aux hâves habitants des villages voisins, puis, après avoir été vidées et cultivées en céréales, elles sont de nouveau remplies et empoissonnées.

La forme des lacs est toujours en rapport avec le relief général du sol dans les dépressions duquel sont enfermées leurs eaux : leurs contours et le profil du lit s'harmonisent d'une manière parfaite avec l'architecture continentale. Les eaux des terrains vaseux d'alluvions s'étalent en vastes marécages, et l'on ne sait pas même distinguer l'endroit précis où finit la terre, où commence la surface mouvante. Les nappes liquides des plaines basses, des déserts et des plateaux uniformes offrent en général des contours plus nettement indiqués; mais, relativement à leur étendue, leur profondeur est peu considérable et la moindre oscillation de niveau modifie la ligne des rivages. Les lacs des régions accidentées sont d'ordinaire assez profonds en raison de leur surface et présentent des baies et des promontoires plus pittoresques et plus variés que ceux des nappes lacustres des plaines. Enfin, c'est au pied des hautes montagnes que les lacs se montrent dans toute leur beauté. Les torrents y descendent en rapides et en cascades; des vallons verdoyants se penchent çà et là vers le bassin; les contre-forts des sommets plongent abruptement sous les eaux, et les rivages dessinent entre les caps des baies gracieusement arrondies. Par l'harmonie et la variété de lignes qu'offre leur pourtour, ces lacs semblent un trait nécessaire du paysage et leur surface horizontale donne par le contraste un aspect plus superbe aux montagnes environnantes.

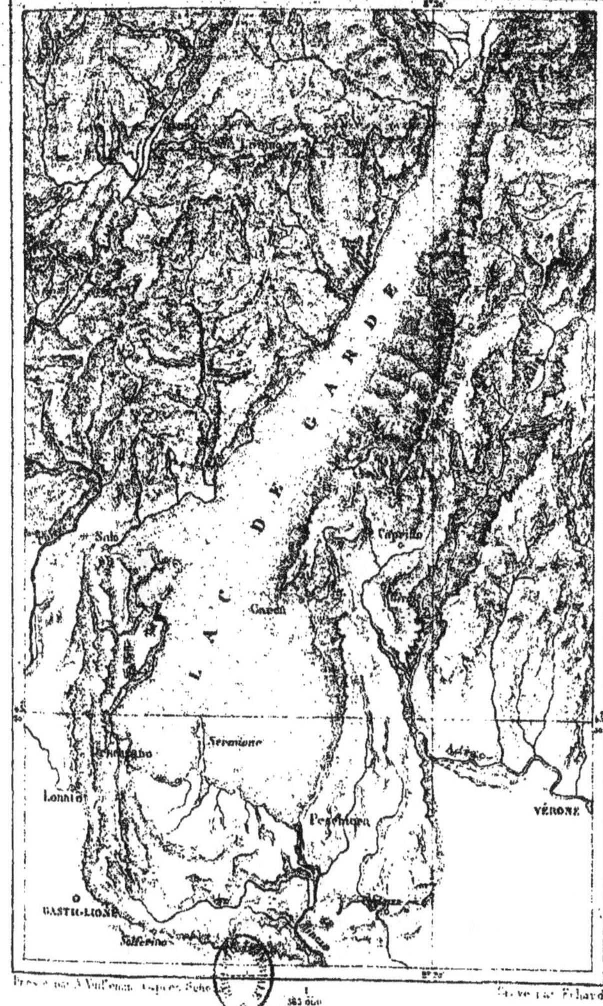
LAC DE GARDE
Salo
Caprino
Garda
Sermione
Lonato
Peschiera
Adige
VÉRONE
CASTIGLIONE
Solferino
Mincio
Gravé par Erhard

Les lacs, de même que les mers, sont en général d'autant plus profonds qu'ils sont dominés par des promontoires plus escarpés ; car les cavités que remplissent les eaux doivent répondre par leurs dimensions à la puissance des masses soulevées. Ainsi, pour ne citer d'autre exemple que celui des lacs alpins, les plus profonds de ces bassins se trouvent à la base méridionale des Alpes, qui, de ce côté, dressent leurs pentes les plus abruptes. Le lac Majeur, dont le niveau est à 199 mètres au-dessus de l'Adriatique, n'a pas moins de 854 mètres de profondeur; le lac de Côme a 604 mètres dans la partie la plus creuse de son bassin ; les lacs de Garde et d'Iseo sont moins profonds, mais ils le sont toujours assez pour descendre beaucoup au-dessous de la surface de la mer. Que l'on se figure le massif des Alpes rasé jusqu'au niveau marin, les abîmes

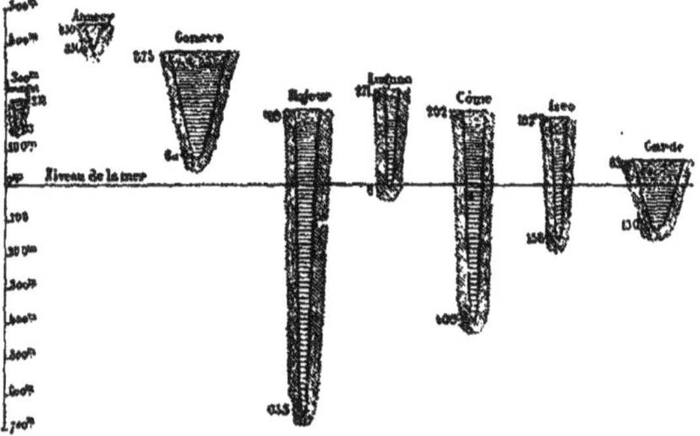

Fig. 151. Altitudes et profondeurs des lacs d'Italie et de Savoie.

qu'emplissent les eaux des lacs Majeur, de Côme, de Garde et d'Iseo auront encore respectivement 655, 402, 158 et 130 mètres de profondeur, tandis que, de l'autre côté des Alpes, le seul lac dont le fond soit inférieur à la surface des eaux marines est peut-être celui de Brienz, s'il est vrai, comme le dit de Saussure, qu'il ait 600 mètres de profondeur[1]. Les deux tableaux annexés représentent les altitudes respectives des principaux lacs des Alpes centrales

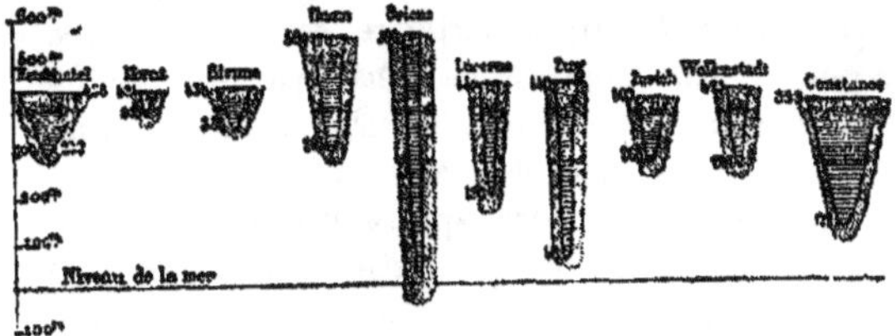

Fig. 155. Altitudes et profondeurs des lacs du nord de la Suisse.

relativement au niveau de la mer : d'ailleurs, les résultats figurés dans ces tableaux n'ont malheureusement qu'une valeur approximative, car dans ces Alpes, que visitent et qu'étudient pourtant un si grand nombre d'hommes de science, de rigoureuses opérations de sondage n'ont point encore été faites dans les lacs les plus importants. Dans chacune de ces figures, la profondeur a été exagérée au centuple relativement à la largeur. Pour qu'il soit facile de se faire une idée nette de la forme des lacs alpins, il est bon d'ajouter aussi le profil réel de la dépression du lac Majeur,

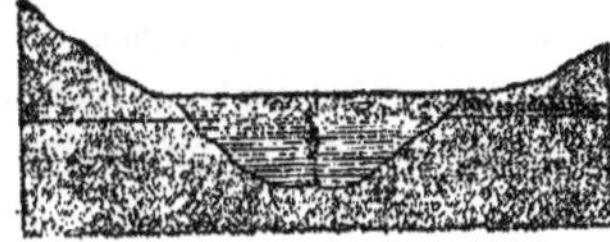

Fig. 156. Lac Majeur.

le plus profond des bassins lacustres des Alpes, et du lac de Neuchâtel, la principale nappe lacustre du Jura.

Fig. 157. Lac de Neuchâtel.

1. Desor, *Schweizer Seen*, inséré dans l'*Album de Combe-Varin*.

A la vue de la carte des Alpes, il est impossible de ne pas remarquer tout d'abord que les lacs se répartissent suivant un certain ordre relativement aux grands massifs de montagnes. Ainsi, les Alpes maritimes, celles du Viso, de la Provence et du Dauphiné, de même que le massif du Mont-Blanc, n'ont qu'un très-petit nombre de lacs, et ceux-ci méritent plutôt le nom de mares. A l'est de la Suisse, les diverses rangées des Alpes qui se prolongent jusqu'en Turquie sont également presque dépourvues de lacs, si ce n'est dans la Bavière méridionale et dans le pays de Salzbourg, où plusieurs amas d'eau emplissent d'étroites vallées ouvertes assez uniformément du sud au nord entre des chaînons parallèles de montagnes. Les grands lacs qui font la gloire des Alpes, sont tous situés autour du massif central, dont le Saint-Gothard occupe le milieu, et dans les vallées et les plaines que limitent à l'ouest, sous divers noms, les arêtes parallèles du Jura.

Ces lacs, qui doivent évidemment leur origine à la forme étoilée des chaînes qui rayonnent autour du Saint-Gothard et au croisement du système alpin par celui du Jura, ont, en général, des bassins allongés, soit dans le sens du sud-ouest au nord-est, soit perpendiculairement à cette direction, dans le sens du sud-est au nord-ouest. Les eaux des vallées jurassiques, par exemple les lacs de Joux et de Saint-Point, affectent la première disposition, de même que les grands amas d'eau situés à la base des monts calcaires, les lacs de Neuchâtel, de Bienne, de Morat. Les lacs alpins de Brienz, de Sarnen, ceux de l'Engadine sont disposés dans le même sens, et même les nappes du versant italien, du lac Majeur au lac de Garde, sont presque parallèles aux bassins lacustres et aux arêtes montagneuses du Jura. En revanche, les grands lacs alpins de Constance, de Zurich, de Sempach, de Zug, de Thun s'allongent en sens inverse des précédents. Quant aux deux plus magnifiques mers intérieures de la Suisse, les lacs de

Genève et de Lucerne, elles doivent la forme admirable de leurs contours à la combinaison des deux types. Le Léman est un lac du Jura par sa partie d'aval, un lac des Alpes par sa partie d'amont, et vers le milieu, les deux nappes s'unissent en croissant; dans le lac de Lucerne, les deux bassins se traversent perpendiculairement et donnent à l'ensemble des eaux la forme d'une croix.

Il est à remarquer également que les lacs les plus considérables se trouvent sur le parcours des fleuves les plus abondants, ce qui prouve que les mêmes lois géologiques ont présidé à la formation des vallées et au creusement des bassins lacustres. Le lac de Constance, le plus grand de tous, reçoit le Rhin, qui est le plus grand fleuve de la Suisse; le Léman est traversé par le Rhône; l'Aar passe dans les deux lacs de Brienz et de Thun; la Reuss entre dans le lac de Lucerne, la Linth dans celui de Zurich : pareille disposition n'est certainement pas fortuite et dépend de la structure générale du grand massif des Alpes.

Dans les montagnes dont l'architecture est d'une régularité presque parfaite, telles que le Jura par exemple, il est facile de classer les divers lacs suivant la forme de la dépression que remplissent leurs eaux. Ainsi, les nappes lacustres qui s'étalent dans une vallée entre deux arêtes parallèles de montagnes offriront en général des contours à peine mouvementés et disposés en ovale régulier; les pentes

Fig. 138. Lac de vallée.

du lit seront doucement inclinées vers la partie centrale, dont la profondeur moyenne sera d'ailleurs peu considérable; çà et là, surtout aux deux extrémités, les rivages seront marécageux et l'on ne pourra déterminer la limite précise où commence la terre ferme. Parmi ces lacs de vallée, on peut citer ceux de Joux, de Saint-Point, du Bourget.

De même, les combes et les cluses qui servent de réservoirs à des lacs donnent à ces eaux une physionomie particulière bien différente de celle des bassins lacustres des vallées. Ainsi les lacs de cluse disposés transversalement à une chaîne de montagnes calcaires sont d'ordinaire étroits, et les escarpements des hauts promontoires qui les dominent descendent à une grande profondeur au-dessous de la surface des eaux. Quant aux lacs de combe, les réservoirs en forme d'amphithéâtre qui les contiennent donnent à l'ensemble de chaque bassin un magnifique aspect de grandeur et de majesté ; leurs eaux, plus profondes que celles des lacs de vallée, le sont moins que celles des lacs de cluse, et c'est précisément vers la partie inférieure de la cavité lacustre que la tranche d'eau présente l'épaisseur la plus considérable.

Fig. 159. Lac de cluse.

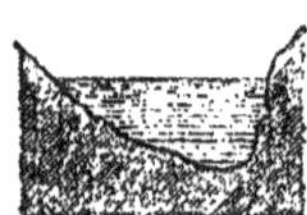

Fig. 160. Lac de combe.

Il est rare, toutefois, que, dans les Alpes de la Suisse et les autres pays de montagnes au relief très-accidenté, on trouve des lacs qui n'offrent pas à la fois les caractères des différents types : sur certaines parties de leur bassin, ce sont des lacs de vallée, par d'autres parties, ce sont des

Fig. 161. Lacs étagés de la vallée d'Oo.

lacs de cluse ou de combe. Aussi, quelle variété d'aspect

dans leurs rivages, quelle pittoresque beauté dans les replis de leurs baies et dans la succession de leurs promontoires! Certes, un lac comme celui des Quatre-Cantons, qui se reploie et s'agite, pour ainsi dire, qui prolonge ses golfes bleus à l'entrée de tant de vallées et contourne un si grand nombre de caps, ne peut être classé d'une manière artificielle parmi les lacs de l'un ou de l'autre type, puisqu'il présente dans son magnifique ensemble les formes les plus diverses de tous les bassins lacustres.

Entre les arêtes montagneuses qui ne sont pas disposées en longues rangées semblables à celles du Jura, les lacs de vallée ne sont pas de simples nappes ovales; ils se développent en longues sinuosités entre deux rivages, comme le lac Majeur et les lacs de Côme et de Lugano, ou bien, dans les vallées à bassins et à étranglements successifs, ils se déploient et se resserrent tour à tour, comme on en voit de nombreux exemples dans les montagnes de la Scandinavie. D'ordinaire, cependant, ces sortes de lacs se scindent en plusieurs nappes étagées les unes au-dessous des autres

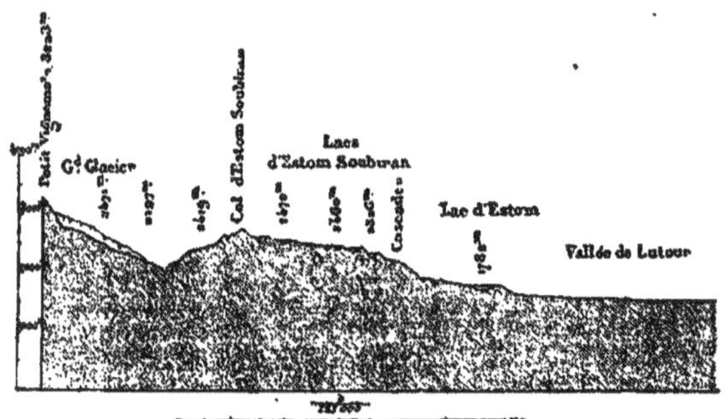

Fig. 102. Lacs étagés d'Estom Soubiran et d'Estom.

comme sur d'énormes degrés, et sont réunies par d'étroits défilés où s'épanche en cascades l'eau d'un torrent. Dans les hautes vallées de presque tous les pays de montagnes,

Fig. 163. Lacs du Nors Elf.

il existe de ces lacs à étages. En Suisse, on peut citer les trois lacs de Lungern, de Sarnen, d'Alpnach, que traverse la rivière Aa; dans les Pyrénées, les lacs des montagnes d'Oo, de la Têt, de la vallée de Couplan, d'Aygues-Cluses, d'Estom Soubiran, appartiennent à la même espèce de bassins lacustres; dans les Carpathes, ce sont ces charmantes petites vasques d'eau bleue auxquelles on a donné le nom de *meeraugen* (yeux de la mer); enfin dans la Scandinavie, les lacs étagés se comptent par centaines.

Là, tous les fleuves, presque sans exception, sont, de leur source à leur embouchure, des enchaînements de lacs unis les uns aux autres par des rapides et des cascades : ce sont des cours d'eau en voie de formation, qui ne se sont pas encore creusé de lits réguliers et qui s'épanchent dans toutes les dépressions naturelles du sol par d'étroites rigoles, ouvertes depuis que le sol de la contrée s'est élevé au-dessus du niveau de la mer. Les terres de la Scandinavie s'étant soulevées seulement à une époque récente par un mouvement graduel d'émergence qui se continue encore aujourd'hui, les eaux fluviales n'ont pas encore eu le temps d'emplir de débris les lacs qui se trouvent sur leur parcours et de se percer de larges vallées à travers les roches[1].

II.

Phénomènes divers. — Couleur des eaux lacustres. — Seiches. — Courants et marées. — Formation des glaces.

Les lacs ne se distinguent pas seulement les uns des autres par la forme et la profondeur de leurs bassins, ils varient aussi par l'apparence de leurs eaux, et même sous ce rapport, la diversité des matériaux en suspension ou en solution dans la masse liquide n'explique pas toujours le

1. Voir, ci-dessous, le chapitre intitulé *Soulèvements et Dépressions.*

remarquable constraste offert par des nappes d'eau voisines. La couleur et la transparence du liquide diffèrent d'une manière étonnante dans les lacs des montagnes. Les uns sont d'un vert d'émeraude, d'autres sont d'un bleu de saphir, d'autres encore ont une nuance laiteuse; il en est même, parmi ceux dont l'eau est transparente, qui sont bruns ou jaunâtres. Quelle que soit la couleur naturelle de chacun de ces lacs, elle ne cesse de varier à cause du reflet des rayons, des nuages ou de l'azur, et de la réfraction de la lumière. Tel lac, dont l'eau, non loin du bord, est d'un vert jaunâtre à cause du fond de roches entrevu sous les ondulations de la surface, est d'un bleu profond au-dessus des abîmes invisibles de la partie centrale. Tel autre lac offre une différence de couleur bien tranchée entre les eaux tranquilles de son bassin et celles qu'entraîne le courant rapide du fleuve qui le traverse. Ailleurs encore, les remous font miroiter à la superficie des reflets bronzés ou verdâtres; enfin les molécules de poussière ou de limon, de même que les substances chimiques dissoutes dans l'eau, doivent nécessairement, quelle que soit du reste leur ténuité, teindre les nappes liquides de nuances diverses. L'humus des végétaux donne aux lacs une couleur plus ou moins foncée en rouge ou en brun; l'argile les jaunit; quant aux débris de roches et de cailloux, ce sont eux, suivant Tyndall, qui prêtent au Léman et à d'autres lacs de montagnes une si admirable couleur azurée. Les eaux les plus merveilleusement transparentes, et qui d'ailleurs sont aussi les plus pures de tout mélange, sont en général d'un vert glauque : on peut y voir parfois, dit-on, jusqu'à 25 et même 30 mètres de profondeur. Le nageur a la sensation d'y être comme suspendu dans l'air.

Tous les lacs longs et étroits, au-dessus desquels les variations atmosphériques se produisent souvent d'une manière soudaine et avec violence, offrent fréquemment de brusques oscillations de niveau que l'on peut expliquer seulement par une différence dans la pression de l'air. Telles sont les *seiches* du Léman et les *Ruhssen* du lac de Constance, que l'on remarque tantôt sur un point, tantôt sur un autre : dans ces crues purement locales, l'eau peut s'élever tout à coup à quelques décimètres ou même à un mètre de hauteur au-dessus du niveau de la surface environnante. Le débordement de quelques tributaires souterrains ne pourrait expliquer ce gonflement rapide, car il se manifeste au pied des montagnes d'une formation compacte, qui ne cachent certainement pas de torrents considérables dans les profondeurs de leurs roches. A la surface d'un grand nombre de lacs et de mers intérieures, on peut d'ailleurs observer le phénomène des seiches autour d'îlots et de simples écueils.

Schulten a prouvé que les seiches de la Baltique, en tout semblables à celles du lac de Genève, sont en rapport direct avec la hauteur de la colonne barométrique. Quand la pression de l'air diminue, l'eau commence à monter, et quand le baromètre monte de nouveau, la surface de la mer s'abaisse; seulement les mouvements de l'eau précèdent toujours de quelques minutes ceux de l'instrument, à cause de la plus grande mobilité des molécules aqueuses. Or, l'écart total entre les diverses hauteurs de la colonne barométrique au niveau de la mer correspondant à une variation d'un mètre environ dans une colonne d'eau, il en résulte que les seiches les plus considérables ne peuvent pas dépasser cette hauteur. C'est là ce que les observateurs ont en effet constaté dans la Baltique aussi bien que dans le Léman et dans les grands lacs de l'Amérique du nord. Au milieu de la haute mer, des seiches doivent également se produire, surtout pendant les ouragans; mais la masse liquide ne se trouvant pas dans un bassin fermé et pouvant s'épancher en liberté autour du gonflement de la vague, le phénomène y est plus difficile à constater que dans les lacs étroits [1]. Il est probable que le phénomène connu des Sici-

1. Anton von Etzel, *die Ostsee*.

liens sous le nom de *marubia* (de *mare ebriaco,* mer ivre), est aussi un gonflement de l'eau causé par la dépression barométrique : on l'observe sur toutes les côtes de Sicile, mais surtout au large de Mazzara, là précisément où la Méditerranée, rétrécie en forme de détroit, est coupée en deux bassins par un seuil sous-marin rapproché de la surface. Daubeny voit dans ces mouvements de l'eau l'indice d'une vibration volcanique du sol; cependant la description qu'il en donne lui-même semble indiquer qu'il s'agit là de seiches pareilles à celles du lac de Genève et de la Baltique. Lorsque la *marubia* se produit, l'air est calme et l'horizon brumeux : tout à coup, l'eau, agitée de courtes vagues, élève son niveau d'environ 60 centimètres, puis, après un intervalle d'une demi-heure à deux heures, le vent du sud commence à souffler et la tempête éclate avec violence.

D'ailleurs, les lacs, qui sont des mers intérieures d'eau douce ou d'eau salée, doivent offrir des phénomènes analogues à ceux de l'Océan. Les nappes lacustres ont aussi leurs tempêtes, leur houle, leurs brisants, leurs ras de marée, et certaines baies du lac Supérieur, du Ladoga, du Baikal, ne sont pas moins dangereuses que la mer Noire et le golfe de Gascogne. Les vagues soulevées par le vent dans les espaces resserrés des lacs sont moins hautes et moins rapides que celles de la mer, parce qu'elles n'ont pas un champ assez vaste pour s'épandre et ne se meuvent pas sur une assez grande profondeur d'eau; mais elles sont courtes, serrées, clapoteuses, et, par cela même, n'en sont que plus redoutables aux navires qu'elles heurtent incessamment de leurs coups. En outre, l'eau de la plupart des lac étant douce et par conséquent plus légère que celle de l'Océan, est aussi plus facilement soulevée, et le vent commence à peine de souffler que déjà la surface du lac se hérisse de lames écumeuses.

Quant aux courants, ils ne peuvent évidemment se développer dans les lacs avec la même régularité que dans les grandes mers ouvertes du pôle à l'équateur ; mais ils ne s'en produisent pas moins partout où il existe une différence sensible de température entre deux régions limitrophes de la surface des eaux. Il y a nécessairement afflux des eaux froides vers les parages du lac où les couches liquides superficielles, échauffées par une cause ou par une autre, sont relativement plus légères et souffrent une plus grande perte par suite de l'évaporation. Outre ces courants latéraux qui sont parfois difficiles à constater, il se produit également, dans les lacs comme dans la mer, des courants d'échange entre la nappe d'eau supérieure et les masses qui se trouvent au-dessous. En outre, tous les fleuves qui traversent un lac ouvert ou qui se jettent dans un lac fermé, comme le Rhône, le Rhin, la Reuss, le Jourdain, y déterminent la formation de courants locaux, de chaque côté desquels l'eau du bassin reflue en sens inverse. Enfin, les bassins lacustres ont aussi leurs marées, bien que ces phénomènes soient en général presque imperceptibles et ne soient révélés que par une longue et attentive série d'observations sur les oscillations du niveau. Dans le lac Michigan, la hauteur du flot de marée s'élève à 7 centimètres environ.

Un des phénomènes les plus curieux des lacs de la zone tempérée du nord et de la zone polaire est celui de la formation des glaces. En hiver, lorsque la nappe d'eau est parfaitement tranquille, les aiguilles de glace, rayonnant les unes des autres sous des angles de 60 et 120 degrés, apparaissent à la surface, puis unissent leur réseau et constituent bientôt une couche unie. Au contraire, quand l'eau est violemment agitée par une tempête, les premières aiguilles de glace, incessamment froissées et refroissées, s'agglomèrent en disques arrondis par le choc, et l'ensemble de la masse congelée finit par offrir une surface rugueuse comme celle des fleuves au courant rapide et tumultueux. En général, la glace des lacs est beaucoup plus régulière et plus transparente que celle des cours d'eau, où le travail de la cristallisation est presque toujours troublé. Lorsqu'on expose un prisme de cette glace pure à l'influence d'un rayon de soleil concentré par une lentille, une multitude de petits corolles à six sépales, disposées autour d'un point brillant, se révèlent soudain dans l'épaisseur du prisme : c'est un des plus charmants spectacles que présente la belle nature au regard de l'observateur[1].

Une fois solidifié dans toute son étendue, le couvercle de glace qui recouvre les eaux ne reste point immobile jusqu'au dégel ; il ne cesse au contraire d'être agité de mouvements divers, suivant l'état de l'atmosphère et les phénomènes qui se passent au-dessous dans la masse liquide. Que la température diminue, et la croûte glacée, grossie aussitôt sur sa face inférieure d'une nouvelle couche plus dilatée que l'eau, doit nécessairement s'exhausser et se courber à la superficie. Que le froid soit moins intense, la croûte solide doit en conséquence s'amincir et se creuser çà et là. Si le niveau du lac s'élève, par suite d'une plus grande abondance d'eau qu'ont apportée les affluents, la voûte de glace est soulevée d'une manière inégale par les nappes liquides qui s'épanchent au-dessous d'elle ; si l'apport des eaux diminue et que la hauteur du lac s'abaisse en conséquence, le couvercle solide cède en même temps à cause de son propre poids et se fendille pour suivre le mouvement descendant des eaux. Enfin, les longues ondulations qui se produisent dans la masse liquide à la suite des chocs reçus à la surface, les grandes quantités d'air qui s'introduisent sous la couche glacée en nappes et en bulles isolées, et jusqu'aux gaz dégagés incessamment par la respiration des poissons, ont pour résultat de soulever diversement la glace. La croûte relativement mince qui sépare les eaux cachées et le grand océan atmosphérique est incessamment sollicitée, tantôt dans un sens, tantôt dans un autre. D'énormes

1. Tyndall, *Glaciers of the Alps*.

crevasses, généralement orientées dans la direction de la plus grande longueur du lac, s'ouvrent tout à coup avec un terrible fracas; le mugissement de l'air, qui pénètre sous la couche glacée ou qui s'en échappe, se mêle au crépitement des cristaux qui se brisent : c'est à la fois le roulement du tonnerre et le bruit de la fusillade. M. Deiche a vu sur la partie du lac de Constance appelée l'Untersee des crevasses de 10 kilomètres de long et de 4 à 5 mètres de large.

C'est dans les grands lacs de l'Amérique du nord et dans ceux de la Sibérie, notamment dans le lac Baikal, que le phénomène de la formation des glaces s'accomplit de la manière la plus grandiose. Pendant trois mois d'hiver, le puissant Baikal, cette mer intérieure, où comme dans l'Océan vivent les phoques et croissent les tiges du corail, se recouvre d'un champ de glace, ayant en certains endroits 2 et 3 mètres d'épaisseur. La vaste nappe des eaux, surface de plus de 3,600 kilomètres carrés, qu'entourent des montagnes hautes comme les Alpes et toutes brillantes de glaciers, n'est plus qu'une masse solide sur laquelle des caravanes de voyageurs se hasardent sans crainte. Parfois, lorsque la glace commence à se former, une tempête soudaine la réduit en fragments qui, sous la pression de nouveaux glaçons amenés par les vagues et les courants, s'empilent les uns sur les autres et se mêlent en une sorte de chaos rappelant les séracs des glaciers alpins. Plus tard, lorsque la lourde carapace recouvre entièrement la mer, elle se fend çà et là, et des sifflements aigus, des craquements sourds, un bruit prolongé de tonnerre, auquel se mêlent d'innombrables crépitements partiels, se font entendre pendant que la glace ploie et se rompt. L'eau jaillit de la fissure en nappes verticales et retombe pour former des bourrelets de glace de chaque côté de la fente, large parfois de plus d'un mètre. Souvent un fragment de la couche brisée s'affaisse au-dessous du niveau général, tandis qu'un autre fragment, pressé dans tous les sens par des masses glacées, se courbe sensiblement vers le milieu. Tous ces mouvements de la croûte solide produisent de longues ondulations dans les eaux qui se trouvent au-dessous. Les voyageurs emportés rapidement dans leurs traîneaux sur la glace du lac sentent distinctement le choc des lames qui viennent frapper le sol frémissant sous leurs pieds. Sur les parois des falaises qui bordent le lac, on aperçoit des amas de flocons solidifiés ressemblant parfois à des cascades : c'est l'écume qui s'est élancée lors de la rupture violente des glaces et qui s'est figée sur les roches avant d'avoir eu le temps de retomber[1]. D'ordinaire, le lac Baikal gèle si rapidement que, d'après le témoignage des indigènes, la glace commencerait par prendre au fond du lac et se détacherait ensuite avec un bruit terrible pour monter à la surface[2] ; mais ce fait, qui ne pourrait avoir lieu si la température de l'eau profonde n'était pas beaucoup plus basse que celle de l'eau superficielle sur laquelle passe le vent glacial, n'a point encore été constaté d'une manière scientifique. Il est au contraire très-probable que l'eau du fond reste toujours liquide, car c'est à 4 degrés centigrades que les molécules aqueuses acquièrent leur plus grande densité et par conséquent leur poids spécifique le plus considérable : en vertu de la pesanteur, ce sont donc les couches dont la température est de 4 degrés qui doivent reposer sur le fond du lac et la glace ne peut se former qu'à la superficie. Les observations directes qu'on a faites sur la température des lacs de la Suisse confirme cette théorie. Dans le Léman, les effets des variations météorologiques ne se font pas sentir au-dessous de 72 mètres, et plus bas, la température constante est de 6°, 6 ; dans le lac de Constance, la température des eaux profondes est

1. Russell-Killough, *Seize mille lieues*.
2. Carl Ritter, *Erdkunde*.

plus basse ; elle y est seulement de 4° 5, et dans le lac de Lucerne, de 4°, 9 : c'est probablement à la chaleur naturelle du sol qu'est dû ce léger excès de chaleur relativement à la température normale de 4 degrés[1]. D'ailleurs, dans les environs de Boston, où tous les petits lacs sont régulièrement exploités pendant l'hiver et fournissent au commerce plus de 200,000 tonnes de glace par an, on n'a jamais remarqué que la couche solide se formât d'abord au fond du bassin.

III.

Lacs régulateurs des fleuves qui les traversent. — Lacs d'eau douce et lacs d'eau salée. — Mer Caspienne.

Les lacs qui reçoivent une quantité d'eau surabondante, et ce sont de beaucoup les plus nombreux, donnent naissance à un fleuve emportant le surplus de la masse liquide déversée dans le bassin par les affluents supérieurs. Les réservoirs lacustres peuvent alors être considérés comme des expansions plus ou moins grandes de la vallée fluviale ; à ce point de vue, le Léman serait le Rhône, devenu cent fois plus large et plus profond ; le lac de Constance serait une immense cuve du Rhin, contenant à elle seule près de cent fois plus d'eau que tout le reste du fleuve. De même les grandes mers intérieures de l'Amérique du nord, le lac Supérieur, le Michigan, le Huron, l'Erie, l'Ontario sont la première partie du cours du Saint-Laurent, ce fleuve si faible relativement aux vastes réservoirs qui l'alimentent.

Ces larges bassins où s'étalent les eaux des rivières avant de reprendre leur cours vers l'Océan, régularisent d'autant mieux le débit de leurs déversoirs, qu'ils s'éten-

1. Buff, *Physik der Erde.*

dent sur des espaces plus considérables. Les inondations les plus fortes des torrents produisent dans les lacs une crue relativement très-lente, parce que l'eau doit s'étaler sur toute la superficie du bassin et perdre en hauteur tout ce qu'elle gagne en largeur. Pendant la saison de la fonte des glaces, c'est-à-dire au printemps et en été, le lac de Genève s'élève en moyenne de 1^{m} 84 au-dessus de l'étiage d'hiver et contient par conséquent une masse surabondante de 1200 millions de mètres cubes. Les jaugeages pratiqués à Genève établissant que le débit du Rhône à la sortie du lac est au maximum de 575 mètres, et les divers affluents du lac donnant plus de 1100 mètres à l'époque de leurs grandes crues, il est évident que le Léman est un véritable régulateur ; il retient au moins la moitié des eaux d'inondation pour les déverser ensuite graduellement lorsque ses tributaires sont rentrés dans leur lit. Il est certain que, grâce à cette régularisation du débit fluvial, les campagnes riveraines du Rhône moyen, de Genève à Lyon, sont comparativement protégées contre les crues. L'équilibre dans le régime du fleuve serait encore bien plus complet si l'on construisait un barrage à Genève pour régler à volonté le débit des eaux[1].

Les lacs traversés par des rivières doivent être presque sans exception des bassins d'eau douce, puisque les particules salines apportées dans le bassin par un ou plusieurs affluents sont entraînées au dehors avec le surplus du liquide. Seuls, les lacs peu étendus que des sources salées alimentent en grande partie épanchent de l'eau saumâtre dans leurs déversoirs. Quant aux bassins fermés, il est évident que les molécules salines apportées par les tributaires du lac ne peuvent s'en échapper et doivent, en conséquence, ou bien se déposer sur les bords, ou bien saturer de plus en plus la masse liquide. A moins de ne

1. L. L. et E. Vallée, *du Barrage de Genève.*

recevoir que des affluents d'eau parfaitement pure de sel, les lacs dépourvus de toute communication avec la mer doivent donc précisément ressembler plus ou moins à l'Océan par la composition de leurs eaux. Presque tous les lacs fermés de la terre roulent des flots salés. Du reste, on le comprend, la proportion du sel varie dans tous ces bassins intérieurs, et la transition est des plus graduelles entre la teneur des eaux dites douces et celle des eaux saumâtres ou salées.

La plus grande mer fermée, la Caspienne, est le reste de cette méditerranée d'Europe, qui s'étendait autrefois du Pont-Euxin à l'océan Glacial. Il est probable que le soulèvement lent du sol de la Sibérie et de la Tartarie aura graduellement séparé la Caspienne du golfe d'Obi et du lac d'Aral, et que plus tard la rupture du Bosphore, en faisant baisser le niveau des eaux de la mer Noire, aura mis à sec l'isthme ponto-caspien que parcourent aujourd'hui les eaux du Manytch. Quoi qu'il en soit, il est certain qu'en restant isolée au milieu des terres, la Caspienne a perdu par l'évaporation une plus grande quantité d'eau que ne lui en apportaient les fleuves tributaires, car elle a peu à peu diminué d'étendue, et son niveau s'est abaissé de plus de 25 mètres au-dessous de celui de la mer Noire. Si la méditerranée Caspienne remplissait de nouveau toute la concavité de son bassin jusqu'à une hauteur correspondante à celle des mers libres, elle inonderait toute la plaine du Volga en aval de Saratov, et s'étendrait sur une superficie de steppes de plusieurs centaines de milliers de kilomètres carrés.

La mer Caspienne se divise en trois parties distinctes. Celle du nord, dont le fond continue la pente presque insensible du steppe, est un grand marécage qui n'offre nulle part plus de 15 ou 16 mètres de profondeur et que plusieurs fleuves travaillent à combler sans relâche de leurs alluvions. Au sud de cette mer des steppes s'étend le bassin de la

Caspienne centrale, que limite au midi la péninsule d'Ap-

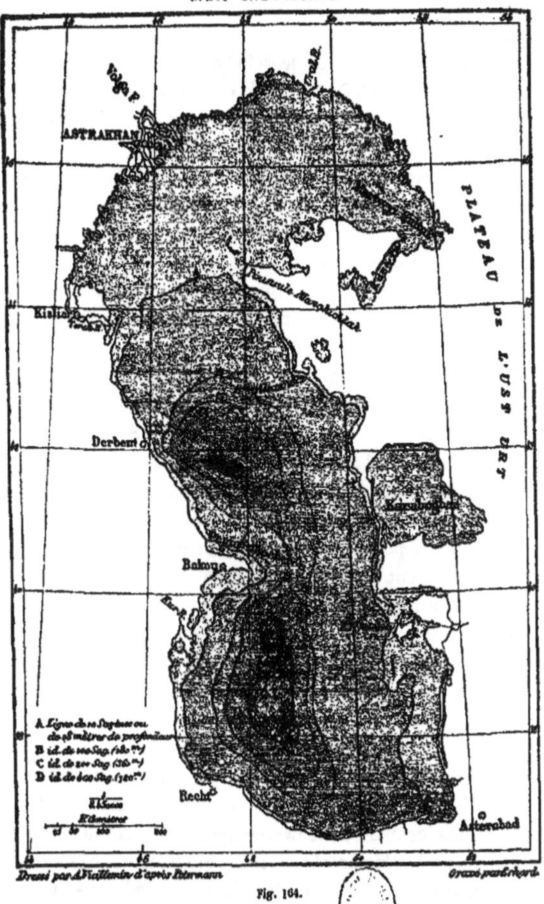

Fig. 164.

chéron, prolongement du Caucase. Le bassin méridional,

entouré en grande partie de hautes montagnes, dont les escarpements se prolongent sous les eaux, est aussi le plus profond : en certains endroits on y a fait des sondages de 540 et de 900 mètres.

La salure de l'eau est très-inégale dans les diverses parties de la Caspienne. Au nord, le Terek, l'Oural et surtout le Volga, apportent à la mer une énorme masse liquide, si bien que la salure totale est seulement de 15 à 16 dix millièmes, et que dans plusieurs stations de poste où manquent les sources, on boit l'eau de la mer sans répugnance et sans danger. Les deux bassins du centre et du midi renferment au contraire une eau tout à fait salée. Il ressort des expériences de M. de Baer que la salure moyenne est d'environ 9 millièmes ; c'est une salure trois fois moindre que celle des eaux de l'océan Atlantique.

La saturation de la mer Caspienne diminue-t-elle pendant le cours des siècles, ou bien est-elle au contraire dans une période d'accroissement? Au premier abord on est tenté d'admettre l'augmentation de salure comme une chose évidente, puisque le terrain des steppes environnants abandonne peu à peu le sel qu'il contient. Les pluies et les eaux de neige, en pénétrant à travers la couche superficielle de sable, entraînent les particules salines et les concentrent dans le sous-sol argileux ; partout où se creusent les ravins si nombreux des steppes, les argiles salines sont à leur tour délayées par les eaux et vont porter leur sel à la mer Caspienne, soit directement, soit par le lit d'un fleuve. Il semble donc que les eaux de la Caspienne devraient offrir une teneur de sel de plus en plus considérable.

Cependant M. de Baer, le savant qui a le mieux étudié cette mer intérieure, ne croit pas à l'augmentation du degré de salure dans les eaux de la Caspienne, et, d'après lui, si la proportion de sel subit un changement quelconque, ce serait une diminution. En effet, dans les plaines abandonnées par la mer, on rencontre çà et là des bancs de coquillages identiquement semblables à ceux qui habitent aujourd'hui la Caspienne. Les dimensions de ces coquillages, toujours proportionnelles à la quantité de sel contenue dans les eaux, doivent indiquer la véritable salure de l'ancienne mer et donner ainsi un point de comparaison. Or, les coquilles que l'on ramasse dans le voisinage du lac d'Elton, à plus de 350 kilomètres du rivage actuel de la mer, sont aussi grosses que celles des mollusques vivant de nos jours en pleine Caspienne, à 100 kilomètres de l'embouchure du Volga. Près d'Astrakhan, où les eaux de la mer, mélangées à celles du fleuve, devaient être comparativement douces, les coquillages laissés par le retrait de la mer indiquent un degré de salure semblable à celui des eaux du bassin central. Bien plus, dans les environs de Baku, sur les flancs des collines qui dominent les flots, on recueille au milieu des rochers des coquilles de mollusques beaucoup plus fortes que celles des êtres de même espèce nageant aujourd'hui dans la mer à quelques dizaines de mètres plus bas. Ce fait suffit à lui seul pour donner une grande probabilité à l'hypothèse de M. de Baer sur la décroissance de la salure dans les eaux de la Caspienne. D'ailleurs, la mer Noire, avec laquelle communiquait autrefois la grande méditerranée russe, renferme proportionnellement deux fois plus de sel.

Comment cette décroissance est-elle possible ? comment le sel apporté par les fleuves et les ruisseaux des steppes peut-il sortir du vaste bassin qui l'a reçu, se séparer de l'eau marine avec laquelle il s'est mélangé? Rien de plus simple : par le mouvement régulier de ses flots, la Caspienne, de même que toutes les autres mers, construit des levées de sable au devant des baies peu profondes de ses rivages et transforme ainsi golfes et criques en lagunes ne recevant plus l'eau marine que par un étroit canal[1]. L'évaporation,

1. Voir, dans le deuxième volume, le chapitre intitulé *les Rivages*.

très-active dans ces parages qu'avoisine le brûlant désert, fait constamment baisser le niveau des bassins, tandis que l'eau de mer, chargée de sel, afflue sans relâche pour établir l'équilibre ; il se forme ainsi de véritables magasins de sel incessamment enrichis. Lorsque, après de fortes tempêtes ou de longues sécheresses, le détroit qui faisait communiquer la mer et la lagune vient enfin à se fermer, la nappe d'eau, complétement isolée, diminue rapidement de superficie ou même se laisse boire par l'atmosphère, et il ne reste plus d'elle qu'une couche de sel plus ou moins épaisse, formée aux dépens de la mer. C'est ainsi que les lagunes reprennent à la Caspienne le sel que les fleuves des steppes lui avaient apporté. Toute la question est de savoir s'il y a égalité entre la recette et la dépense, ou bien si, conformément à la théorie de M. de Baer, la déperdition de sel est plus considérable que le gain. Une longue série d'observations rigoureuses pourra seule résoudre ce problème.

On peut étudier la formation de ces réservoirs salins sur tout le pourtour de la Caspienne. Une ancienne baie, située non loin de Novo-Petrosk, sur la côte orientale, est aujourd'hui divisée en un grand nombre de bassins qui présentent tous les degrés de concentration saline. L'un reçoit encore de temps en temps les eaux de la mer et n'a déposé sur ses bords qu'une très-mince couche de sel ; un deuxième, également rempli d'eau, a le fond caché par une épaisse croûte de cristaux roses semblable à un pavé de marbre ; un troisième offre une masse compacte de sel où brillent çà et là des flaques d'eau situées à plus d'un mètre au-dessous du niveau de la mer ; un autre enfin a perdu par l'évaporation toute l'eau qui le remplissait jadis, et les strates de sel qui en tapissent le fond sont en partie recouvertes par les sables. Il en est de même plus au sud, dans les environs de la baie d'Alexandre, et tout à fait à l'extrémité du bassin septentrional, là ou s'allonge le bras de mer connu sous le nom de Karasu (eau noire). La salure du Karasu dépasse celle du golfe de Suez, la plus salée de toutes les mers qui communiquent avec l'Océan : dans cette partie de la Caspienne, la proportion de sel marin s'élève à près de 4 centièmes, et tous les sels réunis forment environ les 57 millièmes de l'eau ; c'est dire que la vie animale doit y être presque, sinon tout à fait supprimée.

Des milliers de ces baies et lagunes où s'emmagasinent les sels de la Caspienne, aucune n'est plus remarquable que le Karaboghaz, espèce de mer intérieure qui réunissait probablement la mer d'Hyrcanie au lac d'Aral, et dans laquelle se jetait peut-être l'Oxus, lorsqu'il était encore tributaire de la Caspienne. Ce vaste golfe communique avec la mer par une bouche étroite qui, dans sa partie la plus resserrée, a de 140 à 150 mètres de largeur, et dont la barre ne laisse entrer que les bateaux d'un tirant d'eau d'un mètre et demi. Un courant venu de la haute mer se porte toujours à travers le détroit avec une rapidité de trois nœuds à l'heure. Les vents d'ouest l'accélèrent, les vents qui soufflent dans une direction opposée le retardent, mais jamais il ne coule avec une vitesse moindre d'un nœud et demi. Tous les navigateurs de la Caspienne, tous les Turkmènes nomades qui errent sur ses bords, ont été frappés de la marche inflexible, inexorable de ce fleuve d'eau salée roulant, à travers les écueils, vers un golfe où récemment encore n'avaient jamais osé se hasarder les embarcations. Pour les indigènes, que pouvait être cette mer intérieure, sinon un abîme, un *gouffre noir*, ainsi que le dit le nom de Karaboghaz, où plongeraient les eaux de la Caspienne pour se rendre dans le golfe Persique ou dans la mer Noire par des canaux souterrains? Peut-être est-ce à de vagues rumeurs sur l'existence du Karaboghaz qu'il faut attribuer les assertions d'Aristote au sujet de ces étranges gouffres du Pont-Euxin où venaient bouillonner les eaux de la mer d'Hyrcanie après avoir coulé pendant des centaines de lieues dans les régions des Enfers.

L'existence de ce courant, qui porte les flots salés de la Caspienne au vaste golfe de Karaboghaz, s'explique aujourd'hui de la manière la plus satisfaisante. Dans ce bassin exposé à tous les vents et à des chaleurs estivales très-intenses, l'évaporation est considérable, la nappe d'eau s'amincit constamment, et le déficit ne peut être réparé que par des afflux d'eau continuels. Des recherches, très-faciles à établir dans le chenal étroit et peu profond du Karaboghaz, n'ont pu faire constater l'existence d'un contre-courant sous-marin ramenant à la Caspienne les eaux plus salées du golfe : il est donc très-probable que ce bassin intérieur ne rend qu'à l'atmosphère l'eau apportée par le courant caspien ; mais en laissant évaporer ses eaux, l'immense marais garde le sel : il le concentre, il s'en sature chaque jour davantage. Déjà, dit-on, aucun animal ne peut y vivre ; les phoques, qui le visitaient autrefois, ne s'y montrent plus aujourd'hui ; ses rivages mêmes sont dépourvus de toute végétation. Des couches de sel commencent à se déposer sur la vase du fond, et la sonde, à peine retirée de l'eau, se recouvre de cristaux salins. M. de Baer a voulu calculer approximativement la quantité de sel dont s'appauvrissait chaque jour la Caspienne au profit du Gouffre-Noir. En ne prenant que les chiffres les moins élevés pour le degré de salure des eaux caspiennes, la largeur et la profondeur du détroit, la vitesse du courant, il a prouvé que le Karaboghaz reçoit chaque jour 350,000 tonnes de sel, c'est-à-dire autant qu'on en consomme dans tout l'empire russe pendant six mois. Qu'à la suite de tempêtes violentes ou par une lente action de la mer, la barre se ferme entre la Caspienne et le Karaboghaz, celui-ci diminuera promptement d'étendue, ses bords se transformeront en immenses champs de sel, et la nappe d'eau qui restera au centre du bassin ne sera plus qu'un marécage. Peut-être même disparaîtra-t-elle en entier, comme cette mer qui se trouvait entre le lac Elton et le fleuve Oural, et dont l'ancienne existence est révélée seulement par une dépression de 24 mètres au-dessous du niveau de la Caspienne, de 46 mètres au-dessous de la mer Noire. Comme un arbre qui laisse tomber ses fruits sur le sol, la méditerranée russe détache de son sein les baies et les golfes de ses rivages et les éparpille dans le steppe sous forme de lacs et d'étangs.

Les observations comparatives faites sur le niveau moyen de la mer Caspienne ne sont pas encore assez nombreuses pour qu'il soit permis d'admettre comme prouvée, avec certains géographes, une diminution constante des eaux dans cette mer intérieure. On ignore également jusqu'à quel point est fondée l'opinion des riverains que rapporte Humboldt dans l'*Asie Centrale* et d'après laquelle la mer Caspienne éprouverait une succession de crues et de retraits correspondant à une période de vingt-cinq à trente-quatre ans. Toutefois il semble probable que les oscillations de niveau sont peu importantes et que la quantité d'eau enlevée par l'évaporation est en moyenne exactement remplacée par la masse liquide due aux fleuves et à la pluie. L'équilibre s'est à peu près établi entre les apports et les pertes.

Ce qui est certain, c'est qu'à l'époque où la mer Caspienne se sépara du Pont-Euxin, son niveau s'abaissa d'une manière relativement assez rapide par suite de l'excès de l'évaporation. On voit la preuve de ce fait sur les flancs des rochers que battaient autrefois les vagues de la Caspienne. A la hauteur de 20 et 25 mètres au-dessus du niveau actuel des eaux, ces anciens écueils ont été déchiquetés en tours, en dents, en aiguilles ; plus bas, au contraire, les roches ne portent aucune trace de l'action érosive des eaux, évidemment parce que le niveau de la mer a baissé trop rapidement pour laisser aux flots le temps d'attaquer les murailles de falaises.

Les innombrables indentations qui découpent les riva-

Gravé par Erhard. d'après Bergsträsser.

1 / 1.126.000

Kilomètres.

0 10 25 50

ges entre les bouches du Kouma et celles de l'Oural, et principalement au sud du Volga, sont un autre témoignage frappant de la rapidité avec laquelle a dû baisser le niveau de la Caspienne après l'émersion du seuil de l'isthme du Manytch. Sur un espace de plus de 400 kilomètres, le littoral, coupé de canaux très-étroits et longs de 20, 30, 40 et même 50 kilomètres, projette dans la mer une multitude de presqu'îles, qui se continuent jusqu'à une grande distance dans les eaux par des îles également disposées en rangées parallèles et séparées par de longs détroits ; ces langues de terre forment des espèces de chaînons qu'interrompent çà et là les eaux de la mer, et qui s'abaissent par chutes successives d'île en îlot et d'îlot en bas-fond. Les milliers de canaux qui séparent ces étroites levées de terre sont un immense dédale inexploré même des pêcheurs ; les cartes les plus détaillées peuvent seules donner une idée de cet étrange fourmillement d'îles, d'îlots, de canaux et de baies.

Les *bugors* ou monticules en chaînons qui se prolongent entre les baies parallèles pour aller se rattacher dans l'intérieur des terres au sol uniforme des steppes, sont en général très-étroits, tandis que leur longueur varie de 300 mètres à 5 et même 7 kilomètres ; ils s'élèvent d'ordinaire à la modeste hauteur de 8 ou 10 mètres, mais il en existe aussi qui atteignent une élévation presque double. Vu d'un ballon, l'ensemble des bugors doit rappeler une campagne marécageuse labourée par une gigantesque charrue. Immédiatement à l'ouest du Volga, les *limans*, ou sillons qui séparent les bugors, sont toujours changés en rivières. Pendant les inondations du fleuve, le courant déverse dans ces canaux le trop-plein de ses eaux chargées d'argile ; puis, après la fin de la crue, la mer y pénètre à son tour : il se produit ainsi dans les eaux de cette région des bugors un mouvement incessant de va-et-vient entre la mer et le Volga. Plus au sud, les vallées étroites des limans, étant moins souvent remplies par les eaux d'inondation, n'offrent point en général de nappe continue, mais seulement une chaîne de lacs séparés les uns des autres par des isthmes sablonneux.

Si l'on compare l'ensemble de ces rangées de monticules à une bordure de franges attachée au continent, on voit que ces franges s'étalent un peu en éventail, d'un côté vers le nord, de l'autre vers le sud. Elles sont toutes comme les extrémités de rayons partant d'un centre commun qui se trouverait dans la dépression du Manytch, sur le seuil qui sépare les versants des deux mers. Comment s'expliquer cette disposition, sinon par la dénivellation rapide de la Caspienne creusant à travers le sol meuble ces étroits sillons qui nous étonnent? C'est ainsi que, sur les rivages boueux d'un bassin de retenue dont on lève la vanne, se creusent immédiatement de petits limans séparés par des bugors en miniature. Un fait très-remarquable, et qui confirme encore le résultat des recherches de M. de Baer, c'est que tous les bugors du littoral de la Caspienne sont stratifiés et que leurs courbes superposées affectent la forme de voûtes concentriques. Les strates les plus fortement argileuses sont pour ainsi dire les noyaux autour desquels se sont déposées les terres plus mélangées de sable. Cette distribution des couches est due à l'action des courants d'eau qui donnèrent aux bugors leur apparence actuelle. On comprend en effet que les couches d'argile et de sable, minées latéralement par les eaux descendantes, se soient inclinées de côté et d'autre vers les courants qui baignaient leurs bases : de là ces stratifications en forme de coupoles.

IV.

La mer Morte. — Les lacs salins de l'Asie Mineure et des steppes russes. Le grand Lac Salé. — Le Melr'ir.

Si la Caspienne est la plus grande de toutes les mers intérieures, le lac Asphaltite en est à certains égards la plus curieuse, à cause de sa position dans une profonde fissure

LA MER MORTE ET LE JOURDAIN

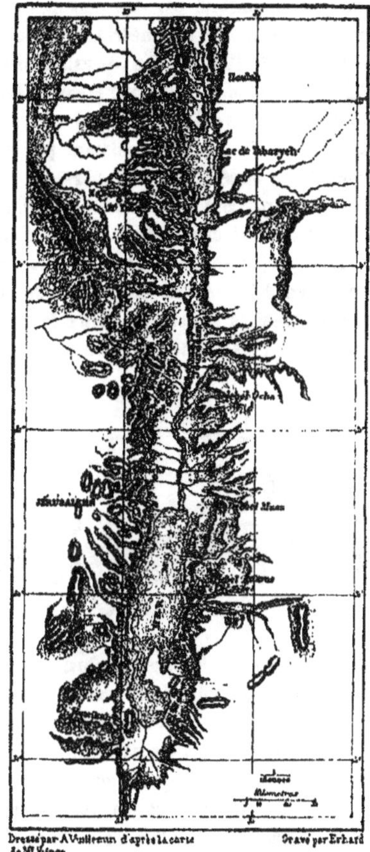

Dressé par A. Vuillemin d'après la carte de Mr Vignes — Gravé par Erhard

Fig. 163.

de la terre, à plusieurs centaines de mètres au-dessous du

niveau de la Méditerranée. Depuis que Schubert découvrit au commencement du siècle cet exemple unique d'une pareille dépression, on a constaté par des mesures exactes que sur un espace de près de 300 kilomètres, toute la vallée remontant vers la base de l'Anti-Liban, parallèlement au littoral de la Palestine, est plus basse que l'Océan. En aval du petit lac Houleh, le fleuve Jourdain, qui parcourt la vallée, coule dans une cavité s'approfondissant par degrés rapides au-dessous de la ligne idéale des mers. Le niveau du lac Asphaltite, où se perdent les eaux du fleuve, est de 392 mètres inférieur à celui des océans. La plus grande profondeur constatée par la sonde dépasse 300 mètres et se trouve par conséquent à 700 mètres au-dessous du niveau de la Méditerranée. Ainsi la dépression dans laquelle va se jeter le Jourdain est plus creuse que ne le sont dans

Fig. 166. Coupe de la Palestine de l'ouest à l'est.

toute leur étendue la mer Adriatique et plusieurs autres bassins maritimes en communication avec l'Océan. Du reste, le lac Asphaltite ne mérite pas seulement le nom de mer à cause de sa profondeur et de sa forte salure; il a aussi son courant principal, se dirigeant du nord au midi en continuant le cours du Jourdain, et ses contre-courants, refluant à droite et à gauche parallèlement au littoral[1]. La surface de la mer Morte dépasse 1,200 kilomètres carrés;

1. Vignes, *Voyage d'exploration à la mer Morte.*

mais, ainsi que le prouvent les assises horizontales de marnes gypseuses et les couches de sel déposées en étages sur les pentes des montagnes environnantes, le niveau du lac était autrefois beaucoup plus élevé qu'il ne l'est aujourd'hui [1] et probablement les eaux remplissaient tout l'espace allongé compris entre le pied de l'Anti-Liban et le seuil d'Arabah, au nord de la mer Rouge. Le dessèchement de l'ancienne mer du Sahara, ayant pour conséquence la diminution des pluies et l'accroissement de l'évaporation, est peut-être la cause qui aura fait baisser graduellement de siècle en siècle cette ancienne mer, appelée aujourd'hui si justement mer Morte.

En effet, le paysage offre bien l'aspect de la mort. Les rochers sont nus, les rivages sont arides sur presque tous les points, les eaux elles-mêmes nourrissent à peine quelques êtres vivants de l'ordre le plus inférieur : les poissons, les crustacés, les insectes transportés par le Jourdain et les torrents des montagnes environnantes meurent aussitôt ; les plantes aquatiques ne peuvent germer. Au large de l'embouchure d'un ruisseau, le lac Ouady-Mojeb, de petits poissons sont entraînés jusqu'à un endroit du lac où la densité de l'eau est de 1,115; mais au delà, ils périssent inévitablement ; les seuls animaux que l'on ait trouvés dans la vase du fond sont des espèces de foraminifères classées par le micrographe Ehrenberg. On attribuait jadis cette absence presque complète d'organismes vivants à l'énorme proportion de sel marin qui se trouve dans les eaux de la mer Morte. Cette proportion est en effet très-considérable, puisqu'elle est deux fois plus forte que dans la Méditerranée; mais il existe sur le bord du lac un petit étang dont l'eau n'est pas moins salée que celle de la mer Morte, et pourtant il y vit une grande quantité de petits poissons, que tue immédiatement une immersion de quelques instants dans le lac

1. Lartet, *Bulletin de la Société de Géologie*, tome XXII.

Asphaltite[1]. Ce sont donc probablement le chlorure de magnésium et le brôme qui rendent les eaux de cette mer intérieure complétement impropres à la vie animale.

Les analyses chimiques ont révélé que les matières contenues dans la mer Morte diffèrent beaucoup de celles des eaux marines, non-seulement en proportion, mais également en nombre. Ainsi le chlorure de magnésium se trouve dans ce lac en beaucoup plus grande abondance que le sel marin lui-même; la proportion de brome est aussi des plus extraordinaires, puisqu'elle varie de moins d'un gramme à plus de 67 grammes par kilogramme d'eau. En revanche, l'iode, ce corps dont la présence est si caractéristique dans les eaux de l'Océan, paraît manquer complétement dans la mer Morte : on n'y trouve pas davantage le phosphore, l'argent, le cæsium, le rubidium et le lithium. On doit en conclure que le lac Asphaltite n'a, depuis sa formation, jamais fait partie de la mer et qu'il n'est point, ainsi qu'on l'avait longtemps supposé, un ancien prolongement de la mer Rouge, séparé du reste de ce golfe par le soulèvement du seuil d'Arabah. Du reste, Ehrenberg en était déjà venu à cette conclusion en reconnaissant que pas un des foraminifères trouvés dans la vase de la mer Morte n'appartient aux espèces découvertes dans la mer Rouge. M. Lartet pense que les substances chimiques contenues dans l'eau du lac Asphaltite proviennent des sources thermales jaillissant sur les bords et surtout au fond du lac : ce qui tend à confirmer cette hypothèse, c'est que la quantité de brome augmente avec la profondeur de l'eau : c'est à 300 mètres de la surface qu'on a trouvé la plus forte proportion de cette substance. C'est également des sources du fond que proviennent les fragments de bitume qui flottent à la surface de l'eau et qui ont fait donner au bassin le nom de lac Asphaltite. Quant à la salure proprement dite,

1. Lartet, *Bulletin de la Société de Géologie*, tome XXIII.

elle a dû naturellement s'accroître par la concentration graduelle des eaux. Lorsque celles-ci s'étendaient sur une surface de pays plus grande, la proportion de sel marin en dissolution dans la masse liquide devait être beaucoup moindre. En se retirant, la mer laisse, il est vrai, des sédiments salins ; mais ces sédiments lui sont rapportés en partie par les torrents et par le Jourdain lui-même, qui déverse dans le lac environ 69 mètres cubes d'eau par seconde (?) contenant 60 litres de sel marin. Actuellement, l'eau de la mer Morte, dont le poids spécifique est en certains endroits de 1,230 et de 1,250, est presque arrivée au point de saturation; elle laisse déposer sur le fond des cristaux salins et ne dissout que bien faiblement la base d'une falaise de sel gemme qui la domine du côté de l'ouest.

Tous les grands lacs de l'Asie Mineure, situés à des altitudes diverses entre les deux dépressions de la mer Morte et de la Caspienne, sont également riches en substances chimiques. Le lac Van, qui couvre une superficie de 4,000 kilomètres carrés, contient surtout du sulfate de soude, qui, pendant la saison des sécheresses, alors que les eaux sont basses, tue tous les poissons apportés par les torrents tributaires. Le lac d'Ourmiah, encore plus vaste que celui de Van, est principalement remarquable par l'énorme quantité de sel marin qu'il tient en solution : sous ce rapport, il est égalé seulement par les lagunes des déserts et des steppes où le sel est tellement concentré qu'il se dépose sur le fond en couches épaisses. Tel est le lac Elton, au nord-ouest de la Caspienne. Le lit de cette nappe d'eau consiste en puissantes assises de sel auxquelles vient chaque année s'ajouter un nouveau sédiment. En hiver, les ruisseaux qui débouchent dans ce petit bassin fermé apportent une certaine quantité de saumure qui s'évapore ensuite pendant les chaleurs en laissant sur le sol une couche de cristaux de plusieurs centimètres d'épaisseur. En été, lorsque les plages restent à découvert, on les voit s'étendre à perte de vue comme un immense champ de neige. Tous les ans, on extrait du lac d'Elton plus d'un million de quintaux métriques de sel, et cependant la teneur de ses eaux n'a point diminué d'une manière appréciable.

Le Grand-Lac Salé d'Amérique est une autre mer Morte, dans laquelle se jette un autre Jourdain, et par une étrange coïncidence historique, c'est précisément sur ses bords que sont venus s'établir ces Mormons qui se disent les héritiers des Juifs et le peuple élu du nouveau monde. Cette mer intérieure, dont la vraie forme n'est connue que depuis 1850, grâce aux explorations de Stansbury, est l'une des nappes lacustres les plus remarquables de la terre; elle n'a pas moins de 400 kilomètres de tour, mais sa profondeur, peu considérable, ne dépasse pas 10 mètres. En moyenne, elle n'est que de 2 mètres environ.

Le degré de salure du Grand-Lac varie suivant les saisons, la durée des pluies ou des sécheresses; mais il est toujours beaucoup plus fort que celui de l'Océan. Par un beau temps, on pourrait s'endormir sur les flots du lac sans crainte de se noyer; cependant il est très-difficile de nager à cause des efforts qu'on est obligé de faire pour maintenir ses jambes au-dessous de la surface. Une simple gouttelette tombée dans l'œil fait cruellement souffrir, et l'eau ingurgitée détermine des accès de toux spasmodiques. Stansbury doute que le nageur le plus expérimenté pût éviter la mort, s'il était exposé loin du rivage à la violence des vagues et du vent. Bien que le Grand-Lac renferme seulement en très-faible proportion les sels si contraires à la vie animale qui se trouvent dans la mer Morte, cependant on n'y voit ni poissons ni mollusques; la vie n'y est représentée que par une algue de la tribu des nostochs et par un petit ver qui fouille çà et là le sable des plages. Les truites entraînées dans ses eaux par le Jourdain périssent aussitôt. En revanche, la surface du lac donne l'hospitalité à d'innombrables bandes de mouettes, d'oies sauvages, de cygnes et de canards. Des armées de petits pélicans, gardés par de vieux surveillants éclopés, contemplent les flots du haut de toutes les corniches de rochers, tandis que les parents vont à la pêche dans les rivières poissonneuses de l'Ours, du Weber ou du Jourdain. Aucun arbre ne croît sur les bords du lac ni dans les plaines adjacentes : on n'aperçoit au loin que des touffes d'armoise et d'autres plantes qui se plaisent dans le sol imprégné de substances salines.

La ligne de séparation entre l'eau et la terre est le plus souvent indécise ; on ne sait où commence la plage, où finit le lac, tant la rive offre de bancs vaseux sur lesquels l'eau s'étale en minces nappes et promène son écume floconneuse. Au delà, la boue des plages se dessèche au soleil et s'écaille en feuillets qui ont l'apparence du cuir ; des miasmes sulfureux s'échappent des lézardes du sol et répandent dans l'air une odeur intolérable. Du côté de l'ouest, de vastes plaines, presque aussi unies que la surface de l'eau, s'étendent entre le lac et une rangée de montagnes éloignées. Pendant quelques mois d'été, ces plaines, que traversent des ruisseaux saturés de substances chimiques, se couvrent d'une immense nappe de sel cristallin que fendillent d'innombrables rides produites par la contraction du sol. Dès que la pluie tombe, ou même simplement lorsque l'air se charge d'humidité, le sel devient déliquescent, et l'on ne voit plus qu'une étendue d'argile noirâtre où les bêtes de somme enfoncent à chaque pas.

Jadis le Grand-Lac Salé, comme toutes les autres mers intérieures saturées de sel, s'étendait sur une superficie beaucoup plus considérable. Les bassins parallèles du plateau d'Utah, les vallées latérales qui viennent y aboutir, étaient autant de golfes, de baies et de détroits de la mer intérieure. Partout on aperçoit, à une grande hauteur au-dessus du niveau actuel du lac, d'anciennes plages d'alluvions et des falaises entourant les vallées de leurs anneaux concentriques tracés sur les flancs des montagnes. Même dans les plaines éloignées dont la surface offre une mince couche de terre végétale, le sous-sol est l'argile du lac saturée de sel marin et de sulfate de chaux et de magnésie. Aussi l'agriculture est-elle presque impossible sur ces anciens fonds lacustres. Dans les premières années de la colonisation, la terre humide et vierge encore produisait quelques récoltes; mais, depuis, la terre végétale a perdu ses éléments nutritifs, et le sous-sol argileux, se trouvant en contact avec les racines des plantes, les a brûlées par son âcre vertu.

C'est par des causes semblables à celles qui ont amené le rétrécissement de la mer Caspienne et de la mer Morte que les eaux du lac d'Utah ont constamment diminué et se sont saturées d'une aussi énorme quantité de sel. Le Grand-Bassin est séparé du Pacifique par de hautes montagnes de formation relativement récente qui arrêtent les nuées au passage et ne leur permettent pas de déverser l'humidité marine sur le plateau. En revanche, l'évaporation est très-forte sur ces hautes plaines rocheuses et dénudées, et les vents qui les parcourent n'ont que de faibles barrières à traverser pour emporter les vapeurs en dehors du bassin d'Utah. Par suite de cette déperdition constante, le niveau du Grand-Lac s'est abaissé, les torrents se sont desséchés, les sources ont tari, le sel s'est concentré de plus en plus dans les eaux. Il est probable que de nos jours, l'équilibre s'est enfin établi entre le tribut annuel des neiges et des pluies et les vapeurs qui s'élèvent de la surface du lac amoindri. Depuis l'établissement des Mormons dans le territoire d'Utah, le niveau du lac s'est exhaussé et déprimé tour à tour[1].

Les phénomènes divers qui s'accomplissent dans les eaux du Grand-Lac Salé, de même que dans celles de la Caspienne, du lac d'Ourmiah, de la mer Morte, se produisent également dans une foule d'autres bassins lacustres

1. Fremont; Stansbury; Jules Remy; Engelmann.

moins importants, avec toutes les variations causées par la différence des climats, la nature du sol, la composition de l'eau. Seulement, un grand nombre de ces lacs se trouvant dans les régions privées de pluie, et devant leur salure à la forte évaporation qui a fait disparaître une partie de leurs eaux, sont, par suite de cet amoindrissement, d'une très-faible étendue et se changent en lagunes et en marécages. Parfois même ils se réduisent à des surfaces alternativement boueuses et blanches de sel, selon qu'elles ont été humectées par quelques pluies accidentelles ou desséchées par les rayons solaires. Comme type de ces étendues salées, on peut donner les steppes du Huiduck, dans l'isthme Ponto-Caspien, et le Chott Melr'ir, ensemble de marécages qui se pro-

LACS DU HUIDUCK

Gravé par Erhard.

Fig. 167.

longe de l'ouest à l'est sur une longueur de plus de 300 kilomètres, au sud du Djebel-Aouress, et qui communiquait autrefois avec le golfe de la Grande-Syrte par le détroit de Gabès, actuellement obstrué de sables[1]. Ces marécages, séparés les uns des autres par des isthmes et des îlots de terre sèche, s'étendent à des niveaux inégaux, à 29, 36, 39, 65, 76 et même 85 mètres au-dessous de la mer[2]. Pendant les pluies, ce sont des nappes d'eau peu profondes qui s'étalent au loin dans les plaines; pendant les sécheresses, ce sont des champs de sel sur lesquels se joue le mirage.

1. Voir, ci-dessous, le chapitre intitulé *Soulèvements et Dépressions*.
2. Dubocq, *Mémoire sur le Ziban et l'Oued-R'ir*.

V.

Marais. — *Swamps* de l'Amérique du nord. — Tourbières. — Insalubrité des marécages.

Les marais proprement dits sont des lacs peu profonds dont les eaux stagnantes ou animées d'un très-faible courant sont, du moins dans la zone tempérée, remplies de joncs, de roseaux, de carex, et souvent bordées d'arbres aimant à plonger leurs racines dans un sol boueux. Sous la zone tropicale, un grand nombre de marais sont entièrement cachés par des multitudes de plantes ou par des forêts d'arbres dont les troncs pressés laissent voir çà et là l'eau noire et dormante. De pareils marais sont inaccessibles aux voyageurs, si ce n'est là où quelque profond canal, serpentant au milieu du chaos de verdure, permet aux barques de s'aventurer entre les nénuphars ou sous une avenue de grands arbres balançant dans l'ombre leurs guirlandes de lianes. Du reste, sous toutes les zones, il serait impossible d'indiquer une limite, même des plus vagues, entre les lacs et les marais, puisque le niveau de ces nappes d'eau, oscille suivant les saisons et les années, et que la plupart des lacs, principalement ceux des plaines, se terminent par des baies peu profondes qui sont de véritables marais. Certains bassins lacustres très-importants, entr'autres le lac Tsad, l'un des plus considérables de toute l'Afrique, sont entièrement environnés de marécages et de terrains inondés défendant l'accès du lac proprement dit et ne permettant pas d'en connaître les vraies dimensions.

De même plusieurs fleuves traversent dans une partie de leur cours des régions basses où se forment des marais, soit temporaires, soit permanents, dont les limites indécises changent incessamment avec le niveau du courant. C'est principalement aux bords des grands cours d'eau encore laissés à l'état de nature que l'on peut voir de ces réservoirs marécageux, qui, en l'absence de bassins et de déversoirs artificiels, ont une si grande importance pour la régularisation du débit fluvial [1]. Les marais les plus remarquables de ce genre sont peut-être ceux que traversent le Paraguay et plusieurs de ses affluents ; ce sont des prairies mouillées et d'interminables nappes d'eau qui s'étendent comme une mer de l'horizon à l'autre. On leur donne le nom de lac de Xarayes, de Pantanal et d'autres encore. Plus

LES SALINES DU PARAGUAY

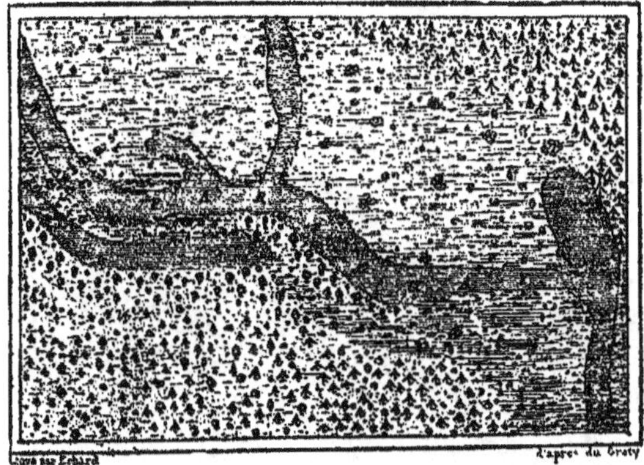

Fig. 108.

au sud, certains tributaires du Parana, la Maloya, le Batel, le Sarandi, qui traversent du nord-est au sud-ouest l'état de Corrientes, ne sont même que de larges marécages dont l'eau s'épanche lentement à travers les herbes sur la déclivité insensible du territoire. Il est même un de ces marais, la Laguna Bera, qui s'égoutte à la fois dans les deux grands fleuves le Parana et l'Uruguay. Toutefois ces inonda-

1. Voir ci-dessus, page 460.

tions permanentes ne peuvent manquer de disparaître tôt ou tard devant les empiétements de la culture.

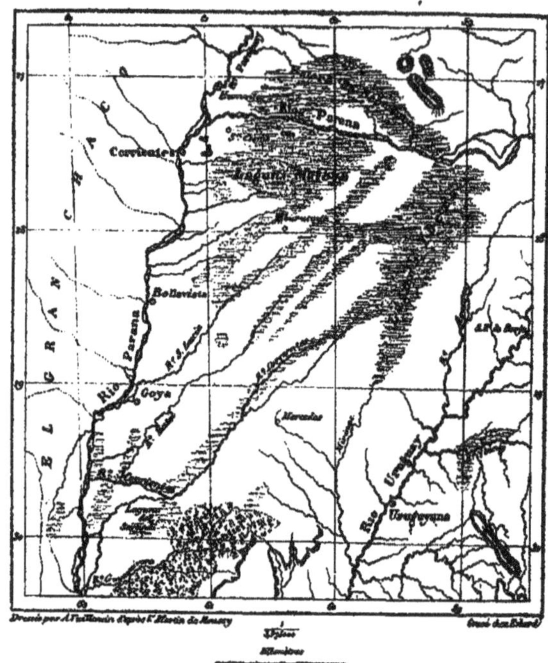

Fig. 109. Les marais de Corrientes.

Si les rives basses des fleuves sont fréquemment changées en marécages, les côtes faiblement inclinées de l'Océan sont aussi recouvertes, sur de vastes étendues, de marais que séparent en général de la haute mer des flèches de sable peu à peu élevées par les vagues[1]. Dans ces marais qui,

1. Voir, dans le deuxième volume, le chapitre intitulé *les Rivages*.

pour la plupart, firent autrefois partie de la mer et qui en dessinent encore les anciens contours, l'eau présente en teneur saline les proportions les plus diverses. Tandis que dans certains lieux où l'évaporation est très-active la couche liquide est beaucoup plus salée que la mer elle-même, sur d'autres points, le marécage, alimenté par les eaux douces venues de l'intérieur, est à peine saumâtre; du reste, la salure de l'eau change constamment dans toutes les parties des marais suivant les alternatives du flux et du reflux, des pluies et des sécheresses. Ces anciennes baies, rarement assez profondes pour que les grands navires puissent y voguer, sont d'ordinaire envahies sur leurs bords par une végétation des plus actives. La rive travaille sans cesse à les rétrécir au profit des continents.

Les côtes qui entourent la mer des Antilles et le golfe du Mexique, de même que les rives atlantiques de l'Amérique du nord, de la pointe de la Floride à l'entrée de la Chesapeake, sont bordées d'un très-grand nombre de marécages marins formant une série continue sur des centaines et des milliers de kilomètres de longueur. Dans cette immense série de marais côtiers, on peut observer tous les genres de végétation qui marchent à la conquête de la vase et de l'eau pour les transformer en terre ferme. Au sud, sur les rivages de la Colombie et de l'Amérique centrale, ce sont les mangliers, les palétuviers et autres arbres d'espèces analogues qui plongent dans la boue les pointes terminales de leurs racines aériennes entrecroisées en arcades et qui retiennent tous les débris de plantes et d'animaux sous l'inextricable lacis de leurs échafaudages naturels. Sur le littoral du golfe du Mexique, en Louisiane, dans la Georgie, dans la Floride, s'étendent les « cyprières » (*cypress-swamps*) ou forêts de « cypres » (*cupressus disticha*), ces arbres étranges dont les racines, enfouies en entier, projettent au-dessus de la couche d'eau qui recouvre le sol des multitudes de petits cônes chargés d'absorber l'air. Sur des millions d'hectares, presque toute la zone marécageuse du littoral n'est qu'une immense cyprière aux arbres presque dégarnis de feuilles et laissant flotter au vent leurs longues chevelures de mousse : çà et là, les arbres et le sol boueux font place à des baies, à des lacs, ou bien à des prairies tremblantes formées d'un tapis d'herbages reposant sur un sol toujours fangeux ou même sur des eaux cachées. Au Brésil, où ces couches élastiques de plantes se rencontrent fréquemment, on leur donne le nom significatif de *tremendal;* en Irlande, ce sont les *shaking-bogs*. Le moindre mouvement du voyageur qui s'y risque fait trembler le sol à plusieurs mètres de distance.

Au nord de la Floride, dans les Carolines et la Virginie, la zone des cyprières se continue; mais, par suite du changement de climat et de végétation, les prairies tremblantes se transforment graduellement en tourbières. L'évaporation étant beaucoup moins active dans ces contrées que dans les pays situés plus au sud, et les sécheresses y étant beaucoup moins prolongées, l'eau de pluie et l'inondation séjournent, comme dans les pores d'une immense éponge, dans tous les interstices de la masse enchevêtrée des mousses, des sphaignes, des conferves et autres plantes aquatiques. Le marais tout entier se gonfle vers le centre, parce que les gouttelettes, divisées par les innombrables tiges, ne peuvent s'épancher latéralement et sont attirées par la capillarité dans les nouvelles couches de plantes qui se forment au-dessus des plus anciennes. La surface du marécage est incessamment rajeunie par un tapis d'herbes verdoyantes, tandis que, dans les profondeurs, les plantes mortes et privées d'air se carbonisent lentement dans l'humidité qui les entoure : ce sont des lits de tourbe qui se forment sur le sol comme se sont formées les couches de houille dans les époques géologiques antérieures.

Du côté du sud, la première grande tourbière bien caractérisée est le *Dismal Swamp* (marais sinistre), qui s'étend sur les frontières de la Caroline du Nord et de la Virginie :

cette masse spongieuse de végétation s'élève de 8 mètres au-dessus des terres environnantes. Au centre, et pour ainsi dire sur la cime du marais, s'est formé le lac Drummond, dont l'eau claire est colorée en rouge-brun par le tannin des plantes. Un canal, qui traverse le Dismal Swamp pour le mettre en communication avec les rivières voisines, est obligé de gravir, au moyen d'écluses, les rampes du marécage. Au nord de la Virginie, les tourbières proprement dites deviennent de plus en plus nombreuses, et dans le Canada, le Labrador et le reste de la Nouvelle-Bretagne elles recouvrent de vastes étendues de pays. Tout l'intérieur de l'île de Terre-Neuve, au dedans de l'enceinte que constituent les forêts du littoral, n'est qu'un labyrinthe, en grande partie inconnu, de lacs et de tourbières; même sur les flancs des collines, on aperçoit de ces marécages fortement inclinés dont l'eau disparaîtrait comme un torrent si elle n'était arrêtée par le tapis épais des plantes qu'elle sature. Telle grande tourbière où l'on peut se promener à pied sec renferme plus d'eau que bien des lacs emplissant un creux de vallée de leurs eaux profondes.

Vis-à-vis de Terre-Neuve, de l'autre côté de l'Atlantique, l'Irlande n'est guère moins remarquable par l'énorme développement de ses tourbières ou *bogs*. Ces prairies de plantes noyées, où domine le *sphagnum palustre*, comprennent plus d'un million d'hectares, la septième partie de l'île entière. On ne cesse d'en extraire, chaque année, des quantités considérables de combustible. Les vides laissés par la bêche dans la masse végétale se remplissent peu à peu de nouvelles couches, puis après un certain nombre d'années, qui varie suivant l'abondance des pluies, la profondeur de la couche d'eau, la force de la végétation et la pente du sol, la « carrière » de tourbe se trouve de nouveau formée. En Irlande, c'est d'ordinaire après une dizaine d'années que les tranchées de 3 à 4 mètres de profondeur faites dans les *bogs* de plaines sont entièrement comblées et que l'on peut procéder à une nouvelle extraction de tourbe. En Hollande, les récoltes de ce combustible se font, en moyenne, de trente ans en trente ans. En d'autres pays à tourbières, la la période de régénération dure quarante, cinquante et cent ans. En France, sur les bords de la Seugne (Charente-Inférieure), on a constaté que les fossés d'écoulement de 1 mètre 60 de profondeur et de 2 mètres 50 de largeur sont complétement obstrués par les plantes en un laps de vingt années. Quant aux couches de tourbe qui tapissent les flancs des montagnes, elles mettent des siècles à se reformer.

Comme tout change et se modifie sans cesse dans la nature, les marais tourbeux, aussi bien que les lacs, se trouvent chacun dans une période d'accroissement ou dans une période de décadence : on en voit qui se forment, tandis que d'autres disparaissent. Indépendamment de l'action exercée par le travail de l'homme, la végétation des tourbières peut cesser de se produire dans un bassin, soit parce que les eaux se sont naturellement épanchées par quelque large issue à la suite de pluies torrentielles, soit parce qu'un fleuve, en changeant de cours, a tari ou démesurément gonflé la masse d'eau nécessaire à l'alimentation de la tourbière, soit encore parce que les pluies, devenues plus rares ou plus fréquentes, ont desséché le bassin ou l'ont transformé en marais noyé; enfin, les affaissements et les soulèvements de sol peuvent aussi, suivant les diverses conditions du relief de la contrée, avoir pour conséquence la disparition de la flore des tourbières. Les mêmes causes agissant en sens inverse font naître et s'accroître ces énormes amas de plantes gonflées d'eau. En Irlande, dans les Pays-Bas, dans le nord de l'Allemagne, en Russie, on découvre fréquemment les troncs pressés d'anciennes forêts de chênes, de hêtres, d'aunes et d'autres arbres qui sont morts pour faire place à la tourbe. Souvent aussi les sphaignes ont conquis un sol dont les hommes s'étaient emparés déjà, et l'on trouve en maint endroit des chemins, des restes de construction, des vestiges du travail humain au-dessous de la couche moderne de plantes qui les recouvre aujourd'hui. Certaines tourbières du Danemark et de la Suède peuvent être même considérées, à cause de l'abondance des trouvailles qu'on y a faites, comme des espèces de musées naturels où se sont conservées pour les savants de nos jours les reliques de la civilisation des anciens peuples.

L'air qui repose sur les tourbières d'Irlande et des autres pays du monde est rarement insalubre, soit parce que la chaleur n'est pas suffisante pour y développer des miasmes, soit parce que la végétation, en absorbant l'eau dans sa masse spongieuse, l'empêche de se corrompre et produit beaucoup d'oxygène. Plus au sud, les tourbières entremêlées de nappes d'eau dormante et surtout les marais proprement dits dégagent un air impur qui répand sur les pays environnants la fièvre et la mort. A moins que les marécages ne soient entourés de forêts épaisses qui arrêtent les gaz, ceux-ci exercent une influence des plus fâcheuses sur la salubrité générale du pays, car le lit des marais émerge pendant les sécheresses sur de vastes étendues, et les débris organiques entassés sur le fond se décomposent à la chaleur pour empester l'atmosphère. Dans toutes les contrées marécageuses, la vie moyenne est beaucoup plus courte qu'elle ne l'est dans les districts limitrophes vivifiés par les eaux courantes. En Bresse, en Pologne, dans les maremmes de la Toscane et dans les campagnes romaines, le teint hâve et plombé des habitants, leurs yeux caves, leur peau fiévreuse annoncent tout d'abord le voisinage de foyers d'infection. Quant à certains marécages de la zone torride, où la décomposition des débris organiques se fait avec une rapidité bien plus grande encore que sous les climats tempérés, c'est toujours au péril de sa vie qu'on va se risquer sur leurs bords. Ainsi que l'a constaté Frœbel dans son voyage à travers l'Amérique centrale, ces miasmes s'y produisent avec une telle abondance qu'on peut non-seulement les sentir, mais aussi en éprouver sur le palais l'impression distincte. Un des grands travaux de la civilisation est d'approprier au séjour de l'homme et à la culture ces étendues malsaines encore indivises entre la terre et les eaux.

QUATRIÈME PARTIE.

LES FORCES SOUTERRAINES.

CHAPITRE I.

LES VOLCANS.

I.

Éruption de l'Etna en l'année 1865. — Dépendance mutuelle de tous les phénomènes terrestres.

La mythologie grecque, d'accord à cet égard avec la plupart de celles des peuples qui connaissaient les volcans, donne à ces montagnes une origine tout à fait indépendante des forces qui s'agitent à la surface de la terre. D'après les Hellènes, l'eau et le feu étaient deux éléments distincts et chacun avait son domaine séparé, ses génies et ses dieux. Neptune régnait sur les mers : c'était lui qui déchaînait les tempêtes et qui soulevait les vagues. Les tritons le suivaient ; les nymphes, les sirènes, les monstres marins eux-mêmes obéissaient à ses ordres et, dans les vallons des montagnes, les naïades solitaires épanchaient en son honneur l'eau murmurante de leurs urnes. Au fond de gouffres inconnus trônait le sombre Pluton ; Vulcain forgeait à ses côtés, entouré de cyclopes à l'enclume retentissante, et de leurs fournaises s'échappaient des flammes et des matières fondues dont l'aspect épouvantait les humains. Entre le dieu des mers et celui du feu, rien de commun, si ce n'est que tous deux étaient fils de Chronos, c'est-à-dire du Temps qui modifie toutes choses, qui renverse et renouvelle, et par son incessant travail de destruction prépare la place aux innombrables germes pressés à l'entrée de la vie.

De nos jours encore, l'opinion commune est assez conforme à ces idées mythologiques, et l'on voit dans les phénomènes volcaniques des événements sans rapport avec les autres faits de la vie terrestre. A ceux-ci, dont souvent les péripéties sont visibles et faciles à observer, on donne à bon droit pour cause principale la position de la terre relativement au soleil et les alternatives de lumière et de ténèbres, de chaleur et de froid, de sécheresse et d'humidité qui en sont la conséquence. Pour les volcans, au contraire, on imagine un ordre de faits complétement distincts ayant pour cause le refroidissement graduel de la planète ou les marées inégales d'un océan de lave et de feu. Il est vrai que les éruptions de cendres et de matières incandescentes n'ont point encore entièrement révélé le mystère de leur formation, et sous ce rapport de nombreux problèmes restent toujours posés devant les hommes de science. Néanmoins, ce que l'on sait déjà permet d'affirmer que les crises des volcans se rattachent comme les autres phénomènes planétaires aux causes générales qui déterminent les changements continuels des continents et des mers, les érosions des montagnes, les cours des fleuves, des vents et des tempêtes, les mouvements de l'Océan et les innombrables modifications qui s'opèrent sur le globe. Pour arriver à préciser un jour de la manière la plus nette comment les volcans obéissent aussi, soit partiellement, soit d'une manière complète, à l'ensemble des lois qui régissent l'extérieur de la terre, il importe avant tout d'observer avec le plus grand soin les événements d'origine volcanique : lorsque tous les signes prémonitoires, toutes les péripéties et tous les produits des éruptions auront été parfaitement constatés et classés, le regard de la science sera bien près de pénétrer et de lire dans les abîmes souterrains où se préparent ces étonnantes convulsions.

La dernière grande éruption de l'Etna, cette pyramide centrale de la Méditerranée que les anciens avaient nommée « l'ombilic du monde » est un des plus magnifiques exemples que l'on puisse citer des phénomènes volcaniques, et c'est en même temps l'un de ceux qui ont été étudiés de la manière la plus précise et la plus complète. Aussi mérite-t-elle d'être racontée en détail.

L'explosion était annoncée depuis longtemps par des signes précurseurs. Dès le mois de juillet 1863, après une série de mouvements convulsifs du sol, le cône suprême du volcan s'était ouvert du côté qui regarde le midi ; les matières incandescentes étaient descendues avec lenteur sur le plateau qui porte la « maison des Anglais », et cette masure elle-même avait été démolie par les blocs de lave lancés hors de la bouche du cratère. En certains endroits, des amas de cendres d'une puissance de plusieurs mètres avaient recouvert les pentes du volcan. Après cette première explosion de l'Etna, la montagne ne se calma point complétement ; de nombreuses fissures, ouvertes sur les pentes extérieures du cratère, continuèrent de fumer, et la vapeur ne cessa de jaillir de la cime en épais tourbillons. Souvent même, pendant les nuits, la réverbération des laves bouillonnant dans le puits central colorait l'atmosphère en rouge de feu. Les matières liquides, ne pouvant s'élever jusqu'à la bouche du cratère, comprimaient les parois intérieures du volcan et se cherchaient une issue par le point le plus faible de la croûte en fondant peu à peu les roches qui s'opposaient à leur passage. Enfin, dans la nuit du 30 au 31 janvier 1865, la paroi céda sous l'effort des laves ; quelques mugissements souterrains se firent entendre, de légères secousses agitèrent toute la partie orientale de la Sicile, et la terre se fendit sur une longueur de deux kilomètres et demi au nord du Monte-Frumento, l'un des cônes parasites dressés sur le versant oriental de l'Etna. C'est par cette fissure, ouverte sur un plateau en pente douce, que les laves comprimées se firent jour à grand fracas vers la surface.

Fig. 170. Coulée du Monte-Frumento.

La fissure qui s'ouvrit sur le flanc de la montagne et que l'on suit facilement du regard jusqu'aux deux tiers environ de la hauteur du Frumento, dans la direction du cratère terminal de l'Etna, semble n'avoir vomi de laves que pendant un petit nombre d'heures ; bientôt obstrué par les neiges et les débris des pentes voisines, il cessa d'être en communication avec l'intérieur de la montagne, et maintenant il ressemble à une espèce de sillon que les eaux de pluie auraient creusé sur le talus du cône. Dès le 31 janvier, toute l'activité volcanique de la crevasse s'était concentrée sur le plateau doucement incliné qui s'étend à la base du

Monte-Frumento et au milieu duquel se sont élevés les nouveaux monticules : c'est sur le prolongement inférieur de la ligne de fracture que se distribuèrent d'une manière parfaitement régulière tous les phénomènes de l'éruption proprement dite. Six principaux cônes d'éjection, se dressant au-dessus de la crevasse, grandirent peu à peu de tous les débris qu'ils rejetaient de leurs cratères, puis, confondant graduellement leurs talus intermédiaires et s'emboîtant en quelque sorte les uns dans les autres, englobèrent successivement d'autres petits cônes qui s'étaient formés à côté d'eux et s'exhaussèrent à près de 100 mètres d'élévation. Bientôt après le commencement de l'éruption, les deux cratères supérieurs, juxtaposés sur un cône isolé, ne vomirent plus que des blocs de pierre et des cendres, tandis que les jets de lave encore liquide étaient lancés par les cratères inférieurs, disposés en demi-cercle autour d'une espèce d'entonnoir. Par suite du poids spécifique des matières évacuées, une véritable division du travail s'opéra sur les divers points de la crevasse : les projectiles déjà solidifiés, les débris triturés, les fragments plus ou moins poreux qui flottaient au-dessus de la lave s'échappèrent par les orifices plus élevés ; la masse liquide, plus compacte et plus lourde, ne put jaillir du sol que par les bouches ouvertes à une moindre hauteur.

Deux mois après le commencement de l'éruption, le cône le plus rapproché du Frumento ne lançait plus ni scories, ni cendres ; la cheminée du cratère était comblée de débris, et l'activité intérieure ne se révélait plus que par les vapeurs sulfureuses ou chargées d'acide chlorhydrique qui s'élevaient en fumée du talus du monticule. Le deuxième cône, situé sur une partie plus basse de la crevasse, était encore en communication directe avec le foyer des laves ; mais il tonnait pas constamment et se reposait après chaque effort comme pour reprendre haleine. Un fracas semblable à celui de la foudre annonçait l'explosion ; des nuages de vapeur aux énormes replis tout gris de cendres et rayés de pierres, s'élançaient hors de la bouche du volcan, noircissaient un instant l'atmosphère, laissaient tomber leurs projectiles dans un rayon de plusieurs centaines de mètres autour du monticule, puis, déchargés de leur fardeau de débris, s'inclinaient sous la pression du vent et se confondaient au loin avec les nuées de l'horizon. Quant aux cônes inférieurs, qui se dressaient immédiatement au-dessus de la source de lave, ils ne cessaient de mugir et de lancer des matières fondues au dehors de leurs gouffres. Les vapeurs qui s'échappaient du puits bouillonnant des laves se pressaient et se tordaient à l'orifice des cratères; les unes étaient rouges ou jaunâtres à cause du reflet des matières incandescentes, les autres diversement nuancées par les traînées de débris projetés, mais on ne pouvait les suivre du regard, tant elles s'enfuyaient rapidement. Un tumulte incompréhensible de voix stridentes s'échappait en même temps : c'étaient comme des bruits de scies, de sifflets et de marteaux retombant sur l'enclume; on eût dit le mugissement des vagues se brisant sur les rochers en un jour de tempête, si les explosions soudaines n'avaient ajouté de temps en temps leur tonnerre à tout ce fracas des éléments. On se sentait effrayé comme devant un être vivant, à la vue de ces groupes de collines qui bruissaient et fumaient, et dont les cônes grandissaient incessamment des débris projetés de l'intérieur de la terre. Cependant le volcan commençait alors à se reposer : les matières lancées ne s'élevaient guère qu'à une centaine de mètres hors des entonnoirs, tandis que, d'après le témoignage de M. Fouqué, elles avaient été lancées à 1,700 et 1,800 mètres au commencement de l'éruption.

Durant les six premiers jours, il s'échappa de la crevasse du Monte-Frumento une quantité de lave évaluée à 90 mètres cubes par seconde, volume deux fois plus considérable que la masse liquide de la Seine au plus bas étiage. Dans le voisinage des bouches, la vitesse du courant n'était pas moindre de 6 mètres à la minute; mais plus bas, le fleuve, s'étalant sur une surface de plus en plus large et projetant diverses branches dans les vallons latéraux, perdait peu à peu de sa vitesse initiale, et les franges de scories que les matières incandescentes poussaient devant elles ne progressaient en moyenne, suivant l'inclinaison du sol, que de 50 centimètres à 2 mètres par minute[1]. Dès le 2 février, le courant principal, dont la largeur variait de 300 à 500 mètres, sur une épaisseur moyenne de 15 mètres, atteignait le rebord supérieur de l'escarpement de Colla-Vecchia ou Colla-Grande, à 6 kilomètres de la fissure d'éruption, et plongeait en cataracte dans la gorge située au-dessous. Ce fut un magnifique spectacle, surtout pendant la nuit, que la vue de cette nappe de matière fondue, d'un rouge éblouissant comme le fer de la forge, s'échappant en couche amincie des amas de scories brunes, graduellement accumulés en amont, entraînant des blocs solidifiés qui s'entre-choquaient avec un bruit métallique, et s'abîmant dans le ravin pour rejaillir en étoiles de feu; mais ce phénomène splendide ne dura qu'un petit nombre de jours; en perdant de sa hauteur, la chute de feu diminuait graduellement en beauté. Au devant de la cataracte et sous le jet lui-même, se formait un talus de laves sans cesse grandissant, qui finit par combler le ravin et prolonger la pente du vallon supérieur. De ce réservoir, profond de plus de 50 mètres, le torrent continua de couler à l'est vers Mascali en emplissant jusqu'aux bords la gorge tortueuse d'un ruisseau desséché.

Au milieu du mois de février, la coulée, déjà longue de plus de 10 kilomètres, n'avançait plus qu'avec une grande lenteur, et les laves encore liquides se frayaient péniblement une issue à travers la carapace de pierres refroidies au contact de l'atmosphère, lorsque tout à coup une rupture latérale de la coulée se produisit en amont, non loin de la source, et

1. Ces chiffres, empruntés à la relation du professeur Orazio Silvestri, sont le résultat de mesures faites par l'ingénieur Viotti.

un nouveau bras de fleuve brûlant, s'épanchant vers les campagnes de Linguagrossa, engloutit des milliers d'arbres qu'avaient abattus les bûcherons. Toutefois cette deuxième inondation de lave ne dura pas longtemps. Les villages et les bourgs situés à la base de la montagne n'étaient plus directement menacés; mais les désastres causés par l'éruption n'en étaient pas moins très-considérables. Un certain nombre de maisons de ferme avaient été rasées; de vastes étendues de pâturages et de cultures avaient été recouvertes par les roches lentement figées, et, malheur bien plus grand encore à cause du déboisement presque général de la Sicile, une large lisière de forêt, comprenant d'après les évaluations diverses de cent à cent trente mille arbres, chênes, pins, châtaigniers, ou bouleaux, était complétement détruite. Vus du bas de la montagne, tous ces troncs enflammés et portés sur la lave comme sur un fleuve de feu avaient singulièrement contribué à la beauté du spectacle. Comme dans tous les événements de ce monde, le malheur des uns avait fait la satisfaction des autres. Durant la première période de l'éruption, tandis que les villageois de l'Etna se lamentaient ou voyaient avec stupeur la destruction de leurs forêts, des centaines de curieux que des bateaux amenaient journellement de Catane et de Messine venaient se donner le plaisir de contempler à leur aise la splendide horreur de l'incendie.

L'aspect du courant de lave, tel qu'il se montre recouvert de son enveloppe de scories, est à peine moins remarquable que la vue des matières en mouvement. La surface noire ou rougeâtre de la *cheire* est toute hérissée de saillies aux arêtes tranchantes qui ressemblent à des escaliers, à des pyramides, à des colonnes tordues et sur lesquelles on ne peut s'aventurer que très-difficilement, au risque de se déchirer les pieds et les mains. Bien des mois après le commencement de l'éruption, la poussée intérieure de la pierre fondue qui, en brisant la croûte dans tous les sens, avait fini par lui donner ce profil rugueux, agissait encore d'une manière visible. Çà et là des lézardes de la roche permettaient d'apercevoir, comme à travers un soupirail, la lave liquide et rouge qui se gonflait et s'écoulait lentement au dehors à la manière des corps visqueux. On entendait incessamment un cliquetis métallique provenant de la chute des scories qui se brisaient sous la pression des matières fluides; parfois des espèces d'ampoules se redressaient peu à peu sur le courant figé des laves, puis s'entrouvraient doucement ou crevaient avec fracas en donnant passage à la masse incandescente qui les avait formées. Des fumerolles composées de différents gaz, suivant la chaleur des laves qui leur donnaient naissance, jaillissaient de toutes les issues; même sur les rives du fleuve de pierre, le sol était en maints endroits tout brûlant et percé de lézardes, à travers lesquelles s'échappait un air chaud tout chargé de la senteur des racines torréfiées.

Sur les pentes du Frumento, tout près de la partie supérieure de la crevasse, là où la masse liquide s'était écoulée à la façon d'un torrent, M. Fouqué vit un phénomène remarquable : c'étaient des gaînes de laves solidifiées entourant des troncs de pins et témoignant ainsi de la hauteur à laquelle s'était élevé le courant de pierre fondue. De même les fleuves d'obsidienne qui s'écoulent rapidement du bassin de Kilauea, dans l'île d'Havaii, laissent aux branches des arbres de nombreuses stalactites semblables à ces glaçons que forme la neige fondante, puis de nouveau congelée. Au-dessous des escarpements du Frumento, le torrent retardé ne s'était pas borné à baigner un moment les troncs de la forêt, il les avait abattus. De grands troncs d'arbres, sciés par la lave, étaient étendus en désordre sur le lit inégal de la coulée, et bien qu'ils ne fussent séparés de la matière en fusion que par une croûte de quelques centimètres à peine, nombre d'entre eux étaient encore revêtus de leur écorce; plusieurs même avaient gardé tout leur branchage. Au bord de la cheire, des pins, que leur humidité, portée par la chaleur à l'état sphéroïdal, avait peut-être protégés contre l'incendie, étaient environnés d'un mur de laves entassées, et leur feuillage était resté verdoyant : on ne pouvait encore savoir si les sources de la sève avaient été taries dans leurs racines.

En certains endroits des rangées de pins très-rapprochés ont suffi pour changer la direction d'une coulée et pour la faire dévier latéralement. Non loin du cratère d'éruption, sur la rive occidentale de la grande cheire, on pouvait même voir un tronc d'arbre qui, à lui seul, a pu retenir un bras du fleuve de lave et l'empêcher de remplir un vallon ouvert immédiatement au-dessous. Cet arbre, renversé par le poids des scories, était tombé de manière à barrer une petite dépression présentant un lit naturel aux matières fondues. Celles-ci ont fait ployer et craquer le tronc, mais elles ne l'ont pas brisé, et le torrent de pierre est resté suspendu, pour ainsi dire, au-dessus de belles pentes boisées qu'il menaçait de ruiner complétement.

Autour des bouches mêmes du volcan une vaste clairière s'est formée dans la forêt ; partout le sol est recouvert de cendres que le vent a disposées en monticules comme les dunes du bord de la mer; tous les arbres ont été brisés par les bombes volcaniques, enfouis par les scories et les petites pierres. Les premiers troncs que l'on rencontre, à des distances inégales des bouches d'éruption, sont ébranchés par la chute des blocs, ou bien enterrés dans la cendre jusqu'à la couronne terminale ; on se promène au milieu de branches jaunies qui furent naguère les cimes des grands pins. Ainsi tout a changé d'aspect et de forme sur le plateau du Frumento et sur les pentes inférieures : on peut dire que par toutes ces matières éjectées le relief des flancs de l'Etna lui-même a été sensiblement modifié.

Et pourtant cette dernière éruption, une des plus importantes de notre époque, n'est qu'un épisode insignifiant dans l'histoire de la montagne : c'est une simple pulsation

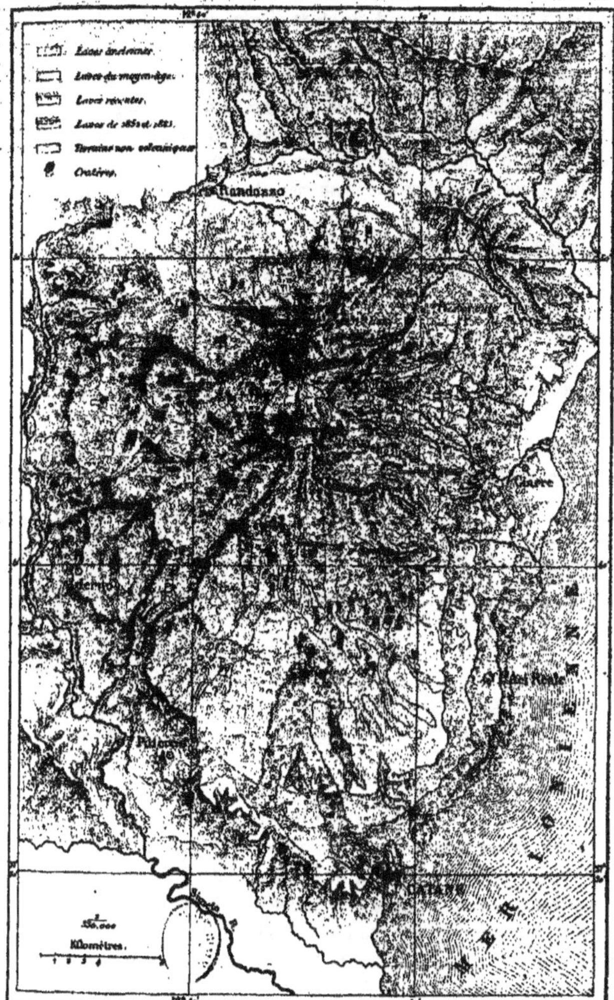

Dressé par A. Vuillemin, d'après Sartorius de Waltershausen. Gravé par Erhard.

de l'Etna. Durant les vingt derniers siècles seulement, plus de soixante-quinze éruptions ont eu lieu, et dans le nombre il en est dont les coulées n'ont pas eu moins de 20 kilomètres de longueur et qui ont recouvert des espaces de plus de 100 kilomètres carrés, jadis parfaitement cultivés et semés de villes et de villages. Dans les âges antérieurs, des milliers d'autres coulées de laves et d'autres cônes de cendres ont graduellement exhaussé et prolongé les pentes de la montagne. Le massif du mont Etna, dont le volume total est de 3 ou 4,000 fois supérieur au plus fort des fleuves de pierre vomis de son sein, qu'est-il donc autre chose, du sommet à sa base et jusque dans ses profondeurs sous-marines, que le produit d'éruptions successives lançant au dehors les matières fondues de l'intérieur? C'est le volcan lui-même qui a lentement élevé les parois de son cratère, puis ses longues pentes hors des eaux de la mer Ionienne, et qui, par de nouvelles couches de lave et de scories incessamment ajoutées aux précédentes, a fini par se dresser dans la région des neiges et par devenir, ainsi que le disait Pindare, le grand « pilier du ciel ».

II.

Alignement des volcans sur les bords de la mer. — Le cercle de feu du Pacifique. — Volcans de l'océan Indien, de l'Atlantique, de la Méditerranée, de la Caspienne, de l'Asie centrale.

La terre étant considérée d'ordinaire comme l'immobilité même, il est bien étrange de la voir s'ouvrir pour lancer dans l'air des torrents de gaz et laisser couler en manière de fleuve les roches fondues de l'intérieur. De quelle source invisible proviennent ces matières fluides qui s'étalent en nappes sur de vastes régions? D'où sortent ces énormes amas de vapeurs, assez considérables pour s'épaissir immédiatement en nuages autour des grandes cimes et s'abattre parfois en véritables pluies diluviales? La science, nous l'avons dit, n'a point encore répondu d'une manière complète à ces questions, dont la solution définitive serait d'une si grande importance pour la connaissance de notre globe.

D'après une ancienne croyance populaire, l'Etna ne ferait que vomir, sous forme de vapeur, les eaux que la mer a déversées dans le gouffre de Charybde. Cette légende est, sous une enveloppe poétique, l'hypothèse devenue presque incontestable des savants qui voient dans les éruptions volcaniques une série de phénomènes causés principalement par les eaux transformées en vapeur.

L'alignement si remarquable de tous les volcans sur les rivages de la mer ou des bassins lacustres de l'intérieur des continents, est un des grands faits qui témoignent en faveur de cette opinion sur l'infiltration des eaux, et lui donnent un haut degré de probabilité. Autour du Pacifique, qui est le réservoir principal des eaux de la terre, une série de montagnes ignivomes, les unes alignées en chaînes, les autres très-éloignées, mais offrant néanmoins entre elles une évidente connexité, s'arrondit en un cercle de feu, dont le développement total est d'environ 35,000 kilomètres. Cet anneau de volcans ne se confond pas exactement avec l'hémicycle formé par les côtes de l'Australie, les îles de la Sonde, le continent asiatique et les rivages occidentaux du nouveau monde. Comme un cratère inscrit dans une ancienne bouche d'éruption plus vaste, le grand cercle des montagnes de feu développe à l'ouest son immense courbe à travers les flots du Pacifique, de la Nouvelle-Zélande à la presqu'île d'Alachka, tandis qu'à l'est il s'appuie sur le littoral de l'Amérique, et se redresse pour former quelques-uns des plus hauts sommets des Andes.

Les volcans encore fumants de la Nouvelle-Zélande, le Tongariro et le cône de Whakari, dans l'île Blanche, sont, au milieu des parages méridionaux du Pacifique proprement dit, les premiers témoins de l'activité souterraine. Au nord s'étend un espace considérable où l'on n'a pas observé de volcans. Le groupe des îles Viti, où recommence l'anneau volcanique, offre un grand nombre d'anciens cratères manifestant encore le travail intérieur des laves par d'abondantes sources thermales. Là, un embranchement qui vient de traverser obliquement la mer du Sud, depuis les îles basaltiques de Juan-Fernandez jusqu'aux volcans actifs du groupe des Amis, se réunit à la chaîne principale, pour contourner avec elle, dans la direction du nord-ouest, les rivages de l'Australie et de la Nouvelle-Guinée. Les volcans d'Abrim et de Tanna dans les Nouvelles-Hébrides, le Tinahoro dans l'archipel de Santa-Cruz, Semoya dans les îles Salomon, se succèdent et relient le nœud des îles Viti à cette région de la Sonde où la terre est si souvent agitée de violentes secousses, et qui peut être considérée comme le grand foyer des laves de la planète. Sur cette espèce d'isthme brisé qui rattache l'Australie à la péninsule de l'Indo-Chine et sépare l'océan Pacifique de la grande mer des Indes, cent neuf volcans en activité vomissent des laves, des cendres ou des boues, renversent en s'agitant les villes et les villages qu'ils portent sur leurs pentes et parfois, dans leurs terribles explosions, finissent par sauter entièrement, recouvrant de leurs débris réduits en poussière des espaces de plusieurs milliers de kilomètres d'étendue. De la presqu'île de la Papouasie jusqu'à Sumatra, chaque grande île, y compris probablement la terre peu connue de Bornéo, est percée d'une ou de plusieurs bouches volcaniques. Timor, Flores, Sumbava, Lombok, Bali, Java, qui n'a pas moins de quarante-cinq volcans dont vingt-huit en activité, enfin la belle île de Sumatra; puis à l'est de Bornéo, Ceram, Amboine, Gilolo, le volcan de Ternate, chanté par Camoës, Célèbes, Mindanao, Mindoro, Luçon, forment sur la mer comme deux grandes traînées de feu.

Au nord de Luçon, l'anneau volcanique se recourbe graduellement de manière à suivre une direction parallèle au rivage de l'Asie. Formose, l'archipel de Liou-Kieou et d'autres groupes d'îles sont alignés sur la fissure sous-marine; plus loin se montrent les nombreux volcans du Japon, dont l'un, le Fusiyama, au cône d'une admirable régularité,

Fig. 171.

est considéré par les habitants du Niphon comme une montagne sacrée, où descendent les dieux. L'archipel allongé des Kouriles, comprenant une dizaine d'orifices, réunit le Japon à la péninsule du Kamtchatka, où l'on ne compte pas moins de quatorze volcans en pleine activité. A l'est de cette presqu'île, la rangée des cratères change brusquement de direction et décrit un gracieux demi-cercle au travers du Pacifique, de l'île Behring à la pointe d'Alachka. Trente-quatre cônes fumants s'élèvent sur cette grande digue transversale qui s'étend de continent à continent. L'Ounimak, qui se dresse à l'extrémité de la péninsule d'Alachka, et dont la cime, haute de 2,420 mètres, sert de borne occidentale au nouveau monde, est également percé d'un cratère en activité.

A l'est de la presqu'île, la chaîne volcanique se développe sur le littoral du continent. Le mont Saint-Élie, l'un des plus hauts sommets de l'Amérique, vomit souvent des laves de son cratère, ouvert à 5,400 mètres d'élévation. Plus au sud, un autre volcan actif, le mont du Beau-Temps (*Bel Tiempo, Fair Weather*) se dresse à 4,380 mètres. Ensuite vient le mont Edgecumbe, dans l'île de Lazare, et la région volcanique de la Colombie anglaise. Toute la chaîne des Cascades, dans l'Orégon, de même que les rangées parallèles de la Sierra-Nevada et des montagnes Rocheuses, est dominée par un grand nombre de volcans; mais quelques bouches seulement continuent de rejeter des fumées et des cendres; ce sont : le mont Baker, le Renier, le Saint-Helens, énormes pics de 3 à 5,000 mètres de hauteur. En Californie, et dans le Mexique septentrional, il est probable que les montagnes basaltiques et trachytiques de la côte ne présentent plus d'orifices en éruption. L'activité souterraine ne se manifeste d'une manière violente que sur les hauts plateaux du Mexique central. Là, une série de volcans, dressés sur une fissure transversale du continent, traverse tout le plateau d'Anahuac, de la mer du Sud au golfe du Mexique. Le Colima, puis le célèbre Jorullo, qui fit son apparition en 1759, le Nevado de Tolima, l'Istacihuetl, le Popocatepetl, l'Orizaba, le Tuxtla sont les évents de ce foyer des laves s'agitant au-dessous du plateau mexicain. Au sud, dans le Guatemala et les républiques de l'Amérique centrale, trente montagnes brûlantes, bien plus actives et plus terribles que celles de l'Anahuac, s'alignent en deux chaînes, dont l'une est parallèle au rivage de la mer du Sud, tandis que l'autre traverse obliquement l'isthme de Nicaragua. Parmi ces nombreux volcans, il en est plusieurs dont les noms sont devenus fameux à cause des effrayants désastres qui ont été la conséquence de leurs explosions. Telles sont les montagnes du Feu (*Fuego*) et de l'Eau (*Agua*), au-dessus de la Ciudad-Antigua de Guatemala, le Phare d'Isalco, dont les jets de pierre fondue et la colonne de fumée rouge éclairent au loin pendant les nuits les campagnes de San-Salvador le Coseguina, dont la dernière grande éruption fut peut-être la plus formidable des temps modernes, le Viejo, le Nuevo, le Momotombo et tant d'autres montagnes que l'on adore presque à force de les redouter.

Les dépressions de l'isthme de Panama et de Darien

VOLCANS ÉQUATORIENS

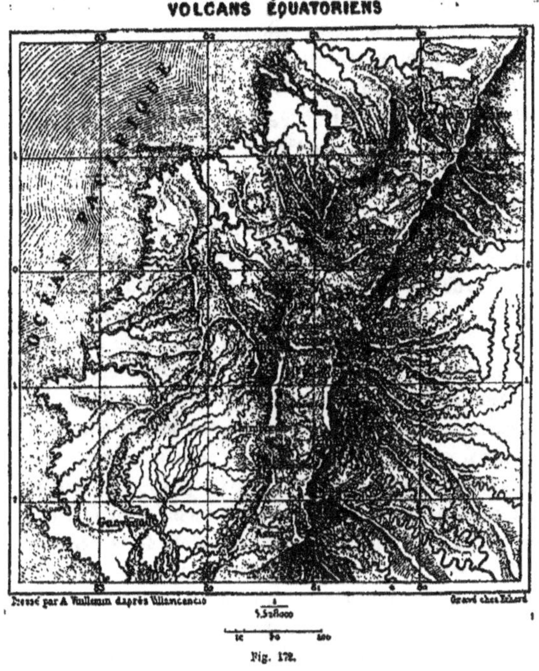

Dressé par A. Vuillemin d'après Villavicencio — Gravé chez Erhard

Fig. 172.

interrompent la série des volcans qui bordent le littoral de la mer du Sud. Le pic de Tolima, qui se dresse à la hauteur considérable de 5,400 mètres, est le plus septentrional des volcans actifs de la Colombie. C'est l'une des montagnes

1. Moritz Wagner.

ignivomes les plus éloignées de la mer, car de sa base à la côte du Pacifique, on ne compte pas moins de 200 kilomètres de distance. Au sud du Tolima, du Puracé et du grand plateau de Pasto, où s'ouvre également un cratère, s'élève le magnifique groupe de seize volcans, les uns déjà éteints, les autres toujours fumants, que domine le dôme superbe du Chimborazo. Occupant un espace elliptique dont le grand axe est de 180 kilomètres seulement, ce groupe, qui comprend le Tunguragua, le Carahuirazo, le Cotopaxi, l'Antisana, le Pichincha, l'Imbabura, le Sangay, est souvent considéré comme un seul volcan à plusieurs cônes d'éruption : c'est le massif grandiose qui, du côté méridional de l'isthme de Panama, correspond symétriquement au groupe des volcans de l'Anahuac. Au sud du Sangay, qui est peut-être le volcan le plus destructeur de la terre, la chaîne des Cordillières n'offre plus de volcans sur une longueur de 1,500 kilomètres environ ; mais dans le Pérou méridional, la série des montagnes ignivomes recommence, et de distance en distance, des bouches d'éruption toujours actives s'ouvrent parmi les volcans éteints et les dômes de trachyte. Les trois pics fumants de la partie habitée du Chili, les monts d'Antuco, de Villarica et d'Osorno terminent la série des grands volcans de l'Amérique[1] ; toutefois l'activité des forces souterraines se révèle par d'autres cratères moins élevés jusqu'à l'extrémité du continent et jusqu'à la pointe de la Terre de Feu. Ce n'est pas tout ; les îles Shetland du sud, situées dans l'océan Austral sur le prolongement du nouveau monde, sont également volcaniques, et si l'on continue de suivre la même direction vers les régions polaires, la ligne que l'on suit finit par rencontrer les côtes de la terre de Victoria, où se dressent les deux hauts volcans de l'Erebus et du Mount-Terror, découverts par sir John Ross. Se développant sur la rondeur de la terre, le grand cercle volca-

1. Philippi, *Mittheilungen von Petermann*, t. IV, 1861.

nique se prolonge ensuite vers le nord par divers îlots de la mer antarctique et rejoint enfin l'archipel de la Nouvelle-Zélande. Ainsi se complète le grand anneau de feu qui s'arrondit autour de la surface entière de l'océan Pacifique.

Au dedans de cet immense amphithéâtre de volcans, une multitude de ces îles charmantes semées en pléiades dans l'Océan sont également d'origine volcanique, et plusieurs d'entre elles sont signalées au loin par leurs cratères fumants ou flamboyants. Telles sont quelques-unes des Mariannes et les îles Gallapagos, qui renferment plusieurs orifices en activité et plus de deux mille cônes d'éruption au repos : telles sont surtout les îles Sandwich, dont les hauts volcans se dressent au milieu du bassin central du Pacifique septentrional comme autant de cônes d'éruption au milieu d'un ancien cratère changé en lac. Le Mauna-Loa et le Mauna-Kea, les deux grandes cimes volcaniques de l'île Havaii, ont chacune plus de 4,000 mètres d'élévation, et les éruptions du premier cône, qui est encore en activité, doivent être comptées parmi les phénomènes de ce genre les plus grandioses. C'est sur les flancs du Mauna-Loa que s'ouvre le cratère bouillonnant de Kilauea, qui est, sans aucun doute, la source de laves la plus remarquable qui existe sur notre planète.

Sur le pourtour de l'océan Indien, la bordure de volcans est beaucoup moins distincte que sur la circonférence de la mer du Sud ; cependant il est possible d'en reconnaître les éléments. Au nord de Java et de Sumatra, dont les volcans dominent à l'est le bassin de la mer des Indes, se prolonge l'archipel volcanique des îles Nicobar et Andaman, où s'élèvent plusieurs cônes d'éruption en activité. A l'ouest de l'Indoustan, la péninsule de Kutch et le delta de l'Indus sont souvent agités par des forces souterraines. Plusieurs montagnes du littoral de l'Arabie sont des amas de laves, et si l'on en croit plusieurs voyageurs, le foyer volcanique de ces contrées ne serait point encore éteint. Le mont Kenia, la grande montagne de l'Afrique orientale, porte à sa cime un cratère encore actif, peut-être le seul qui se trouve sur le continent. Enfin un grand nombre des îles qui entourent à l'ouest et au sud la nappe de la mer des Indes, Socotora, Maurice, la Réunion, Saint-Paul, Amsterdam, ne sont autre chose que des cônes d'éruption ayant graduellement surgi du fond de l'Océan.

Les terres volcaniques éparses sur les bords de l'Atlantique sont également disposées avec une espèce de symétrie sur trois côtés de ce grand bassin. Au nord Jan Mayen, si souvent enveloppé de brume, et l'île considérable de l'Islande, percée de nombreux cratères, l'Hékla, le Skaptar-Jokul, le Kotlugaja et dix-sept autres montagnes d'éruption séparent l'Atlantique de l'océan Polaire. A 2,500 kilomètres environ plus près de l'équateur, les pics des Açores, les uns éteints, les autres brûlants encore, jaillissent de la mer. L'archipel des Canaries, que domine la superbe masse du pic de Teyde, continue vers le sud la ligne volcanique des Açores et se prolonge elle-même par les cimes fumantes des îles du Cap-Vert. Toutes les autres montagnes de lave qui jaillissent plus au sud du fond de l'Atlantique semblent avoir perdu complétement leur activité, et sur la côte même du continent, il n'existe, d'après Burton, qu'un seul volcan encore actif, celui de Camerones. Quant à la ligne de feu de l'Atlantique occidental, elle se développe à l'entrée de la mer des Caraïbes avec une régularité parfaite, semblable à celle de la rangée des îles Aléoutiennes. La Trinité, Grenade, Saint-Vincent, Sainte-Lucie, la Dominique, la Guadeloupe, Montserrat, Nevis, Saint-Christophe, Saint-Eustache sont autant d'évents de la force volcanique, soit par leurs cratères fumants, soit par leurs sources de boue, leurs solfatares ou leurs eaux thermales. Au sud et au nord des Antilles, les côtes orientales de l'Amérique n'offrent plus un seul orifice d'éruption. Chose remarquable ! les deux groupes volcaniques des Antilles et des îles de la Sonde sont exactement situés aux antipodes l'un de l'autre et dans le voisinage de ces deux pôles d'aplatissement secondaires dont les récents calculs des astronomes ont démontré l'existence sur la rondeur du globe[1]. De plus, ces deux grands foyers, qui sont incontestablement les plus actifs de la terre entière, flanquent, l'un à l'ouest, l'autre à l'est, l'immense courbe de volcans qui se développe autour du Pacifique.

La Méditerranée n'est point entourée d'un cercle de volcans; mais là comme ailleurs, c'est du milieu de la mer ou bien immédiatement sur le littoral que s'élèvent les montagnes brûlantes, l'Etna, le Vésuve, Stromboli, Volcano, l'Epomeo, Santorin. De même c'est à une petite distance de la mer Caspienne que se trouvent les volcans de boue et de gaz de la péninsule d'Apchéron, et que se dresse la cime du Demavend, haute de 4,400 mètres. Quant aux volcans de la Mongolie, le Turfan, que l'on dit encore fumant, et le Pe-chan qui, d'après les auteurs chinois, aurait vomi jusqu'au VIIe siècle « du feu, de la fumée et de la pierre fondue durcissant par le refroidissement[2], » leur existence, n'est point encore absolument prouvée; mais quand même ces monts, situés au centre du continent, seraient en pleine activité, leurs phénomènes peuvent dépendre du voisinage de grandes nappes d'eau, car précisément cette partie de l'Asie offre encore un très-grand nombre de lacs, reste d'une ancienne méditerranée, presque aussi vaste que celle de l'Europe.

Quel est le nombre des volcans qui vomissent encore des laves pendant la période actuelle de la vie de la terre? Il est difficile de le constater, car souvent des montagnes semblent depuis longtemps éteintes, des forêts croissent dans leurs anciens cratères, et leurs nappes de lave sont cachées sous une riche végétation, lorsque la force intérieure qui dormait se réveille tout à coup et s'ouvre à travers le

1. Voir ci-dessus, page 3.
2. *Chroniques chinoises.* — Humboldt, *Tableaux de la Nature.*

LES VOLCANS

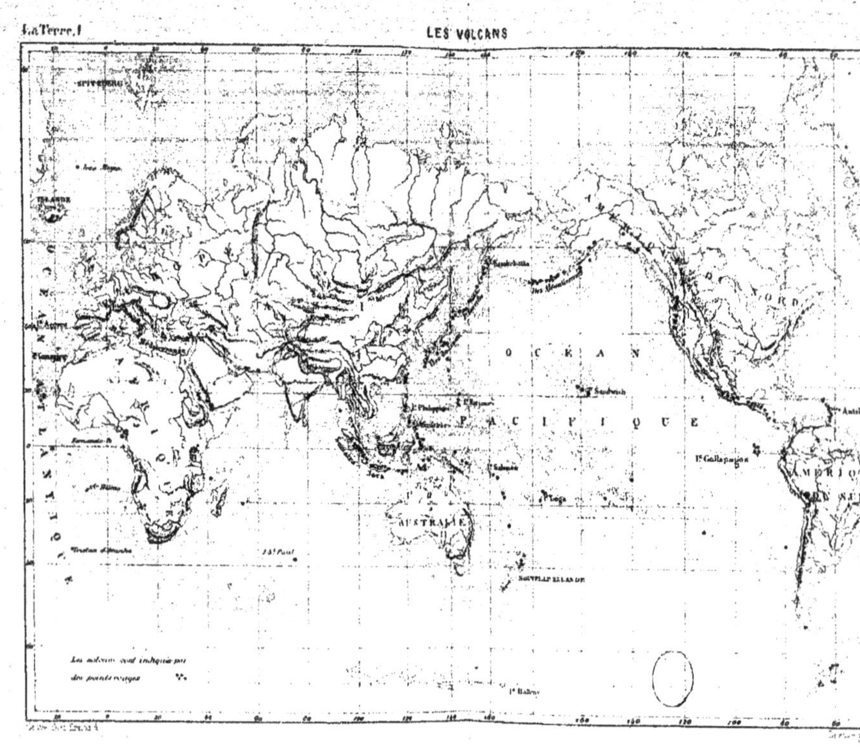
SPITZBERG
ISLANDE
Açores
Canaries
OCÉAN ATLANTIQUE
AFRIQUE
Java
AUSTRALIE
NOUVELLE ZÉLANDE
Kamtchatka
Iles Aléoutiennes
OCÉAN PACIFIQUE
Sandwich
Is Gallapagos
Antilles
AMÉRIQUE DU NORD
AMÉRIQUE DU SUD
Les volcans sont indiqués par des points rouges

sol quelque nouvelle issue. Quand le Vésuve sortit de son long sommeil pour ensevelir Pompéi et les autres villes couchées à ses pieds, il se reposait depuis de longs siècles, et les Romains ne voyaient en lui qu'une montagne immobile comme les pics des Apennins. En revanche, il est très-possible que des cratères desquels s'échappent encore des vapeurs et des jets de gaz, ou qui même ont rejeté des laves durant l'ère historique, soient entrés définitivement dans la période du repos et cessent à notre insu d'être en communication avec le foyer souterrain des matières fondues. On ne peut donc connaître que d'une manière approximative le nombre des bouches qui servent à l'éruption des laves. Humboldt énumère 223 volcans actifs; Keith Johnston s'arrête au chiffre plus considérable de 270, dont 190 pour les îles et le cercle de feu du Pacifique; mais cette dernière évaluation est probablement encore trop faible. Au nombre de ces montagnes brûlantes dressées presque toutes sur le rivage des mers ou dans le voisinage des grands bassins d'eau douce, il faut ajouter les salses et les cônes de boue qui se trouvent aussi dans le voisinage de grandes nappes d'eau salée. Quant aux milliers de volcans éteints qui s'élèvent çà et là dans l'intérieur des continents, la géologie démontre que des mers s'étendaient anciennement à leurs bases.

III.

Torrents de vapeur d'eau qui sortent des cratères. — Gaz produits par la décomposition de l'eau marine. — Hypothèses sur l'origine des éruptions. — Indépendance des bouches volcaniques.

Un des arguments les plus décisifs que l'on cite en faveur de la libre communication des bassins maritimes avec les foyers volcaniques, est tiré de la grande quantité de vapeur d'eau qui se dégage des cratères pendant les éruptions et qui, d'après M. Ch. Sainte-Claire Deville, composerait au moins les 999 millièmes de la prétendue fumée des volcans. Pendant l'éruption de l'Etna, en 1865, M. Fouqué tenta de jauger approximativement le volume d'eau qui s'échappait sous forme gazeuse des cratères d'éruption. En prenant pour terme de comparaison le cône qui lui semblait émettre une quantité moyenne de vapeur, il trouva que cette masse, ramenée à l'état liquide, serait d'environ 60 mètres cubes d'eau pour chaque détonation générale. Or, les explosions ayant eu lieu en moyenne toutes les quatre minutes pendant cent jours, il en résulte que le débit de l'eau peut être évalué à 2,160,000 mètres cubes pendant la durée du phénomène : c'est le même écoulement que celui d'un ruisseau permanent débitant 250 litres à la seconde. En outre il aurait fallu tenir compte des énormes volutes de vapeur qui s'échappaient incessamment du grand cratère terminal de l'Etna et se recourbaient sous la pression des vents en une immense arcade déployée sur la voûte du ciel. Dans les grandes éruptions volcaniques, il arrive fréquemment que ces nuages de vapeur, condensés subitement dans les hautes couches de l'atmosphère, retombent en pluies diluviales et forment des torrents temporaires sur les flancs des montagnes; d'après le témoignage de sir James Ross, l'Erebus des terres antarctiques se couvre de neiges qu'il vient de vomir sous l'aspect de fumées. D'ailleurs, on a remarqué que les vapeurs sorties des volcans ne sont pas toujours chaudes : elles ont souvent, d'après Pœppig, la même température que l'air environnant.

Ainsi que l'a dit depuis longtemps un savant d'Allemagne, Krug von Nidda, les volcans doivent être considérés surtout comme d'énormes sources intermittentes. Les coulées basaltiques elles-mêmes peuvent être assimilées à des rivières à cause de l'eau qu'elles contiennent. Il est probable que la plupart des laves qui s'écoulent des fissures volcaniques doivent leur mobilité aux innombrables molécules de vapeur qui remplissent tous les interstices de la matière en mouvement. Composés en grande partie de cristaux déjà formés, ainsi que le prouve l'examen des cheires, dans la masse desquelles on voit des nodules et des cristaux arrondis par le frottement, ces laves ne pourraient descendre sur les pentes si elles n'étaient rendues fluides par leur mélange avec la vapeur d'eau, et le retard graduel, puis l'arrêt définitif des coulées ont pour cause principale le dégagement des gaz qui servaient de véhicule aux matières solides. C'est par suite de cette rapide déperdition de leur humidité que les basaltes finissent par ne contenir dans leurs pores, comparativement aux autres roches, qu'une faible quantité d'eau[1]. Cependant les laves anciennes elles-mêmes n'ont pas moins de 10 à 19 millièmes d'eau sur les bords et de 5 à 18 au centre[2].

Les diverses substances que produisent les cratères indiquent aussi que les eaux marines sont décomposées dans le grand laboratoire des laves. Le sel ordinaire ou chlorure de sodium, qui est le minéral contenu en plus grande abondance dans l'eau de la mer, est aussi celui qui se dépose le premier et en quantité la plus considérable autour des bouches d'éruption ; parfois les scories et les cendres sont recouvertes sur de vastes espaces d'une efflorescence blanche qui n'est autre que du sel : on dirait un rivage de galets que vient d'abandonner la mer à son reflux. Après chaque explosion de l'Hékla, les Islandais vont, dit-on, recueillir du sel sur ses pentes. Les laves de l'éruption du Frumento, traitées par M. Fouqué, contenaient environ 13 dix millièmes de sel marin.

Presque tous les autres éléments de l'eau de mer se retrouvent aussi dans les gaz et les dépôts des fumerolles;

1. Poulett Scrope, *les Volcans*.
2. Delesse. *Bulletin de la Société géologique*, 1859.

seulement les sels de magnésie ont disparu, mais pour se retrouver sous une autre forme dans les produits du volcan. Décomposés par la haute température, ainsi qu'ils le seraient dans le laboratoire d'un chimiste, ils servent à constituer d'autres corps. Ainsi le chlorure de magnésium se change en acide chlorhydrique et en magnésie : le gaz se dégage en abondance des fumerolles, tandis que la magnésie se fixe dans les laves[1].

Ainsi que l'a constaté pour la première fois avec certitude M. Ch. Sainte-Claire Deville, on peut observer dans toute éruption quatre périodes successives, à chacune desquelles l'exhalaison de certaines substances donne un caractère distinct. Après la première période, remarquable surtout par le sel marin et les divers composés de soude et de potasse, vient une période à température moins élevée durant laquelle se forment les dépôts de chlorure de fer aux brillantes couleurs, et jaillissent les acides chlorhydrique et sulfureux. Au-dessous de 200 degrés, ce sont les sels ammoniacaux et les aiguilles de soufre qui s'étendent comme des mousses jaunâtres sur les scories de laves. Enfin, lorsque la chaleur des masses rejetées est descendue au-dessous de 100 degrés, les fumerolles ne produisent plus que de la vapeur d'eau, d'azote, d'acide carbonique et de gaz combustibles. Ainsi l'activité des exhalaisons et des dépôts se mesure à l'incandescence des laves. Au commencement de l'éruption, les orifices béants rejettent une grande quantité de substances depuis le sel marin jusqu'à l'acide carbonique ; mais, par degrés, la puissance d'élaboration s'affaiblit avec la chaleur, les gaz rejetés diminuent peu à peu en nombre et témoignent par leur rareté croissante de la cessation prochaine des phénomènes volcaniques. Par suite de cette différence qu'offrent les exhalaisons aux diverses phases des éruptions de lave, les observateurs

1. Fouqué, *Phénomènes chimiques de l'éruption de l'Etna en 1863.*

avaient cru d'abord que chaque volcan se distinguait par des émanations qui lui étaient propres. On regardait l'acide chlorhydrique comme un des produits normaux du Vésuve et les vapeurs sulfureuses comme plus spéciales à l'Etna; on répétait avec Boussingault que l'acide carbonique était exhalé surtout par les volcans des Andes, et l'on croyait avec Bunsen que les gaz combustibles dominaient dans les éruptions de l'Hekla [1].

Dans ses belles recherches sur les divers phénomènes chimiques présentés par l'Etna et les sources voisines, ainsi que par le Vésuve et le Stromboli, M. Fouqué paraît avoir établi d'une manière désormais incontestable que la série graduelle de ces émanations est bien celle qui doit se produire par la décomposition de l'eau marine. En outre, on retrouve aussi dans les laves le fluor et l'iode, que l'on devait s'attendre à y constater à cause de leur présence dans les eaux de la mer. Quant aux sels de brome, qui d'ailleurs, se trouvent dans l'Océan en si faible proportion, on ne les a point encore signalés dans les produits volcaniques, ce qui provient sans doute de la difficulté qu'ont les chimistes à isoler des quantités aussi minimes.

Les autres matières rejetées par les éruptions sont d'origine terrestre et proviennent évidemment de roches réduites par la chaleur à l'état liquide ou pâteux; elles consistent principalement en silice et en alumine, et renferment en outre de la chaux, de la magnésie, de la potasse et de la soude. Les oxydes ferreux entrent aussi en général pour plus d'un dixième dans la composition des laves, ce qui est une proportion très-considérable et permet de considérer les coulées des volcans comme de véritables torrents de minerai de fer; parfois même ce métal se montre à l'état pur. C'est au fer que les laves doivent surtout leur couleur rougeâtre, et les parois des cratères leurs teintes diverse-

1. Fouqué, *Revue des Deux Mondes,* 11 août 1866.

ment irisées. Les composés de cuivre, de manganèse, de cobalt, de plomb se rencontrent aussi dans les laves; mais, relativement au fer, ils n'ont que bien peu d'importance. Enfin les phosphates, l'ammoniaque, l'hydrogène, les gaz composés d'hydrogène et de carbone se dégagent pendant les éruptions. La présence de ces corps s'explique par l'énorme proportion de matières animales et végétales qui se décomposent dans l'eau de mer. Ehrenberg a même retrouvé des restes d'animalcules marins dans les débris rejetés par les volcans.

La composition des laves, et surtout celle des vapeurs et des gaz est-elle la même dans les éruptions qui ont lieu à une grande distance de l'Océan? Il est probable qu'on pourrait à cet égard constater de grandes différences entre les produits des volcans posés au bord des mers, comme le Vésuve et l'Etna, et ceux des montagnes fumantes qui se dressent au loin dans l'intérieur des terres, comme le Tolima, le Jorullo et le Puracé. Toutefois, cette étude comparative, qui jetterait la plus vive lumière sur les phénomènes chimiques des couches profondes, n'est encore faite que sur un petit nombre de points. Les éruptions sont rares dans les volcans situés loin du littoral, et quand elles se produisent, les hommes de science ne sont point là pour étudier le cours de l'événement géologique. Un des plus remarquables volcans continentaux, le Popocatepetl, produit une grande quantité d'acide chlorhydrique; ses neiges, qui ont un goût muriatique très-prononcé, vont, en se mêlant avec de la soude, former du sel dans le lac de Tezcuco, où elles sont entraînées par les pluies[1].

En pénétrant dans les crevasses de l'enveloppe terrestre, l'eau de la mer ou des fleuves augmente graduellement en température, comme les roches mêmes qu'elle traverse. On sait que cet accroissement de chaleur peut

1. Virlet, *Bulletin de la Société géologique*, 1er mai 1865.

être évalué en moyenne, du moins pour les couches extérieures de la planète, à un degré centigrade par chaque espace de 30 mètres en profondeur. D'après cette loi, l'eau descendue à 1,000 mètres au-dessous de la surface aurait, dans les latitudes méridionales de l'Europe, une température d'environ 100 degrés; mais elle ne se transformerait point pour cela en vapeur, elle resterait à l'état liquide à cause de l'énorme pression que lui font subir les couches supérieures. D'après des calculs qui reposent, il est vrai, sur diverses données hypothétiques, ce serait au plus à 15 kilomètres au-dessous de la surface du sol que la force d'expansion de l'eau aurait assez d'énergie pour équilibrer le poids des masses liquides surincombantes et pour se transformer soudain en vapeur à la température de 4 à 500 degrés. Ces masses gazeuses auraient alors une tension suffisante pour soulever une colonne d'eau du poids de 1,500 atmosphères; toutefois si, par une cause quelconque, elles ne pouvaient s'échapper aussi vite qu'elles se sont formées, leur pression s'exercerait dans tous les sens et finirait par se transmettre de crevasse en crevasse jusque sur les roches en fusion qui se trouvent dans les profondeurs. C'est à cette pression sans cesse accrue qu'il faudrait attribuer l'ascension des laves dans les soupiraux des volcans, les tremblements du sol, la fusion et la rupture de l'enveloppe terrestre, et finalement l'éruption violente des fluides emprisonnés[1]. Mais pourquoi la vapeur se promènerait-elle ainsi sous les assises terrestres et les soulèverait-elle en cônes volcaniques, alors que, par l'effet naturel de sa victoire sur les colonnes d'eau qui la surmontent, elle devrait tout simplement remonter vers le fond de la mer d'où elle est descendue? C'est là une question à laquelle il semble absolument impossible de répondre d'une manière satisfaisante dans l'état actuel de la science[2], et les

1. Buff, *Briefe über die Physik der Erde.*
2. Otto Volger, *Erdbeben der Schweiz.*

géologues doivent avoir le mérite de reconnaître sincèrement leur ignorance à cet égard. Les découvertes de la physique et de la chimie, qui nous ont révélé l'énorme activité de la vapeur d'eau dans les éruptions volcaniques, nous feront sans doute comprendre tôt ou tard comment s'exerce cette activité dans les cavernes souterraines ; mais actuellement, les phénomènes qui s'accomplissent dans l'intérieur de notre globe ne nous sont pas mieux connus que l'histoire des volcans lunaires.

Quoi qu'il en soit, les observations directes faites sur les éruptions volcaniques rendent désormais fort douteux que les laves proviennent d'un seul et même réservoir de matières fondues, ou de ce prétendu foyer central qui remplirait tout l'intérieur de la planète. Des volcans très-rapprochés les uns des autres ne présentent aucune coïncidence dans leurs éruptions, et vomissent à des époques différentes les laves les plus dissemblables d'aspect et de composition minéralogique, ce qui serait évidemment impossible si les cratères étaient alimentés par la même source. On a souvent cité l'Etna, le groupe des îles Éoliennes et le Vésuve comme autant de fournaises placées sur une même fracture de l'écorce terrestre, et l'on ajoutait, à l'appui de cette assertion, qu'une ligne tracée du volcan de la Sicile à celui de Naples passe à travers le foyer toujours actif des îles de Lipari. Bien que la montagne de Stromboli, si régulière dans ses éruptions, se trouve située sur une ligne légèrement divergente de la ligne principale, et que d'un autre côté les îles volcaniques de Salina, d'Alicudi et de Felicudi soient alignées de l'est à l'ouest, il est possible et même probable que le Vésuve et l'Etna soient en effet situés sur des failles de la terre ayant été jadis en communication les unes avec les autres ; mais depuis des milliers d'années que l'on voit ces grands cratères à l'œuvre, on n'a point encore constaté, d'une manière positive, de connexité entre leurs explosions.

Tantôt, comme en 1865, le Vésuve vomit des laves en même temps que l'Etna; tantôt il se repose alors que son puissant voisin est en pleine éruption, puis se réveille quand les laves de l'Etna sont refroidies : rien ne peut donner un indice de quelque loi de rhythme ou de périodicité dans les

Zône de fracture entre l'Etna et le Vésuve

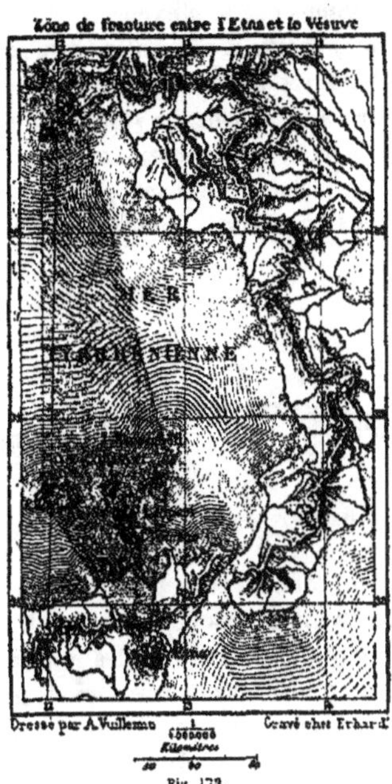

Fig. 173.

phénomènes éruptifs des deux volcans. Les habitants de Stromboli disent que, pendant l'hiver de 1865, au moment où se fendaient les flancs de l'Etna, la poussée volcanique s'est fait sentir très-fortement dans leur île en exaspérant les flots toujours agités du cratère de lave qui domine leurs vignes et leurs maisons. Toutefois, un calme relatif succéda bientôt à cette effervescence, et dans l'île voisine de Volcano on ne remarqua aucun accroissement d'activité. Si les cheminées de l'Etna, du Vésuve et des volcans intermédiaires prenaient leur origine dans un même océan de lave liquide, tous les cratères inférieurs devraient nécessairement déborder en même temps que le plus élevé. Or, ainsi qu'on l'a souvent remarqué, la lave peut monter jusqu'au sommet de l'Etna, à 3,300 mètres d'élévation, sans que pour cela des fleuves de pierre s'épanchent du Vésuve, du Stromboli et du Volcano, qui sont respectivement trois, quatre et dix fois moins élevés. De même, le Kilauea, situé sur les flancs du Mauna-Loa dans l'île d'Havaii, ne participe en rien aux

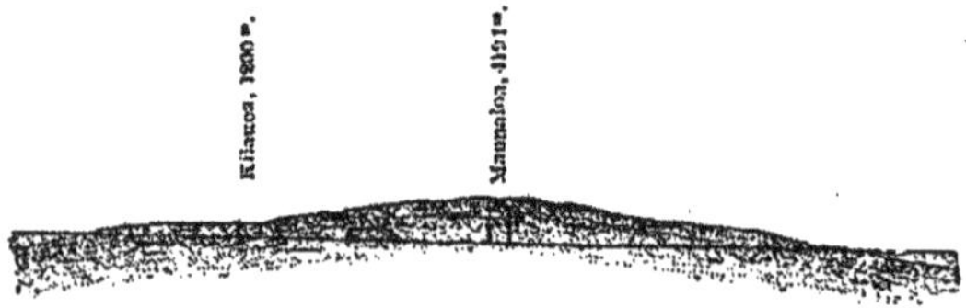

Fig. 174. Profil de l'île d'Havaii.

éruptions du cratère central, ouvert à 3,000 mètres plus haut et à moins de 20 kilomètres de distance. S'il y a quelque rapport géologique actuel entre les volcans d'une même région, c'est probablement parce que leurs phénomènes dépendent des mêmes causes climatériques, et non parce qu'ils plongent leurs bases dans un même océan de feu. Les orifices volcaniques ne sont donc point des « soupapes de sûreté », car deux centres d'activité peuvent se trouver sur une seule et même montagne sans que leurs éruptions offrent la moindre connexité[1].

Isolées au milieu des autres formations à la surface du globe, les laves apparaissent aussi presque indépendantes

1. Dana, *Proceedings of the American Association*, 1849.

dans l'histoire planétaire. Basaltes, trachytes et cendres volcaniques sont des produits relativement modernes que l'on ne rencontre guère dans les périodes antérieures à l'âge tertiaire : on n'a trouvé qu'une bien petite quantité de ces laves d'éruption dans les roches secondaires et paléozoïques. Jadis la plupart des géologues pensaient que les granits et les roches analogues étaient sortis de terre à l'état pâteux ou liquide ; ils y voyaient, pour ainsi dire, les « laves du passé, » et croyaient qu'à ces premières roches éruptives avaient succédé d'âge en âge, les diorites, les porphyres, les trapps, puis les trachytes et les basaltes de nos jours, puisés à des profondeurs de plus en plus considérables ; ils pensaient enfin que, dans l'avenir, lorsque toute la série des laves actuelles aurait été rejetée à la surface, les volcans produiraient d'autres matières constituant de nouvelles roches aussi distinctes des laves que celles-ci le sont des granits. Toutefois, ces dernières formations diffèrent trop des trachytes et des basaltes pour qu'il soit possible de leur supposer la même origine ; d'ailleurs les travaux des savants modernes ont prouvé que, sous l'action du feu, le granit et les autres masses rocheuses du même genre n'auraient pu affecter la disposition cristalline qui les distingue. On ignore donc toujours comment les éruptions volcaniques ont commencé sur la terre et comment elles se rattachent aux autres grands phénomènes qui ont concouru à la formation des couches extérieures du globe.

IV.

Croissance des volcans. — Théorie de Humboldt et de Léopold de Buch sur les cratères de soulèvement. — Désaccord de cette théorie avec les faits observés.

Considéré d'une manière isolée, chaque volcan n'est autre chose qu'un simple orifice, temporaire ou permanent, par lequel un foyer de laves se met en communication avec la surface du globe. Les matières rejetées s'accumulent au dehors de l'ouverture et forment graduellement un cône plus ou moins régulier de débris, qui finit par atteindre des proportions très-considérables. Les coulées s'ajoutent aux coulées et forment graduellement l'ossature de la montagne; de leur côté, les cendres et les pierres lancées hors du cratère s'accumulent en longs talus; le volcan s'élargit et grandit à la fois : d'éruption en éruption, il monte enfin jusque dans la région des nuées, puis dans celle des neiges permanentes. Après avoir été au niveau du sol, lors de la formation du volcan, l'orifice se prolonge en cheminée au centre du cône, et chaque nouveau fleuve de laves qui s'épanche par le sommet accroît la hauteur de ce conduit. C'est ainsi que la bouche suprême de l'Etna s'ouvre à 3,320 mètres de hauteur au-dessus du niveau de la mer; le Ténériffe se dresse à 3,700 mètres; le Mauna-Loa, d'Havaïi, a 4,250 mètres de hauteur; et, plus gigantesques encore, le Sangay et le Sahama des Cordillères atteignent 5,600 et 7,300 mètres d'élévation.

Cette théorie de la formation des montagnes volcaniques par l'accumulation des laves et des autres matières rejetées du sein de la terre, s'impose tout naturellement à l'esprit. La plupart des savants, depuis de Saussure et Spallanzani jusqu'à Virlet, Constant Prévost, Lyell et Poulett Scrope, ont été conduits par leurs recherches à l'adopter complétement; de nos jours, elle n'est guère plus contestée. Il est vrai que Humboldt, Léopold de Buch, et après eux M. Élie de Beaumont, avaient émis sur l'origine de plusieurs volcans, tels que l'Etna, le Vésuve et le pic de Ténériffe, une hypothèse toute différente. D'après cette théorie, les volcans dits de *soulèvement* ne devraient point leur architecture actuelle à l'accumulation séculaire des laves et des cendres, mais bien au redressement soudain des couches terrestres. Durant quelque révolution du globe, les matières comprimées de l'intérieur auraient soulevé tout d'un coup la croûte de la planète en forme de

ILE DE PALMA.

Fig. 115.

cône, ouvert un large gouffre en entonnoir entre les couches disloquées et créé de cette manière par un seul paroxysme les hautes montagnes, telles que nous les voyons aujourd'hui. Léopold de Buch citait comme principal exemple d'un cratère ainsi formé par le gonflement et la rupture des couches terrestres l'énorme abîme de l'île de Palma, connu par les indigènes sous le nom de chaudière ou *Caldera*. Cet entonnoir, de dimensions grandioses, dont le fond est situé à 600 mètres environ au-dessus du niveau de la mer, n'a pas moins de 5 à 6 kilomètres de largeur moyenne; de hauts talus, variant de 3 à 600 mètres d'élévation, se redressent autour du vaste cirque et s'appuient sur des parois inaccessibles, dont les corniches supérieures ont une altitude totale de 1,800 à 2,100 mètres. La pointe la plus élevée, le *Pico de los Muchachos*, est couverte de neige pendant les mois d'hiver, et bien qu'elle pénètre ainsi en des régions atmosphériques bien différentes de celles du reste de l'île, sa pente, tournée vers le cratère, est tellement rapide que des blocs de pierre lancés de la cime peuvent rouler jusque dans l'enceinte.

Ce prodigieux entonnoir de Palma était bien l'exemple le plus saisissant que Léopold de Buch pût citer en faveur de son hypothèse; toutefois, l'exploration de cette île, faite depuis par Hartung, Lyell et d'autres voyageurs, est loin de confirmer les idées de l'illustre géologue allemand. Les hautes parois de l'enceinte paraissent être formées principalement, non de laves solides, qui constituent à peine le quart de la masse entière, mais de couches de cendres et de scories régulièrement disposées comme des lits de sable sur la pente d'un talus. Les basaltes et les strates de cendres se superposent dans le plus grand ordre autour de l'enceinte, ce qu'il serait impossible de comprendre si un soulèvement brusque, agissant de bas en haut avec assez de violence pour briser l'enveloppe terrestre, avait fracassé, rompu toutes les couches, et par une puissante explosion ouvert l'immense chaudière de Palma. Enfin, si pareil phénomène avait eu lieu, des fentes d'étoilement, semblables à celles qui se produisent sur une glace brisée, se montreraient à travers l'épaisseur des couches soulevées, et leur plus grande largeur serait tournée vers le cratère : or il

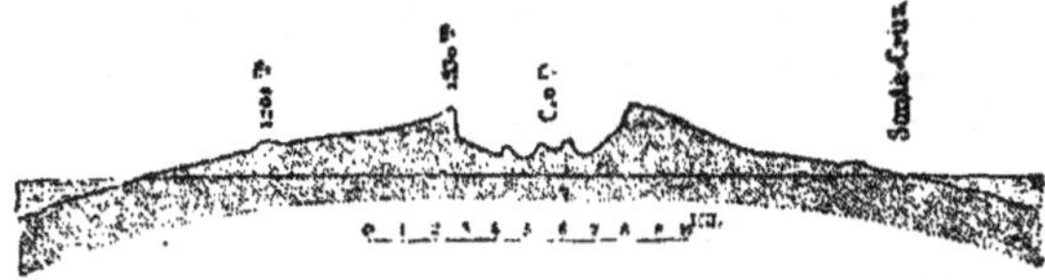

Fig. 176. — Profil de l'île de Palma du sud-est au nord-ouest.

n'existe point de fissures de cette espèce, et les ravines du pourtour du volcan, que l'on pourrait être tenté de confondre en certains endroits avec de véritables fractures du sol, s'élargissent précisément à mesure qu'elles se rapprochent de la mer. L'énorme entonnoir de Palma est donc un cratère analogue à ceux de volcans de moindres dimensions. D'ailleurs il est certain que la Caldera était autrefois moins profonde et moins étendue, car les cendres et les scories volcaniques sont facilement entraînées par les pluies qui s'engouffrent dans le fond du bassin et qui se sont creusé un large fossé d'écoulement dans la direction du sud-ouest.

M. Élie de Beaumont appuyait principalement l'hypothèse de Léopold de Buch sur le fait que la plupart des strates de lave dont on voit la tranche sur les flancs de l'Etna, dans l'immense cirque du val del Bove, sont très-fortement inclinées. Or le célèbre géologue affirmait que d'épaisses nappes de matières fondues ne peuvent rouler sur des pentes rapides sans se réduire aussitôt, par suite de l'accélération de leur marche, en de minces couches de scories inégales. S'il en était vraiment ainsi, la position des épaisses coulées de laves du val del Bove aurait changé depuis l'époque de l'éruption : il faudrait admettre forcément qu'elles ont été redressées violemment après avoir été déposées sur le sol en nappes horizontales ou suivant des pentes peu inclinées. Toutefois, les observations récentes de M. Lyell, celles de Darwin sur les cônes des îles Gallapagos, et de Dana sur les coulées du Kilauea ; enfin celles des savants italiens qui étudient sur place les phénomènes volcaniques du Vésuve et de l'Etna ont prouvé jusqu'à l'évidence que, dans les temps modernes, un grand nombre de fleuves de lave, et notamment celui du val del Bove en 1852 et 1853, ont coulé sur des pentes rapides variant en inclinaison de 15 à 40 degrés. D'ailleurs, on le comprend, les laves qui se sont déversées sur les talus les plus déclives sont précisément celles qui, n'ayant pas éprouvé de temps d'arrêt ni rencontré d'obstacles dans leur course, peuvent offrir les couches les plus égales de pâte et les plus régulières d'allures.

Un des grands arguments des hommes de science favorables à la théorie des soulèvements est que certaines montagnes volcaniques, notamment le Monte-Nuovo de Pouzzoles et le Jorullo du Mexique, auraient été brusquement soulevées par le gonflement du sol. Or le témoignage unanime de ceux qui contemplèrent, il y a plus de trois siècles, l'éruption du Monte-Nuovo, est que la terre se fendit en donnant issue à des vapeurs, à des cendres, à des scories et à des laves, et que la colline, bien moins haute d'ailleurs que certains cônes parasites de l'Etna, s'éleva graduellement pendant quatre jours par l'entassement des matières rejetées : le volume total de cette éruption était considérable sans doute; mais comparé aux matières qui descendirent sur Catane, en 1669, aux coulées de lave du Skaptar-Jokul, c'est là une masse de peu d'importance. En outre, si le sol avait été soulevé, comment les maisons voisines n'auraient-elles pas été renversées, comment la colonnade du temple de Neptune qui se trouve à la base du mont, aurait-elle gardé sa position verticale? Quant au Jorullo, qui s'élève à plus de 500 mètres au-dessus d'un plateau, les seuls témoins de son apparition furent des Indiens éperdus de terreur qui s'enfuyaient vers les hauteurs voisines. On n'a donc point de témoignages authentiques sur lesquels on puisse appuyer l'hypothèse d'un gonflement du sol en forme d'ampoule. Bien au contraire, les voyageurs qui depuis Humboldt ont

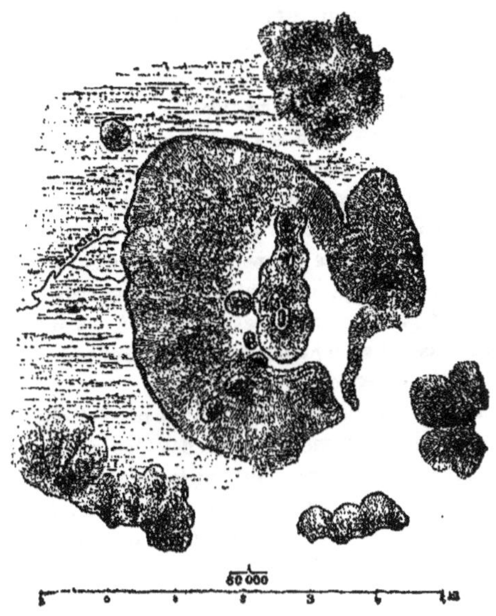

Fig. 177. Volcan de Jorullo.

visité ce volcan du Mexique, y ont reconnu des couches de laves superposées comme dans tout autre cône d'éruption, et de plus ils ont constaté que nulle part les couches du sol dominées par la montagne n'avaient été redressées [1].

Il est vrai qu'on a souvent observé des boursouflures

1. Arnold Boscowitz, *les Volcans et les Tremblements de terre.*

locales dans les matières incandescentes sorties de l'intérieur du sol; en maint endroit les laves sont percées de profondes cavernes, et des montagnes entières, notamment celle de Volcano, ont dans les roches de leurs flancs un si grand nombre de vides que chaque pas du gravisseur retentit sur le sol comme sur une voûte sonore; d'ailleurs, la lave elle-même, sorte de verre impur, est tellement parsemée de bulles remplies de matières volatiles qu'en les traitant par le feu pour en chasser l'eau et les gaz, on leur fait perdre en moyenne, d'après Fouqué, les deux tiers de leur poids. Toutefois ces cavernes, ces vides et ces bulles, provenant du mélange des laves avec des vapeurs qui se dégagent péniblement de la masse visqueuse, ou bien causées par la rupture longitudinale des couches pendant les éruptions, ne peuvent en aucune façon se comparer à l'immense ampoule que formeraient les couches de tout un district se redressant régulièrement à plusieurs centaines ou même à des milliers de mètres et laissant au sommet, entre leurs lignes de fracture, la place d'un large entonnoir.

Aucun de ces prodigieux soulèvements n'a été observé directement par les géologues; aucune des légendes inventées par la terreur de nos ancêtres sur la prétendue apparition soudaine de montagnes volcaniques n'a été confirmée depuis; enfin, la structure même des cimes que l'on disait avoir surgi brusquement du milieu des plaines témoigne de l'accumulation graduelle de matériaux sortis de l'intérieur de la terre. Il est donc prudent d'écarter définitivement une hypothèse qui marque une période importante dans l'histoire de la géologie, mais qui ne servirait plus désormais qu'à retarder les progrès de la science.

V.

Nombre et disposition des orifices. — Formes des cônes volcaniques et des cratères.

La terre se fendant en général suivant une ligne droite lorsque les matières incandescentes cherchent une issue,

SÉRIE DES CRATÈRES D'HAVAII.

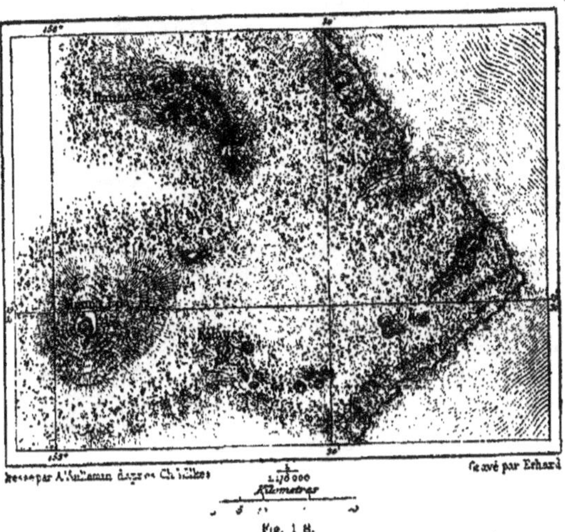

Fig. 18.

les orifices volcaniques sont fréquemment disposés d'une manière assez régulière sur la longueur d'une crevasse, et les amas d'éjections se succèdent en rangées comme les hauteurs d'une chaîne de montagnes. Ailleurs, cependant, les cônes volcaniques se dressent sans ordre apparent sur un sol diversement fendu, comme si de grandes surfaces s'étaient ramollies dans tous les sens et avaient ainsi permis aux matières fondues de jaillir à l'extérieur, tantôt sur un point, tantôt sur un autre. De la ville de Naples, qui est elle-même construite dans une moitié de cratère en grande partie oblitéré, à l'île de Nisida, qui est un ancien volcan de forme régulière, les champs Phlégréens offrent un exemple remarquable de

Fig. 170.

ce désordre des cratères : les uns sont parfaitement arrondis, les autres sont ébréchés et leur cirque est envahi par les eaux de la mer; groupés pour la plupart en massifs inégaux, empiétant même les uns sur les autres et superposant leurs murailles, ils donnent à l'ensemble du paysage une apparence chaotique. Ainsi que M. Poulett Scrope le fait remarquer avec juste raison, l'aspect de la surface terrestre rappelle exactement en cet endroit les contrées volcaniques de la lune, toutes parsemées de cratères.

Comme type d'une région dont le sol est criblé d'orifices volcaniques, on peut aussi mentionner l'isthme d'Auckland,

L'ISTHME D'AUCKLAND ET SES VOLCANS.

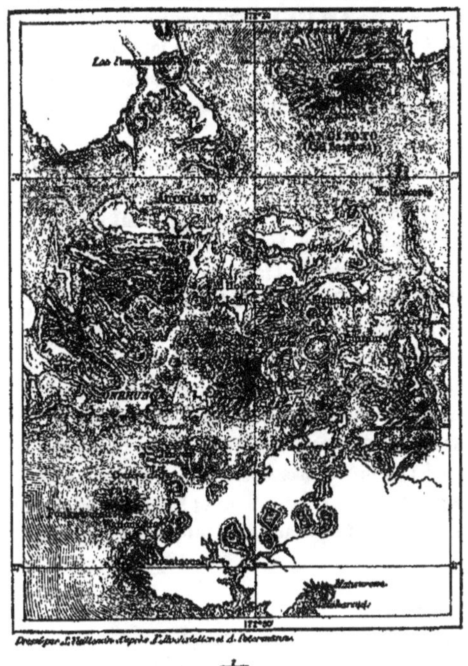

Fig. 180.

dans la Nouvelle-Zélande, où M. de Hochstetter a compté, sur un espace de 600 kilomètres carrés, 61 volcans indépendants, ayant en moyenne de 160 à 200 mètres de hauteur. Les uns sont de simples cônes de tuf, d'autres des amas de scories ou même des monts éruptifs ayant épanché autour d'eux de longues coulées de laves. Jadis les chefs Maoris s'étaient retranchés dans ces cratères comme en des citadelles ; ils en avaient escarpé les pentes extérieures en terrasses et les avaient garnies de palissades. De nos jours, les colons anglais, devenus à leur tour maîtres du sol, ont construit leurs fermes et leurs maisons de campagne sur ces anciens volcans et ne cessent d'en transformer le sol par la culture [1].

Le Safa, dans le Djebel-Hauran, est aussi un véritable chaos de monticules et d'abîmes. Sur ce plateau de 1,200 kilomètres carrés, que les Arabes appellent « un morceau de l'enfer », presque tous les cratères s'ouvrent, non au sommet des volcans épars çà et là sur la noire surface, mais au ras du sol lui-même. Partout on voit des gouffres arrondis semblables aux vides formés dans les scories par les bulles de gaz ; seulement ces vides ont 200 ou 300 mètres de large et de 20 à 50 mètres de profondeur. Les uns sont isolés, les autres se touchent ou bien ne sont séparés que par d'étroites murailles pareilles à des masses de verre rouge ou noirâtre. C'est à peine si l'on ose se hasarder sur ces espèces d'isthmes bordés de précipices et coupés çà et là de fissures [2].

La forme normale des volcans dans lesquels s'est localisé

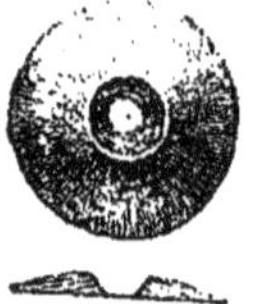

Fig. 181.
Cône de tuf; d'après F. de Hochstetter.

Fig. 182.
Cône de tuf et cratère de scories; d'après F. de Hochstetter.

le travail d'éruption est celle d'un talus de débris disposé

1. Ferd. von Hochstetter, *Neu-Seeland.*
2. Wetzstein, *Zeitschrift für Erdkunde,* 1859.

circulairement autour de l'orifice de sortie. Que le volcan soit un simple cône de cendre ou de boue haut de quelques mètres ou bien qu'il vomisse des torrents de lave à 10 ou 20 kilomètres et se dresse au-dessus de la région des nuages, il n'en garde pas moins la forme régulière, tant que le travail d'éruption se maintient dans la même cheminée et que les débris rejetés retombent par conséquent d'une manière égale sur les pentes extérieures.

A la beauté du cône s'ajoute encore celle du cratère. Souvent cet orifice terminal, où viennent bouillonner les laves, mérite par la pureté de ses contours son beau nom grec de « coupe, » et l'harmonie de sa courbe contraste de

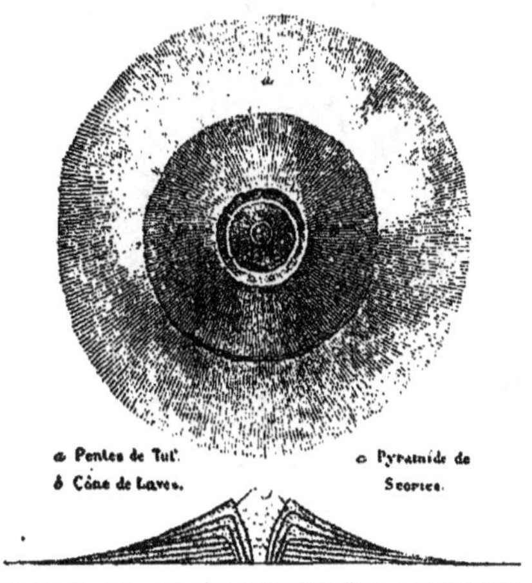

Fig. 183. Plan et coupe du volcan de Rangitoto ; d'après F. de Hochstetter.

la manière la plus gracieuse à la déclivité des talus ; dans nombre de volcans, la symétrie des lignes architecturales est si complète que le cratère enferme lui-même un cône placé exactement au centre de l'enceinte et percé lui-même d'un second cratère en miniature d'où s'échappent les vapeurs.

Les volcans où le travail d'éruption se déplace fréquemment, et ce sont les plus nombreux, n'ont point cette élégance de profil. Souvent la lave soulevée trouve une partie faible dans les parois du cratère ; elle l'échancre d'abord, puis, labourant de tout son poids les roches qui lui font

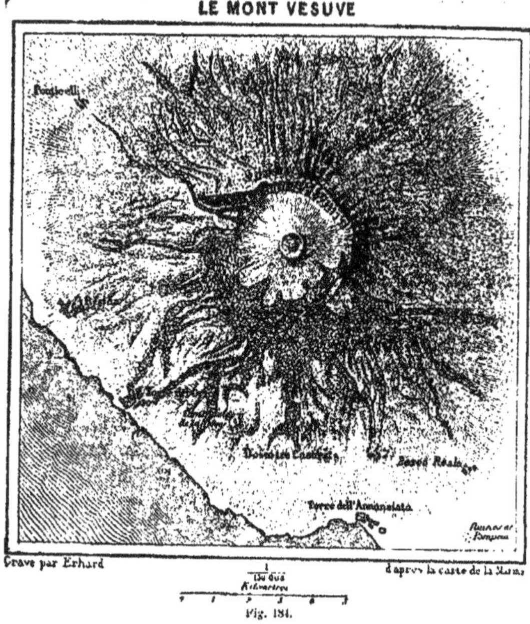

Fig. 184.

obstacle, elle finit par égueuler complétement le volcan et ne laisse debout qu'un seul pan de l'enceinte précédente. Le Vésuve est parmi les volcans d'Europe le meilleur exemple de ces cratères ébréchés : avant l'année 79, les escarpements de la Somma, qui entourent aujourd'hui de leur rempart semi-circulaire le cône terminal du Vésuve, étaient le véritable cratère : la moitié qui n'existe plus disparut pour ensevelir sous ses débris les villes de Stabies, d'Herculanum et de Pompéi.

Fig. 185. Profil du Vésuve du sud au nord.

Toutefois les volcans actifs ne cessent de croître dans toutes leurs dimensions, et tôt ou tard la brèche finit par être réparée; les restes d'anciens cratères sont peu à peu cachés sous les talus grandissants du cône central. C'est ainsi qu'un ancien cratère de l'Etna, qui se trouvait à 5 kilomètres en ligne droite au sud-est de la bouche actuelle, à l'origine du val del Bove, est graduellement oblitéré par les laves des éruptions successives; pour le retrouver de nouveau, les longues explorations de MM. Lyell et de Waltershausen ont été nécessaires. La forme normale de l'Etna est celle d'un cône de débris posé sur un large dôme aux longues pentes de plus en plus adoucies, descendant gracieusement

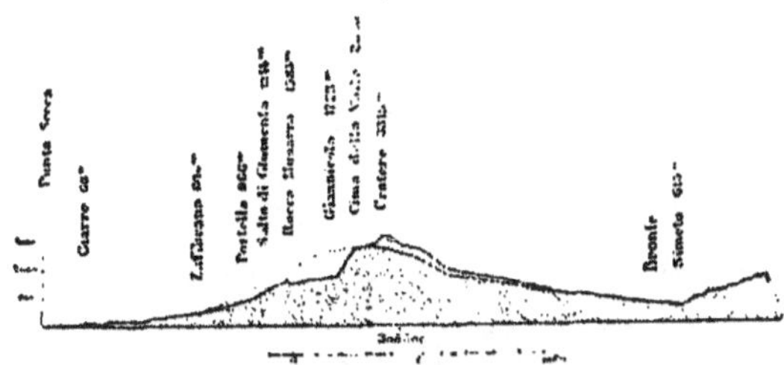

Fig. 186. Profil de l'Etna de l'ouest à l'est.

vers la mer. En effet, dans la plupart des éruptions, les laves ne s'élèvent point jusqu'au grand cratère, et brisent les parois du volcan pour s'épancher latéralement sur les flancs de l'Etna. Ces éruptions, qui se succèdent pendant le cours des siècles, ont pour résultat nécessaire d'élargir graduellement le dôme qui constitue la masse de la montagne et de rompre ainsi l'uniformité des talus latéraux. Il en est de même pour le Vésuve, du côté qui regarde le rivage de la mer. Là aussi, le cône terminal est porté par une espèce de dôme que les nappes de laves ont formé peu à peu en s'ajoutant successivement les unes aux autres. Que le Vésuve continue d'être le grand évent volcanique de l'Italie et s'élève graduellement dans le ciel par la superposition des laves et des cendres, il ne peut manquer alors de prendre tôt ou tard une forme analogue à celle du géant de la Sicile.

Les volcans dont le cône est d'une régularité presque parfaite sont ceux dont la bouche terminale est seule en activité et qui vomissent en abondance des cendres ou d'autres matières meubles glissant facilement sur les pentes.

Fig. 187. Profil de l'Orizaba.

Celles qui parmi ces montagnes atteignent une élévation considérable se distinguent entre toutes les cimes par leur majesté. Le Stromboli, bien qu'il ait à peine 800 mètres de hauteur, est l'une des merveilles de la Méditerranée. A sa forme superbe on comprend que ses racines plongent dans la mer à des profondeurs énormes : on voit, pour ainsi dire,

L'ORIZABA.

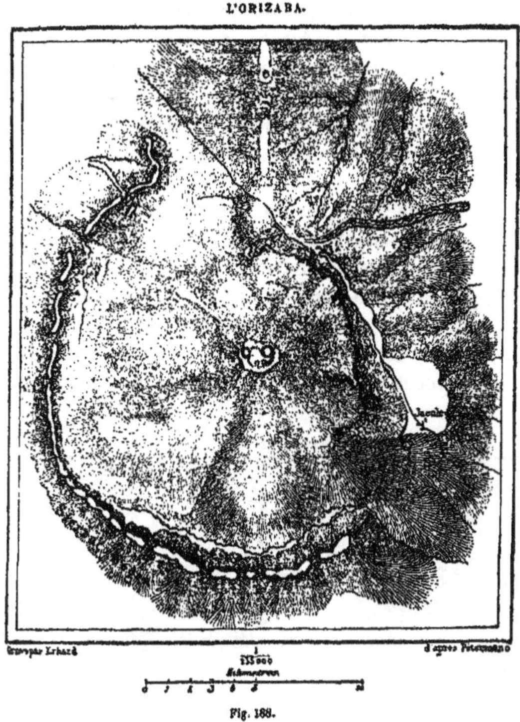

Fig. 168.

les talus de débris se continuer sous les eaux jusque dans les abîmes de 1,000 et 1,200 mètres que la sonde a révélés au fond de la mer Éolienne. A sa vue, on se sent presque suspendu au milieu du vide, comme si le navire voguait dans l'air à mi-hauteur de la montagne. Ce sentiment d'admiration mêlé d'effroi augmente encore lorsque, pendant les nuits, on s'approche, sur la mer aux flots noirs, de ce grand phare de la Méditerranée. Alors on aperçoit au-dessus de la cime le ciel tout embrasé de la réverbération des laves et l'on distingue vaguement une écharpe de nuages et de vapeurs ceinte autour de la rondeur du volcan. Le jour, l'impression que l'on ressent change de nature; mais elle n'est pas moins profonde, car la véritable grandeur du Stromboli consiste, non dans l'énormité de la masse, mais dans l'harmonie des proportions.

Ces montagnes volcaniques de forme idéale sont celles que les peuples enfants ont le plus adorées. Telles sont, parmi ces dieux, le sublime Cotopaxi des Andes, l'Orizaba du Mexique, le Mauna-Loa d'Havaii, le Fusi-Yama du Japon. Les volcans de Java, principalement ceux de la partie orientale de l'île, ont aussi un grand aspect de majesté à cause de leur isolement. Ceux de l'ouest ont pour base un plateau

VOLCANS DE JAVA

Fig. 189.

onduleux qui leur fait perdre de leur hauteur apparente; mais à l'est tous les monts volcaniques se dressent au-dessus des plaines verdoyantes comme des îles au-dessus des flots de la mer et dominent au loin l'horizon de leur énorme cône. Entre le Merapi et le Lavoe, s'étend une dépression dont le seuil le plus élevé dépasse le niveau marin de 95 mètres seulement. Entre le Lavoe et le Villis, le seuil de la plaine est à 70 mètres d'altitude; enfin, les campagnes qui séparent le Villis du Kelœet n'atteignent nulle part une élévation de plus de 61 mètres au-dessus de l'Océan [1].

Plusieurs des volcans de Java ont dans les détails extérieurs de leur architecture une régularité de contours d'autant plus frappante qu'ils la doivent en grande partie aux violentes pluies des moussons, les agents les plus destructeurs des régions tropicales. En se heurtant aux montagnes, les nuages laissent tomber leur fardeau d'humidité sur les pentes composées de cendre et de scories peu adhérentes. Celles-ci ne résistent point à l'action des torrents temporaires qui les entraînent, elles descendent dans les plaines qui entourent la base du volcan et s'y déposent en longs talus semblables à ceux des avalanches. Par suite de l'écroulement de tous ces débris, les flancs de la montagne sont ravinés de distance en distance par des couloirs qui vont en s'élargissant graduellement du sommet à la base du mont et qui n'ont pas moins de 60 à 180 et 200 mètres de profondeur. Il est des volcans, tels que le Sumbing, où ces ravins ont une régularité si parfaite que la montagne tout entière, avec ses sillons équidistants et ses murailles intermédiaires, ressemble à un gigantesque édifice appuyé sur d'énormes contre-forts, comme une nef de cathédrale gothique [2].

Jadis, l'île devait à la beauté et à la fureur de ses volcans d'être tout entière consacrée à Siva, le dieu de la destruction, et c'est dans les cratères mêmes des montagnes fumantes que les adorateurs de la terreur et de la mort avaient construit leurs temples. En maints endroits, on

1. Junghuhn, *Java, seine Gestalt und innere Bauart.*
2. Arnold Boscowitz, *Volcans et tremblements de terre.*

découvre les ruines de ces sanctuaires au milieu des arbres et des broussailles, que les conquérants arabes ont laissé croître dans les entonnoirs redoutés des volcans. Le Semerœ, le pic le plus élevé de l'île, était la montagne sacrée par excellence; le Sumbing, qui se dresse au centre de l'île, était « le clou qui fixe Java contre la terre. » Encore de nos jours, quelques fidèles sectateurs de Siva habitent une plaine sablonneuse de plus de 6 kilomètres de largeur, qui fut autrefois le cratère du volcan Tengger, et chaque année ils vont solennellement verser du riz au sommet d'un cône d'éruption, dans la bouche grondante du monstre. De même dans la Nouvelle-Zélande, l'orifice toujours fumant du Tongariro était considéré comme le seul lieu digne de recevoir les cadavres des grands chefs : jetés dans le cratère, les héros allaient reposer avec les dieux.

Toutefois, les divinités volcaniques, comme la plupart des autres maîtres invoqués par les peuples, ne se contentaient pas des fruits de la terre ou de la compagnie d'un guerrier; elles demandaient aussi du sang par leurs hurlements souterrains, par leurs éruptions tonnantes et leurs fleuves dévastateurs de laves. D'innombrables sacrifices ont été offerts aux volcans pour apaiser leur colère; par un mélange d'effroi et de férocité, les prêtres de bien des religions ont jeté des victimes en grande pompe dans les gouffres béants des immenses brasiers. Il y a trois siècles à peine, lorsque les sectateurs du christianisme furent exterminés dans toute l'étendue du Japon, on précipita par centaines les adeptes de la religion nouvelle dans un des cratères de l'Unsen, l'un des plus beaux volcans de l'archipel; mais cette offrande aux dieux courroucés ne calma point leur colère, car vers la fin du XVIIIe siècle cette même montagne d'Unsen et les cimes voisines ont causé par leurs éruptions l'un des plus effroyables désastres dont l'histoire des volcans fasse mention. Par un sentiment d'effroi analogue à celui des prêtres japonais, les missionnaires chrétiens de l'Amérique voyaient dans les montagnes brûlantes du nouveau monde, non l'œuvre d'un dieu, mais celle de Satan, et se rendaient en procession au bord des cratères pour les exorciser. La légende dit que des moines du Nicaragua montèrent sur le terrible volcan de Momotombo pour le calmer par leurs conjurations, mais ils ne revinrent jamais : le monstre les dévora.

VI.

Composition des laves. — Trachytes, pierres ponces, obsidiennes, basaltes. Colonnades basaltiques.

Les laves sont les produits les plus importants des foyers volcaniques. Très-différentes les unes des autres par leur apparence extérieure, la couleur de leur pâte et la variété de leurs cristaux, toutes les espèces de laves sont composées de silicates d'alumine ou de magnésie, unis au protoxyde de fer, à la potasse, ou à la soude et à la chaux. Lorsque les minéraux feldspathiques dominent, la roche, généralement blanchâtre, grise ou jaunâtre, reçoit le nom de trachyte; lorsque la lave contient en abondance des cristaux d'augite, de hornblende ou de fer titané, elle est plus lourde, d'une couleur plus foncée et souvent plus compacte : cette formation prend la dénomination générique de basalte. De nombreuses variétés diversement désignées par les géologues appartiennent à ce groupe.

Le trachyte est, de toutes les laves, la plus imparfaitement fluide. En plusieurs endroits, les roches de cette nature sont sorties de la terre à l'état pâteux et se sont accumulées au-dessus de l'orifice sous forme de dôme ou de cloche, « comme le ferait une masse de cire fondue[1]. » C'est ainsi

1. Poulett Scrope, *les Volcans, leurs caractères et leurs phénomènes.*

que se sont élevés les grands dômes de l'Auvergne, les puys de Dôme et de Sarcouy. Dans cette même contrée, les coulées de lave trachytique qui se sont échappées des flancs des montagnes sont très-inférieures en développement aux cheires basaltiques : les plus considérables ne dépassent pas 7 ou 8 kilomètres de longueur. De nos jours, les éruptions de trachytes sont beaucoup plus rares que celles des autres laves, si bien que certains auteurs reléguaient déjà toutes les roches trachytiques parmi les formations des âges antérieurs. Cependant il est constaté que la plupart des volcans d'Amérique et de l'archipel de la Sonde vomissent des laves de cette nature ; les dernières éruptions des îles éoliennes Lipari et Volcano n'ont produit également que du trachyte et de la pierre ponce.

Cette dernière substance, semblable à certaines scories blanches, jaunes ou verdâtres qui sortent en écume de la fournaise de nos usines, est, comme le trachyte compacte, de nature feldspathique. Des montagnes en sont presque entièrement formées. Tel est le Monte-Bianco de Lipari, qui de loin semble être couvert de neige. De longues coulées blanches, pareilles à des avalanches, en remplissent toutes les ravines, du sommet de la montagne au rivage de la Méditerranée ; le moindre mouvement, causé par le pied d'un animal ou par le souffle du vent, détache de la surface du talus des centaines de pierres qui s'écroulent en bondissant jusqu'au bas de la pente et sont emportées au loin par le flot qui baigne le pied du volcan. Dans la partie méridionale de la mer Tyrrhénienne, et surtout dans le voisinage des îles Lipari, les eaux sont parfois couvertes de ces pierres flottantes qui ressemblent à des flocons d'écume. Quant aux ponces des Cordillières, ce sont les courants d'eau douce qui se chargent de les transporter à des distances considérables. Le fleuve des Amazones en charrie de grandes quantités jusqu'à son embouchure, à 5,000 kilomètres de l'endroit où elles ont glissé ; d'après Bates, les Indiens, qui vivent trop éloignés des montagnes de feu pour en connaître seulement l'existence, affirment que ces pierres entraînées, voyageant à côté de leur canot, sont bien certainement de l'écume solidifiée.

L'aspect extérieur des laves varie beaucoup plus que leur composition chimique. La fluidité plus ou moins complète, la présence plus ou moins considérable de bulles de vapeur donnent à des roches composées des mêmes éléments les contextures les plus diverses. La pierre ponce a l'apparence de l'éponge, l'obsidienne a celle du verre noir et parfois même elle est semi-transparente. Tout à fait liquide, elle sort comme un fleuve de l'intérieur de la terre, s'écoule rapidement sur les talus très-inclinés et se coagule lentement en larges nappes dans les bas-fonds et sur les pentes douces où l'entraîne son propre poids. La surface de ces obsi-

Fig. 190. Écoulement de laves vitreuses sur le Mauna-Loa; d'après Dana.

diennes, celles de Ténériffe, par exemple, brille d'un éclat vitreux; la cassure de la roche est nette et tranchante.

Un moindre degré de fluidité dans le courant de lave lui donne parfois l'aspect de la résine : c'est là ce que l'on nomme le *pechstein* (pierre à poix). Lorsque la roche sortie en fusion du sein de la montagne est encore plus refroidie, elle renferme alors d'innombrables cristaux tout formés et ne doit plus sa fluidité qu'aux particules de vapeurs contenues dans ses pores. Aussi la couche extérieure des laves est-elle presque immédiatement recouverte de scories qui nagent comme des glaçons sur le torrent embrasé. Ces scories elles-mêmes affectent toutes les formes : les unes sont mamelonnées, les autres hérissées d'aspérités, d'autres encore sont un véritable chaos. Dans le Djebel-Hauran, près du cratère d'Abu-Ganim, on voit une infinité d'aiguilles de lave rouge, hautes d'un mètre en moyenne et diversement inclinées sur la surface du plateau; on dirait des flammes à demi couchées sous la pression du vent. D'après M. Wetzstein, ces étranges aiguilles de pierre proviendraient d'une éruption de laves floconneuses. Dans les îles Sandwich, dans l'île de la Réunion, certains cristaux d'un aspect ferrugineux se groupent, au sortir du cratère, en herborisations des plus curieuses et quelquefois très-élégantes. D'autres produits du volcan de Mauna-Loa et de Kilauea ressemblent à de l'étoupe de chanvre : ce sont des filaments blanchâtres que le vent emporte et que les Kanakes considéraient autrefois comme les cheveux de Pele, la déesse du feu.

Parmi les anciennes laves basaltiques, il en est un certain nombre auxquelles on réserve plus spécialement le nom de basalte, et qui présentent une disposition columnaire d'une étonnante régularité : ce sont des monuments énormes, bien plus imposants que ceux des hommes, et qui semblent avoir été construits par des bâtisseurs géants s'essayant de leurs fortes mains à cet art grandiose de l'architecture, que pratiquent aujourd'hui, sur de moindres dimensions, leurs faibles descendants. Partout ces magnifiques colonnades de basalte sont attribuées à des géants. En Irlande, sur la côte d'Antrim, les sommets de 40,000 prismes, nivelés assez régulièrement par les flots de la mer et semblables à un vaste quai pavé, ont reçu le nom de Chaussée des Géants (*Giant's Causeway*) ; en Écosse, la belle grotte de l'île Staffa, ouverte par le choc des vagues entre deux rangées de fûts basaltiques, est célébrée comme l'œuvre du demi-dieu Fingal; dans la mer de Sicile, les îles des Cyclopes ou Faraglioni, situées non loin de Catane, à la base de l'Etna, sont considérées par la tradition comme les rochers lancés par Polyphème sur les navires d'Ulysse et de ses compagnons. Plusieurs de ces prismes s'élèvent à 30, 40 et 50 mètres et n'ont pas moins de 2 à 3 mètres d'épaisseur. A Pleskin, près de Fair-Head, et de la Chaussée des Géants, quelques-uns des fûts engagés dans la falaise à pic du promontoire ont près de 120 mètres d'élévation. Dans l'île de Skye, quelques colonnes ont, ainsi que nous l'apprend Mac Culloch, une hauteur plus considérable encore. En revanche, il existe aussi des colonnades en miniature dont chaque fût n'a que 2 ou 3 centimètres de la cime à la base : on en voit des exemples dans les basaltes de la colline écossaise de Morven.

Quelques géologues ont pensé que les colonnes basaltiques n'avaient pu se former que sous la pression de masses énormes d'eau; cependant l'étude comparée de ces roches dans les diverses parties du monde a démontré que plusieurs bancs de lave se sont certainement disposés en colonnes à des hauteurs considérables au-dessus du niveau de la mer. D'ailleurs, il n'y a dans cette formation des colonnades de lave aucun phénomène qui soit spécial au basalte. Le trachyte aussi affecte parfois cette forme, et M. Fouqué en a découvert un magnifique exemple dans l'île de Milo, dont une falaise est composée de baguettes prismatiques de 100 mètres de hauteur. Les masses de boue desséchées au soleil, les alluvions des fleuves, les bancs d'argile ou de tuf et en général toutes les matières que la perte de leur humidité fait passer de l'état pâteux à l'état solide, soit en pleine nature, soit aussi dans nos usines ou nos demeures, prennent également une structure columnaire semblable à celle des laves basaltiques. En effet, la masse entière, en perdant graduellement l'humidité qui la gonflait, ne peut se contracter de manière à déplacer toutes ses molécules pour les rapprocher du centre, certains points restent fixes et c'est autour de chacun d'eux que s'opère la contraction d'une partie de la masse. Dans le basalte en particulier, ce sont les couches inférieures qui prennent la structure columnaire, car ce sont les seules dont le refroidissement a lieu avec assez de lenteur pour que les phénomènes de contraction suivent leur marche normale. Les parties plus élevées de la masse étant, aussitôt après leur sortie de la terre, privées de leur calorique et de la vapeur d'eau qui remplissait leurs pores, se transforment presque immédiatement en une croûte plus ou moins rugueuse et fendillée; mais cette croûte elle-même protége le reste des laves contre le rayonnement et sert de voûte à toutes les colonnes semi-cristallines qui, par la contraction séculaire des molécules, se dégagent lentement de l'épaisseur de la masse. Lorsque les eaux d'une rivière, les vagues de l'Océan ou les tremblements de terre ont mis à nu la tranche d'un banc de lave basaltique, on voit la pierre grossière des hautes assises reposer, avec ou sans transition graduelle, sur une forêt de prismes, quelquefois rudimentaires, souvent aussi non moins réguliers que s'ils avaient été taillés de main d'homme. La plupart sont de forme hexagonale, d'autres, qui se trouvaient probablement dans des conditions moins favorables, ont quatre, cinq ou sept faces; mais tous se sont nettement séparés les uns des autres par le rapprochement des molécules autour de l'axe central. M. Poulett Scrope signale un fait qui témoigne de la puissance énorme de cette force de contraction. La colonnade de Burzet, dans le Vivarais, contient de nombreux rognons d'olivine, dont plusieurs de la grosseur du poing, qui, malgré leur extrême dureté, ont été partagés en deux morceaux, engagés respectivement dans deux colonnes voisines. Quoique les deux surfaces correspondantes aient été polies par les infiltrations des eaux, il est impossible de douter que les deux parties séparées n'aient été primitivement réunies dans un même nodule.

Ainsi que les physiciens l'ont constaté par des expériences sur les matières visqueuses, les fûts basaltiques se forment toujours perpendiculairement à la surface de réfrigération; or, cette surface ayant, suivant les localités, les pentes les plus diverses, il en résulte que les colonnes peuvent affecter toutes les directions. Si la plupart sont verticales, à cause du refroidissement qui s'opérait de bas en haut, d'autres, comme à Sainte-Hélène, sont placées dans le sens horizontal et ressemblent à des troncs d'arbres empilés sur un bûcher; ailleurs, comme à la Coupe d'Ayzac, en Auvergne, les colonnes d'une falaise mise à nu sont disposées en forme d'éventail, de manière à s'appuyer normalement aux parois aussi bien qu'au sol de la vallée. A Samoskœ, en Hongrie, une nappe de basalte columnaire, très-mince à l'origine, se déploie du haut d'un rocher comme l'eau d'une cascade et reste suspendue au-dessus d'un précipice comme une coupole ayant perdu sa base; ailleurs enfin, des amas de piliers basaltiques rayonnent dans tous les sens comme les armes d'une immense panoplie.

Du reste, la forme prismatique pure n'est pas la seule qu'affectent les laves en se refroidissant : le phénomène de la contraction s'accomplit de diverses manières, suivant la nature des matières rejetées, la déclivité des pentes et toutes les circonstances qui constituent le milieu. C'est ainsi que, par suite de l'affaissement de la roche, la plupart des prismes basaltiques offrent de distance en distance des espèces de joints qui de loin font ressembler les colonnes à de gigantesques bambous. En certaines laves, ces joints sont tellement nombreux et les arêtes de la pierre sont tellement émoussées par les intempéries, que les fûts se transforment en piles de sphéroïdes plus ou moins réguliers : au volcan de Bertrich, dans l'Eifel, on dirait des amas de fromages, d'où le nom de « cave à fromages » donné à l'une des grottes qui s'ouvrent dans la coulée de laves. Ailleurs encore, des cristaux épars au milieu de la masse ont servi de noyau à des concrétions globulaires formées de nombreuses couches concentriques. Enfin, plusieurs courants de matières fondues offrent une structure tabulaire ou schisteuse, causée, comme celle de l'ardoise, par la pression des masses surincombantes.

VII.

Sources des laves. — Le Stromboli, le Masaya, l'Isalco, le Kilauea. — Crevasses latérales des volcans. — Éruption et marche des laves.

Si les laves refroidies sont faciles à étudier, il est plus difficile d'observer d'une manière complète les matières fondues à leur issue des cratères ou des crevasses, et d'ailleurs les occasions d'étude qui se présentent aux savants sont parfois dangereuses. Il se passe souvent de longues années avant qu'on puisse voir à son aise, et sans craindre les explosions soudaines, les bouches du Vésuve ou de l'Etna se remplir jusqu'aux bords d'une lave bouillonnante.

En Europe, le Stromboli est le seul volcan où ce phénomène se produise régulièrement à des intervalles très-rapprochés, parfois de cinq minutes en cinq minutes ou même plus fréquemment encore. Quand on se place sur le rebord le plus élevé du cratère, on voit à une centaine de mètres plus bas les flots d'une matière éblouissante comme le fer fondu qui s'agitent et bouillonnent incessamment; ils se gonflent en forme d'ampoule, puis font explosion en lançant dans l'espace des tourbillons de vapeur accompagnés de fragments solides. Depuis des siècles, les laves n'ont jamais cessé de bouillir dans la cuve de Stromboli, et bien rarement une période de quelques heures se passe sans que déborde la matière en fusion. Aussi le cratère, blanc de vapeurs pendant le jour, et pendant la nuit rouge de la clarté des laves, sert-il de phare aux matelots depuis que la première barque s'est hasardée sur la mer Tyrrhénienne.

Dans le Nicaragua, au nord du Grand-Lac, le volcan de Masaya ou « bouche du Diable » présente un spectacle analogue à celui du Stromboli, mais plus grandiose et peut-être même encore plus régulier. Après s'être reposé pendant près de deux siècles, de 1670 à 1853, le monstre, auquel l'effrayant bouillonnement de ses ondes brûlantes avait fait donner le nom d'*Enfer*, a repris toute son activité d'autrefois. Dans ce cratère, les énormes bulles de lave, qui montent du fond de l'abîme en projetant une gerbe de pierres incandescentes, éclatent d'ordinaire de quart d'heure en quart d'heure.

Le volcan d'Isalco, non loin de Sonsonate, dans l'État de San-Salvador, est aussi des plus curieux à cause de la régularité de ses phénomènes. On le vit naître, le 29 mars 1793, et depuis cette époque[1], il n'a que rarement cessé de grandir en rejetant hors de son entonnoir des cendres et des pierres. Quelques-unes de ses éruptions, remarquables par leur violence relative, ont été accompagnées d'épanchements de laves; mais d'ordinaire le volcan d'Isalco se borne à lancer des matières incandescentes à une hauteur de 12 à 14 mètres au-dessus du cratère : les explosions se succèdent en général de deux en deux minutes[2]. L'élévation totale du cône de débris au-dessus du village d'Isalco étant de 224 mètres et les talus d'éboulement ayant une pente moyenne de 35 degrés, un des observateurs du volcan, M. de Seebach, a pu calculer approximativement la contenance et l'accroissement normal de la montagne. La masse de débris était, en 1865, d'environ 27 millions de mètres cubes,

1. M. Squier donne une autre date, celle du 23 février 1770; mais il est probable que c'est là une erreur.

2. Moritz Wagner; — Carl von Scherzer.

ce qui donne pour chaque année une augmentation de 375,000 mètres et de 43 mètres pour chaque heure. Le volcan peut donc être considéré comme un gigantesque sablier[1].

Dans le monde entier le cratère dont la vue étonne le plus ceux qui le contemplent est le cratère de Kilauea (île d'Havaii). Cette bouche volcanique s'ouvre à plus de 1,200 mètres d'élévation totale sur les flancs de la grande montagne de Mauna-Loa, qui se termine elle-même par un magnifique cratère en entonnoir ayant 2,500 mètres d'un bord à l'autre bord. Le cratère elliptique du Kilauea n'a

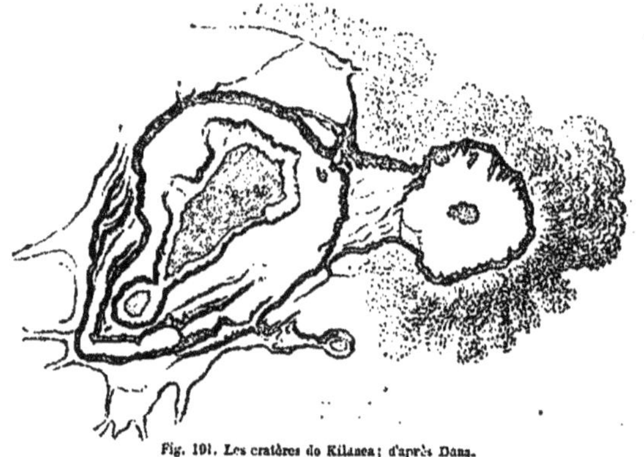

Fig. 191. Les cratères de Kilauea; d'après Dana.

pas moins de 5 kilomètres de longueur et de 11 kilomètres de tour. Le fond de cet abîme est rempli par un lac de lave dont le niveau varie d'année en année, et tantôt monte, tantôt descend, comme l'eau dans un puits. D'ordinaire, il s'étend à 2 ou 300 mètres au-dessous du rebord extérieur, et pour en étudier les détails, il faut gagner une espèce de corniche de lave noire qui se développe sur tout le pour-

1. *Zeitschrift für Erdkunde*, 1866.

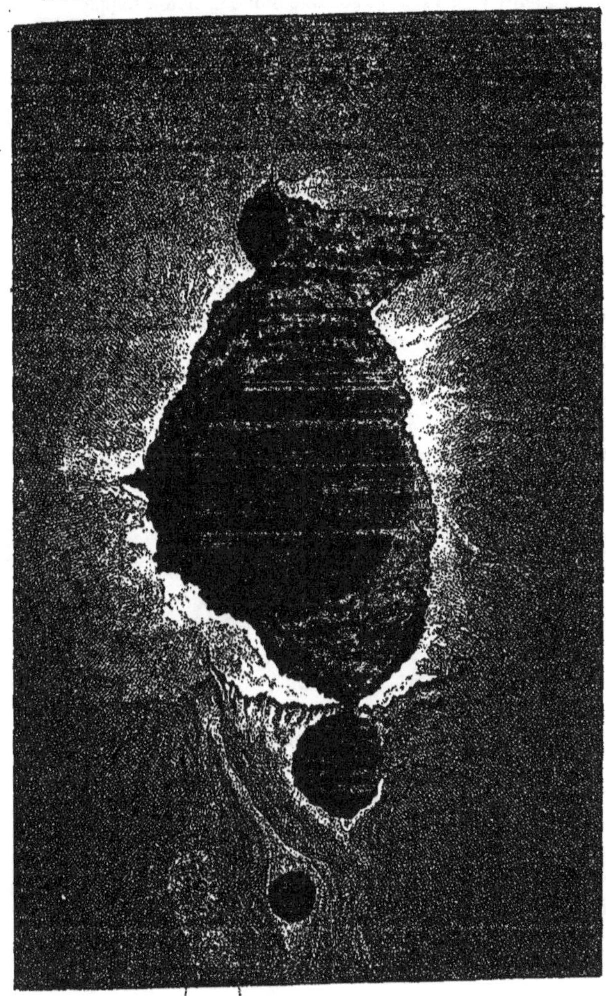

D'après Wilkes.

CRATÈRE DU MAUNE-ROA.

tour du gouffre : c'est le bord solidifié d'une ancienne nappe de matière fondue, comparable à ces banquettes circulaires de glaçons qui, dans les pays du nord, bordent les rives d'un lac et marquent encore au printemps le niveau des eaux abaissées. La surface de la mer de feu est le plus souvent recouverte d'une croûte épaisse dans presque toute son étendue; çà et là on voit sourdre les flots rouges de la lave comme l'eau d'un lac à travers la glace fendue. Des jets de vapeur s'échappent en sifflant, lancent en gerbes des scories brûlantes et forment sur divers points de la croûte de petits cônes de cendres de 20 à 30 mètres de hauteur, qui sont autant de volcans en miniature. Une chaleur intense rayonne de l'immense cratère; de toutes les fentes des parois verticales sort comme un souffle embrasé; au milieu des chaudes vapeurs, on se sent comme perdu dans une fournaise. Pendant la nuit, on se croirait entouré de flammes; l'atmosphère, colorée par le reflet écarlate des soupiraux du volcan, semble brûler elle-même.

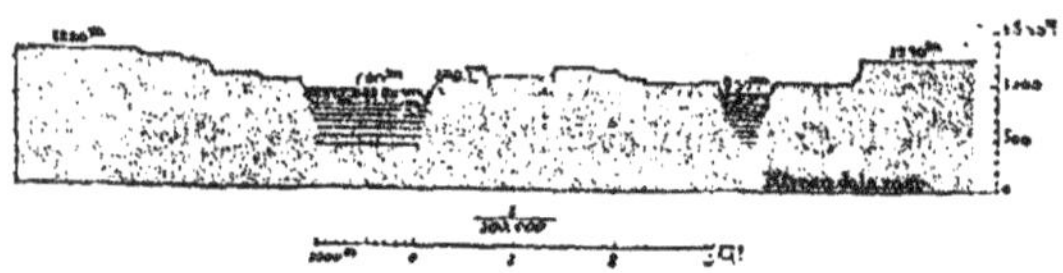

Fig. 192. Coupe à travers les cratères de Kilauea.

Le niveau du lac de Kilauea change incessamment. A mesure que de nouvelles laves jaillissent du foyer souterrain, la croûte déchirée laisse passer d'autres nappes de matières fondues et d'autres amas de scories, et peu à peu la masse bouillonnante s'élève de corniche en corniche et finit même par atteindre les bords supérieurs du bassin. Tôt ou tard, pourtant, le niveau s'abaisse rapidement : c'est que la masse incandescente contenue dans les profondeurs de l'abîme a graduellement fondu les parois inférieures de laves solides ;

ces parois cèdent enfin sur quelques points faibles de leur pourtour, une crevasse se produit dans la face extérieure du volcan, et les matières liquides, *soutirées* ainsi comme le vin de la cuve, se précipitent par l'ouverture qui leur est offerte, agrandissent l'orifice en pesant de tout leur poids sur le seuil de la crevasse et en fondant les roches qui s'opposent à leur passage, puis descendent sur les pentes et vont former des promontoires dans la mer. En 1840, le cratère était plein jusqu'aux bords, lorsqu'une crevasse s'ouvrit tout à coup dans le flanc de la montagne. Cette fente se prolongea jusqu'à une distance de 40 mètres de son point de départ et vomit un torrent de lave de 60 kilomètres de long et de 25 kilomètres de large, qui changea la configuration du littoral maritime et fit périr tous les poissons de ces parages. M. Dana évalue la masse totale de cette énorme coulée à 5 milliards et demi de mètres, c'est-à-dire à un cube cinquante fois plus considérable que la quantité de terre qu'aura fait déplacer le percement de l'isthme de Suez. L'énorme bassin de Kilauea, profond de 450 mètres, resta complétement vide pendant quelque temps, et l'ancien lac de lave ne laissa d'autre trace de son existence qu'une banquette solide semblable à celles qui s'étaient formées lors des éruptions précédentes. Depuis cette époque, la grande cuve de lave bouillonnante s'est plusieurs fois remplie et plusieurs fois vidée en totalité ou en partie.

Presque tous les volcans qui s'élèvent à une grande hauteur se débarrassent, comme le Kilauea, du trop-plein des laves en entr'ouvrant leurs parois par des crevasses latérales. En effet, la colonne de matières fondues que la pression des gaz de l'intérieur soulève dans la cheminée du cratère pèse d'un poids énorme, et chaque millimètre d'ascension vers la bouche terminale représente une dépense de force qui semble prodigieuse. Les calculs plus ou moins hypothétiques qu'on a faits sur le degré de tension nécessaire pour que la vapeur d'eau puisse agir sur le foyer des laves amènent à croire que les puits des volcans, et par conséquent la masse de pierre liquide à soulever, n'ont certainement pas moins d'une quinzaine de kilomètres[1]. Divers géologues, entre autres Sartorius de Waltershausen, le grand explorateur de l'Etna, pensent que les cheminées volcaniques ont une profondeur bien plus considérable encore. Les roches de la surface terrestre, calcaire, granit, quartz ou mica, ayant un poids spécifique deux fois et demie supérieur à celui de l'eau, tandis que la planète elle-même, prise dans son ensemble, pèse à peu prés cinq fois et demie plus que ne pèserait une même masse d'eau distillée, il en résulte que la densité des couches intérieures s'accroît de la circonférence au centre. Quant à la proportion de cet accroissement, elle est établie par un calcul dont il faut laisser toute la responsabilité à ses auteurs. M. de Waltershausen a reconnu, au moyen d'un grand nombre de pesées, que les laves de l'Etna et celles de l'Islande ont un poids spécifique de 2,911. La conséquence présumée de ce fait, c'est que les roches rejetées par les volcans de Sicile et d'Islande proviendraient d'une profondeur de 124 à 125 kilomètres (?). Ainsi le puits qui s'ouvre au fond du cratère de l'Etna n'aurait pas moins de 124 kilomètres, et la lave qui bout dans cet abîme serait soulevée par une force de 36,000 atmosphères, tout à fait incompréhensible pour notre faible imagination. Il ne serait donc pas étonnant qu'une masse de lave, assez pesante pour faire équilibre à une pression semblable, pût facilement, en un grand nombre d'éruptions, fondre et briser les parties faibles de ses parois plutôt que de monter encore de plusieurs centaines ou de plusieurs milliers de mètres pour s'extravaser par-dessus les rebords du cratère suprême.

Lorsque le flanc de la montagne s'entr'ouvre et donne

1. Buff, *Physik der Erde.*

passage aux laves, la crevasse est toujours sensiblement verticale, et celles qui se continuent jusqu'au sommet passent par la bouche même du volcan. En général, ces fissures d'éruption ont une longueur considérable et sont assez larges pour former un infranchissable précipice : avant qu'elles soient oblitérées par les laves ou par d'autres débris, tels que les neiges et les terres des avalanches, on peut les suivre du regard comme de profonds sillons creusés sur les versants de la montagne. En 1669, la fente latérale de l'Etna se prolongeait sur plus des deux tiers du versant méridional, des campagnes de Nicolosi au gouffre terminal du grand cratère. De même, dans l'île de Jan Mayen, le volcan de Beerenberg, haut de 2,290 mètres, présente du haut en bas une longue dépression remplie de neige, qui n'est autre chose qu'une crevasse d'éruption. En d'autres montagnes, notamment à Montserrat, à la Guadeloupe et à la Martinique, les crevasses ont pris de telles dimensions que les pics eux-mêmes ont été complétement fendus en deux.

C'est à travers des issues de ce genre que jaillissent les laves, d'abord en se faisant jour par la partie supérieure, où la déclivité est généralement plus forte, puis en jaillissant en aval sur les pentes douces des régions inférieures de la montagne.

A la source même, le torrent de lave est entièrement fluide et coule avec une considérable vitesse, quelquefois supérieure, surtout sur les pentes rapides, à celle d'un cheval au galop; mais bientôt la marche de la pierre incandescente se ralentit et le liquide, éblouissant de lumière, se recouvre çà et là de scories brunes ou rouges comme celles du fer sorti de la fournaise. Ces scories se rapprochent, se rejoignent, ne laissent bientôt plus entre elles que d'étroits soupiraux, à travers lesquels s'échappe la matière fondue, puis forment une croûte qui se brise incessamment avec un bruit de métal et se consolide peu à peu en un véritable tunnel autour du fleuve de feu : c'est *la cheire*[1], ainsi nommée à cause des rugosités pointues qui hérissent la surface. Sans craindre de se brûler, on peut facilement se hasarder sur cette voûte refroidie, à quelques centimètres au-dessus de la masse en fusion, comme on s'aventure en hiver sur les nappes de glace qui recouvrent les eaux courantes. La pression des laves ne parvient alors à briser la carapace que dans les parties inférieures de la coulée, là où les flots de pierre incandescente pèsent de tout leur poids. L'enveloppe est soudain rompue et la masse jaillit comme l'eau d'une écluse, en poussant devant elle les scories retentissantes et en se gonflant lentement en forme d'ampoule; puis elle se couvre à son tour d'une croûte solide, que brise un nouvel effort des laves. Ainsi le fleuve, s'endiguant lui-même et brisant toujours ses digues, descend peu à peu sur les pentes, terrible, inexorable, tant que la source première n'a pas cessé de couler. Le seul moyen de détourner le courant est de modifier la pente au-devant de lui, soit en lui opposant des obstacles qui le rejettent à droite ou à gauche, soit en lui préparant la voie par des tranchées profondes, soit encore en ouvrant en amont quelque issue latérale aux laves emprisonnées. En 1669, lors de la grande éruption qui menaça de dévorer Catane, on se servit de ces divers moyens pour sauver la ville. Tandis que d'un côté les habitants menacés travaillaient à consolider le rempart et plaçaient des obstacles en travers du courant pour le rejeter vers le sud, d'autres ouvriers, armés de pelles et de pioches, remontaient les bords de la coulée et, malgré la résistance des paysans, essayaient de percer la carapace de scories et d'ouvrir ainsi par des saignées de nouveaux passages aux matières en fusion. Ces moyens de défense réussirent en partie, et le terrible courant qui, au sortir de sa source, près de

1. Ou *serre,* en italien *sciara :* ce sont les synonymes du mot *scie,* en français de nos jours.

Nicolosi, avait pu fondre et transpercer dans sa plus grande largeur le cône volcanique de Monpilieri, situé en travers de son chemin, se détourna du centre de et Catane n'en détruisit que les faubourgs.

Le rayonnement des laves étant arrêté par la croûte de scories, qui est une très-mauvaise conductrice de la chaleur, il en résulte que la température ambiante s'élève très-faiblement autour d'une coulée de matières incandescentes. Les guides napolitains s'approchent sans crainte des laves du Vésuve pour en frapper des médailles grossières qu'ils vendent aux étrangers. A une distance de quelques mètres d'un soupirail de la cheire, les arbres de l'Etna continuent de croître et de fleurir, et l'on en voit même qui restent groupés sur un îlot de terre végétale, entre les deux bras d'une coulée de lave brûlante [1]. Et cependant, par un contraste qui semble incompréhensible au premier abord, il arrive parfois que des arbres, très-éloignés des épanchements visibles de matières fondues, se flétrissent et meurent tout à coup. C'est ainsi qu'en 1852, lors de la grande éruption du val del Bove, sur les pentes orientales du mont Etna, des vergers et des vignes couvrant un espace considérable à une distance d'un kilomètre en contre-bas du front de la coulée, se desséchèrent subitement comme si le souffle d'un incendie eût brûlé leur feuillage. Pour expliquer ce curieux phénomène, il faut nécessairement admettre que certains filets du grand fleuve de lave furent injectés souterrainement à travers les fissures du sol, puis remplirent quelque cavité de la montagne, précisément au-dessous des vergers détruits : les racines étant consumées ou privées de l'humidité nécessaire, les arbres eux-mêmes durent périr [2].

Sur les hautes montagnes en éruption, les amas de neiges et de glaces que recouvrent les courants de feu sortis

1. Voir ci-dessus, page 604.
2. Lyell, *Philosophical Transactions*, 1858.

des crevasses volcaniques ne se fondent pas toujours et l'on en voit qui se conservent sous les scories pendant des siècles ou même pendant des milliers d'années. Lyell en a découvert sous les laves de l'Etna, les géologues américains sous les masses rejetées par le cratère du mont Hooker, Darwin sous les cendres de Deception-Island, dans la Terre de Feu,

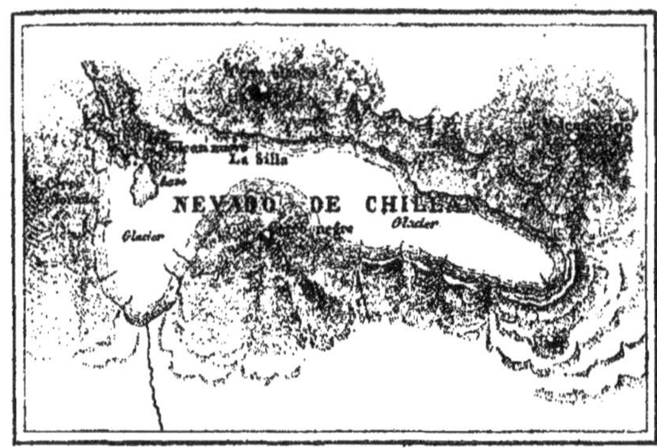

Gravé chez Erhard

Fig. 193.

M. Philippi sous les coulées du volcan Nuevo de Chillan [1], qui d'ailleurs, en 1861, fit éruption à travers un glacier. Là chaque couche de neige qu'apporte l'hiver reste entière sous le manteau de poussière brûlante que projette la bouche d'éruption, et les tranchées faites à travers les amas de débris révèlent sur une grande profondeur les strates alternativement blanches et noires de la neige et des cendres volcaniques. En 1860, le cratère de la montagne de Kutlagaya, en Islande, lançait à la fois dans les airs des blocs de lave et des morceaux de glace entremêlés [2].

1. *Mittheilungen von Petermann*, VII, 1863.
2. Wallich, *North Atlantic Sea-bed.*

De même les immenses coulées de laves de l'Islande ont laissé dans un état de conservation parfaite les troncs des *sequoias* et d'autres arbres américains qui paraient le sol de l'île pendant les âges de l'époque tertiaire, alors que la température moyenne de ces contrées était de 9 degrés centigrades, c'est-à-dire de 6 à 7 degrés supérieure à celle d'aujourd'hui[1]. Si le rayonnement des laves est tellement faible qu'il respecte les glaces et ne brûle pas les troncs des arbres enfouis, en revanche la chaleur et la fluidité des laves se maintiennent dans la partie centrale des coulées pendant une période très-considérable d'années. Des voyageurs affirment avoir trouvé des laves profondes qui étaient encore brûlantes après un siècle de séjour sur le flanc des montagnes.

Bien que la lave recouvre et conserve souvent les neiges et les glaces, défendues sans doute contre la chaleur par des coussins d'humidité à l'état sphéroïdal, elle vaporise immédiatement l'eau qui se trouve en contact avec elle. La masse liquide, augmentée soudain d'environ 1800 fois son volume, éclate comme une énorme bombe et lance en projectiles tous les objets environnants. On cite un événement grave de ce genre, qui eut lieu en 1843, quelques jours après la formation d'une crevasse de l'Etna, d'où sortait un courant de matière fondue descendant vers la plaine de Bronte. Une foule de curieux accourus de la ville contemplaient de loin la masse envahissante, des paysans coupaient les arbres de leurs champs, d'autres emportaient à la hâte les meubles de leurs cabanes, lorsque tout à coup on vit l'extrémité de la coulée se gonfler en forme d'ampoule, puis éclater en projetant dans tous les sens des nuages de vapeur et des fusées de pierres incandescentes. Tout fut rasé par cette terrible explosion, arbres, maisons, cultures, et l'on dit que soixante-neuf personnes renversées

1. Carl Vogt, *Nordfahrt*.

du coup périrent sur-le-champ ou dans l'espace de quelques heures. Ce désastre était occasionné par la négligence d'un cultivateur qui n'avait pas vidé la citerne de sa propriété; l'eau, transformée soudain en vapeur, avait fait éclater les laves avec la force explosive de la poudre à canon.

La quantité de matière fondue que peut vomir une crevasse dans une seule éruption est énorme, si on la compare à nos travaux humains. On sait que le courant de Kilauea, en 1840, dépassa 5 milliards de mètres cubes. Celui qui sortit du Mauna-Loa en 1855 produisit encore une plus grande quantité de laves et se prolongea jusqu'à 112 kilomètres du cratère. De pareils débordements sont rares, il est vrai; mais il en est dans l'histoire de la terre qui sont encore plus considérables. Ainsi le volcan islandais de Skaptar-Jokul se fendit en 1783 pour livrer passage à deux fleuves de feu dont chacun remplit une vallée; l'un atteignit une longueur de 80 kilomètres, sur une largeur de 24; l'autre avait de moindres dimensions, mais la profondeur de la masse était en certains endroits de 150 mètres. Une crevasse souterraine de 160 kilomètres qui fendit en deux le sol de l'Islande fut sans doute injectée de laves dans toute sa longueur, car sur divers points de cette ligne droite se dressèrent des monticules d'éruption. On a calculé que toute la lave évacuée par le Skaptar dans cette grande éruption n'était pas inférieure à 500 milliards de mètres cubes, égalant ainsi le volume entier du Mont-Blanc; c'était là une quantité suffisante pour recouvrir la terre d'une pellicule de lave de près d'un millimètre. Quant à la célèbre coulée des Monti-Rossi qui menaça de détruire Catane en 1669, elle est bien faible en comparaison et contient une masse de pierre évaluée seulement à 1 milliard de mètres cubes. Que sont donc les éruptions ordinaires comparées à la surface du globe? Des phénomènes appréciables seulement pour l'homme, cet infiniment petit.

VIII.

Bombes volcaniques. — Explosions de cendres. — Volcans parasites. — Montagnes réduites en poussière. — Éclairs et flammes des volcans.

Les laves qui se gonflent en ampoules au-dessus des crevasses ou s'écoulent en torrents sur les pentes ne sont pas les seuls produits des montagnes volcaniques. Lorsque les vapeurs comprimées s'échappent du cratère avec une explosion soudaine, elles entraînent avec elles des parcelles de matières fondues qui parcourent en tournoyant leur parabole dans l'espace, et retombent plus ou moins loin sur les talus du cône, suivant la force de projection qui les a lancées. Ce sont les bombes volcaniques, dont les immenses gerbes, tracées en lignes de feu sur le ciel noir, donnent pendant les nuits une beauté si grandiose aux éruptions. A peine tombés, ces projectiles, déjà refroidis par leur rayonnement dans l'atmosphère, sont devenus solides à l'extérieur, mais le noyau reste encore longtemps à l'état fluide ou pâteux. Souvent la forme de ces bombes est d'une régularité presque parfaite. Chaque sphère est alors composée d'une série d'enveloppes concentriques, qui se sont évidemment distribuées par ordre de poids spécifique dans le trajet du projectile à travers l'espace. Quant aux dimensions des bombes, elles varient à chaque éruption : les unes ont un ou plusieurs mètres d'épaisseur, d'autres ressemblent à des grains de sable et sont emportées par le vent à de grandes distances.

Dans la plupart des éruptions, ces boules de lave, fluides et rouges encore, ne constituent qu'une faible partie des matières lancées hors de la montagne : la plus forte proportion des pierres jetées provient des parois mêmes du volcan, qui se rompent sous la pression des gaz et volent en éclats après s'être mêlées aux produits de l'éruption nouvelle. Telle est l'origine de ces poussières ou cendres que certains cratères vomissent en si grande abondance et qui sont parfois la cause de si terribles désastres.

Lorsque la poussée des gaz et des laves se borne à fendre un côté de la montagne, les débris des rochers fracturés et réduits en poussière sont relativement peu considérables. Lancés en nuages hors de la crevasse, ils retombent en grêle autour de l'orifice et s'entassent graduellement en forme de cône sur les flancs du mont qui les a produits. En Europe, l'énorme pourtour de l'Etna présente plus de 700 de ces volcans parasites, les uns à peine plus élevés que des huttes d'Esquimaux, les autres, comme les Monti-Rossi, le Monte-Minardo, le Monte-Ilici, hauts de plusieurs centaines de mètres et larges de plus d'un kilomètre à la base. Il en est qui sont entièrement arides ou couverts seulement d'une maigre végétation de genêts, et se détachent en rouge, en jaune ou même en noir sur la masse de l'Etna; ceux des pentes inférieures sont boisés ou plantés en vignes et parfois renferment d'admirables cultures dans l'entonnoir de leur cime. Ces cônes de cendres, nés, comme autant de fils, des vastes flancs de la montagne, leur mère, donnent à l'Etna une singulière apparence de vie personnelle et de force créatrice. Il en est de même pour les volcans de Havaii, qui portent sur leurs déclivités des milliers de cônes parasites.

Dans la formation de ces monticules, il s'opère une véritable division du travail. Les blocs, les pierres plus ou moins lourdes, retombent soit au bord du cratère, soit dans le gouffre lui-même. Les cendres, les poussières ténues, s'envolent à une hauteur plus grande et, sous l'action du vent qui les entraîne, retombent au loin comme la balle du grain vanné dans l'aire. Aussi le talus du cône vers lequel se dirige le vent est-il uniformément plus allongé et se redresse-t-il à une plus grande hauteur au bord du cratère. Sur l'Etna, où le vent souffle en général dans la direction de l'ouest à l'est, la partie orientale des monticules est plus développée que celle du versant opposé. C'est

Fig. 104. Cône de cendres régulier.

Fig. 105. Cône de cendres modifié par le vent.

peut-être aussi à l'action du vent qui souffle sur les hauteurs, et non point, comme le suppose le géologue Siemsen[1], à l'obliquité de la cheminée du cratère, qu'il faut attribuer la chute de toutes les scories et de toutes les cendres au nord de l'orifice du volcan Nuevo de Chillan, au Chili.

Les phénomènes qui se produisent lorsque les cendres sortent par la bouche même du cratère ne diffèrent point de ceux qui s'observent à l'orifice des crevasses. Toutefois la masse de rochers solides réduits en poussière est parfois tellement considérable que la pluie de cendres prend alors les proportions d'un cataclysme. Souvent il est arrivé qu'en un paroxysme de l'énergie volcanique, tout le sommet de la montagne, sur une épaisseur de plusieurs centaines ou même de plusieurs milliers de mètres, a été lancé dans les airs, mêlé au nuage de vapeur et aux fumées de laves incandescentes. Ainsi l'Etna, si l'on en croit Élien, aurait été beaucoup plus élevé jadis qu'il ne l'était de son temps, et l'on voit en effet, au nord du cône terminal actuel, une espèce de plate-forme, qui semble avoir été la base d'une cime deux fois plus haute que celle de nos jours. Tout le val del Bove est probablement le vide laissé par la disparition d'un ancien cône.

Quant au Vésuve, on sait qu'en l'an 79 de l'ère actuelle

1. *Mittheilungen von Petermann*, VII, 1863.

toute la partie de la montagne tournée vers la mer fut réduite en poudre et que les débris de cet ancien cône, dont il ne reste aujourd'hui que l'enceinte semi-circulaire de la Somma, ensevelirent trois villes et de vastes

Fig. 196. Le cône de l'Etna et le val del Bove.

campagnes. Toutes les cendres, mêlées à la vapeur blanche qui montait en épais tourbillons, s'élevaient en colonne jusqu'à une hauteur bien supérieure à celle du volcan, puis arrivées dans les régions où l'air raréfié ne pouvait plus les soutenir, s'étalaient en une large ombelle d'où la poussière tombait en obscurcissant l'espace. Pline le Jeune comparait cette voûte de cendre et de fumée au branchage d'un pin d'Italie se recourbant à une hauteur immense au-dessus de la montagne. Depuis cette époque mémorable, on a mesuré l'élévation de la colonne de vapeurs qui sortait du Vésuve lors de quelques grandes éruptions, et l'on a trouvé parfois qu'elle était de 7 à 8,000 mètres, c'est-à-dire six fois plus considérable que la hauteur du volcan lui-même.

Une des explosions de cimes qui ont causé le plus de terreur, dans les temps modernes, est celle du volcan Coseguina, monticule de 150 mètres seulement, situé sur un promontoire au sud de la baie de Fonseca, dans l'Amérique centrale. Les débris lancés dans l'espace s'étalèrent sur le ciel en une horrible voûte de plusieurs centaines de kilomètres de large et recouvrirent les campagnes, jusqu'à plus de 40 kilomètres, d'une couche d'au moins 5 mètres d'épaisseur. A la base même de la colline, le promontoire s'avança de 240 mètres dans la baie, et deux îles nouvelles, formées de cendres et de pierres tombées du volcan, surgirent au milieu de l'eau, à plusieurs kilomètres de distance. Au delà des districts les plus rapprochés du cratère, la nappe de poussière tombée du ciel s'amincit graduellement, mais elle fut portée par le vent jusqu'à plus de 20 degrés de longitude vers l'ouest, et les navires qui se trouvaient dans ces parages eurent à traverser péniblement la couche de pierre ponce étalée sur les eaux. Au nord, la pluie de cendres fut remarquée à Truxillo, dans le Honduras, et à Chiapas, au Mexique; au sud, elle atteignit Carthagène des Indes, Sainte-Marthe et les autres villes du littoral grenadin; à l'est, portée par le contre-courant des vents alisés, elle retomba sur les campagnes de Sainte-Anne, à la Jamaïque, à une distance de 1,300 kilomètres. La superficie de terre et d'eau sur laquelle s'abattit la poussière doit être évaluée à 4 millions de kilomètres carrés, et, quant à la masse vomie, elle ne peut avoir été moindre de 50 milliards de mètres cubes.

Le fracas de la montagne triturée se fit entendre jusque sur les hauts plateaux de Bogotá, située à 1,650 kilomètres en droite ligne. Tandis que le nuage formidable s'abattait autour du volcan, des ténèbres épaisses remplissaient l'espace;

pendant 43 heures, on ne put voir qu'à la clarté sinistre des éclairs qui jaillissaient des colonnes de vapeur, et aux rouges lueurs sorties des soupiraux entr'ouverts de la montagne. Pour échapper à cette longue nuit, à la pluie de cen-

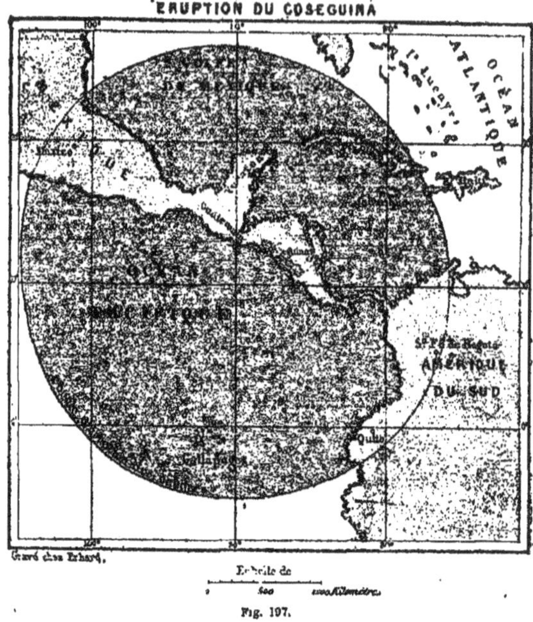

Fig. 197.

dres, à l'atmosphère embrasée, les habitants qui demeuraient au pied du Coseguina s'enfuirent en toute hâte par un chemin tracé le long des eaux noires de la baie de Fonseca. Hommes, femmes, enfants, animaux domestiques suivaient péniblement le sentier à travers les fondrières et les marais : tel était, dit-on, pendant cette longue nuit d'épouvante, l'effroi de tous les êtres animés, que les animaux eux-mêmes, singes, serpents, oiseaux, se joignirent à la bande des fuyards, comme s'ils reconnaissaient chez l'homme une intelligence supérieure à la leur[1].

Un grand nombre de volcans ont aussi diminué de hauteur, ou même ont complétement disparu à la suite d'explosions qui réduisaient leurs rochers en poudre et les distribuaient en nappes épaisses sur le sol environnant. Le mont Baker, en Californie, et le volcan japonais d'Unsen ont de cette manière exhaussé les plaines voisines aux dépens de leur propre masse. En 1638, le sommet du pic de Timor, qui se voyait comme un phare à 450 kilomètres de distance, sauta dans l'air et les eaux d'un lac s'assemblèrent dans l'énorme vide formé par l'explosion. En 1815, un volcan de l'île Sumbava, le Timboro, détruisit à lui seul plus d'hommes que l'artillerie des deux armées aux prises sur le champ de bataille de Waterloo. Dans l'île de Sumatra, à 900 kilomètres à l'ouest, on entendit la terrible explosion, tandis que, dans un rayon de 500 kilomètres autour de la montagne, l'épais nuage de cendres qui cachait le soleil faisait une nuit noire en plein midi. Tous ces débris, dont la masse accumulée représentait, dit-on, trois fois le volume du Mont-Blanc, c'est-à-dire un volume de 1,800 milliards de mètres cubes (?), s'étendirent sur un espace plus grand que l'Allemagne. La pierre ponce flottait dans la mer en une couche de plus d'un mètre de puissance, à travers laquelle les navires ne pouvaient avancer qu'avec la plus grande difficulté. L'imagination populaire fut tellement frappée de ce cataclysme, qu'à Bruni, dans l'île de Bornéo, où des amas de la poussière vomie par le Timboro, à 1,400 kilomètres au sud, avaient été portés par le vent, on compte les années à dater de « la grande chute des cendres. » C'est le commencement de l'ère actuelle pour les gens de Bruni, de même que pour les Musulmans la fuite de Mahomet.

1. Landgrebe, *Naturgeschichte der Vulkane.*

Le frottement de la vapeur d'eau contre les innombrables particules solides projetées dans l'espace est la principale cause de l'électricité qui se dégage en si grande

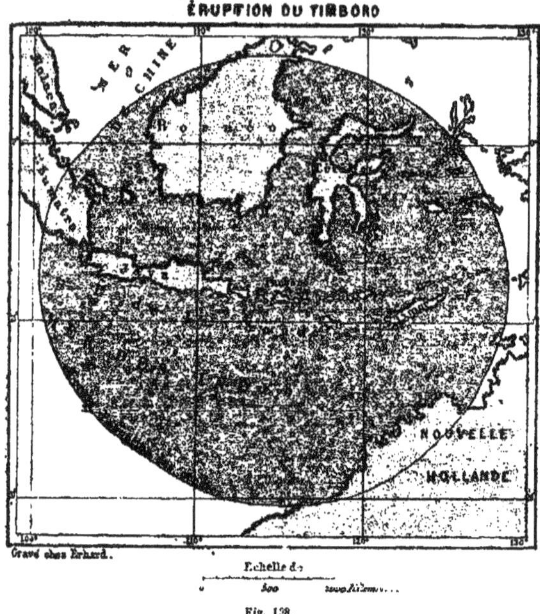

Fig. 138.

abondance pendant la plupart des explosions volcaniques. Par suite de cette friction, qui s'opère à la fois sur tous les points de l'atmosphère où pénètrent les cendres et les vapeurs du volcan, les étincelles jaillissent et se prolongent en éclairs : les cieux sont illuminés, non-seulement par le reflet des laves, mais aussi par les traits de lumière qui s'élancent entre les nuages. Lorsque la vaste ombelle de vapeur se déploie au-dessus de la cime du mont, de nombreuses spirales de feu tourbillonnent de chaque côté des nues, qui simulent en se déroulant un tronc d'arbre gigantesque. Sans doute aussi la rencontre de deux courants aériens peut contribuer à faire éclater la foudre dans les colonnes de vapeurs; cependant, lorsque celles-ci sont peu mélangées de cendres, elles sont rarement orageuses[1].

Si le dégagement de l'électricité dans les colonnes de vapeurs et de cendres vomies par les volcans n'a jamais été mis en doute, en revanche, l'apparition de véritables flammes lors des éruptions volcaniques est restée longtemps discutée. M. Sartorius de Waltershausen, le patient observateur de l'Etna, soutenait que, ni cette montagne, ni le Stromboli, ni tout autre volcan, n'ont jamais offert, parmi leurs phénomènes, de feu proprement dit, et que les prétendues flammèches sont tout simplement le reflet des laves rouges ou blanches qui bouillonnent dans les cratères. De leur côté, Élie de Beaumont, Abich, Pilla, affirmaient avoir positivement aperçu des flammes légères au sommet du Vésuve ou de l'Etna. Il était du reste bien naturel de croire que des gaz inflammables pussent se dégager et prendre feu à l'issue de ces grandes cheminées qui mettent le grand laboratoire intérieur des laves en communication avec l'atmosphère.

Enfin, cette question a été résolue d'une manière affirmative lors de la récente éruption de Santorin, et l'opinion populaire a eu raison contre la plupart des savants. Tous ceux qui ont pu contempler dans les premiers mois les soulèvements des laves du cap Georges et d'Aphroessa ont constaté l'apparition de gaz embrasés dansant au-dessus des laves et même à la surface de la mer. Tout autour des monticules soulevés, les bulles jaillissant des flots s'allumaient au contact de la masse incandescente et se propageaient sur l'eau en longues traînées de flammes blanches, rouges ou verdâtres, que la brise inclinait et relevait tour à tour;

1. Arago, *Œuvres complètes*, tome Ier.

parfois une forte bouffée de vent éteignait l'incendie, mais aussitôt il recommençait à courir sur les brisants : en s'en approchant avec précaution, on pouvait même y faire brûler des fragments de papier qui s'enflammaient en tombant. Sur les pentes du volcan d'Aphroessa, des feux, rendus jaunâtres par les sels de soude entraînés, jaillissaient de toutes les fissures et montaient à la hauteur de plusieurs mètres. Sur les laves un peu plus anciennes du cap Georges, les traînées de flammes étaient moins nombreuses ; toutefois, on apercevait encore çà et là des lueurs bleuâtres voletant sur les arêtes noires des laves[1].

D'ailleurs les flammes de Bakou, sur les bords de la mer Caspienne, ne sont-elles pas un produit de l'activité volcanique du sol? Les « montagnes grandissantes » des environs sont des volcans de boues, et c'est, sans aucun doute, au même travail intérieur qu'est due également la production du gaz hydrogène qui brûle en « flamme éternelle » dans les temples des Parsis[2]. Pendant les soirées d'automne, lorsque le temps est calme et que le soleil a réchauffé la surface du sol, les flammes font quelquefois leur apparition sur les collines, et, durant plusieurs heures, on assiste au merveilleux spectacle d'une traînée de feu qui se propage au loin sur les campagnes, sans brûler le sol, et même sans roussir un brin d'herbe.

IX.

Torrents de boue rejetés par les cratères. — Volcans de boues.

Les torrents d'eau et de boue sont, après les laves et les cendres, les produits les plus considérables de l'activité volcanique, et les désastres dont ils ont été la cause sont

1. Fouqué, *Revue des Deux-Mondes*, 15 août 1866; Dekigallas; Schmidt.
2. Arnold Boscowitz, *Volcans et Tremblements de terre*.

peut-être les plus terribles qu'ait à raconter l'histoire. Par suite de ces déluges soudains, bien des villes ont été rasées ou englouties, des districts entiers parsemés d'habitations ont été noyés sous la fange ou changés en marécages, la face de la nature s'est transformée dans l'espace de quelques heures.

Ces masses liquides qui s'abattent tout à coup du haut de la montagne ne sortent pas toujours du volcan lui-même. Ainsi le déluge local peut être causé par une condensation rapide de grandes quantités de vapeur qui s'échappent du cratère et retombent en pluies torrentielles le long des talus : pareil phénomène doit évidemment s'accomplir dans un grand nombre de cas, et c'est par un cataclysme de ce genre que la ville d'Herculanum, au pied du Vésuve, fut sans doute engloutie. Pour les hauts volcans neigeux des zones tropicales et tempérées, ainsi que pour toutes les montagnes fumantes des régions glaciales, les torrents d'eau et de débris, « les laves d'eau, » comme disent les Siciliens, s'expliquent par la fusion rapide de puissantes masses de neiges ou de glaces, avec lesquelles les laves brûlantes, les cendres encore chaudes ou les émanations gazeuses du foyer volcanique se trouvent en contact. C'est ainsi qu'en Islande de formidables déluges, entraînant avec eux des glaces, des scories et des rochers, se précipitent soudain dans les vallées après chaque éruption et balayent tout sur leur passage. Ces espèces d'avalanches liquides sont les plus terribles phénomènes qu'aient à redouter les habitants de l'île. On montre trois caps de débris que les masses d'eau descendues des flancs du Kutlugaya en 1766 ont projetés au loin dans la mer, par 75 mètres de profondeur[1].

D'autres débâcles non moins redoutables ont pour cause la rupture des parois qui retenaient un lac dans l'entonnoir

1. Olafsen et Povelsen, *British Quarterly Review*, avril 1864.

d'un ancien cratère ou bien la formation d'une crevasse qui donne issue aux masses liquides contenues dans les réservoirs souterrains. On ne pourrait expliquer autrement les éruptions de boue de plusieurs volcans trachytiques des

CRATÈRE DE SETE CIDADES

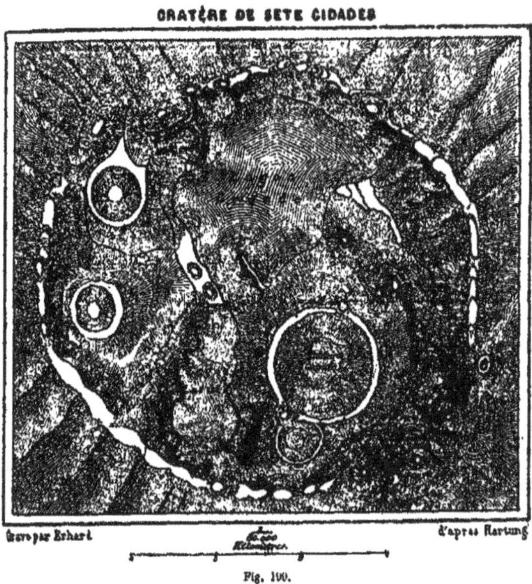

Grav. par Erhard — d'après Hartung

Fig. 190.

Andes, l'Imbambaru, le Cotopaxi, le Carahuarizo. En effet, les fanges (*lodozales*) qui descendent de ces montagnes renferment souvent en grande abondance une foule d'êtres organisés, plantes aquatiques, infusoires, enfin des poissons, qui ne peuvent avoir vécu que dans les eaux tranquilles d'un lac : tel est le *pimelodes cyclopum*, petit poisson du genre des silures, qui, d'après Humboldt, n'a point encore été découvert ailleurs que dans les cavernes andines et dans les ruisseaux du plateau de Quito. En 1691, le volcan d'Imbambaru vomit, avec les boues et les neiges, une si grande quantité de ces débris d'organismes que l'atmosphère en fut empestée et que des fièvres miasmatiques régnèrent dans tout le voisinage. Les masses d'eau qui s'abîment ainsi tout à coup dans les plaines sont parfois de plusieurs millions ou même de plusieurs milliards de mètres cubes.

Si les éruptions d'eau et de boue peuvent être en certains cas considérées comme des phénomènes accidentels, on doit y voir au contraire dans plusieurs volcans le résultat de l'activité normale des forces souterraines : ce sont les eaux marines ou lacustres engouffrées dans les abîmes qui reparaissent à la surface, mêlées aux roches qu'elles ont délayées et réduites en pâte. Un remarquable exemple de ces éruptions liquides est celui qu'offre le Papandayang, l'un des volcans les plus actifs de Java. En 1792, cette montagne éclata, la cime disparut changée en poussière et les débris répandus au loin ensevelirent quarante villages. Depuis cette époque, un fort ruisseau jaillit de la bouche même du cratère, à 2,350 mètres d'altitude, et descend vers la plaine en bondissant sur les blocs de trachyte, jaunis par les substances chimiques. Autour de la source, des flaques d'eau emplissent les anfractuosités du sol et bouillonnent incessamment sous l'effort des vapeurs chaudes qui s'élèvent en bulles; çà et là s'ouvrent des entonnoirs où l'eau noire et boueuse s'élève, puis retombe incessamment avec la même régularité que les vagues de la mer ; ailleurs des masses argileuses sorties lentement de petits cratères s'épanchent en talus circulaires sur des buttes de quelques décimètres ou d'un mètre de hauteur ; enfin, des jets de vapeur s'élancent de toutes les fissures avec un bruit strident et font trembler le sol. Toutes ces voix diverses, le mugissement des cascades, l'explosion des fontaines gazeuses, le rauque murmure des volcans de boues, le sifflement des fumerolles produisent un fracas indescriptible que l'on entend au loin dans les plaines et qui a fait donner au volcan son nom de Papandayang ou « Forge», comme si on y entendait sans cesse le souffle puissant des flammes et le bruit répété des enclumes.

Dans les volcans d'une grande hauteur, il est rare que les éruptions d'eau et de boue soient constantes comme dans le Papandayang ; mais les éjections temporaires de masses liquides sont fréquentes et même plusieurs montagnes fumantes ne donnent issue qu'à des matières boueuses. Le volcan de Agua ou de « l'Eau », dont le cône doucement incliné, comme celui de l'Etna, s'élève à 4,000 mètres environ, jusque dans la région des neiges, n'a jamais vomi que de l'eau, et l'on dit même que les laves et autres produits volcaniques manquent complétement sur ses pentes[1]. Et cependant en 1541, cette prodigieuse source intermittente lança dans les airs sa pointe terminale (*coronilla*) et déversa sur les campagnes de sa base et sur la ville de Guatemala une si prodigieuse quantité d'eau chargée de pierres et de débris, que les habitants durent s'enfuir en toute hâte et reconstruire leur capitale au pied du volcan de Fuego ou « du Feu ». Il est vrai que ce nouveau voisin ne se montra pas moins redoutable que le précédent, car ses violentes éruptions forcèrent les habitants de la seconde ville à émigrer encore et à rebâtir la capitale à une trentaine de kilomètres au nord-ouest.

Plusieurs volcans de Java et des Philippines épanchent aussi pendant leurs éruptions de grandes quantités de boue, parfois mélangée de matières organiques en si forte proportion qu'on peut l'utiliser comme combustible[2]. En 1793 quelques mois après la terrible éruption de l'Unsen, dans l'île Kiousiou[3], un volcan voisin, le Miyi-Yama, aurait vomi, nous dit Kampfer, une si prodigieuse abondance d'eau et de boue, que toutes les campagnes environnantes auraient

1. Juarros, Landgrebe, *Naturgeschichte der Vulcane,* tome Ier.
2. Otto Volger, *das Buch der Erde,* tome Ier.
3. Voir ci-dessus, page 644.

été inondées et que 53,000 personnes auraient été noyées dans le déluge; malheureusement, on n'a point encore l'historique précis de cette catastrophe. De toutes les grandes éruptions de boue, la mieux connue est celle du Tunguragua, volcan de l'Équateur, qui se dresse au sud de Quito, à 5,000 mètres d'altitude. En 1797, lors du tremblement de terre de Riobamba, tout un pan de la montagne s'affaissa en éboulis immenses avec les forêts qu'il portait; en même temps des flots d'une boue visqueuse sortirent des crevasses de la base et se précipitèrent dans les vallées. Un des courants de boue remplit, jusqu'à 200 mètres de hauteur et sur une largeur de plus de 300 mètres, un défilé sinueux qui séparait deux montagnes, et barrant les ruisseaux à leur issue des vallées latérales, retint les eaux en lagunes temporaires; une de ces nappes d'eau subsista même pendant quatre-vingt-sept jours.

Ainsi les boues ont avec les laves ce point de ressemblance qu'elles s'épanchent tantôt par le cratère, comme au Papandayang, tantôt par des crevasses latérales, comme au Tunguragua. Sans doute, lorsque les boues volcaniques auront été mieux étudiées, on pourra constater la transition qui s'opère par des degrés presque insensibles entre les eaux plus ou moins impures échappées des volcans et les laves incandescentes plus ou moins chargées de vapeurs. D'ailleurs, cette transition s'observe déjà dans les matériaux anciens que les eaux ont entraînés et déposés en strates au pied des montagnes volcaniques. Ces roches, connues sous le nom de tuf, de trass ou de *peperino* ne sont autre chose que des amas de ponce, de scories, de cendres ou de boue agglutinés par l'eau en une espèce de mortier ou de conglomérat et devenus graduellement solides par l'évaporation de l'humidité qu'ils contenaient. Telle est, par exemple, la pierre durcie qui, depuis dix-huit siècles, recouvre la cité d'Herculanum d'une couche de 15 à 45 mètres d'épaisseur. Parmi les roches de formations diverses, il en est du reste bien peu qui offrent une plus étonnante variété que les tufs. Ils diffèrent complétement d'aspect et de propriétés physiques suivant la nature des matériaux qui ont servi à les former, la quantité d'eau qui les a cimentés, la rapidité plus ou moins grande avec laquelle se sont opérées leur chute et leur dessiccation, enfin le nombre et la disposition des fentes qui se sont produites à travers la masse desséchée et qui ont été ensuite injectées des substances les plus diverses. Plusieurs espèces de tufs ressemblent aux plus beaux marbres.

Les petites éminences qu'on appelle spécialement volcans de boues ou *salses* à cause des sels déposés fréquemment par leurs eaux, sont des cônes qui ne diffèrent point, si ce n'est par leurs dimensions, des puissants volcans des Andes ou de Java. Comme ces grandes montagnes, elles secouent le sol et le déchirent pour expulser les matières renfermées; elles émettent des gaz et des vapeurs en abondance, accroissent leurs talus de leurs propres débris, se déplacent, changent de cratère, font disparaître leurs sommets dans leurs explosions; enfin, parmi les salses, les unes sont incessamment en travail, tandis que d'autres ont leurs périodes de repos et d'exaspération. Les transitions sont si parfaitement ménagées dans la nature qu'on ne saurait découvrir de différence essentielle entre le volcan et la salse, entre celle-ci et la source thermale[1].

Les volcans de boue sont en grand nombre sur la terre, et, comme les volcans de laves, c'est principalement à une faible distance du littoral des mers que s'élèvent leurs petits cônes. En Europe, les plus remarquables parmi ces monts qui vomissent la boue sont ceux qui se trouvent aux deux extrémités du Caucase, sur les bords de la mer Caspienne, et des deux côtés du détroit de Jenikalé, qui fait communiquer la mer d'Azof et la mer Noire. A l'est, les sources

1. Humboldt, *Cosmos*, Ier vol.

boueuses de Bakou se distinguent surtout par leur association avec des gaz inflammables; à l'ouest, celles de Taman et de Kertch épanchent pendant toutes les saisons, mais surtout pendant les sécheresses, de grandes quantités d'une fange noirâtre. Un de ces volcans de boues, le *Gorela* ou *Kuku-Oba*, que, du temps de Pallas, on appelait l'Enfer ou *Prekla*, à cause de ses fréquentes éruptions, n'a pas moins de 75 mètres de hauteur, et de ce cratère, parfaitement distinct, se sont écoulés des torrents boueux dont l'un avait 800 mètres de long et une contenance d'environ 650,000 mètres cubes[1].

Les *volcancitos* de Turbaco, décrits par Humboldt, et les *maccalube* de Girgenti, explorées, depuis Dolomieu, par la plupart des savants européens qui s'occupent des forces souterraines, sont aussi des exemples bien connus de sources de boues et peuvent servir de type à tous les monticules du même genre. En hiver, après de longues pluies, la plaine des *maccalube* est une surface d'argile et d'eau formant une sorte de pâte bouillonnante d'où la vapeur s'échappe en sifflant; mais les chaleurs du printemps et de l'été durcissent cette argile en une croûte épaisse que les vapeurs percent sur divers points et recouvrent de monticules grandissants. A la pointe de chacun des cônes une bulle de gaz gonfle en ampoule la bouillie argileuse, puis la fait crever et l'épanche en une mince nappe sur les talus; le liquide retombe dans le cratère, puis une nouvelle bulle soulève d'autre argile, l'étend sur la première couche déjà durcie, et ce va-et-vient continue incessamment jusqu'à ce que les pluies d'hiver aient de nouveau délayé tous les cônes. Tel est dans toute sa simplicité le jeu de la salse, interrompu quelquefois par de violentes éruptions[2]. Sur les côtes du Mekran, les volcans de boues ne sont pas seule-

1. Ansted, *Intellectual Observer*, Janvier 1866
2. Arnold Boscowitz, *Volcans et Tremblements de terre*.

ment soumis à l'action des saisons, ils dépendent aussi des marées, bien que plusieurs d'entre eux se trouvent à 15 et même à 20 kilomètres de l'océan Indien. A l'heure du flux, la boue monte à gros bouillons, accompagnée d'un sourd murmure comme le roulement lointain du tonnerre. Le cône le plus élevé n'a pas moins de 75 mètres et se trouve à 11 kilomètres du rivage[1].

D'ordinaire, l'expulsion des boues et des gaz est accompagnée d'un dégagement de chaleur; mais dans un certain nombre de salses, comme celles du Mekran, les matières rejetées n'ont point une température supérieure à celle de l'air ambiant, comme si l'expulsion des boues au dehors du sol était un phénomène tout à fait superficiel. Parfois dans les tourbières la terre se crevasse, des boues froides sont lancées autour de la fissure, puis, après cette espèce d'éruption, le sol spongieux s'affaisse et s'aplanit de nouveau. Est-ce un phénomène d'explosion analogue à celui des volcans de boues et causé par la fermentation des gaz au milieu de substances en putréfaction? C'est là ce que pense M. Otto Volger, et l'on ne saurait guère donner d'autre explication de ce phénomène.

X.

Sources thermales volcaniques. — Geysirs. — Sources de la Nouvelle-Zélande. Fumerolles, salfatares, cratères d'acide carbonique.

Volcans de laves et volcans de boues ont tous sur leurs flancs ou dans le voisinage de leur base des sources thermales qui donnent issue à la surabondance des eaux, des gaz et des vapeurs. Même la plupart des montagnes aujourd'hui tranquilles qui furent jadis des foyers d'explosions

1. Walton, *Nautical Magazine*, février 1863.

continuent de manifester leur activité par des vapeurs et des gaz, comme les brasiers d'incendie dont les flammes sont éteintes, mais d'où la fumée s'élève encore. Si les laves et les cendres ne s'échappent plus du cratère ou des crevasses latérales, du moins de nombreuses fumerolles et des sources chaudes, formées par la condensation des vapeurs d'eau, servent en général de véhicule aux gaz enfermés dans les profondeurs de la montagne. C'est par centaines et par milliers que l'on compte les « geysirs, » les « fontaines de vinaigre » et autres sources thermales dans les contrées jadis brûlantes dont le feu s'est éteint ou du moins assoupi pour une période plus ou moins longue. Ainsi les anciens volcans de l'Auvergne, les monts de l'Eifel rhénan, dont les cratères ne contiennent maintenant que des lacs ou des

LE CRATÈRE DE DEMAVEND.

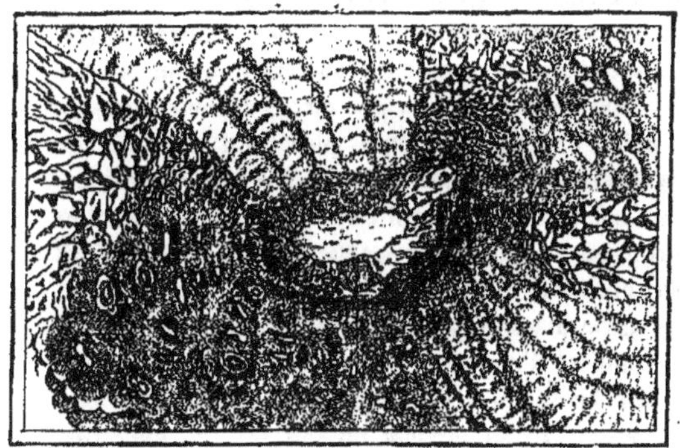

Gravé par Erhard. d'après la Carte de Petermann.

Fig. 200.

mares, le Demavend, à la bouche emplie de neige, exhalent encore çà et là, par des sources et des fumerolles, comme un faible souffle de leur vie jadis si puissante.

Les régions volcaniques de la terre où les sources thermales jaillissent en grande abondance sont nombreuses :

telles sont, en Europe, la Sicile, l'Islande, la Toscane, la péninsule de Kertch. En Amérique, cette terre si riche en volcans, les fontaines chauffées par les vapeurs souterraines sont encore bien plus nombreuses, et l'on en connaît même, sur les flancs du volcan Nuevo de Chillan, qui jaillissent à travers une épaisse couche de neige perpétuelle[1]. Une gorge latérale de la vallée de Napa, en Californie, appelée *Devil's Cañon* ou « Défilé du Diable » peut être citée comme un des exemples les plus frappants de l'active production des eaux thermales. L'étroit ravin, rempli de vapeurs qui s'élèvent en tourbillons, s'ouvre au flanc d'une montagne rouge et nue qu'on dirait brûlée par le feu. On entre en suivant le bord d'un ruisseau dont les eaux brûlantes sont mélangées de substances chimiques horribles au goût. Des sources innombrables, les unes sulfureuses, les autres chargées d'alun ou de sel, jaillissent de la base des rochers; il en est de tièdes et de froides, de chaudes et de bouillantes; quelques-unes sont transparentes et bleues, d'autres jaunes, blanches ou rouges d'ocre. Dans une cavité qu'on appelle le « Chaudron des Sorcières » une masse de boue noire et fétide s'agite à gros bouillons; plus haut, les jets de matières gazeuses que lance le « Bateau à vapeur du Diable » sortent en haletant d'une paroi de rochers; des fumerolles se montrent par centaines sur les flancs de la montagne. Et tout cela murmure, siffle, gronde ou mugit; une tempête de bruits assourdissants ne cesse d'emplir la gorge. Le sol brûlant, composé d'une vase argileuse, ici jaune de soufre, ailleurs blanche de craie, cède sous les pieds du promeneur qui s'y aventure et se fendille en laissant échapper des bouffées de vapeur. La gorge tout entière semble être l'évent commun de nombreux réservoirs d'eaux minérales diverses, chauffées par un grand foyer volcanique[2].

1. Philippi, *Mittheilungen von Petermann*, VII. 1863.
2. Henry Auchincloss, *Continental Monthly*, septembre 1864.

Le ravin d'Infernillo (Petit Enfer), qui se trouve à la base du volcan de San Vicente, au centre de la république de San Salvador, offre des phénomènes semblables à ceux de Devil's Cañon. Là aussi des filets d'eau bouillonnante jaillissent en foule du sol calciné comme la brique, et des tourbillons de vapeur s'élancent des orifices du rocher avec un bruit semblable au souffle strident des locomotives. La plus forte masse d'eau sort d'une fissure de 10 mètres de large qui s'ouvre sous une assise de rochers volcaniques à une faible hauteur au-dessus du fond de la vallée. En partie voilée par les flots de vapeur qui s'en dégagent, la nappe liquide est lancée jusqu'à une distance de 40 mètres comme par une pompe foulante, et le sifflement de l'eau comprimée entre les rochers rappelle celui d'une fournaise d'usine en pleine activité : on dirait la puissante respiration d'un être prodigieux caché sous la montagne.

Les sources les plus chaudes qui jaillissent à la surface du sol, comme celles de las Trincheras et de Comangillas, n'atteignent pas même la température de 100 degrés[1]; mais il ne faut point en conclure que l'eau ne s'élève pas dans l'intérieur de la terre à une chaleur beaucoup plus considérable. Il est certain au contraire que, tout en se maintenant à l'état liquide, l'eau qui descend dans les crevasses les plus profondes, même indépendamment de toute action volcanique, peut arriver à la température de plusieurs centaines de degrés; comprimée par des masses liquides supérieures, elle ne se change point en vapeur. A une profondeur qui n'est pas connue, mais que divers savants ont fixée par approximation à 15,000 mètres, l'eau, dont la température dépasse 400 degrés, trouve enfin l'élasticité suffisante pour vaincre le formidable poids de 1,500 atmosphères qu'elle porte; elle se change en vapeur et, sous cette nouvelle forme, remonte vers la surface de la terre par les fissures

1. Voir ci-dessus, page 326.

des rochers[1]. Que cette vapeur elle-même, traversant des couches d'une température de moins en moins élevée, se condense de nouveau et redescende en eau, elle réchauffe cependant le liquide qui l'environne, elle en accroît l'élasticité, et, par conséquent, favorise la génération de nouveaux jets de vapeur qui s'élancent à leur tour vers les régions supérieures. C'est ainsi que, de proche en proche, l'eau se transforme en vapeur jusqu'à la surface même de la terre, et jaillit des crevasses en fumerolles.

En Islande, en Californie, dans la Nouvelle-Zélande et plusieurs autres régions volcaniques du monde, les jets de vapeur mêlés à l'eau bouillante sont assez considérables pour se ranger parmi les phénomènes les plus étonnants de la planète. La plus célèbre, et certainement l'une des plus belles de toutes ces fontaines, est le grand geysir d'Islande. De loin, de légères vapeurs, rampant sur la plaine basse, au pied de la montagne de Blafell, indiquent l'emplacement du jet d'eau et des sources voisines. La vasque de pierre siliceuse que le geysir s'est lui-même formée pendant le cours des siècles, n'a pas moins de 16 mètres de largeur et sert de bassin extérieur à un entonnoir de 23 mètres, du fond duquel s'élèvent les eaux et la vapeur. Une mince nappe liquide s'épanche par-dessus les bords de la vasque et descend en cascatelles sur la pente extérieure. L'air froid fait baisser la température de l'eau à la surface, mais en même temps la chaleur augmente de plus en plus dans les couches inférieures; en certains endroits, des bulles se forment au fond de l'eau et viennent éclater dans l'air. Bientôt des couches de vapeur s'élèvent en nuages dans l'eau verte et transparente; mais, rencontrant les masses plus froides de la surface, elles se dissolvent de nouveau. Enfin, elles arrivent jusque dans la vasque et soulèvent les eaux en bouillonnant; les vapeurs jaillissent çà et là dans la nappe liquide, la tem-

1. Voir, ci-dessus, page 621.

pérature du bassin tout entier s'élève au point d'ébullition, la surface se gonfle en masses écumeuses, le sol tremble et mugit sourdement. La chaudière laisse échapper incessamment des nuages de fumée, qui tantôt s'accumulent sur le bassin, tantôt sont balayés par le vent. Quelques moments de silence succèdent de temps en temps au sifflement des vapeurs. Tout à coup, la résistance est vaincue, l'énorme jet s'élance avec fracas, et, comme un pilier de marbre éblouissant, surgit à plus de 30 mètres dans les airs. Un deuxième, puis un troisième jet se succèdent rapidement; mais le magnifique spectacle ne dure qu'un petit nombre de minutes; la vapeur s'échappe, l'eau refroidie tombe dans la vasque et sur le pourtour du bassin, et, pendant des heures ou même des jours, on attend vainement une nouvelle explosion. En se penchant au-dessus de l'entonnoir, duquel sortait un tel orage d'écume et de bruit, et où l'on ne voit plus alors qu'une eau bleue, transparente, faiblement ridée, on peut à peine croire, dit le chimiste Bunsen, au changement soudain qui vient de s'opérer.

Les minces dépôts de matières siliceuses que laissent en s'évaporant les eaux bouillantes, ont déjà formé un monticule conique autour de la source, et tôt ou tard la margelle de pierre grandissante aura tellement accru la pression de la masse liquide dans la fontaine, que les eaux s'ouvriront à la fin une nouvelle issue en dehors du cône. D'après les expériences que Forbes a faites sur la formation de la couche incrustante autour du jet d'eau, cette fontaine aurait commencé ses éruptions il y a dix siècles et demi, et les cesserait probablement dans un laps de temps beaucoup plus court. Non loin du geysir, dont le tertre de dépôts siliceux n'a pas moins de 12 mètres de hauteur, nombre de bassins qui servaient autrefois de vasques aux sources jaillissantes ne sont plus aujourd'hui que des citernes emplies d'une eau limpide et bleue, au fond de laquelle on aperçoit la bouche d'un ancien canal d'éruption : un déplacement d'activité se produit pour le geysir, comme pour les volcans de boues et les sources incrustantes. Plusieurs fontaines alignées sur la même crevasse terrestre que le grand jet d'eau, le Strokkr, le petit geysir et d'autres encore, présentent des phénomènes à peu près analogues et sont évidemment soumises à l'action des mêmes forces. D'ailleurs, le voisinage des volcans actifs de l'Islande permet de supposer que les eaux produites par la fonte des neiges du Blafell n'ont pas besoin de descendre à plusieurs milliers de mètres dans l'intérieur de la terre pour s'y transformer en vapeurs. Sans doute qu'à une faible profondeur au-dessous de la surface elles se trouvent en contact avec des foyers de laves qui leur donnent une haute température. En reproduisant en miniature les conditions que l'on croit être celles des fontaines d'Islande, c'est-à-dire en chauffant à la base des tubes de fer remplis d'eau et surmontés d'un bassin, Tyndall a fait dans son laboratoire de charmants petits geysirs qui jaillissent toutes les cinq minutes.

Vers le centre de l'île septentrionale de la Nouvelle-Zélande, l'activité des sources volcaniques se manifeste peut-être d'une manière plus remarquable encore qu'en Islande. Sur la ligne crevassée et légèrement sinueuse qui s'étend du sud-ouest au nord-est, entre le volcan toujours actif de Tongariro et l'île fumante de Whakari, dans la baie d'Abondance, les eaux thermales, les fontaines de boue, les geysirs jaillissent en plus de mille endroits, et çà et là se réunissent en lacs considérables. En certaines régions les vapeurs brûlantes s'échappent du flanc des montagnes en si grande abondance que le sol est réduit à l'état de bouillie sur de vastes surfaces et s'épanche lentement vers la plaine en longues coulées de boue. Sur une distance de près de 2 kilomètres, une partie du lac de Taupo bouillonne et fume, comme s'il était chauffé par un incendie souterrain, et la température de ses eaux s'élève en moyenne à 38 degrés centigrades. Plus au nord, les deux versants de la vallée où coule la rivière impétueuse de Waikato, issue du lac Taupo, offrent, sur environ 2 kilomètres, un si grand nombre

RÉGION VOLCANIQUE DE LA NOUVELLE-ZÉLANDE.

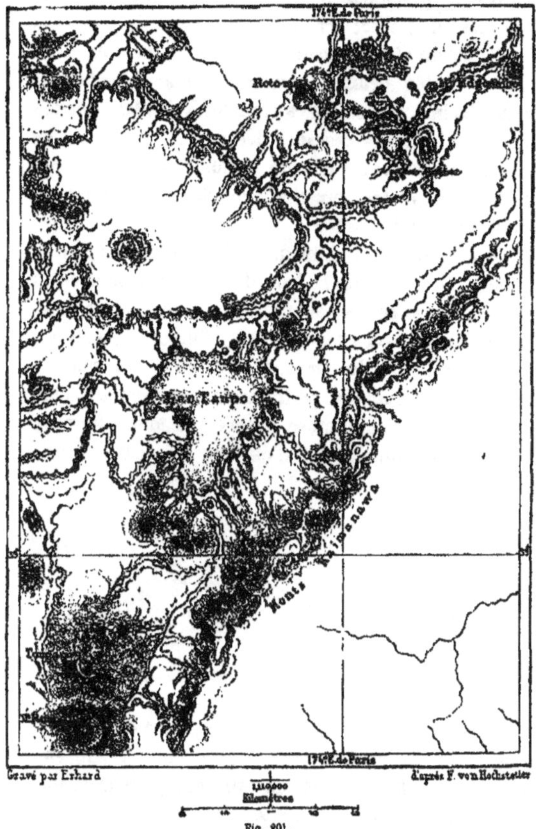

Fig. 201.

de jets d'eau, que d'un seul endroit on en compte jusqu'à 76.

Ces geysirs, qui s'élèvent à des hauteurs diverses, jouent alternativement, comme obéissant à une sorte de rhythme dans leurs apparitions et leurs disparitions successives. Tandis que l'un s'élance du sol et retombe dans la vasque en une courbe gracieuse inclinée par le vent, une autre fontaine cesse de jaillir; ici, toute une série de jets d'eau se taisent soudain et les bassins d'eau tranquille n'émettent plus qu'une faible brume de vapeurs; mais plus loin, la montagne s'anime, les colonnes liquides y brillent soudainement et les blanches cascades descendent de terrasse en terrasse vers la rivière. A chaque instant, les traits du paysage se modifient et les voix changent dans ce merveilleux concert des eaux ruisselantes[1].

A peu près vers le milieu de la distance qui sépare le lac de Taupo du rivage de la baie d'Abondance, sont épars plusieurs autres lacs volcaniques, tous des plus remarquables par leurs sources thermales et jaillissantes; mais un, entre autres, est une des grandes merveilles du monde : c'est le lac de Rotomahana, petit bassin d'une cinquantaine d'hectares, dont la température, élevée par toutes les eaux chaudes qui l'alimentent, est d'environ 26 degrés centi-

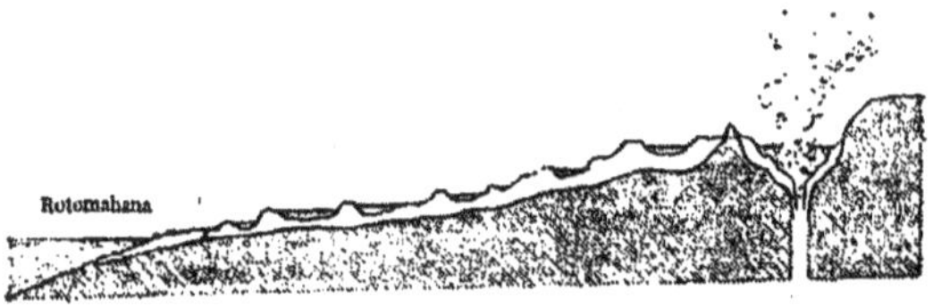

Fig. 202. Coupe à travers les bassins en terrasse de Tetarata.

grades. M. de Hochstetter n'a pas même essayé de compter les bassins, les entonnoirs, les fissures d'où s'échappent l'eau, la vapeur, la boue et les gaz sulfurés; çà et là même il a pu voir, à côté les unes des autres, salses, solfatares, fume-

1. F. von Hochstetter, *Neu-Seeland*.

rolles et fontaines. De tous ces jets, le plus grandiose est le Tetarata, à 25 mètres environ au-dessus de la rive orientale du lac. Le bassin, du centre duquel jaillissent les eaux et les vapeurs, est une sorte de cratère de 75 mètres de circonférence, que dominent des murailles d'argile rouge, hautes de 10 mètres et pareilles aux parois d'un cratère. Une eau claire emplit le bassin, qu'elle a recouvert en entier d'une couche de silice, blanche comme le marbre. Dans cette vasque éblouissante, l'eau prend une nuance d'un bleu délicieux qu'embellissent encore les reflets de la vapeur déroulant ses volutes. Le liquide qui s'épanche du bassin tombe dans une autre vasque également revêtue d'une couche de silice, et, de terrasse en terrasse, le ruisseau de la source gagne ainsi le niveau du lac. Ces degrés éclatants, sur lesquels l'eau s'étale en minces nappes et d'où elle descend en cascatelles, forme un merveilleux spectacle de splendeur et de grâce. Parfois, disent les indigènes, toute la masse liquide du bassin supérieur est soulevée en une énorme colonne, et la vasque se vide jusqu'à 10 mètres de profondeur; rien ne manque alors à la grandeur du tableau.

Ces admirables fontaines existent-elles depuis longtemps et sont-elles destinées à se maintenir pendant des siècles dans leur beauté? On ne le sait encore. Lorsque les sources de la Nouvelle-Zélande auront été étudiées pendant un plus grand nombre d'années, on pourra signaler les diverses modifications qui s'y opèrent par suite de l'accroissement ou du ralentissement du travail souterrain en ces régions. Dans plusieurs parties de l'Europe, des fontaines thermales ont graduellement perdu en température et en minéralisation par suite du refroidissement du foyer qui les chauffait, et deviennent de plus en plus analogues à des sources ordinaires : telles sont, par exemple, les eaux de Bertrichbad, dans le Luxembourg[1].

1. Voir, ci-dessus, page 327.

Les gaz qui s'échappent des fumerolles au-dessus des laves cachées ne diffèrent point de ceux que produisent les grandes éruptions volcaniques : ce sont aussi les acides chlorhydrique, sulfurique et carbonique, soit à l'état de pureté, soit à l'état de combinaison avec des bases alcalines, terreuses ou métalliques, et, comme sur les courants de laves en mouvement, ils indiquent par leur composition même le degré d'intensité du foyer souterrain. A cet égard, les indications les plus précises ont été fournies par les analyses de MM. Bunsen, Ch. Sainte-Claire Deville, Fouqué.

En sortant de la terre, les fumerolles déposent sur les bords des fissures les diverses matières, soufre, alun, borax, qui viennent de se sublimer dans le laboratoire intérieur, puis elles se déroulent en larges replis et se perdent dans l'espace. Nulle part, en Europe, on ne saurait mieux étudier ces fumerolles que dans l'ancien cratère de Volcano. L'entonnoir au fond duquel s'opèrent toutes ces opérations chimiques n'a pas moins de 2 kilomètres en circonférence, et ses parois méridionales se dressent à près de 300 mètres de haut; le fond de l'abîme peut avoir environ 100 mètres de large. A travers le brouillard de vapeurs qui remplit l'immense chaudière, on aperçoit les hauts escarpements rouge de cinabre ou jaune d'or et rayés çà et là des couleurs les plus diverses. Sur les talus qui s'inclinent vers le fond du gouffre, les pierres croulantes cèdent sous les pas, et cependant il faut descendre en courant, car en certains endroits le sol caverneux est brûlant comme la voûte d'un four. Des fumées rampent sur les pentes. L'air est saturé de gaz chlorhydrique et sulfureux, difficiles à respirer. Un bruit incessant de soupirs et de sifflements emplit l'enceinte, et de tous les côtés on voit entre les pierres de petits orifices d'où s'élancent en tourbillonnant des jets de vapeurs. C'est là que les ouvriers, accoutumés à vivre dans le feu comme les salamandres légendaires, vont recueillir les stalactites de soufre doré, qui craquent encore par l'effet de la chaleur, et les fines aiguilles de l'acide borique, aussi blanches que le duvet du cygne. La nuit, les masses de vapeur accumulées au-dessus du cratère sont colorées en pourpre comme par le reflet d'un immense incendie.

VOLCANO.

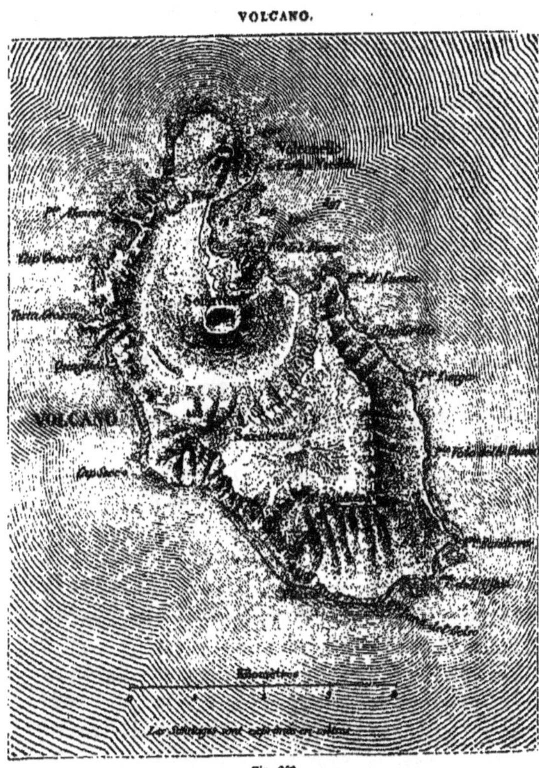

Fig. 203.

Parfois, les pluies qui s'abattent dans le cirque y forment un lac temporaire; mais une grande partie de l'eau s'échappe à travers les fissures du sol et s'écoule en torrent sur les pentes extérieures, tandis que le reste est rapidement vaporisé par le brasier de la montagne. Quelques-unes des fumerolles, dont les gaz ont été analysés, en 1865, par M. Fouqué, ont une température supérieure à 360 degrés. D'autres jets moins chauds se font jour en diverses parties de l'île et même jusque dans les eaux de la baie. Dès bords du grand cratère, on aperçoit à la base des talus ces vapeurs qui montent du fond de la mer et se développent en larges volutes blanchâtres semblables d'aspect à des boues argileuses. En certains endroits, la température de l'eau marine chauffée par ces gaz est assez élevée pour que les voyageurs puissent se donner la puérile satisfaction de faire cuire des œufs dans « la grande tasse. »

La solfatare de l'île de Volcano produit à peine chaque année une dizaine de tonnes de soufre. C'est peu de chose, mais si l'on calcule par siècles et par régions géologiques, les quantités déposées par les fumerolles de gaz nous semblent vraiment prodigieuses. Ainsi les mines de Sicile que l'on exploite depuis bien des siècles n'en fournissent pas moins chaque année au commerce 300,000 tonnes de soufre, et cependant l'exploitation minière est encore dans ces contrées une industrie tout à fait primitive; un grand nombre de couches sont inexplorées et près d'un tiers du soufre amené à la surface s'évapore dans les fourneaux ou se perd dans les débris. Ces veines presque inépuisables semblent toutes avoir été produites, comme les dépôts de l'île de Volcano, par des jets de vapeur saturée de soufre.

Quelquefois l'acide carbonique est le seul gaz qui se dégage des cavernes et des cratères de volcans. Ce fluide, beaucoup plus lourd que l'atmosphère, ne s'élève pas comme les autres gaz pour se perdre au loin dans l'espace, mais il s'accumule en pesantes assises autour de l'orifice. Les plantes baignées par cet air méphitique se dessèchent, tous les animaux y meurent asphyxiés, à moins que de leur tête ils ne dépassent la couche d'atmosphère mortelle. Dans l'île de Java, il existe un petit cratère appelé Pakereman ou « Vallée de la mort », dont le cirque, large de 30 mètres environ, est entièrement rempli d'acide carbonique après les fortes pluies tropicales. Aucune plante ne croît dans ce vaste entonnoir. D'après le témoignage de Loudon, le sol y serait jonché de squelettes d'animaux; jadis aussi on y voyait les restes des hommes condamnés à périr d'asphyxie dans l'air empoisonné. En Europe, il n'existe point de source d'acide carbonique comparable à celle de Java; celles que l'on a étudiées en Italie, en Auvergne, sur les bords du Rhin, ne sont pour la plupart que de faibles émanations emplissant une étroite grotte ou le fond d'un petit entonnoir bien abrité du vent : des insectes et parfois quelques oiseaux, telles sont les seules victimes de ce gaz délétère. On connaît la fameuse grotte du Chien, dans les environs de Naples, où pour satisfaire la vaine curiosité des voyageurs, les guides ont la barbarie de faire haleter et s'évanouir de pauvres chiens en les traînant de force dans l'acide carbonique qui pèse sur le sol. Autrefois, le cratère que remplissent les eaux du sombre lac d'Averne, et dont les anciens avaient fait l'entrée de l'enfer, émettait une si grande quantité d'acide carbonique que les oiseaux volant au-dessus du lac tombaient comme foudroyés : de là ce nom grec d'Averne (sans oiseaux).

XI.

Les volcans marins.

Le fond des mers n'est pas accessible à nos regards, et cependant il n'est pas douteux que les phénomènes des volcans sous-marins ne ressemblent à ceux des montagnes brûlantes qui s'élèvent au-dessus de l'Océan. Lorsque la crête d'une île de scories se dresse au-dessus des flots, ce que l'on voit de ces éruptions suffit pour démontrer qu'elles s'accomplissent exactement de la même manière que celles des volcans continentaux. D'ailleurs, il existe en plusieurs endroits d'anciens cratères sous-marins qui, depuis leur période d'ac-

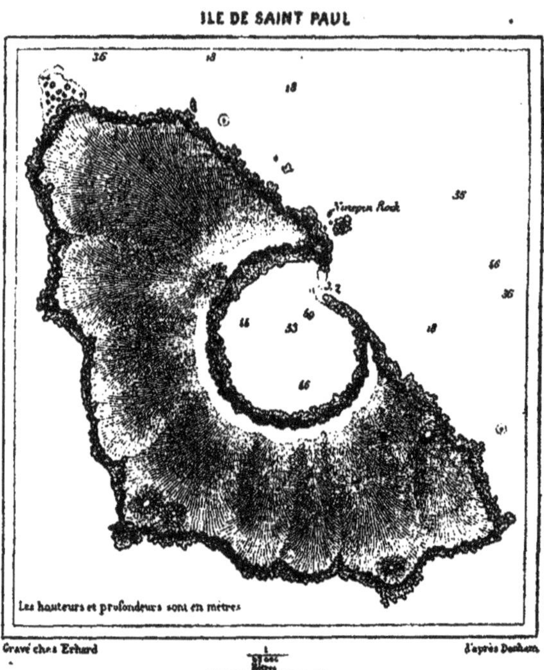

Fig. 204.

tivité, ont été soulevés avec toutes les plaines avoisinantes et dont l'histoire, écrite dans leurs assises, est la même que celle des autres bouches volcaniques ; seulement, ainsi qu'on doit s'y attendre à cause de la pression exercée par les couches d'eau marine, les cônes de débris qui se sont formés sous le poids des flots de la mer sont, sans aucune exception, plus aplatis que les montagnes de même nature ayant pris naissance sur la terre ferme. Quant aux laves qui jaillissent des crevasses sous-marines, elles sont plus tôt solidifiées et ne s'épanchent pas à d'aussi grandes distances; souvent aussi elles se transforment en colonnades basaltiques sous le poids surincombant des eaux. On comprend aussi que les vapeurs doivent se condenser rapidement en traversant les couches d'eau froide; c'est uniquement lorsque la bouche du cratère est rapprochée de la surface de l'Océan que les colonnes de fumée se dégagent librement et montent dans l'atmosphère.

La plupart des éruptions sous-marines constatées dans les temps modernes, ont eu lieu à de faibles distances de grands volcans insulaires ou continentaux. La mer de Sicile, l'archipel grec, les parages de San Miguel dans les Açores, la partie de la Caspienne qui entoure la péninsule d'Apchéron, les mers du Japon et des îles Aléoutiennes, le golfe de Darien, les eaux qui baignent la côte d'Islande, font probablement partie des mêmes régions d'activité souterraines que les volcans émergés des rivages voisins. Cependant, il existe au moins une contrée volcanique exclusivement maritime, c'est la partie la plus étroite de l'Atlantique comprise entre les deux pointes extrêmes de la côte de Guinée et du Brésil. Dans cet espace océanique, les eaux sont souvent agitées par de violentes secousses et les navires frémissent comme s'ils touchaient un banc de sable; des fumées semblables à celles d'un incendie s'élèvent au-dessus des vagues; des pierres ponces et d'autres scories légères flottent çà et là au gré du courant; on a même aperçu des îles de cendres émergeant au milieu de la mer pour diminuer ensuite et disparaître, rongées par les flots[1].

Les cônes volcaniques de provenance sous-marine qui

1. Daussy, Darwin, Poulett Scrope.

résistent à l'action des eaux sont ceux dont les assises sont composées de laves. Le groupe des îles Aléoutiennes comprend au moins deux montagnes qui se sont ainsi dressées

VOLCAN DE TAAL.

d'après MM Halcon frères — Gravé par Erhard

Fig. 205.

hors des eaux à une période récente. D'après les chroniqueurs chinois et japonais, plusieurs volcans ont surgi du fond de la mer, sur les côtes du Japon et de la Corée, pendant la période historique. En l'année 1007, un bruit de tonnerre annonça l'apparition du volcan Toinmoura ou Tanlo, au sud de la Corée, puis, après sept jours et sept nuits de profondes ténèbres, on vit la montagne, qui n'avait pas moins de 4 lieues de circonférence et qui se dressait, comme un bloc de soufre, à plus de 300 mètres d'élévation[1]. Bien plus, le célèbre Fusi-Yama lui-même, la plus haute montagne du Japon, aurait été soulevé en une seule nuit (?) du sein de la mer, il y a vingt et un siècles et demi. Quant aux volcans marins qui datent d'une époque inconnue, on peut citer toutes les îles de laves éteintes ou brûlantes, dressées en pyramides comme le Stromboli ou bien étalées en un gracieux demi-cercle comme le cratère de Saint-Paul, dans la mer des Indes. Les lacs offrent aussi nombre de volcans du même genre. Tels sont le Momotombo du Nicaragua et le Taal du lac de Bongbong, dans l'île de Luçon.

La soudaine apparition de laves qui a le plus frappé l'imagination populaire pendant ces dernières années et que les hommes de science ont le mieux étudiée est la formation de monticules de laves dans le groupe de Santorin. Cet archipel circulaire est sans doute le reste d'un grand cône de 50 kilomètres de tour qui se dressait au milieu de la mer. Par suite de l'effort des vagues, des tremblements de terre et des effondrements, les parois de ce cône furent entamées, puis rompues par les eaux. Lorsque les Hellènes s'établirent dans les îles de la mer Égée, l'ancien mont était divisé en trois fragments : l'un, disposé en forme de croissant et comprenant la plus grande partie du volcan d'autrefois, est l'île de Thera ou de Santorin ; à l'ouest, la petite île de Therasia se recourbe pour continuer l'anneau des terres, puis, au sud-ouest, un grand rocher, l'îlot d'Aspro, se dresse comme un témoin des remparts de laves aujourd'hui disparus. Les pentes extérieures de Santorin et de Therasia, couvertes partiellement de pierre ponce qui ressemble à une couche de neige, sont assez doucement in-

1. Stanislas Julien, *Comptes rendus...*, tome X, 1840.

clinées vers la mer, tandis que les escarpements tournés vers le bassin qui fut l'ancien cratère sont en certains endroits presque à pic jusqu'à 200 et même 400 mètres de

SANTORIN.

Fig. 206.

hauteur; on y voit se montrer à vif, en bandes rouges, vertes, jaunes, bleues, noires ou blanches, les diverses assises qui se correspondent des deux côtés du gouffre, sur les flancs de Therasia et sur ceux de Santorin.

C'est au centre de ce cratère qu'après une série de soulèvements et d'éruptions une île de laves surgit vers l'année 196 de l'ère ancienne : on la nomma Hiera (*la Sainte*) et sur la cime on bâtit un temple à Neptune. Cette terre, qui s'accrut à diverses reprises, dans les siècles qui suivirent, en l'an 46, en 713, en 726, en 1427, est connue aujourd'hui sous le nom de Palæo-Kaïmeni (ancienne brûlée). Non loin de cette île, une autre, plus petite, Mikro-Kaïmeni, jaillit en 1570 ou 1573. Au commencement du XVIIIe siècle, de 1707 à 1711, un autre massif de laves, Neo-Kaïmeni, qui n'a pas moins de 6 kilomètres de tour, s'éleva dans l'intérieur du cratère annulaire formé par le croissant de Santorin et l'île de Therasia. Une violente éruption secoua Neo-Kaïmeni en 1768. Depuis cette époque jusqu'en 1866, aucun changement visible ne s'accomplit au-dessus des eaux ; mais les sondages prouvèrent que le fond de la mer s'était graduellement exhaussé ; près de Mikro-Kaïmeni, un banc de rochers situé, en 1794, à une profondeur de 25 à 30 mètres, se trouvait, en 1835, à 4 mètres seulement de la surface. « Telle est la fécondité singulière de Santorin, dit un historien de ce volcan, que les îles semblent y croître comme des champignons dans les bois[1]. »

A la fin du mois de janvier 1866, des mugissements souterrains, un affaissement graduel du sol et la coloration de la mer annonçaient une éruption prochaine. Le centre des secousses se trouvait précisément au-dessous du petit village de Vulcano, situé au bord d'une anse où les navires allaient mouiller l'ancre, afin que l'eau, mélangée de gaz acides, détruisît les mollusques et les algues attachés à leur carène. Le 3 février, on aperçut une masse de laves d'un noir brillant qui surgissait lentement du fond de l'eau et grandissait de jour en jour avec une parfaite régularité ; cette terre, désignée sous le nom d'île Georges, atteignit en quelques se-

1. Pègues, *Histoire des phénomènes du volcan de Santorin.*

maines une hauteur de 50 mètres et finit par s'unir à Neo-Kaïmeni, après avoir comblé l'anse de Vulcano. Le 7 février, un autre monticule, l'île d'Aphroessa, s'élevait à une petite distance au sud, et remplissant peu à peu le canal qui le séparait de Neo-Kaïmeni, se transformait en promontoire; enfin, d'autres îlots apparaissaient à côté des deux cônes principaux. Tout autour, la mer troublée par les gaz qui montaient en gros bouillons, présentait successivement les colorations les plus diverses. Tour à tour rougeâtre, blanche de lait, nuancée d'un vert ou d'un bleu chimique, elle était en outre le plus souvent tiède ou brûlante; les poissons, asphyxiés ou tués par la chaleur, flottaient par multitudes à la surface et les marins n'osaient conduire leurs embarcations dans le voisinage de l'éruption, de peur que le goudron des planches ne fondît dans l'eau chauffée à 70 ou 80 degrés. De fréquentes explosions ébranlaient le sommet des cratères de Neo-Kaïmeni. Le 20 février, des blocs pesant jusqu'à 100 kilogrammes furent lancés soudain à plusieurs centaines de mètres, des nuages de cendres retombèrent en pluie sur les vignes de Santorin et les nuées de débris échappés du cratère s'élancèrent à 2 ou 3,000 mètres de hauteur. C'est à la fin de l'année 1866 seulement que le cône de l'île Georges se donna un cratère par une explosion qui détruisit toute la partie supérieure; mais, depuis plusieurs mois déjà, l'intensité des phénomènes d'éruption diminuait graduellement. Les courants de laves, longs d'un kilomètre à peine, ont en certains endroits plus de 100 mètres d'épaisseur. Il est évident que si les matières fondues ont ainsi formé des amas près de l'orifice de sortie, au lieu de couler en longs fleuves, comme sur les flancs du Vésuve et de l'Etna, c'est que la lave, bientôt refroidie par le contact des eaux marines, a dû nécessairement s'arrêter dans sa marche [1].

Quant aux cônes de cendres meubles projetés par les vol-

1. Fouqué, *Revue des Deux-Mondes*, 11 août 1866.

cans sous-marins en éruption, ils ne peuvent résister long-

GROUPE DES KAIMENI

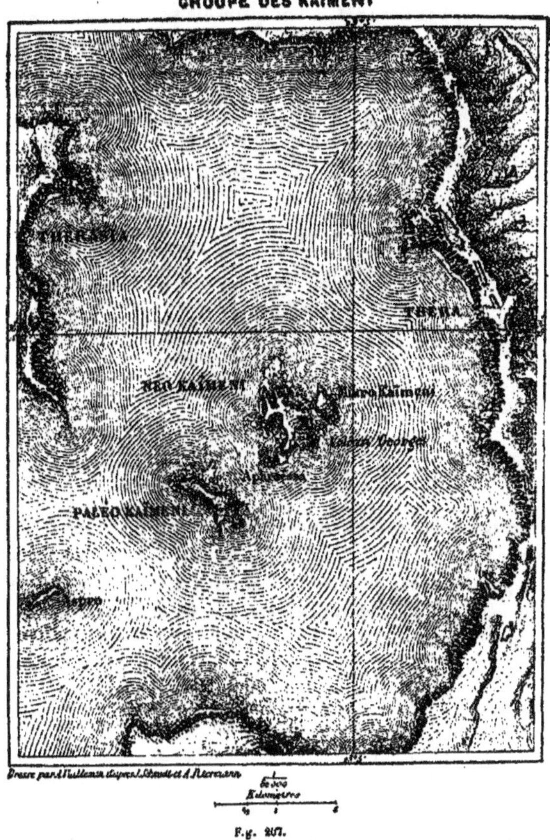

Fig. 207.

temps à l'action érosive de flots, et quelles que soient leurs dimensions, ils finissent par disparaître lorsqu'ils ne s'appuient pas sur des fondements solides déjà complétement émergés. On peut en citer comme exemple la célèbre île de Julia ou Ferdinandea, dont les amas de scories noirâtres apparurent, en juillet 1831, à une quarantaine de kilomètres au sud des plages de Selinonte, en Sicile. Un capitaine anglais,

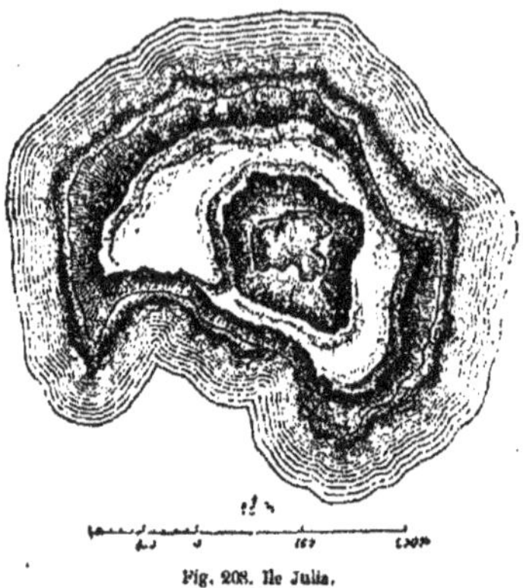

Fig. 208. Ile Julia.

fier d'agrandir les domaines britanniques, s'empressa de planter son drapeau sur les pierres fumantes. Peu à peu l'îlot s'élargit autour du cratère, et bientôt il n'eut pas moins de 6 kilomètres de circonférence; mais à la fin de l'éruption volcanique l'œuvre de démolition commença, et, conformément à la prédiction de M. Constant Prévost, le talus de débris fut graduellement sapé à la base par les vagues et les courants. En octobre, il ne restait plus qu'un petit monticule; six mois après, la prétendue conquête anglaise, que le roi de Naples revendiquait de son côté par la voix de ses diplomates, n'était plus qu'un récif ovale d'un kilomètre de long; quelques années plus tard, la sonde révélait une profondeur de 240 mètres. En juillet 1863, l'île s'est montrée de nouveau et, dans un petit nombre de semaines, s'est dressée à la hauteur de 60 à 80 mètres, mais pour s'abaisser plus tard une seconde fois, démolie pierre à pierre par les flots qui s'y heurtaient. Du reste, il semble qu'avant 1831 le volcan avait déjà fait une ou plusieurs fois son apparition. On dit qu'une île fumante existait en cet endroit, vers l'année 1801, et de vieilles cartes y signalent des écueils. Cette île, qui tour à tour se dresse au-dessus des flots, puis s'abîme dans les profondeurs de la mer, n'évoque-t-elle pas le souvenir de cette terre mystérieuse des *Mille et une Nuits* qui plongeait dans l'Océan au moment où les navigateurs allaient y aborder?

Près de l'île San Miguel, l'une des Açores, un autre volcan sous-marin vomit également à chacune de ses grandes éruptions un cône temporaire de scories qui dépasse le niveau de la mer. En 1638, en 1691, en 1720, en 1812 on vit apparaître l'île fumante, et chaque fois elle fut détruite après quelques semaines d'existence; toutefois, en 1812, un Anglais eut encore le temps de s'en emparer au nom de son gouvernement et de la baptiser du nom de Sabrina. En 1867, une nouvelle éruption se produisit dans les mêmes parages; mais le cône volcanique n'effleura point la surface de la mer, et M. Fouqué, l'infatigable explorateur des volcans, ne put observer que les scories flottantes, les gaz rejetés et les flammes dansant sur les eaux. Dans les mers d'Islande, la terre de Nynoë, qui apparut en 1783 à 50 kilomètres au sud-ouest du cap Rekianess, vécut plus longtemps, car on la vit pendant une année. Là, comme dans les mers de Sicile et des Açores, les cendres déblayées par les flots doivent se déposer sur le fond de l'eau en vastes couches de tuf mêlées de coquillages et d'autres débris. Un jour, ces lits de pierre volcanique apparaîtront à la surface comme se sont déjà montrés les tufs des collines Euganéennes, dans la vallée du Pô, et des champs Phlégréens de Naples, et révéleront l'histoire des éruptions sous-marines de la période actuelle.

XII.

Périodicité des explosions. — Influence de la température sur les phénomènes volcaniques. — Extinction des foyers de lave.

Une des questions les plus importantes relatives aux volcans est celle de l'ordre suivant lequel s'opèrent leurs phénomènes. Tout dans la nature se conforme certainement à des lois de périodicité régulière, mais lorsque cette mesure doit s'appliquer à la fois à de vastes espaces et à de longs intervalles, elle peut nous rester très-longtemps inconnue. Le fait est que le rhythme des grandes révolutions volcaniques n'a point encore été découvert, et jusqu'à présent l'ensemble de ces événements apparaît comme un véritable chaos. Même dans la région des volcans qui est la mieux connue et que les savants ont le plus étudiée, c'est-à-dire dans cet espace qui comprend l'Italie méridionale, la Sicile et les îles Lipari, la succession des mouvements, si ce n'est pour le petit Stromboli, s'est opérée dans le plus grand désordre apparent. L'Etna, le Vésuve se sont reposés pendant des siècles, puis tout à coup et après des intervalles inégaux, ils ont éprouvé tantôt une seule convulsion, tantôt une série de secousses plus ou moins violentes et nombreuses. D'ailleurs, nous l'avons vu, nulle coïncidence nécessaire entre les phénomènes des deux volcans. Il arrive même qu'une période d'activité extraordinaire dans un volcan soit contemporaine d'une tranquillité séculaire dans l'autre foyer de laves. Il est vrai que pendant la sombre nuit du moyen âge les phénomènes de la nature ont été presque entièrement perdus de vue par l'histoire; mais les documents recueillis depuis le XVIe siècle prouvent d'une manière évidente que le géologue doit encore s'astreindre à étudier isolément les symptômes de périodicité dans chaque montagne fumante.

Sous ce dernier rapport, il ne manque pas de témoignages qui donnent une très-grande probabilité à l'existence d'un lien sympathique entre les éruptions des volcans et les phénomènes plus ou moins réguliers de l'atmosphère ambiante. C'est même là, relativement à un grand nombre de cratères actifs, une croyance proverbiale chez les marins. Les pêcheurs de Stromboli s'accordent tous à dire depuis des siècles que le mont leur sert de baromètre en les avertissant de l'approche des vents et des orages par une plus grande violence dans les éruptions. A l'époque des équinoxes d'automne, ainsi qu'en hiver, la lave bouillonnant dans le cratère déborde beaucoup plus souvent par-dessus l'orifice et parfois entr'ouvre les parois de la montagne pour se frayer une large issue vers la mer. C'est qu'en diminuant au-dessus de la colonne de laves pendant les jours de tempête, la pression atmosphérique n'agit plus avec la même énergie sur la masse comprimée ; les matières en fusion s'élèvent dans la fournaise plus rapidement et s'épanchent en plus grande abondance. En outre, comme la fumée du volcan s'élève d'ordinaire à un millier de mètres au-dessus du niveau de la mer et se dresse quelquefois en colonne jusque dans les régions supérieures de l'atmosphère, on peut voir d'une manière plus ou moins nette les batailles que les courants aériens se livrent dans les espaces, et d'avance l'on se rend ainsi compte par expérience des changements de température qui descendront graduellement du haut du ciel. « Par la fumée de ce volcan, disait Pline, il y a déjà dix-huit siècles, les indigènes peuvent prédire les vents trois jours à l'avance, ce qui fait supposer que les airs obéissent à Éole. »

Les habitants de Lipari disent aussi que les vapeurs du cratère de Volcano forment des nuages beaucoup plus considérables lorsque les tempêtes se préparent : ce serait encore là un baromètre gigantesque indiquant avec régularité l'abaissement de la pression de l'atmosphère. D'après les voyageurs et les indigènes, c'est à l'époque des équinoxes, lors du renversement des moussons, que les explosions du pic de Ternate, du Taal et des autres volcans de l'archipel Indien sont les plus terribles. De même, dans l'île de Chiloe, on affirmait à Fitz-Roy que les éruptions de l'Osorno annoncent toujours la venue du beau temps, et par conséquent une forte élévation du poids de la colonne d'air. Quant aux phénomènes autres que l'oscillation des masses aériennes, les mouvements volcaniques pourraient aussi les indiquer d'avance, si l'on en croit ceux qui habitent au pied même des montagnes fumantes. C'est ainsi qu'au Japon les volcans commenceraient d'ordinaire à vomir des laves vers le moment du flux, et des inondations causées par des marées exceptionnelles surviendraient toujours après les éruptions et les tremblements de terre[1]. En 1827, le Sicilien Scuderi essayait déjà de pronostiquer tous les phénomènes météorologiques par la forme et la direction des masses de vapeur que vomit le cratère de l'Etna[2].

En classant toutes les éruptions connues par saisons et par mois, M. Emil Kluge a constaté que ces crises ont lieu surtout en été, tandis que les tremblements de terre sont plus fréquents en hiver. D'après ce géologue, il ne serait pas douteux que les explosions des volcans ne dépendent des changements des saisons; la fonte des neiges et des glaces, la chute des pluies, les oscillations de la température et du poids de l'air seraient les véritables causes des incendies souterrains : ceux-ci, simples résultats de réactions chimiques, seraient des phénomènes purement extérieurs de la planète, et par conséquent ce n'est point dans les abîmes d'une mer de feu, mais à la profondeur de 10 à

1. Siebold, cité par Perrey.
2. *Memorie dell' Academia Gioenia.*

15 kilomètres au plus qu'il faudrait chercher les foyers où s'élaborent les matières incandescentes[1].

Toutefois, s'il est permis de considérer l'année elle-même, avec le retour des saisons et des phénomènes atmosphériques, comme une sorte de journée dans la vie des

COULÉE DU PUY DE PARIOU.

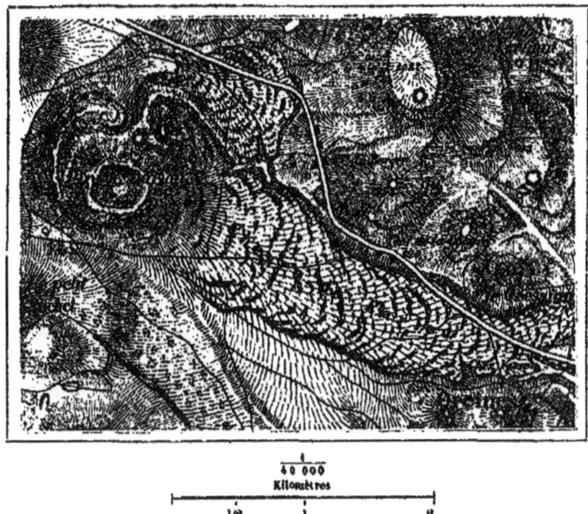

$\frac{1}{40\,000}$

Kilomètres

1/2 1 2

Fig. 209. D'après F. de Lanoye.

volcans, on n'en reste pas moins dans une ignorance complète relativement aux grandes périodes séculaires de l'activité plutonique dans les diverses parties du monde. Comme tous les phénomènes terrestres, celui des éruptions de laves et de cendres n'a qu'un temps limité : les volcans qui surgissent du sol s'éteignent soit après une crise de

1. *Ueber die Periodicität vulcanischer Ausbrüche; Neues Jahrbuch für Mineralogie*, 1861, 5e cahier.

courte durée, soit après des milliers d'éruptions. Sur toute la surface de la terre se dressent en grand nombre d'anciens volcans dont la géologie moderne a seule pu nous révéler la nature. Les unes datent d'une époque si reculée que des couches de formation moderne en ont en grande partie recouvert les flancs et rempli les cratères ; d'autres, comme les monts d'Auvergne, se montrent encore, avec leurs cônes de scories on leurs dômes de trachyte, leurs crevasses et leurs cheires de laves, tels qu'ils étaient jadis, lorsque les plaines de leurs bases étaient des bras de mer. Parmi ces volcans parfaitement conservés, il en est même, notamment celui de Denise, près du Puy-en-Velay, qui étaient en pleine activité à une époque où l'homme était déjà établi dans les contrées voisines, car dans les tufs de leurs éruptions on a retrouvé des squelettes d'anciens habitants des Gaules. Enfin de nombreux volcans qui ont brûlé pendant la période historique sont éteints actuellement et peut-être pour toujours. Les cycles des foyers de laves se relient sans doute à ceux des continents eux-mêmes; pour que ces foyers s'allument, la configuration des terres et des mers doit changer ; pour qu'ils s'éteignent, il faut aussi que les continents et les bassins océaniques se déplacent à la surface du globe.

CHAPITRE II.

LES TREMBLEMENTS DE TERRE.

I.

Vibrations du sol. — Hypothèses diverses.

Ainsi que le montrent suffisamment les éruptions volcaniques, la planète n'est point cette masse inébranlable que se figure notre imagination en la comparant à l'atmosphère environnante, aux vagues toujours mobiles de l'Océan, ou bien aux êtres animés errant à la surface du globe. Au contraire, le sol que nous foulons à nos pieds vibre très-fréquemment. Sans parler de ces grandes secousses qui renversent les cités, font écrouler des pans de rochers, ouvrent de profondes crevasses dans les campagnes, les vibrations moins violentes qu'ont enregistrées les annalistes de l'histoire géologique se comptent déjà par milliers pour les seuls pays civilisés et pour les siècles modernes. D'ailleurs, il n'est pas douteux que la grande majorité des tremblements de terre ne passent inaperçus ou ne se confondent, surtout dans les villes, avec l'immensité bourdonnante des bruits et des murmures. Divers instruments *seismologiques* récemment inventés ou perfectionnés révèlent un très-grand nombre d'oscillations qu'il eût été impossible de discerner autrement. L'observation attentive de niveaux à bulles d'air et de fils micrométriques se reflétant à la surface d'un bain de mercure a même permis à M. d'Abbadie d'affirmer que la terre est dans un état de vibration constante. Les intervalles d'immobilité qu'il a constatés n'ont jamais dépassé trente heures.

Quelle est la cause de ces trépidations du sol ? Un grand nombre de savants, acceptant d'avance comme prouvée l'hypothèse d'un feu central ou *pyriphlégéton*, n'hésitent pas à voir dans les tremblements de terre le contre-coup des ondulations de la grande mer brûlante. Chacune des secousses qui se font sentir à la surface aurait son origine au-dessous de l'enveloppe planétaire et se produirait d'abord sous forme de courant ou de marée dans la masse incandescente que l'on suppose exister. Suivant le langage de Humboldt, le tremblement de terre serait « la réaction du noyau liquide contre la croûte extérieure. » En outre, la plupart des géologues qui fondent leurs raisonnements sur l'hypothèse du feu central admettent que les tremblements de terre sont en rapport nécessaire avec des phénomènes volcaniques et proviennent invariablement de la même cause. Suivant la comparaison qui se présente toujours à l'esprit, les bouches des volcans sont des soupapes de sûreté, et c'est à cause de l'obstruction de ces ouvertures que les vapeurs ou les laves emprisonnées secouent les couches surincombantes de l'enveloppe terrestre, cherchant à trouver une issue. Cette théorie a le mérite d'être très-simple, et peut, dans un grand nombre de cas, s'accorder d'une manière satisfaisante avec les phénomènes observés ; mais qu'on ne l'oublie pas, quelque probable que soit cette hypothèse pour les régions volcaniques, elle n'est point encore changée en certitude, et le devoir pour le géographe, est d'étudier les événements sans parti pris et de suspendre son jugement tant que la conclusion n'est pas ressortie d'une manière évidente de l'ensemble des faits.

Il importe d'abord de savoir si les régions de la surface du globe où les tremblements de terre se produisent avec le plus de fréquence se distinguent des autres par quelque trait spécial dans la forme de leur relief ou la nature de leurs roches. En Europe, les contrées volcaniques, telles que les environs du Vésuve et de l'Etna, les îles de Santorin et de Milo et le sud de l'Islande, ne sont point les seules qui subissent de fortes secousses, et même elles n'ont jamais été aussi violemment agitées que les montagnes des Abruzzes et de la Calabre, les îles de Rhodes et de Chypre, les massifs calcaires de la Carniole et de l'Istrie, les Alpes du Valais, les environs de Bâle, certains plateaux de l'Espagne et les collines de l'embouchure du Tage. Les montagnes de l'Écosse, et notamment celles du comté de Perth, éprouvent aussi de fréquentes secousses : sur 225 tremblements de terre constatés dans les îles Britanniques, 85 ont eu lieu dans ce seul comté. En Afrique, le sol de l'Algérie, riche en sources salines et thermales, mais dépourvu de cratères volcaniques, est parfois très-fortement agité; les contrées du Nil, qui n'ont point non plus de volcans, ont aussi beaucoup souffert de mouvements souterrains. En Asie, la péninsule de Guzerat, où d'étonnantes modifications dans la forme des côtes se sont produites pendant un grand tremblement de terre, est située à plus de 2,000 kilomètres des volcans les plus rapprochés, le Demavend et les montagnes brûlantes du Thian-Chan; mais, en revanche, les Philippines et le Japon, qui sont à la fois des contrées volcaniques, sont aussi fréquemment agitées par les mouvements du sol; d'un autre côté, le littoral de la Syrie, les villes d'Alep et d'Antioche, où ont eu lieu les écroulements les plus destructeurs racontés par l'histoire, n'ont plus de volcans actifs, et les laves du Djebel-Hauran, au sud-est, sont depuis longtemps éteintes. Dans l'Amérique du sud, les grandes secousses ont lieu en général dans la région des Andes ou non loin de leurs bases. La ville argentine de Mendoza, que renversa le violent tremblement de terre de 1861, est relativement peu éloignée d'un foyer de laves, puisque le volcan de Maypu se dresse à une distance de 140 kilomètres seulement. Quant aux Andes équatoriales, souvent bouleversées par de violentes oscillations du sol, elles sont aussi le théâtre d'une grande activité volcanique et plusieurs de leurs sommets sont des dômes de trachyte ou des cratères vomissant encore des cendres, de la boue ou de la fumée. Toutefois, d'après le témoignage de Boussingault, les secousses les plus énergiques de la Colombie, celles qui détruisirent les villes de Latacunga, de Riobamba, de Honda, de Merida, de Barquesimeto, et se firent sentir en même temps sur un espace très-étendu, n'offrirent absolument aucune coïncidence avec les phénomènes volcaniques et leur centre d'ébranlement se trouvait à une distance considérable des cimes fumantes[1]. Le plateau de Caracas, célèbre par la catastrophe de 1812, est situé à plus de 1,000 kilomètres à l'est des volcans grenadins de Huila et de Tolima, et se trouve à une distance à peine moindre des cratères des Antilles, dont le séparent de larges bras de mer. Enfin, l'une des régions de l'Amérique du nord où les oscillations sont les plus fréquentes et les plus fortes est la plaine alluviale du Mississipi, éloignée de toute contrée volcanique et même de toute grande chaîne de montagnes. Ainsi, quoique l'histoire des tremblements de terre soit connue seulement depuis un petit nombre de siècles et pour une faible partie de la surface du globe, il est certain que de fortes oscillations du sol se font sentir dans les contrées les plus diverses n'ayant aucune ressemblance extérieure les unes avec les autres par leurs formations et leur aspect. Il semble seulement bien établi que les secousses sont plus fréquentes dans les pays de montagnes que dans les pays de plaines. Cependant, si tous les tremblements de terre non suivis d'éruption étaient, comme le pense M. Mallet, des « effets incomplets pour ouvrir un volcan, » s'ils étaient produits

1. *Annales de Chimie et de Physique*, 1855.

par les efforts que fait la planète pour se débarrasser soit des gaz, soit des matières fondues de l'intérieur, c'est dans les plaines continentales, loin des volcans et des hautes terres, que le sol devrait le plus souvent trembler, car il ne s'y trouve pas « d'évents » naturels pour dégager le trop-plein des fluides intérieurs, et c'est là que, d'après la théorie commune, les couches terrestres doivent être le plus minces.

Ceux qui voient dans tout volcan une soupape de sûreté pour les régions avoisinantes, présentent en faveur de leur théorie quelques faits qui sont passés à l'état de légende, mais dont la réalité est loin d'être certaine, ainsi qu'Otto Volger l'a surabondamment démontré[1]. Ainsi, lors du tremblement de terre de Lisbonne, le Vésuve, qui vomissait une quantité considérable de vapeur, aurait « aspiré » soudain le nuage qu'il rejetait, et le courant de lave sorti de ses flancs se serait tari tout d'un coup. Mais ces affirmations reposent uniquement sur une phrase beaucoup moins précise du récit que le philosophe Kant a consacré à la catastrophe de Lisbonne. Humboldt nous dit qu'après avoir « vomi pendant trois mois une haute colonne de fumée, le volcan de Pasto cessa de lancer des vapeurs au moment précis où, à une distance de 400 kilomètres, le tremblement de terre de Riobamba et l'éruption de boue du Tunguragua causaient la mort de 30 à 40,000 Indiens[2]. Toutefois le grand nom de Humboldt ne doit pas faire oublier que les communications sont rares et difficiles sur les plateaux des Andes et que les populations parsemées dans cet espace de 400 kilomètres ne présentent pas toutes les garanties suffisantes au point de vue de l'observation scientifique. Enfin, cette assertion d'après laquelle le Stromboli se serait reposé de son incessante activité pendant le tremblement des Ca-

1. *Erdbeben der Schweiz*, vol. III, page 385.
2. *Tableaux de la Nature*, 2e vol.

labres, en 1783, ne repose que sur les renseignements les plus vagues. D'après des brochures de l'époque, toutes les îles Éoliennes ne devaient-elles pas s'être abîmées dans la mer en laissant à peine quelques écueils pour marquer l'emplacement où elles se trouvaient jadis? On le voit, les faits qui servent de base à la théorie d'après laquelle tous les tremblements du sol seraient causés par le soulèvement des laves ou des vapeurs manquent de l'authenticité nécessaire et ne sauraient dispenser les géologues d'observations directes.

II.

Tremblements de terre d'origine volcanique. — Écroulements souterrains. Explosions des mines et des poudrières.

Il est un certain nombre de cas où l'on peut, indépendamment de toute théorie, constater sans peine un rapport de cause à effet entre une éruption volcanique et un tremblement de terre. Ainsi, lorsque les flancs d'une montagne fumante, comme l'Etna ou le Kilauea, se crevassent soudain pour lancer un fleuve de lave, et qu'en même temps le sol est fortement agité, il est évident que le tremblement de terre est causé par la fracture du volcan; ce phénomène d'ébranlement local est parfaitement analogue à ceux qui se produisent lors de l'explosion d'une mine ou d'une poudrière. Quand la fissure est d'une longueur considérable et que les parois rompues du volcan offrent une grande épaisseur, la secousse est violente et se répercute en longues oscillations dans les contrées avoisinantes. Quand, au contraire, les roches du volcan, lentement amincies et fondues par les laves montantes, cèdent facilement à la pression qui les fait éclater, l'explosion ne se fait guère ressentir que dans le voisinage immédiat de la crevasse : ainsi, lors de la dernière grande éruption de l'Etna, les trépidations du sol, qui coïncidèrent avec la formation de la crevasse, furent en général assez légères, et la plus forte, encore perceptible dans la ville d'Aci Reale, ne dépassa pas la région etnéenne proprement dite [1]. L'histoire offre aussi plusieurs exemples d'éruptions volcaniques pendant lesquelles le sol n'a pas été secoué d'une manière sensible : en mai 1855, le Vésuve vomit une quantité considérable de laves, sans qu'on ait pu constater, ni à l'observatoire du volcan, ni à Naples, la moindre trace de tremblement de terre.

Lorsque des secousses font vibrer le sol d'une région volcanique, sans que l'on puisse observer le moindre rapport de coïncidence ou de succession immédiate entre ces phénomènes et l'éruption d'un cône de cendres ou l'émission d'un courant de lave, on n'a évidemment aucune raison scientifique pour affirmer avec certitude que ces secousses ont leur origine dans le foyer caché des matières incandescentes, ou qu'elles sont causées par des vapeurs s'efforçant de briser l'écorce terrestre. A bien plus forte raison une assertion semblable serait-elle contraire à toutes les règles de l'observation scientifique lorsqu'il s'agit de tremblements de terre qui se produisent loin de tout volcan. Il est vrai que, d'après l'hypothèse des « soupapes de sûreté, » les oscillations du sol doivent précisément se faire sentir sous les parties de l'enveloppe planétaire où ne se trouve aucun orifice en communication avec les laves; mais comment se fait-il alors que les ondulations du terrain ne se reproduisent pas d'une manière constante loin de ces gigantesques évents placés au bord des mers, et pourquoi les éruptions fréquentes du Vésuve et de l'Etna ne préviennent-elles point les tremblements de terre des Calabres en donnant issue aux vapeurs et aux laves emprisonnées?

L'hypothèse que les forces volcaniques sont la cause

1. Mariano Grassi, *Eruzione dell' Etna*.

des secousses du sol n'étant point justifiée dans tous les cas, il faut donc recourir, pour nombre de tremblements de terre, à une autre théorie, celle qui s'était de tout temps présentée à l'esprit des peuples et qu'enseignaient les philosophes grecs. Il y a deux mille ans déjà, Lucrèce exposait en un magnifique langage cette idée reprise aujourd'hui scientifiquement par Boussingault, Virlet, Otto Volger et d'autres géologues :

« Apprends maintenant la cause des tremblements de terre, et persuade-toi surtout que l'intérieur du globe est, comme la surface, rempli de vents, de cavernes, de lacs, de précipices, de pierres, de rochers, et d'un grand nombre de fleuves intérieurs, dont les flots impétueux emportent et roulent des blocs submergés. Les tremblements de la surface du globe sont occasionnés par l'écroulement d'énormes cavernes que le temps vient à bout de démolir. Ce sont des montagnes tout entières qui s'effondrent, et dont la secousse violente et soudaine doit se propager au loin par de terribles vibrations : c'est ainsi qu'un chariot, dont le poids n'est pourtant pas considérable, fait trembler sur son passage tous les édifices voisins, et les coursiers fougueux, en entraînant derrière eux les roues armées de fer, secouent tous les lieux d'alentour. Il peut arriver aussi qu'une masse énorme de terre tombe de vétusté dans un grand lac souterrain, et que le globe vacille par une suite d'ondulations. De même, à la surface de la terre, un vase plein d'une onde agitée, ne peut reprendre son équilibre tant que l'eau contenue n'a pas trouvé son niveau. »

Récemment, divers savants ont recueilli des faits en grand nombre, qui appuient la théorie des tremblements de terre avancée jadis par Lucrèce d'une manière générale et sans les preuves nécessaires. Dans une foule de cas, cette théorie est bien certainement la vraie, car il est souvent possible de prendre sur le fait, pour ainsi dire, les phénomènes qui donnent lieu aux oscillations du sol et aux tomnerres souterrains. Ainsi les grands éboulements de rochers, comme ceux des Diablerets, du Rossberg et d'autres montagnes des Alpes, ont causé de véritables tremblements de terre dont les ondes ont été ressenties à une distance considérable du lieu de la catastrophe. Même les écroulements de moraines, les chutes de séracs et les avalanches de neige secouent fortement la terre sur de vastes espaces, si bien que, dans les montagnes d'Allemont, en Dauphiné, les habitants considèrent toutes les vibrations du sol comme les contre-coups de lointains effondrements de neiges ou de rochers[1].

Les tassements de rochers ou de terrains meubles sont accompagnés de phénomènes analogues. Près d'Alais, en septembre 1814, on entendit pendant vingt-quatre heures une série d'explosions pareilles à une canonnade, puis un formidable craquement, et le sol s'affaissa de 4 mètres sur une largeur de plus de 80 mètres. Non loin de la ville silésienne de Wagstadt, un espace de plus d'un hectare de superficie s'abîma de la même manière en 1827 avec un grand fracas. En Carniole, où les tremblements de terre sont très-fréquents, on remarque, dans les nombreuses grottes, des amas de roches écroulées qui correspondent à des puits d'effondrement creusés en entonnoir à la surface du sol. Ces tassements, dont l'homme est parfois le témoin, soit dans les pays creusés de grottes naturelles, comme la Carniole, soit aussi dans les régions minières percées de galeries souterraines, peuvent, suivant la masse des roches écroulées, causer des ébranlements locaux ou bien de grandes secousses ressenties en même temps sur de vastes étendues de pays. En effet, certaines assises rocheuses laissent parfois entre elles des intervalles très-considérables, ainsi qu'il est facile de le voir sur les flancs des montagnes, et sont en outre composées de substances qui sont plus ou

1. Fournet, *Annales des Sciences physiques de Lyon*, tome VIII, 1845.

moins facilement dissoutes et déblayées par les eaux d'infiltration. Quand les vides offrent une telle étendue que les roches surincombantes, hautes parfois de plusieurs centaines ou même de milliers de mètres, ne peuvent plus se soutenir par leur propre cohésion, il faut que la masse entière s'affaisse sur les assises inférieures. Il est même impossible de comprendre qu'il n'en soit pas ainsi : les énormes quantités de sel, de gypse, de calcaire, de silice et d'autres substances que les sources entraînent à la surface, doivent nécessairement créer de grands vides dans les profondeurs, et par conséquent le tassement des roches supérieures devient inévitable. Que l'on se figure, s'il est possible, la puissance du choc produit alors par l'écroulement soudain de plusieurs millions de mètres cubes[1] !

Du reste, les tremblements de terre artificiels ne diffèrent en rien par leurs effets des secousses naturelles et fournissent d'excellents termes de comparaison. Les explosions de mines, les roulements de chars lourdement chargés, font remuer le sol sur des étendues d'autant plus considérables que la pression initiale est plus grande et que les roches frappées offrent plus d'élasticité. Les canonnades, dont la réaction sur la terre est pourtant assez minime en proportion de l'effet produit, sont entendues à des distances qui semblent prodigieuses, si l'on prend soin d'appliquer l'oreille sur le sol ébranlé ; les vibrations des couches, véritables tremblements de terre, se propagent ainsi jusqu'à plus de 400 et même de 600 kilomètres. C'est ainsi qu'en 1832 le bombardement d'Anvers fut entendu, dit-on, au milieu de l'Allemagne, dans l'Erzgebirge. Il y a vingt-cinq ans, lors de l'explosion de la poudrière de Mayence, la terre trembla sur une très-vaste étendue ; sur une centaine de quintaux métriques de poudre enflammés, la plus grande partie, ayant pris feu dans des caveaux ouverts, ne put réagir sur le sol,

1. Voir, ci-dessus, page 241. — Otto Volger. *Erdbeben in der Schweiz*.

et cependant la secousse fut ressentie, soit comme un faible tremblement de terre, soit comme un tonnerre lointain, jusqu'à 160 et même 200 kilomètres de distance, bien au-delà des contrées où le bruit de l'explosion fut porté par le vent. L'ébranlement fut ressenti dans plusieurs villes de la Souabe, à Wurzbourg, à Kissingen, dans les contrées de Fulda et de Meiningen, en Thuringe, près de Cassel, à

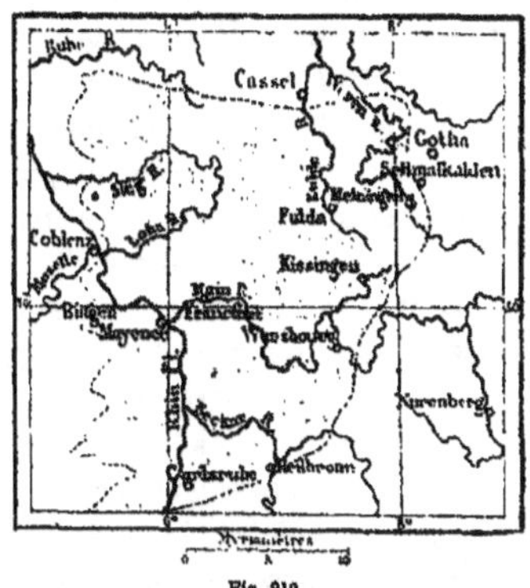

Fig. 210.

Wildungen[1]. Nul doute que les observations faites dans les diverses contrées du monde sur les tremblements du sol, qu'ils se produisent avec ou sans l'intervention de l'homme, ne permettent un jour d'évaluer d'une manière approximative la quantité de force nécessaire pour secouer la terre sur un espace donné. Ce sont là des études comparées que l'on peut faire sans se préoccuper de l'hypothèse du feu central ou de toute autre théorie.

1. Otto Volger, *Erdbeben der Schweiz*

III.

Grandes catastrophes. — Tremblement de terre de Lisbonne. — Superficie des régions ébranlées. — Tremblements de mer.

Par une conséquence naturelle du sentiment de solidarité qui relie tous les hommes, les historiens de la terre ont été portés à donner aux tremblements du sol une importance géologique d'autant plus grande que le nombre des personnes écrasées a été plus considérable et que les produits du travail humain ont été détruits en plus grande quantité. Un choc qui secoue une vaste cité remplie d'édifices en pierre, sous lesquels des milliers d'individus se trouvent assemblés, peut causer les plus terribles désastres, tandis qu'une secousse beaucoup plus violente, ressentie par les habitants d'un pays presque désert, est bientôt oubliée et reste négligée par l'histoire. D'après Otto Volger, le tremblement de terre de Lisbonne n'aurait guère été plus violent que ne le fut, cent ans après, celui de la vallée de Viége (?); mais il reste mémorable à cause des milliers d'hommes qu'il fit périr, et la secousse de Viége, qui tua seulement deux pauvres montagnards, fut bientôt oubliée.

En effet les brusques vibrations qui renversent les cités en quelques secondes sont bien les plus effrayantes catastrophes que l'homme puisse imaginer. Tout autre désastre s'annonce par des signes précurseurs. La coulée sortie du volcan s'avance avec lenteur, et l'on peut en prévoir la marche à travers les villages et les cultures ; les crues des fleuves menacent les digues, longtemps avant de les briser, et l'on peut d'ordinaire se préparer à l'irruption des eaux ; l'ouragan lui-même s'annonce par des signes atmosphériques ; mais le plus souvent les secousses du sol surviennent brusquement et c'est en un instant, sans qu'un seul indice ait pu faire deviner la catastrophe, que les cités sont démolies et les habitants écrasés par milliers. Le tremblement de terre de San-Salvador ne dura que dix secondes, et cet espace de temps suffit pour la destruction de la ville; les vibrations successives qui dévastèrent les Calabres en 1783 se firent sentir pendant deux minutes à peine. Quant aux terribles sursauts du sol qui détruisirent Lisbonne, ils se succédèrent pendant cinq minutes, mais ce fut le premier choc, de cinq à six secondes seulement, qui causa les plus grands dommages. Parfois les habitants emploient le court répit que leur donnent les intervalles des grandes secousses, non pour se réfugier en plein air, mais pour accroître encore les chances de mort : affolés de terreur, ils se précipitent dans les églises dont les voûtes s'écroulent sur eux. C'est par dizaines de mille que se comptent les cadavres pendant ces catastrophes; les secousses de la Sicile, en 1693, et des Calabres, en 1783, auraient causé dans chacun de ces deux pays la mort de 100,000 hommes; enfin des chroniques plus ou moins dignes de foi parlent de tremblements de terre en Syrie, au Japon et dans l'archipel de la Sonde, qui auraient eu pour résultat une dépopulation soudaine encore bien plus considérable. En 526, plus de 200,000 personnes auraient trouvé la mort à Antioche et dans les villes voisines.

Ces ondulations, si redoutables dans leurs conséquences, se font sentir à la fois sur de vastes étendues. Ainsi la commotion qui détruisit Lisbonne le 1er novembre 1755 démolit aussi la plus grande partie d'Oporto et plusieurs autres localités du Portugal, jeta dans les fossés une partie des murailles de Cadix, et l'on raconte, d'après le témoignage du gouverneur de Gibraltar, que la plupart des villes du Maroc, Tetouan, Tanger, Fez, Mequinez et la capitale elle-même furent renversées par la secousse. Kant le philosophe et Hoffmann, qui se sont faits les historiographes du tremblement de terre de Lisbonne, citent un grand nombre d'autres contrées en Europe, en Afrique et même dans le nouveau monde qui auraient participé à l'immense ébranlement; les vibrations se seraient étendues sur un espace de 40 millions de kilomètres carrés, c'est-à-dire sur la douzième partie de la surface terrestre. Toutefois, les témoignages sur lesquels se sont appuyés les divers récits de la catastrophe n'ont pas tous une valeur sérieuse; il est prouvé maintenant qu'on a singulièrement exagéré l'étendue de l'espace où se firent sentir en cet instant les ondulations du sol. Dans l'Europe entière, l'imagination populaire fut tellement frappée de cet événement, qui avait, en quelques minutes, écrasé tant de milliers de personnes sous les ruines d'une grande capitale, et précisément en un jour de fête, qu'on fut naturellement porté à faire du tremblement de terre de Lisbonne un phénomène sans pareil, ayant eu pour théâtre, sinon le monde entier, du moins une très-grande partie de la superficie terrestre. Toutes les oscillations qu'on ressentit en Europe, soit le même jour, soit vers la même époque, furent considérées d'une manière générale comme le résultat de la grande commotion de Lisbonne, et peu à peu il s'établit une sorte de légende attribuant à la même cause un nombre considérable de faits géologiques d'une date indéterminée, tels qu'éboulis, formation de lacs, débâcles et changements de température dans les eaux thermales. Ainsi l'on rapporte à ce vaste ébranlement une secousse qui « par un étrange hasard » fut ressentie à Turin seulement le 9 novembre, une semaine après la catastrophe de Lisbonne; on compte aussi, parmi les ondulations qui se propagèrent au loin, des mouvements du sol signalés à New-York le 18 novembre; on ajoute même le lac Ontario à l'immense aire d'ébranlement, parce que de fortes vibrations en avaient agité les rivages pendant le mois d'octobre, c'est-à-dire avant le jour du désastre. En réalité on n'a point de preuves positives que les ondes terrestres se soient propagées, du côté du sud au delà du

Maroc, vers l'est au delà des Castilles, ni dans la direction du nord plus loin qu'Angoulême et Cognac[1]. C'est encore là un espace de 1,800 kilomètres en longueur, et si l'on prend la même distance dans le sens de l'est à l'ouest comme diamètre de l'aire ébranlée, on trouve que la super-

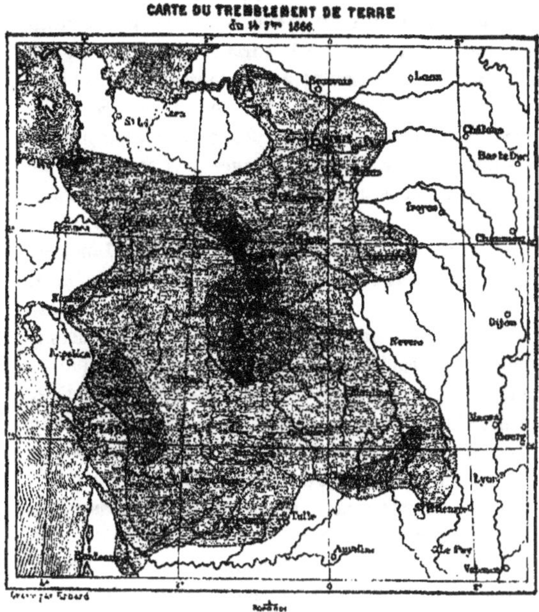

Fig. 211.

ficie du sol secouée par la grande vague terrestre de Lisbonne était de plus de 3 millions de kilomètres carrés, soit environ six fois la surface de la France. Comme terme

1. Otto Volger, *Erdbeben in der Schweiz*, vol. Ier

de comparaison, nous citerons le tremblement de terre qui se fit sentir en France, dans la matinée du 14 septembre 1866, et dont les ondulations se propagèrent au nord jusqu'à Rouen, au sud jusqu'à Bordeaux. L'aire d'ébranlement de cette secousse doit être évaluée à 200,000 kilomètres carrés environ, soit à la quinzième partie de la surface agitée par le tremblement de terre de Lisbonne.

Lors de ce dernier événement, ce qui contribua beaucoup à étendre en apparence la surface ébranlée, c'est que les vagues marines, obéissant à la secousse du sol, se propagèrent à travers l'Atlantique dans toutes les directions; mais l'eau, plus mobile que le sol, doit nécessairement avoir transmis les ondulations à une distance plus grande que ne l'ont fait les couches relativement rigides du fond de la mer. A l'entrée du Tage, le mur d'eau formé par le refoulement des vagues, se dressa, dit-on, à près de 17 mètres, puis remplissant tout l'estuaire qui s'étend devant Lisbonne, dépassa les quais de la ville et se rua contre les maisons. A Cadix, la vague, à peine moins élevée, sauta par-dessus les remparts et causa beaucoup plus de dégâts que le tremblement de terre lui-même. Sur les côtes de Madère, sur celles de la Hollande, à l'embouchure de l'Elbe, sur le littoral du Danemark et de la Norvége, enfin sur tout le pourtour des îles Britanniques, la mer ressentit le contre-coup du choc imprimé aux vagues dans les parages de Lisbonne, et ses eaux subirent des fluctuations rapides. Les ondulations du flot, diversement modifiées par les courants et les marées, allèrent même se heurter sur les rivages du nouveau monde; aux Barbades, à la Martinique, où le flot de marée ne dépasse jamais 72 centimètres, la vague lancée par le tremblement d'outre-Atlantique atteignit une hauteur de 4, 5 et même 6 mètres. Ainsi la vague marine produite par la secousse s'était propagée à la distance de plus de 6,000 kilomètres en droite ligne. En 1854, lors du tremblement de terre de Simoda, le flot qui vint frapper les côtes de la Californie avait parcouru 4,000 kilomètres, toute la largeur de l'océan Pacifique.

Lorsque de violentes secousses agitent le sol, les villes situées sur le bord de la mer ont eu souvent beaucoup plus à souffrir de la soudaine irruption des eaux que de l'agitation de la terre elle-même ; que les vagues aient reçu le choc des côtes voisines, ou bien que le centre d'ébranlement se trouve au fond même de l'Océan, les masses d'eau se redressent à une hauteur formidable et se ruent sur les rivages comme pendant les ouragans. En 1783, à l'heure où la secousse des Calabres renversait les villes et les villages sur le continent, un terrible ras de marée, après avoir balayé d'un coup 2,000 personnes réunies sur la plage de Scylla, s'engouffra dans le port de Messine, y coula tous les navires, et sapa par la base la superbe rangée de palais qui bordait le rivage ; plus de 12,000 individus périrent, dit-on, sous les ruines. Le 7 juin 1692, lors du tremblement qui agita la Jamaïque et les mers voisines, les vagues se précipitèrent à l'assaut de la ville de Port-Royal, et, dans l'espace de trois minutes, recouvrirent plus de 2,500 maisons d'une couche de 10 mètres d'eau ; les navires furent jetés çà et là dans les campagnes, et la frégate *Swan* vint s'échouer sur un toit. De même, d'après le témoignage d'Acosta, la terrible vague qui démolit Callao en l'année 1586, et qui lança un grand navire sur la route de Lima, à 16 mètres au-dessus du niveau moyen de la mer, aurait eu la hauteur totale de 27 mètres. Les Japonais, dont les îles ont souvent à souffrir des tremblements de terre et des ras de marée causés par les secousses sous-marines, disent que ces effrayants phénomènes sont dus aux coups de queue d'un monstre qui vient frapper le rivage. C'est ainsi que les Grecs attribuaient les vibrations du sol non-seulement à Pluton, « l'ébranleur du monde, » mais aussi à Neptune, « l'agitateur des flots. »

IV.

Mouvement des vagues terrestres. — Variations causées par l'inégalité de relief et la diversité des roches. — Aires d'ébranlement. — Mouvement gyratoire. — Vitesse de la vague d'ébranlement. — Fracas des tremblements — Effroi des hommes et des animaux.

Quelle que soit la nature du premier choc, qu'il provienne d'un gonflement soudain de laves ou de vapeurs, ou bien qu'il soit causé par l'écroulement de couches supérieures sur les assises sous-jacentes, l'effet ressenti sera toujours le même pour les observateurs qui se trouveront au-dessus du point initial où se produit le phénomène : ils éprouveront une secousse dirigée de bas en haut. Même en tombant avec le sol, ils pourront se croire soulevés, comme l'aéronaute, dont le ballon se précipite vers la terre, voit les campagnes monter vers lui. Autour du point central d'ébranlement où le choc a lieu dans toute sa violence et se fait sentir verticalement d'une manière plus ou moins désordonnée, suivant le nombre des secousses, les mouvements deviennent de plus en plus obliques et se propagent à travers les couches terrestres dans une direction qui finit par être sensiblement horizontale[1]. Le phénomène d'ondulation qui se produit dans les roches solides est parfaitement analogue à celui qu'on observe dans les eaux lors de la chute d'une pierre : une série de vagues concentriques se développe autour du centre de secousse et va se perdre en s'affaiblissant peu à peu dans la distance.

Les vagues terrestres qui se forment ainsi sont très-longues et très-aplaties à cause de la nature peu flexible des roches à travers lesquelles se transmet le mouvement. Du reste, il n'existe pas une seule mesure authentique de la-

1. Robert Mallet, *Observation of earthquake phenomena.*

quelle on puisse déduire les dimensions de chaque vague : on les sent passer rapidement sous ses pieds pendant les tremblements de terre, on a pu même très-souvent voir le balancement des maisons et des tours, ainsi que le va-et-

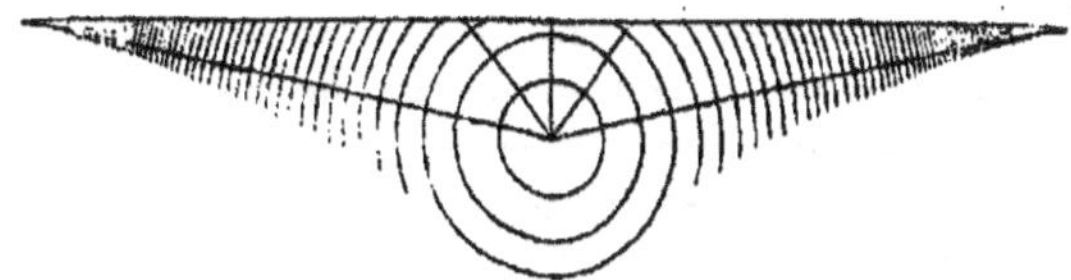

Fig. 212. Propagation des vagues terrestres.

vient des cloches dans les églises; mais ce sont là des mouvements beaucoup plus marqués que ceux du sol, et dans aucune occasion on n'a pu distinguer d'une manière nette les ondulations de la terre elle-même.

Quant à la direction suivie par ces vagues, elle diffère en général beaucoup de la direction normale à cause des inégalités du relief des terrains, et d'ailleurs, il est souvent bien difficile de la reconnaître à cause du manque des instruments nécessaires et de toutes les circonstances locales qui peuvent modifier le mouvement. Il paraît cependant que, dans les pays montagneux, comme la Suisse et les Pyrénées, les grandes ondulations se propagent dans le sens des vallées. En frappant contre la base des montagnes aux couches redressées, les plissements du sol se comportent comme les vagues d'un fleuve venant se heurter contre les rives; ils se rompent et, changeant de direction, longent le pied des hauteurs, dans le même sens que le torrent de la vallée. C'est après cette première rupture de mouvement que l'ondulation se communique aux masses rocheuses de la montagne et les traverse dans toute leur épaisseur. Au delà de ces hauts massifs qui troublent le mouvement sans lui opposer toutefois d'obstacles insurmontables, les vibrations plissent le sol des plaines d'une manière plus régulière, mais l'intensité s'en affaiblit proportionnellement au carré de la distance et finalement cesse d'être perceptible à l'homme. Il faut remarquer aussi qu'à la périphérie de l'aire d'ébranlement, les diverses secousses se produisent en général à de plus longs intervalles qu'au centre du tremblement de terre : les vagues se propageant avec d'autant plus de rapidité qu'elles sont plus fortes, il s'ensuit qu'entre les diverses ondulations, qui sont d'ordinaire de plus en plus faibles, l'espace ne cesse de s'accroître avec l'éloignement. Au centre, les chocs semblent se confondre; vers le pourtour, ils se succèdent comme les vagues d'une eau faiblement agitée.

Parmi les causes qui contribuent à troubler le mouvement régulier des oscillations terrestres, il faut compter aussi la diversité des formations géologiques. La vitesse de propagation du mouvement varie d'une manière considérable suivant la composition des roches, la quantité d'eau qu'elles contiennent, la dureté et l'élasticité de leurs assises. Pour faire comprendre cette différence entre les couches terrestres relativement à la propagation des vagues terrestres, M. Mallet fait une comparaison frappante. Qu'une personne applique son oreille sur un rail de chemin de fer frappé d'un coup violent à un kilomètre de distance, et le fer compacte lui transmettra presque instantanément l'onde sonore; aussitôt après, l'observateur ressentira l'ondulation qui s'est propagée à travers le sol au-dessous du rail; puis, il entendra le bruit transmis par les ondes atmosphériques. Si un canal longeait le chemin de fer, un homme plongé dans l'eau aurait de son côté perçu la sensation du coup, mais à un autre instant. En effet, la vitesse moyenne de l'onde est de 347 mètres dans l'air, de 1430 mètres dans l'eau et d'environ 3,365 mètres dans une barre de fer.

C'est un fait connu depuis longtemps que, pendant les tremblements de terre, les secousses se propagent bien plus facilement à travers les roches compactes qu'à travers les formations interrompues çà et là par des failles, des crevasses, des grottes et des terrains meubles. M. Mallet a prouvé ces faits par des expériences directes répétées plusieurs fois non loin de la ville de Holyhead, dans le pays de Galles. Lors de l'explosion des mines de poudre, les vagues d'ébranlement, d'autant plus rapides que la charge était plus forte, se sont propagées de 290 mètres à la seconde dans le sable mouillé, de 391 mètres dans une roche de granit friable, et de 500 mètres dans un granit compacte. Plus tard, M. Mallet, ayant fait des observations directes sur la vitesse de propagation des ondes du tremblement de terre des Calabres en 1857, trouva qu'elle avait été d'environ 250 mètres par seconde. D'après le même géologue, le point de départ de la secousse était à près de 5 kilomètres au-dessous de la surface.

Sans avoir fait de recherches précises, les Hellènes et les Romains, habitant un sol fréquemment secoué par les tremblements de terre, avaient appris que les cavernes, les puits et les carrières retardent le mouvement de la terre et protégent les édifices construits dans le voisinage. La ville de Capoue a été, dit-on, beaucoup plus épargnée que les cités des environs par les tremblements de terre, à cause des nombreuses fontaines de ses jardins. Vivenzio affirme aussi qu'en bâtissant le Capitole, les Romains avaient eu soin d'ouvrir plusieurs puits pour atténuer l'effet des oscillations terrestres, et ce moyen réussit à préserver le monument de tout dommage. De même les grandes constructions de Naples ont été bâties au-dessus de vastes caves où vient se perdre la force de la commotion souterraine. Humboldt a signalé ce fait curieux qu'à Saint-Domingue, les habitants de la ville sont arrivés d'eux-mêmes, comme les naturalistes grecs et romains, a considérer le creusement de cavités profondes comme le seul moyen d'assurer la stabilité de leurs demeures.

D'ailleurs, ainsi qu'il est facile de le comprendre, les murailles des édifices résistent d'autant mieux qu'elles sont plus longues, plus épaisses et moins élevées. Dans toutes les villes renversées en partie par des tremblements de terre, on a constaté que des murs de cette forme étaient rarement démolis. Lorsque les ondulations du sol se propagent dans le sens de la plus grande longueur d'un pâté de maisons basses, il est presque sans exemple que celles-ci aient été fracassées; aussi, dans les contrées où les mouvements du sol affectent en général la même direction, peut-on se prémunir contre tout désastre en orientant les murs principaux des édifices dans le sens des ondulations terrestres.

Les constructions qui ont toujours le plus à souffrir sont celles dont les toits sont voûtés en dômes ou en coupoles. La poussée des masses pesantes qui couronnent l'édifice a pour conséquence d'écarter les murailles dès que celles-ci sont mises en vibration par les secousses souterraines; le dôme s'écroule dans l'intérieur, tandis que les murs s'effondrent au dehors; un espace considérable se couvre de ruines autour du terrain circonscrit par les fondements, et, par suite, le danger d'être écrasé devient très-grand pour les personnes voisines du lieu de la catastrophe. Ce sont les tremblements de terre et non pas les barbares qui, d'après le témoignage de M. Mallet, auraient ruiné un si grand nombre des palais et des temples de Rome pendant la période qui s'écoula du ve au ixe siècle. De même, dans les temps plus modernes, les cathédrales et les églises ont été souvent renversées, alors que les autres maisons étaient épargnées. Cette fragilité des voûtes ébranlées par les ondulations du sol explique ces effroyables écrasements de multitudes agenouillées qui ont eu pour théâtre les nefs des églises, lors des tremblements de Lisbonne, des Calabres, de Caracas, de Mendoza, de San-Salvador.

La différence de sensibilité que présentent les roches, relativement à la propagation des tremblements de terre, et les divers obstacles qui les retardent, ont pour conséquence de donner à l'espace où les oscillations se font sentir d'une manière perceptible des contours de formes tout à fait inégales ; les mouvements ne se produisent pas autour du point initial avec une régularité comparable à celle des vaguelettes qui s'arrondissent en bourrelets circulaires sur une eau

AIRE D'ÉBRANLEMENT DU TREMBLEMENT DE TERRE DE VIÈGE EN 1855.

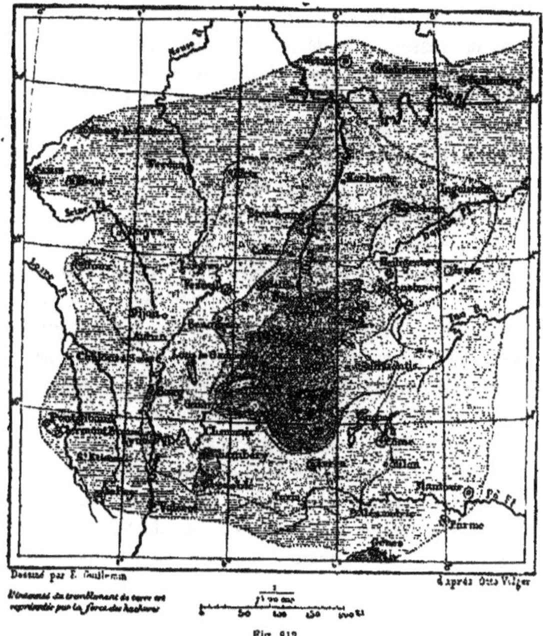

Fig. 213.

troublée. Quelques tremblements, autant du moins qu'il est possible d'en juger par des observations incomplètes, semblent s'être propagés suivant une ellipse très-allongée ; d'autres paraissent avoir eu pour aire un espace de forme polygonale ; c'est ainsi que la grande secousse de la vallée de

Viége, qui s'étendit sur 282,000 kilomètres carrés, se fit sentir trois fois plus loin dans la direction du nord que dans celle du sud. Parfois en dehors des limites du sol vibrant, on a remarqué des régions qui frémissaient aussi, espèces d'îles tremblantes entourées de terrains immobiles: D'autres fois, de vastes contrées n'ont point éprouvé d'ébranlement apparent, alors que la terre tremblait tout autour d'elles : le 25 juillet 1846, le choc dont la plus forte impulsion fut ressentie au-dessous de Saint-Goar, sur les bords du Rhin, propagea ses ondulations en France et en Allemagne sur une superficie évaluée à 62,700 kilomètres carrés; mais une zone d'une centaine de mètres de largeur, entre Pyrmont (Westphalie) et la rive droite du Rhin semble, être restée immobile[1]. D'après le témoignage de Humboldt, ce fait de roches qui ne participent pas au mouvement général des formations environnantes est assez fréquemment constaté lors des tremblements de terre des Andes. Les gens du pays disent des zones intermédiaires, soustraites à la vibration de l'ensemble, qu'elles forment un pont (*hacen puente*), voulant dire ainsi que les oscillations se propagent à une grande profondeur au-dessous des couches inertes de la surface. Il est difficile de s'imaginer comment de pareils phénomènes pourraient s'accomplir si les oscillations du sol avaient pour cause le mouvement des vagues dans une mer souterraine de feu ; s'il en était ainsi, la croûte terrestre soulevée devrait onduler comme un objet flottant à la surface de l'eau, et les vagues brûlantes, se propageant en cercle, donneraient aussi une périphérie d'une rondeur parfaite à l'aire du tremblement superficiel.

Aux deux espèces de mouvements qui ont été observées dans les secousses du sol, le choc de bas en haut et les longues ondulations se propageant à la façon des ondes marines, la plupart des savants, depuis Aristote, ajoutent aussi le

1. Daubrée, *Comptes rendus*, 1847.

mouvement tournoyant ou gyratoire (*vorticosum*). Le fait est que, dans les grands cataclysmes où les diverses secousses s'entrecroisaient dans le sol, on a souvent cru sentir ou même voir des preuves de ces mouvements de torsion. A Quintero, dans le Chili, trois gros palmiers, dit Humboldt, s'enroulèrent les uns autour des autres comme des baguettes de saule, après avoir balayé chacun un petit espace autour de leurs tiges. Otto Volger, qui ne croit pas à l'existence de mouvements tournants, cite cependant l'exemple du clocher de Græchen, qui se tordit pendant le tremblement de terre de la vallée de Viége, en 1855 ; il est vrai que cette torsion pouvait être causée, soit par un mouvement du sol se communiquant à l'édifice, soit par le manque d'équilibre entre les diverses parties du clocher. M. Mallet explique également par un écart entre le centre de figure et le centre de gravité le mouvement gyratoire qu'eurent à subir les pierres de deux petits obélisques pendant le tremblement des Calabres en 1783 ; il nie d'une manière absolue que le mouvement tournant de la terre puisse avoir lieu ainsi que l'avaient admis les naturalistes italiens.

Quant à la vitesse de propagation des ondes terrestres, il était, récemment encore, très-difficile de l'évaluer, à cause du manque de précision dans les nouvelles transmises et de l'irrégularité des horloges dans les différentes cités. Depuis 1853, époque à laquelle on appliqua pour la première fois le télégraphe électrique au signalement des secousses du tremblement de terre de Soleure, on dispose d'un moyen presque sûr pour constater le passage des ondulations terrestres dans les diverses localités; mais jusqu'à nos jours, on ne l'a guère employé que d'une manière exceptionnelle, et trop souvent quelques-unes des conditions désirables d'exactitude ont été négligées.

Les renseignements incomplets recueillis par Otto Volger sur le grand tremblement de Viége, en 1855, lui ont permis de fixer d'une manière approximative la vitesse de l'ondulation : elle aurait été de 872 mètres à la seconde, du centre de vibration jusqu'à Strasbourg, et de 426 mètres seulement dans la direction de Turin. Robert Mallet, après avoir fait ses expériences célèbres sur la vitesse de propagation des secousses dans les roches de Holyhead, établit des recherches comparatives sur la vitesse des ondulations lors du grand tremblement des Calabres, en décembre 1857, et trouve le taux moyen de 236 mètres par seconde. Depuis cette époque, des observateurs anglais établis à Travancore, au sud de l'Hindoustan, ont évalué la marche des ondulations d'une secousse locale à 200 mètres environ. Le résultat des calculs variant ainsi dans la proportion de 1 à 4, il est impossible d'indiquer un chiffre moyen pour la propagation des ondes terrestres; ce qu'il y a de certain, c'est que la rapidité, aussi bien que la force et la direction du mouvement, diffère suivant la nature des roches et la position des chaînes de montagnes et des vallées.

Les bruits qui se font entendre pendant les tremblements de terre diffèrent encore plus en intensité que les autres phénomènes, et sont beaucoup plus difficiles à classer, à cause du saisissement qu'on éprouve en entendant mugir la terre et du rôle que joue l'imagination quand la mémoire cherche à se retracer le passé. D'ailleurs, les sons entendus lors de l'écroulement souterrain dépassent quelquefois par leur violence tous les bruits connus, et pour les décrire on cherche vainement les termes convenables. D'ordinaire, on compare les bruits des tremblements de terre à des explosions de mines, à des décharges d'artillerie, aux éclats de la foudre, au roulement des chars, à la chute des avalanches, au tonnerre des cataractes. La diversité de ces bruits s'explique par la différence des phénomènes qui peuvent s'accomplir dans l'intérieur de la terre, écroulements et contre-coups des roches, débordement des eaux souterraines, infiltration des masses d'air à travers les crevasses, échos lointains répercutés dans les abîmes. Chose étrange, il arrive parfois que, durant un même tremblement de terre, certaines personnes ne trouvent pas d'assez fortes expressions pour exprimer l'épouvantable fracas qu'elles ont entendu, tandis que d'autres croient avoir senti seulement la secousse sans accompagnement du moindre bruit. D'après M. Otto Volger, cette singulière différence de sensations proviendrait de ce fait, bien connu des physiciens, que la gamme des sons perçue par l'oreille diffère selon les individus; de même que, dans une prairie, quelques promeneurs n'entendent pas la voix du grillon, trop criarde pour eux, de même, quand le sol s'ébranle, ceux qu'il entraine avec lui ne pourraient pas tous entendre, précisément à cause de la gravité des sons produits par le cataclysme (?); les bruits seraient trop « sourds » pour leurs oreilles.

A distance du centre de secousse, le fracas diminue graduellement en force, mais il reste toujours difficile à distinguer nettement, parce que le son se propage avec des vitesses inégales dans le sol et dans l'atmosphère. A travers les couches terrestres le bruit de l'écroulement court avec plus de rapidité que la secousse elle-même; on entend le choc avant de le ressentir, puis, quand la vague est passée, on entend de nouveau le son plus lent que transmettent les ondes aériennes. Il résulte de cette inégalité dans la marche du son à travers les différents milieux une confusion très-grande de bruissements et de sifflements dont il est bien difficile de se rendre compte. Les observateurs ont comparé la voix d'un tremblement de terre lointain tantôt à celle du tonnerre, tantôt au vent d'orage, tantôt au bruit d'ailes d'un grand oiseau, tantôt même à une fusillade, au petillement du feu, aux coups de sifflet des locomotives. On dirait que, dans cette manifestation de sa puissante vie, la nature veut employer tous les sons connus de l'oreille humaine.

Ces fracas, ces hurlements, ces voix sifflantes expliquent suffisamment la terreur instinctive qui s'empare de la plupart des hommes, même lorsque les secousses n'ont causé la mort de personne. Toutefois, ainsi que le remarque Humboldt, ce qui d'ordinaire contribue le plus à ébranler la force morale, c'est le sentiment d'insécurité que l'on éprouve : la terre, que l'on sentait si ferme sous ses pas, est devenue mobile comme l'onde ; on n'ose plus marcher de peur de s'engouffrer dans le sol. Toutes les idées sur la nature des choses sont confondues, et par une réaction soudaine du physique sur le moral, l'homme, sous lequel la terre vient se dérober, perd toute confiance en sa propre personne.

C'est une opinion très-répandue, mais non encore confirmée d'une manière irréfutable, que les animaux témoignent la plus grande inquiétude à l'approche des tremblements de terre : dans certaines contrées, où ces convulsions du sol ont lieu fréquemment, on aurait même soin d'observer attentivement les allures des animaux domestiques pour y surprendre le pressentiment des secousses et se préparer au danger. Peut-être en effet que des vibrations perceptibles aux sens si délicats des animaux, précèdent les écroulements souterrains ; mais, dans beaucoup d'occasions, il est probable que les remarques de ce genre sont faites seulement après le désastre et que l'imagination, surexcitée par l'effroi, y joue un très-grand rôle. Quoi qu'il en soit, on raconte qu'avant la catastrophe, les rats, les souris, les taupes, les lézards, les serpents sortent fréquemment de leurs trous et courent çà et là comme frappés de terreur ; même les crocodiles s'enfuiraient de leurs marécages et se précipiteraient vers la terre ferme en rugissant d'effroi[1]. A Naples, les fourmis auraient quitté leurs galeries souterraines quelques heures avant le tremblement de terre du 26 juillet 1805, les sauterelles auraient traversé la ville pour gagner la côte, et les poissons se seraient rapprochés du rivage en multitudes[2]. Ce qui est mieux prouvé, c'est la frayeur des animaux

1. Humboldt, *Relation historique...*, tome V.
2. Landgrebe, *Naturgeschichte der Vulkane*, tome II.

pendant la catastrophe elle-même. Lors du tremblement de terre qui secoua la vallée de Viége en 1855, les oiseaux sauvages qui se méfient le plus du chasseur, les chouettes, les pics, les huppes, se rassemblèrent sur les arbres voisins des habitations, en gémissant d'une voix plaintive, comme pour demander le secours de l'homme. Les oiseaux de grand vol, hirondelles et autres s'enfuirent à tire-d'aile vers des contrées lointaines. Pendant plusieurs jours, les grenouilles interrompirent leurs coassements[1].

V.

Effets secondaires des secousses. — Sources, jets de gaz. — Crevasses. Affaissements et exhaussements du sol.

Les tremblements de terre exercent très-fréquemment une grande influence sur le débit des eaux de source qui jaillissent à la surface du sol. On cite une multitude d'exemples de fontaines, thermales ou froides, qui, lors d'une secousse terrestre, ont soudainement tari ou bien dont le volume s'est augmenté, avec accroissement ou diminution de température. Il est facile de comprendre ces phénomènes. A la suite de chaque éboulement de roches, de chaque fracture du sol, les conduits où coulent les ruisseaux souterrains peuvent être obstrués en tout ou en partie, l'eau doit se chercher alors un autre cours, ou ne s'écouler qu'en moindre volume par l'ancien canal ; parfois aussi l'écroulement de quelque digue qui gênait les eaux intérieures leur ouvre un libre passage, et la masse liquide se trouve augmentée dans les sources; enfin les eaux de plusieurs courants souterrains, de températures diverses, peuvent se trouver mélangées à la suite de la catastrophe et les fontaines sont en conséquence ou plus chaudes ou plus froides.

1. Otto Volger, *Erdbeben der Schweiz*, vol. III.

En août 1854, lors d'un violent tremblement de terre des Pyrénées centrales, la chaleur d'une source de Baréges s'éleva de 18 à 28 degrés, et son volume, qui était de 12,400 litres par jour, augmenta jusqu'à 28,800 litres dans le même espace de temps.

L'effet produit de la manière la plus générale sur les sources par les tremblements de terre est de troubler l'eau en la chargeant de débris tombés des parois et soulevés par la masse liquide ascendante. Pendant une série d'observations faites sur le puits artésien de Passy, en 1861 et 1862, M. Hervé-Mangon constata que lors de chacune des secousses souterraines de l'Europe occidentale signalées par M. Perrey durant cet espace de temps, les eaux du puits se chargèrent de sédiments. Le 14 novembre 1861, jour d'un grand tremblement de terre en Suisse, les troubles du puits de Passy s'élevèrent soudain de 62 grammes par mètre cube à 147 grammes, pour redescendre le jour suivant à 91 grammes. L'habile chimiste établit par un grand nombre de dosages plusieurs autres coïncidences frappantes entre l'impureté des eaux et les vibrations du sol. Il n'est pas probable que ce soient là des faits géologiques sans rapport les uns avec les autres : il semble, au contraire, que la source artésienne de Passy, et sans doute aussi la plupart des fontaines jaillissantes, doivent être considérées comme de véritables seismomètres; pendant les secousses, il s'opère alors comme une espèce de « ramonage » des cheminées naturelles ou artificielles que parcourent les eaux. D'après les observations de M. François, qui a beaucoup étudié l'action des tremblements de terre sur les sources minérales des Pyrénées, les conséquences de la secousse se font rarement sentir pendant longtemps; au delà d'un à trois jours, les effets ne sont plus appréciables.

Dans tous les pays fréquemment secoués par les tremblements de terre, les indigènes ne manquent pas de faire de nombreux récits sur de soudaines éruptions d'eau, de boue, de gaz ou de flammes. De pareils phénomènes doivent en effet s'être produits en mainte contrée, car des secousses assez fortes pour fermer ou bien pour élargir les canaux des sources, peuvent également en ouvrir de nouveaux et donner ainsi passage à des eaux emprisonnées sous les couches profondes. De même les gaz hydrogénés qui se forment dans le sol par la décomposition des matières organiques peuvent trouver une issue par l'écroulement des roches supérieures et s'enflammer spontanément comme les gaz de Bâkou. Toutefois, ces curieuses éruptions, si probables qu'elles paraissent, n'ont point encore été observées d'une manière scientifique, et l'on ne se fait aucune idée de la véritable importance qu'elles peuvent avoir. Même M. Mallet, grand partisan de la connexité constante des tremblements de terre et des phénomènes volcaniques, n'ose point considérer ces jets soudains d'eau, de boue ou de gaz, comme des faits acquis à la science. Quant aux apparitions soudaines de lueurs et d'étincelles, elles peuvent, en beaucoup d'occasions, s'expliquer par le choc des pierres qui se frappent en tombant.

Pendant les tremblements de terre, le sol se crevasse parfois sur de grandes étendues. En 1783, lors des terribles secousses qui agitèrent les Calabres, les phénomènes de rupture des terrains comptèrent parmi les faits les plus grandioses et les plus effrayants de la catastrophe. Des pentes de montagne, minées en dessous par les eaux, glissèrent en masse et descendirent vers les plaines inférieures avec les cultures qui les couvraient; des escarpements s'écroulèrent d'un bloc, des rochers se fendirent en engouffrant les maisons qu'ils portaient. A la base occidentale de la chaîne granitique de la péninsule, la terre, détachée du roc par la secousse, s'était lézardée sur une longueur de plus de 30 kilomètres, et dans certains endroits, notamment près de Polistena, la fente avait plusieurs mètres de largeur. Ailleurs s'étaient formées d'autres fissures, dont l'une, près de Cergulli, n'avait pas moins de 40 mètres de profondeur, sur une longueur de 2 kilomètres, et de 10 mètres de largeur. Dans les environs de Rosarno, sur les bords du golfe de Nicotera, s'ouvrirent, sans doute à cause du jaillissement de quelques fontaines, des sortes de puits aux margelles circulaires; enfin, des campagnes au sol uni se fendirent dans tous les sens par des lézardes rayonnantes en forme d'étoile ; la terre était rompue comme ces pâtes qui se coagulent par la perte de leur humidité. En février 1835, lors du tremblement de terre de la Concepcion, au Chili, on observa des phénomènes semblables ; partout dit Fitz-Roy, le contact cessa entre les terres meubles de la plaine et le pied des collines rocheuses.

Non-seulement le sol se crevasse quelquefois pendant les tremblements de terre, mais à la suite de ces commotions, le niveau de la surface terrestre se trouve parfois changé d'une manière permanente. Lorsque la catastrophe a pour cause un écroulement souterrain, il est tout naturel que des couches de la superficie, privées soudain des piliers qui les portaient, soient entraînées dans la chute, et l'on cite en effet plusieurs exemples de ces abaissements du niveau des terres. Dans certains pays on aurait également observé des phénomènes d'un ordre inverse, et des contrées entières auraient été soulevées tout à coup de quelques décimètres ou même de plusieurs mètres ; si le fait est certain, et il ne semble guère douteux, ce serait là une preuve que les tremblements de terre à la suite desquels se produisent ces soulèvements sont bien causés par la pression des vapeurs emprisonnées.

Parmi les secousses de ce genre, il faut citer la grande révolution géologique, malheureusement trop mal connue, qui, dans l'année 1819, changea la forme du pays de Cutch sur une vaste étendue. Tandis qu'une partie du grand Runn s'effondrait sur un espace de plusieurs milliers de kilomètres carrés et, par suite de l'envahissement des eaux marines, devenait une terre indécise, désert sans eau pendant les sécheresses, lagune salée durant les moussons, un rempart de 50 mètres de long, de plusieurs kilomètres de large et de 3 mètres de haut, était soulevé en droite ligne en travers d'une ancienne embouchure de l'Indus : c'est ce rempart que les habitants des contrées voisines appellent

LE RUNN ET L'ULLAH-BUND.

Fig. 214.

la « muraille de Dieu, » *Ullah Bund,* pour le distinguer des barrages d'Ally et de Mora, que des souverains du pays avaient construits en amont. D'après Alexandre Barnes, le tremblement de terre qui produisit cet étrange phénomène de bascule se serait fait sentir sur une étendue de plus de 250,000 kilomètres carrés.

Quant au tremblement de terre de la Concepcion, en 1835, les témoignages affirmatifs à cet égard sont en si grand nombre, qu'on doit admettre comme positif l'exhaussement de la côte en cet endroit[1]; mais on ne sait pas si, dans l'intérieur du continent, quelque énorme effondrement ne compensa pas le soulèvement temporaire du littoral. Plus récemment encore, le 23 janvier 1855, lors d'un violent tremblement de terre qui secoua la Nouvelle-Zélande et surtout les deux bords du détroit de Cook, le sol qui porte la ville de Wellington fut soulevé de 60 centimètres; un cap voisin s'exhaussa de près de 3 mètres, tandis qu'une crevasse de 65 kilomètres s'ouvrait dans l'île du sud, de l'autre côté du détroit, et que la plaine alluviale d'une petite rivière s'affaissait fortement[2]. Enfin, en 1861, la côte de Torre del Greco, au pied du Vésuve, s'est brusquement élevée de 1^{m} 12 sur une longueur de près de 2 kilomètres. Ce sont là d'étranges phénomènes, dont on ne peut encore se hasarder sans juste défiance à donner l'explication.

Il est un autre fait géologique, encore bien peu étudié, que l'on doit peut-être attribuer aussi aux oscillations du sol : c'est la bizarre disposition qu'affectent dans certaines plaines les blocs épars, les cailloux et les traînées de sable. Ainsi, dans le désert d'Atacama, on rencontre en beaucoup d'endroits des figures parfaitement régulières, des cercles, des carrés, des losanges, composés de petits morceaux de quartz et d'autres pierres[3]. Dans les plaines complétement inhabitées du Safa, au pied des anciens volcans du Djebel-Hauran, M. Wetzstein a également remarqué une multitude de petites figures à angles réguliers, formant sur de vastes étendues une sorte de mosaïque. Faudrait-il voir dans ces dessins quelque prodigieux travail symbolique dû aux anciennes populations du voisinage, ou bien ces jeux de la nature sont-ils des phénomènes analogues aux dessins formés par les molécules de sable sur des plaques vibrantes? C'est là ce qu'auront à élucider de futurs observateurs.

1. Voir, ci-dessous, page 754.
2. F. von Hochstetter, *Neu-Seeland.*
3. Tschudi, *Ergänzungsheft... Mittheilungen von Petermann,* 1860.

VI.

Périodicité des tremblements du sol. — Le maximum d'hiver. — Le maximum de nuit. — Coïncidence avec les ouragans. — Influence des astres.

De tout temps, les indigènes des contrées les plus fréquemment ravagées par les tremblements de terre ont affirmé que ces commotions sont en rapport intime avec les mouvements de l'atmosphère, et coïncident le plus souvent avec certaines conditions météorologiques, telles que les saisons pluvieuses, les nombreux orages, les vents chauds et humides[1]. Toutefois, la plupart des géologues, ne voyant dans les oscillations du sol que les frissons affaiblis d'un grand océan de feu, niaient récemment encore la possibilité de cette coïncidence.

En 1834, le professeur Merian ayant classé, suivant l'ordre de leur répartition, dans les différentes saisons de l'année, 118 tremblements de terre survenus à Bâle et dans les contrées environnantes, constata, à la surprise du monde savant, que ces phénomènes sont beaucoup plus fréquents en hiver qu'en été. Ce fait, d'abord révoqué en doute, a été depuis établi d'une manière indubitable par les recherches d'Alexis Perrey et d'Otto Volger. Seulement, à mesure que le catalogue des secousses devient plus considérable, la différence entre le maximum d'hiver et le minimum d'été s'oblitère peu à peu, par la simple cause que, dans les deux hémisphères opposés, les saisons se suivent à six mois d'intervalle, et que les divers phénomènes en rapport avec les saisons s'équilibrent ainsi de chaque côté de l'équateur. C'est dans chaque région climatérique, considérée d'une manière isolée, qu'il faut étudier l'ordre suivant lequel se produisent les tremblements de terre : la fréquence relative

1. Luigi Greco; — Ferdinand de Luca; — Alexis Perrey.

de ces phénomènes pendant la saison d'hiver est alors bien plus facile à observer. Ainsi les 656 secousses énumérées, en France, par Alexis Perrey jusqu'en l'année 1845 se ont

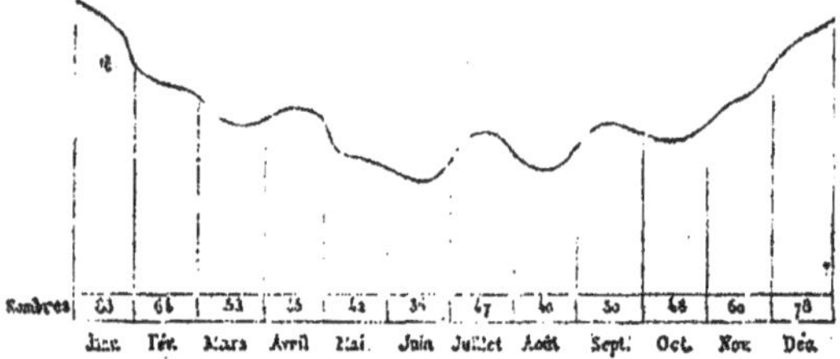

Fig. 215. Répartition mensuelle de 656 tremblements de terre en France.

réparties dans la proportion de 3 à 2 respectivement pour le semestre commençant en novembre et pour celui qui commence en mai. Dans la région des Alpes, où ne se

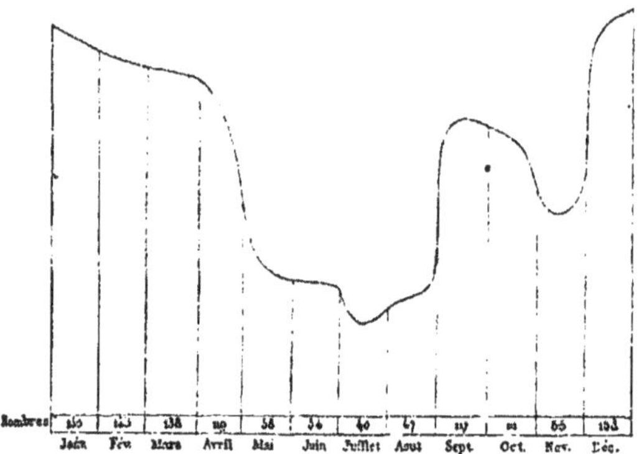

Fig. 216. Répartition mensuelle de 1,230 tremblements de terre en Suisse.

trouvent point de volcans, l'écart entre les tremblements de l'hiver et ceux de l'été est énorme au contraire ; en comparant les quatre mois de mai, juin, juillet, août, à ceux de décembre, janvier, février, mars, on constate que les secousses sont trois fois plus nombreuses dans la deuxième saison que dans la première. En Italie, d'après le même auteur, la différence a été beaucoup moins sensible, puisque sur 984 tremblements de terre, 453 ont eu lieu pendant le semestre d'été, d'avril en septembre, et 531 pendant le semestre d'hiver, d'octobre en mars ; cependant, même dans ce pays, où la plupart des grands mouvements souterrains sont évidemment en rapport avec l'action volcanique, ces phénomènes sont sensiblement plus fréquents durant la partie froide de l'année.

Si l'on se contente d'étudier un seul centre de secousses, les différences qu'on observe entre les saisons, relativement à la fréquence des chocs souterrains, sont bien plus considérables encore. On peut citer en exemple, avec Otto Volger, la remarquable région du Valais moyen, où, sur un chiffre total de 98 tremblements de terre connus, un seul a eu lieu en été, tandis que 72 se sont fait sentir en hiver.

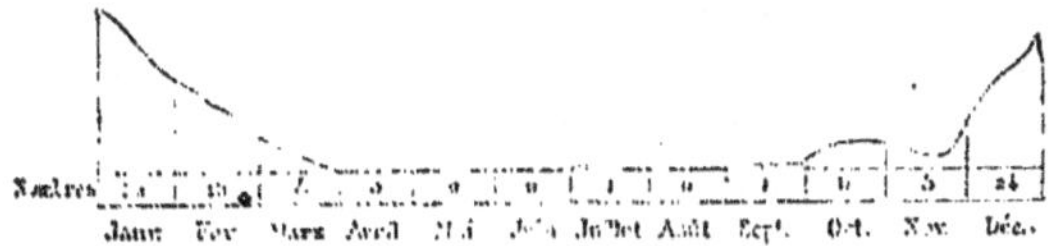

Fig. 217. Répartition mensuelle de 98 tremblements de terre dans le Valais moyen.

La proportion est à peu près la même dans la région seismique de Hohensax, sur les pentes méridionales du Säntis, non loin de l'ancienne bifurcation du Rhin.

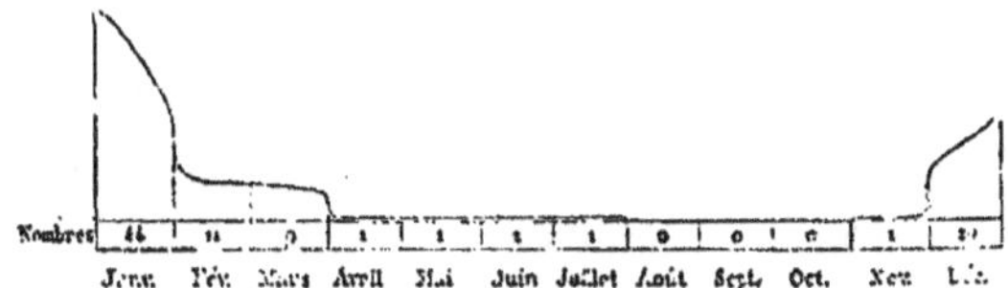

Fig. 218. Répartition mensuelle de 94 tremblements de terre près du Säntis méridional.

Non-seulement les commotions souterraines sont plus fréquentes en hiver qu'en été, du moins dans les régions du centre de l'Europe et sur les bords de la Méditerranée, jus-

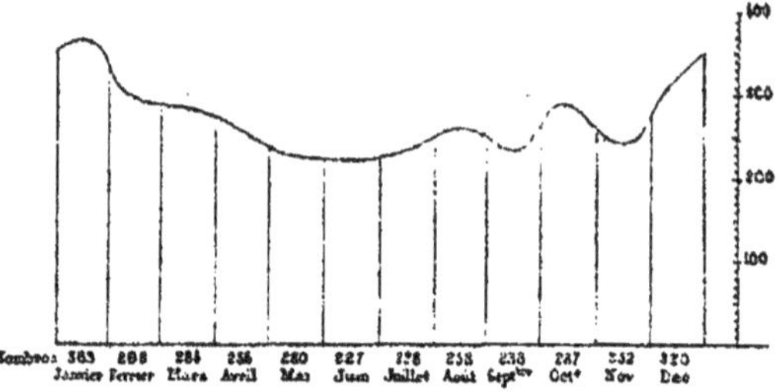

Fig. 219. Répartition mensuelle de 2,219 tremblements de terre en Europe ; d'après Al. Perrey.

qu'en Asie Mineure et au Caucase [1], mais encore on a observé ce fait remarquable que les chocs se font sentir plus souvent la nuit que le jour, et cela dans toutes les saisons de l'année ; il en est ainsi uniformément dans toutes les régions à secousses. En Suisse, sur 502 tremblements de terre dont la date et l'heure sont connues, 182 seulement ont eu lieu de six heures du matin à six heures du soir ; 320, c'est-à-dire près du double, ont été signalés pendant les douze heures de la nuit. C'est pour

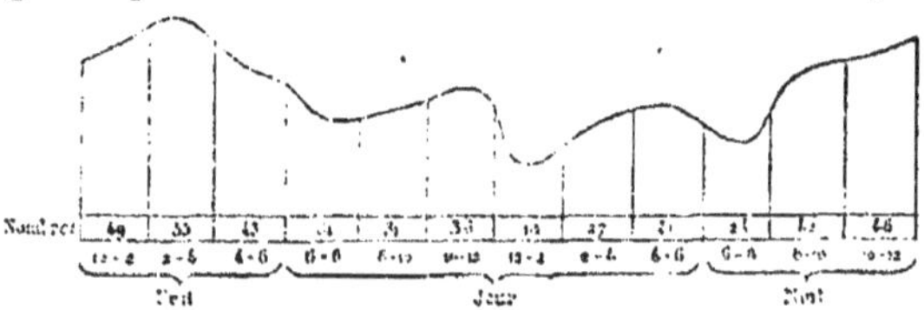

Fig. 220. Suisse : Répartition de 435 tremblements de terre de deux en deux heures.

chaque période journalière une série d'alternatives parfaitement semblables à celles de la période annuelle, et, du

1. Moritz, *Bulletin de l'Académie de Saint-Pétersbourg*, tome VIII.

reste, il n'y a pas lieu de s'en étonner, puisque, d'une manière tout à fait générale, chaque jour peut être considéré, par ses pluies, ses orages et tous ses phénomènes météorologiques, comme un résumé de l'année entière. A un certain point de vue, l'heure de midi est l'été, et celle de minuit, l'hiver de chaque révolution diurne. Ne peut-on inférer à bon droit de l'oscillation régulière des tremblements souterrains avec les heures et les saisons que ces phénomènes grandioses dépendent, du moins dans certaines contrées, des phénomènes extérieurs et non pas des fluctuations d'une mer de laves? Ne se rattachent-ils pas, ainsi que le dit Volger, « à l'ensemble des lois qui règlent le retour de la lumière et de l'obscurité, des chaleurs et du froid, de la pluie et de la neige, de la sécheresse et des eaux courantes? » Les tremblements du sol seraient pour la plupart des faits essentiellement climatériques.

On raconte aussi que, pendant les ouragans des Antilles, la terre est fortement secouée, comme si le vent, qui tord les arbres, renverse les maisons et soulève les flots en larges trombes, avait également prise sur les assises de roches et les ébranlait sur leurs bases. Sous l'influence de la terreur, les habitants se figurent-ils que le sol participe à la secousse immense? De pareilles hallucinations n'auraient rien d'étrange, alors qu'à chaque nouvelle rage du cyclone on s'attend à la mort. Cependant les témoignages relatifs à cette coïncidence des ouragans et des tremblements de terre sont tellement nombreux et positifs, qu'il serait difficile de n'y point ajouter foi. En 1844, lors d'un ouragan terrible qui détruisit des centaines de navires dans la rade de la Havane, une secousse, qui ne se rattachait à aucun phénomène volcanique, remuait en même temps le sol de l'île[1]. Récemment encore, pendant le cyclone du 6 septembre 1865, qui ravagea les Saintes, Marie-Galante et la

1. André Poey, *Comptes rendus de l'Académie des sciences*, 1863.

Guadeloupe, la terre oscilla soudain au moment le plus terrible de la tempête, et plusieurs maisons furent renversées. D'où provient cette coïncidence des tremblements de terre avec les cyclones? L'orage électrique lui-même pénètre-t-il dans les profondeurs du sol? Ou bien les pluies torrentielles causent-elles des écroulements souterrains? Ce sont là des questions auxquelles il est actuellement impossible de répondre.

Quoi qu'il en soit, on peut admettre désormais qu'il existe au moins deux classes de tremblements de terre, les uns provenant de la pression et de l'éruption des vapeurs et des laves, les autres ayant pour cause l'effondrement des roches, mais produisant les mêmes impressions sur l'homme et se propageant de la même manière sur de vastes étendues. Peut-être faudrait-il ajouter également à ces deux ordres de secousses celles qui ont leur origine dans les rapports de la planète avec les autres corps de l'espace. Ainsi, d'après Wolf, il existerait une constante relation entre les tremblements de terre et les taches du soleil. Enfin les recherches continuées avec tant de persévérance par Alexis Perrey prouvent d'une manière incontestable que les phases successives de la lune exercent une grande influence sur les mouvements du sol. Comme l'Océan, la terre a ses marées. La fréquence des tremblements de terre, même de ceux que révèlent seulement les instruments si délicats de M. d'Abbadie, augmente, comme la hauteur du flux, vers l'époque des syzygies; elle s'accroît quand cet astre se rapproche de la terre et diminue quand il s'éloigne; en un mot, c'est lorsque la mer oscille avec le plus de force que la terre elle-même tremble le plus souvent. La planète, dit M. Boscowitz, est « engagée dans un incessant échange de forces et d'influences avec les astres qui habitent comme elles l'espace éthéré. »

CHAPITRE III.

LES OSCILLATIONS LENTES DU SOL TERRESTRE.

I.

Difficultés qu'offre l'observation de ces phénomènes. — Causes d'erreur : érosion des rivages, gonflement et affaissement des sols tourbeux ; influence de la température. — Soulèvements locaux.

Le sol, que les peuples considèrent encore comme le symbole de l'immuable, est au contraire dans un état d'oscillation constante. L'enveloppe de la terre, sculptée sans relâche par les météores, sollicitée d'un côté par les astres de l'espace, modifiée de l'autre par les eaux de source et comprimée par les vapeurs, les gaz et les matières fondues, ne cesse d'onduler, comme le ferait un radeau s'élevant et s'abaissant sur les flots de la mer. A de rares intervalles, ce sont les grands tremblements de terre ; plus souvent, ce sont de simples vibrations du sol qu'on reconnaît à peine, et non-seulement l'écorce terrestre est secouée à chaque instant par ces frissons passagers, elle est en outre animée de mouvements uniformes et d'une incalculable puissance, qui, sur divers points, la soulèvent et sur d'autres la dépriment relativement au niveau de la mer. Elle se déplace sur nos pas, tandis que nous nous agitons à sa surface.

Ces gonflements et ces dépressions, qui rappellent les phénomènes des corps organisés, s'accomplissent le plus

La Terre, I

SOULÈVEMENTS et DÉPRESSIONS

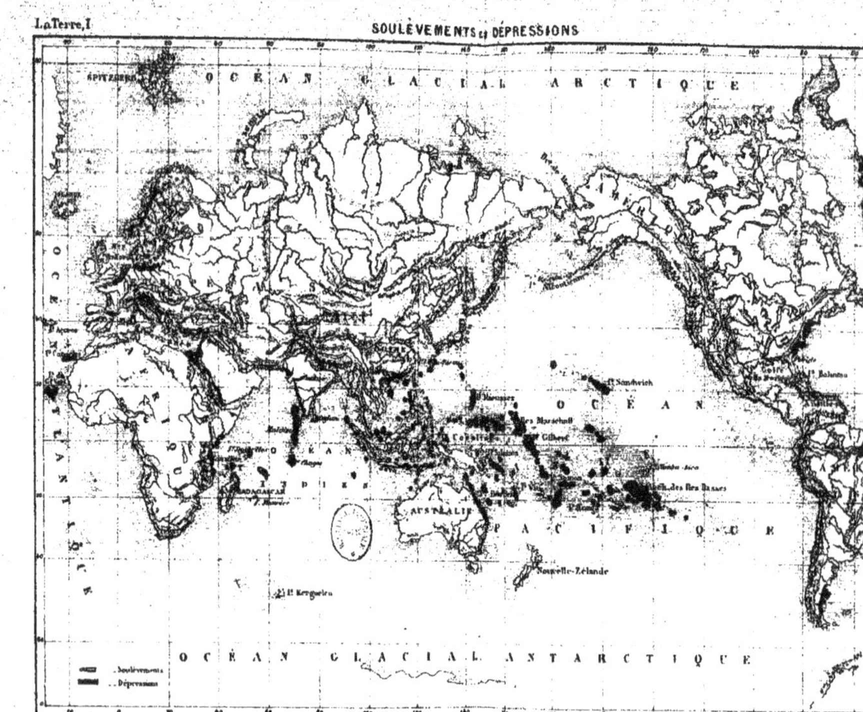

Dressé par A. Vuillemin d'après Ch. Darwin

Gravé chez Erhard, L. R.

souvent avec une telle lenteur que, pour les constater d'une manière certaine, des générations successives d'observateurs doivent laisser des années ou même des siècles s'écouler. La « terre patiente » semble rouler inerte dans l'espace, et pourtant elle travaille sans relâche à modifier la forme de ses mers et de ses rivages. Durant chaque période géologique, la surface continentale, immobile en apparence, se redresse en certains endroits à une grande hauteur au-dessus de l'Océan; ailleurs, elle s'abîme sous les eaux; partout l'antique relief et les contours du sol se modifient lentement. Suivant quelle loi, dans quel ordre géographique, avec quelle vitesse relative se produisent ces oscillations graduelles qui ont pour résultat de changer à la longue l'aspect général du globe? La science n'est point encore en mesure de répondre à ces questions d'une manière positive; mais en attendant que les géologues puissent évaluer avec exactitude les dimensions et la marche de chaque vague de soulèvement formée par l'écorce du globe, il est du moins possible de grouper les faits principaux qui se rapportent aux mouvements oscillatoires des continents et du fond des mers.

De minces coquilles brisées, des restes de polypiers épars, des rainures à peine visibles marquées çà et là sur le flanc des rochers, tous ces indices, devant lesquels la foule passait indifférente, sont devenus, grâce à la patience et à la sagacité des observateurs, autant de preuves irréfragables des balancements réguliers du sol. Toutefois, c'est uniquement sur le bord et dans le voisinage des mers que les savants peuvent constater d'une manière positive ces manifestations de la vie du globe. Considérant la surface de l'Océan comme un niveau de repère presque immobile relativement aux masses terrestres élevées ou déprimées, ils peuvent facilement prouver l'élévation générale de la contrée en signalant sur les rivages les lignes parallèles formées à différentes époques par l'affleurement des eaux marines ; mais dans l'intérieur des terres, les marques du même genre tracées sur les berges par les fleuves et les lacs ne peuvent qu'en un très-petit nombre de cas fournir un témoignage incontestable des oscillations verticales du sol. Le niveau plus ou moins changeant des lacs et des eaux courantes dépend de plusieurs circonstances géologiques, et seulement lorsque toutes ces circonstances seront parfaitement connues, les anciennes terrasses et les talus d'érosion qui se trouvent dans les bassins fluviaux et lacustres pourront servir à mesurer la marche des oscillations terrestres. Actuellement les géologues doivent donc se borner à présenter les mouvements ondulatoires qui s'accomplissent sur le bord des mers dans la croûte solide du globe.

En étudiant les oscillations du sol, il importe de se mettre soigneusement en garde contre les nombreuses causes d'erreur dues à l'éternel combat que la terre et la mer se livrent sur les rivages. Ni les accroissements graduels des plages d'alluvions, ni les érosions progressives que l'Océan fait en maints endroits subir au littoral, ne doivent être considérés sans examen comme des preuves de l'élévation ou de l'abaissement d'une contrée. Les sables que soulèvent les vagues marines et les alluvions que charrie le courant des fleuves se déposent sur la plupart des côtes basses en quantité assez considérables pour que la zone riveraine s'accroisse incessamment en largeur ; là même où cette zone s'affaisse lentement avec les terres voisines, ainsi qu'il arrive au nord de l'Adriatique, les atterrissements peuvent néanmoins former sur le bord une espèce de bourrelet et défendre les campagnes de l'intérieur contre les flots de la mer. En revanche, nombre de berges et de falaises, attaquées de face par les vagues de marée ou rongées obliquement par des courants latéraux, reculent peu à peu devant la mer envahissante, sans que pour cela on ait pu constater la moindre dépression dans le niveau général de la contrée. Même un lent soulèvement géologique du sol peut coïncider avec le recul des rivages. Les côtes de l'Aunis et de la Saintonge offrent un exemple de cette anomalie apparente.

Dans les mouvements du sol, il faut aussi distinguer ceux qui sont produits par la pression lente des forces intérieures et ceux que déterminent des causes passagères, telles que la plus ou moins grande abondance d'eau contenue dans les couches superficielles, l'activité de l'évaporation, le drainage, la mise en culture des campagnes. Ainsi les tourbières qui se forment graduellement dans les terrains bas des vallées, à la place des lacs et des marais, retiennent l'eau dans leurs amas de mousses comme dans une immense éponge, et, se gonflant peu à peu, finissent par s'élever à une hauteur de plusieurs mètres au-dessus de l'ancien niveau du sol. En revanche, les étendues tourbeuses que des travaux de drainage ont asséchées s'affaissent graduellement; les mousses se flétrissent, se tassent et se réduisent en poussière : on dirait que le sol est lentement aspiré vers l'intérieur de la terre par quelque force secrète.

Du reste, on ne saurait s'étonner de ces phénomènes alternatifs de turgescence et de dégonflement qu'offre le sol tourbeux, puisque une simple variation de température suffit pour produire des résultats analogues dans les assises compactes des montagnes. Le jour, les molécules des rochers se dilatent sous l'influence des rayons solaires : la nuit, elles se refroidissent, se contractent par suite du rayonnement, et la masse totale s'abaisse d'une quantité qui n'est pas toujours inappréciable aux instruments. Ainsi l'astronome chilien Moesta a pu constater que l'observatoire national du Chili, situé sur la colline de Santa-Lucia, près de Santiago, monte et descend alternativement dans l'espace de vingt-quatre heures : l'oscillation diurne des rochers, qui se dilatent et se resserrent tour à tour, est même assez considérable pour qu'il soit nécessaire d'introduire cet élément de calcul dans les formules mathématiques consacrées aux observations régulières. Des phénomènes semblables, mais déterminés par des causes différentes, se produisent sous l'observatoire d'Armagh, en Irlande. Après les fortes pluies, la colline qui porte l'édifice s'élève sensiblement; puis, lorsqu'une évaporation active l'a débarrassée de la trop grande quantité d'eau contenue dans ses pores, elle s'abaisse de nouveau.

Les secousses plus ou moins violentes imprimées au sol dans les contrées volcaniques produisent des changements de niveau bien supérieurs aux faibles oscillations causées par la chaleur du soleil ou les météores de l'atmosphère; mais ces changements de niveau n'en sont pas moins des phénomènes locaux, et bien qu'ils se rattachent sans doute au même ordre de faits que les élévations et les dépressions lentes, il faut les distinguer nettement des mouvements séculaires qui font ployer l'écorce du globe sous des continents entiers. Comme exemple de ces ondulations locales, qui sont de simples accidents dans l'histoire de la planète, on peut citer celle que le tremblement de la Concepcion fit éprouver temporairement en février 1835 à l'île Santa-Maria et aux côtes voisines du continent chilien. Une énorme masse de terre, dont le poids est évalué par Lyell à celui de 363 millions de pyramides comme celles de l'Égypte, s'exhaussa soudain. Le rivage le plus rapproché de la ville fut soulevé verticalement d'un mètre et demi, tandis que l'île, déracinée pour ainsi dire par la violence du choc souterrain, s'était exhaussée obliquement de 2 mètres et demi à sa pointe méridionale et de 3 mètres à l'extrémité du nord. Deux mois après, la plage de la Concepcion se trouvait à 60 centimètres à peine au-dessus de son ancien niveau, et l'île s'était abaissée en proportion. Enfin, vers le milieu de l'année, toute trace de soulèvement avait disparu, et l'eau de la mer venait affleurer exactement la ligne sinueuse de débris qu'elle baignait avant la catastrophe[1].

Les fameuses colonnes du prétendu temple de Sérapis, qui se dressent au bord de la Méditerranée, non loin de Pouzzoles, portent également sur leurs fûts de marbre les preuves d'oscillations purement locales. Ainsi que Spallanzani l'a depuis longtemps constaté, ces colonnes, dont la base était entourée de décombres, ont dû, à une certaine époque, baigner dans les eaux de la mer d'environ 6 mètres et demi, car jusqu'à cette hauteur, on voit sur les fûts les enveloppes calcaires des serpules et les innombrables trous que les pholades ont creusés dans l'épaisseur du marbre rongé circulairement par les flots. Le temple, ayant été réparé sous le règne de Marc-Aurèle, se trouvait alors certainement au-dessus du niveau de la mer. On ne sait à quelle époque il s'affaissa avec la berge qui le portait. Ce fut peut-être en 1198, année pendant laquelle la solfatare de Pouzzoles fit éruption ; quant à l'émersion de la colonnade, il est probable qu'elle eut lieu en 1538, lors de l'apparition du Monte-Nuovo. Si les dates présumées de ces deux événements sont bien les véritables, la moitié inférieure du temple de Sérapis aurait baigné pendant 340 ans dans les eaux du golfe ; mais cet événement n'a point eu d'autre cause que les tremblements de terre locaux, car pendant la même période, les côtes voisines de Naples n'ont point changé de niveau d'une manière sensible[2].

1. Fitz Roy, *Voyage of the Adventure and Beagle.*
2. Lyell, *Principles of Geology*, tome Ier.

II.

Soulèvement de la péninsule scandinave, du Spitzberg, des côtes de la Sibérie, de l'Écosse, du pays de Galles.

Sur toutes les côtes où les amas de coquilles modernes laissés à sec et les gradins creusés à différentes hauteurs dans les parois des falaises fournissent le témoignage irréfragable d'un soulèvement progressif du sol, c'est évidemment par des mesures directes et par des comparaisons de niveau effectuées à des intervalles plus ou moins longs que les savants doivent étudier la marche du phénomène. Depuis plus de cent trente ans déjà, l'astronome suédois Celsius a eu l'idée de recourir à ces moyens, non pas dans l'intention de constater la croissance de la péninsule scandinave, croissance qui ne lui semblait point probable, mais afin de démontrer le changement de niveau présumé des eaux de la mer Baltique. Il savait, d'après le témoignage unanime des paysans du littoral, que le golfe de Bothnie diminue sans cesse en profondeur et en étendue; les vieillards lui montraient les divers points de la côte et des écueils où la mer venait affleurer pendant leur enfance, et signalaient en outre les lignes de niveau que les flots avaient tracées jadis dans l'intérieur des terres. D'ailleurs, les noms de lieux, la position plus ou moins continentale d'anciens ports abandonnés et d'édifices construits autrefois sur le rivage, les débris de bateaux trouvés loin de la mer, enfin les monuments écrits et les chants populaires ne pouvaient laisser aucun doute sur la retraite des eaux marines. A cette époque, où les savants croyaient encore à l'immuable solidité de la charpente osseuse du globe, Celsius devait naturellement attribuer l'accroissement incessant du littoral à la dépression graduelle du niveau de la mer. En 1730, il se crut autorisé, par la comparaison de tous les témoignages recueillis, à émettre l'hypothèse que la Baltique s'abaissait d'environ 44 pouces suédois (1m,11) tous les cent ans ; puis, ayant tracé l'année suivante, en compagnie de Linné, un point de repère à la base d'un rocher de l'île Loeffgrund, située non loin de Gefle, il put constater par ses propres yeux, treize ans plus tard, que le rétrécissement de la mer Baltique s'accomplit aussi rapidement qu'il l'avait supposé ; la différence de niveau observée pendant ces treize années était de 0m,18, soit de 1m,385 pour un siècle. De 1730 à 1849, le soulèvement de Loeffgrund s'est élevé à 915 millimètres seulement[1].

Celsius fut accusé d'impiété par les théologiens de Stockholm et d'Upsal. Le Parlement voulut même trancher la question par un vote : les deux ordres des paysans et de la noblesse se déclarèrent incompétents, tandis que les représentants du clergé, suivis timidement par les bourgeois, condamnèrent l'opinion nouvelle comme une abominable hérésie[2]. Toutefois, depuis le siècle dernier, les géologues qui ont visité les côtes de la Suède n'ont eu qu'à vérifier et à compléter les observations de Celsius ; il est vrai qu'ils ont dû renverser l'hypothèse première de l'abaissement graduel des eaux et reconnaître d'une manière certaine que les mouvements attribués par erreur à la masse liquide de la Baltique étaient bien ceux du continent lui-même. Ainsi que l'avait déjà formulé, en 1740, un savant italien, Antonio Lazzaro Moro, c'est la terre, et non point la mer, qui est en réalité l'élément mobile et changeant[3]. En effet, si le niveau marin s'abaissait progressivement, ainsi qu'on le supposait autrefois, l'eau, dont la surface, grâce à la pesanteur, se maintient toujours horizontale, se retirerait également sur tout le pourtour de la presqu'île

1. Lyell, Robert Chambers.
2. Anton von Etzel, *die Ostsee*.
3. Von Hoff, *Veränderungen der Erdoberfläche*, III, pages 318, 319.

scandinave et sur tous les rivages des mers. Il n'en est point ainsi. Tandis qu'à l'extrémité septentrionale du golfe de Bothnie, vers l'embouchure de la Tornéa, le continent émerge de 1^{m},60 par siècle, il s'élève seulement de 1 mètre par le travers des îles d'Aland ; au sud de cet archipel, il grandit plus lentement encore, plus bas encore, la ligne du rivage ne change point relativement au niveau de la mer ; enfin la pointe terminale de la Scanie s'enfonce graduellement sous les eaux de la Baltique, ainsi que le prouvent d'anciennes forêts englouties. Plusieurs rues des villes de Trelleborg, Ystad, Malmoe ont déjà disparu ; cette dernière s'est abaissée de 1^{m},50 depuis les observations faites par Linné, et la côte a perdu en moyenne une zone de 30 mètres de large.

Sur les côtes occidentales de la péninsule scandinave, les phénomènes qui prouvent un soulèvement récent du sol sont aussi nombreux que sur les rives orientales ; mais on n'a pas encore mesuré la rapidité du mouvement d'ascension, qui d'ailleurs est certainement moins considérable qu'en Suède. La pointe terminale du Jutland, limitée par une ligne idéale qui se dirigerait obliquement de Fredericia vers le nord-ouest, s'exhausse, d'après Forchhammer, de 30 centimètres par siècle ; à Christiania, la poussée intérieure est peut-être moins forte, car, d'après Eugène Robert, le pavé de l'ancienne ville paraît être stationnaire depuis trois cents ans ; enfin, plus au nord, la position actuelle de divers édifices situés dans l'île de Munkholm, près de Trondhjem, prouve, dit le géologue Keilhau, que depuis mille ans l'élévation du sol a été moindre de 6 mètres. C'est là tout ce que l'on sait d'une manière positive ; la comparaison des diverses lignes de niveau et l'examen des autres indices d'un soulèvement lent semblent toutefois démontrer qu'en dépit d'inégalités nombreuses dans la marche du phénomène, c'est bien la partie du littoral la plus rapprochée du pôle qui émerge le plus rapidement des flots. Des plages élevées, que l'on peut suivre du regard comme des gradins d'amphithéâtre, s'étagent à diverses hauteurs sur les pentes des montagnes; des amas de coquillages modernes se montrent jusqu'à 150 à 200 mètres au-dessus du niveau marin, et les grands arbustes de corail rose formés par la *lophelia prolifera*, qui vit dans la mer à une profondeur variable de 300 à 600 mètres, sont maintenant soulevés jusqu'à la base des falaises[1]. Enfin les bois de pins qui revêtent les sommets, et que les forces souterraines ne cessent d'exhausser vers la limite inférieure des neiges, dépérissent peu à peu dans l'atmosphère refroidie, et de larges lisières de forêts ne se composent plus que d'arbres morts, quoique restant encore debout depuis des siècles[2].

L'ensemble des faits connus au sujet des mouvements du sol de la Scandinavie autorise donc les savants à comparer la péninsule tout entière à un plan solide tournant autour d'une ligne d'appui et redressant une de ses extrémités pour abaisser l'autre dans la même proportion. Les golfes de Bothnie et de Finlande, pareils à des vases que l'on incline, épanchent lentement leurs eaux dans le bassin méridional de la Baltique; de nouveaux îlots, des rangées d'îles apparaissent successivement, des écueils se révèlent, et si l'élévation du fond de la mer continue de s'accomplir avec la même régularité que dans les siècles historiques, on peut déjà prédire qu'au bout de trois à quatre mille ans l'archipel des Qvarken, entre Umea et Vasa, sera changé en isthme, et transformera le golfe de Tornea en un lac intérieur semblable à celui de Ladoga. Plus tard, les îles d'Aland seront à leur tour rattachées au continent et serviront de pont entre Stockholm et le territoire de la Russie. D'ailleurs, il est très-probable, sinon certain, que les grands lacs et les innombrables pièces d'eau qui remplissent toutes

1. Carl Vogt, *Nord-Fahrt*.
2. Keilhau, *Bulletin de la Société géologique de Paris*, 1re série, tome VII.

les vasques de granit de la Finlande ont remplacé un

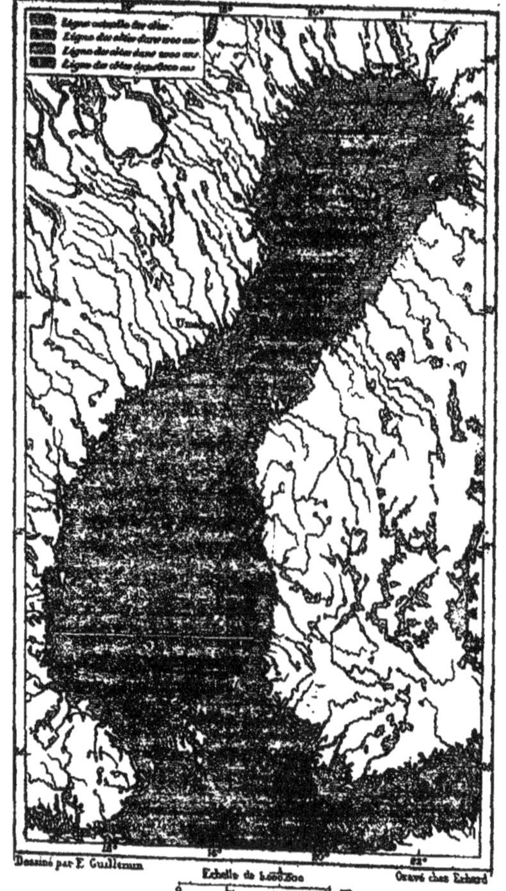

Fig. 221 Soulèvement du fond du golfe de Bothnie.

ancien bras de mer réunissant naguère la Baltique au grand

océan Polaire. Les blocs granitiques épars sur tous les points de la Russie ne peuvent avoir été transportés que par des convois de glaces venus par mer des montagnes de la Suède. Les coquillages des eaux polaires, que l'on trouve jusque dans le bassin du Volga témoignent aussi en faveur de l'existence d'un ancien bras de l'Océan. Le nom de Scandinavie lui-même signifie *île de Scand*, et le nom de Bothnie (*Botten*) prouve que ces provinces riveraines sont un ancien fond marin[1]. Ici la linguistique vient en aide à la géologie et à la tradition.

Ce n'est pas tout. La méditerranée baltique communiquait aussi avec la mer du Nord par un large canal, dont les lacs Mälar, Hjelmar et Wenern occupent aujourd'hui les plus profondes dépressions. Des amas considérables d'huîtres se trouvent en plusieurs endroits sur les hauteurs qui dominent ces grands lacs de la Suède méridionale. Sur les écueils mis à sec qui entourent le golfe de Bothnie, on a également découvert des bancs de ces mollusques, entièrement semblables à ceux de la Norvége et des côtes occidentales du Danemark. Quant aux célèbres *kjoekkenmoeddinger* des îles danoises, ils sont en grande partie composés d'huîtres que les habitants de l'âge de pierre recueillaient évidemment sur les fonds des baies voisines. Les recherches de M. de Baer ont établi que l'huître ne peut vivre et se développer dans une eau dont la teneur en sel est supérieure à 37 pour 1,000 ou moindre de 16 ou 17 pour 1,000. Or la mer Baltique, à laquelle ses nombreux tributaires apportent une grande quantité d'eau douce, ne contient plus en dissolution, suivant les divers parages, que 1 centième ou 5 millièmes de sel, et même au fond des golfes, l'eau, dépeuplée de ses anciens habitants, est devenue presque entièrement douce. Et pourtant, les amas d'huîtres le prouvent, la mer Baltique et les lacs intérieurs étaient

1. Von Maack; — Eugène Robert.

jadis salés comme l'est de nos jours la mer du Nord. Et d'où pouvait provenir cette salure, sinon d'un ancien détroit, occupant la dépression où les ingénieurs suédois ont creusé le canal de Trolhatta? D'ailleurs, lors de la construction des écluses, on a trouvé, non loin des cataractes, à 12 mètres de hauteur au-dessus du Cattégat, divers débris marins mêlés à des restes de l'industrie humaine, bateaux, ancres et pilotis. D'après M. de Baer, c'est à cinq mille ans au plus avant notre siècle qu'il faudrait faire remonter la fermeture du détroit qui existait entre la Suède méridionale et le grand massif des plateaux du nord.

Depuis que Léopold de Buch a mis hors de doute le fait considérable du soulèvement graduel de la Scandinavie septentrionale, divers géologues ont constaté que l'élévation ne se produit pas d'une manière parfaitement uniforme. Pendant les siècles passés, le mouvement s'est tantôt accéléré, tantôt ralenti, ainsi que le prouve l'inégalité des plages superposées qui se prolongent sur les flancs des montagnes du littoral norvégien. Quelques-unes de ces marches ou banquettes que les vagues ont sculptées dans le roc sont

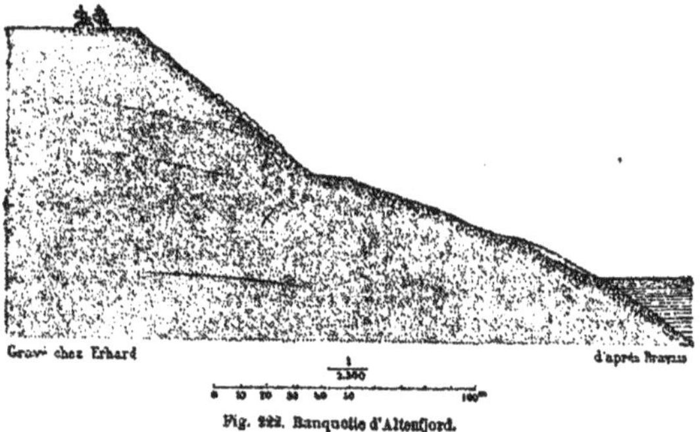

Fig. 222. Banquette d'Altenfjord.

larges et doucement inclinées ; d'autres sont abruptes et se distinguent à peine des pentes supérieures; enfin les mesures directes opérées par M. Bravais sur les lignes d'érosion de l'Altenfjord ont prouvé qu'elles ne sont point parallèles, et que les masses rocheuses situées vers le fond des golfes ont été plus énergiquement soulevées que les assises plus rapprochées de la mer. Tandis que la berge supérieure de l'Altenfjord s'est redressée à l'extrémité orientale de $67^m,4$ au-dessus du niveau marin, elle n'a monté que de $28^m,6$ à l'entrée; de même la banquette inférieure offre, dans son immense développement autour du golfe, une légère inclinaison vers la mer, puisqu'à l'est elle n'a pas moins de $27^m,7$ d'élévation et seulement $14^m,1$ aux promontoires extérieurs. Ainsi la poussée de soulèvement est évidemment plus forte dans le voisinage du massif montagneux qu'elle ne l'est près de la côte; mais ce n'est point là une raison suffisante pour faire admettre qu'à une certaine distance à l'ouest, sous le fond de la mer, le mouvement du sol s'arrête complétement[1].

M. Carl Vogt a proposé une ingénieuse hypothèse pour expliquer cette inégalité d'élévation. D'après sa théorie, les roches de diverse nature, schistes, grès ou calcaires, qui composaient les montagnes de la péninsule scandinave n'ont cessé de se gonfler par suite de l'infiltration des eaux de neige, et, grâce à de nouvelles cristallisations s'opérant par voie humide, se sont peu à peu transformées en masses de granit stratifié. Cette hypothèse, très-discutée par les géologues, expliquerait, il est vrai, le redressement des lignes d'érosion de la côte norvégienne près du massif des montagnes; mais elle ne rend point compte des intervalles de repos relatif, ni surtout de l'affaissement du sol que plusieurs faits géologiques prouvent avoir eu lieu durant la période glaciaire. Il est donc nécessaire d'admettre que d'autres forces sont à l'œuvre dans la masse solide de la Scandinavie.

1. Bravais, *Voyages en Scandinavie*, tome Ier.

D'ailleurs il ne faut point perdre de vue que le soulèvement de cette péninsule n'est pas un fait isolé, et que les autres contrées du nord de l'Europe et de l'Asie semblent, malgré la diversité de leurs roches, être toutes animées d'un mouvement d'ascension. Les îles du Spitzberg offrent en général, entre la rive actuelle de la mer et les montagnes, d'anciennes plages doucement inclinées et larges de 1 à 4 kilomètres, où l'on trouve, jusqu'à une hauteur de 45 mètres, des amas d'os de baleines et de coquillages de l'époque actuelle; ces débris, entourant toutes les pentes neigeuses du Spitzberg, prouvent que cet archipel, comme la Scandinavie, émerge graduellement des flots de l'océan Polaire[1]. Les côtes septentrionales de la Russie et de la Sibérie s'élèvent également, ainsi que l'attestent les traditions populaires et les témoignages de savants voyageurs. MM. de Kaiserling, Murchison et de Verneuil ont trouvé à 400 kilomètres au sud de la mer Blanche, sur les bords de la Dwina et de la Vaga, des couches de sable et d'argile contenant plusieurs espèces de coquilles analogues à celles qui vivent dans les mers voisines et si bien conservées qu'elles n'avaient pas encore perdu leurs couleurs. De même M. de Middendorf constate que le sol des *toundras* sibériennes est en grande partie recouvert d'une mince couche de sable et de fine argile, exactement semblable à celle qui se dépose aujourd'hui sur les bords de la mer Glaciale, et dans cette argile, qui contient en si grand nombre les restes engloutis des mammouths, on trouve des amas de coquillages parfaitement identiques à ceux de l'océan voisin; de distance en distance, on reconnaît aussi dans l'intérieur des terres des traînées de bois de dérive, dont les troncs croissaient jadis dans les forêts du midi de la Sibérie, et qui, après avoir été entraînés dans la mer par le courant des fleuves, ont été rejetés par les

1. Malmgren, *Mittheilungen von Petermann*, II, 1863.

vagues sur d'anciennes côtes, maintenant délaissées des flots; c'est ce bois à demi pourri que les indigènes appellent « bois de Noé, » se figurant qu'ils ont devant eux des débris de l'arche du déluge. Bien plus, il existe aussi des preuves directes du soulèvement de la Sibérie : l'île de Diomida, que Chalaourof avait reconnue, en 1760, à l'est du cap de Sviatoj, était rattachée au continent soixante ans plus tard, lors du voyage de Wrangell. Il est très-probable, d'ailleurs, que cet exhaussement du sol se continue à l'est pour une grande partie des terres circumpolaires de l'Amérique du nord, jusqu'au Groenland boréal[1], car on a reconnu de nombreux indices de ce phénomène dans les îles arctiques éparses au large du continent. A Port Kennedy, M. Walker a trouvé des coquilles de l'époque actuelle à 170 mètres de hauteur au-dessus de la mer; un os de baleine était à 50 mètres[2].

Les falaises de l'Écosse offrent aussi des phénomènes semblables à ceux de la Scandinavie. Des lignes parallèles de niveau, tracées par les flots sur les escarpements des rochers et parsemées de coquillages des mers voisines, attestent l'élévation graduelle de cette partie de la Grande-Bretagne. L'élévation doit en outre y avoir été beaucoup plus régulière que sur les côtes de la Norvége, car d'après Robert Chambers, on ne remarque pas la moindre oscillation de niveau dans les anciennes terrasses. Ce mouvement d'ascension se continue toujours, car on a constaté que les berges marines d'autrefois situées au-dessus des estuaires de la Forth, de la Tay, de la Clyde, contiennent non-seulement des restes organiques des âges récents, mais aussi des amas de poteries d'origine romaine. L'ancien port romain d'Alaterva (Cramond), dont on voit encore les quais, se trouve maintenant à une assez grande distance de la mer, et le sol

1. Voir, ci-dessous, page 793.
2. Samuel Haughton, *Natural history Review*, avril 1860.

qui le porte s'est élevé d'au moins 7 mètres et demi. Ailleurs, les débris rejetés sur le rivage montrent que le littoral s'est élevé de 8 mètres environ[1]; or, par une remarquable coïncidence, c'est à 8 mètres au-dessus du niveau des hautes marées que s'arrête l'antique muraille d'Antonin, qui, du temps des Romains, servait de barrière contre les Pictes. L'exhaussement général de la contrée peut donc être évalué à 5 millimètres par an; mais depuis 1810, ce mouvement s'est accéléré, ainsi que le prouvent les maréomètres du port de Leith; il est actuellement d'environ 14 millimètres chaque année[2]. Plus au sud, les montagnes du pays de Galles portent aussi sur leurs flancs de nombreux témoignages du séjour de la mer pendant la période actuelle. Récemment M. Darbishire a découvert non loin du Snowdon, à 414 mètres de hauteur, un terrain de transport renfermant cinquante-quatre espèces de coquillages dont les pareils vivent encore dans les mers septentrionales de l'Europe; le même terrain, dépourvu de coquilles, il est vrai, se retrouve à 200 mètres plus haut.

Ainsi, du pays de Galles au Spitzberg et aux côtes orientales de la Sibérie, les terres n'ont cessé de grandir lentement durant une partie de la période glaciaire et pendant l'époque actuelle; l'aire d'élévation comprend un espace de la rondeur terrestre qui n'est pas moindre de 160 degrés en longitude. En présence de ces faits, doit-on considérer les phénomènes de soulèvement comme de simples accidents locaux que produisent le gonflement des roches et les secousses volcaniques, ou bien doit-on y voir les résultats d'une cause générale agissant de diverses manières sous la superficie de toute la planète? La dernière hypothèse nous paraît la plus probable.

1. Archibald Geikie, *Edinburgh new philosophical Journal*, new series, XIV.
2. Smith, *Geological Magazine*, sept. 1866.

III.

Soulèvement des régions méditerranéennes. — Ancien détroit lybien. — Côtes de la Tunisie, de la Sardaigne, de la Corse, de l'Italie, de la France occidentale.

Les contrées du sud de l'Europe sont certainement celles de la terre qui sont le plus gracieusement découpées. Des baies, des golfes, des mers intérieures, les pénètrent en diverses directions ; projetées en péninsules qui présentent la plus grande variété de contours et d'aspect, elles sont devenues vivantes, pour ainsi dire, grâce à leurs nombreuses articulations, pareilles à celles d'un corps organisé. A cette multiplicité de formes extérieures correspondent de singulières inégalités et des contrastes exceptionnels dans les mouvements du sol. Un certain enchevêtrement se manifeste çà et là entre les régions soulevées et celles qui s'abaissent. Toutefois, assez d'observations sont réunies pour que l'on puisse admettre d'une manière générale l'exhaussement de la plupart des contrées qui entourent le bassin de la Méditerranée. Ces régions, que des forces volcaniques font osciller en maints endroits, constitueraient une grande aire d'élévation, des déserts sahariens à la France centrale et des côtes de l'Espagne aux steppes de la Tartarie. Tandis que la péninsule montagneuse de Scandinavie est située au milieu des régions soulevées de l'Europe septentrionale, la longue dépression de la Méditerranée occuperait, par une sorte de polarité, le milieu des vastes territoires qui s'exhaussent graduellement au midi de l'Europe et au nord de l'Afrique.

Jadis cet immense espace était limité, du côté de la zone tropicale, par une autre mer ou du moins par un détroit large de plusieurs centaines de kilomètres, qui commençait au golfe des Syrtes, et, remplissant les dépressions du Sahara berbère, allait s'unir à l'Atlantique en face de l'archipel des Canaries. En 1863, MM. Escher de la Linth et Desor ont constaté, après M. Charles Laurent, que les sables de cette région sont tout à fait identiques à ceux des plages les plus voisines de la Méditerranée et contiennent les mêmes espèces de coquillages. Un de ces témoins du passé, la clovisse commune (*cardium edule*), se trouve non-seulement à la surface du sol, mais aussi à une certaine profondeur, et jusqu'à 275 mètres d'altitude sur les pentes des collines. Le Sahara d'Algérie s'est donc élevé de toute cette hauteur pendant une période géologique récente ; diverses dépressions, dont la superficie est plus basse que le niveau de la Méditerranée, ont été graduellement séparées de la mer, et de nos jours elles n'offrent plus que des eaux marécageuses ou d'interminables plaines. A une époque récente et peut-être historique, le lac Tritonis des anciens, actuellement la Sebkha-Faraoun, où débouchait l'Igharghar, a cessé d'être un prolongement du golfe de Gabès pour devenir un simple marais. C'était le dernier reste du bras de mer qui séparait du continent africain les régions montagneuses de l'Atlas, naturellement si distinctes de la Libye par leur aspect général, ainsi que par leur faune et leur flore. A l'existence de cette méditerranée d'Afrique, que remplacent aujourd'hui des sables blancs de sel et des rochers dépouillés de verdure, MM. Escher de la Linth et Lyell attribuent en grande partie l'énorme étendue des anciens glaciers de l'Europe. Il est, en effet, très-naturel de penser qu'avant l'assèchement de cette mer intérieure, les masses d'air entraînées vers le nord se saturaient d'humidité en passant au-dessus des eaux, et, s'élevant peu à peu dans les régions supérieures, apportaient sans cesse aux cimes des Alpes de nouvelles couches de neige, au lieu de les fondre comme le fait actuellement le *föhn*, suréchauffé par la réverbération du sable brûlant d'Afrique[1]. Il est possible d'ailleurs que les montagnes de la Suisse aient diminué d'élévation depuis la période glaciaire. La même oscillation lente du sol qui a vidé la méditerranée libyenne a peut-être aussi, par contre-coup, déprimé les fondements des Alpes pour les rapprocher du niveau de l'Océan[2].

Sur les bords de la Méditerranée, les indices qui peuvent faire croire à un soulèvement du sol se montrent en foule. Ainsi les plages de la Tunisie ne cessent d'empiéter sur les eaux de la mer. Les anciens ports de Carthage, d'Utique, de Mahédia, de Porto-Farina, de Bizerte et d'autres se sont comblés[3]; les baies s'oblitèrent, les pointes s'avancent de plus en plus, et ces phénomènes s'accomplissent avec assez de rapidité pour qu'on y voie l'effet d'une poussée verticale semblable à celle qui souleva jadis le fond des mers du Sahara. De même la Sicile semble constamment exhaussée par les forces à l'œuvre sous les couches de sa surface. Sur les hauteurs qui dominent la conque de Palerme, on remarque à 55 mètres d'élévation des grottes que la mer s'est creusées pendant la période des coquillages encore existants[4]. Sur la côte orientale de l'île, Gemellaro a constaté un exhaussement récent de plus de 13 mètres. En Sardaigne, non loin de Cagliari, M. de La Marmora signale, comme se trouvant à la hauteur de 74 et même de 98 mètres, un dépôt qui renferme des restes de poteries mêlés à des coquillages modernes, et qui, d'après lui, se trouvait par conséquent au niveau de la mer à une époque où l'homme habitait déjà la contrée. Il est vrai qu'un excellent observateur, M. Émilien Dumas, ne voit dans ces poteries et ces amas de coquillages que des débris de cui-

1. Voir dans le deuxième volume, le chapitre intitulé *Les Vents*.
2. Lyell, *Inaugural Address at Bath*, 1864.
3. Guérin, *Voyage archéologique à la Régence de Tunis*.
4. Lyell, *Antiquity of Man*.

sine analogues aux *kjoekkenmœddinger* du Danemark. S'il en était ainsi, rien ne prouverait que la Sardaigne ait été soulevée à une époque récente ; mais faudrait-il voir aussi les restes des banquets romains dans les énormes bancs d'huîtres qui recouvrent le sol de l'étang de Diane, à 2 mètres au-dessus du niveau de la mer, et qui se prolongent au loin sous les flots? C'est là ce qui ne paraît point probable à M. Aucapitaine et à nombre d'observateurs.

Les faits de soulèvement cités par les géologues pour les autres régions du littoral de la Méditerranée occidentale ne sont pas encore suffisamment constatés, et l'on ne peut affirmer positivement que ces rivages se soient exhaussés au-dessus de la mer pendant la période actuelle ; cependant ces témoignages sont d'une grande importance et doivent être pris en sérieuse considération. C'est ainsi que sur le pourtour de l'ancienne île de Circé, devenue aujourd'hui un promontoire de la Toscane, les rochers, ayant l'aspect d'une ancienne grève, sont percés de pholades[1]. Quant à la découverte de bancs de coquillages modernes trouvés par Risso près de Villefranche, à l'extrémité du cap de Saint-Hospice, M. Émilien Dumas en conteste la valeur scientifique. Néanmoins, il reste évident que cette côte et tout le littoral voisin jusqu'à la Spezzia était recouverte par les eaux marines à une époque géologique récente ; il suffit pour cela de voir les grottes de Menton, de Ventimiglia, du cap de Noli, que les flots ont creusées jadis et qui s'ouvrent comme des rangées de portes et de fenêtres cintrées sur la façade d'un palais.

Les côtes méridionales de la France n'offrent pas de témoignages directs d'un soulèvement du sol ; mais divers indices ont néanmoins une valeur incontestable. L'auteur languedocien Astruc cite un grand nombre de faits prouvant qu'à l'époque romaine et au moyen âge les marais s'éten-

1. Romanelli, Breislak, cités par Bœttger, *Mittelmeer*.

daient beaucoup plus avant dans l'intérieur des terres. L'ancienne voie romaine de Beaucaire à Béziers décrit une grande courbe vers le nord, sans doute afin d'éviter les plaines jadis complétement noyées du littoral. D'antiques cités aux noms gaulois, *Ugernum* (Beaucaire), *Nemausus* (Nîmes), se trouvent sur le parcours de cette voie, tandis que toutes les localités situées au sud portent des noms latins ou romains : Aigues-Mortes, Franquevaux, Vauvert, Frontignan (*Frons stagni*), et semblent être par conséquent d'origine plus moderne. D'ailleurs, il est prouvé par divers documents que d'anciens ports ont été comblés et changés en terre ferme. Astruc signale aussi ce fait remarquable que les Romains, ces grands appréciateurs des eaux thermales, ne connaissaient pas les abondantes sources de Balaruc ; pourtant les tourbillons de vapeur n'auraient pas manqué de les indiquer de loin si les eaux de l'étang de Thau ne les avaient pas recouvertes. C'est là un argument considérable en faveur de l'hypothèse d'une élévation graduelle de cette partie de la France.

En dehors du bassin de la Méditerranée, ce mouvement général d'ascension paraît se continuer vers l'ouest et vers le nord. C'est ainsi qu'à Seixal, vis-à-vis de Lisbonne, on a dû cesser de construire des vaisseaux de ligne à cause de la diminution progressive de l'eau, attribuée à la double action des apports vaseux et du soulèvement des roches. Sur les côtes atlantiques de la France, on a aussi constaté un grand nombre de phénomènes du même genre. Il semble probable à plusieurs géologues, notamment à M. Bravais, que la France entière, agitée par un léger et presque imperceptible frisson, se soulève lentement du côté du sud et pivote sur une ligne d'appui passant par la péninsule de Bretagne. En tout cas, les côtes du Poitou, de l'Aunis et de la Saintonge paraissent n'avoir cessé de croître verticalement depuis l'époque historique. Guérande, le Croisic, Bourgneuf, les Sables-d'Olonne, offrent sur leurs plages des traces incontestables d'élévation récente. L'ancien golfe du Poitou, dont l'entrée, il y a 2,000 ans, n'avait pas moins de 30 à 40 kilomètres de largeur et qui pénétrait dans l'intérieur des terres jusqu'à Niort, s'est constamment rétréci depuis cette époque, et maintenant ne forme plus qu'une modeste baie connue sous le nom d'anse d'Aiguillon[1]. L'apport constant des alluvions marines et fluviales n'étant pas une cause suffisante de cet accroissement rapide des campagnes, il est probable qu'en cet endroit les couches supérieures du sol ne cessent d'être lentement soulevées. Plus au sud, la Rochelle, qui doit son nom à la position qu'elle occupait jadis sur un rocher presque isolé au milieu des flots, ne communique maintenant avec la mer que par un étroit chenal souvent obstrué par les vases. Un autre port, Brouage, qui fut au moyen âge une ville de commerce importante, n'est plus qu'une ruine éloignée de la mer. Le territoire de Marennes, auquel on avait donné autrefois le nom de « Colloque des Iles, » est maintenant tout à fait rattaché au continent, et les bras de mer qui le parcouraient ont été changés en canaux d'écoulement, en marais salants et en parcs à huîtres. De même la péninsule d'Arvert, située entre l'embouchure de la Seudre et celle de la Gironde, a cessé d'être un archipel pendant les siècles du moyen âge. A Rochefort, on a même pu calculer d'une manière approximative de combien le sol s'est élevé, les cales des vaisseaux, creusées du temps de Louis XIV, ayant été graduellement exhaussées de plus d'un mètre[2]. « La *banche* pousse, » disent les habitants du littoral, qui depuis longtemps ont observé l'élévation graduelle du terrain.

1 De Quatrefages, *les Côtes de la Saintonge.*
2. Babinet, *Revue des Deux Mondes,* 15 sept. 1855.

IV.

Côtes de l'Asie Mineure. — Antique océan d'Hyrcanie. — Côtes de la Palestine et de l'Égypte. — Golfe Adriatique.

Les phénomènes du même genre sont aussi très-communs dans les îles et sur le pourtour du bassin oriental de la Méditerranée. De même que la Sicile et plusieurs parties du littoral de l'Italie et de la Grèce, un grand nombre d'îles, Malte, Rhodes, Chypre, sont entourées de terrasses circulaires plus ou moins élevées au-dessus du niveau de la mer et composées de roches calcaires ou sablonneuses de formation récente [1]. La partie septentrionale de l'île de Crète s'est élevée d'une vingtaine de mètres, pendant la période géologique actuelle [2] ; l'étude des rivages de l'Asie Mineure prouve que là aussi le sol n'a cessé, durant l'époque humaine, de s'élever d'un mouvement assez rapide. Depuis les temps historiques, cette partie du continent s'est élargie d'une zone considérable aux dépens de la mer Égée, et ce ne sont pas les alluvions des fleuves ni les relais de la mer qui ont produit cet accroissement du territoire, car les rivières de l'Anatolie n'ont qu'un faible développement, et les eaux qui baignent les côtes ne peuvent, à cause de leur grande profondeur, apporter beaucoup de sable. C'est donc par suite d'un soulèvement lent de l'écorce terrestre que les ruines de Troie, de Smyrne, d'Éphèse, de Milet, se sont graduellement éloignées du rivage et semblent reculer de plus en plus dans l'intérieur des terres. C'est aussi pour la même raison que tant d'îles de la mer Égée, jadis distinctes, se sont réunies les unes aux autres ou bien se sont rattachées

1. Albert Gaudry, *Revue des Deux Mondes*, 1er nov. 1861. — Newbold.
2. Raulin, Leycester and Spratt. — Voir ci-dessous, page 778.

au continent pour former des promontoires ou des collines environnées de plaines basses. Les témoignages des auteurs anciens sont unanimes au sujet de ces empiétements des plages. Ainsi les deux moitiés de Lesbos, Issa et Antissa, se seraient unies en une seule terre, des baies se seraient changées en lagunes intérieures, et diverses îles auraient rejoint la terre ferme à Mindus, à Milet, au cap Parthénion, à Éphèse, près d'Halicarnasse et de Magnésie. Du temps d'Hérodote, la montagne de Lade, non loin de laquelle les galères ioniennes livrèrent bataille à la flotte des Perses, était une île; de nos jours elle fait partie du continent et se trouve au milieu des plaines du Méandre. Depuis l'époque de Strabon et de Pline, plusieurs autres îles sont également devenues des promontoires. L'ancien golfe Latmique s'est transformé en un lac, connu sous le nom d'Akiz ; les empiétements de la terre ferme sur ce golfe ont ajouté au littoral occidental de l'Asie Mineure environ 176 kilomètres carrés en moins de 2,000 années. D'ailleurs, ce recul de la mer s'opérait également dans les âges précédents, car la ville de Priène (Samsoun), qui, du temps de Strabon, était à 7 kilomètres du rivage, avait été jadis construite sur les bords de la mer. De même le village d'Ayasoulouk où l'on voit encore les ruines de l'antique cité d'Éphèse, est actuellement à 2 lieues de la côte, et l'ancien estuaire que dominait la ville, s'est changé en plaine marécageuse. Le petit fleuve du Méandre, dont le développement total ne dépasse pas 550 kilomètres de longueur, aurait-il pu, par ses seules alluvions, combler les lacs et les estuaires sur d'aussi grandes étendues et modifier d'une manière aussi puissante le profil des rivages? Il importe donc beaucoup que le débit de ce cours d'eau et sa teneur en alluvions soient bientôt mesurés avec précision, afin que l'on sache d'une manière certaine la vraie cause de ces empiétements des rivages de l'Anatolie, où, suivant la parole déjà bien ancienne de Pausanias, « tout est instable et changeant. » D'après M. de Tchihatcheff, cette partie de la côte de l'Asie Mineure doit avoir gagné, depuis les temps historiques, une superficie d'environ 480 kilomètres carrés, égale à l'île de Wight[1].

Du reste, des phénomènes analogues se sont accomplis sur la côte méridionale de l'Asie Mineure. Près d'Adalia, le lac de Capria, très-grand du temps de Strabon, a cessé de communiquer avec la mer, puis s'est graduellement vidé, et maintenant n'est plus qu'un bassin marécageux; la surface de la péninsule s'est ainsi accrue de 400 kilomètres carrés. Au nord de l'Asie Mineure, un grand nombre d'indices prouvent que là aussi les eaux ont reculé devant les plages et les rochers du continent. Durant la période géologique actuelle, le Pont-Euxin s'est rétréci, et, d'après les traditions des Tatars de la Crimée, il diminuerait encore. Des bancs de coquilles modernes ont été laissés par la mer à une hauteur considérable sur les collines de la Thrace et de l'Anatolie[2]; autour de la Crimée, des lacs salés, des marais putrides ont été abandonnés dans l'intérieur des terres à la place des anciens golfes. Il est vrai qu'avant l'ouverture du Bosphore, la mer Noire, recevant de ses fleuves plus d'eau que le soleil et les vents ne pouvaient en évaporer, devait nécessairement dépasser de beaucoup le niveau qu'elle atteint aujourd'hui; mais si la terre elle-même fût restée immobile et ne se fût pas lentement soulevée, les eaux marines n'auraient point marqué la trace de leur séjour à une élévation plus considérable que celle de l'ancien détroit d'Isnik, encore parsemé de lacs en étages qui firent jadis partie de la mer. Peut-être est-ce par l'émersion du sol que ce détroit s'est fermé et que l'eau de la mer Noire, graduellement accumulée dans son bassin, a dû s'ouvrir de force une nouvelle issue à travers les failles volcaniques qui sont devenues le Bosphore.

1. *Asie Mineure.* — Von Hoff, *Veränderungen der Erdoberfläche.*
2. De Tchihatcheff, *Le Bosphore et Constantinople.*

L'examen géologique de la Russie méridionale et des plaines de la Tartarie, ne permet pas non plus de douter que la Caspienne, la mer d'Aral et ces innombrables nappes d'eau qui parsèment les steppes, n'aient été séparées du Pont-Euxin et du golfe d'Obi par le soulèvement graduel du continent. Les plaines sont encore couvertes de sel et de calcaires marins; les méditerranées, les lacs épars sont encore peuplés de phoques, et l'ensemble de leur faune offre un caractère essentiellement océanique. Hérodote, Strabon, Ptolémée, tous les auteurs anciens donnent à l'antique océan d'Hyrcanie une étendue beaucoup plus considérable que celle de la Caspienne de nos jours, et même la plupart d'entre eux considéraient cette mer intérieure comme le prolongement de l'océan Glacial. Cette dernière opinion, sans doute erronée il y a deux mille ans, eût été certainement vraie à une époque antérieure. Après les profondes recherches de Humboldt sur l'Asie centrale, il n'y a plus aujourd'hui de hardiesse à prétendre que, pendant une partie de la période actuelle, un vaste détroit, semblable à celui qui longeait autrefois la base méridionale de l'Atlas, s'étendait de la mer Noire au golfe d'Obi et à l'océan Glacial[1]. La vaste dépression des plaines caspiennes qui s'étend au-dessous du niveau marin, et qui, d'après Halley, aurait été produite par le choc d'une comète égarée, a eu tout au contraire pour véritable cause une lente élévation du sol.

Les observations de niveau faites sur les côtes de la Méditerranée n'ont pas seulement permis de constater que la plus grande partie de ce bassin intérieur de l'ancien monde et plusieurs contrées limitrophes se sont graduellement exhaussées, elles ont aussi indiqué les limites de l'aire

1. Dans ses magnifiques études, où néanmoins l'imagination tient parfois autant de place que la science, le commandant Maury cherche à établir, par des raisonnements très-ingénieux, que le soulèvement des Andes, en modifiant le système des vents et des pluies dans le monde entier, a causé l'assèchement graduel des plaines de la Caspienne et de l'Aral.

de soulèvement. On les distingue d'une manière assez précise sur le littoral de la Syrie et de la Palestine; on voit même que dans cette région la surface du sol se plisse comme celle de l'eau, et forme une série de vagues et de dépressions oscillant en sens inverse. Tandis que les plages du golfe d'Iskanderoun gagnent incessamment en largeur par l'élévation du sol non moins que par les apports de la mer, on montre à Beyrouth une tour qui s'enfonce de plus en plus dans les eaux; encore plus au sud, l'ancienne île de Tyr s'est rattachée au continent, et plusieurs parties de la péninsule portent des traces du séjour de la mer à une époque récente; enfin Kaisarieh et d'autres villes de la Palestine sont comprises dans une aire d'affaissement, ainsi que le prouvent des vestiges de fortifications visibles au-dessous du niveau de la Méditerranée.

A l'est, toutes les côtes égyptiennes se soulevaient encore à une époque relativement très-récente, puisque les lacs Amers et les berges du Nil offrent d'anciennes plages portant des coquillages modernes; mais de nos jours le sol s'affaisse d'une manière continue et insensible. Des ruines de villes sont situées au milieu de la plaine marécageuse du lac Menzaleh, que recouvre la mer pendant la majeure partie de l'année. Plus loin, un ancien bras du Nil, avec les rives qui le bordaient jadis, est caché en entier par les eaux de la Méditerranée. Mêmes phénomènes au delà du Delta. En 1784, la mer fait irruption dans l'intérieur des terres et forme le lac d'Aboukir au milieu d'une plaine où s'élevaient autrefois des villes importantes. De même on peut inférer des anciennes descriptions d'Alexandrie et des environs qu'un affaissement considérable du terrain s'y est produit durant les siècles de notre ère. Des grottes artificielles, des catacombes, creusées du temps des Ptolémées à une certaine hauteur au-dessus de l'eau et connues improprement sous le nom de *bains de Cléopâtre*, sont envahies aujourd'hui par les vagues[1].

1. Lyell, *Antiquity of man*; — Pococke; — Wilkinson; — Schleiden.

Sur les bords de la mer Rouge, non loin de Suez, d'autres cavernes sépulcrales taillées dans la roche calcaire sont également inondées par suite de la dépression du sol. Peut-être ce mouvement du sol de l'Égypte est-il commun à toute cette partie de la Méditerranée qu'on pourrait nommer la mer égyptienne, car l'île de Crète, dont la pointe occidentale n'a cessé de s'élever dans l'époque moderne, s'abîme graduellement sous les eaux du côté le plus rapproché de l'Égypte. Ainsi que Strabon lui-même le dit expressément, la nature cherche à détruire cet isthme de Suez qu'elle a formé jadis entre les deux continents; par son travail de percement, l'homme ne fait que devancer l'œuvre géologique des siècles à venir.

Le long des rivages de la mer Adriatique, au nord de Zara et de Pesaro, les géographes ont constaté d'autres phénomènes de dépression qui marquent la limite septentrionale de la grande aire méditerranéenne de soulèvement. Dès le milieu du XVIe siècle, Angiolo Eremitano émit l'opinion que les îlots de Venise s'abaissaient d'environ un pied par siècle, et cette hypothèse, basée sur la comparaison des pavés superposés des rues et des édifices, a été pleinement confirmée depuis. Dans l'île de Saint-George, des constructions romaines se trouvent maintenant au-dessous du niveau des lagunes; ailleurs des routes pavées sont recouvertes par les eaux; des églises, des ponts se sont abaissés relativement à la surface de la mer. En 1731, Eustache Manfredi constata le même affaissement du sol sous les édifices de Ravenne; mais il l'attribua par erreur à l'élévation graduelle du niveau de l'Adriatique. Enfin une ville entière, la Conca, située jadis non loin de la Cattolica, à l'embouchure du Crustummio, est entièrement submergée depuis quelques siècles, et lorsque la mer est tranquille, on voit encore dans les flots les restes de deux de ses tours. M. Giacinto Collegno pense que tous ces changements de niveau sont produits par le tassement des terres d'alluvion qu'apportent le Pô et les autres rivières descendues des Apennins et des Alpes. C'est là une cause qui doit certainement contribuer pour une forte part à la dépression générale des bords vénitiens de l'Adriatique; mais elle n'est probablement pas la seule, car les côtes opposées de l'Istrie et de la Dalmatie s'affaissent aussi, malgré la nature compacte de leurs roches. A Trieste, à Zara, dans l'île Poragnitza, on voit au-dessous du niveau marin divers travaux de l'homme, des pavés, des mosaïques, des sarcophages [1]. D'ailleurs, ainsi que le fait remarquer Lyell, des sondages artésiens opérés dans le delta du Pô à de grandes profondeurs au-dessous de la mer n'ont ramené que des alluvions fluviatiles, ce qui établit d'une manière indubitable le fait d'une dépression graduelle du sol. La terre que va chercher la sonde au fond du puits artésien était jadis au-dessus du niveau de la mer.

V.

Affaissement du littoral de la Manche, de la Hollande, du Slesvig et de la Prusse.

Soit que toute l'Europe centrale participe au mouvement de dépression subi par les bords de l'Adriatique, soit qu'il s'agisse d'un phénomène local, les côtes méridionales de la Manche et de la mer du Nord s'affaissent aussi, bien qu'avec une excessive lenteur. Sur le littoral de Bretagne, de Normandie, de nombreuses forêts englouties et des édifices assiégés par les eaux de marée prouvent que le sol a baissé pendant la période actuelle. En 709, le monastère du mont Saint-Michel fut construit en pleine forêt, à dix lieues (?) de la mer, et l'on sait qu'il se dresse maintenant en île au milieu de sables tour à tour émergés et couverts. Les envahisse-

1. Donati, *Histoire naturelle de la mer Adriatique*. — Schleiden, *La Plante*.

ments de la mer se continuent encore, notamment dans la baie de la Hougue et dans le havre de Carteret[1]. Il paraît toutefois que diverses ondulations semblables à celles de la côte de Syrie se sont produites sur ces rivages, car en plusieurs endroits on a découvert des plages de sable et de coquilles modernes à une hauteur de 12 et de 15 mètres au-dessus du niveau de la mer. A une époque reculée et néanmoins déjà contemporaine de l'homme, la vallée de la Somme s'élevait aussi; mais depuis des milliers d'années elle s'affaisse lentement, puisque des forêts sous-marines bordent la côte et que les tourbières d'Abbeville, dont le fond est situé en contre-bas de la baie de Somme, n'offrent d'autres débris que les restes d'animaux et de végétaux vivant sur terre ou dans les eaux douces; lorsque les mousses des tourbes ont commencé de croître, le sol de la vallée devait donc être plus élevé que la surface des mers voisines[2].

Dans les Flandres et la Hollande, les phénomènes d'affaissement ont été, sinon plus considérables, du moins bien plus importants par leurs résultats, à cause du niveau très-bas que présentent ces contrées relativement à la mer. La simple énumération des catastrophes successives amenées par cette dépression graduelle constitue une histoire terrible. Les campagnes de Dordrecht sont devenues une forêt de joncs (Biesbosch). Le Zuyderzée lui-même, jadis marais, puis lac, puis golfe de la mer, ne cesse de s'approfondir, et maintenant il porte, dit-on, des navires d'un plus fort tirant d'eau que dans les siècles précédents. Comme un radeau graduellement submergé par les vagues, la Hollande s'enfoncerait lentement dans l'abîme, si les habitants du pays, acceptant la lutte contre les éléments, n'avaient muré leur territoire au moyen de digues et ne l'asséchaient par d'immenses travaux de drainage qui feront à jamais l'étonne-

1. Bonissent, *Congrès scientifique de Cherbourg*, 1860.
2. Lyell, *Antiquity of man*.

ment des hommes. Quelques savants, à la tête desquels se range l'éminent géologue Staring, pensent que la dépression graduelle des terres endiguées a pour seules causes le tassement du sol d'alluvion, le poids des digues surincombantes et le passage incessant des hommes et du bétail.

LE BIESBOSCH

Gravé par Erhard. — d'après la carte de l'Etat-Major Hollandais.

Fig. 223.

Quelle que soit l'importance de ces causes réunies, les phénomènes d'affaissement constatés depuis quinze siècles sont assez considérables pour qu'il soit permis d'accepter l'hypothèse de M. Élie de Beaumont sur la dépression du sol hollandais. C'est vers les bouches des fleuves, l'Escaut, la Meuse, le Rhin, que le mouvement de dépression serait le plus rapide, si l'on en juge du moins par le niveau moyen du pavé des villes et des champs en culture. A Calais, les rues se trouvent à plus d'un mètre au-dessus des hautes marées, tandis que le sol cultivé descend jusqu'à la limite du flot; à Dunkerque, la hauteur des rues n'est plus que de 60 centimètres, et les champs sont labourés jusqu'à 1 mètre en contre-bas de la mer; à Furnes, à Ostende, les rues sont encore plus basses et le niveau des *polders* ne cesse de s'abaisser; près des bouches de l'Escaut, il est de 3 mètres et demi au-dessous des hautes marées. Enfin au nord, le sol se relève graduellement; cependant les rues de Rotterdam et d'Amsterdam sont plus basses que celles des mers d'équinoxe[1].

Toutes les côtes voisines, celles de l'Angleterre méri-

LITTORAL DE LA FRISE

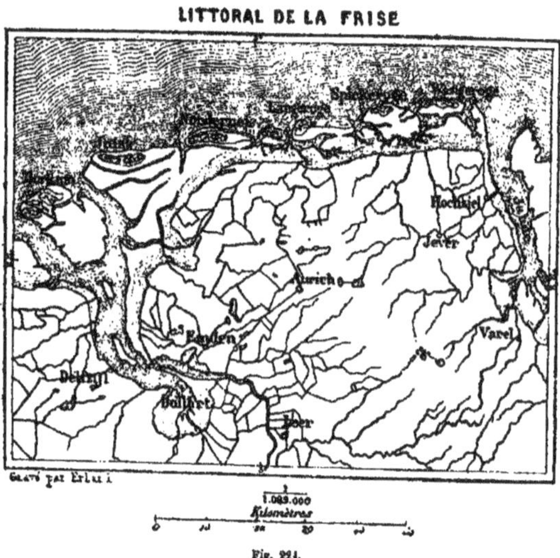

Fig. 221.

dionale, de la Cornouailles au Yorkshire, aussi bien que celles du Hanovre et du Slesvig, offrent également en maints endroits, par leurs tourbières sous-marines, leurs forêts

1. Bourlot, *Variations de latitude et de climat.*

englouties, leurs anciennes côtes détruites et transformées en îles, des preuves certaines d'un affaissement considérable. Sur les rivages occidentaux du Slesvig, la dépression a été en moyenne de 4 mètres pendant la période actuelle ; c'est là, dans le fond du port de Husum, que l'on a découvert, au milieu d'une forêt de bouleaux submergés, un tombeau de l'âge de pierre, datant nécessairement d'une période antérieure à l'immersion du sol qui le portait. Sur les côtes orientales du Slesvig et du Holstein, on a remarqué plusieurs phénomènes du même genre qui ne peuvent s'expliquer que par un abaissement graduel des rivages : les restes d'un vieux château situé à l'embouchure de la Schlei sont couverts par les eaux ; plus loin on aperçoit dans la mer, à un demi-kilomètre de la rive, les souches d'une forêt peuplée de cerfs pendant le moyen âge ; dans le détroit de Fehmarn se trouvent les restes d'une ancienne muraille ; enfin près de Travemunde, deux blocs de pierre qui se dressaient sur la plage à la fin du siècle dernier sont actuellement environnés par les eaux[1]. Ce sont là des faits qui permettent de ne pas attribuer uniquement à l'action des vagues la transformation de plusieurs péninsules en îles et celle de quelques lacs riverains en baies marines. D'après John Paton, le Danemark et le Slesvig-Holstein auraient perdu depuis 1240 environ 3,175 kilomètres carrés, soit un dix-huitième de la surface totale du territoire.

Plus à l'est, sur tout le pourtour du bassin méridional de la Baltique, les envahissements des eaux ont fait également admettre à quelques géologues que la terre de ces contrées s'affaisse avec lenteur. Rugen s'est fractionnée en îlots et en péninsules ; Bornholm est entourée de forêts sous-marines, dont l'une, d'après Forchhamner, est à 8 mètres au-dessous de la ligne du rivage. D'autres forêts englouties

1. Von Maack, *das urgeschichtliche Schleswig-holsteinische Land*, 1860.

frangent les côtes de la Poméranie et de la Prusse orientale. Les îles de Wollin et d'Usedom, situées devant les bouches de l'Oder, sont graduellement rongées par les flots; la barre sablonneuse qui gêne l'entrée du port de Swinemünde était encore une péninsule d'Usedom dans les temps historiques[1]; enfin, d'après le témoignage de Barth, la pointe de Samland est entamée par les eaux, ainsi qu'on le voit par l'église de Saint-Adalbert, qui fut bâtie vers la fin du XVe siècle à 7 kilomètres de la mer, et dont les ruines se trouvent aujourd'hui à une centaine de pas de la plage.

Ce sont là des faits que l'on ne conteste point; toutefois il n'est point encore permis d'y voir des preuves positives de l'affaissement du sol, car Voigt et d'autres savants observateurs les classent parmi les simples phénomènes d'érosion et de tassement. Quoi qu'il en soit, il existe de très-fortes raisons pour considérer la Manche et les parages méridionaux de la mer du Nord et de la Baltique comme un fossé de dépression, comme une longue vallée de 1,800 kilomètres d'étendue, séparant l'aire soulevée du nord de l'Europe et celle dont les côtes du Poitou marquent l'extrémité septentrionale.

VI.

Soulèvement des côtes du Chili et du Pérou. — Dépression probable des côtes de la Plata et du Brésil. — Rivages de l'Amérique du nord et du Groenland.

Le nouveau monde, ce double continent dont l'architecture se distingue par des traits généraux d'une si grandiose simplicité, offre également une régularité remarquable dans le jeu de ses lentes oscillations. Celles-ci, bien plus faciles à étudier que les mouvements des péninsules accidentées de l'Europe, sont aussi mieux connues, et depuis

1. Anton von Etzel, *die Ostsee*.

l'époque où l'illustre Darwin a constaté qu'une grande partie de l'Amérique méridionale s'élève d'une manière incessante, les savants et les voyageurs n'ont eu qu'à confirmer le résultat de ses recherches.

C'est principalement sur les côtes du Chili que les traces du soulèvement général de la contrée sont de toute évidence. Au pourtour de maint promontoire, à l'issue de plusieurs des vallées qui découpent profondément les massifs montagneux du littoral, on distingue d'anciennes plages marines sur lesquelles des coquillages de l'époque actuelle, semblables à ceux qui vivent aujourd'hui dans les baies voisines, sont parsemés ou même entassés en couches épaisses. Ces plages, que des falaises ou des escarpements de hauteurs diverses séparent les unes des autres, ressemblent aux marches d'escaliers gigantesques. On voit en les regardant que la côte ne s'est pas élevée d'un mouvement égal, et que des intervalles de repos relatif se sont écoulés entre chacune des étapes fournies par la masse grandissante des roches. Sur les collines de l'île de Chiloe, Darwin a trouvé des amas de coquillages modernes à 106 mètres de hauteur ; au nord de la Concepcion, plusieurs lignes de niveau, sculptées par les flots pendant la période actuelle, se montrent à une élévation de 190 à 300 mètres ; près de Valparaiso, elles n'ont pas moins de 395 mètres au-dessus du niveau de la mer ; mais elles s'abaissent au nord de cette ville ; à Coquimbo, elles dépassent à peine 100 mètres, et sur la frontière de la Bolivie elles dominent le niveau

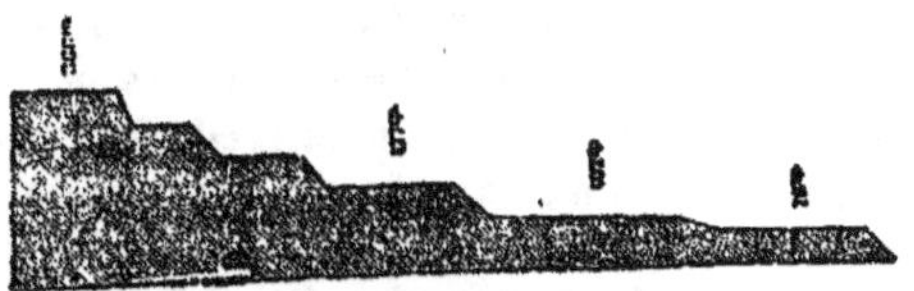

Fig. 225. Côtes de Puerto San Jorge.

marin de 60 à 75 mètres seulement. Ainsi la poussée des roches se fait sentir surtout dans les régions du littoral qui se trouvent sous la même latitude que les sommets les plus élevés des Andes chiliennes, l'Aconcagua, le Maypu, le Tupungato. On peut en induire que ces hautes cimes

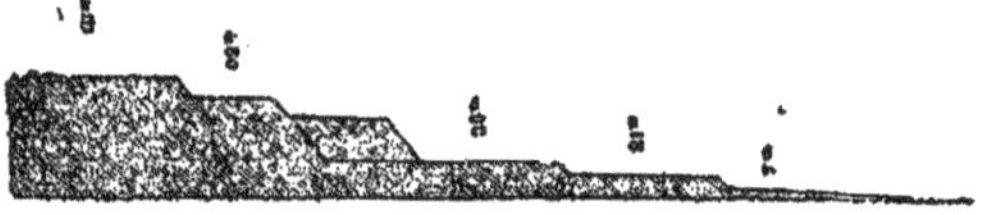

Fig. 226. Côtes de Coquimbo.

indiquent l'axe de la fraction d'écorce soulevée, et ne cessent de grandir elles-mêmes plus rapidement encore que les plateaux et les rivages situés au-dessous. En effet, au Chili comme en Norvége, les terrasses qui dominent d'anciennes baies ou des embouchures de vallées ne sont point horizontales comme elles le paraissent; elles se redressent peu à peu vers les montagnes, et sont d'autant plus hautes qu'elles s'éloignent davantage des côtes actuelles. La force soulevante agit donc avec plus d'énergie sous les

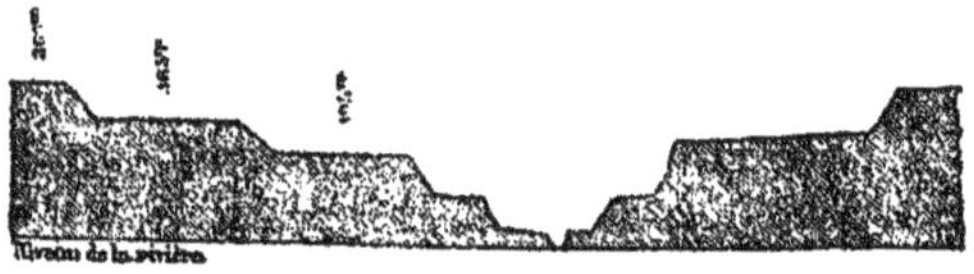

Fig. 227. Vallée du rio Santa-Cruz.

Andes chiliennes que sous les roches du littoral voisin. Les blanches cimes montent graduellement dans le ciel.

Des mesures trigonométriques poursuivies pendant une longue série d'années permettront plus tard de reconnaître cette croissance des colosses du Chili dans la région des neiges éternelles; mais jusqu'à ce jour les seuls calculs établis au sujet de la rapidité du soulèvement des Andes reposent sur l'étude des rivages marins étendus à leur base.

Par la comparaison de l'état actuel des choses avec les témoignages historiques, Darwin prouve que dans l'espace de dix-sept années, compris entre 1817 et 1834, le sol de Valparaiso s'est élevé de 3m 20, soit environ de 19 centimètres par an. Ce mouvement très-rapide avait été précédé d'un repos relatif, car de 1614 à 1817, pendant plus de deux siècles, l'élévation de la plage, telle qu'elle est démontrée par l'examen des lieux, n'a certainement pas dépassé 1m 80. A Coquimbo, à la Concepcion, dans l'île de Chiloe, l'émergement des rivages s'est opéré plus lentement encore; mais, si imperceptible que soit le phénomène, il ne s'en produit pas moins pendant le cours des âges, et finit par changer d'une manière complète l'aspect des côtes américaines. Plusieurs anciens ports jadis fréquentés sont inaccessibles aujourd'hui; d'autres se sont formés grâce à l'assèchement de pointes protectrices; des îles nombreuses, toujours désignées par le nom indien de *huapi*, sont devenues des promontoires.

Les témoignages d'un soulèvement graduel sont également visibles sur les côtes de la Bolivie et du Pérou. Dans la zone occidentale du désert d'Atacama, le sol, couvert jusqu'à de grandes hauteurs de coquilles et d'efflorescences salines, semble avoir été abandonné d'hier par l'Océan. Au-dessus de Cobija, d'Iquique, et de plusieurs autres villes du littoral, se profilent des degrés pareils à ceux de Coquimbo, et, comme eux, baignés naguère par le Pacifique. Devant Arica, la mer a reculé de 150 mètres dans l'espace de quarante ans, et les négociants du port ont dû, en conséquence, faire prolonger d'autant le débarcadère; mais c'est en face de Callao, sur l'une des falaises de l'île San-Lorenzo, que l'on a recueilli la preuve la plus intéressante de l'élévation du littoral pendant la période humaine. A 26 mètres de hauteur au-dessus de la mer, Darwin a découvert, dans une couche de coquillages modernes déposés sur une terrasse, des racines d'algues, des ossements d'oiseaux, des épis de maïs, des roseaux tressés, enfin une ficelle de coton presque entièrement décomposée. Ces débris de l'industrie humaine ressemblent d'une manière parfaite à ceux qui se trouvent dans les *huacas* ou nécropoles des anciens Péruviens. Il n'est pas douteux que l'île de San-Lorenzo, et probablement tout le littoral voisin, se sont élevés d'au moins 26 mètres depuis que l'homme rouge habite la contrée. Il paraît néanmoins que de nos jours le sol qui porte Callao s'affaisse de nouveau, car l'emplacement où se trouvait l'ancienne ville est maintenant en grande partie sous les eaux. Cette dépression n'est sans doute qu'un fait local, et n'affecte que pour un temps le mouvement général d'ascension du littoral, car plus au nord, à Colon, à Santa-Marta, et sur un grand nombre de points de la côte néo-grenadine, le sol s'est élevé visiblement depuis que les Européens ont débarqué sur le continent. En admettant toutefois que Callao forme en effet la limite septentrionale de l'aire de soulèvement dont le centre paraît être au Chili, il reste prouvé que la masse soulevée offre du sud au nord une longueur d'au moins 4,000 kilomètres. C'est presque la distance de Paris à Tobolsk.

Les mouvements actuels de la côte orientale de l'Amérique du sud n'ont pas été reconnus d'une manière aussi certaine que ceux des rivages occidentaux, sans doute à cause de leur extrême lenteur. L'examen des faits géologiques prouve que le sol s'est élevé pendant la période post-pliocène, c'est-à-dire pendant l'âge des coquillages encore existants et des grands animaux qui furent les contemporains de nos pères, le mégathérium, le mastodonte, le glyptodon. Les pampas argentines ont conservé l'apparence uniforme de l'océan qui les couvrait jadis ; les terrasses parallèles de la Patagonie, se prolongeant à plus de 800 kilomètres de distance, varient à peine de quelques mètres en hauteur sur les divers points de leur immense développement, et les bras de mer qui serpentaient à travers la péninsule terminale de l'Amérique et la Terre-de-Feu gardent tous leurs anciens contours. Actuellement cette masse continentale, qui s'élevait avec une majestueuse lenteur, paraît osciller en sens inverse et, d'un mouvement imperceptible, redescendre vers le niveau de l'Atlantique. Au pied des hautes falaises de la Patagonie, la mer ne cesse de s'agrandir aux dépens du continent, et quoique les brisants n'aient pas assez de force pour démolir les couches rocheuses à plus de 4 ou 5 mètres au-dessous de la surface, la profondeur des eaux marines n'en augmente pas moins d'une pente égale, à mesure qu'on s'éloigne du rivage en voguant sur l'antique emplacement des falaises. Le fond de la mer s'affaisse donc, et en même temps la masse énorme des plateaux qui, pendant la période récente des grands mammifères, s'étaient élevés avec une si merveilleuse régularité.

Sur la côte du Brésil, notamment à Bahia, diverses dépressions récentes semblent indiquer que là aussi la surface du continent s'abaisse régulièrement. Toutefois les faits connus n'étaient pas encore assez nombreux pour autoriser une affirmation catégorique, lorsque le professeur Agassiz, en compagnie d'autres géologues, entreprit sa récente exploration du fleuve des Amazones. Il constata d'abord ce fait remarquable que, malgré l'énorme quantité de troubles charriés par le courant, il ne se forme point de dépôts à l'embouchure ; au lieu de projeter dans l'Océan une longue péninsule d'alluvions analogue à celle du Mississipi, ou du moins de former en dehors de la ligne normale des côtes un delta semblable à ceux du Rhône, du Nil ou du Pô, l'Amazone s'évase, au contraire, en un large golfe du côté de la mer, et l'on ne saurait dire où, dans ce grand estuaire, commence l'embouchure proprement dite. Les rives qui bordent le fleuve, les îles qui en obstruent l'entrée ne sont point composées d'alluvions charriées par le courant d'eau douce, elles sont toutes formées d'une roche aux strates horizontales déposées par les eaux fluviales à une époque antérieure et depuis longtemps solidifiée. Ainsi, dans la lutte qui s'engage dans l'estuaire de l'Amazone, comme à toute autre embouchure, entre le courant d'eau douce et les eaux salées, entre les alluvions fluviatiles et les érosions de la mer, ce sont ces dernières qui l'emportent constamment. Loin d'empiéter sur l'Océan, la vallée des Amazones s'est laissé envahir d'au moins 500 kilomètres; car l'étude géologique du sol sur les deux bords de l'estuaire prouve que des assises rocheuses parfaitement semblables à celles d'amont se retrouvent à l'est jusque dans les vallées de l'Itapicurù et du Parnahyba. Ces deux fleuves se jetaient autrefois dans l'Amazone; mais, par suite de l'érosion de leurs rives et de celles du grand courant auquel ils s'unissaient, la mer est venue au-devant d'eux, pour ainsi dire, et par degrés ils se sont faits indépendants du système amazonien. De même la rivière des Tocantins ne se rattache plus qu'indirectement au grand fleuve central, et, tôt ou tard elle finira par s'isoler à son tour comme l'ont déjà fait l'Itapicurù et le Parnahyba. Le travail d'érosion, causé sans doute par un affaissement constant des terrains, se continue toujours : on voit les rivages reculer sur tout le pourtour de l'estuaire, à Maranhao, à Piauhy, à Macapa, sur les côtes de Marajo. Sur les plages de cette île, près de Soure, un large golfe, où débouche l'Igarapé Grande, s'est creusé récemment à travers une forêt, sur un espace de plus de 30 kilomètres de rive à rive. Les roches voisines qui s'élevaient naguère au-dessus du niveau marin sont graduellement recouvertes. A Bragança, la baie qui s'avançait à peine de 2 kilomètres et demi dans les terres, pénètre aujourd'hui à 7 kilomètres au delà. Le phare de Vigia, construit à une certaine distance de la mer était, peu d'années après, battu par les vagues. Un mât à signaux, élevé en décembre hors de la portée des eaux, était déjà entouré des flots au mois de juin suivant. Ce sont là des faits qui rendent des plus probables l'existence d'un mouvement de bascule soulevant toutes les côtes occidentales de l'Amérique, de l'île Chiloe à Callao, et déprimant le versant oriental des Andes argentines, de la Patagonie et du Brésil. Ainsi une grande partie du continent colombien gagnerait incessamment d'un côté ce qu'elle perd de l'autre, et cheminerait sur les eaux de l'Océan en voyageant vers l'ouest. Agassiz assigne à ce phénomène de déplacement une origine des plus anciennes, car, d'après lui, les Antilles, qui formaient autrefois l'isthme de jonction entre les deux Amériques, se sont graduellement immergées, et les fleuves de la Guyane, anciens tributaires de l'Orénoque, sont devenus des fleuves indépendants.

Dans l'Amérique du nord, les oscillations du sol n'ont pas été reconnues sur une longueur aussi considérable que dans le continent du sud ; mais les rares observations déjà faites sur quelques points du littoral, en Californie aussi bien que sur le pourtour du golfe du Mexique, font considérer comme très-probable l'hypothèse d'un soulèvement général auquel l'une des chaînes parallèles des montagnes Rocheuses ou de la Sierra-Nevada servirait d'axe. La zone riveraine du Tamaulipas et du Texas s'accroît assez rapidement en largeur, non-seulement parce que les vents du midi, qui soufflent durant presque toute l'année, apportent de grandes quantités de sables, mais aussi parce que le sol s'élève. En dix-huit années, de 1845 à 1863, les plages de la baie de Matagorda se sont exhaussées de 30 à 60 centimètres, et par suite de cette croissance graduelle de la terre, qu'attestent les amas de coquillages abandonnés loin des rivages, le port d'Indianola a dû être transféré à Powderhorn, à 7 kilomètres plus près de l'entrée[1]. La péninsule de la Floride est également soulevée par les forces intérieures, ainsi que le prouvent les bancs de coraux redressés au-dessus du niveau de la mer. Ces mystérieux monticules,

1. Adolf Douai, *Mittheilungen von Petermann*. April, 1864.

ces volcans de boues (*mud-lumps*) qui parsèment la côte autour des bouches du Mississipi, et dont M. Thomassy a tâché d'expliquer la naissance par la pression des eaux souterraines [1], paraissent aussi témoigner en faveur d'une élévation générale de la contrée.

Quant à la zone orientale de l'Amérique du nord, elle ne s'élève pas d'une manière uniforme, car s'il est prouvé que les côtes du Labrador et celles de Terre-Neuve s'exhaussent lentement, il est certain que d'autres contrées s'affaissent. Lyell a constaté que certaines côtes de la Georgie et de la Caroline du sud subissent un mouvement de dépression, et c'est par suite d'un affaissement graduel, non moins que par des érosions constantes, que les îles de Sullivan et de Morris, à l'entrée de la rade de Charleston, diminueraient sans cesse en étendue. De même toute la partie du littoral dont la baie de New-York forme le centre et que terminent au nord le cap Cod, au sud le cap Hatteras, s'est graduellement abîmée sous les eaux de l'Atlantique, et cet affaissement n'a point encore cessé, du moins pour les côtes de New-York et de New-Jersey. Une île, indiquée sur une carte de 1649 comme présentant une superficie de 120 hectares, offre de nos jours à peine une vingtaine d'ares à marée basse, et le flux la submerge entièrement. Si l'on en croit la tradition, le détroit de Hell-Gate, qui forme l'entrée du port de New-York, serait d'origine récente : il y a deux siècles, les indigènes racontaient aux colons hollandais établis dans l'île de Manhattan que du temps des pères de leurs grands-pères, on pouvait se rendre à pied sec d'une rive à l'autre rive et que la mer pénétrait dans le détroit seulement lors des grands flots d'équinoxe. Les arpenteurs chargés du cadastre ont calculé que les rivages de la baie de Delaware perdent en moyenne près de 2m50 tous les ans. Autant qu'il est possible d'en juger par les observations

1. Voir ci-dessus page 318.

faites depuis la colonisation du pays, la dépression lente de cette partie des côtes américaines peut être évaluée à 60 centimètres par siècle [1].

Dans la grande île du Groenland, qui se trouve dans l'axe de l'Amérique du nord, le progrès de l'affaissement graduel, succédant à une période de soulèvement, semble être beaucoup plus rapide encore. Depuis longtemps déjà les Esquimaux connaissent ce phénomène, et les colons danois de la côte occidentale ont pu le constater dès le dernier siècle en voyant, sur une longueur de plus de 1,000 kilomètres, les écueils, les promontoires avancés et leurs propres demeures disparaître peu à peu sous les eaux envahissantes. D'après Wallich, ce mouvement de retrait se continuerait encore pour le fond des mers au sud de l'Islande, et la terre noyée (*sunken land*) de Bass, marquée sur toutes les anciennes cartes, aurait réellement existé. Au nord du Groenland, à partir du 76e degré de latitude, et dans la terre de Grinnell, de même que dans les autres régions polaires du nouveau monde, c'est le phénomène inverse qui se produit. Dans le voyage qu'il a fait pour découvrir la mer libre, Hayes a constaté sur toutes ces côtes l'existence d'anciennes berges marines graduellement soulevées à 33 mètres de hauteur; en outre, toutes les falaises des promontoires sont polies jusqu'à une hauteur égale par les glaces entraînées.

VII.

Récifs des mers du Sud. — Théorie de Darwin sur les soulèvements et les dépressions.

L'étude des rivages n'a pas seulement permis de constater les soulèvements et les dépressions des grandes

1. Cook, *Geological Survey*. — Arnold Guyot, *American Journal*, March, 1861.

masses continentales, elle a aussi révélé aux savants les oscillations des espaces océaniques, car les îles nombreuses qui se montrent solitaires ou par groupes dans la mer du Sud et dans l'océan Indien ont servi de témoins pour constater les mouvements du sol qui les porte. Lignes d'érosion, terrasses parallèles, bancs de coquillages modernes, toutes ces marques du séjour des eaux indiquent pour chacune des îles du Pacifique comme pour les côtes de l'Europe et du nouveau monde les divers exhaussements qui se sont produits ; mais la plupart de ces terres ont en outre de vivantes ceintures de coraux qui mesurent d'une manière précise tous les changements de niveau, élévation ou dépression, que subissent les plages. La découverte de ce fait, que les oscillations terrestres sont pour ainsi dire rendues visibles par les travaux des polypiers, est sans aucun doute l'une des conquêtes les plus importantes de la géographie moderne, et c'est encore aux patientes recherches, à la sagacité de Darwin, que la science en est redevable. Comparant ses propres observations avec celles des explorateurs qui l'avaient précédé, le géologue anglais a pu signaler, comme s'il les avait vus de ses propres yeux, les mouvements divers qui soulèvent ou dépriment le lit de l'Océan sur une étendue aussi considérable que celle des deux continents d'Europe et d'Asie.

Tous les voyageurs qui ont parcouru la mer du Sud ont été frappés d'étonnement à la vue des récifs élevés par les polypes au milieu des eaux. Parmi ces récifs, les uns environnent à distance des îles ou même des archipels entiers : ce sont les barrières de corail. Les autres, éloignés de toute terre, sont disposés en forme d'anneaux ou de croissants plus ou moins allongés autour de lagunes ou de baies remarquables par leur eau d'un vert pâle : ce sont les *atolls*. Dans les parties de l'anneau où les constructions des polypes et des madrépores n'ont pas encore atteint la surface, les flots qui passent au-dessus de la digue sous-marine se souèvent en brisants d'écume ; en d'autres endroits du récif, on voit poindre au-dessus de la vague des écueils d'une blancheur éblouissante ou d'un rose délicat ; puis vient

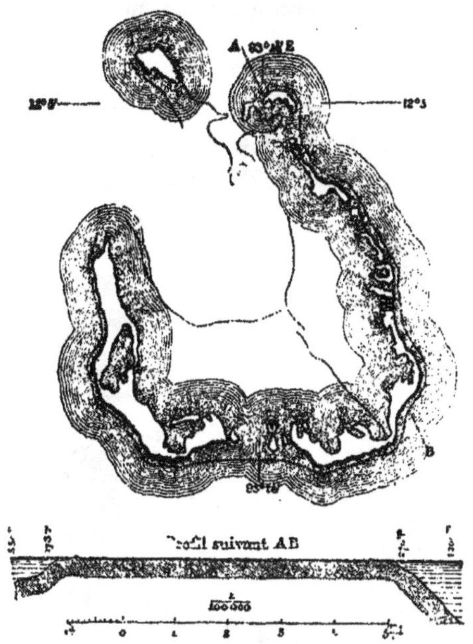

Fig. 228. Atoll de Keeling ; d'après Darwin.

une rangée semi-circulaire d'îlots semblables à des pierres druidiques érigées en pleine mer par des géants ; enfin, sur les terres émergées qui occupent la partie de l'atoll la plus exposée à la violence des lames et des vents, se balancent des cocotiers et d'autres arbres des tropiques, soit en simples groupes, soit en véritables bosquets. Telle est la forme la plus commune des récifs parmi les milliers d'atolls qui parsèment la mer du Sud. Lorsque les bancs de coraux ne sont pas encore achevés, leur position ne se révèle que par un cercle de brisants ; ceux qui sont arrivés au dernier degré de leur développement forment un bois circulaire

ATOLL D'EBON.

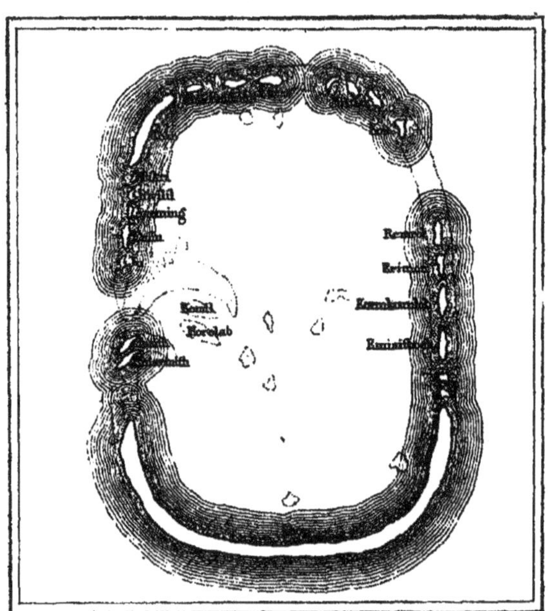

Fig. 229.

qui, vu de haut, semblerait une couronne de feuilles flottant sur les eaux bleues.

Comment ces étranges récifs se sont-ils élevés ? Les polypes aimant à bâtir au milieu de l'eau qui déferle, ainsi que depuis longtemps l'a démontré le voyageur français

Chamisso, on comprend que partout où se trouve un banc sous-marin, les récifs de coraux affectent, comme les brisants eux-mêmes, une disposition plus ou moins annulaire; mais là où la sonde ne révèle aucun bas-fond caché aux abords des atolls, comment les polypes ont-ils pu faire surgir du fond de l'abîme leurs habitations calcaires? Pour expliquer ce phénomène, des savants avaient jadis imaginé une hypothèse bizarre : ils voyaient dans chaque atoll le pourtour d'un cratère que les forces intérieures du globe auraient soulevé jusqu'à une distance de quelques mètres de la surface, de manière à fournir une base aux travaux des polypes. Quand même cette explication serait vraie pour un nombre limité d'atolls, il serait incompréhensible que des milliers et des milliers de volcans se fussent élevés uniformément à la même hauteur au-dessous du niveau marin; on ne saisirait pas davantage pourquoi les cratères de ces prétendus volcans affectent souvent des formes très-allongées; enfin il serait impossible de concevoir pourquoi, sur ces multitudes de récifs annulaires qui constituent plusieurs archipels, et notamment la double rangée des Maldives, longue de 750 kilomètres et large de 80, aucun atoll ne s'est jamais signalé par une éruption de laves ou de cendres.

La forme de ces récifs ne se rattache donc pas aux phénomènes volcaniques proprement dits; elle ne peut s'expliquer, comme tant d'autres faits de l'histoire terrestre, que par des mouvements lents de la surface. L'affaissement du lit des mers fait comprendre la formation des atolls et des barrières de récifs; en revanche, une graduelle élévation du sol explique la position des coraux qui frangent le littoral à une certaine hauteur au-dessus des flots. Ainsi, qu'ils s'élèvent ou s'affaissent, les récifs des polypes peuvent servir de mesure aux oscillations que subissent les côtes continentales, les îles et même les abîmes de la mer.

Il est facile de constater le mouvement des terres qui s'exhaussent, puisqu'on voit alors les bancs de coraux s'appuyer sur la rive et parsemer de leurs débris les plages élevées au-dessus du niveau de la mer; souvent aussi on distingue les canaux qui les séparaient anciennement du littoral, et sur les hauteurs de plusieurs îles on aperçoit des bancs calcaires qui doivent évidemment leur origine à des

ILE DE VANIKORO.

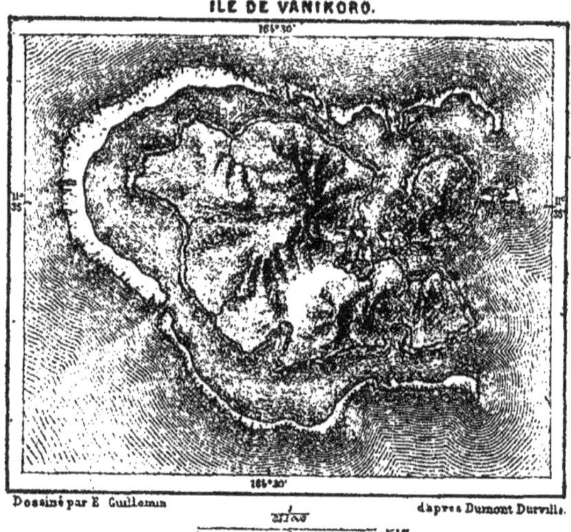

Dessiné par E. Guillemin — d'après Dumont Durville.

Fig. 230.

polypiers. Quant aux îles à coraux qui ne sont pas comprises dans une aire de soulèvement, elles sont entourées de récifs annulaires construits au milieu des eaux à une certaine distance du rivage. Lorsque cette distance est faible et que les bancs de coraux offrent une épaisseur peu considérable, rien ne prouve que le niveau des côtes ait changé, car les observations des savants montrent que les polypes peuvent vivre et bâtir leurs habitations rocheuses à une profondeur de 30 à 45 mètres. Toutefois les murs de corail et de sable calcaire qui forment les parois extérieures du récif descendent

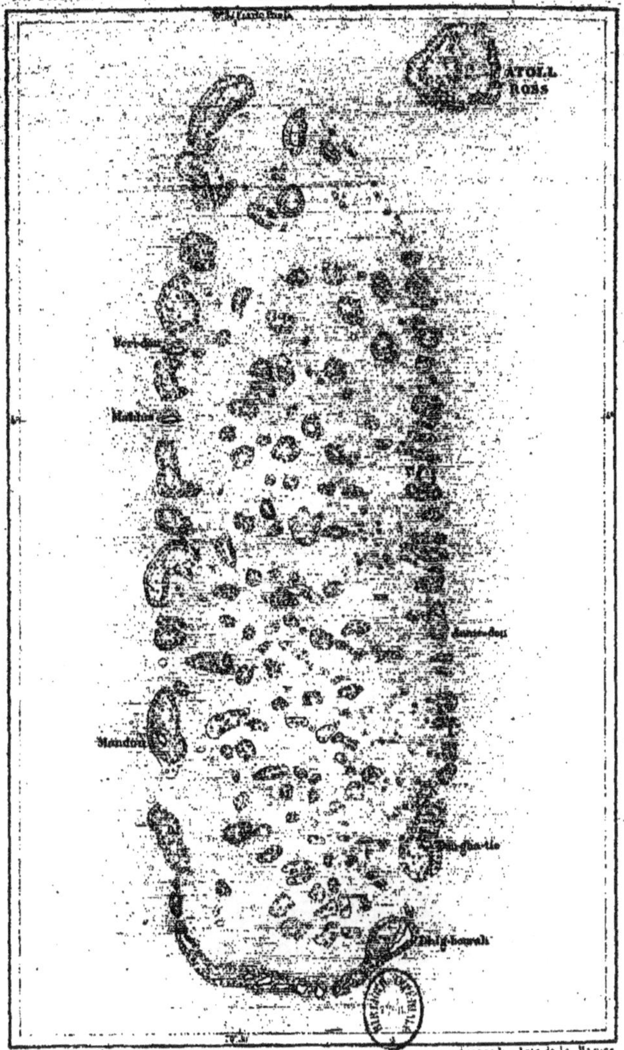

ATOLL ARI

ATOLL ROSS

Mandou

d'après la carte de la Marine

1/318.000

0 5 10 20 Kil.

généralement beaucoup plus bas; la plupart reposent sur des talus composés de leurs propres débris et plongeant dans la mer avec une pente de 45 degrés jusqu'à des abîmes de plusieurs centaines et même de plusieurs milliers de mètres. Il est évident qu'en pareil cas le fond de l'Océan s'est affaissé. Les polypes ont commencé leurs constructions à quelques mètres au-dessous de la surface, puis, à mesure que s'enfonçait le sol avec leur édifice de corail, ils montaient, montaient sans cesse pour se rapprocher de la lumière. Les îles montagneuses qu'ils entourent à distance de leurs récifs diminuent graduellement en hauteur et laissent entre elles et la barrière de coraux un canal de plus en plus large et profond. Le jour vient où, réduites à l'état d'îlots, elles se

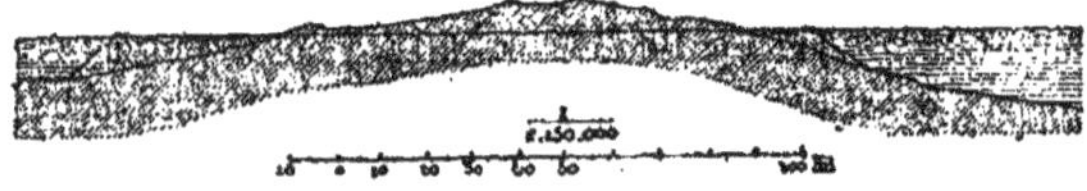

Fig. 231. Profil de l'île de Vanikoro.

divisent en pitons isolés qui, l'un après l'autre, plongent et disparaissent dans la mer. Alors il ne reste plus qu'un atoll, enfermant entre ses parois grandissantes une lagune où les débris calcaires s'amassent lentement; d'étroites plages et des récifs, pareils à des épaves flottant encore au-dessus d'un navire qui sombre, entourent l'espace où l'île s'est engloutie. Les naturels de l'atoll d'Ebon racontent, pour l'avoir entendu

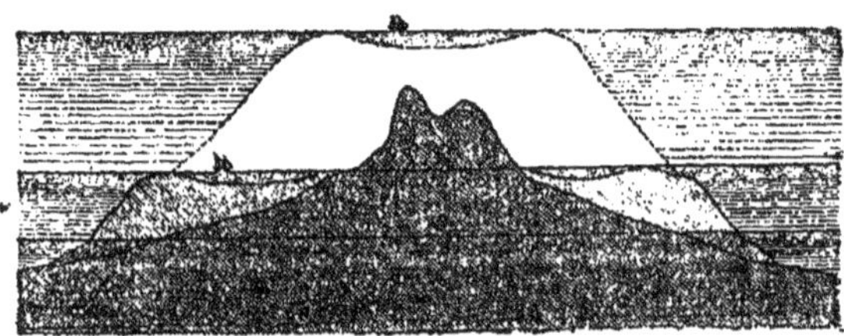

Fig. 232. Croissance du corail sur une montagne qui s'abaisse; d'après Darwin.

dire à leurs pères, qu'une île élevée, dont les collines étaient ombragées de cocotiers et d'arbres à pain, occupait autrefois la plus grande partie de la lagune. L'île a disparu; mais les récifs se sont maintenus à fleur d'eau[1].

Lorsque l'affaissement de tout un archipel de cimes sous-marines s'accomplit avec lenteur et régularité, il peut arriver souvent que la mer, frappant avec force sur la muraille extérieure des récifs, rompe cette barrière et se creuse un libre passage à travers la lagune centrale. Alors des bancs de coraux s'élèvent au milieu des brisants, des deux côtés du canal nouvellement formé, et l'atoll primitif se trouve ainsi partagé en deux îles annulaires. A mesure que le massif sous-marin s'abaisse, d'autres ruptures du même genre se produisent dans chacune des fractions isolées de l'ancien atoll, et l'archipel de récifs finit par se composer d'un nombre considérable d'îlots qui se fractionneront à leur tour. C'est ainsi que se forment ces groupes merveilleux de levées annulaires disposées elles-mêmes en un immense ovale.

L'Atoll-Ari des Maldives est un exemple de cette étonnante formation des îles de corail. Si l'on pouvait reproduire par le dessin les formes que l'ensemble du groupe a successivement affectées pendant le cours des siècles, on obtiendrait une série de courbes de niveau semblables à celles dont se servent les géographes pour figurer les pentes d'un massif montagneux. Parfois cependant le mouvement de dépression est tellement rapide que la mer ne se borne pas à s'ouvrir çà et là des canaux à travers les atolls; les corallines ne bâtissent pas assez vite pour maintenir leurs demeures au niveau de la surface; ils dépérissent peu à peu, et les atolls, que d'innombrables générations de constructeurs avaient élevés assise par assise, disparaissent pour former des bas-fonds annulaires. Tel est, au sud

1. Doane, *Nautical Magazine*, Sept., 1861.

des Maldives, le grand banc de Chagos, que les sondages démontrent avoir été jadis l'un des atolls les plus vastes de l'océan des Indes. Dans le groupe même des Maldives, plu-

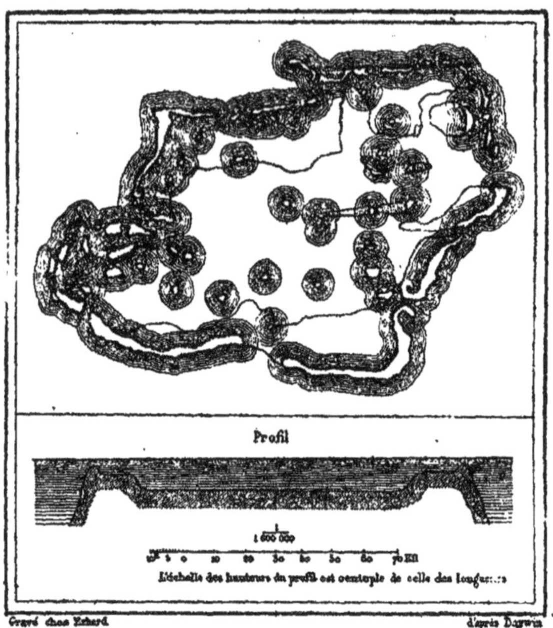

Fig. 238. Grand banc de Chagos.

sieurs îles, récemment encore verdoyantes et peuplées, se sont lentement enfouies au-dessous de la surface de l'eau[1].

1. Darwin, *Coral Reefs*.

VIII.

Grandes aires de soulèvement et de dépression. — Mobilité de la croûte dite rigide.

Grâce aux témoignages que fournissent les récifs de corail, et que d'autres indices complètent d'ailleurs sur un grand nombre de points, il est possible maintenant de fixer d'une manière assez précise les limites de chacune des aires d'oscillation qui se partagent l'hémisphère compris entre les côtes de l'Amérique du sud et celles de l'Afrique. Tandis que le groupe des Sandwich se soulève comme s'il obéissait encore aux forces qui font grandir le continent américain, on voit s'enfoncer peu à peu les archipels du bassin central de la mer du Sud, les îles Basses et celles de la Société, les rangées de Gilbert et de Marshall, les Carolines; en un mot, toute cette « voie lactée » d'îles, d'îlots et de récifs, qui s'étend diagonalement à travers le Pacifique, sur une longueur de plus de 13,000 et une largeur moyenne de 2,000 kilomètres. Ce sont les débris d'un ancien continent qui s'enfonce avec les populations qu'il portait autrefois. Depuis que les premiers navigateurs européens ont visité ces parages, plusieurs îles ont déjà disparu, et d'autres, telles que le Whitsunday, ont considérablement diminué d'étendue.

Parallèlement à cette grande aire de dépression, deux fois et demie plus vaste que l'Europe, se renfle une vague de soulèvement qui coïncide avec le demi-cercle de volcans entourant à l'ouest le bassin de la mer du Sud. La Nouvelle-Zélande, située à l'extrémité méridionale de ce renflement, qui repose sur un long sillon de feu, s'exhausse en certains endroits d'une manière assez considérable pour que les colons anglais, arrivés depuis quelques années à peine, aient pu voir des promontoires grandir et des bancs de rochers obstruer graduellement l'entrée des ports. Au commencement de l'époque géologique actuelle, les montagnes de la Nouvelle-Zélande étaient plus basses de 600 mètres au moins et les glaçons d'un continent qui se trouvait à l'est venaient avec leur chargement de blocs erratiques échouer sur les îlots naissants; mais depuis lors les Alpes néo-zélandaises se sont élevées à dix reprises successives, ainsi que le prouvent les dix terrasses étagées sur les flancs des montagnes[1]. De nos jours, celles-ci grandissent encore. En dix années, les plages de Lyttleton se sont élevées d'un mètre. Les Nouvelles-Hébrides, les îles Salomon, les côtes septentrionales et occidentales de la Nouvelle-Guinée, les terres nombreuses qui forment le grand archipel de la Sonde et que leur faune tout asiatique, étudiée par Wallace, prouve avoir fait naguère partie du continent voisin, croissent aussi après s'être tout récemment affaissées, et des bancs de coraux émergés s'ajoutent sans cesse aux rivages.

A l'angle du continent d'Asie, la vague d'élévation se bifurque pour entourer la mer de Chine, que bordent les côtes graduellement déprimées de la Cochinchine et du Tonquin. Au nord, la région soulevée se continue vers l'Amérique par les Philippines, Formose[2], les îles Liou-Kieou[3], le Japon, c'est-à-dire toutes les terres que traverse, de Bornéo au Kamtchatka, la fissure d'éruption des volcans du Pacifique occidental. Tout récemment, les voyageurs russes ont découvert sur le pourtour de la grande île Sakhaline des amas de coquillages modernes reposant, loin du rivage, sur des couches d'argiles marines, et d'anciennes baies

1. Julius Haast. — F. von Hochstetter affirme aussi le soulèvement de la côte orientale, mais il pense que la côte occidentale s'est affaissée. Un axe de bascule passerait à travers les deux îles.

2. Ferd. de Richthofen, *Zeitschrift der geologischen Gesellschaft*, tome XII.

3. Swinhoe, *North-China branch of Asiatic Society*, n° 11, May, 1859.

du littoral transformées en lacs ou marais saumâtres. De même ils ont démontré que les régions de l'Amour se soulèvent graduellement, car pour se maintenir à son niveau, le fleuve ne cesse de creuser son lit entre les berges, et l'on voit encore sur les plateaux riverains plusieurs nappes d'eau semi-circulaires, qui sont évidemment d'anciens méandres de l'Amour.

A l'ouest de l'archipel de la Sonde, Sumatra, frangée sur sa rive orientale de péninsules qui furent naguère des îles et qui en portent encore le nom (*poulo*), semble être le point de départ d'un autre mouvement d'élévation, comprenant toutes les côtes situées autour du golfe du Bengale. Les archipels de Nicobar et d'Andaman s'élèvent peu à peu; Ceylan s'exhausse également, du moins en partie, ainsi que le témoignent les bancs de coraux étagés sur les monts et la tradition des indigènes; mais il est probable que l'extrémité de l'île éprouve un lent mouvement de bascule, car le pont d'Adam ou de Rama, cette chaîne d'écueils qui réunit Ceylan à la côte de Coromandel, et qui, d'après la légende, servit autrefois de route à la triomphante armée du singe Hanouman, paraît avoir été jadis un isthme véritable; trois siècles à peine se sont écoulés depuis que la péninsule de Rameseram, où des milliers d'Hindous vont chaque année en pèlerinage, s'est détachée du continent pour faire un îlot semblable aux ruines d'une pile écroulée[1]. Plus au nord, il y a soulèvement. Si l'on en croit la légende brahmane, il y a 2,300 ans que le dieu de la mer, Veruna, aurait ordonné aux flots d'abandonner la plaine basse de Malayala, qui s'étend sur la côte de Malabar, entre Mangalore et le cap Comorin[2]. Quant au bassin du Gange inférieur, il semble faire partie de l'aire de soulèvement du golfe du Bengale et se redresser graduellement dans toute

1. Ritter, *Erdkunde*.
2. Duncan, *Asiatic Researches*, tome V. — Von Hoff, *Veränderungen*...

sa partie méridionale, car les tributaires du fleuve qui parcourent cette région, le Coosy, le Mahanady, le Soane, ne cessent de déplacer leurs embouchures vers l'amont. Ce dernier cours d'eau a déjà reculé de 7 kilomètres depuis quatre-vingts ans. D'après M. Forguson, c'est vers le confluent du Gange et du Gogra, à la hauteur de Dinapore, que

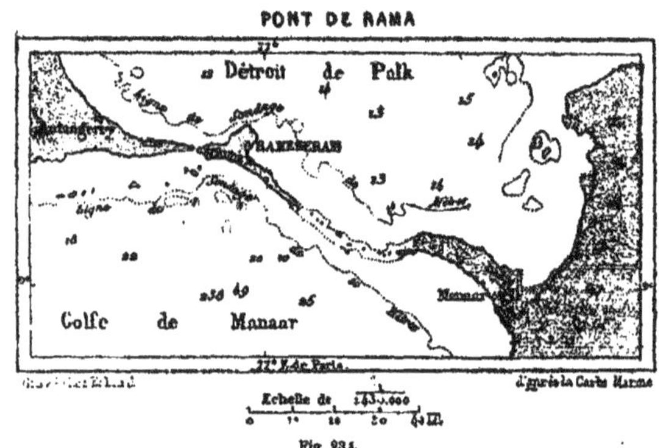

Fig. 231.

se trouverait la limite occidentale de la vague d'élévation qui commence aux îles de la Nouvelle-Zélande, à 13,000 kilomètres de distance vers le sud-est.

L'étendue occupée par l'Australie et l'océan des Indes proprement dit se trouve presque en entier, comme le bassin central du Pacifique, située dans une aire de dépression graduelle. Tandis que de la Nouvelle-Guinée à Sumatra et aux Philippines un nouveau continent émerge des eaux, le vieux continent australien, si remarquable par sa faune et sa flore, qui semblent appartenir à une époque géologique antérieure, s'enfonce peu à peu avec les îles environnantes, la Louisiade, la Nouvelle-Calédonie et les récifs de la mer de Corail. Jusqu'à présent, on ne connaît encore qu'une seule partie de l'Australie qui éprouve un mouvement continu d'élévation : c'est le district de Hobson's-bay, près de Melbourne, qui, d'après M. Becker, s'élèverait d'environ 40 centimètres par an. Quoi qu'il en soit, la grande masse du continent s'affaisse insensiblement, et les polypiers qui entourent les côtes sont obligés d'élever de plus en plus leurs récifs[1]. A l'ouest de l'Australie, l'océan Indien est presque entièrement dépourvu d'îles; mais toutes celles qui sortent des profondeurs marines, sur un espace de plus de 6,000 kilomètres en largeur, sont des atolls qui s'engouffreraient lentement si les polypiers n'en exhaussaient incessamment les bords. Parmi ces îles, se trouvent le célèbre atoll de Keeling, que M. Darwin a étudié avec tant de profit pour la science, et l'archipel des Maldives, cette double chaîne de montagnes sous-marines dont chaque cime est couronnée par une tiare de corail se dressant au-dessus des eaux.

Ainsi l'espace qui s'étend sur les deux tiers de la rondeur du globe, des côtes orientales de l'Amérique aux rivages occidentaux de l'océan Indien, offre deux aires de soulèvement et deux aires de dépression se succédant de l'est à l'ouest. Après le continent américain, qui s'exhausse avec lenteur, viennent les innombrables îles basses de l'Océanie, dont la plupart auraient déjà disparu depuis longtemps si les travaux des polypes ne les maintenaient au niveau des flots; puis se développe en un vaste demi-cercle, signalée de loin par ses volcans, une large zone d'îles et de plages qui s'élève graduellement, comme pour remplacer dans l'avenir le vieux continent d'Australie. Enfin les mêmes causes qui dépriment le lit du Pacifique central font également baisser celui de l'océan Indien avec ses bas-fonds et ses récifs.

Au delà se trouve la masse énorme de l'Afrique, dont

1. Gregory, *Philosophical Society of Brisbane.*

les côtes n'ont encore été explorées par les savants que sur de faibles étendues. Cependant assez d'observations ont été faites pour qu'il soit permis de considérer l'Afrique orientale et les terres qui en dépendent comme une troisième vague de soulèvement correspondant à celles de l'Amérique et des îles de la Sonde. Les bancs de coraux qui entourent Maurice, la Réunion, Madagascar, ceux qui bordent la côte africaine de Mozambique à Mombaze, témoignent de l'élévation du sol; de même les rivages méridionaux de la mer Rouge montrent encore, à diverses hauteurs, des traces évidentes du séjour récent des eaux marines. La plupart des voyageurs qui ont visité ces contrées, Ferret et Gallinier, Rüppel, Salt, Valencia, Niebuhr, ont été frappés à la vue des récifs émergés, des plages blanches de sel, des baies abandonnées dans l'intérieur des terres et transformées en marécages; tout récemment, M. Lejean a reconnu que la croissance du sol a complétement séparé de la mer et changé en une simple mare l'ancien port de Djeddah, qui, du temps de Niebuhr, était encore accessible aux navires d'un faible tonnage. Les populations riveraines affirment que le fond et les bords de la mer Rouge changent tous les vingt ans.

Du côté du nord, c'est non loin de l'isthme de Suez que la lente élévation du sol est remplacée par un mouvement inverse; mais on ne sait pas encore où se montrent, du côté de l'ouest, les premiers indices d'un affaissement graduel. Les observations de M. Eugène Robert, sur les côtes du Sénégal, indiqueraient peut-être que cette partie de l'Afrique est comprise dans une aire de soulèvement. Toujours est-il, qu'au delà du continent africain, Madère, Sainte-Hélène, et probablement aussi les Canaries, restes de l'ancienne Atlantide[1], s'abîment peu à peu dans l'Océan. Tous les faits militent ainsi en faveur de l'hypo-

1. Voir, ci-dessus, page 46.

thèse d'après laquelle le pourtour du globe offrirait dans sa partie équatoriale trois vagues de soulèvement séparées les unes des autres par trois dépressions intermédiaires. Les centres de chaque dépression tombent au milieu d'un océan; les trois régions exhaussées sont précisément le grand archipel de la Sonde, espèce de continent en formation, et les masses énormes de l'Afrique et de l'Amérique du sud.

On le comprend, ces oscillations régulières ne peuvent s'accomplir qu'en vertu d'une loi générale encore inconnue, mais certaine. On ne saurait y voir, comme le voulait Berzélius, de simples accidents produits par des tassements ou des ruptures de l'écorce terrestre. Ces mouvements réguliers ne doivent pas non plus être confondus avec les tremblements volcaniques, car ils s'en distinguent par leur excessive lenteur, aussi bien que par leur caractère de généralité. D'ailleurs tous ces faits, quels qu'ils soient, sont déterminés par des causes affectant la masse entière de la planète. Si les tremblements de terre ont leurs marées, ainsi que le prouve la plus grande fréquence de ces phénomènes à l'époque des pleines et des nouvelles lunes, on ne saurait douter que les oscillations lentes de l'enveloppe terrestre aient aussi leurs cycles réguliers. Seulement la raison de ces marées séculaires reste encore inconnue. Faut-il la chercher dans quelque changement des conditions physiques du globe ou bien dans les révolutions de quelque période astronomique? A cet égard, nous en sommes actuellement réduits aux hypothèses.

Un jour, lorsque les savants auront observé du pôle nord au pôle sud toutes les lignes de niveau, tous les débris que la mer a laissés, comme autant de mesures de précision, sur le littoral des terres et sur les flancs des montagnes, on pourra dire exactement quelles sont les dimensions de chaque vague de soulèvement et quelle force d'impulsion les anime. On saura si les régions exhaussées égalent toujours en étendue les régions qui s'affaissent, si la surface de la terre, semblable à celle de tous les corps vibrants, offre certaines « lignes nodales » autour desquelles les parties agitées se disposent en figures rhythmiques, si les continents et les mers, soulevés et déprimés tour à tour comme par une marée séculaire, se déplacent lentement autour de la planète, en affectant des formes harmoniques. Peut-être même prouvera-t-on que, dans le sein de la terre, s'accomplit un échange des molécules solides, pareil à la circulation des molécules aériennes et liquides de l'atmosphère et de l'Océan. Le globe, simple amas de gaz condensés, ne s'est point figé dans l'espace; il a conservé, comme tous les corps, un reste de son ancienne fluidité, et, de même que dans le bloc de métal sorti de la fournaise, les particules qui le composent ne cessent de se tordre lentement les unes autour des autres.

Quoi qu'il en soit, il demeure incontestable qu'un mouvement incessant fait onduler l'écorce dite rigide de notre globe. Les masses continentales s'élèvent pendant une longue série de siècles, puis elles s'abaissent de nouveau pour s'exhausser encore avec de lentes et majestueuses oscillations, comparables au va-et-vient d'un balancier. La Scandinavie, qui s'élève actuellement, s'abaissait pendant la période glaciaire, et les populations qui, dès cette époque, y faisaient leur demeure, étaient forcées d'abandonner pas à pas les vallées transformées en *fjords*. De même les Andes chiliennes et les montagnes de la Nouvelle-Zélande, aujourd'hui grandissantes, se sont abaissées par degrés, les premières de 2,500, les secondes de 1,500 mètres, avant de s'exhausser comme elles le font aujourd'hui. Il est également prouvé que, sur un grand nombre d'autres points, au Pérou, en Égypte, dans l'Amérique du nord, au Groenland, des changements de même nature ont eu lieu pendant l'ère actuelle de l'histoire géologique et sans qu'aucune révolution violente ait bouleversé la terre. Les continents s'élèvent et s'abaissent comme par une respiration lente ; ils se meuvent en longues ondulations comparables aux vagues de la mer ; on peut déjà les suivre du regard de la science à travers les siècles et les espaces. « Le temps viendra, s'écrie Darwin, où les géologues considéreront le repos de l'écorce terrestre pendant toute une période de son histoire comme aussi improbable que le serait le calme absolu de l'atmosphère pendant toute une saison de l'année. »

Tout change, tout est mobile dans l'univers, car le mouvement est la condition même de la vie. Jadis les hommes, que l'isolement, la haine et la peur laissaient dans leur ignorance native et remplissaient du sentiment de leur propre faiblesse, ne voyaient autour d'eux que l'immuable et l'éternel. Pour eux, le ciel était une voûte solide, un *firmament* sur lequel étaient clouées les étoiles, la terre était l'inébranlable fondement des cieux, et rien, si ce n'est un miracle, ne pouvait en faire osciller la surface ; mais depuis que la civilisation a rattaché les peuples aux peuples dans une même humanité, depuis que l'histoire a renoué les siècles aux siècles, que l'astronomie, la géologie, ont fait plonger le regard jusqu'à des milliards d'années en arrière, l'homme a cessé d'être isolé et pour ainsi dire d'être mortel ; il est devenu la conscience de l'impérissable univers. Ne rapportant plus la vie des astres ni celle de la terre à sa propre existence, si rapide, si fugitive, mais la comparant à la durée de sa race entière et à celle de tous les êtres qui ont vécu avant lui, il a vu la voûte céleste se résoudre en un espace infini et la terre se transformer en un petit globe tournoyant au milieu de la voie lactée. Le sol ferme qu'il foule aux pieds, et qu'il croyait immuable, s'anime et s'agite ; les montagnes se redressent ou s'affaissent ; non-seulement les vents et les courants océaniques circulent autour de la planète, mais les continents eux-mêmes, se déplaçant avec leurs sommets et leurs vallées, se mettent à cheminer sur la rondeur du globe. Plus n'est besoin, pour expliquer tous ces phénomènes géologiques, d'imaginer des changements de l'axe terrestre, des ruptures de la croûte solide, des effondrements gigantesques. Ce n'est point ainsi que la nature procède d'ordinaire ; elle est plus calme, plus régulière dans ses œuvres, et, contenant sa force, opère les changements les plus grandioses à l'insu des êtres qu'elle nourrit. Elle soulève les montagnes et dessèche les mers sans déranger le vol des moucherons : telle révolution, qui nous semble avoir été produite comme par un coup de foudre, a mis peut-être des milliers de siècles à s'accomplir. C'est que le temps appartient à la terre ; elle renouvelle chaque année, sans se hâter, sa parure de feuilles et de fleurs ; de même elle rajeunit pendant le cours des âges ses mers et ses continents et les promène lentement à sa surface.

TABLE DES MATIÈRES.

LES CONTINENTS.

PREMIÈRE PARTIE.

LA PLANÈTE.

DEUXIÈME PARTIE.

LES TERRES.

TROISIÈME PARTIE.

LA CIRCULATION DES EAUX.

TABLE

DES CARTES ET FIGURES.

CARTES ET FIGURES INSÉRÉES DANS LE TEXTE.

PLANCHES HORS TEXTE.

QUATRIÈME PARTIE.

LES FORCES SOUTERRAINES.

PARIS. — J. CLAYE, IMPRIMEUR, RUE SAINT-BENOIT, 7.

www.ingramcontent.com/pod-product-compliance
Lightning Source LLC
LaVergne TN
LVHW020935230826
846092LV00001BA/4

* 9 7 8 2 0 1 6 1 5 4 6 6 3 *